내아이 **심리 육아 백과**

도서출판 **물푸레**

EBS 명의,
서울대 조수철 교수의 감수
3~15세 퍼펙트 육아법!

내아이 심리 육아 백과

부모들이 더 모르는
내 자녀 심리
과학으로 밝혀내다

미셸 보바 지음 | 남혜경 옮김 | 조수철 (서울대 교수)감수

도서출판 물푸레

나와 나를 따라준 수백만의 사람들을 믿고
매일매일 한 가지씩 실천해보세요

이 책이 완성된 것은 온전히 내 힘이 아니다. 내가 연구했던 아이들과 그 가족의 사례나, 내가 실제로 관찰했던 일들을 바탕으로 했기에 모두 그들과 함께 써낸 것이라 해도 과언이 아니다. 그러므로 전 세계에서 나를 찾아와주고 육아교육의 심리학과 과학적인 자료의 토대가 되어주고 그들의 이야기를 쓸 수 있게 해준 사람들에게 고마움을 전한다. 그 가운데 몇몇 이야기는 몇 가지 사례를 종합한 것이다. 이런 모든 이야기들이 단지 그들만의 이야기는 아니라는 것을 확실히 알게 되었다.

독자들도 알겠지만 이 책은 몇 개월에 쓸 수 있는 글이 아니었다. 이 책의 질문과 답글들은 아이빌리지(iVillage) 블로그, 페어런팅 솔루션, 혹은 나의 웹사이트(www.micheleborba.com)에 올라온 것들이고, 이에 대한 해결책 또한 NBC 방송 〈투데이 쇼〉의 육아코너에 70회 이상 소개되어 공감을 얻고 효과를 검증받은 것들이다. 이를 통해 알게 된 것은 아이들이 보이는 이상행동이나 불안심리는 단순히 한 가지 문제로 인해 생겨나는 것이 아니며 피부색이 다르고 국적이 달라도 아이들이 겪는 문제는 공통분모를 갖고 있다는 점이다. 그러므로 이 책에 나오는 사례는 다른 사람의 것이 아니라 당신의 집에서도 일어날 수 있는 일임을 자신있게 말할 수 있다.

그러므로 나와 나를 따라준 수백만의 사람들을 믿고 자녀를 키우면서 매일매일 한 가지씩 실천해보길 바란다. 그러면 나와 내 주변의 사람이 아니라 바로 당신이 가장 사랑하는 자녀가 그 보답을 받게 될 것이다. 나는 그것만으로도 충분히 보상받고 행복해지리라.

내가 세 아들을 두어서인지 남자아이들의 이야기를 예로 많이 들게 된다. 하지만 이 책에서는 성별의 균형을 맞추기 위해 주제별로 순서를 바꿔가며 남자아이와 여자아이의 사례를 싣고자 노력했다. 물론 또래집단이나 게임과 같은 일부 주제에서는 성이 특정화되는 경향이 나타나기 때문에 성별 안배를 벗어날 수밖에 없었다. 그럼에도 이 책에 실린 남자아이의 사례와 여자아이의 사례는 똑같은 수로 확실히 균형을 이루고 있다는 점을 알려두고 싶다.

당신은 진정 아이를 잘 키우는 방법이
무엇인지 알고 있는가?

이 책을 읽는 부모님과 자녀는 참 행복하다, 라는 것이 이 책을 처음 접하고 쭉 읽으면서 받은 첫 느낌이다. 소아청소년 심리학자들 사이에서도 유명한 미쉘 보바는 세계적으로 가장 신뢰받고 있는 육아 전문가이다. 그의 이력을 잘 알지 못하더라도 NBC 방송 〈투데이쇼〉, 〈오프라 쇼〉, 〈CNN 헤드라인 뉴스〉등의 다양한 방송에서 자녀교육, 양육 전문가로서 그녀를 볼 수 있고, 잡지와 직접 100만 명이 넘는 부모와 교사들이 참석한 워크숍을 진행하고, 수백 개의 학교의 교육 컨설턴트로 현장에서 부모와 자녀 문제를 가장 가까이에서 지켜보고 해결해 주고 있기에 그녀의 육아 책이 한국에 소개된다는 것이 진정 반가운 소식이 아닐 수 없다.

지금까지 육아 책들은 한국 뿐 아니라 세계적으로 한 분야에 국한되고 있거나 유행에 휩쓸릴 수 있는 책이 많아서 비슷비슷한 내용의 반복이 많았다면 미쉘 보바가 제시하는 육아법은 지금까지 어떤 책보다 더 자세하고 현실을 그대로 보여주면서 부모와 자녀의 마음을 가장 잘 알고 끌어안아 주었다는 것이 가장 큰 특징이다.

이것은 참으로 쉽고도 또한 어려운 질문이기도 하다. 인간이면 누구나 아이를 낳고 또 키우려는 마음을 갖는다. 또한 자녀들을 잘 키우려는 욕심은 누구나 갖는다. 그러나 이를 적절하게 실천하는 일은 그리 쉬운 일은 아니다. 아주 평범한 상황 하에서도 비범하게 자라는 아이들도 있고, 모든 것을 다 갖춘 아주 좋은 환경에서도 문제아로 성장하는 경우도 흔히 볼 수 있다. 부모가 인격적으로 훌륭한 사람으로 존경을 받더라도 자녀가 문제아가 되지 말라는 법이 없고, 부모가 부족함이 있는 사람이라고 하더라도 자녀가 훌륭한 인격을 갖출 수도 있다. 그만큼 인간의 발달은 각 개인이 갖고 있는 특징과 환경과의 상호작용 하에 일어나기 때문이다.

인간이란 무엇인가? 여러 가지 각도에서 정의를 내릴 수가 있지만 가장 중요한 정의는 사회적인 존재로서의 인간이다.

인간이 평소에 경험하는 "행동적 또는 감정적인 상태"를 살펴보자. "기쁘다", "슬프다", "화를 낸다", "섭섭하다", "즐겁다", "사랑한다", "미워한다", "봉사한다", "희생한다", "관심이 있다", "관심이 없다", "호감을 갖는다", "불쌍히 여긴다", "독선적이다", "오만하다", "거만하다", "편견이 있다", "남을 깔본다", "무시한다", "이기적이다", "이타적이다", "자기 잘못을 남의 탓으로 돌린다", "욕한다", "보상을 원한다", "충동적이다", "예의가 없다", "도둑질을 한다" 등 모든 인간의 생각과 감정과 행동을 표현하는 모든 말이 모두 "자신과 남과의 관계"에서 유래되고 있다.

이런 복잡한 모든 행위와 감정들이 인간의 인격을 말하여 주게 되는 것이다.

그런데 지금까지 대부분의 육아책들이 부모 속을 태우던 아이의 가장 대표적인 큰 문제 행동을 말하고 해결하는 데서 끝냈다면, 〈내 아이 심리 육아 백과〉는 이 모든 과정을 저자가 다 알고 정리하였다. 독자가 손에 잡는 순간, 아이를 키우면서 좌절하게 되는 육아의 모든 문제들 – 가정에서 일어나는 일상의 재우기, 집안일, 과도한 스케줄, 짜증이라는 작은 문제들부터 부모들이 자녀가 크면서 걱정하게 되는 나쁜 친구들, 형제 자매간의 경쟁, 반항, 이기주의, 사이버 폭력, 부정 행위, 섭식 장애, 모든 일을 미루기만 하는 아이의 문제, 인터넷 안전, 스트레스, 섹스 등등 어떤 전문가도 속 시원히 말해줄 수 없었던 부모와 아이의 문제를 소소하게 다 나누어 꼼꼼하게 다루어 준다. 그리고 문제 해결 방법이 간략하게 소개되는 것이 아니라 초기 개입 단계부터 심층적으로 하나하나 단계별로 제시되며, 연령에 적합한 조언을 제시하여 문제 행동을 보이는 아이가 좋은 습관을 가진 아이로 변모하게 하고, 그 모습이 지속되도록 발전시킨다는 것이 놀랍고 신기한 특징이다.

우리 가족과 내 아이가 겪을 수 있는 모든 문제를 총망라하다.

아동을 올바르게 키운다는 것은 다른 사람들과의 관계에서 얼마나 조화롭게 지낼 수 있느냐에 대한 문제로 요약될 수 있다. 이 책은 바로 이러한 문제들을 다루고 있다. 대인관계에서의 문제점들은 아동 자신의 타고난 성품일 수도 있고, 성장하면서 주변사람들과의 관계, 또래 아동들과의 문제 등에서 나타날 수도 있다. 이에 입각하여 이 책은 태어나서 발달하는 과정에 있어서 대인관계에서 야기될 수 있는 문제점들을 총체적으로 다루고 있다. 연령으로는 유아기부터 청소년기까지 각 연령에 따라 중요한 문제들을 모두 다루고 있다. 대인관계에 있어서는 형제–자매간의 관계 부모와의 관계, 부부관계와 아동과의 관계(이혼, 입양 등), 친구와의 관계, 이성과의 관계, 선생님과의 관계 등을 다룬다. 문제의 심각성에 있어서는 아주 가벼운 문제로부터(칭얼거린다, 예민하다, 말을 듣지 않는다), 다소 심각한 문제(충동적이다, 도둑질을 한다, 괴롭힘을 당한다 등), 전문가의 도움이 필요한 심각한 장애(주의력결핍증, 우울증, 자폐스펙트럼 장애 등)에 이르기까지 거의 모든 문제를 다룬다. 내용에 있어서는 생각(사고), 감정, 행동의 문제를 총망라하고 있다.

미셸 보바는 국적 불문한 세계 공통의 육아 전문가이다.

이 저자의 가장 큰 장점은 미국인 임에도 불구하고 세계적으로 활동을 하고 연구를 하여 유럽인, 아시아인, 아메리카인, 아프리카 뿐 아닌 소수 민족들까지도 세계 공통적으로 육아에 관한 공통의 관심사를 찾아내고 그 문제를 폭넓게 이해하고 해결할 능력이 있는 사람이다. 다만 국내 부모들이 더 궁금해하고, 국내 실정에 세세한 설명이 필요한 부분은 채워놓고 보강하여 감수자로서의 역할에 충실하려고 노력하였다. 우리나라 부모님들의 이해를 돕도록 한 내 노력이 도움될 수 있기를 바라는 마음이다.

 모든 관점에서 이 책을 바라볼 때 한 인간의 태어나서 유아기−걸음마기−학령전기−학령기−청소년기를 거쳐 발달하는 전 과정에서 일어날 수 있는 모든 문제를 총망라하는 총체적인 육아 문제 해결책과 처방전으로 불릴 수 있고, 아이가 자아 형성이 되면서부터 어른으로 성장하기 까지 필요한 단 한 권의 육아 책으로 추천하는 데 손색이 없다고 자신할 수 있다.

서울대 소아청소년정신과 교수 조수철

지금의 아이들은 부모가 생각하는 한계치를 항상 넘어선다!

NO

가족관계에 힘겨워할 때

Part 4
가족 문제

학교생활에 문제 행동 일으킬 때

Part 5
학교 문제

Part 6 친구 문제
친구 관계가 어긋날 때

Part 7 사회 문제
사회적인 문제에 휩싸일 때

여섯 살 난 아이와 아이의 친구들이 귀여운 다람쥐가 나오는 비디오게임을 하고 있다. 아이가 그걸 갖고 싶어 해서 당신이 직접 그걸 사주었다. 하지만 지금 당신은 몸서리를 친다. 그 다람쥐는 술집에서 술에 취해 토하고는 필름이 끊기고 내내 온갖 욕을 해댄다(준 클레버는 미국 시트콤에 나오는 1950년대의 전형적인 엄마이고 〈위기의 주부들〉은 미국 ABC방송의 인기 드라마다).

소아과 의사가 이런 말을 한다. "따님이 거식증인 것 같아 염려됩니다." 당신은 의사가 분명 잘못 안 거라고 생각한다. 그 아이는 겨우 여덟 살이다. 하지만 한동안 의심하던 일을 의사가 확진해주고 있음을 당신은 내심 알고 있다.

열두 살짜리 아이가 쏜살같이 부엌으로 달려와서는 "늦어서 미안해요, 엄마. 어떤 8학년 학생이 시험에 낙제해서 선생님들을 죽이겠다고 협박했어요. 게다가 총까지 가지고 있었어요. 상상이 가세요?"라고 한다. 아니, 당신은 전혀 상상할 수가 없다.

아, 우리 뒤를 이어갈 다음 세대를 기르는 기쁨이란 얼마나 큰지! 솔직히 나는 육아보다 더 의욕을 북돋우고 보람 있으면서 좌절감도 크지만 동시에 크나큰 기쁨을 주는 일을 상상할 수 없다. 육아라는 건 아마도 우리가 맡을 수 있는 가장 중요한 역할일 뿐 아니라 자격증이 필요없는 유일한 전문직이다. 게다가 끝날 즈음에야 마침내 어떻게 하는 게 올바른 방법인지를 어느 정도 알 수 있는 그런 종류의 일이다. 아이에게 잠을 재우는 것과 같은 매일의 해결과제에서부터 존댓말을 가르치거나 여행을 가는 것, 더 걱정스러운 술 또는 성적인 문제, 그리고 섭식장애에 이르기까지 아이를 키우는 건 정말 쉬운 일이 아니다. 하지만 많은 사람들이 최근 몇 년 사이에 양육이 더 어려워졌다고 느낀다.

최근 조사에서 응답자의 76%가 양육이 훨씬 더 어렵게 느껴지며 자신이 자랄 때보다 지금이 훨씬 더 그렇다고 대답했다. 이에 대해 별 이견이 없겠지만 여기 더 큰 관심을 끌 만한 통계가 하나 있다. 약 60%의 성인들이, 오늘날 부모들은 한 세대 전보다 수준에 못 미친다고 느낀다. 실제로 많은 미국인들이 약 2, 30년 전 자신의 엄마들보다 자신이 엄마 역할을 잘하지 못한다고 느끼고 있다(여기서 내가 아픈 곳을 제대로 건드리지 못했다면 바로 다음 조사결과를 기대하시라). 게다가 오늘날 대다수 엄마아빠들은 이에 동의하고 자신의 육아 노력이 성공적이지 못하다고 느끼고 있다.

그러나 상황은 점점 더 악화되고 있다. 많은 부모들이 아이와 즐거운 시간을 보내지 못한다고 고백한다! 한 조사에서 1/3의 부모들이 처음으로 다시 돌아갈 수만 있다면 가정을 꾸리지 않으리라고 대답했다. 지난 수십 년 동안 육아문제가 더 큰 골칫덩어리가 되어가는 것을 지켜보면서, 나는 미국 가정상황에 대해 큰 관심을 가지고 연구해왔다.

나는 아동발달을 연구하는 일을 했고 그를 통한 다양한 경험들이 나의 믿음들을 형성하는 데 도움이 되었다. 내게는 교육상담과 교육심리에 대한 박사학위, 학습장애 관련 석사학위가 있다. 나는 정서적·신체적으로 장애가 있는 아이들과 학습장애가 있는 아이들을 가르쳤고 재능이 있는 학생들도 가르쳐보았다. 그리고 잠시 개인병원을 개업해서 문제가 있는 아이들을 치료하기도 했다. 세계의 많은 학교와 기관에서 상담일을 했고 워크숍에서 수많은 부모를 대상으로 강연도 했다. 직접 수십 명의 아이들을 대상으로 연구를 했고, 몇 권의 책도 썼으며, 아들 셋을 훌륭하게 키웠다(아들들 자랑을 하는 것 같지만, 이 아이들 육아 경험이야말로 단연코 내게 최고의 훈련이 되었다). 이 시기에 나는 쌍둥이를 통한 영아 연구에 초점을 두었다.

NBC 방송의 〈투데이쇼〉에 출연하면서 나는 갑자기 관점이 송두리째 뒤집히는 경험을 했다. 방송에서 주로 질문을 받는 주제들은 예를 들어 우울증, 스트레스, 섹스, 그리고 10대들의 위험행동과 같이 까다롭고 뉴스거리가 될 만한 청소년문제였다. 방송을 준비하면서, 나는 수많은 새로운 연구들을 샅샅이 훑어볼 수 있는 굉장한 기회를 얻은 것 같았다. 나는 아이들의 삶에서 대단히 걱정스러운 경향을 보았다. 아이들은 문제에 대처하고, 상처를 극복하고, 특히 집을 떠나 자립하는 것과 같은 문제에서 어려움을 겪고 있었다.

이는 한 방송에서 확실히 확인되었다. 나는 〈투데이쇼〉의 방송 세트에 진행자인 메레디스 비에러(Meredith Viera)와 함께 앉아 있었다. 때는 12월이었는데, 첫 학기가 끝난 대학생들이 집으로 돌아가 크리스마스와 새해를 맞이할 즈음이었다. 나는 〈투데이쇼〉에 출연해서, 50% 이상의 대학 새내기들이 정상적으로 대학생활에 적응하는 데 어려움을 겪고 심한 우울감을 느끼고 있음을 부모들에게 경고할 예정이었다. 혼자서 겪어나가야 하는 첫 학기에 자살률이 치솟았고 특히 여학생은 자살률이 급등했다. 상담가들은 많은 신입생들이 졸업을 하지 못할 것이라고 했는데, 이유는 정신적으로 매우 심각한 상태에 있기 때문이었다. 역설적이게도 이 젊은이들은 전문가들이 부모와 가장 친밀한 관계에 있다고 진단한 집단과 동일한 집단이었다. 많은 사랑을 받으면서 응석받이로 애지중지 자란 아이들이 삶에 자주적으로 대처하지 못했던 것이다.

바로 내가 "아하" 하는 순간이었다. 이 젊은이들은 그런 식으로 양육되었기에 독립적인 생활에 대처하는 데 도움이 될 만한 것들을 아무것도 배우지 못했던 것이다. 나는 〈투데이쇼〉에 출연할 때마다 치솟는 스트레스, 위험행동의 증가, 또래압력, 급등하는 괴롭힘과 같은 문제들을 보여주었다. 아이들이 빗나가고 있었다. 하지만 부모도 만만치 않았다.

NBC 방송은 내게 아이빌리지(iVillage)라는 온라인 커뮤니티에서 양육 관련 기고가로 활동하면서 '보바 박사의 양육 솔루션'이라는 블로그를 운영해달라고 했다. 나는 블로그에 수많은 글을 썼고 조언을 바라는 엄마들로부터 수많은 이메일을 받았다. 이곳에서 받는 질문과 과거에 내가 받았던 질문 사이에는 확연한 차이가 있었다. 최근의 엄마들은 더 스트레스를 받고 있었고 더 걱정에 빠져 있으며 심지어는 어쩔 줄을 몰랐다. 그들은 아주 열심히 노력하고 있었다. 그들이 원하는 건 자녀들이 행복하고 성공적인 삶을 사는 것이었다. 그들의 사랑과 관심은 거기에 있었지만 아이들의 삶에만 매달려서 자신의 삶도 돌봐야 한다는 사실을 잊고 있었다.

나는 엄마들이 자녀를 보살피는 일에 자신 없어하는 경우를 수없이 보았다. 이 엄마들은 항상 자책하면서 자신이나 자기 아이들을 다른 엄마나 그 엄마의 아이들과 비교하는 데 많은 시간을 쏟고 있는 것 같았다. 비슷한 시기에 나는 〈투데이쇼〉에 출연해서 육아잡지에서 조사한 결과들을 소개했는데, 그것은 기사감을 불러일으켰다. 그 조사연구에서 96%의 엄마들이 스트레스를 느끼고 있다고 인정했으며, 73%는 예전의 엄마들이 육아를 더 쉽게 했을 것이라고, 67%는 예전의 엄마들이 더 행복했을 것이라고 생각하고 있다는 결과가 나왔다.

내 말을 오해하지 말기 바란다. 분명 우리가 잘하고 있는 것도 있다. 우선 첫째로, 오늘날 아이들은 더 똑똑하다. 아이들의 지능지수는 이전보다 분명 더 높아졌다(정말이다!). 보충수업 교사들과 돈이 드는 과외의 활동들이 성과를 보이고 있는 것 같지만(어쨌든 오늘날 미국 아이들은 하루 일과가 세계에서 가장 빡빡하다) 그 비용이 엄청 나게 비싸다. 오늘날 아이들이 더 슬프고 물질주의적이고 자기도취적이고 불안해 하고 스트레스에 시달리고 무례하고 비행에 빠져 있음을 모든 평가기준들이 말해 주는데, 이는 모두 자신의 삶에 대처해나가는 데 필요한 준비가 너무도 안 되어 있 기 때문이다. 그리고 이건 시작에 불과하다.

아마 대부분 부모들이 자신이 꿈꾸는 대로 자녀가 바뀌지는 않으리라는 점을 어렴 풋이나마 알고 있다. 그것이 많은 부모들이 심한 죄책감을 느끼고 스트레스를 받고 가족과 즐거운 시간을 보내지 못하는 큰 이유다. 또한 아주 많은 이들이 육아에 대 해 자신감이 결여된 채로 다른 사람들이 해주는 확신에 찬 말이나 충고에 의지하고 있는 이유이기도 하다(뒤에 이에 대해 다룬다). 그러나 지금은 우리가 어째서 이런 지 경에 빠지게 되었는지 살펴보자. 우리 아이들의 정신건강, 행동, 성격을 망가뜨리 고, 우리 자신의 스트레스를 가중시키며, 양육능력에 대한 자신감을 잃게 하고, 우 리의 역할에 대해 불행감을 느끼게 하는 게 무엇인지 알아보자.

오늘날 육아법이 가진 문제들

지난 수십 년 동안 육아에는 큰 변화가 있었다. 하지만 오늘날의 육아 방법을 설명 하는 견해들은 칭찬과는 거리가 멀다. 우리는 먼저 헬리콥터 육아, 인큐베이터 육 아, 반창고 육아, 편집증적인 육아, 친구 같은 육아, 액세서리 육아 등과 같은 육아 방법들을 살핀다. 나는 아이들이 무릎을 꿇고 이런 어리석은 육아를 제발 멈춰달 라고 기도하는 모습을 상상하지 않을 수 없다. 지난 수십 년간의 육아방식에서 단 한 가지 문제를 꼽으라면, 우리가 〈해피데이즈〉(1970년대 미국의 시트콤)의 매리언 커닝햄에서 〈위기의 주부들〉에 나오는 인물들처럼 변했다는 점이다. 주디스 워너 (Judith Warner, 많은 논픽션 책을 쓴 미국의 저자)가 오늘날 모성애가 '완전히 정신이

상'이 되어버렸다고 하는 것도 이상한 일이 아니다.

공평하게 말하자면, 제정신이 아닌 것 같은 대단히 강력하고 열정적인 우리의 육아방식은 적어도 부분적으로는 오늘날의 문화에 기인한다. 준 클레버나 캐럴 브래디(1970년대 미국을 대표하는 엄마)는 아이들을 기르면서 사이버폭력, 학교 총격사건, 온라인에서 약한 이들을 이용해먹는 치들, 페이스북 같이 생각하면 머리가 쭈뼛해지는 문제들을 처리할 필요가 없었다. 클레어 헉스터블(1980년대 텔레비전 드라마인 〈코스비 가족〉에 나오는 엄마)이나 로라 페트리(1960년대에 방영되어 큰 인기를 얻었던 시트콤 〈딕 반 다이크 쇼〉에 나오는 엄마)는 학령기 아동들의 섭식장애, 우울증, 세상에 대한 걱정 같이 심각한 문제들을 포함한 육아책들을 읽을 일도 없었다.

그러나 문화의 차이로 인한 이런 문제들은 잠시 젖혀두자. 왜냐하면 바뀐 게 문화만이 아니기 때문이다. 우리 역시 자녀들을 달라진 방식으로 키우고 있고, 그 방식들이 우리 자녀들에게 전혀 도움이 되지 않고 있기 때문이다. 실은 이런 많은 육아방식들이 믿음직한 성격, 정서적 건강성, 성취를 위해 아이들에게 정말로 필요한 게 무엇인지 보여주는 지난 50년간의 연구결과들과는 완전히 상반되기 때문이다. 오늘날의 몇몇 육아방식들은 효과적인 육아에는 너무나 해로운 것이어서, 나는 그것들을 7가지 치명적인 육아스타일이라고 부른다. 육아문제로 인해 그토록 불만스럽고, 심한 스트레스를 받으며, 자신감이 결여되어 있는 가장 큰 이유는 바로 이런 육아방식에서 나온다고 확신한다.

7가지 치명적인 육아스타일

각각의 육아방식에 대해 잠시 알아본 후 정말 인정사정 볼 것 없이 솔직해져보자. 혹시 당신의 육아방식이 아래 가운데 하나는 아닌가? 만약 그렇다면 아이를 바꾸려하기 전에 당신 자신부터 아이에게 반응하는 방식을 바꾸어야 할 아주 중대한 시점이다.

치명적인 스타일 1 헬리콥터 육아

헬리콥터 부모는 일종의 새나 비행기 같다. 이런 부모는 거의 멈추는 일 없이 끊임없이 아이 주변을 맴돈다. 숙제를 마무리지어주고 과학 연구 프로젝트를 다시 해서 자기 아이가 모든 점에서 유리하게 만든다. 결국 지나칠 정도로 많은 에너지를 육아에 쏟아부어 아이의 성공을 방해하는 건 아무것도 남겨두지 않는다. 당신이 그런 부모라면 조심하라. 헬리콥터 부모는 블랙호크(군용 헬리콥터 이름)가 되어 급강하해서 아이를 구하려고 아이가 직면한 온갖 문제들을 일일이 해결해주려든다.

그러나 이런 스타일의 부모는 역효과를 일으킨다. 이런 방식으로 자란 아이는 인생이 던져댈 게 분명한 많은 커브볼들을 쳐낼 준비를 하지 못한 채 어른이 되어서도 계속해서 부모에게 의존한다. 항상 부모의 구조를 받고 세세한 부분까지 관리를 받는다면 자립심, 의사결정능력, 문제해결능력과 같이 인생에서 대단히 중요한 기술들을 훈련하기 어렵다. 이런 이유로 많은 '헬리콥터 아이들'이 문제해결능력결핍장애를 겪고 자신의 능력에 대한 자신감을 발달시키는 데 문제를 보이면서 현실세계에 적응하지 못한다.

이런 부모에게 필요한 변화 자녀의 삶에 관여는 하되 지나치게 참견하지 않는 법을 배워 아이가 건강하게 독립심을 발달시켜 언젠가 부모 없이도 삶에 잘 대처해 나갈 수 있도록 도와야 한다.

치명적인 스타일 2 인큐베이터 육아

아이가 적절한 나이와 발달수준에 이르기도 전에 학습으로 몰아붙이는 스타일.

아이가 앞서가길 바라는 부모는 새로울 게 없다. 그러나 요즘의 이런 부모의 관심은 아이를 ('정신적으로 우월한 아이'라고도 알려진) 슈퍼키드로 키우는 데 온통 집중된다. 인큐베이터 스타일의 육아방식을 가진 부모는 일찍부터 아기 방에 클래식 음악을 틀어놓고, 효과가 있는지 어떤지 전혀 검증되지 않은 플래시카드(수업 중 교사가 단어·숫자·그림 등을 순간적으로 보여주는 순간 파악 연습용 카드)와 베이비 아인슈타인 테이프(아이를 아인슈타인처럼 똑똑하게 키워준다는 비디오테이프)를 사용하기 시작한다. 영아가 미리 읽기를 배우고, 걸음마를 떼는 수준의 아이가 바이올린 레슨을 받으며, 유치원 수준의 아이를 체스학교에 입학시키기도 한다. 과학적 관찰에 기초하여 아이의 나이와 단계에 적합한 것으로 권장되는 발달상황에 관한 지침은 모두 잊어버리고 오로지 시간만을 절대적으로 중시한다. 그래서 이런 부모는 밀어붙이고 밀어붙이고 또 밀어붙이며, 이들의 아이는 성취하고 성취하고 또 성취한다.

이런 식의 밀어붙이기는 얼마나 많은 포트폴리오를 가지고 있는가에 의해 결정되는 현재의 '성공' 기준에서 나왔는데, 요즘 유치원 입학시험부터 법학대학원 입학시험(LSAT)에 이르기까지 시험에 응시해보지 않은 아이가 없다. 이것은 아이가 충분히 잘 준비되지 못하고 있다는 걱정으로 부모들을 미치게 만든다. 그래서 놀 시간이 없다. 개인교습을 받고(이 시장의 규모는 현재 10억 달러다), 교육완구를 사용하고(이 시장의 규모 역시 10억 달러다), 과외로 '정신을 단련'하는 활동을 하고, 공부를 하는 게 전부다. 그러나 우리는 그다지 유쾌하지 않은 이런 육아스타일이 가져온 충격적인 결과들을 이미 보고 있다.

아이의 스트레스, 불안, 완벽주의는 유례없이 고조되어 있는 데 반해 정직성은 유례없이 낮아져 있다. 현재 아이들의 시험 부정행위가 만연해 있는데, 우리의 양육방식이 인격과 적절한 발달상황에 대한 고려가 전혀 없이 아이들을 몰아붙이고 있기 때문이다.

이런 부모에게 필요한 변화 자녀가 타고난 재능과 능력에 감사하는 법을 배워라. 그리고 육아법을 아이의 발달단계에 맞춰라.

치명적인 스타일 3 반창고 육아

지속적인 진정한 변화를 목표로 하는 문제해결이 아니라 임시변통으로 문제를 빨리 해결하는 데만 급급한 스타일.

우리는 피곤하다. 괴롭다. 시간이 촉박하다. 게다가 겨우 먹고살 만큼 벌려고 아등바등한다. 그래서 모든 걸 쉽고 빠르게 해야 하고 이는 훈육도 마찬가지다. 우리는 아이가 올바르게 행동하도록 하기 위해 어떤 일이든 할 것이다. 방법이 제대로 먹혀들기만 한다면 말이다. 그래서 아이가 성질을 부리며 짜증내는 것을 방지하기 위해 '1-2-3 방법'(경고1……경고2……경고3)을 사용하고, 화려하게 장식된 행동차트를 사고, 아이가 잘하면 새 렉서스 자동차를 사주겠노라고 약속을 하고, 심지어 약을 주기까지 한다. 정말 심각하다.

전문가들은 약을 복용하는 열풍이, 1993년 이후 과잉행동을 억제하기 위한 약물사용이 3배로 늘게 된 큰 이유라고 경고한다. 자녀에게 새로운 행동방법을 가르치기보다 약을 주는 게 더 쉬운 해결방법이긴 하다. 아, 그렇다고 나를 오해하지는 말기 바란다. 전직 특수교육 교사인 나는 제약산업에 감사한다. 충동을 통제하기 위해 약물의 도움이 필요한 아이들도 있는 것이다. 하지만 내가 걱정하는 것은 우리가 삶을 더 편하게 하기 위해 임시방편에 의존하게 된다는 점이다.

게다가 이런 임시변통의 방법은 오직 경고, 보상, 또는 약 같은 것으로 아이들이 올바르게 행동하도록 만들려고 한다. 효과적인 훈육은 항상 유익하고 아이들이 잘못을 어떻게 바로잡을 수 있는지 배우도록 도와준다. 임시변통의 육아방식은 일시적으로 마음을 놓을 수 있도록 해줄지는 몰라도 거의 대부분 결코 지속적인 진정한 변화를 가져올 수는 없다. 그래서 많은 아이들이 잘못된 행동을 다시 반복하게 되고 우리는 결국 더 지치고 낙담을 하고 만다.

이런 부모에게 필요한 변화 아이를 가장 효과적으로 훈육하려면 항상 아이에게 무엇이 잘못되었고 그것을 어떻게 바로잡아야 하는지 알려줘야 한다. 그러려면 항상 시간이 좀 걸린다는 점을 알아야 한다.

치명적인 스타일 4 친구 같은 육아

아이에게 행동의 한계와 경계를 설정해주거나 때로는 '안 된다'라고 말하기보다는 아이가 좋아하는 것을 우선순위에 두는 스타일.

오늘날 반 이상의 부모들이 내심 자기 아이에게 가장 좋은 친구가 싶어 할 것이다. 그리고 친구 사이의 우정을 끝장내는 방법으로 '안 된다'라고 말하는 것보다 더 확실한 건 없다. 아이가 싫어하는 결정을 내리고 아이의 요구를 거절하거나 아이를 훈육한다는(맙소사! 당치도 않다!) 생각을 우리는 견딜 수 없다. 그렇게 하면 어찌되었든 아이가 화를 낼 테니 말이다.

그리고 분명 아이들은 우리 부모들의 이런 마음을 간파하고 있는 것 같다. 초등학교 아이들에 대한 한 연구조사에서 아이가 뭔가 새로운 것을 간절히 원할 때 부모가 마지못해 응하기 전까지 대부분 9번 정도 조르면 원하는 것을 얻을 수 있었다고 한다. 물론 우리는 자녀가 우리를 좋아해주기 바란다. 그래서 언젠가 아이들이 우리의 친구가 되리라 생각한다. 하지만 지금 당장 아이들에게 필요한 건 부모다. 행동의 규칙과 경계를 정하고 친구와 어른 사이의 경계를 흐려놓지 않는 그런 부모 말이다.

더군다나 아이의 부탁을 거절하지 못하는 무능력함은 아이를 안전하고 책임감 있고 좌절을 극복하고 동정심을 키우며 자라게 하는 데 아무런 도움이 되지 않는다. 다만 대다수 어른들이 우리 아이들을 역사상 가장 버릇없는 응석받이 세대라고 믿어버리게 만들 뿐이다. 80%가 넘는 성인들이 오늘날 아이들이 10~15년 전의 아이들보다 훨씬 더 응석받이라고 생각한다.

이런 부모에게 필요한 변화 명확한 경계와 확실한 한계를 정하고 부모로서의 통제력을 회복하라. 그리고 아이에게 가장 필요한 것은 친구가 아니라 부모임을 깨달아야 한다.

치명적인 스타일 5 액세서리 육아

아이가 받는 상을 통해서만 부모로서의 자신의 가치와 성공 여부를 평가하는 스타일.

건강하고 잘 적응하는 아이는 잊어버려라. 지난 20년 동안 다른 사람들에게 자랑할 수 있는 '완벽한' 아이를 낳아 키우는 게 우선시되었다. 그로 인해 트로피키드 신드롬의 시대가 왔다. 모든 작은 성취, 시험점수, 또는 하키에서 골을 넣은 것 등이 자랑할 수 있는 특권이 된다. 그리고 이런 양육스타일의 부모는 자녀가 받은 포상들을 다른 사람들한테 떠벌리기를 좋아한다. 어떤 집 아이가 최근에 어떤 성과를 냈는지 못 들은 경우에는, 그 집 냉장고를 보면 항상 아이의 온갖 성과들, 증명서들, 우등상장들이 도배되어 있을 것이다. 가장 최근에 받은 트로피는 수많은 트로피들 가운데서도 거실 한가운데에 자랑스럽게 전시될 게 분명하다.

이렇게 자랑을 하는 게 이 육아스타일의 일면이다. 새로 받은 온갖 트로피와 최근에 받은 상은 아이가 훌륭하게 양육되고 있음을 직접적으로 보여준다. 그리고 아이의 성공은 부모 자신의 가치를 생생하게 대변해준다.

《패밀리서클》(Family Circle)의 선임편집자인 게이 노튼 에델먼(Gay Norton Edelman)은 이런 육아스타일을 '액세서리 육아'라는 말로 적절히 정의했다. 만약 아이에게 세상사람들, 적어도 이웃집만이라도 함께 나눌 만한 자랑스러운 일만 생긴다면 만사형통이리라("민재가 영재반에 들었대요, 알고 있었어요?", "믿을 수 있겠어요? 주희가 또 주장으로 뽑혔어요"). 그러나 아이가 실패하거나 만점에서 조금이라도 모자란 점수를 받아오면 그건 어떤 면에서 부모 자신이 낙제한 것으로 여겨질 수도 있다. 이런 육아스타일은 정말 아이를 부모 자신의 욕구, 필요, 꿈을 연장시킨 존재로 만들 수 있다. 이는 부모들 사이에 과도한 경쟁을 부채질해서, 만약 부모는 자신의 기대에 아이가 부합하지 못한다고 느끼고 아이 스스로는 부모의 기대를 저버린 것 같은 느낌을 갖게 한다면 심한 죄책감과 스트레스를 일으킨다. 이런 액세서리 육아스타일이 계속되면 아이의 정체성은 위협받고 건강하지 못한 상호의존이 나타난다. 자부심을 느끼기 위해 부모와 자녀가 서로 의존하게 되는 것이다.

이런 부모에게 필요한 변화 아이를 부모 자신과 분리시켜 개별 인격체로서 바라볼 수 있도록 노력하고 아이의 특징, 재능, 요구에 따라 육아스타일을 맞추는 방법을 배워야 한다.

치명적인 스타일 6 편집증적인 육아

강박적으로 아이의 안전을 최우선순위에 두고 아이를 어떤 신체적·심리적 위험에도 노출되지 않게 하는 스타일.

아이의 안전은 항상 부모의 최우선적인 관심사다. 그러나 오늘날에는 한시라도 아이를 시야에서 놓치게 되면 공포에 떤다. 상식을 벗어날 정도로 항상 지나치게 걱정하는 육아방식을 편집증적인 육아스타일이라고 부르는 것은 매우 적절한 것 같다. 물론 위험이 도처에 산재해 있어서 아이의 안전과 행복을 위협하고 유괴범, 테러, 교내 총격사건, 성범죄자, 사이버폭력, 온라인 소아성애자, 오염된 음식, 납 성분이 든 장난감에 관한 소식을 끊임없이 접하는 마당에 우리가 쉽사리 신경과민에 빠지는 것을 이해하지 못할 일은 아니다.

바깥세상은 무섭다. 그래서 우리는 아이에 대한 보호끈을 바짝 더 조인다. 아이를 더 가까이에서 지켜보고 훨씬 더, 때로는 아주 극도로 보호한다.

"그러지 마! 다칠 수 있어!", "낯선 사람이랑 이야기하면 안 돼!", "너무 멀리 가면 안 된다!"

우리는 '어린이 성추행범에게 납치될 경우를 대비해서' 유치원 아이에게 사랑스런 디즈니 캐릭터가 그려진 새 휴대전화를 사준다. 몰래 집안을 살펴볼 수 있도록 웹캠을 설치해서 혹시 아이를 돌봐주는 사람이 아이를 학대하는 건 아닌지 확인하고 싶어 한다. GPS 추적기가 달린 재킷을 사주고 아이 손에 세균이 들러붙지 못하도록 손소독제를 산다. 심지어는 총격으로부터 아이를 보호하기 위해 방탄용 철판이 내장된 책가방(아주 염려스러워하는 두 아버지가 디자인했다)을 사줄 생각까지 한다.

그러나 닥치게 될지 어떨지 알 수 없는 위험들에 대해 끊임없이 조바심을 내는 행동은 아이에게 더욱 두려움을 키워줄 뿐이다. 사실 우리의 안전망을 조이면 조일수록 우리는 더 강박적으로 더 걱정하게 되고, 그래서 아이의 자신감을 키워주지 못하게 될 뿐이다. 오늘날 아이들이 다른 어떤 세대의 아이들보다 더 불안해한다는 게 이상하지 않은가?

이런 부모에게 필요한 변화 마음을 좀더 편안히 갖는 방법을 배워라. 너무 보호하려고 들면 아이가 삶에 당당히 맞서는 법을 배우기가 어렵다는 사실을 알아야 한다. 부모 자신의 걱정들을 잘 다스려서 두려움을 아이에게 전가시키지 않도록 하라.

치명적인 스타일 7 부차적인 육아

부모로서 아이의 삶에 영향력을 미치는 것을 포기하고 부모보다는 회사, 마케팅담당자, 미디어를 포함하는 외부인들에 의해 아이의 삶이 통제당하도록 내버려두는 스타일.

의식하지 못할 수도 있지만 오늘날 아이들은 미디어 중심적이다. 컴퓨터, 위(Wii, 닌텐도사의 게임기), 유튜브, 비디오게임, 텔레비전, 페이스북, 아이패드(iPod), 디브이디(DVD), 휴대전화까지 요즘 아이들을 플러그인 세대라고 부를 만도 하다. 많은 아이들이 잠자는 것 외에 다른 무엇보다도 미디어와 관련된 것들에 많은 시간을 쏟는다. 한 연구조사에서는 만 12~17세 아이들 가운데 남자아이의 99%, 여자아이의 94%가 컴퓨터, 웹, 휴대용 또는 콘솔 게임기로 게임을 한다고 보고했다.

텔레비전을 보는 시간은 5년 전보다 하루에 1시간이 늘었다. 만 8~18세 아이들 가운데 거의 2/3가 자기 방에 텔레비전을 가지고 있다는 점을 고려하면 이런 결과가 나올 만도 하다. 만 2~7세 아이들조차 하루에 평균 약 3시간 정도를 '화면을 보는 시간'으로 보내고 있다. 아이들은 특히 보는 대로 믿기 때문에 더욱 취약하다. 그러니 아이들에게 이미지의 퍼레이드를 쉴 새 없이 퍼붓는 실수를 범하지 말라. 그 퍼레이드 안에서는 섹스, 알코올 중독, 폭력, 음란물, 상업주의가 판을 치고 있기 때문이다. 아이들을 이런 것들에 노출시키기에는 아직 너무 이르고 너무 빠르다.

그러나 또 다른 위험이 있다. 이렇게 '플러그인'하는 시간은 부모와 자녀가 서로 얼굴을 마주볼 수 있는 시간을 빼앗아간다. 아이의 눈에 부모의 역할이 '부차적'으로 비춰지게 되면 우리는 아이에 대한 통제력을 잃기 시작하고 유행하는 문화가 우리 역할을 대신해버리게 된다. 그러면 아이는 외부로부터의 압력에 더 취약해진다. 아이들은 자신을 이끌어줄 사람으로서 부모인 우리보다는 다른 누군가에게 더 의지해버리기 쉽다. 그리고 다른 이들의 가치를 더 쉽게 받아들이게 된다.

이런 부모에게 필요한 변화 이런 부모는 아이를 위험행동으로부터 보호할 뿐 아니라 아이의 가치관, 태도, 행동에 가장 큰 영향력을 미치는 사람이 자신이란 점을 알아야 한다. 일부러라도 아이의 삶에 더 개입할 여지를 찾아야 한다.

육아법을 어떻게 바꿀 것인가?

우리는 육아를 너무 어렵게 만들어버렸다. 안정적이고 기본적인 육아방식을 제쳐두고 효과적인 육아의 핵심원칙들을 내동댕이쳐버렸다. 그것들은 모두가 아동발달 현장에서 50년이 넘는 연구를 통해 훌륭한 육아법으로 확실히 규명된 것들인데도 말이다. 우리는 다른 사람들의 생각에 의존하기 시작했고 우리 자신의 본능적인 육아 능력은 점점 왜소해지도록 내버려두었다. 일시적으로 문제를 모면해보려는 우리의 시도들은 아이들의 짜증스러운 행동을 더 부채질할 뿐이다. 한 가지는 명확하다. 우리가 현재 고착되어 있는 '자동부모' 모드는 우리 아이와 우리 자신에게 아무런 도움이 되지 못한다는 점 말이다.

이제 이것을 바꾸어야 할 시간이다. 육아를 되돌려야 한다. 우리의 직감을 사용해야 한다. 소매를 걷어붙이고 이제 시작해야 한다. 더 이상 임시처방은 안 된다. 한 번에 한 가지씩에만 집중하자. 그래서 우리 아이가 우리의 바람대로 변화할 때까지 상황을 호전시켜보자. 우리 자신과 우리 가족을 위해서 말이다. 이제 시간이 되었다.

지속적인 진정한 변화를 위한 준비 갖추기

"네 살 난 우리 짜증쟁이는 핵발전소예요. 타임아웃 기법은 잠깐만 효과가 있을 뿐입니다. 몇 시간 후에는 또 다른 원자로 사고가 생겨버려요. 매일 터지는 이런 응급상황을 단 한 번이라도 멈출 수 있는 방법은 없을까요?"

"우리 딸은 딱 비관주의자예요. 그 아이의 암담하고 음울한 사고방식을 바꿔서 삶에 대해 좀더 긍정적인 생각을 갖게 해줄 방법이 있을까요?"

"우리 아들 선생님이 말하길 우리 아들이 ADHD(주의력결핍 과잉행동장애)라고 하네요. 리탈린을 먹어야 된다고 합니다. 약 없이 우리 아들을 도울 방법은 없을까요?"

"식사시간은 악몽 같아요. 우리 딸아이의 식성이 아주 까다롭거든요. 저는 우리 아이한테 섭식장애 같은 것이라도 생길까봐 걱정입니다. 아이가 건강한 식습관을 발달시킬 수 있도록 도울 수 있을까요?"

아이를 기르는 게 정말로 지독히 어려울 수 있다고 생각해본 적이 있는가? 좀 혼란스럽다거나 아이의 행동에 대해 어찌할 바를 모르는 상태까지 온 정도라면 나를 믿어주길 바란다. 당신 혼자만 그런 고민에 빠져 있는 게 아니다. 나는 도움이 필요한 부모들로부터 매주 수십 통의 이메일을 받는다.

"어떨 때 걱정을 해야 하죠?" "우리 아이의 행동이 정상인가요?" "아무것도 소용이 없어요!" "아이가 그냥 같은 것을 계속 반복하고 있어요!" "내가 뭘 잘못하고 있는 거죠?"

아이의 짜증나는 행동을 멈추고 건강한 가치관을 형성하게 하며 아이에게 "그냥 안 돼!"라고 가르칠 방법들을 찾아보지 않은 게 아니다. 당신은 서점에 나와 있는 온갖 육아 관련 책들을 샀을 것이고 도서관에 있는 다른 많은 책들도 살펴보았으리라. 게다가 수많은 온라인 기사들도 읽어봤을 것이다(오늘날 이런 기사들은 정말로 많다. 구글에 육아라는 단어로 검색해보았더니 0.16초 만에 8,430만 건의 검색결과가 나왔다). 소아과 의사와 면담도 해보았을 것이고 거의 대부분이(아마 거의 대부분이라 해도 될 것 같다) 과감하게 시어머니에게 도움을 청해보기도 했을 것이다. 그렇게 전문가들을 찾았지만 오히려 더 혼란스러움만 느꼈을 것이다. 모두가 저마다 다른 접근방식을 제시했을 테니 말이다. 친구들이 자기 아이한테 효과가 있었다고 장담한 근사한 해결책들을 모두 시도해봤을 테지만 당신 아이한테는 효과가 없었을 것이다.

이런 노력에도 불구하고 변화는 전혀 없다. 아, 물론 타임아웃이나 최신유행의 훈육법이 아이의 짜증스러운 행동을 일시적으로 줄어들게 할 수는 있다. 하지만 그 다음날이면 예전의 못된 행동이 또 다시 돌아오고 만다.

왜 그럴까? 그 이유는 실은 지속적이고 영구적인 진정한 변화를 위한 양육이 이루어지지 않았기 때문이다. 궁극적인 양육목표는 아이들이 바르게 행동하고 처신을 잘하며 건강한 삶의 방식을 선택해 발전해가면서 언젠가 스스로 현명한 결정을 내릴 수 있도록 가르치는 것이다. 그런데 문제는 오늘날 대부분의 육아 관련책들이 일시적으로 문제를 해결하는 데만 초점을 맞추고 있다는 점이다. 그런 유의 온갖 책 또는 기사들이 많은 팁과 충고를 주고 있지만 어떻게 해야 문제를 해결할 수 있고 새롭고 개선된 행동이나 태도를 아이에게 가르쳐서 다시 예전의 잘못된 행동으로 돌아가지 못하게 할 수 있는지 알려주기에 그런 접근방식은 부족한 점이 많다. 이제 여기에 양육에 접근하는 새로운 방식이 있다. 그리고 이것이야말로 우리가 아이를 위해 정말로 원하는 것이다.

내 목표는 부모가 아이에게 원하는 지속적인 변화를 이끌어낼 수 있도록 육아를 돕는 것이다. 이것이 이 책이 다른 육아 지도서와는 가장 다른 점이다. 이 책은 우리가 그토록 바랐던 실질적인 변화를 이끌어내는 전략들을 과학적으로 증명된 방법들에 기초하여 한걸음씩 제시한다. 더 이상 외부에서 치료상담사나 양육을 지도해줄 사람을 쓸 필요가 없다. 나는 한걸음씩 안내할 것이다. 시도해볼 만한 비상시 개입 전략들뿐 아니라 더 효과적인 대처법들도 제공한다. 부모로서 언제 걱정을 해야 하는지와 언제 외부에 도움을 청해야 하는지도 경고한다. 또한 아이가 지금 보이고 있는 부적절한 행동이나 태도들을 대체할 수 있도록 아이에게 가르칠 새로운 습관들도 알려준다.

나는 바로 지금 당신을 걱정스럽게 하는 육아과제를 해결할 수 있도록 도와주는 개인 육아코치가 되어줄 것이다. 당신이 할 일은 일단 변화를 시작하는 것이다. 현재 아이에게 반응하는 방식을 기꺼이 바꾸고 더 효과적인 방법을 받아들이는 것이다. 그리고 역경에도 절대 굴하지 않고 끝까지 이 방법을 나와 함께 고수해나가야 한다. 하지만 결국 내가 바라는 바는 부모가 가진 직감과 상식들을 이용해서 자녀에게 가장 효과적인 육아를 했으면 하는 것이다. 그렇게만 한다면, 아이는 달라지고 부모는 더 자신감을 가지고 만족할 수 있으리라고 보장한다. 바로 당신이 그런 부모가 될 것이다! 자, 그럼 이제 시작해보자.

변화를 위한 육아에 관한 일반적인 질문에 대한 답변

나는 요즘 세상에서 아이를 기르면서 가장 많이 부딪히는 많은 문제들을 해결할 수 있는 최대한의 방법들을 제공한다. 이 모든 전략들은 건전한 심리학적 원칙과 과학적 연구로 증명된 방법에 근거한다. 나는 부모가 어떻게 원하는 변화를 달성해나가야 하는지 한 단계씩 보여줄 예정이다.

이를 시작하기 전에, 부모가 열렬히 바라는 대로 아이가 변화할 수 있도록 양육해나가면서 가질 수 있는 가장 일반적인 의문에 대한 답을 여기에 제시한다.

언제 이 책에 있는 변화를 위한 전략들을 시작하면 되죠?

이 책은 즉시 사용할 수 있도록 만들어졌다. 실제로 이 책의 서문을 읽는 것으로 변화를 위한 육아를 시작하는 데 필요한 게 모두 갖춰졌다고 하겠다.

지금 당장 자기 아이에게 문제가 되지 않는 것들에 대해서까지 설명하는 아동발달 이론들에 대한 페이지까지 뒤지고 다닐 만큼 시간이 남아도는 부모가 많지 않다는 걸 잘 알고 있다. 그러니 현재 상황이나 자녀에게 맞지 않는 내용들까지 읽을 필요는 없다. 대신에 차례를 잘 참조해서 지금 걱정되는 문제들에 맞는 페이지를 찾도록 해라. 그렇게 해서 그 페이지로 가서 아이에게 변화를 이끌어내려면 무엇을 해야 하는지 단계별로 알려주는 내용을 찾으면 된다. 이렇게 한 번에 한 가지씩 집중하는 접근방식은 시간을 절약해줄 뿐 아니라 부모 스스로 설정한 목표를 달성할 가능성도 더 높여준다.

이 책에 나오는 육아문제들은 어떻게 선정되었나요?

나는 육아문제들을 통해 부모들이 가장 압박받고 있는 고민거리에 대해 확실하게 언급해주고 싶었다. 그래서 다양한 자료들을 이용했다. 가장 영향력 있는 육아잡지들, 특히 내가 고문위원으로 있는 《페어런츠》(Parents)의 내용을 샅샅이 뒤졌는데, 고문위원회에 소속된 덕분에 시대흐름을 파악하는 데 도움을 많이 받았다. 25개 도시에 사는 5,000명의 부모들을 대상으로 한 워크숍에서는 가장 큰 걱정거리들을 써달라고 부탁했다. 나의 웹사이트와 아이빌리지 블로그로 보내온 수많은 이메일들로부터도 자료를 수집했다. 또한 지난 2년 동안 내가 출연했던 〈투데이쇼〉 방송들도 모두 검토했다. 따라서 이렇게 선정된 주제들은 최근 뉴스들에 기초하고 있다고 할 수 있다. 이런 자료들 가운데서 육아문제들을 선정했고 그 가운데 상위권 안에 드는 것들만 이 책에 담았다.

이런 전략들이 아이들에게 효과가 있을까요?

여기서 제시하는 전략들은 특히 만 3~15세 아이들에게 알맞게 맞춰졌고 성별, 인종, 종교, 문화에 관계없이 유효하도록 만들어졌다. 나는 이런 전략들을 후터파(예루살렘의 원시교회를 본떠 재산의 공유를 강조하는 재세례파 분파) 공동체, 루터교 성직자들, 미국 원주민 공동주택단지부터 가톨릭 학교, 유대교 회당, 이슬람 차터 스쿨(공적 자금을 받아 교사 · 부모 · 지역 단체 등이 설립한 학교)까지 4개 대륙에서 시험해 보았기 때문에 그 효과를 알고 있다. 그렇기는 하지만 이 원칙을 기억하기 바란다. 효과적인 육아방식은 항상 아이의 특별한 요구와 발달단계에 맞춤형으로 제시되어야 한다는 점 말이다. 그러니 어떤 전략이든 아이에게 맞도록 마음놓고 고쳐 사용해도 좋다.

아이에게서 변화를 기대하는 문제나 과제를 찾을 수 없다면 어떻게 해야 하나요?

다양한 문제들이 있기는 하지만 각자에게 닥친 특정한 과제를 못 찾을지도 모른다. 그럴 때는 차례를 보고 자신의 관심사와 가장 비슷한 문제를 찾아서 보도록 하자. 예를 들어, 끼어드는 것을 줄이고 싶어 한다면 통찰과 그 방법을 얻기 위해 '끊임없이 요구할 때'를 찾아볼 수 있다. 도움이 될 만한 전략을 찾기 위해 한 가지 이상의 문제들을 찾아볼 수도 있다. 예를 들어, 아이가 때리는 행동을 한다면 '화내기'와 '괴롭히기' 부분을 찾아볼 수 있다.

각 문제에서 변화를 보이게 하려면 모든 해결책들을 다 사용해야 하나요?

나는 일부러 필요한 것보다 더 많은 해결책들을 내놓았다. 그러니, 자녀에게 가장 효과적일 것으로 생각되는 부분만 선택하도록 하라. 문제가 최근에 생겼거나 심각하지 않다면 첫 단계에 내놓은 전략들인 '초기 개입'에 초점을 맞춘다. 두 번째 단계의 전략인 '신속한 대처'는 더 단단히 자리잡은 문제나 즉각적인 개입이 필요한 문제를 변화시키는 데 도움이 된다. 변화의 마지막 단계는 '변화를 위한 습관'을 개발하는 것으로, 부적절한 행동이나 태도를 대체할 수 있는 적절한 행동이나 습관을 가르치는 전략을 제시한다. 자녀에게 적어도 한 가지는 꼭 바꾸어야 한다고 가르쳐라. 한 가지 새로운 (또는 대체하는) 습관을 가르치지 않으면 자녀들은 일반적으로 예전의 행동으로 되돌아가버리게 된다는 사실을 알게 될 것이다. 그리고 부모도 처음 시작했던 지점으로 되돌아가버린다.

한 번에 얼마나 많은 문제들을 바꾸는 데 도전할 수 있을까요?

오직 한 가지 문제에만 도전할 것을 강력히 추천한다. 바꿔야 할 문제나 향상이 필요한 영역이 한 번에 둘 이상이면 안 된다. 힘을 너무 여러 방향으로 분산시키지 말고 바꾸고자 하는 한 가지 변화에 에너지를 집중시켜야 한다. 또한 정말로 바꾸고자 하는 것에 더 집중하면 긍정적인 결과를 거둘 가능성이 높아진다.

바꾸고자 하는 변화가 어느 정도의 변화여야 하는지 어떻게 알 수 있나요?

자녀에게 현실적이고 실현가능한 기대감을 갖는 것이 정말 중요하다. 비현실적인 목표는 아이에게 좌절과 눈물만 안겨주어 아이를 주눅 들게 한다. 그러니 변화가 필요한 것이 무엇인지 명확하게 인식하고 스스로에게 '어제 우리 아이가 무엇을 할 수 있었지?'라는 정말 중대한 질문을 던지도록 하라. 까다로운 식습관이 문제되는 경우에는 야채를 아주 조금 맛본 것이 해당될 수 있다. 충동적인 아이의 경우에는 딱 5분 동안 누구의 도움 없이 혼자서 숙제를 한 것이 해당된다. '한 단계 더'에 관해서는 그 다음에 생각하고 기대를 그에 맞춰서 설정하라. 예를 들면, 식성이 까다로운 아이에게 야채를 아주 조금씩 2번 맛볼 수 있게 도와준다거나 충동적인 아이가 도움 없이 혼자서 6분 동안 숙제를 하게 도와주는 것 같이 말이다. 이런 요령은 부모의 기대감을 줄여서 자녀가 감당할 수 있을 정도를 기대하게 하므로 자녀가 성공할 수 있도록 해준다. 아이의 능력에 따라 기대감을 조심스럽게 늘리도록 하라. 고무줄을 상상하는 것이 도움이 된다. 아이의 정신이 끊어지지 않게 하면서 새로운 긍정적인 변화 쪽으로 조심스럽게 늘여나가는 것이다!

아이를 돌보는 다른 사람들에게 계획을 얘기해야 하나요?

당연히 그렇다! 계획에 동조하는 양육자가 많으면 많을수록 일반적으로 변화는 더 쉽고 더 빠르게 이루어진다. 배우자, 직계가족이나 대가족, 아이를 보살피는 다른 모든 어른들(교사, 코치, 친척, 베이비시터, 어린이집 교사)을 항상 찾아가서 상담하고 지원을 부탁하라. 그들이 아이를 돌봐주는 시간이 하루에 불과 몇 분밖에 되지 않는다고 해도 그럴 필요가 있다. 그렇다고 계획을 온 동네에 떠벌리고 다니라는 뜻은 아니다. 하지만 적어도 부모의 노력을 한 사람이라도 보강해줄 수 있다면 성공 가능성이 더 높아진다.

왜 처벌은 변화를 가져오지 못할까요?

처벌은 보통 그 순간에만 부적절한 행동을 멈추게 할 뿐이다. 처벌은 아이가 다르게 행동하기 위해 무엇을 할 것인지 배우는 데는 도움이 안 된다. 진정한 변화를 가져오려면 아이가 무엇을 잘못했는지 깨닫는 게 필요하다. 새로운 접근법, 행동, 또는 삶의 방식을 받아들이는 게 어째서 가치 있는 것인지, 대안으로서 무엇을 해야 하는지를 아이가 알아야 한다. 더 나아가 아이들은 새로운 행동이나 믿음을 연습할 기회가 필요하고 성실한 노력에 대한 격려가 필요하다. 그러면 결국 아이들은 유익한 변화들을 받아들이게 된다.

아이가 더 열심히 노력하도록 보상이나 스티커를 사용해도 괜찮나요?

아이가 보상이나 스티커 차트에 반응을 보일 것 같으면 그렇게 해라. 어떤 아이들은 변화를 위한 길을 가기 위해 시동을 걸 때 점프스타트(배터리가 방전되었을 때 다른 차에 배터리를 연결하여 시동을 거는 것)가 필요한 경우도 있다. 이 방법을 사용하는 경우 금전적인 보상이나 스티커, 또는 상을 주는 것을 언제 그만두어야 하는지 알아야 한다. 기대수준을 높여야 하거나 올바르게 행동하도록 하기 위해 아이가 그런 보상에 의지하는 걸 원치 않는다면 말이다. 더 이상 그런 보상들이 필요하지 않게 되면 아이에게 눈에 보이는 강화물들을 제공해서는 안 된다. 다행스럽게도 연구 결과들은 오히려 웃어주고 안아주고 말로 칭찬해주는 것만으로도 효과를 볼 수 있다고 말해준다. 그리고 이런 방식이 때로는 보상을 주는 것보다 아이의 행동을 변화시키는 데 훨씬 더 효과적이기도 하다.

왜 우리 아이는 그렇게 버티면서 바뀌려고 하지 않을까요?

사실을 직시하자. 하던 대로 하는 것이 훨씬 더 쉽다. 변화는 쉬운 것이 아니고 좀 무서운 것이 될 수도 있다. 새로운 행동을 배우거나 새로운 태도를 받아들이는 것은 우리를 편안한 영역에서 미지의 영역으로 몰아넣는다. 예전의 편안한 방법으로 돌아가는 것이 더 쉽다. 그래서 부모가 새로운 방식에 대해 얼마나 진지한지를 알아보기 위해 자녀가 부모를 시험하고 있다고 생각하면 된다. 그러나 습관, 행동, 태도는 변화시킬 수 있는 것들이다. 그러니 버려라. 그저 새로운 습관을 가르치는 것뿐 아니라 아이가 자기 자신을 새로운 이미지로 보도록 도와주는 것도 변화에서 큰 부분을 차지한다. 아이의 이전 이미지는 두려움을 가지고 있으며 나쁜 아이이거나 거짓말쟁이인 '옛날'의 자신을 아이에게 떠올리게 할지도 모른다.

기대하는 변화를 보려면 얼마나 걸릴까요?

보통은 아이가 부적절한 행동을 하거나 그러한 태도를 지녀온 동안만큼의 시간이 걸리고 그만큼 변화하기도 더 어렵다(그래서 우리는 항상 이런 나쁜 행동들을 초기에 바로잡고 싶어 하는 것이다). 그러나 문제마다 다르고 아이마다 다르다. 어떤 문제들은 다른 문제들보다 놀랄 정도로 훨씬 쉽고 빠르게 '고쳐진다'. 변화의 열쇠는 변화가 일어날 때까지 결코 포기하지 않는 것이다.

왜 전략의 효과가 아이들마다 다르죠?

평범한 진리는 한 아이에게 효과가 있는 전략, 훈육, 육아반응이 다른 아이에게는 효과가 없을 수도 있다는 사실이다. 설령 일란성 쌍둥이인 경우라 할지라도 말이다. 이는 아이를 키우는 문제에 관한 한 육아문제뿐 아니라 기질, 유전, 심지어 학습방식 같은 요인들이 모두 영향을 미치기 때문이다. 첫째아이는 눈썹을 치켜올리는 것만으로도 충분해서 더 이상은 안 된다는 것을 알았지만, 둘째아이는 행동을 가다듬게 하려면 더 많은 강화와 엄중한 주의가 필요할지 모른다. 변화를 위한 육아의 중요한 부분은 각각의 아이에게 가장 잘 통하는 대응방법을 아는 것이다. 일단 그것을 알기만 하면 대광맥, 말하자면 효과적인 육아비법을 찾을 수 있다.

변화에 성공했다는 걸 어떻게 알 수 있죠?

아이가 마침내 새로운 기술, 삶의 방식, 습관, 태도, 행동을 실제 삶에서 보이게 될 때 성공했음을 알 수 있다. 이제 아이는 더 이상 변화를 위한 지도나 강화가 필요없게 될 것이다. 또한 더 이상 재차 말을 하거나 잘못된 행동을 바로잡는 데 너무 많은 에너지를 쏟을 필요가 없다는 점도 알게 될 것이다. 아이가 생각하는 자신의 이미지 또한 바뀔 것이다. 스스로 자신의 변화를 의식하게 될 것이다. "나는 이제 그렇게 많이 물지 않아요." "난 어둠이 무섭지 않아요." "걱정 마세요. 멋진 경기가 되려면 스트라이크아웃 당했을 때 어떻게 해야 하는지 이제 알아요." 아이가 한 번 변화를 받아들이면 아이에게 또 다른 뜻밖의 일이 일어나서 추가적인 긍정적인 변화를 볼 수 있을지도 모른다. "성공은 성공을 부른다"는 옛 속담은 진리를 담고 있다.

내가 바라는 변화가 생기지 않으면 어떡하죠?

변화는 보통 조금씩 일어난다. 즉석에서 결과를 얻을 수는 없기 때문에 변화가 금방 일어날 것이라고 생각하지 말라(그런 경우는 거의 드물다, 나를 믿어라). 그러나 부적절한 행동이 점진적으로 감소하거나 새로운 믿음이 천천히 받아들여지는 것을 지켜봐야 한다. 점진적인 변화를 찾아볼 수 없다면 부모가 현재 처해 있을 수 있는 상황을 고려하기 위해 다음의 요소들을 확인해보라.

아이에 대한 기대감이 현실적인가?

새로운 대응방법을 일관성 있게 유지하고 있는가?

새로운 대응방법을 침착하고 태연하게 시행하고 있는가?

아이의 부적절한 행동을 대체할 새로운 습관을 가르쳤는가?

아이가 새로운 대응방법을 연습하고 적응할 기회를 줘서 그것을 편안하게 사용할 수 있게 되었는가?

아이의 노력을 강화해주고 한 가지 부정적인 언급을 했으면 적어도 5가지의 긍정적인 언급을 해주었는가?

뜻을 함께하는 중요한 육아파트너가 있어서 그가 당신의 노력을 강화해주는가?

변화를 보이지 않는 문제에 영향을 미치는 다른 요소들이 있지는 않은가(예를 들면 우울증, 병, 스트레스, 외상후스트레스장애, 학습장애 등)?

아이에게 무언가 더 심각한 일이 벌어지고 있다는 의심이 생기면(예를 들면 우울증, 스트레스, 섭식장애) 전문가의 도움을 찾길 바란다. 보통 그런 경우 더 시간을 지체하면 나중에는 문제를 호전시키기가 훨씬 더 어려워진다. 문제가 지속되도록 내버려두면 그것이 입히는 심각한 피해가 자녀의 자존감에 심한 상처를 주고 가족의 화목함마저 깨뜨릴 수 있다. 도움을 청하라!

한 가지 꼭 기억할 것: 상식을 이용하라

최근에 완전히 제정신이 아닌 엄마로부터 한 통의 편지를 받았다. 이 엄마한테 무슨 충고를 해야 할까?

두 살 된 우리 아이는 그저 고양이 배설용 상자에서 놀기만 하려고 합니다. 나는 안 된다고 말하거나 타임아웃을 줍니다. 주의를 다른 데로 돌리려고 노력을 하지요. 아이의 엉덩이를 때리기도 했어요. 아무것도 소용이 없어서 어찌할 바를 모르겠어요! 어떻게 해야 우리 아이가 고양이 배설 상자에서 안 놀게 할 수 있을까요?

그 답이 "고양이 배설물 상자를 치우세요"라고 생각했다면, 맞았다. 속임수가 있는 질문이 아닌가 했을지 모르겠는데, 전혀 그렇지가 않다. 내가 그 엄마에게 준 답변도 바로 그거였다. 이것은 분명 어떤 전문가의 충고도 필요하지 않은 간단한 해결책이다. 훈육도 필요없고 새로운 육아방식도 필요없다. 새로운 교육법을 쓸 이유도, 새로운 육아책을 읽을 필요도, 육아지도를 해줄 사람을 쓸 필요도 전혀 없다. 그냥 그 빌어먹을 상자를 치우면 되는 게 아닌가! 기본적인 상식만으로 해결될 수 있는 이런 문제들에 대해 제정신이 아닌 부모들이 얼마나 많은 편지들을 보내오는지 모른다. 상식을 이용하는 것이, 까맣게 잊고 있던 양육용 도구상자 안에 든 한 가지 전략이 될 수 있다.

그리고 기억하라, 자녀에 대해 가장 잘 아는 것은 부모 자신이라는 사실을. 우리 어머니의 육아스승인 벤저민 스포크(Benjamin Spock) 박사는 몇 년 전 세월이 흘러도 변치 않을 충고를 내게 해주었다. 이건 정말 화장실 거울에 붙여둬야 한다.

자신을 믿어라. 당신은 당신이 생각하는 것보다 훨씬 많이 알고 있다.

정말 이 말에 동의하지 않을 수 없다!

새롭게 변한 아이를 얻고 그 아이를 지키는 방법
확실하고 지속적인 변화를 위한 양육비결

"인정하기는 싫지만 우린 정말 우리집 아이 때문에 돌아버릴 지경이에요. 좋다는 양육법이란 양육법은 죄다 시도해봤어요. 하지만 잠시뿐, 금방 예전의 안 좋은 행동들이 나오는 거예요. 다른 사람한테 사가라고 인터넷 경매에다 내놓기라도 하면 좋겠지만 사랑하는 아들을 팔 순 없잖아요. 도와주세요! 나쁜 행동을 확실히 바꿀

수 있는 비밀은 뭔가요?"(여덟 살 난 아들을 너무도 사랑하는 좌절에 빠진 부모가)

아직도 깨닫지 못하고 있다면 다시 알려주겠다. '아이는 반품될 수 없다.' 양육은 부모에게 지워진 종신형이다. 한두 번 정도 아이를 누군거에게 팔아버렸으면 좋겠다고 생각하지 않은 부모는 거의 없으리라. 하지만 그 아이를 살 사람이 없다는 걸 깨달으면서 현실을 절감한다. 인정하자, 당신은 최근 들어 제멋대로인 행동으로 당신을 잠 못 이루게 만드는 이 녀석에게서 절대로 벗어날 수 없다. 하지만 그 아이는 당신이 목숨보다도 더 사랑하는 자녀다. 그럼, 현실을 감안한 진짜 질문을 해보자. 지금 있는 아이를 반품하지 않는다면 어떻게 새 아이를 얻을 수 있을까?

나는 심리학 박사과정을 밟던 중 변화의 기본원칙들을 터득했다. 그리고 행동 및 감정 문제를 지닌 학생들을 다루는 특수교육 교사로 일하면서 이 원칙들이 효과가 있음을 알게 되었다. 학교의 상담교사들은 그 아이들에게 '희망이 없다'고 경고했다. 그 아이들은 '절대로 바뀌지 않는다'고도 했다. 하지만 나는 그렇지 않다는 걸 알게 되었다. 그 아이들의 필요에 맞는 계획과 전략을 짜고 10가지 기본원칙들을 적용하면 아이들은 변했다. 변화에는 언제나 시간이 걸렸다. 하지만 지속적으로 올바른 대응방식을 보여주며 포기하지 않는다면 변화는 일어났다. 나는 계속해서 내 방법들을 다듬어가며 부모와 교사들을 대상으로 하는 워크숍에서 이 방법들을 가르쳤다. 지금까지 4개의 대륙에서 100만 명이 넘는 참가자들이 내 방법을 배워갔다. 이 책에는 가장 어려운 육아과제를 해결하기 위한 모든 전략과 더불어 효과가 입증된 기술들이 담겨 있다. 최근의 과학적 발견에 기초한 이 전략과 기술들은 적용하기가 쉽고 그 효과가 입증된 것들이다.

부모가 알아야 할 변화의 원칙들

여기 자녀를 돕기 위해 알아야 할 가장 중요한 변화의 10가지 원칙을 소개한다.

1. **대부분 행동과 태도는 학습된다.** 물론 생물학적 요소의 영향을 받는 행동도 있다. 하지만 대부분의 행동은 학습되는 것이다. 아이들은 우리가 세상에 대해 가르쳐준 지식과 자신들의 경험을 토대로 행동, 태도, 습관을 학습한다. 아이의 성격과 신체적 특징처럼 우리가 변화시킬 수 없는 것들도 있지만 우리는 아이에게 이 세상과, 자신을 움직이는 유전적 요소를 감당할 수 있게 해줄 새로운 행동, 습관, 기술을 가르칠 수 있다. 예컨대 부끄러움을 타는 아이는 단체 속에서 좀더 자신감 있게 행동하기 위한 사교기술을 배울 수 있으며, 공격적인 아이는 분노관리기술을, 충동적인 아이는 행동하기 전에 생각하는 기술을 배울 수 있다.

2. **대부분 행동은 변화될 수 있다.** 학습된 행동은 변화될 수 있다. 대부분 행동과 태도는 연구를 통해 그 효과가 입증된 방법을 이용해 변화시킬 수 있다.

3. **대부분 행동에는 개입이 필요하다.** 아이가 혼자 바뀌기를 기대하지 말라. 부모가 개입하지 않으면 아이의 행동은 더욱 악화될 뿐이다. 또한 나쁜 행동이 아이가 자라면서 사라지게 되는 일시적인 현상이라고 생각하지 말라. 그러면 그런 나쁜 행동이 습관이 되도록 시간을 주는 것일 뿐이다. 그렇게 되면 변화는 더욱 어려워진다. 이 책에 나오는 모든 변화의 첫 단계가 '초기 개입'인 것도 바로 그런 이유에서이다. 나쁜 행동은 습관으로 굳어지기 전에 초기에 개입해 싹을 잘라버려야 한다.

4. **변화를 일으키려면 대응방식을 바꾸어야 한다.** 원하는 변화를 일으키려면 효과적인 대응방식을 사용해야 한다. 어쨌든 현재의 방법은 통하지 않고 있지

않은가? 중요한 변화공식 하나! '부모가 바뀌어야 아이가 바뀐다' 이 책을 통해 효과적인 새로운 대응법을 제시할 테니 그 방법들을 적용하여 아이와의 상호작용 방식을 바꾸길 바란다. 이를 통해 단지 반응에 그치지 않고 보다 효과적으로 대응할 수 있을 것이다. 부모의 대응방식에 아래의 요소들이 포함되어 있을 때 아이는 더 쉽게 변화한다는 사실을 명심하라.

- **차분함.** 차분하고 이성적인 말투와 태도를 유지하라.
- **존중.** 아이에게 '부탁인데'라는 말로 요청하라. 아이가 잘 따라주었을 때는 '고 맙다'고 말하라.
- **근접성.** 육체적인 거리가 가까울수록 아이가 부모의 요청에 따를 확률이 높 아진다. 아이에게 더 가까이 다가가라. 요청할 때는 아이의 눈높이에 서 시선을 맞춰라.
- **직접성.** 분명하고 직접적인 말로 원하는 것을 설명하라. 그리고 그 이상은 기 대하지 말라.
- **모범.** 아이가 따르길 바라는 행동을 먼저 보여라.
- **일관성.** 언제 어디서나 위에서 말한 이 대응방법들을 사용하라.

5. 한 번에 하나씩의 변화를 목표로 한다면 성공가능성이 더욱 높아진다. 한 번 에 너무 많은 행동들을 바꾸려고 애쓰다가 부모나 자녀가 목표에 압도당하지 않도록 해야 한다. 한 번에 오직 한 가지 과제를 헤쳐나가는 데만 에너지를 집 중하라. 그렇게 하면 나쁜 행동들을 제거하기 위한 특별한 행동계획들을 훨씬 더 발전시켜나갈 수 있다.

6. 바꾸고자 하는 변화를 명확히 인식하는 것이 핵심이다. 대부분 부모들은 자녀의 어떤 행동을 멈추게 하고 싶은지에 대해서는 잘 알고 있다. 하지만 그것을 멈추고 어떤 행동으로 대체할지에 대해서 명확히 인식해야만 원하는 변화를 이룰 수 있다. 보통 부모가 바라는 변화는 아이가 현재 하고 있는 행동과는 정반대되는 행동이다. 이를 행동주의 용어로 ‘긍정적인 역행동’이라고 한다. 긍정적인 역행동을 명확하게 인식했을 때에야 비로소 상황을 호전시킬 수 있는 계획을 짜낼 수 있다. 긍정적인 역행동을 명확하게 인식하려면 이렇게 질문해보자. “우리 아이가 너무 많이 하는 것은 무엇인가”(문제: 불평의 목소리). 그 다음에는 “우리 아이가 너무 조금 하거나 충분하지 않은 것은 무엇인가”라고 질문한다(바라는 변화 또는 목표로 하는 긍정적인 역행동은 “좀더 공손한 말투를 사용하는 것”).

7. 받아들일 수 없는 모든 행동은 대안이 필요하다. 변화를 열망한다면 항상 생각해야 한다. “만약 우리 아이가 한 가지 행동을 멈춘다면 그 대신에 무엇을 할 수 있을까?” 현재의 부적절한 것을 대체할 대안, 기술, 습관을 가르쳐주지 않으면 행동이나 태도는 전혀 변하지 않을 것이다. 이런 과정이 없다면 아이는 옛날의 잘못된 행동으로 돌아가기 마련이고 그렇게 되면 변화는 바랄 수 없다.

8. 아이들은 새로운 행동에 대한 예행연습이 필요하다. 어떤 새로운 행동을 배운다는 것은 연습한다는 것이다. 그래서 예행연습이나 새로운 기술, 행동, 또는 태도들을 충분한 시간 동안 연습하는 것이야말로 진정한 변화를 가능하게 만든다. 아이가 바꾸고자 했던 행동이나 태도의 대안을 부모의 도움 없이도 자신감 있게 현실에서 보일 수 있게 만드는 것이 우리의 목표다. 심리학자들이 ‘강화된 행동’ 원칙이라고 부르는 이것은 변화를 위한 결정적인 과정이다. 새로 바뀐 행

동이 충분히 반복되면 실제로 그것이 아이의 뇌 연결회로를 새로 구성하여 예전의 문제적인 행동으로 되돌아가는 경향이 줄어들게 된다는 것은 과학적으로도 증명되어 있다.

9. 올바른 행동을 강화해줄 필요가 있다. 아이들에게 올바른 방식으로 ('긍정적인 강화'라고 불리는) 칭찬을 해주는 것은 새로운 행동을 형성하는 가장 좋은 방법이라는 건 연구결과로도 나와 있다. 과학은 또한 부모가 원치 않는 부정적인 행동을 자녀가 한다면 그것을 좀더 지적해주어야 할 필요가 있음을 보여준다. 그래도 아무런 변화가 없다면 아이를 붙잡고 부모가 원하는 행동을 하게 만들어야 한다. 칭찬은 구체적이어야 하며 뭘 잘했는지 아이에게 정확히 말해주어야 한다는 점을 명심하라("왜냐하면" 또는 "~했기 때문에" 같은 말을 덧붙이면 칭찬의 급을 올려준다. "네가 이 시간에 스스로 숙제를 시작해서 난 너무 감동했단다"). 아이의 변화를 위해서는 화려하고 값비싼 보상 같은 건 필요하지 않음을 연구결과들은 증명해준다. 아이들에게 정말 필요한 것은 그들의 노력을 인정해주는 말이다.

10. '21규칙'은 예정된 방향으로 계속 진행하게 해줄 것이다. 변화에는 시간이 필요하다. 토요일 밤에 30분 동안 아이들에게 설교를 늘어놓았다고 해서 다음 날 아이의 행동이 더 나아지리라는 기대는 하지 말자. 진정 변화가 일어나게 하려면 부모 자신과 아이에게 시간을 주자. 새로운 습관을 배우는 데는 보통 최소 21일의 반복이 필요하다고 한다. 육아과정에서 일어나는 큰 실수 가운데 하나가 하나의 행동계획을 충분히 오랫동안 고수하지 않는 것이다. 그러니 어떤 변화를 원하든지 간에, 계획을 적어도 21일 동안은 시행해야 한다.

무엇보다도 여기에는 반드시 알고 넘어가야 하는 가장 중요한 원칙이 있다. 연구 결과들은 '아이의 행동을 바꾸기에는 너무 늦어져서 바꿀 수 없다'라는 말이 잘못 되었음을 증명해준다. 문제가 오랫동안 지속되어온 것이라 할지라도 체념하지 말고 결코 포기하지 말자. 도움의 손길이 다가오는 중이다. 당신이 일으킨 당장의 작은 변화들이 집과 학교에서 아이들의 행동을 바꾸는 데 지속적인 효과를 발휘할 수 있다.

이제 부모로서 알아야 할 필요가 있는 것들은 모두 알았다. 차례로 돌아가 바꾸고자 하는 첫 번째 육아과제를 찾아서 그 페이지로 가도록 하자. 이제 진정한 변화를 위한 첫 발을 내디딜 시간이다.

엄마로서의 기쁨에 관한 연구조사
– 엄마들이 정말 무엇을 느끼는지와 우리가 다음 세대를 기르는 데 도움을 줄 엄마들의 충고

지난 몇 년 동안 나는 육아잡지인 《페어런츠》의 고문위원회에 소속되어서 최고의 편집자 및 작가들과 함께 일했다(내가 이 잡지와 실질적으로 관계하기 시작한 것은 더 이전의 일인데, 내가 엄마가 되어서 이 잡지를 처음부터 끝까지 읽게 되었을 때부터였다). 이 책을 쓰는 동안 《페어런츠》의 건강과 심리 편집자인 다이앤 데브로브너와 이야기를 나누면서 깨우침을 얻을 수 있었다. 그는 고맙게도 내가 이 잡지의 연구부서와 접촉할 수 있는 기회를 주었는데, 몇 주 뒤에 이 팀으로부터 질문지를 개발해달라는 부탁을 받았다. 그것은 바로 '엄마로서의 기쁨에 관한 연구조사'를 위한 질문지였다. 나는 그 연구결과가 다른 엄마들에 대한 그들의 충고를 수집할 수 있을 뿐 아니라 오늘날 엄마들이 느끼는 양육의 기쁨과 과제들이 어떤 것인지 이해하는 데 도움이 되기를 바랐다.

연구조사는 《페어런츠》와 《아메리칸베이비》(*American Baby*) 독자들을 대상으로 온라인을 통해 2주 동안 실시되었다. 총 2,140명의 엄마들이 응답을 통해 양육에 대한 의견을 나눠주었다. 그 응답들은 나의 다른 연구들에서 나온 결과들이 사실임을 다시 한 번 확인시켜주었는데, 특히

- 오늘날의 엄마들은 스트레스를 받고 있고 육아가 과거보다 더 어렵다고 느낀다.
- 저마다 다른 충고를 주는 전문가들로 인해 좌절감에 빠져 있다.
- 육아에 필요한 충고를 얻기 위해 책, 잡지, 인터넷을 사용한다.

다음은 '엄마로서의 기쁨에 관한 연구조사'에서 밝혀진 가장 흥미로운 결과들의 한 가지 표본이다.

엄마들이 아이들에게 가장 바라는 자질들

우리는 엄마들에게 자녀들이 가지고 있으면 좋겠다고 생각하는 10가지 자질들을 중요도에 따라 점수로 평가해달라고 했다. 건강과 행복이 맨 앞자리를 차지하는 건 전혀 놀랄 일이 아니었지만 안전, 배려심, 자신감, 도덕심을 똑똑한 것보다 '매우 중요한' 것으로 평가한 것은 흥미로웠다.

여기에 10가지 자질들이 있다. 엄마들이 중요하다고 평가한 순서대로 제시한다.

특징	건강	행복	안전	배려심	자신감	도덕심	회복력	똑똑함	사회성	정신성
%	98	97	95	94	94	91	66	65	61	52

엄마들이 충고를 구하는 곳

문제가 발생했을 때 엄마들이 조언을 구하는 곳은 육아책과 잡지(23%), 그리고 친정 엄마(22%)였다. 다음으로 도움을 많이 받는 곳은 소아과 의사, 간호사 또는 다른

건강 전문가와 다른 엄마들이었다. 아기와 육아를 다루는 잡지들은 엄마들의 삶에 없어서는 안 되는 방편으로 꼽혔다. 반대로 가장 최악의 조언을 제시하는 이는 시어머니로 나타났다(절대로 변하지 않는 것들이 있는 법이다).

육아법에 관한 새로운 연구결과의 활용

10명 중 8명은 매우(14%) 또는 다소(69%) 아기 육아에 대한 최신 연구결과들에 관심을 갖는 편이라고 응답했다. 엄마들의 반 이상(55%)이 때때로 좌절감을 느끼는데, 다양한 출처에서 나오는 육아 정보들이 서로 상충하기 때문이라고 대답했다.

엄마의 스트레스

대다수 엄마들은 오늘날 엄마가 된다는 것이 자신의 어머니가 자신을 키울 때보다 더 어렵다고 느낀다. 오늘날 엄마들의 3/4 이상(81%)이 자녀를 다른 집 아이들과 비교하기 때문에 너무 걱정을 하게 된다는 데 동의한다. 절반은 오늘날의 육아가 기본적인 엄마와 아이의 자연스러운 관계로부터 너무 동떨어져 있다고 느끼고(48%), 아기를 기르는 첫해에는 똑똑하게 키우기 위해 온갖 적절한 것들을 다 해야 한다는 것 때문에 스트레스를 받는다고 한다(47%).

엄마 경험

응답자들에게 제시된 6가지 영화 가운데서 과거 또는 현재에 한 살배기 아이나 그보다 어린 아이의 엄마로서 겪는 하루하루의 경험을 가장 특색 있게 그린 영화를 골라달라고 요청했다. 그들의 응답은 다음과 같았다. 제시된 순서는 엄마들이 많이 선택한 영화 순이다. 잘 살펴보고 자신의 현재 육아 경험을 반영하고 있는 것이 있는지 찾아보라. 어떤 영화를 선택할 것인가?

영화제목	%
멋진 인생 (It's a Wonderful Life, 1946년, 아이를 보살피는 데 자신감이 넘친다)	46
시애틀의 잠 못 이루는 밤 (Sleepless in Seattle, 1993년, 아이를 돌보느라 잠을 충분히 자지 못해서 거의 항상 지쳐 있다)	37
유죄의 대가 (Guilty as Charged, 항상 죄책감을 느끼거나 내가 제대로 하고 있지 못하다고 걱정을 한다)	16
타이타닉 (Titanic, 1997년, 완전히 압도된 느낌이다)	6
사랑하는 어머니 (Mommy Dearest, 1981년, 우울하거나 감정적이다)	3
클루리스 (Clueless, 1996년, 자신감 없어하며 항상 다른 사람에게 조언을 구한다)	2

더 좋은 엄마가 되는 데 도움이 될 만한조언

나는 정말 비슷한 내용들로 가득 채워진 쪽지들을 받고 또 받았다. 엄마들이 어리든 나이가 많든, 대학을 나왔든 안 나왔든, 결혼을 했든 안 했든, 일을 하든 안 하든, 교외에 살든 도심에 살든, 최고의 충고는 바로 이것이었다. "직감을 사용하고 다른 사람들에게 의지하지 말라." 너무 많은 부모들이 아기 때부터 고등학교를 졸업할 때까지 자녀를 기르면서 육아에 대한 자신감과 기쁨을 잃어버리는 것 같다. 여기에 다른 엄마들이 제시하는 현명한 조언이 있다.

모든 걸 다 알지 못해도 괜찮다.

인내하면서 속도를 늦추어라.

필요할 땐 도움을 청하라.

'엄마 목소리'에 귀를 기울여라……그것은 직감적으로 자녀에게 문제가 있음을 알려준다.

아이와 함께하는 모든 순간이 귀중하다. 그 시간은 금방 지나간다!

아이는 저마다 다르다. 아이가 엄마를 안내하도록 해보라.

느긋해져라! 작은 것에 스트레스를 받지 마라!

자녀를 하나의 인격체로 대해야 한다.

우선순위에 균형을 잡아라.

아이가 자기 페이스대로 발달할 수 있도록 놔두어라.

차례대로 매일매일 해라.

힘든 상황에 적응하고 모든 것에 긍정적인 시각을 유지하라.

엄마가 되는 것보다 더 중요한 것은 없다. 다른 모든 것은 기다릴 수 있다!

육아의 즐거움을 잃지 말라!

이들은 우리 다음 세대를 기르는 우리에게 가장 필요한, 간단하면서도 강력하고 바람직하면서 정확한 충고들이다. 이들은 또한 육아의 기쁨을 되찾고 우리 아이들을 우리가 원하는 대로 변화시킬 수 있도록 도와준다. 이 충고들을 따른다면, 건강하고 행복하고 안전하고 자신감 있고 배려심 있고 도덕적인 아이로 키우는 데 많은 도움이 되리라 확신한다. 이제 준비를 하자. 우리 아이와 가족의 지속적인 진정한 변화를 위한 육아를 시작할 때다.

도와주세요

이기적이고 버릇없는 아이들의 적신호

가능한 한 빨리 어떤 것을 해달라고 조른다.

특권을 누리려고 한다.

항상 즐겁기를 바라고 감사와 만족을 모르며 탐욕스럽다.

부모가 해야 할 일은?

아이가 다른 사람의 욕구와 감정을 고려할 수 있게 해준다. 그리고 자신이 무엇을 가졌느냐가 중요한 것이 아니라 있는 그대로의 자신이 중요하다는 것을 알게 해준다.

제 아들에게 많은 관심을 기울였더니 아이는 이 세상이 자신을 위해 존재한다고 생각합니다. 아이의 이기적인 태도를 고치고 자기 외의 다른 사람들을 생각하게 하려면 어떻게 해야 하나요?

! 이기적인 아이를 변화시키는 방법은 아이의 모든 변덕을 받아주는 것을 그만두고 다른 사람의 필요와 감정을 이해하는 법을 가르쳐주는 것입니다. 그 과정에는 인내심도 필요하고 노력도 필요하지요. 하지만 이 방법이 아이를 더욱 행복하게 만들어주고 더욱 큰 성취감을 느끼게 해준다는 연구들이 있습니다.

왜 변해야 할까?

사치스러운 것과 특권의식에 사로잡혀 자신이 공주님 혹은 왕자님인 줄 아는 아이가 있는가? 아이가 자기 자신만을 생각하는가? 아이가 세상이 자기를 중심으로 돌아가길 기대하는가? 만약 그렇다면 이런 문제를 가지고 있는 사람은 당신만이 아니다. 실제로, 전국에 걸친 조사결과를 보면 부모 중 2/3가 자신의 아이가 본인의 가치를 자신이 소유한 물건으로 판단하고 있으며 버릇이 없다고 응답했다. 또 다른 설문조사에서는 응답자 중의 80%가 현재의 아이들이 10~15년 전의 아이들보다 버릇이 없는 것 같다고 답했다. 그리고 2/3는 자신의 아이가 버릇이 없음을 인정했다. 분명한 한 가지 사실은, 아이가 이기적인 것은 기분좋은 일이 아니라는 점이다. 이런 아이들은 항상 모든 것들이 자기 방식대로 되길 원하고 다른 사람의 필요나 걱정거리보다는 자신의 문제가 우선시되어야 한다고 생각하며 다른 사람의 감정을 고려하지 않는다. 따라서 아이는 다른 사람의 필요나 감정보다는 자신의 감정이 훨씬 더 중요하다고 부모가 생각해주기를 바란다.

사실 버릇없게 태어나는 아이들은 없다. 연구에 따르면 아이들은 다른 사람을 배려하는 재능을 가지고 태어난다. 그러나 우리가 이런 자질을 계속 개발시켜주지 않으면 그것은 사라진다. 이기적이고 버릇없는 아이들은 자신의 삶에 덜 만족하고 덜 행복한 것으로 밝혀졌다. 또한 관계에서도 더 많은 문제를 가지고 있다. 이런 아이는 또래들 사이에서 인기가 없으며 낙담하기 쉽고 부모와 언쟁을 많이 하는 편이다. 부모의 적절한 제재가 없으면 버릇없는 아이들은 덜 행복한 어른으로 성장할 가능성이 높다. 따라서 팔을 걷어부치고 아이의 잘못된 행동을 개선하도록 하자.

어떤 행동을 보일까?

'싫어' '주세요' '나' '지금'이라는 말은 이기적이고 버릇없는 아이를 가장 잘 설명해준다. 이런 말들은 모두 자신의 욕구를 1순위로 놓고 다른 사람을 고려하지 않기 때문이다. 아이의 평소 행동을 생각해보자. 그러고 나서 다음의 설명을 읽어보고 아이에게서 이런 종류의 행동이 보인다면 아이가 버릇없는 태도를 보이고 있다는 신호이다.

1. "싫어" 자신의 요구가 거절되는 것을 이해하지 못하고 항상 자신이 원하는 방식대로 되길 원한다.
2. "주세요" 종종 감사를 모르고 약간은 탐욕스럽다.
3. "나" 다른 사람보다 자기 자신에 대해 더 많이 생각한다. 그리고 자신에 대한 특혜와 특권을 기대한다.
4. "지금" 기다리는 능력을 가지고 있지만 기다리지 않는다. 항상 자신이 원하는 것이 가능한 빨리 이뤄지길 바란다. 그리고 종종 자신의 요청이 지연되는 것을 참지 못한다. 아이는 불편을 겪고 있는 다른 사람을 배려하지 못한다.

해결책

1단계 : 초기 개입

●이유를 찾아라. 아이의 이기적이고 버릇없는 태도를 고치기 위한 첫 번째 단계는 왜 아이가 그런 태도를 갖게 되었는지 이유를 찾는 것이다. 일단 아이의

이기적인 태도가 어디에서 나오게 된 것인지를 알아내면 아이의 행동을 개선 시키기가 더욱 쉬워진다. 가장 흔한 원인들을 보자. 아이와 상황에 적용되는 것이 있는지 확인해보자.

☐ 부모가 아이를 버릇없게 만들고 있다(부모 자신이 참을성이 없다고 느끼며 과거의 실수에 대한 개선책을 마련해야 할 필요가 있다. 아이와 충분한 시간을 보내지 않는다).

☐ 부모의 어린 시절보다 아이가 더 나은 어린 시절을 보내길 바란다.

☐ 무엇을 가졌느냐가 중요한 '경쟁적인' 사회에서 살고 있다.

☐ 마치 세상이 아이를 위해 존재하는 것처럼 아이를 대해왔다.

☐ 가족 중 부모 또는 다른 어른이 이기적인 행동을 보이고 있다.

☐ 아이가 부모중 한쪽이나 형제자매들을 질투하고 부모의 사랑과 인정을 원한다.

☐ 아이가 사심 없는 마음의 가치에 대해 배운 적이 없다.

☐ 아이가 상대적으로 눈치가 없고 다른 사람의 감정을 이해하고 구별하는 데 어려움을 느낀다.

☐ 아이가 과거에 외상후스트레스장애를 겪거나 아팠던 적이 있거나 아이의 삶에서 고통을 주는 무언가가 있었다. 그래서 아이에게 뭔가 물질적으로라도 보상을 해줘야겠다고 부모는 느끼고 있다.

☐ 육아법에서 규칙을 정하거나 한계를 정하는 것을 최우선으로 두지 않았다. 따라서 아이는 자신의 방식을 고집하는 게 잘 통한다는 것을 안다.

☐ 부모에게 돈이 많다. 따라서 부모가 '아이가 특권의식을 갖도록 기르면 안 되는 것인가'라는 생각을 할 수도 있다.

일단 무엇이 아이의 이기심을 유발하는지 알아내면 그런 행동을 더 이상 가속화시키지 않을 수 있는 간단한 해결책을 찾을 수 있다.

● **올바른 육아법을 이용하자.** 이기심은 적고 배려심은 많은 아이로 키우는 데는 똑같이 중요한 역할을 하는 두 가지가 있다. 즉 조건 없는 사랑과 엄격한 제한이다. 당신의 육아법은 이 두 가지 사이에서 균형을 잘 이루고 있는가? 만약 현재의 육아법이 균형을 이루지 못한다면 배려심 깊은 아이로 길러내기 위해 육아방법을 개선할 필요가 있다.

● **이기심 없는 행동을 보여주는 좋은 본보기를 제시하자.** 아이가 친절함과 배려심, 사려깊음을 배울 수 있는 가장 간단하고 효과적인 방법은 다른 사람의 행동을 보는 것이다. 부모 스스로 아이가 따라하기를 바라는 본보기가 되어야 한다. 낙담한 친구에게 전화 걸기, 쓰레기 줍기, 길 알려주기, 가족들을 위해 쿠키 굽기 등 다른 사람을 배려하는 행동을 아이에게 보여주고 베푸는 데서 얻는 즐거움이 얼마나 큰지를 알려주어야 한다. 부모가 평소의 말과 행동에서 배려심을 보여주고 다른 사람에게 친절하게 대하는 것이 얼마나 기분좋은 일인지 말해주면 아이는 부모의 본보기를 훨씬 더 잘 따를 것이다.

● **감정이입을 가르치자.** 감정이입이 잘 되는 아이들은 다른 사람의 입장에서 생각하고 그들이 어떻게 느끼는지를 알 수 있기 때문에 다른 사람들의 관점을 쉽게 이해할 수 있다. 그리고 그들은 다른 사람과 공감할 수 있기 때문에 덜 이기적이 된다. 따라서 당신의 아이가 타인에게 감정이입을 할 수 있도록 가르쳐서 자기 자신의 입장을 넘어 다른 사람의 입장과 관점에서 생각할 수 있도록 해주자. 어떤 특정한 상황에서 다른 사람들이 어떻게 느끼는지를 아이가 상상하도록 도와줄 수 있다. "네가 신입생이고 새로운 학교에 가게 되었

는데, 아무도 아는 사람이 없다고 가정해보자. 너는 어떤 느낌이겠니?” 다른 사람의 감정과 욕구를 이해할 수 있게 해주는 이러한 질문들을 아이에게 많이 하도록 하자.

● **아이의 성격을 강조해주자.** 이기적인 아이는 보통 자신이 누구인가 하는 것보다는 자기가 갖고 있는 것이 더 중요하다고 생각한다. 따라서 아이의 외모에 대해 이야기할 때 다른 사람과의 비교를 삼가자. 아이에게 눈에 보이지 않거나 돈으로 살 수 없는 것에 대해 강조하자. 열정, 정직함, 존경, 책임감 같은 것들 말이다. 그리고 왜 그런 가치를 중요하다고 여기는지 강조해서 말해주자. 그러면 아이는 그 가치들을 받아들이기가 쉬워질 것이다.

● **아이가 항상 관심의 중심에 놓이지 않도록 하자.** 지속적인 칭찬과 상을 받게 되면 아이가 세상이 자신을 중심으로 돌아간다고 느낄 것이고 이는 자기중심적인 사고를 부추긴다. 오직 아이가 칭찬을 받을 만할 때만 칭찬을 하자. 또한 아이에게 지루함과 즐거움에 잘 대처하도록 가르치자. 그래서 다른 사람들이 항상 아이를 즐겁게 해줄 필요가 없도록 하자.

● **‘안 된다’고 말하자.** 우리는 광고에 잘 현혹되고 아이들은 더 그러하다. 이에 대한 증거가 필요한가? 1970년대 이후부터 평균적으로 한 아이가 1년에 보는 광고의 수는 2배가 되었고 판매자들은 현재 아이들을 겨냥해서 30억 이상의 광고비용을 지출하고 있다. 그리고 아이들은 돈을 더 많이 쓸 뿐만 아니라 더욱 소비지향적으로 되었고 버릇이 없어졌다. 이런 광고는 아이들의 소비욕구를 자극한다. 또한 아이들의 변덕을 다 받아주게 한다. 2가지 간단한 해결책이 있다. 텔레비전 시청을 제한하고 아이들의 무리한 요청에 대해 ‘안 된다’라고 말한다.

2단계 : 신속한 대처

버릇없는 아이의 행동을 변화시키기 위한 두 번째 단계는 부모의 대처방법을 바꾸는 것이다. 덜 이기적이고 사려깊은 아이로 키울 수 있는 다음의 증명된 방법들을 활용하자.

- **부모의 방식을 바꾸자.** 아이의 버릇없는 습관을 변화시키는 건 쉬운 일이 아니다. 아이가 버릇을 고치려 하지 않을 수도 있다. 계속해서 아이를 변화시키고자 하는 목적을 되새기자. "나는 우리 아이를 위해 최선을 다할 것이다." 부모는 일관성 있고 단호한 태도를 취해야 한다.

- **통제와 한계를 정하자.** '안 돼'라는 부모의 말이 정말로 안 된다는 뜻임을 아이가 알 때까지 얼마나 '안 돼'를 외쳐야 할까? 이기적이고 버릇없는 아이는 자기가 원하는 걸 항상 가질 수 있다고 배워왔다. 그리고 아이는 다른 사람에 대해 거의 생각해본 적이 없다. 어떤 것을 자녀에게 허락하지 않을 것인지 정해야 한다. 분명한 기대치를 정하고 그것을 고수하는 것이 아이의 이기적인 행동을 변화시키는 데 큰 효과가 있음을 많은 연구들이 보여준다.

- **이기적인 태도를 점검하자.** 만약 진심으로 아이의 이기적인 태도를 바꿔주고 싶다면 단호하고 일관적인 태도를 유지해야 한다. 부모의 새로운 기대치를 명확히 설정하는 데서부터 시작하자. "우리집에서는 항상 다른 사람을 배려해야 해" 그리고 나서 아이가 이에 반하는 이기적인 행동을 할 때마다 분명하게 잘못을 지적해주자. 이는 쉽지 않다, 만약 아이가 자신의 행동이 용인되는 상황에 익숙해져 있다면 더더욱 그렇다. 아이의 이기적인 태도를 고치는 데서 가장 중요한 것은 그저 그것을 참아주는 게 아니라는 사실을 잊지 말자.

- **당신의 권리를 주장하자.** 부모는 아이의 방해 없이 전화통화를 할 권리가 있

다. 침대에서 아이의 방해 없이 편안히 잠들 수 있는 권리가 있다. 그러므로 아이의 잘못된 행동을 혼낼 때 죄책감을 가질 필요가 없다. 당신은 부모다. 부모가 항상 아이의 말을 다 들어줘야 한다고 생각하지 말자. 아이를 그렇게 대하면 결국 이기적인 아이가 되고 만다.

● **이기적인 행동을 지적하자.** 아이가 배려심 없는 행동을 할 때마다 자기중심적인 행동에 대해 반대의견을 분명히 표현하자. 이기적인 행동을 허용하는 것은 아이에게 부모가 그런 행동을 참아줄 수 있다는 메시지로 받아들여질 수 있다. 따라서 무엇을 잘못한 것인지 정확히 지적해주어야 한다. "그건 이기적인 행동이란다." 그리고 나서 아이가 다른 사람의 요구와 감정을 생각해볼 수 있도록 도와주자. "만약 그런 일이 너한테 일어났다면 어떻겠니?" "네 친구는 어떤 느낌이겠니?" "다음번에는 어떻게 다른 친구의 감정을 배려해주겠니?" 이런 간단한 방법으로 아이가 덜 이기적이고 다른 사람의 감정을 배려하도록 만들 수 있다.

● **아이와 관련된 다른 어른들에게 도움을 청하자.** 아이의 행동을 개선하는 계획에 아이와 관련된 다른 어른의 도움을 청한다면 성공가능성은 더욱 커진다. 아이의 삶에 영향을 끼칠 수 있는 어른과 진지하게 이야기를 나눠야 한다. 그 어른은 어쩌면 아이를 너무 응석받이로 대하며 항상 아이에게 관심을 집중해서 아이가 이기적인 태도를 보이게 만드는 데 한몫하는 사람일지 모른다. 아이의 행동을 개선하는 데 이들의 협조가 필요함을 알릴 필요가 있다.

육아 119

이기적이고 버릇없는 아이들의 행동을 개선시키는 일은 어렵다. 하지만 그것은 반드시 개선되어야 한다. "부모 자신이나 다른 사람들이 솔직히 아이에 대해 어떻게 말하는가?" 만약 무례하다, 요구가 많다, 자기중심적이다, 불쾌하다, 충동적이다, 두목 기질이 있다, 물질주의적이다, 이기적이다, 자기 생각만 한다는 등의 말이 나오면 아이의 행동을 변화시키려는 당신의 노력을 다시 가다듬어야 할 때다.

3단계 : 변화를 위한 습관

이기적이고 버릇없는 아이를 변화시키는 3단계는 아이가 세상이 자신을 중심으로 돌아간다고 생각하지 않도록 하는 것이다. 따라서 아이가 다른 사람에 대해 배려할 수 있도록 만들어야 한다. 몇 가지 간단한 방법을 소개한다.

● **다른 사람들에게 초점을 맞추자.** 이기적인 아이는 자기 자신을 가장 먼저 생각한다. 따라서 먼저 아이가 다른 사람의 생각이나 입장에서 생각해볼 수 있도록 도와야 한다. "안 돼, 진형이가 먼저 할 수 있게 하자. 그 아이는 너만큼 오래 기다렸어." "네가 게임을 하고 싶어 한다는 걸 알아. 하지만 형(동생)도 그렇다는 걸 생각해보렴." 또 아이가 다른 사람의 강점을 알 수 있도록 도와주자. "솔비는 그림을 잘 그려. 솔비한테 포스터를 그려달라고 부탁해보자."

● **기다리는 걸 가르치자.** 이기적인 아이는 자신이 원하는 게 지금 당장 실현되길 바란다. 부모나 그 외의 다른 사람이 불편을 겪는 것에 대해서는 거의 생각하지 않는다. 아이가 자신이 원하는 걸 가질 때까지 기다릴 수 있도록 해주어야 하며 아이의 욕구를 다른 사람들 앞에서 곧바로 해결해주지 말도록 하자. 만약 부모가 통화 중이라면 아이에게 통화가 끝난 후 이야기를 할 수 있다는 신호를 보내 기다리도록 하자. 만약 쇼핑몰에 있다면 아이의 요구를 들어주기 위해 지금 하는 일을 멈추고 은행에 가서 돈을 찾아오지는 않을 거라고 말하자. 아이가 자신의 용돈을 가지고 왔을 때만 무언가를 살 수 있도록 하자. 아이가 컴퓨터를 사용하고 싶어 한다면 자신의 편의를 위해 여동생의 시간을 빼앗지 않도록 하자. 이 과정에는 인내심이 필요하다. 하지만 이기적이지 않은 아이로 성장시키기 위해서는 필요한 과정이다.

● **이기심 없는 행동을 강조하자.** 아이의 이기적인 태도를 고칠 수 있는 가장 빠

른 방법은 아이가 배려심을 보이고 이기적이지 않은 행동을 하는 순간을 포착하는 것이다. 아이의 사심 없는 행동을 살핀 후 그것들을 인정해주자. 행동을 묘사하여 아이가 그 덕목을 정확히 이해할 수 있도록 하고 그 행동이 상대에게 미치는 영향을 말해주자. 이런 방법이 아이가 올바른 행동을 반복하게 만드는 지름길이다. "네가 장난감을 빌려주었을 때 수연이가 웃는 거 봤니? 네가 수연이를 기쁘게 한 거야." "네 CD를 동생한테 준 건 잘한 일이야. 넌 이제 그 음악을 듣지 않지만 동생은 그걸 좋아하잖아."

● **돌려줄 것을 요청하자.** 매사추세츠대학의 저명한 연구자인 어빙 스토브 (Ervin Staub) 박사는 이기적이지 않으며 남을 배려하는 아이의 행동발달에 대한 많은 연구를 진행했다. 그의 연구는 다른 사람을 도울 기회를 가졌던 아이들이 일상생활에서 더 친절한 경향이 있음을 밝혀냈다. 다른 사람을 도와주도록 아이에게 요청하자. 아이에게 자신의 일을 하게 하고, 용돈을 자선단체에 기부하도록 하고, 이웃에게 음식을 가져다주고, 강아지를 산책시키고, 매주 일요일에 할머니께 안부인사를 드리게 하도록 하자. 아이에게 자기 자신 외에 가족들을 생각하고 헌신할 것을 요구하자. 만약 아이에게 그런 기대와 요구를 하지 않는다면 아이는 자신에게 특권이 주어졌다고 생각할 것이다.

● **베풂의 효과에 대해 아이가 깨달을 수 있도록 하자.** 아이가 다른 사람을 돕도록 하는 것뿐 아니라 자신의 진심 어린 행동이 다른 사람에게 미치는 영향을 이해하도록 하는 것도 중요하다는 연구결과가 있다. 아이가 남을 배려하는 행동을 한 후, 아이에게 적합한 질문을 해줘서 자신의 행동이 자신뿐 아니라 다른 사람에게도 영향을 준다는 걸 알도록 해주자. 아래와 같은 질문을 해서 '나'보다는 '우리'라는 개념을 가질 수 있도록 해주자.

"네가 배려하는 행동을 하자 그 사람이 어떻게 했니?"

"그 아이는 어떻게 느꼈다고 생각하니?"

"만약 너였다면 어떤 느낌이었겠니?"

"그 아이에게 친절히 대했을 때 넌 어떤 느낌이었니?"

"네 행동에 대한 친구의 반응을 봤을 때 어떤 느낌이었니?"

부모가 지지해줄 근거를 찾고 아이에게 베풂의 기적을 체험할 수 있게 하자. 동물보호소에서 자원봉사활동을 하고 어르신에게 책을 읽어드리는 봉사활동을 하게 하자. 아이의 행동을 개선시키는 데 베푸는 즐거움을 알게 하는 것보다 더 좋은 방법은 없다.

나이별 육아법

3~6세 이 나이의 아이는 자기중심적일 수 있다. 이 아이들에게 자신의 차례를 기다려야 하고, 자신의 장난감을 공유하고, 다른 사람들을 생각해야 한다는 사실을 상기시켜줄 필요가 있다. 우리의 목표는 다른 사람들의 욕구와 감정을 고려할 수 있도록 하는 것이다.

7~9세 이 시기의 아이들은 경쟁할 준비를 갖추게 된다. 이것이 아이들의 생각을 더 편파적으로 만들고 학교친구나 팀동료에게 사려깊지 못한 행동을 하게 만들 수 있다. 아이가 이기심을 버릴 수 있도록 팀 활동과 경쟁상황을 기회로 활용하자. 언제나 다른 친구보다 한발 앞서나가려는 물질주의적 욕구를 경계해야 한다.

10~13세 자기중심적인 성향과 자기 욕구를 충족시키고자 하는 마음이 최고조에 이른다. 이 시기의 아이들은 흔히 다른 아이들을 말로 괴롭히고 그들에 대해 나쁜

소문을 내기 쉬운데, 이를 조심시키자. 아이의 무정한 행동에 대해 지적해주고 아이가 다른 친구들의 감정을 고려할 수 있도록 하자.

 우리집 맞춤 처방전

자신을 넘어 다른 사람을 생각하게 해줬어요!

제 남편과 저는 항상 지역사회에서 봉사활동을 합니다. 그러나 제 아들은 항상 너무 바쁘더군요. 제 아이의 이기적인 면모를 보게 되었을 때, 저는 아이의 바이올린 레슨을 빼고 그 대신 매주 저와 함께 노숙자 쉼터에서 봉사활동을 하도록 아이의 일정을 조정했습니다. 처음에 아이는 이런 결정을 싫어했지만 저는 아이에게 봉사활동을 해야 한다고 했습니다. 아이들과 게임을 시작하고 난 몇 주 후에 아이의 이기적인 면모는 사라졌습니다. 이 모든 것은 아이가 자기 자신을 넘어 다른 사람에 대해 생각할 수 있게 해주었기 때문입니다.

도와주세요

감사할 줄 모르는 아이들의 적신호

경제적 지원, 친절, 관대함에 대해 잘 인식하지 못하고 무관심하다.

자신이 가진 것에 대해 감사할 줄 몰라서 감사하는 마음을 표현하도록 지속적으로 상기시켜야 한다.

부모가 해야 할 일은?

아이가 감사를 표현할 줄 알게 하고 일상의 축복에 감사하도록 도와준다.

저는 아이가 필요한 모든 것을 주려고 노력합니다. 그러나 아이는 감사해 하기는커녕 더 많은 걸 원합니다. 아이가 좀더 감사함을 느낄 수 있게 하려면 어떻게 해야 할까요?

감사를 표하는 태도는 실제의 경험을 통해서 발달합니다. 따라서 아이가 자신의 친절한 행동에 대해 다른 사람들이 얼마나 감사를 느끼는지 실제로 볼 수 있게 해줘야 합니다. 지갑을 숨겨놓은 뒤 아이가 그 지갑을 다른 사람에게 찾아주는 기회를 줘보세요. 그러면 아이는 상대가 고마워하는 걸 보고 무언가를 느낄 수 있을 것입니다. 아이가 간단한 다과를 만들어 양로원을 방문하게 하고, 이웃의 할머니나 할아버지 대신 낙엽을 모으는 일을 하거나, 동화책을 소아과에 갖다주고, 외로운 친척이나 친구를 방문하는 일들을 하게 할 수 있습니다. 적어도 일주일에 하루는 아이가 받기보다 주는 입장이 되게 해보세요. 이런 간단한 변화가 아이를 감사할 줄 아는 아이로 만들어줄 것입니다.

왜 변해야 할까?

물론 부모는 아이가 행복하길 바라고 원하는 것을 다 해주고 싶어 한다. 그러나 우리의 이런 의도가 정반대의 결과를 가져올 수도 있다는 사실을 잊지 말자. 아이가 받은 것에 대한 감사를 표하기보다는 실망했다고 말하거나 항상 그 이상을 원하는가? 많은 요소들이 아이가 감사를 표현하지 못하게 방해한다. 예를 들면 무분별한 소비지향적인 대중매체는 아이가 더 많은 것을 원하게 만든다. 그리고 빠른 속도의 라이프스타일은 아이가 자신이 받은 것에 대해 감사할 여지를 주지 않는다. 아이가 감사함을 느끼게 해주는 대신 나쁜 쪽으로만 초점을 맞추도록 영향을 주고 있다. 또한 아이가 경쟁심을 갖고 사치스러워지는 데 어른들이 한몫하고 있다는 점을 반성해야 한다. 원인이 무엇이든 우리는 아이를 위해 변해야 한다. 삶에 대해 감사함을 느끼는 아이가 가장 행복한 아이라는 연구결과들이 있다. 부유함이나 개인적인 환경과는 상관이 없다. 이런 연구결과들에 따르면 아이들이 감사함을 느끼기 때문에 실제로 더 즐겁고 낙관적이고 스트레스를 덜 받고 건강해진다고 한다. 당신의 아이도 이런 태도를 갖길 원한다면 감사할 줄 모르는 아이의 태도를 변화시켜야 한다. 아이에게 변화가 일어나도록 도와줄 방법들을 보자.

어떤 행동을 보일까?

감사를 할 줄 모르는 못하는 아이들이 보이는 9가지 증상이 있다. 다음의 행동 가운데 아이의 일상에서 발견되는 행동이 있는지 살펴보자.

- **나쁜 태도.** 다른 사람의 친절을 오해하고 감사를 모른다.

- **질투.** 다른 사람들이 가진 것을 탐내고 질투한다.

- **감사하는 마음이 부족하다.** 부모가 보이는 일상적인 친절과 사려 깊은 행동들을 당연하게 여긴다.

- **특권의식.** 자신은 사치를 누리고 특권을 가질 만하다고 느낀다.

- **불만족.** 항상 더 많은 것, 더 좋은 것, 새로운 것을 원한다.

- **물질주의.** 오직 물질적인 것만 가치 있다고 생각하고 상표와 최신제품에 열

광한다.

- **자기중심적이다.** 다른 사람에게 친절히 대하지 않고 보답할 줄 모른다.

- **불손하다.** 선물을 보고 실망하며 자기가 원하는 게 아니라고 말한다.

- **사려깊지 못하다.** 다른 사람의 감정을 고려하지 않고 그런 생각이 아이의 행동에서 묻어나온다.

해결책

1단계 : 초기 개입

- **감사하는 태도의 본보기를 보여주자.** 아이들은 일상생활에서 감사를 표하는 다른 사람들을 보며 감사의 표현법을 배운다. 부모가 감사의 표현으로 상대를 안아주거나 감사의 말을 하고 쪽지를 보내는 모습을 아이에게 얼마나 보여주고 있는가? 부모가 고맙게 느끼고 있음을 아이에게 얼마나 자주 보여주는가? 부모의 감사 표현법을 교정한 후 부모가 보여주는 예를 더 잘 보고 배울 수 있도록 해주자.

- **제한을 두자.** 아이가 너무 많은 것을 가지려는 경향을 제한한다. 아이가 원하는 걸 항상 주게 되면 아이는 자신이 가진 것에 대해 감사하는 마음을 갖지 못한다.

- **아이에게 감사를 표하자.** 아이가 보이는 일상의 사려깊은 행동을 간과하지 말자. 아이의 행동 중 잘한 것을 말해주자. "성화야, 쓰레기를 밖에 버리는 걸 잊지 않아서 고맙구나. 네가 도와줘서 정말 고맙다." "혼자 있을 시간을 줘서 고맙구나, 명숙아. 오늘은 힘든 날이었어. 너의 사려깊은 태도가 고맙구나."

- **책을 통해 감사하는 태도를 가르치자.** 감사의 교훈을 주는 책을 읽으며, 그

부분을 강조해 함께 생각할 시간을 준다.

● **아이가 불운한 사람들이 있음을 알 수 있게 해주자.** 자신이 받은 축복에 감사하게 하는 가장 효과적인 방법은 일대일의 경험을 통해서다. 노숙자 숙소의 아이들과 놀아주거나 시각장애인에게 책을 읽어주는 등의 봉사활동을 할 수 있게 해주자.

2단계 : 신속한 대처

● **감사하는 마음을 상기시켜줄 방법을 찾자.** 아이한테 감사에 대한 메모, 그림, 포스터를 만들게 한 후 눈에 잘 보이는 곳에 두어 감사하는 마음을 표현하는 것을 상기할 수 있도록 해주자.

● **감사하다고 말하도록 시키자.** 감사함을 느끼는 아이로 키우는 건 우연히 되지 않는다. 그런 아이의 부모는 아이가 말을 하기 시작하면 감사의 말을 하도록 연습시킨다. 아이에게 꾸준히 상기시켜줘야 한다는 걸 잊지 말자. "선옥이 엄마한테 고맙다고 말하는 걸 잊지 않았지? 집에 도착하면 아주머니께 감사 전화 드리는 걸 잊지 말아라."

● **상대의 감정을 상상할 수 있도록 도와주자.** 아이가 상대의 감정을 헤아릴 수 있게 하기 위해서는 역할극을 해보는 것이 도움이 된다. 아이가 이모에게서 받은 생일선물에 대해 감사카드를 보냈다고 해보자. 그 기회를 놓쳐서는 안 된다. 아이가 보낸 카드를 이모가 받았을 때 이모의 기분이 어떨지 상상할 수 있도록 역할놀이를 해보자. "네가 이모라고 생각하자. 우편함을 열었는데 이 카드가 있었다고 생각해보렴. 조카가 보낸 카드를 보면 기분이 어떨까?"

● **행동 이면의 감정을 이해할 수 있게 하자.** 아이가 가장 배우기 어려워하는 부분은 자신이 받은 선물이 아니라 그 선물 뒤에 놓인 상대의 마음에 감사를 표

하는 일이다. "할머니께서는 너에게 올해 뭘 주셔야 하는지 많이 고민하셨단다." "은수는 네가 좋아할 선물을 사려고 5개 상점을 돌아다녔대."

3단계 : 변화를 위한 습관

감사하는 태도를 길러줄 수 있는 가장 좋은 방법은 가정에서 매일매일, 다른 사람의 도움이나 배려를 받은 일에 대해 감사를 표하는 시간을 갖는 것이다. 매일 몇 분의 시간을 들여 이런 의식을 치르고, 그것이 습관이 되기까지는 적어도 3주 동안은 지속해야 한다. 이러한 의식을 위한 몇 가지 아이디어를 다음에 제시한다.

● **가나다 순서로 자신이 고마움을 느낀 순간을 말하도록 하자.** 어린 아이의 경우 식사시간에 이렇게 해보도록 하자. 아이와 함께 가나다 순서로 각 글자마다 자신의 감사하는 마음을 담아 말해보자. 왜 감사하는지도 설명하자. 아이가 어리면 이런 의식을 길게는 할 수 없지만 가족끼리 게임처럼 이런 의식을 즐기다보면 자연스럽게 다른 사람에 대해 감사하는 마음을 익히게 될 것이다. 나이가 많은 아이의 경우에는 하루에 하나씩 자신에게 일어난 일 중 고마움을 느낀 일을 말하게 한 후 그 이유를 물어보자.

● **기도하는 습관을 갖자.** 가족들이 식사 전에 함께 감사의 기도를 하거나 밤마다 가족 중 한 명이 주도하여 함께 기도하도록 하자.

● **잠자리에 들기 전 서로에게 좋은 말을 해주는 시**

육아 119

실망하더라도 감사하는 태도를 갖도록 가르치자

아이가 자신이 좋아하는 선물을 받았을 때 감사를 표현하는 것은 쉽다. 하지만 좋아하지 않는 선물을 받았을 때도 그것을 받아들이고 감사를 표하는 것은 어려운 일이다. 따라서 선물을 받을 때 취해야 할 올바른 태도를 미리 연습해볼 수 있게 하자. 공손하면서 올바른 대응에는 이런 것들이 있다. "선물을 주셔서 감사합니다." "정말 감사드려요." "감사합니다. 정말 좋아요." 자신이 받은 선물을 다 좋아할 순 없지만 상대방이 그 선물을 사기 위해 들였을 정성과 노력에 대해서는 반드시 감사를 표해야 한다는 점을 강조한다.

간을 갖자. 서로에게 고마움을 표하는 시간을 갖고 잘 자라는 인사와 함께 포옹을 해주는 시간을 갖도록 하자.

● 감사의 편지를 쓰자. 자신의 인생에서 긍정적인 변화를 가져온 누군가에게 편지를 쓰도록 해주자. 한 연구에 따르면 효과를 극대화하기 위해서는 아이가 쓴 편지를 상대 앞에서 직접 읽으면 좋다고 한다. 만약 상대가 먼 곳에 산다면 아이가 편지를 읽는 걸 비디오로 찍어 보내도록 하자. 혹은 전화를 하여 편지를 읽을 수 있도록 해주자. 만약 화상통화를 할 수 있다면 아이가 상대방과 직접 대화할 수 있게 하는 것도 좋다.

● 감사일기를 쓰게 하자. 일기장이나 컴퓨터에 가장 감사함을 느꼈던 순간을 쓰도록 해주자. 연구결과에 따르면 감사일기는 일주일에 4번, 적어도 3주 동안 지속적으로 써야 효과가 있다고 한다.

● 받는 것이 아니라 주는 것에 초점을 맞추자. 아이가 직접 선물을 고르고 포장까지 하도록 해주자. 친구나 선생님에게 감사를 표하는 선물을 직접 건네줄 수 있도록 해주자. 받기보다는 주는 위치에 서서, 선물을 고르는 데 드는 노력과 상대를 배려하는 마음에 대해 알 수 있도록 해주자.

나이별 육아법

3~6세 아이가 말을 하기 시작하며 고맙다는 말을 배울 수 있다. 하지만 유아기의 아이들에게는 고맙다는 말을 하도록 계속해서 상기시켜주어야 한다. 아이가 자

기중심적이기는 하지만 다른 사람을 점점 고려하게 된다. 이 나이의 아이들은 주는 것과 받는 것이 연결되어 있음을 이해하기 시작한다.

7~9세 이 또래의 아이들은 자기중심적인 성향을 넘어 감사하는 마음을 이해하는 단계에 진입하게 된다. 다른 사람의 친절한 행동에 대해 감사를 표하려는 노력이 나타나기 시작한다. 운동경기나 경진대회가 경쟁적인 심리를 자극하게 된다. 따라서 아이가 자신이 가진 것과 다른 사람의 것을 비교하기 시작하지 않는지 유심히 지켜볼 필요가 있다.

10~13세 이 연령의 아이들은 다른 사람의 관점을 고려하기 시작하여, 선물에 담긴 마음에 대해 더욱 감사할 수 있게 된다. 여전히 감사하는 마음을 표현해야 한다는 걸 상기시켜줄 필요가 있지만 주고받는 것에 대해 완전히 이해하게 된다. 또래의 압력과 또래와 어울리려는 욕구 때문에 자신이 가진 것에 대해 감사하기보다는 다른 아이가 가진 것에 대해 더 큰 관심을 갖게 된다.

우리집 맞춤 처방전

고마운 일에 대해 이야기하는 시간을 가졌어요!

제 아이는 제가 기대하는 것만큼 감사하는 태도를 보이지 않았어요. 자신이 받는 것에 대해 너무나도 당연히 여기고 있었죠. 저 또한 아이에게 감사하는 태도를 가르쳐주기에 그리 좋은 본보기는 아니었습니다. 그래서 매일매일 사소한 것이더라도 제가 감사히 느끼는 것에 대해 아이와 함께 이야기하는 시간을 가졌습니다. 예를 들면 저의 건강, 일, 아이들, 친구들에 대해 감사하는 마음을 이야기했습니다. 처음에 아이는 회의적인 반응을 보였지만 서서히 자기도 고마움을 느낀 것에 대해 말하기 시작했습니다. 제 아들은 이제 이 시간을 매일 매일 즐기게 되었답니다.

편협한
생각을
가졌다

편협한 아이의 적신호

농담을 하거나 지적을 해서 다른 사람의 기분을 상하게 만든다(예를 들어 인종, 종교, 나이, 성별, 장애, 문화 등의 차이에 집중하거나 자신과 다른 배경과 신념을 가진 사람들과 교류하지 않고 불공평하게 그들을 판단하거나 분류하는 고정관념을 갖고 있다).

부모가 해야 할 일은?

자신과 다른 의견을 갖고 다른 행동을 하는 사람이라 할지라도 그들을 존중하는 법을 배우고 자기와의 차이점보다는 그들의 긍정적인 특성에 더욱 집중할 수 있도록 해준다.

왜 변해야 할까?

아이들은 사람을 싫어하는 마음을 가지고 태어나지 않는다. 따라서 편협함은 학습되는 것이다. 대부분 전문가들은 어른들이 특히 상대의 약점과 관련된 차이에 대해 말하며 편견을 갖게 되면 아이들도 그렇게 된다는 데 의견을 같이한다. 많은 성인들이 이런 의견을 충분히 공감하고 있다. 왜냐하면 오늘날 아이들의 편협한 행동은 어린 아이의 수준을 넘어 심각한 수준에 이르기 때문이다. 실제로 연구자들은 증오 범죄가 19세 아이들보다는 유년기 아이들에 의해 더 많이 벌어진다고 말한다. 증오와 편협함은 학습되는 것이다. 그러나 배려심, 이해, 애정, 관용 또한 학습되는 것이다. 이런 학습을 시작하기에 절대로 늦은 것은 아니지만 빨리 시작할수록 우리 아이들의 마음에서 편협함을 지울 수 있는 더 좋은 기회를 갖게 될 것이다. 이런 변화를 시작하는 가장 간단한 방법은 부모가 자신에게 매일 한 가지 중요한 질문을 해보는 것이다. "만약 내 아이에게 내 행동이 유일한 본보기가 된다면 나는 어떻게 행동해야 할까?" 지금보다 더 너그러운 마음가짐을 보이는 것이 중요하다.

해결책

변화를 위한 5가지 전략

1. 너그러운 아이로 키우겠다고 다짐한다.

만약 아이가 '차이'에 대해 너그러워지기를 바란다면 아이를 그렇게 키우는 데 전념해야 한다. 일단 부모의 기대가 무엇인지 알게 되면 아이는 부모의 원칙을 따르기가 쉽다. 부모 자신의 편견을 점검해보고 그런 고정관념들을 없애려는 의식적인 노력을 통해 부모의 고정관념이 아이에게 전해지지 않도록 한다.

2. 다양성을 수용하자.

지식은 너그러운 마음가짐을 촉진시킨다. 따라서 아이를 긍정적인 이미지의 음악, 문학, 영화, 이상적인 인물들에 노출시키자. 이런 이미지들은 다양한 민족과 인종을 보여주는 것이어야 한다. 연령에 상관없이 아이가 다른 인종, 종교, 문화, 성별, 능력, 신념을 가진 사람들과 관계를 맺을 수 있도록 장려하자. 일련의 연구들은 이런 면에서 다양한 교우관계가 아이의 편견을 없애는 데 큰 역할을 한다는 사실을 증명했다. 따라서 학교에서 혹은 방과후나 여름캠프 등에서 진행되는 다양성을 중요시하는 프로그램에 아이를 참가시키자. 부모 또한 나와 다른 사람과의 차이를 긍정적인 것으로 여기고 그런 사람들을 열린 마음으로 대해야 한다. 부모가 다양성을 포용하는 모습을 아이가 많이 보면 볼수록 부모의 태도를 따라할 가능성이 커진다.

3. 유사성을 강조하자.

차이에 대한 아이의 질문에 정직하게 대답해주는 것이 관용을 가르치는 중요한 첫 단계이다. 약 4세가 되면 아이들은 자신과 다르게 보이는 사람들을 인식하기 때문에 이에 대해 질문을 시작한다. "왜 저 사람은 저렇게 생겼어요?" "왜 저 사람은 피부색이 저래요?" 아이에게 사람들은 다양한 생김새를 하고 있다는 점을 알려주고 모든 사람들에게서 아름다움을 볼 수 있도록 도와줘야 한다. 또한 그 사람들이 우리와 어떻게 다른지를 찾게 하기보다는 우리와 유사한 점을 발견할 수 있도록 도와주자. 당신의 딸이 사람들이 가진 차이점을 지적하면 다음과 같이 말해주도록 하

자. "정말 아름다운 피부 색깔이지 않니? 예전에 네가 친구와 선탠을 했을 때의 색깔과 비슷하구나. 네가 저 사람들과 다른 것은 참 많단다. 지금부터는 네가 저 사람들과 같은 점이 무엇인지를 생각해보자." 유사성이 차이점보다 얼마나 더 중요한지를 아이가 알 수 있도록 해주고 우리의 내면은 모두 똑같다는 사실을 알도록 해주자.

4. 편견에 대해 공개적으로, 그리고 진심으로 이야기하자.

당신의 아이는 편협함에 직면하게 될 것이다. 차별적인 비평과 편견, 상처를 줄 수 있는 농담 등을 초등학교 1학년이 되기도 전에 듣게 될지 모른다. 그러므로 당신의 아이가 이미 그런 차별적인 대우에 면역이 되어 있다고 생각해서는 안 된다. 열린 마음으로 그런 차별이 무엇을 의미하는지, 우리가 가지고 있는 고정관념이 다른 사

부모 시선 집중!

당신의 아이가 편견의 희생자라면?

우리의 바람만큼 우리는 아이들을 편협성으로부터 보호하지 못한다. 편견은 우리 사회의 많은 부분이다. 하지만 우리 아이가 편견의 희생자가 된다면 무엇을 해야 할지 미리 준비해두자. 다음과 같은 해결책이 있다.

1. **차분하게 안심시켜주자.** 감정이입을 하자. 상처 받은 아이는 부모의 지지를 필요로 한다. 지지를 보낸 후 침착하게 누가 그랬는지, 뭐라고 말했는지, 얼마나 자주 일어났는지를 보여주는 정보들을 수집하자.
2. **스스로를 어떻게 지키는지 알려주자.** 화낼 권리가 있다는 걸 아이에게 강조해주자. 하지만 침착성을 유지하되 모욕을 되받아치지는 말라고 하자. 그러한 태도는 상황을 악화시킬 뿐이다. 상대에게 자신의 불쾌함을 전달하게 하자. "나는 네가 날 그렇게 부르는 게 싫어."
3. **행동을 취하자.** 만약 불쾌한 사건이 계속되고 그 장소가 학교라면, 선생님이나 교장선생님에게 말하는 걸 고려하자. 학교측에서 이러한 공격을 멈추기 위해 어떠한 조치를 취할지 찾을 수 있도록 하자.
4. **정체성을 찾게 하자.** 아이가 자기 자신에 대해 자부심을 느끼도록 북돋아주자. 아이와 닮은 역할모델을 제시하자. 아이가 타고난 그대로의 모습이 갖는 진가를 알려주고 남들과 다른 것은 괜찮다는 걸 알게 해주자.

람들에게 얼마나 상처를 주고 또한 불공평한 것인지를 이야기하자. 월드컵에서 누가 이길지를 이야기하는 것만큼이나 그 이유들을 편안히 이야기할 수 있어야 한다. 가령 텍사스대학에서 진행된 새로운 연구는 인종과 관련된 공정성은 학교에서 인종차별에 관해 배우는 백인이나 흑인 학생 모두에게 중요한 것이라는 점을 보여주었다. 따라서 다양한 차별에 대항하여 그 장벽을 극복하고자 노력했던 사람들에 대한 이야기를 해보는 기회를 마련하는 것도 좋다.

5. 편협한 발언에 대한 반대의견을 제시하자.

아이들은 편협한 발언을 할 수도 있다. 하지만 아이들이 그것을 정말로 자신의 신념으로 삼게 될지는 부모의 반응에 달려 있다. 중요한 점은 이런 발언을 그냥 넘겨서는 안 된다는 것이다. 아이의 관점을 바꿀 기회로 삼아야 한다. 편협한 발언에 대한 대응법을 살펴보자.

- **더 깊이 파고들자.** 끼어들지 말고 차분한 태도로 들어준다. 부모의 목표는 왜 아이가 그렇게 느끼고 그러한 관점을 어디에서 얻게 된 것인지를 아는 것이다.
- **편협한 의견에 대한 반대의견을 제시하자.** 아이의 편견에 대해 파악한 후에는 반대되는 예와 더 많은 정보, 다른 해석들을 제시하여 아이의 의견이 왜 잘못된 것인지를 지적해줘야 한다. 간단하면서도 결론적이지 않은 적절한 방법을 통해 아이의 이해수준에 맞는 이야기를 해줘야 한다. 예를 들면 다음과 같다.

아이: 노숙자들은 게으른 것 같아요. 그들은 일을 해야 해요.

부모: 노숙자들이 일을 하지 않는 데엔 여러 이유가 있단다. 어떤 사람들은 아

파서 일을 할 수 없고 어떤 사람들은 일을 구하지 못하는 것일 수도 있단다.

● 고정관념을 확인하자. 아이의 편견을 없애기 위한 방법을 실천할 때 가장 중요한 점은 아이들이 '너는 항상' '그 사람들은 절대' '그 사람들은 모두'와 같은 말을 하는지 주의깊게 듣는 것이다. 왜냐하면 이런 말들은 아이들이 그 생각을 고정관념으로 받아들이게 될 것임을 가리키는 신호이기 때문이다. 아이가 사람들을 분류하고 일반화시키는 말을 할 때마다 실제로 그런 것인지를 확인해볼 수 있는 이야기를 해보자.

아이: 부자동네 아이들은 항상 학교에서 좋은 성적을 받아요.

부모: 정말 그런지 확인해볼까? 그 말이 모든 부자동네 아이들한테 해당된다고 생각하니? 네 친구 지수는 어떠니?

● 아이의 편협한 말을 묵인해서는 안 된다. 아이들이 간혹 편협한 농담이나 비평을 할 때가 있다. 그럴 때 부모는 그에 대한 불쾌함을 말로 표현해야 한다. "그런 말은 무례한 거야. 네가 그런 말을 하는 걸 듣고 싶지 않구나." 아이는 부모의 불쾌한 반응을 직접 들을 필요가 있다.

나이별 육아법

마거릿 라이트(Marguerite A. Wright)의 연구에 따르면, 아이들이 갖는 인종의식은 예측가능한 일련의 단계에 따라 서서히 형성된다는 점을 알 수 있다.

3~6세 만 3~4세 아이들은 피부색을 구별할 수 있지만 그들을 특정 인종의 구성원으로는 보지 못한다. 이 시기의 아이들은 편견 없이 사람들을 보지만 다른 인종에 대한 부정적인 관련성을 배우기 시작할 수도 있다. 따라서 부모는 편협한 언급을 하지 않도록 조심해야 한다.

7~9세 만 5~7세 아이들은 피부색과 관련된 사회적인 의미를 파악하고 눈동자색이나 신체, 머리카락색 등의 신체적 차이를 알게 된다. 그래서 피부색에 대한 편견을 가질 수도 있다. 또한 가족이나 친구들, 미디어에서 묘사되는 여러 인종에 대해 이해하지 하지 못하면서 선입견을 가질 수 있다.

10~13세 이 연령대의 아이들은 인종적 차이를 정확히 구분한다. 예를 들어 미국 원주민(인디언)이나 중국인, 히스패닉, 아프리카계 미국인 등의 용어에 대해 알게 된다. 인종을 놓고 그 사람에 대한 선입견을 가지면 안 된다는 점을 배우지 않는 이상, 아이들은 인종적인 고정관념을 갖게 될 것이다.

아이의 텔레비전 시청을 감시하게 되었어요!

우리는 아이를 관대하게 기르려고 애썼습니다. 그런데 우리집 아이가 가난한 집 아이에 대해 편견에 찬 말을 내뱉기 시작할 때 매우 충격을 받았습니다. 어느 날 우리는 아이들이 실제 사건을 재현해 보여주는 프로그램을 보고 있는 걸 포착했고 문제가 거기에 있다는 걸 알게 되었습니다. 경찰들이 빈민촌의 사람들을 체포하고 있었습니다. 다른 텔레비전 프로그램에서 다른 문화가 그려지는 방식을 보고 기겁을 했습니다. 이로 해서 우리는 아이의 미디어 시청을 감시하게 되었습니다.

도와주세요

무신경한 아이들의 적신호

어려움에 처한 사람에 대해 동정심이나 측은한 마음을 표현하지 않는다.

부모가 해야 할 일은?

아이가 다른 사람의 감정에 관심을 기울이고 그들의 고민에 염려를 보여줄 수 있도록, 다른 사람들이 도움을 필요로 할 때 적극적으로 도와줄 수 있도록 가르쳐야 한다.

제 아들은 상냥한 아이였어요. 그런데 갑자기 무신경한 모습을 보이기 시작해서 걱정입니다. 또래 친구 둘과 어울려 다니기 시작했는데, 그 아이들로 인해 아들이 변한 게 아닐까 생각됩니다. 그 두 친구가 제 아들의 성격에 영향을 미칠 수 있나요?

아이들은 다른 사람의 행동을 모방하며 배워나갑니다. 따라서 아이에게 '무신경'과 같은 평소와는 다른 행동이 보이기 시작하면 아이를 좀더 면밀히 살펴봐야 합니다. 아이의 친구들을 집으로 초대해서 그 말과 행동을 관찰해보세요. 만약 그 친구들의 행동이 바르지 않다면 당신의 아들이 그들의 행동과 말투를 흉내내고 있는 건 아닌지 살펴보세요. 아이가 최근에 보이고 있는 무신경한 태도가 그 아이들의 영향을 받은 것이라는 확신이 들면 아이를 새로운 사회환경으로 이끌어야 합니다. 그 친구들이 무자비하고 무신경한 아이들이라면 당신의 아들이 그 아이들과 어울리지 못하게 해야 합니다. 물론 어려운 일이겠지요. 극단적인 경우에는 아이를 다른 반 혹은 다른 학교로 전학시키거나 심지어는 아이를 데리고 다른 곳으로 이사를 가야 할 수도 있습니다. 아드님의 인성과 인격이 위기에 처해 있다는 점을 잊어서는 안 됩니다. 분명한 사실은 무신경함은 전염성이 있다는 점이에요. 아이들은 또래 친구들과 어울리길 원하기 때문에 무자비하게 구는 것이 때로는 괜찮은 행동이라고 여길 수도 있습니다. 그리고 곧 아이들은 무자비한 행동이 용인될 만한 것이라고 생각하지요. 아이들의 이런 행동이 심해지기 전에 바로잡는 것은 부모의 몫입니다. 아이가 보이는 무신경한 태도는 다른 원인으로 생긴 것일 수도 있으므로, 아이를 계속해서 주의깊게 살펴봐야 합니다.

왜 변해야 할까?

사려가 깊다는 것은 다른 사람의 고민을 인지하는 좋은 능력이다. 이는 폭력적이고 무자비한 행동을 멈추고 다른 사람에게 친절하도록 이끌어주는 강력한 힘이다. 그러나 우리 아이들이 다른 사람을 배려하는 뛰어난 능력을 갖출 수 있을지는 장담할 수 없다. 아이가 이런 능력을 가지고 태어났더라도 이 감정은 꾸준히 길러져야 하는 것이기 때문이다. 그리고 지난 수년간 배려심과 동정심을 길러주는 중요한 환경적 요인들이 사라지고 있으며, 심지어는 그 요인이 부정적인 것으로 대체되고 있다는 연구보고도 있다. 친구들 사이의 무자비한 행동과 괴롭히는 행위가 더욱 증가하고 있다. 노랫말, 비디오게임, 텔레비전 프로그램, 영화, 심지어 뉴스를 포함한 여러 미디어 매체들은 훨씬 더 잔혹한 이미지들을 포함하고 있다. 예를 들어 대중가요의 아이돌 스타와 스포츠 스타, 그리고 정치인들은 종종 무신경함을 보여주는 본보기가 되고 있다.

그러나 아이가 무신경한 행동을 보이는 원인으로 이런 요소들만 고려해서는 안 된다. 부모의 육아방법의 중요성을 간과해서는 안 될 것이다. 많은 연구들은 사려깊은 태도는 배우고 길러야 하는 특성이 있음을 밝히고 있다. 아이가 다른 사람을 대

육 아 뉴 스

아이들의 민감성을 높여주는 9가지 요소

《유아기 아동의 정서적 발달》(*Emotional Development in Young Children*)의 저자인 수전 던햄(Suzanne Denham)은 다른 사람의 감정에 대한 민감성을 높이는 9개의 요소를 찾아냈다.

- 나이: 다른 사람의 관점을 고려하는 능력은 나이와 함께 증가한다. 따라서 나이가 많은 아이들은 일반적으로 어린 아이들보다 감정이입을 잘할 수 있다.
- 성별: 아이들은 같은 성의 친구 입장에 더욱 민감하다. 왜냐하면 더 큰 동질감을 느끼기 때문이다.
- 지능: 똑똑한 아이들이 다른 사람을 편안하게 해주기 쉽다. 왜냐하면 그들은 다른 사람의 욕구를 더 잘 구분해내며 그들을 도울 방법을 잘 찾기 때문이다.
- 감정적인 이해: 자유롭게 자신의 감정을 표현하는 아이들은 감정이입을 더욱 잘한다. 그들은 올바르게 다른 사람의 감정을 알아차릴 수 있기 때문이다.
- 감정이입적인 부모: 감정이입적인 부모의 아이들이 감정이입을 잘한다. 부모들이 행동의 표본이 되어주어 아이들이 모방할 수 있기 때문이다.
- 정서적 안정감: 정서적으로 안정적인 아이들이 더 잘 적응하며 다른 사람을 돕기 쉽다.
- 기질: 천성적으로 행복하고 사회적인 아이들이 고통받는 아이의 감정을 잘 이해한다.
- 유사성: 자신과 비슷하다고 느끼는 상대에 대해 감정이입을 하기 쉽다. 또는 유사한 경험을 가지고 있는 상대에 대해 더욱 그러하다.
- 애착: 친밀하지 않은 대상보다는 친구의 감정에 더욱 민감한 반응을 하게 된다.

하는 태도와 무신경한 행동을 변화시킬 수 있는 해결책을 살펴보자.

어떤 행동을 보일까?

- 다른 사람의 관점에서 상황을 보는 것이 어렵다

- 다른 사람이 화가 났거나 고통받는 것에 대해 염려하지 않으며 낮은 수준의 동정심을 보일 뿐이다.

- 다른 사람이 고통을 받거나 화가 난 것을 보고 즐기는 것 같다.

- 친근한 농담과 불쾌한 놀림의 차이를 구별하지 못하고 놀리는 행위가 선을 넘어 상대의 마음에 상처를 준다.

- 다른 사람의 감정을 이해하지 못하거나 구별하지 못한다.

- 슬픈 영화나 이야기를 들을 때 울지 않거나 감정의 변화를 보이지 않는다.

- 다른 사람에게 불친절하며 무례한 농담을 한다.

- 다른 사람이 불공정하고 불친절하게 대우받는 것에 무관심하다.

해결책

1단계 : 초기 개입

- 원인을 찾는다. 다음은 아이들을 무신경하게 만드는 일반적인 원인들이다. 아이들이 이런 행동을 보이는 까닭은 무엇일까? 일단 그 이유를 찾았다면 변화를 위한 계획을 세워보자. 아이에게 혹은 상황에 적용할 수 있는 것들이 있는지를 확인해보자.

☐ 감정을 표현하는 것에 대해 아이가 놀림을 받거나 혼이 난 적이 있다. 가정

에서 감정의 표현이 인정되지 않는다.

☐ **자존감이 부족하다.** 자신이 중요하지 않은 사람이라고 생각하는 아이는 다른 사람에 대해 고려하지 못한다.

☐ **잔인한 행동을 모방한다.** '잔인한 건 멋지다'고 생각하는 친구들의 영향을 받는다.

☐ **잔인함이 용인된다.** 무신경하고 불친절한 태도를 보이는 것에 대해 비난을 받은 적이 없다.

☐ **지나친 체벌과 훈육으로 양육된다.** 집에서 따뜻하게 대우받지 못하거나 존중받지 못한다.

☐ **다른 사람들의 감정을 인지하는 데 어려움이 있다.** 감정을 표현하는 어휘를 잘 모른다.

☐ **분노, 우울, 스트레스에 시달리고 있다.** 부모의 이혼, 죽음, 질병과 같은 문제를 갖고 있어서 다른 사람과의 감정교류에 문제가 생긴다.

☐ **반복적으로 괴롭힘을 당하거나 가혹행위를 당한 적이 있다.** 외상후스트레스 장애 혹은 무자비함을 경험한 적이 있고 복수를 생각하거나 그때의 상처를 극복하기 위해 무신경한 행동을 한다.

☐ **미디어를 통해 무자비함에 반복적으로 노출되어 있다.** 모방범죄, 폭력의 무감각으로 이어진다.

☐ **아스퍼거장애나 애착장애가 있다.** 정신적 혹은 심리적인 문제가 다른 사람의 감정상태를 읽는 걸 어렵게 만든다.

● **민감해지자.** 아이는 관찰만을 통해서도 사려깊은 행동을 상당부분 학습할 수 있다. 만약 아이가 사려깊은 사람이 되기를 원한다면, 부모가 먼저 의식해서

친절한 태도를 보이고 아이와 함께 있을 때마다 배려하는 행동을 보여주도록 하자. 낙담한 친구에게 전화하기, 아이 달래주기, 다른 사람의 감정에 대해 물어보기 등 일상적으로 실천할 수 있는 일들이 많을 것이다. 이런 행동을 한 뒤에 이를 통해 자신의 기분이 얼마나 좋아지는지에 대해 아이에게 말해주자. 부모의 본보기를 보고 아이는 더 쉽게 따라할 수 있다.

●행동의 기대치를 분명히 정하자. 다른 사람에게 무관심하고 상처를 주는 행동이 어떤 영향을 미치는지 설명해주면 아이는 부모의 의견에 공감하며 사려 깊은 행동을 하려고 노력하게 된다는 연구결과들이 있다. 새로운 규칙을 분명히 정한 후 시작해보자. "우리집에서는 항상 다른 이를 배려해야 한다." "동준이는 지금 힘든 시간을 보내고 있을 거야. 그러니까 동준이의 마음을 배려해서 원현이가 동준이를 놀리지 못하도록 하렴." "태환이가 올 거야. 엄마는 네가 친절히 대해줄 거라고 기대한단다. 그게 아니라면, 네가 친절할 때까지 너와 놀 수 없다고 태환이에게 말해야 할 거야." 이런 규칙들을 단호하면서도 일관되게 유지해야 한다.

●아이와 포용적이고도 따뜻한 관계를 형성하자. 아이에게 다른 사람을 배려하는 태도를 갖게 하려면 아이 스스로 배려받고 있다는 느낌을 받게 해줘야 한다. 아이가 어떤 외상후스트레스장애나 스트레스, 낙담한 일로 고통을 받고 있다면 우선 아이와 부모의 관계를 재형성해야 할 필요가 있다. 지금 아이에게 가장 필요한 것은 부모와의 따뜻한 관계일지도 모른다. 부모는 그 원인을 해결하기 위해 노력하고 필요하다면 상담가의 도움을 청해야 한다.

2단계: 신속한 대처

●가능한 한 빨리 무신경한 행동에 주의를 준다. 아이가 무신경한 행동을 할 때

마다 매번 그 행동에 대해 주의를 줘야 한다. 그것이 어떤 행동인지 구체적으로 말해주고 어떤 영향을 미칠지에 대해서도 설명해주자. "그건 정말 무신경한 태도였어. 네가 친구를 그곳에 내버려두고 왔을 때 친구 마음이 어땠을지 생각하지 않았구나. 친구가 얼마나 화가 났는지 봤니?" 아이가 자신의 행동이 어떤 점에서 잘못된 것인지 이해할 수 있게 해주고 당신이 왜 그게 무신경한 행동이라고 생각했는지 말해준다.

애틀랜타 에모리대학교: 유명한 아동 심리학자인 스티븐 노위키와 마셜 듀크는 1,000명 이상의 아이들을 대상으로 한 연구에서 10명 중 1명의 아이가 평범하고 심지어 우월한 지능을 지녔음에도 비언어적인 소통에 심각한 문제를 가진다는 걸 밝혀냈다. 이러한 문제는 다른 사람의 감정에 민감하게 반응할 수 있는 특정한 감정신호들을 인지하지 못하게 한다. 만약 아이의 민감성이 원인이라면 비언어적인 메시지를 읽는 능력을 아이에게 길러줘야 한다. 더 많은 정보는 스티븐 노위키와 마셜 듀크, 엘리자베스 마틴의 저서인 《사회적 성공의 언어를 아이에게 가르치기》라는 책에서 찾을 수 있다.

그러고 나서 아이가 다른 사람에게 준 상처나 고통에 대해 스스로 인식할 수 있는 순간을 포착하자. "새 안경을 가지고 혜경이를 놀렸을 때, 네가 얼마나 그애를 슬프게 했는지 봐봐. 그건 무신경한 태도야."

● **아이가 스스로 책임을 지게 하도록 하자.** 아이가 계속해서 다른 사람의 감정에 대해 무신경한 태도를 보이면, 이제는 아이의 나이와 성격에 적절한 의미 있는 벌을 줄 때다. 아이는 자신의 행동이 고통을 야기했고 자신이 그에 대한 책임을 질 것이라는 사실을 알아야만 한다. "네가 한 행동은 도움이 되는 행동이었을까, 아니면 상처를 주는 행동이었을까?" "네 말이 맞아. 그건 상처를 주는 행동이었어. 그래서 친구의 감정이 상했잖아. 이 일을 해결하기 위해서 넌 이제 뭘 할 거니?" 물론 아이의 행동을 고치는 방법은 아이의 연령과 기질, 그리고 '의도의 정도'에 따라 달라져야 한다.

● **사과를 요구하자.** 아이가 무신경한 태도를 고치도록 요구하자. 아이는 전화를 하거나 편지 혹은 메모를 써서 사과할 수 있고 불친절한 행동을 만회하고

자 노력할 수 있다. 아이가 자신의 무신경한 행동에 대해 진심으로 사과하는 법을 알고 있으리라 생각하지 마라. 아이에게 진심으로 사과하기 위한 3단계를 가르쳐줘야 한다.

☐ **미안한 점에 대해 정확히 말하라.** (아이가 어떤 일로 어떻게 미안한지를 말한 후) "정말 미안해"라고 사과하게 하자.

☐ **자신이 한 일을 스스로 어떻게 느끼는지 말하라.** "네가 나한테 비밀로 해준 이야기를 희경이한테 말한 건 정말 미안하게 생각하고 있어. 그것 때문에 네가 화가 났다는 거 알아."

☐ **자신의 행동을 만회할 방법에 대해 이야기하라.** "나는 앞으로 네가 비밀이라고 한 이야기는 꼭 지키겠다고 약속할게"

또한 자신의 행동에 대해 사과했을지라도 친구가 상처를 회복하고 사과를 받아들이고 용서를 하기까지는 시간이 걸릴 수도 있다는 사실을 알게 해줘야 한다.

● **폭력적인 미디어의 소비를 차단한다.** 아이가 어떤 음악을 듣고 어떤 영화와 텔레비전 프로그램을 보고 어떤 비디오게임을 하는지 알고 있어야 한다. 잔인한 텔레비전 프로그램에 반복적으로 노출되는 아이에게서는 어려움에 처한 친구를 돕는 등의 친절을 기대할 수 없다는 연구결과가 있다. 아이가 즐기고 있는 미디어가 무신경함을 부추기고 있다고 판단되면 아이가 봐서는 안 되는 것에 대해 엄격한 기준을 정해야 한다.

● **다른 사람의 도움을 받자.** 아이의 선생님이나 코치와 상담해서 아이에 대해 걱정스러운 점을 전하라. 아이는 자신의 무신경한 행동을 부모가 지지해주지도 용인하지도 않는다는 사실을 알 필요가 있다.

● **정신건강 전문가의 도움을 받자.** 아이의 무신경한 태도가 더욱 심해지거나 아이가 고의적으로 친구, 어른, 그리고 동물들을 무신경한 태도로 대한다면 정신건강 전문가에게 즉각적인 도움을 청해야 한다.

3단계 : 변화를 위한 습관

● **아이에게 감성적인 영화를 보여주자.** 《아동의 도덕지능》(*The Moral Intelligence of Children*)이라는 책을 쓴 로버트 콜스(Robert Coles)는 아이로 하여금 다른 사람의 감정에 관심을 기울이게 할 수 있는 가장 좋은 방법은 감성적인 영화나 책을 보게 하는 것이라고 했다. 좋은 영화의 예를 들면 〈ET〉, 〈샬럿의 거미줄〉, 〈밤비〉, 〈비밀의 정원〉 등이 있다. 아이와 함께 영화 속에 등장하는 등장인물이 처한 곤경에 대해 이야기하고 무엇이 감동적이었는지에 대해서도 대화를 나누자.

● **배려심의 효과를 보여주자.** 작은 일이라도 사려깊고 친절한 행동이 사람들의 삶에 큰 차이를 만들어낼 수 있다는 점을 알려주고 아이가 자신의 행동을 통해 그 영향을 경험할 수 있도록 도와주자. "영훈아, 할머니가 주신 선물을 받고 네가 감사하다고 말했을 때 할머니가 굉장히 좋아하시더구나." "은영아, 네가 원효한테 장난감을 함께 가지고 놀자고 했을 때 그 아이가 좋아하는 거 봤니?"

● **비언어적인 감정표현에 주목하게 하자.** 아이가 다른 사람의 감정을 이해할 수 있도록 다양한 감정상태의 얼굴 표정과 자세, 행동들을 알려주자. "오늘 네가 할머니랑 이야기할 때 할머니 표정을 봤니? 내가 보기엔 할머니가 당황해하시는 것 같더구나. 아마도 할머니는 잘 안 들리셔서 그런 걸 거야. 할머

니랑 이야기할 때 좀더 크게 이야기하지 그랬니?" "네가 오늘 은표랑 놀 때 그 아이의 얼굴 표정 봤니? 그애는 뭔가 걱정이 있는 것 같던데, 괜찮은지 물어봐야 될 것 같구나."

● **'감정+필요'의 공식을 활용하자.** 아이에게 질문을 해서 사람들의 지금의 감정과 필요한 것을 찾아내도록 하는 것이 배려심을 기르는 가장 효과적인 방법이다. 사람들이 경험하고 있는 것에 대해 아이의 인식을 넓혀주는 질문들을 할 수 있다. 결과적으로 아이는 어떻게 도움을 줄 수 있을지에 대해 관심을 갖고 생각하게 될 것이다. 이런 접근법을 실천해보자. 사람의 감정에 주의를 기울일 수 있는 기회를 마련한 후 아이에게 지금 저 사람의 마음을 치유하기 위해 필요한 것이 무엇인지 생각해보자고 하라.

부모: 저기 울고 있는 아이를 봐봐. 저 아이가 지금 어떤 느낌일 것 같니?

아이: 제 생각에 저 아이는 슬픈 것 같아요

부모: 저 아이의 기분이 좋아지려면 무엇이 필요할 것 같니?

아이: 무릎을 다쳤으니까 아이를 안아줄 누군가가 필요할 것 같아요.

● **친절함을 경험할 수 있는 상황을 제공하자.** 아이들이 배려가 무엇인지 배우는 것은 이야기를 듣거나 읽는 것을 통해서가 아니라 실제 경험을 통해서다. 따라서 아이가 다른 사람들에게 친절한 행동을 할 수 있는 기회를 찾아 그 감정을 느낄 수 있도록 만들어주라. 도와주기, 자원봉사 활동, 공원에서 휴지 줍기, 노숙자 쉼터에서 무료급식 돕기, 아픈 사람들에게 음식 배달하기, 공부 가르쳐주기 등 다른 사람을 배려하고 친절하게 대하는 행동에서 얻는 즐거움을 깨달을 수 있는 방법들을 찾아보자.

● **사려깊고 친절한 행동에 대해 칭찬해주기.** 어떤 행동을 가르치는 가장 간단

하고도 효과적인 방법은 그 행동을 할 때마다 강화해주는 것이다. 따라서 아이가 배려 깊은 행동을 할 때마다 얼마나 기쁜지를 말해주자. "찬혁아, 보모 할머니한테 친절하게 대하는 모습이 너무 좋구나. 네가 이렇게 친절한 아이라는 사실이 엄마를 행복하게 만든단다."

나이별 육아법

마틴 호프먼(Martin Hoffman, 미국의 심리학 교수)은 아이들이 다른 사람들의 감정에 대해 관심을 기울이는 것은 천천히 연속적으로 배우게 된다고 했다. 아래 각 단계에 대한 설명은 호프먼 박사의 주장을 바탕으로 했다.

3~6세 유아기 아이들은 자기중심적이며 자신의 감정과 욕구에 더 큰 주의를 둔다. 이 시기의 아이들은 다른 사람의 감정이 자신의 감정과 다르다는 것을 인식하고 다른 사람이 왜 슬퍼하는지 그 원인에 대해 고민하기 시작한다. 그리고 그들을 위로해줄 수 있는 간단한 방법을 찾는다. "네가 슬퍼 보여. 크레용이 부러졌네, 대신 이걸 사용하면 돼."

7~9세 아이들은 점차 다른 사람의 관점에서 상황을 볼 수 있게 된다. 따라서 어려움에 처한 사람을 도와주거나 위로해주려는 노력이 눈에 띄게 증가한다. 이 시기 아동은 더 넓은 범위의 감정을 구별해낼 수 있다. 다른 사람을 위로해주는 언어를 사용하는 능력이 향상된다. "저 아주머니는 무척 힘들어 보여. 길을 건너는 데 도움이 필요하실 것 같아."

10~13세 이 연령의 아이들은 개인적으로 알거나 직접 목격한 다른 사람의 곤경

에 대해 관심을 기울일 뿐만 아니라 자신이 한 번도 본 적이 없는 사람에 대해서도 관심을 갖는다. "인도에 있는 사람들은 매우 굶주린 것 같아. 만약 내 용돈의 일부를 매주 보낼 수 있다면 그들을 도울 수 있을지도 몰라." 한편 또래 사이에서 무자비함과 괴롭히는 행동이 만연해 있기 때문에 종종 무신경함과 무자비함을 괜찮거나 좋은 일로 착각할 수도 있다.

상황에 따라 제 감정을 설명해줬어요!

친정엄마께 제 아들이 약간 무신경한 것 같다는 얘기를 들었어요. 그 말을 듣고 저는 처음엔 마음이 좀 상했지만 이내 그 말이 틀리지 않다는 걸 깨달았어요. 태영이는 배려심이 깊은 아이지만 할머니나 친구들과 있을 때를 빼곤 집에서는 배려하는 태도가 좀체 보이지 않았어요. 어떻게 해야 아들이 제 감정에 관심을 기울일 수 있을지 생각해봤어요. 저는 제 감정을 설명하기 위해 상황을 이용하기 시작했어요. "엄청 기대돼. 엄마의 새 컴퓨터가 오늘 배달된단다!" "난 정말 피곤해. 개가 짖는 소리 때문에 잠을 못 잤어." 이런 식으로 말을 했죠. 처음에는 좀 어색했지만 이후 친정엄마께 태영이가 달라진 것 같다는 얘기를 들었을 땐 그 방법이 효과가 있다는 걸 알게 됐어요. 태영이는 더욱 배려심이 깊은 아이가 되었고 저와의 관계도 나아졌답니다.

도와주세요

예민한 아이의 적신호

민감하고 과잉반응을 보이고 쉽게 짜증내고 폭발하며 다른 사람의 말과 반응을 오해한다.

쉽게 운다.

자기의 욕구를 표현하지 못한다.

감정변화가 심하다

부모가 해야 할 일은?

자신의 감정을 잘 다스리는 방법을 배워 쉽게 반응하지 않을 수 있도록 도와준다.

? 다른 아이들이 우리 아이를 보고 울보라고 놀립니다. 사소한 것에 운다면

서요. 우리 애가 너무 민감해지지 않게 만들 방법이 있을까요?

지나치게 예민한 아이에게 할 수 있는 일은 첫째, 아이의 성격을 인정하고 반응을 조절하는 방법을 알려주는 것입니다. 둘째, 자녀의 강점에서 기회를 포착하는 것입니다. 아이가 갖고 있는 깊은 이해심을 활용해보세요. "네가 속상해지기 시작하면 다른 사람들이 어떻게 느끼고 있을지를 생각해봐." '다른 사람 생각하기' 방법은 강한 감정을 건설적으로 조절하게 해서 자신이 과잉반응을 했거나 오해했다는 것을 알 수 있게 해줍니다. 습관이 될 때까지 많은 시간이 필요하지만 지나치게 예민한 아이들을 도와줄 수 있는 방법이라 할 수 있지요.

왜 변해야 할까?

다른 친구들이 자신을 어떻게 생각할지 끊임없이 걱정하는가? 가벼운 장난을 지나치게 심각하게 받아들이는가? 슬픈 영화나 소설을 읽고 난 후 괴로워하는가? 아이에게 무언가를 말하기 전, 그 말을 너무 크게 신경쓸까봐 주저하게 되는가? 한순간 괜찮았다가 갑자기 우울해지고 화를 내는가? 신경질적이고 까다롭고 감정기복이 심한가? 그렇다면 당신의 자녀는 15~20%에 속하는 심각하게 예민한 아이 가운데 한 명이다.

대부분 부모들은 자녀가 아주 어릴 때부터 예민한 아이였다고 말한다. 예민한 아이는 소리나 변화에 민감하고, 쉽게 울고, 비난을 너무 심각하게 받아들인다. 이런 특성이 필요하기도 하지만(세상에는 연민으로 가득 찬 사람들도 필요하다) 너무 지나치게 예민하면 집이나 학교, 사회에서 문제를 일으킬 수 있다. 더 큰 문제는, 예민한 아이들은 보통 놀림이나 부정적인 말을 감당하지 못하고 그에 대해 제대로 반응하는 법을 모른다는 것이다. 이런 아이들은 비난이나 무시하는 말을 떨쳐버리는 대신 감정적으로 받아들인다. 그래서 놀림을 받으면 더 괴로워한다. 과민한 반응은 종종 교우관계 문제의 원인이 되기도 한다.

당연히 예민하게 타고난 아이를 한순간에 무신경한 아이로 바꿀 수는 없다. 그래서도 안 된다. 예민한 기질은 자산이 될 수도 있다. 자녀가 자신의 성격을 긍정적으로 생각할 수 있도록 도와주자. 부모로서 할 일은 아이의 타고난 성격을 바꾸는 게 아니라 어떻게 반응하는지를 배워 성공적으로 적응할 수 있도록 도와주는 것이다. 그러면 큰 변화를 일으킬 수 있다. 인정 많은 자녀가 그다지 세심하지 않은 이 세상에서 살아나가는 데 큰 도움이 될 것이다.

어떤 행동을 보일까?

다음은 일레인 아론(Elain N.Aron)의 연구결과에 따른 과민함의 신호들이다. 자녀에게 해당되는 것이 있는지 확인해보자.

- ☐ 쉽게 놀란다.
- ☐ 경미한 냄새를 잘 알아차린다.
- ☐ 아주 직관적이다.
- ☐ 큰 변화에 적응을 못한다.
- ☐ 다른 사람들의 고충을 쉽게 알아보고 슬퍼한다.
- ☐ 조용한 놀이를 좋아한다.
- ☐ 깊고 진지한 질문을 한다.
- ☐ 사소한 변화를 잘 알아차린다(위치가 바뀐 물건, 외모의 변화 등).
- ☐ 감정적이다

위의 항목들 가운데 몇 가지가 해당되면 그 아이는 아주 예민한 아이다. 1~2가지 항목에만 해당되지만 그게 아주 심하다면 역시 그 자녀는 예민하다고 할 수 있다.

1단계 : 초기 개입

1. 아이의 천성을 존중하자.

아이는 직관적이고 예민한 기질을 타고났다. 아이의 성격을 바꾸는 것이 답이 아니라(그렇게 해서도 안 된다) 아이가 자신의 성격을 알도록 해주고 부모가 자녀의 성격을 바꾸려 하지 않는다는 걸 알게 해주자. "너는 예민하지만 배려심이 있는 아이야. 너는 정말 좋은 친구가 되어줄 거고 세상을 더 좋은 곳으로 만들 거야. 가끔 네 예민한 성격이 사람들과의 관계를 힘들게 만들 수도 있어. 그런 감정들을 가라앉힐 수 있도록, 그래서 다른 아이들이 너를 함부로 생각할 수 없도록 도와줄게"라고 말해주자.

2. 다른 가능성을 파악하자.

천성적으로 더 감정적인 기질을 타고난 아이는 더 예민해질 수 있다. 하지만 아이가 예민해지게 된 데 다른 이유가 있을 수도 있다. 다음 중 어떤 이유가 아이를 과민하게 만드는지 보자.

☐ 자신감이나 자부심이 부족하다

☐ 가정적인 문제를 겪고 있다(이사, 가정불화, 부모의 이혼 및 입대, 경제적인 문제, 가족의 평판).

☐ '좋은 것'만 알고 자랐다. 거친 세상을 대하기 힘들다.

☐ 질병이 있거나 피로하거나 우울증을 앓고 있거나 스트레스를 받고 있다

☐ 장애가 있다(언어장애, 질병, 학습장애).

☐ 치아교정을 했거나, 안경을 꼈거나. 주근깨가 있거나, 체중이나 신장 문제가 있거나, 복장을 특이하게 하고 다닌다.

☐ 어울리지 못하거나 적응하지 못해서 자주 놀림거리가 된다.

☐ 항상 아이처럼 다루는 부모에게 의지하고 있다.

☐ 사춘기나 호르몬 때문에 감정기복이 심해졌다.

☐ 사회성이 부족해서 놀림에 익숙하지 못하다.

☐ 신체나 언어적인 폭력을 당했다.

3. 딱 맞는 걸 찾자.

지나치게 예민하거나 감정에 휩쓸리는 자녀에게 가장 좋은 방법은 무엇일까? 좀더 작은 집단에서 놀게 하는 것? 소음이나 빛 등과 같은 자극을 피하는 것? 좀더 작은 목소리로 말하는 것? 틀에서 벗어나지 않는 것? 변화할 시간을 충분히 주는 것? 부모의 감정을 설명하는 것? 한 주 동안 자녀를 관찰해보고 자녀가 성공적으로 인생을 살아가는 데 어떤 것들이 도움을 줄지 생각해보고 그 방법을 따르도록 하자.

> **부모 시선 집중!**
>
> **자녀의 감정기복이 지나치게 심한가?**
> 지나치게 예민한 아이는 기질적으로 그렇게 태어났다. 자녀의 감정기복이 갑자기 커지거나 슬픈 감정이 2주 이상 계속된다면 전문가의 도움을 받는 것이 좋다. 이런 증세는 우울증의 시작일 수도 있고 성격이 갑작스럽게 변하는 것일 수도 있다.

4. 자녀에게 권한을 주자.

아이에게 다른 사람에게 어떻게 반응할 것인지 자신이 선택할 수 있다는 사실을 강

조해서 말해주자. "다른 사람의 말이나 행동은 어쩔 수가 없어. 하지만 네가 어떻게 반응하느냐는 네가 선택할 문제야." "다른 아이가 그렇게 못되게 행동하는 건 바꿀 수 없지만, 연습을 하면 그 애가 네 욕을 할 때 네가 울지 않을 수도 있어." 아이가 힘들어할 때마다 위로해주고 위험에서 구하기 위해 달려갈 수 없다는 사실을 기억하자. 어떤 상황에서 어떻게 행동할지는 자녀에게 달려 있고 부모만을 의지해서는 안 된다는 사실을 아이도 알아야 한다.

5. 강한 감정을 줄이자.

얼굴에 감정이 그대로 드러나거나 기복이 큰 감정의 변화를 줄이지 못하면 다른 사람에게 좋은 사람이라는 인식을 줄 수 없다. 그런 감정들을 줄이고 자연스러운 표현을 배울 수 있도록 도와주자. 웃거나 놀라거나 혼란스러워하는 표정 같이 적절히 대체할 수 있는 방법을 함께 생각해보자. 아이가 무엇을 느끼는지 다른 사람들이 쉽게 알 수 없도록 말이다.

6. 아이에게 붙은 꼬리표를 살피자.

과민한 아이들은 종종 까다롭고 지나치게 내성적인 아이라고 인식된다. 선생님, 가족, 친구들이 아이를 그렇게 인식하지 않도록 하고 무엇보다 부모 자신도 아이를 그렇게 인식하지 않도록 하자.

2단계 : 신속한 대처

- **"강해져야지!"라는 말을 하지 말자.** 지나치게 예민한 아이들은 강한 마음을 가질 수 없다. 그 아이들도 예민하거나 쉽게 울 것 같은 기분을 원치 않을 것이다. 그것은 성격의 일부분이다. "아기처럼 굴지 마" "아이들이 널보고 놀릴

거야" "남자는 우는 게 아니야" "나이가 몇 살인데 그러니?"와 같은 말은 하지 않도록 하자.

- **장점으로 여기자.** 당신의 자녀는 매우 예민하다. 하지만 좋은 쪽으로 생각하면 다른 사람들을 잘 배려하는 아이라 할 수 있다. 성격의 좋은 점을 강조하여 아이에게 말해주고 그 성격이 어떻게 소중한 자산이 될 수 있는지를 설명해주자. 예민한 아이들은 동정심, 공감능력, 감정지능이 높다. "네가 배려심 있는 사람이어서 너무 좋아. 그건 너의 큰 재능 중 하나란다. 그렇지만 얼굴에 속상한 마음이 나타나지 않도록 감추는 방법을 배울 수 있으면 더 좋을 거 같아."

- **과보호하지 말자.** 아이가 힘들어할 때 이를 지켜보는 건 힘든 일이지만 그때마다 도와주지 않도록 하자. 아이는 부모에게 의지하게 되고 혼자서는 이겨낼 수 없는 사람이 된다.

- **강한 목소리를 내는 것을 가르쳐라.** 훌쩍이면서, 울면서, 속삭이듯 떨리는 목소리로 말하는 것은 좋지 않다. 누군가와 말하기 전에 목소리를 가다듬고 강하고 분명한 어조로 말하도록 지도하자. 강한 목소리와 짜증스러운 목소리를 구별할 줄 알아야 한다. 아이가 자신감 있고 강한 목소리로 말할 수 있을 때까지 다양한 목소리 톤으로 역할놀이를 해보는 것도 좋은 방법이다.

3단계 : 변화를 위한 습관

- **틀을 유지하자.** 예민한 아이들은 변화를 싫어한다. 먼저 계획을 세워서 무엇을 할지 미리 준비할 수 있도록 하자. 안정적인 일정표가 도움이 된다.

- **지나친 자극을 주의하자.** 규모가 큰 집단, 수면부족, 빡빡한 일정, 시끄러운 교실, 파티 등은 예민한 아이에게는 힘들 수 있다. 할 수 있는 한 이런 환경을 줄

이고 감정을 차분히 유지할 수 있도록 해주자.

● 감정시계를 만들자. 시장, 공원, 슈퍼마켓, 주차장에서 다른 사람들의 얼굴에 나타나는 '속상하'거나 '침착한' 표정을 보여주자. "저기 작은 꼬마가 보이지? 꼬마가 속상해 보이니 아니면 기뻐 보이니? 어떻게 알 수 있니?" 신문, 책, 잡지에 있는 사진을 보며 다양한 얼굴 표정을 알아볼 수 있도록 해주자. 화가 났을 때나 마음이 안정되었을 때의 아이 표정을 사진으로 찍어 보여주며 차이점을 스스로 찾을 수 있게 해주자.

'편안한' 표현을 배울 수 있도록 해주자. 마셜 듀크(Marshall Duke)의 《아이에게 사회적 성공의 언어 가르치기》(*Teaching Your Child the Language of Social Success*)이라는 책에서는, 감정을 거의 담지 않은 자녀의 표정을 사진으로 찍어보라고 제안한다(아이가 텔레비전이나 책을 읽을 때 몰래 찍을 수 있다). 그리고 자녀가 매우 감정적일 때의 사진을 찍은 후 아이에게 물어보자. "친구들이 널 더 좋게 볼 수 있는 표정은 어느 것일까? 어느 게 놀리기 쉬운 표정이지?" 적당한 표정이 덜 예민해 보일 수 있음을 파악할 때, 아이 스스로 감정을 자제하는 표정을 짓는 연습을 할 수 있다.

● 대체 행동 찾기. 쉽게 우는 자녀에게는 우는 행동을 대신할 다른 행동을 배우는 것이 필요하다. 가능한 다른 행동들을 이야기해보고 자녀가 가장 좋아하는 것을 고르게 하자. "머릿속에 너무나도 재미있는 장소를 생각해봐. 마음속으로도 거기를 가는 거야." "혀를 깨물고 목소리를 가다듬어." "머릿속으로 10까지 세어봐." "머릿속으로 노래를 불러봐." "천천히 깊은 숨을 쉬어." 이런 방법이 습관이 될 때까지 반복해서 연습하도록 해주자.

3~6세 사회경험이 없고 수줍어하며 불안해하는 아이들은 특히 비난이나 또래의 거절에 예민하다.

7~9세 아이들은 외모, 운동, 학습능력을 친구들과 비교하게 되고, 4~5학년이 되면 친구들의 반응과 관계에 매우 예민해진다. 6개국의 만 6~11세 아이들을 대상으로 연구한 결과에 따르면, 아이들에게 가족을 잃는 것 다음으로 가장 큰 걱정은 친구들 앞에서 창피를 당하는 것이었다. 따돌림이나 인기를 잃는 것은 감정적인 고통이나 과잉반응을 야기할 수 있다.

10~13세 호르몬 영향이 나타나기 시작하는데, 이때 감정적인 아이들은 더 감정적으로 변할 수 있다. 따돌림이나 험담과 놀림의 대상이 된다면 이는 감정적인 고통의 원인이 될 수 있으며, 아이의 예민한 성격은 더 심각해질 수 있다.

 우리집 맞춤 처방전

마음속으로 마법의 조끼를 꺼내 입게 했어요!

우리 아들은 조그만 질책이나 놀림에도 쉽게 울음을 터트렸어요. 어느 날 우리 영웅이 나오는 만화를 봤는데, 아들이 만화 주인공처럼 모든 걸 막을 수 있는 방탄조끼를 입는다면 든든할 것 같다고 말하더군요. 누가 놀리더라도 그 말이 방탄조끼에 맞아 튕겨나갈 테니까 자신은 아무렇지도 않을 것 같다고 했죠. 그래서 아이에게 마음속으로 마법의 조끼를 꺼내 입으라고 했어요. 그 방법은 효과적이었답니다. 아이들이 놀릴 때마다 아이는 마음속으로 마법의 조끼를 꺼내 입어 심술궂은 말들을 튕겨나가게 했거든요.

도와주세요

화를 내는 아이의 적신호

감정을 통제하지 못한다,

소리를 지른다.

사소한 일에 분개한다,

쉽게 화를 내거나 신경질을 낸다.

부모가 해야 할 일은?

아이에게 감정을 통제하는 방법을 알려주고 자신의 감정과 요구를 올바르게 표현

하는 방법을 찾을 수 있도록 도와준다.

우리 아들은 쉽게 성질을 내요. 그애는 항상 에너지가 넘치는데, 화가 날

때면 아무에게나 발길질을 하고 때립니다. 물불 가리지 않고 덤비죠. 타임아웃

도 해봤고, 하고 싶어 하는 것을 못하도록 벌을 주기도 했습니다. 엉덩이를 때려주기도 했지만 아무런 소용이 없더라고요. 아이가 감정을 조절할 수 있게 도와줄 방법이 있을까요?

아이 스스로 감정을 적절히 조절하게 하려면 억눌린 에너지를 풀어낼 방법부터 배워야 합니다. 중요한 것은 아이에게 알맞은 방법을 찾는 것이에요. 트램펄린에서 뛰게 하거나 펀치백을 치게 하거나 태권도를 가르칠 수도 있습니다. 공놀이도 좋은 방법이고요. 혹은 차분한 요가 동작들이 자녀의 화를 가라앉히는 데 도움이 되었다는 이야기도 있습니다.

왜 변해야 할까?

소리를 지르고 싸우고 때리고 울거나 깨무는 일은 쉽게 화를 내는 아이들의 전형적인 행동이다. 하지만 화가 항상 분출되지는 않는다는 점을 알아야 한다. 어떤 아이는 마음속 깊은 곳에 자신의 감정을 숨겨놓는데, 이렇게 분출되지 않고 억눌린 분노는 아이를 초조하게 만들거나 우울증에 걸리게 할 수도 있다. 물론 내적 감정을 다스리는 방법을 배우도록 하는 일은 쉽지 않다. 특히 화가 나면 '미쳐 날뛰는' 아이라면 말이다.

> **부모 시선 집중!**
>
> 화를 내는 건 정상적인 일이다. 하지만 화가 점점 강해지고 화를 내는 시간이 길어져 자녀와의 사이가 불편해진다면 정신과 전문의의 도움을 받을 필요가 있다(변화가 질병에 의한 것이 아니라면 말이다).

어떤 행동을 보일까?

화를 다스리지 못하는 아이들이 보이는 일반적인 행동은 다음과 같다.

- 자주 분노를 분출한다. 아주 작은 문제에 대해서도 그렇다.

- 왜 화가 나는지를 설명하지 못한다.
- 화가 나거나 슬플 때 호흡이 가쁠 정도로 흥분한다.
- 때리거나 발로 차는 등의 폭력을 쓰고 욕을 하거나 침을 뱉기도 한다.
- 사람이나 동물의 감정을 고려하지 않는다.
- 공격한 것에 대한 책임을 지지 않고 다른 사람을 탓한다.
- 생각하지 않고 행동한다.
- 무모한 행동을 한다.
- 우울해하거나 침묵한다. 감정을 표현하지 않는다.
- 폭력에 대한 이야기를 하거나 폭력적인 그림을 그리거나 글을 쓴다.

만약 아이가 부모나 다른 가족을 대할 때만 분노를 표출한다면 아이에게만 문제가 있다고 볼 순 없다. 부모자녀 관계에 문제가 있을 것이다. 따라서 아이가 아닌 부모의 훈육법이나 의사소통 방법을 바꿀 필요가 있다.

해결책

1단계 : 초기 개입

1. 근본적인 이유를 찾는다.

아이가 화를 내는 데는 항상 원인이 있다. 왜 아이가 혼란스러워하는지를 파악할 수 있다면 그 혼란을 막아줄 수 있다. 다음은 아이들이 화를 내는 이유들이다. 자녀에게 해당되는 것이 있는지 확인해보자.

- □ 선천적으로 쉽게 화를 내는 기질을 타고났다.
- □ 친구들에게 괴롭힘을 당하거나 협박을 당한다. 혹은 놀림을 받고 있을 수도 있다.
- □ 아이에게 자주 소리를 지르고 야단치고 때리는 사람이 있다.
- □ 예를 들어 수면부족이나 질병과 같은 신체적인 문제가 있다.
- □ 투렛증후군, 조울증, 애정결핍증, 우울증 같은 생화학적이거나 신경학적인 손상이 있다.
- □ 의욕을 꺾거나 실패를 두려워하게 만드는 비현실적인 기대를 한다.
- □ 마음을 진정시키는 방법이나 요구를 표현하는 방법을 모른다.
- □ 책임을 진 적이 없다. 항상 화를 내거나 마음대로 행동하도록 허용되었다. 처벌에서 벗어날 수 있었다.
- □ 주변의 어른이나 친구의 폭력적인 행동을 따라한다.
- □ 폭력적인 영상물을 계속 접한다.
- □ 누구도 아이의 말을 듣지 않는다. 아이는 인정받지 못하고 있다는 느낌을 받는다.
- □ 정신적 충격, 부모의 이혼, 가족 마찰, 질병, 이사 등 스트레스를 받은 경험이 있다.

2. 화를 만드는 요인을 줄인다.

사람이 많지 않고 긴장되지 않는 장소를 찾아보면 어떨까? 아이가 지나치게 경쟁적인 교실에서 친구를 따라잡기 위해 몸부림치고 있는가? 아이들 앞에서 부부싸움을 하지 않겠다고 배우자와 약속할 수 있는가? 자녀의 긴장을 풀어줄 수 있는 방법 중에서 부모가 할 수 있는 일이 있다면 이를 실천하라.

3. 화를 내는 패턴을 파악한다.

아이가 계속 화를 내는 이유를 알 수 없다면 차트, 달력, 일기 등에 패턴을 기록해보자. 잠들기 바로 전, 학교 가기 전, 시험 보기 전과 같은 특정한 시간에 아이가 힘들어하는 모습이 보일 것이다. 관찰을 통해 아이가 화를 내는 이유를 파악해보도록 하자.

4. 차분하게 대한다.

부모의 행동은 자녀가 보고 배우게 되는 '살아 있는 교과서'다. 자신이 어떻게 화에 대처하고 있는지 되돌아보자. 힘들고 지친 하루 끝에 당신은 자녀 앞에서 어떤 행동들을 보였을까? 운전 중 다른 차가 끼어들면 어떻게 행동하는가? 은행에서 온 전화에 어떤 반응을 보이는가? 다른 가족들의 행동은 어떤가? 자녀가 화를 낼 때 어떻게 대응하는가? 부모의 행동을 보며 아이는 무엇을 배웠을까? 아이가 배우길 원하는 태도를 직접 실천하며 본을 보이고 있는지 되돌아보길 바란다.

5. 새로운 기대를 설정한다.

새로운 기대를 설정한 다음 아이에게 설명해주라. 모든 사람들(아이 자신, 할머니,

육아 119

아이가 화내는 이유를 찾았다면 다음 방법에 따라 화를 가라앉힐 수 있도록 지도하자. 아이 스스로 할 수 있을 때까지 한 단계씩 함께 해준다.

1단계 듣기 몸의 신호에 관심 갖기. 호흡이 빨라지거나 볼이 빨갛게 달아오르거나 주먹을 쥐고 있거나 심장이 쿵쾅거리는지. "감정을 조절하지 못하고 있구나"라고 주의를 주자.

2단계 멈추기 어떻게 화를 멈추게 할 수 있는지 잠시 동안 생각해보기. "네 눈앞에 '멈춰!'라는 신호가 있는 것처럼 상상해도 되고 머릿속으로 크게 외쳐도 돼"라고 말해준다.

3단계 호흡하기 "천천히, 깊게 호흡을 해봐"라고 말해준다.

4단계 분리하기 10까지 세어보기. 생일축하 노래 부르기, 치즈피자 생각하기 등 화를 가라앉힐 수 있는 것들을 떠올리도록 한다.

우체부, 그리고 대통령까지도)이 화를 낼 수 있지만 화를 내는 방법은 선택할 수 있는 문제라고 알려주자. 화가 난다고 해서 때리고 소리지르고 발로 차거나 싸우는 것은 부적절한 행동이라는 점을 알려줘야 한다. 만약 그런 방법으로 화를 낸다면 언제 어디서든 그에 따른 결과를 자신이 책임져야 한다는 사실을 알려주자(공격적인 행동 뒤에 따르는 벌이 그 결과가 되는데, 타임아웃이나 특권을 빼앗기는 방법 등이 있다).

6. 화가 난 아이와는 상대하지 말자.

아이가 화를 내기 시작하면 일단 진정한 후 반응을 보이지 않는 것이 좋다. 아이에게 대응하다보면 아이의 화가 더 커질 수 있다. 아이가 화를 가라앉힐 때까지 다른 곳으로 가서 다른 일을 시작하는 게 좋다. 일관되게 차분한 태도로 대응해야 한다는 점을 명심하라. 그로써 아이는 관심을 얻기 위해서는 화를 다스려야 한다는 걸 배우게 된다. 만약 아이가 자기 자신이나 다른 사람을 해칠 위험이 있다면 아이를 안전한 곳으로 옮겨야 한다.

7. 차분함의 중요성을 강조한다.

차분함의 중요성을 설명하기 위해 풍선을 이용해보자. "우리 모두는 친구 때문에 화가 날 때가 있어. 특히 우리 계획대로 되지 않을 때 말이야." 그러고 나서 풍선을 천천히 반 정도 불고는 끝을 잡는다. "화가 나면 성난 마음은 이렇게 빨리 커지게 돼. 자, 어떻게 되는지 보자." 풍선을 계속 끝까지 불어 커다랗게 만든다. "네 안에 성난 마음이 너무 커지면 제대로 생각하기가 어려워져. 심장은 쿵쾅거리고 숨은 가빠지고. 이럴 때 친구들에게 후회할 말을 하게 되고 엉터리 같은 선택을 하게 되는 거야." 그리고 풍선을 재빨리 놔버리면서 날아가게 만든다. "풍선이 자신을 조절하지 못하고 제멋대로 빙글빙글 돌아가는 게 보이지? 네가 화를 내면 풍선과 같은 상태가 되는 거야."

2단계 : 신속한 대처

● **화를 돋우는 원인을 파악하자.** 아이의 화를 돋우는 상황이나 문제를 가까이에서 관찰하자(아빠의 표정, 선생님의 말투, 위기에 처했을 때). 그리고 관찰한 내용을 아이에게 말해주며 그런 상황에서 감정을 조절할 수 있도록 알려주자. "민수가 과장된 말을 할 때 넌 벽을 치더구나!" "아빠가 너한테 공을 치는 모습을 지적해줄 때마다 숨을 가쁘게 쉬고 이를 악문다는 걸 알고 있니?"

● **몸에서 보내는 경고신호를 알아차리자.** 우리 몸은 우리가 화를 낼 때마다 경고신호를 보내는데 더 큰 문제가 생기는 걸 막기 위해서는 그 신호들을 잘 알아차려야 한다는 점을 아이에게 설명해주자. 그리고 속상한 마음이 들기 시작할 때 어떤 종류의 신호가 나타나는지 아이 스스로 찾을 수 있도록 해주자. 예를 들면 이렇게 물어볼 수 있다. "긴장한 것처럼 보이네. 주먹을 꽉 쥐고 있구나. 혹시 지금 화가 났니?" 우리 모두에게는 자기만의 생리적인 신호가 있다. 보통 이런 신호들은 스트레스를 받고 있거나 투쟁도주반응(갑작스런 자극에 대하여 투쟁할 것인지 도주할 것인지에 대한 본능적인 반응—옮긴이)을 가지고 있을 때 나타난다. 아이가 흥분하거나 화를 내기 전, 자기만의 신호를 스스로 파악하는 것이 중요하다. 하지만 아이가 곧장 자신의 신호를 파악할 것이라고 기대해서는 안 된다. 아이 스스로 알아내는 데는 시간이 걸리고 너무 어린 아이들은 부모의 도움이 필요할 수도 있다.

육아 119

화의 나쁜 효과에 대한 빠른 교육

크고 굵은 글씨로 큰 종이에 '화(ANGER)'라는 글씨를 인쇄한 후 'D'를 추가하여 위험(DANGER)이라는 단어를 만들자. 그러고 난 후 부적절한 화가 만들어내는 부정적인 효과에 대해 아이와 이야기를 나누자. 예를 들어 친구를 잃을 수도 있고, 나쁜 평판을 얻거나, 직업을 잃거나, 정직을 당하거나, 다칠 수도 있다. 아이가 화가 불러일으키는 위험에 대해 인식하면 자신의 욕구를 표현할 적절한 방법을 찾도록 부모가 도울 거라고 말하자. 그리고 아이의 화를 계속 점검해보자.

- **'기분을 표현하는 단어'를 알려주자.** 많은 아이들은 단순히 분노를 어떻게 표현하는지 몰라서 발로 차거나 소리를 지르는 행동을 하기도 한다. 그렇기 때문에 화가 났을 때 자신의 감정을 표현하는 말을 찾는 것은 아주 중요한 일이다. 예를 들어 "화났어" "슬퍼" "속상해" "불만이야" "초조해" "몹시 화가 나" "걱정돼" "긴장돼" 등의 말을 할 수 있을 것이다. 아이가 화가 나 있으면 기분을 나타내는 말들로 아이와 이야기를 나누자. "정말 화가 나 보이네. 엄마랑 얘기해볼까?" "속상해 보이네. 마음을 좀 풀고 싶지?"

- **화를 쏟아내기.** 아이가 기분을 나타내는 말들을 사용하기 시작하면 화를 말로 풀 수 있게 도와줘야 한다. 아이가 "난 정말 정말 화가 났다고!" "엄마가 나를 짜증나게 해!"라며 소리를 지를 수도 있다. 이때 아이를 혼내서는 안 된다.

3단계 : 변화를 위한 습관

모든 아이는 저마다 다르다. 그래서 '시행착오'의 방법이 최선이라고 할 수 있다. 아이에게 방법을 일러준 후 어떻게 반응하는지 보도록 하자. 만약 자녀에게 그 방법이 맞는다고 느껴지면 아이가 익숙해지도록 반복해주자.

- **혼잣말하기.** 스트레스를 받는 상황에서 아이가 자신에게 말할 수 있는 간단하고 긍정적인 메시지를 가르치자. "진정하자." "조절할 수 있어." "이것쯤이야."

- **밖으로 화 풀어내기.** 화를 진정시킬 수 있는 가장 효율적인 방법을 찾도록 도와주고 요령을 터득할 수 있도록 격려해주자. 점토 찰흙 두드리기, 베개 치기, 농구하기, 벽에 돌 던지기 등을 할 수 있다.

- **조용한 장소로 가기.** 아이가 자제력을 찾을 수 있는 장소를 찾아보자. 책, 음

악, 색연필, 종이 같이 마음을 달랠 수 있는 물건들을 놓아두고 그곳에서 화를 진정시킬 수 있도록 격려해주자.

- **화를 작은 조각으로 찢어버리기.** 아이를 속상하게 만든 것을 종이에 그리거나 써보게 하자. 그런 다음 그 종이를 모두 찢어버리게 하자. 화가 나는 것들을 모두 날려 보내버리는 것처럼 말이다.

- **멈추고 심호흡하기.** 다섯을 셀 때까지 숨을 들이마시고 잠시 멈춘 다음 다시 다섯을 세며 천천히 내쉬는 방법을 알려주자. 숨쉬기를 반복하다보면 안정을 찾게 되고 화를 만드는 스트레스를 줄일 수 있다.

- **'1+3+10' 활용하기.** 감정조절이 힘들다는 경고신호가 몸에서 나오면 3가지 방법을 시도해보자. 첫째, 침착해지는 것. 이것이 1이다. 그 다음은 하나, 둘, 셋을 쉬며 천천히 깊은 호흡을 하는 것이다. 이것이 3이다. 마지막은 머릿속으로 10까지 세어보는 것이다. 이 세 가지를 모으면 1+3+10이라는 공식이 만들어지고 이 방법은 감정조절에 도움이 된다.

- **조용한 장소 상상하기.** 먼저 아이에게 차분한 기분이 드는 곳(침대, 바닷가, 할아버지 댁 뒤뜰 등)을 생각하게 한 후 경고신호가 오면 눈을 감고 그 장소를 떠올려보라고 하자.

나이별 육아법

3~6세 이 시기의 아이들은 인지능력과 어휘수준이 높지 않기 때문에 화를 제대로 표현하지 못한다. 이를 깨문다거나 때리는 형태의 공격적인 행동이 최고조에 이르게 된다. 욕구를 표현하는 방법을 배우고 공격적인 행동은 용납되지 않는다는 사실을 알게 되면 공격성은 점차 사라질 것이다. 이 아이들은 행동을 자제하기 위해

큰 소리로 "난 영철이를 때리지 않을 거야! 엄마가 하지 말랬어!"라고 말한다.

7~9세 이 시기 아이들은 충격이나 자극을 조절하기 위해 내면의 생각을 이용하기는 하지만 문제해결능력과 화를 다스리는 방법을 배우는 데는 여전히 어른들의 지도가 필요하다. 새로운 버릇을 내면화시키는 데는 많은 연습이 필요하다. 남자아이들이 여자아이들보다 공격적인 성향이 높은 것으로 나타난다.

10~13세 10대 아이들은 자신의 행동에 대해 잘 알고 있기 때문에 감정을 조절할 수 있게 된다. 하지만 화를 돋우는 스트레스와 또래의 압력을 주의해야 하는 시기이다. 사춘기 청소년들은 화가 치솟을 때 다른 사람을 때리는 경향이 있다. 그런 행동이 당신의 자녀에게도 나타날 것이다. 조지프슨 연구소(Josephson Institute)에서 전국에 걸쳐 통계조사를 실시했는데, 남자 중학생과 고등학생의 1/4이 최근 12개월 내에 화가 나서 다른 사람을 친 경험이 있다고 말했다.

우리집 맞춤 처방전

'화 온도계'를 이용했어요!

우리 아들의 화를 조절하기 위해 '화 온도계'라는 것을 이용했어요. 그건 상상의 온도계인데, 그 온도계로 화가 얼마나 났는지를 재어보는 겁니다. (잠을 잘 수 있을 정도로 평온한 1도부터 화산이 폭발할 것 같은 10도까지) 아들은 속상할 때마다 온도를 잰 후 저에게 '화 온도'를 말해줬어요. 만약 온도가 높으면 진정하라고 경고를 해줬습니다. 우리 가족은 타임아웃이나 따뜻한 우유 마시기 등 화를 가라앉혀주는 방법들을 함께 찾아보고 있답니다.

도와주세요

수줍음을 많이 타는 아이의 적신호

다른 아이들을 피한다.

의존적이고 매달린다.

외출할 때 불편해하고 불안해한다.

참여하길 거부한다.

부모가 해야 할 일은?

자녀가 불안신호를 인식하고 사회생활에 자신감 있고 편안하게 적응할 수 있는 방법을 배우도록 도와준다.

우리 딸은 어릴 때부터 수줍음을 많이 탔어요. 성격을 바꿀 수 없다는 걸 알지만 다른 아이들과 같이 재미있게 놀 수 있는 기회를 놓치지 않도록 해주고 싶어요. 딸아이가 좀더 편안하게 느낄 수 있도록 도와줄 방법이 있을까요?

수줍음을 많이 타는 아이들은 천성적으로 주저하며 불안해하지요. 본성을 바꿀 수는 없겠지만 이런 아이들의 90%는 특별한 적응능력을 배우게 되면 큰 도움을 받을 수 있다는 연구결과가 있습니다. 이런 능력으로는 마음 진정시키기, 눈 맞추기, 강하고 자신감 있는 보디랭귀지 사용하기, 새로운 친구 만들기, 대화를 시작하고 끝내는 법 배우기 등이 있습니다. 부모가 이런 능력을 수줍은 자녀에게 가르치면 아이는 덜 소심해지게 되어 앞으로 겪어나가야 할 사회생활에서 더 큰 자신감을 얻게 될 것입니다.

왜 변해야 할까?

"저는 같이 안 갈래요. 먼저 가세요." "발표하기가 무서워요." "나 혼자 할래요, 그냥."

수줍음을 많이 타는 아이들은 경험을 많이 해보지 못한다. 이런 아이들은 스스로 경험을 제한하며 새로운 도전이나 위험을 감수하지 않아서 결국 사회생활에서 자신감을 얻지 못한다. 친구들을 많이 만들지 못하는 것은 인생을 사는 동안 후회로 남을 것이고 사회에 적응하지 못하는 아픔을 겪을 수도 있다.

자녀가 수줍음을 많이 타는 성격을 가지고 태어났다고 해보자. 유전자가 특정한 상황에서 긴장과 불안감을 유발할 수 있다. 자녀가 두려움을 느끼는 건 꾸며낸 행동이 아니다. 위협적이고 익숙하지 않은 사회상황에서 신경체계가 자극되어 심박수가 증가하고 손에 땀이 나고 얼굴이 창백해지는 것과 같은 내적 혼란의 증상을 보인다. 자녀의 뇌가 다른 아이들의 뇌와 구조적으로 다른 것이 아니다. 특정한 부분이 더 예민할 뿐이다.

이는 아이가 어렸을 때부터 시작해서 성인이 되어도 여전할 것이다. 아이에게 행동 방법과 수줍음을 이겨낼 능력을 가르치면, 아이는 집단 속에서 편안함을 느끼고 두려움이 줄어들게 될 것이다.

여기에 제시된 해결책은 아이의 긴장감을 줄여주고 편안함을 느끼게 해 삶을 더 즐길 수 있게 해주는 방법들이다.

어떤 행동을 보일까?

- ☐ 참여하거나 외출하기 싫어한다. 집에 가기를 조른다.
- ☐ 부모에게 집착한다.
- ☐ 짜증을 잘 낸다. 손톱을 물어뜯는다.
- ☐ 집단에 적응하지 못하고 두려움으로 얼어버린다.
- ☐ 반복적으로, 지나칠 정도로 계속 안심시켜주어야 한다.
- ☐ 손 빨기, 칭얼거리기, 울기처럼 아기 같은 행동을 보인다.
- ☐ 몸을 떨고 두려워하며 긴장해 보이고 불안해한다.
- ☐ 질병을 호소한다(두통, 복통).
- ☐ 자신이나 상황에 대해 부정적이다("별로 하고 싶지 않아" "아이들이 날 싫어할 걸").

해결책

1단계 : 초기 개입

1. 아이가 긴장할 때의 신호를 알자.

아이가 "오늘 너무 불안해요"라고 말할 가능성은 적다. 하지만 아이의 보디랭귀지나 행동을 보면 알 수 있다. 아이가 스트레스를 받을 때 보통 어떻게 반응하는지 살펴보자. 아이만의 독특한 신호를 알게 되면 긴장감이 높아지기 전에 아이의 긴장을 풀어주는 방법을 제안할 수 있다. 예를 들어, 사람들 속에 있을 때 손톱을 깨무는지, 머리카락을 만지는지, 주먹을 꼭 쥐는지, 부모 뒤에 숨는지, 아이의 신호가 보이는 순간 아이에게 알려주자. 아이의 긴장감이 더 높아지지 않도록 도와주기 시작하기에 가장 좋은 방법이다. "태윤아, 너 손톱을 깨물고 있네. 긴장을 풀 수 있도록 심호흡을 해보자." "머리카락을 만지고 있구나, 우리 딸이 좋아하는 행복한 생각들을 해볼까? 그럼 몸이 덜 긴장될 거야."

2. 자녀의 타고난 기질을 받아들이자.

내성적인 아이를 사교적인 아이로 바꾸는 게 목표가 아니다. 그럴 생각은 하지도 말자. 수줍은 아이들에게는 강요하지 않는 부모와 준비하는 시간, 이해와 세심함, 안정적이면서 너무 열정적이지 않은 어른들, 자존감을 지킬 수 있는 규칙들이 필요하다.

3. 불안 요인을 파악하자.

내성적인 아이를 더 수줍게 만드는 다른 요인들이 있을 것이다. 다음은 아이들이 특정 상황에서 불편해하는 이유들이다. 자녀에게 해당되는 것이 있는지 확인해보자.

- ☐ 실패나 창피를 두려워한다(행사, 운동경기, 연설).
- ☐ '수줍은 아이'로 소문이 나 있다.
- ☐ 어려운 상황에서 항상 도와주는 어른이 있다.
- ☐ 사고, 부모의 이혼, 부끄러운 가족사건, 죽음 등 정신적인 충격을 겪었다.

□ 모욕을 당하고, 소리 지르고, 받아들여지지 않는 어른에게 불편한 감정을 가
   지고 있다.

□ 사회 경험을 해보지 못했거나 그런 경험이 제한적이다. 즉 가족, 문화, 경제
   적인 이유로 고립되어 있다.

□ 집단에 새로 들어왔다(동네, 학교, 반, 동아리, 팀).

□ 적응하는 사회적 능력이 부족하다.

□ 호르몬 변화, 체중문제, 교정기 등 신체적 변화에 불편한 감정을 갖고 있다.

□ 신체적으로 또래들과 다르거나 지적 능력, 외모, 사회경제적인 수준, 문화,
   민족, 종교적 배경이 다르다.

□ 너무 성숙하거나 똑똑하거나 혹은 그 정반대인 집단에 속해 있다.

□ 또래압력에 노출되어 있다. 옷차림, 행동, 편하지 않은 활동을 하는 또래 사
   이에 있다.

□ 부모가 아이의 능력이나 수준에 대해 비현실적인 기대를 갖고 있어서 아이
   는 자신이 부족하다고 느낀다.

□ 감정적 신호를 읽는 데 어려움을 겪는다.

4. 부모의 기대를 점검하자.

수줍음이 유전적인 문제라 할지라도 부모의 육아법에 따라 주저하고 걱정이 많은
아이의 태도를 고쳐줄 수 있다. 하버드대학의 아동심리학자인 제롬 캐건(Jerome
Kagan)은 20년에 걸친 연구를 통해, 아이들의 1/3에게 수줍음이 성격 변화를 가져
다주었다고 한다. 그들의 부모는 수줍은 자녀를 지나치게 보호하지 않았고, 자녀에
게 사회적 능력의 본보기를 보여주려 했으며, 다른 또래들과 어떻게 지내는지를 지
도해주었다. 다음 중에서 부모 본인들에게 해당하는 것이 있는지 보자.

□ 자녀에게 사람들 앞에서 무언가를 하기를 강요하는가?

□ 자녀가 마음의 준비가 없더라도 새로운 집단에 빨리 적응하기를 기대하는가?

□ 부모에게는 중요하지만 자녀에게는 중요하지 않은 일을 강요하는가?

□ 자녀의 성과와 성격을 형제들과 부정적으로 비교하는가?

□ 곤란한 사회적 상황에서 변명을 해주거나 대신해주며 자녀를 도와주는가?

□ 자녀가 소심해지면 대신 말을 해주어서 부모에게 의존하게 하는가?

육 아 뉴 스

수줍음은 흔히 일어나는 감정이다

수줍음을 타는 것은 수많은 사람들이 매일 느끼는 감정 중의 하나라고 아이를 안심시키자. 하버드대학의 제롬 캐건은 20년간 실시한 연구의 결과, 10~15%의 유치원생들은 아주 수줍음을 많이 타고 25%의 아이들은 사교적이고 활동적이며 나머지는 중간의 성향을 갖고 있다고 발표했다. 수줍음을 타는 성격의 아이들 중 2/3는 성인이 되어도 변하지 않고 1/3 정도만이 수줍음을 극복한다고 한다. 그는 "만약 천성적으로 수줍음이 많다면 빌 클린턴 같은 활발한 사람이 되기는 어려울 것입니다. 그렇지만 중간쯤의 성격으로 바뀔 수는 있겠죠"라고 말했다.

---

5. 수줍은' 아이라고 말하지 말자.

전문가들은 아이들이 수줍어하는 가장 큰 이유는 자신들이 그렇게 이미 인식되어 있기 때문이라고 한다. 절대 선생님이나 친구, 친척, 형제, 처음 보는 사람에게 수줍은 아이라고 말하지 말자. "우리 아이는 수줍어하지 않아요. 먼저 지켜보고 그 다음에 행동하는 아이에요." "너는 준비하는 데 시간이 걸릴 뿐이야. 그건 괜찮아. 다른 사람들도 보통 그렇게 하는 걸." 스탠퍼드대학에서 진행된 연구를 보면 수줍어하는 성향을 타고났을지라도 정말 수줍어하는 아이가 되기도 하고 되지 않기도 하는 것은 우리가 어떻게 그 아이를 인식하느냐에 달렸다고 한다.

2단계 : 신속한 대처

- **불안을 공감하고 알아주자.** 자녀의 긴장을 공감해주자. 자녀가 다른 아이들과 있을 때 불편해한다는 걸 알고 있고 그건 나쁜 것이 아니라고, 아이의 탓이 아니라고 말해주자. 그리고 불안해하는 사람이 아이 혼자가 아니라고 말해주자. 50%의 사람들은 수줍음이 많다. "엄마가 도와줄게. 철승이네 집에서 손톱을 물어뜯던데. 엄마도 너처럼 새로운 사람들을 만나면 조금 불편해" "네가 보이스카우트에서 아무 말도 하지 않는 걸 봤어. 어떻게 하면 좀더 편안해질 수 있을까?"라고 물어보자.

- **긴장 정도를 파악하자.** 수줍음이 많은 아이들은 걱정을 말로 표현하는 걸 어려워한다. 1부터 10까지의 긴장 눈금을 만들자(어린 아이에게는 긴장 온도계라고 말할 수 있다). "1은 긴장이 전혀 없는 정도야. 안정되고 자신감이 느껴지지. 10은 너무 두려울 때 나타나는 거야. 이 상황에서는 너무 긴장이 돼서 심장이 빨리 뛰고 움직일 수 없게 돼." 자녀의 신호가 나타날 때 "1에서 10까지의 눈금 중 어디쯤 되니?"라고 물어보자. 자녀의 불안감이 어느 정도인지 알면 대처할 수 있는 가장 좋은 방법을 찾을 수 있다. 한 예로 "1이면 네가 좀더 편해질 수 있는 사람을 만나 도와달라고 하자" "6이면 그 상황에서 잠시 나와 숨을 깊이 쉬어보자"라고 말해줄 수 있다.

- **부끄러움을 다루는 책을 읽자.** 유명 작품 속에서 주인공도 겪는 증세일 수 있고, 그 성격으로 충분히 행복할 수 있는 방법이 있음을 알게 하자.

- **과거의 성공적인 경험을 강조하자.** 지나간 실패를 떠올리는 건 자연스러운 일이다. 정말 좋은 경험을 한 적이 있다면 그것을 다시 생각하게 하자. "지난번 수영시간이 기억나니? 처음에 너는 가기 싫어했지만 거기서 진짜 좋은 친구를 만났잖아" "은비의 생일파티에 가기 전에 넌 가기 싫다고 했고 30분만

부모 시선 집중!

자녀를 위해 도움을 요청해야 할 때

수줍음이 어린 아이의 일반적인 특징임에도 불구하고 일부 아이들은 보통의 수줍음 수준을 넘고 있다. 만 9세에서 만 17세 아이의 13%는 불안장애로 고통받고 있다. 수줍은 정도가 아주 심각한 아이들은 훗날 삶에서 좌절과 걱정을 경험할 경향이 크고 사회적 공포증이 생길 위험성이 크다. 만약 아래의 특징들이 자녀에게 해당된다면 전문가의 도움을 요청하자.

- 아이가 심각하고 지속적인 사회적 환경에 대해 두려움을 느낀다. 당혹스러워지거나 거부 당할지도 모른다고 생각해서 두려운 상황을 피하려 한다.
- 두려운 사회적 상황에 대해 신체적인 반응을 겪는다. 예를 들어 호흡이 가빠지거나, 말을 할 수 없다거나, 설사나 구토, 통제할 수 없는 흐느낌 등이 나타난다. 어린 아이들은 울거나 짜증을 내거나 도망을 가기도 한다.
- 자신의 공포가 과하다는 걸 알지만 그 공포에 맞설 무언가를 하는 것에는 무기력하다. 어린 아이들은 보통 자신의 두려움이 비합리적이거나 비정상적이라는 걸 깨닫지 못한다. 따라서 자녀의 걱정이 근거가 있는 것인지를 결정해야 할 것이다.

부끄러움이 자녀의 사회적 삶에 영향을 줄 때, 그리고 그 두려움이 아이를 쇠약하게 만들 때가 바로 도움을 요청할 때이다. 사회적인 공포심을 가진 아이들은 좌절과 돌연한 공포, 공격성 그리고 약 남용 문제들을 일으키기 쉽다. 사회에 대한 병적인 공포증은 빨리 발견하면 치료가 가능하다.

있다가 오기로 했지. 그런데 결국 거기서 정말 재미있는 시간을 보냈던 거 기억하니?" 등의 말을 할 수 있다.

- **긴장을 풀 수 있는 방법을 알려주자.** 심호흡을 길게 하거나 '10까지 세기' 방법을 가르치자. "5까지 크게 숨을 마시고 남은 5를 세는 동안 다시 코로 천천히 숨을 내뱉는 거야"('스트레스에 약하다' 참조).

- **준비시간을 만들자.** 어떤 아이들은 사회적 상황에 적응하는 데 시간이 많이 걸릴 수 있다. 아이에게 준비할 수 있는 시간을 주자. 사람들이 많이 모이지 않았을 때 먼저 가도록 하자. 너무 재촉하지 말고 인내심을 가져야 한다. 자녀를 부드럽게 격려하고 차분하게 사회적 활동을 지도하는 부모들이, 너무 지나치게 간섭하는 부모들보다 수줍은 아이를 더 성공적으로 도와줄 수 있다

고 한다. 아이 스스로 알아보고 지켜볼 수 있게 해줘야 한다. 어떻게 시작하면 좋을지 한두 가지 제안을 할 수는 있지만 충분한 시간을 가진 후 참여할지 어떨지 아이가 직접 결정하도록 해야 한다.

● **노력을 칭찬하자.** "오늘 새로운 친구한테 가서 인사하더라. 정말 잘했어!" "은정이 엄마한테 인사하려고 노력하는 우리 아들 너무 멋져. 아줌마가 너무 기뻐하시더라."

3단계 : 변화를 위한 습관

● **사회적 상황을 연습하자.** 행사가 어떻게 진행될 것인지, 누가 올 것인지 아이에게 설명해줘서 다가오는 행사를 아이가 준비할 수 있도록 해주자. 친구들을 어떻게 만날 건지, 이야기는 어떻게 할 것인지, 작별인사는 어떻게 할 것인지와 같은 것들을 연습할 수 있다. 기본적인 식사예절을 알고 있는지 확인해보자. 친한 사람과 전화를 하며 대화하는 방법을 연습시킬 수 있는데, 이는 직접 만나서 대화하는 것보다 아이에게는 부담이 덜 될 수 있다. 새로운 일에

육 아 뉴 스

수줍음을 타는 아이들은 얼굴 표정을 파악하는 데 어려움을 겪는다

산라파엘대학(이탈리아 밀라노): 마르코 바타글리아(Marco Battaglia)는 3~4학년의 아이들에게 기쁨, 슬픔, 감정 없는 표정의 사진들을 보여주고 감정을 구별하게 하는 실험을 했는데, 수줍음을 많이 타는 아이들은 그것을 분류하는 데 어려움을 보였다. 그는 수줍은 아이들은 일반 아동들이 사회적인 단서로 사용하는 얼굴 표정을 읽는 데 어려움을 겪는다고 결론지었다. 수줍은 아이들은 파악되지 않는 얼굴 표정을 보면 더욱 불안해지게 되어 사회적 상황에서 더욱 긴장하게 된다고 한다. 얼굴 표정 단서를 읽을 수 있게 되면 긴장감을 줄일 수 있을 뿐 아니라 얼굴 표정을 읽는 방법을 배울 수도 있게 된다. "수미가 화났나봐. 이마에 주름이 생기는 거 봐." "기련이가 화가 난 것 같니? 숨을 빨리 쉬고 있잖아."

대해 아이가 느끼는 긴장감을 풀어줄 수 있는 방법이다.

● **어린 동생들과 연습하게 하자.** 스탠퍼드대학에서 진행된 연구를 보면, 자기보다 어린 동생들과 짧은 시간 동안 연습하면 또래 아이들과도 편하게 대화를 나눌 수 있는 사회적 능력을 얻게 된다고 한다. 어린 동생들(어린 형제나, 사촌, 이웃)과 놀 수 있는 기회를 만들어주자. 10대 아이에게는 아기 돌보기를 시키는 것도 좋은 방법이다. 또래 아이들과는 아직 편하게 하지 못했던 (눈을 맞추고 대화를 하는 것과 같은) 사회적 능력을 연습할 수 있으며 동시에 용돈도 벌 수 있는 좋은 기회가 된다.

● **웃는 얼굴을 강조하자.** 자신감이 넘치고 인기가 많은 아이들의 가장 큰 특징은 잘 웃는다는 것이다. 자녀가 웃을 때마다 격려해주자. "웃을 때 참 예쁘구나." "사람들 모두 너의 웃는 모습을 좋아할 거야." 웃는 얼굴이 사람들에게 어떤 영향을 주는지도 알려주자. "네가 웃을 때 저 애들도 웃는 걸 봤니?" "네가 웃는 걸 보고 저 아이가 와서 같이 놀자고 했잖아. 네가 친절한 아이라고 생각했나 봐"라고 말해줄 수 있다.

● **일대일로 놀아줄 친구를 만들자.** 내성적인 아이에게 사회적인 자신감을 갖게 할 좋은 방법은 편안함을 느낄 친구를 만드는 일이라고 한다. 많은 아이들과 함께 집단에서 노는 것이 힘들 수 있으므로 같이 노는 친구들의 숫자를 조절하자. 자녀가 자신감을 키울수록 친구의 숫자를 늘려나가자.

● **나쁜 '혼잣말' 고쳐주기.** 수줍음을 많이 타는 아이들은 "다른 아이들이 내 머리를 보고 바보 같다고 할 거야" "버스에 탈 때 아이들이 나만 쳐다볼 거야"와 같은 생각을 할 수 있다. 다음과 같은 긍정적인 말을 아이에게 가르쳐줄 수 있다. 아이도 좋아하고 친구들도 좋아하는 (인기 많고 자신감이 넘치는) 친구를 생각해보자고 하자.

부모: "나영이가 버스에 타면서 스스로에게 뭐라고 말할 것 같니?"

아이: "나영이는 아마도 걱정 같은 건 없을 거예요. 친한 친구들한테 '안녕' 하고 인사할 거 같아요."

부모: "그럼, 너한테도 나영이처럼 걱정하지 말라고 말해봐."

이 인지치료법은 템플대학교의 연구에 따른 것으로, 수줍은 아이에게 아주 효과적인 것으로 나타났다.

● **두려움에 조금씩 직면할 수 있도록 하자.** 수줍음이 많고 주저하는 아이들은 경험하기도 전에 최악의 상황을 생각하고 두려워한다. "할 말을 까먹게 될 거야." "아무도 나를 좋아하지 않을 거야." "오줌을 싸면 어떻게 하지?" 아이가 겪고 있는 두려움은 진실된 것이란 사실을 기억하자. 하지만 아이는 직접 경험을 해본 후 우려했던 일이 일어나지 않았다는 걸 알게 되면 두려움이 사라질 것이다.

아이가 감당할 수 있을 만큼 서서히 가장 두려운 상황에 아이를 노출시키면서 점차 강도를 높여나가는 것이 비법이다. 예를 들어 생일파티에 정말 가기 싫어한다면 생일선물만 주고 오는 것부터 시작해보자. 다른 아이들과 노는 것을 두려워한다면 30분 전에 미리 가서 생일을 맞이한 친구만 보고 오도록 하자(주의: 너무 빨리 자녀를 두려운 상황에 노출시키면 더 부정적인 결과를 가져와 아이가 주저하게 만들 수 있다. 스트레스 신호를 조심스럽게 살피면서 이끌도록 하자. 어떻게 해야 할지 확신이 서지 않으면 정신과 전문의의 도움을 받자).

● **스트레스 상황에 대해 이야기를 나누자.** 자녀가 부끄러워하는 상황은 무엇이며 무슨 일이 일어났고 다음번에는 어떻게 대처할 수 있을지에 대해 같이 이

야기해보자. "다음에 그 친구네 집에 가게 되면 그런 기분이 들지 않도록 할 방법을 생각해보자" "다른 아이들과 같이 노는 걸 별로 좋아하지 않는 것 같은데. 그럼 친구 한 명만 부르는 게 어때?" "민서 얼굴을 직접 보면서 물어보고 싶지 않으면 전화로 말해보는 건 어떨까?"라고 물어보자.

나이별 육아법

아이들은 모두가 다르지만 다음은 아이들을 더 수줍게 만드는 일반적인 상황들이다.

3~6세 처음 보는 사람, 상황(놀이방, 유치원), 관심의 대상이 되는 것, 엄마나 아빠를 떠나는 것.

7~9세 사람들 앞에서 공연하는 것, 혼자 제외되는 것, (특히 또래들 앞에서) 실패하는 두려움, 사람들의 비난.

10~13세 10대들은 외모, 교정기, 사춘기, 이성, 따돌림과 같은 문제에 대해 수줍어할 수 있다. 자의식이 생겨나는 시기이므로, 평소와는 달리 갑자기 수줍어하는 태도가 나타날 수 있다.

♥ 우리집 맞춤 처방전

무엇을 할지 정확하게 알게 해주었어요!

우리 딸은 생일파티에 가는 걸 너무 싫어해요. 간다고 해도 다시 집에 가겠다며 떼를 씁니다. 딸과 연습해본 결과, 초대받은 집에 도착하자마자 "처음으로 해야 할 것"을 알면 긴장이 풀린다는 걸 깨달았습니다. 친구 엄마한테 미소 짓기, 생일인 친구에게 선물 주기, 친구에게 가기, 마실 것이나 먹을 것을 찾기와 같은 것들 말이에요. 연습을 해서 친구집에 도착하자마자 무엇을 해야 할지 정확히 알게 되자 아이는 편안한 마음을 갖게 되었습니다.

도와주세요

겁이 많은 아이의 적신호

두려움이 지나치게 커서 친구들이나 가족과 함께 있는 상황이나 도전을 피한다.

부모가 해야 할 일은?

불안을 줄여줄 수 있는 새로운 습관을 배우도록 해준다. 고민을 나누고 안정을 취하는 방법 등을 배우도록 해준다.

> 우리 아들은 너무 겁이 많아요. 몸을 떨기까지 한다니까요. 아이의 친구들이 '겁쟁이'라고 놀리더군요. 아이가 겁먹지 않고 즐겁게 살 수 있도록 하려면 어떻게 도와줘야 할까요?

> 아이가 겁을 먹었을 때 진정시킬 수 있는 효과적인 2가지 방법이 있습니다.

아이에게 마음속으로 안심할 수 있는 장소를 그려보라고 하는 방법과 10부터 1까지를 거꾸로 세어보게 하는 방법이 그것입니다. 아이가 병원에 갔을 때 너무 긴장하고 있으면 "바닥에 타일이 몇 개 있는지 맞춰볼까?"와 같은 질문으로 긴장을 풀 수 있게 해주세요. 두려움을 줄이는 방법으로 무엇을 사용하든, 그 방법이 습관이 될 때까지 연습할 수 있도록 해주세요.

왜 변해야 할까?

아이들의 성장과정에서 두려움은 정상적인 것이다. 하지만 지나치게 겁을 먹고 불안해하는 아이들이 있다. 자료에 따르면 8~10%의 미국 아동들이 불안으로 인한 심각한 문제를 겪고 있다고 한다. 불안해하는 아이들은 보통아이들보다 우울증에 걸릴 확률이 2~4배 높으며, 10대 청소년의 경우라면 심각한 중독에 빠지기 쉽다고 한다. 하지만 심각한 불안감을 가진 아이라도 두려움을 다스리는 능력을 키워 즐거운 삶을 살게 해주는 방법이 있다고 한다. 90%의 아이들이 불안에 대처하는 능력

육 아 뉴 스

'공황발작'이 있는 건 아닐까?

어린 시절에 갖고 있던 두려움은 점차 사라지지만 반복해서 무서운 사건을 겪었다면 공황발작을 일으킬 수도 있다. 이는 아주 어린 아이에게는 드물지만 청소년들에게는 많이 나타난다. 공황발작을 일으키는 아이들의 증세는 다음과 같다.

- 심장이 크게 뛴다.
- 심박수가 증가한다.
- 땀을 흘린다.
- 몸을 심하게 떤다.
- 숨이 가쁘다.
- 답답한 느낌이 든다.
- 가슴이 아프고 불편하다.
- 어지럽고 기절할 것 같다.
- 미칠 것 같고 스스로 조절이 안 된다.
- 무력감이 든다.
- 죽고 싶은 기분이 든다.
- 감각이 없거나 얼얼하다.

공황발작을 겪고 있는 아이는 자신이 왜 불안해하는지 그 이유를 말할 수 없을 것이다. 따라서 정신과 전문의에게 도움을 청하는 것이 좋다.

을 익히면 크게 발전한다는 연구결과가 있다.

자녀가 직면한 문제를 잘 해결할 수 있는 방법을 가르치는 것은 부모의 몫이다. 습관이 될 때까지 연습할 수 있도록 도와준다면 아이들은 그 방법을 앞으로도 계속 활용하게 될 것이다. 용기를 키워주고, 어떤 미디어를 보는지 잘 감독하고, 새로운 환경에 하나씩 순응할 수 있도록 도와주는 방법으로 아이가 일상에서 부딪히는 두려움을 잘 극복해나갈 수 있도록 도와주자.

어떤 행동을 보일까?

아이가 자신의 걱정이 무엇인지 부모에게 말할 수도 있고 말하지 않을 수도 있다. 다음은 아이가 불안감을 갖고 있음을 보여주는 행동들이다.

- 수면장애. 잠이 쉽게 들지 않거나 숙면을 취하지 못하고 어두운 곳에 혼자 있는 것을 두려워한다.
- 회피. 특정상황을 거부하고 움직이길 싫어한다.
- 반항. 두려움을 느끼는 특정한 상황을 요구하면 집을 나가버리거나 소리를 지르며 반항한다.
- 보채기. 시야에 부모가 없으면 안 된다. 불안해서 항상 누군가를 따라다닌다.
- 육체적인 스트레스. 심박수가 빨라지고 손이 축축할 정도로 땀이 나며 숨이 가빠지고 메스꺼움을 느낀다.
- 퇴행 손가락 빨기, 야뇨증, (안정감을 주는) 담요 찾기 등의 퇴행이 보인다.
- 신경과민 손톱 물어뜯기, 이 부딪히기, 주먹 쥐기 등 안절부절못하는 행동과 경련을 보인다.

해결책

1단계 : 초기 개입

1. 숨겨진 두려움을 관찰한다.

아이가 지금 가장 걱정하고 있는 2가지 문제는 무엇일까? 만약 그걸 모르면 다음 한 주는 자녀를 더 가까이에서 관찰하자. 아이가 무슨 말을 하는지, 무엇을 가지고 노는지 잘 지켜보자. 그로써 부모에게 터놓지 않는 아이의 걱정이 무엇인지 찾을 수 있을 것이다. 아이의 두려움이 무엇인지 파악했다면 긍정적인 방법으로 두려움에 대처하도록 도와주자.

2. 특정한 계기를 살피자.

특정상황이 두려움을 더 크게 만든다. 아이의 불안한 모습을 볼 때마다(앞의 '어떤 행동을 보일까?' 참조) 뒤집어서 생각해보자. 저런 반응을 보이게 된 까닭이 무엇일까? 그것이 어떤 사건과 연결돼 있음을 알아내면 두려움을 해소하는 해결책을 낼 수 있을 것이다. 예를 들면 다음과 같다.

> 문제: 진희는 밤마다 악몽을 꾼다.
>
> 원인: 매일 〈잠자는 숲 속의 공주〉를 보고 잔다.
>
> 해결방법: 두려움을 자극하는 영화를 보지 않도록 한다. 특히 자기 전에는. 〈메리 포핀스〉 같은 영화를 보거나 재미난 시트콤이 좋다.

3. 충격적인 경험 후의 두려움은 당연하다.

심각한 스트레스(이사, 사고, 괴롭힘, 전학, 부모의 이혼, 사랑하는 사람을 잃은 일, 자연재해)를 겪고 난 후, 아이가 어떻게 대처하고 있는지를 관찰하자. 충격적인 경험은

아이의 두려움을 걱정해야 할까?
다음 질문 중 2가지 이상에서 '예'라는 대답이
나오면 전문가에게 도움을 청해야 한다.
1. 연령에 비해 아이의 두려움과 반응이 전형적
이지 않다.
2. 두려움이 더 심해지고 오랫동안 지속되고 있다.
3. 두려움이 학교생활과 사회생활에 지장을 준다.
4. 두려움이 지나치고 더 심각한 문제가 될 것
같다. 걱정되는 다른 증상들이 함께 나타난다.

불안을 야기할 수 있다. 감당할 수 없는 스트레스가 우울증을 일으키고 더 나아가 불안장애를 갖게 한다는 연구결과가 있다.

4. 용감한 모습'의 본보기가 되자.

예를 들어 천둥이 칠 때 부모가 어딘가로 뛰어가 숨는다면 그런 부모의 아이가 떠는 것은 당연하다. 만약 부모가 어린 시절에 뱀에 대한 두려움이 있었다면 그 자녀도 뱀을 무서워할 것이다. 이는 놀랄 일이 아니다. 아이는 언제나 부모를 지켜보고 있으며 부모가 무서워하는 것을 똑같이 두려워할 것이다.

5. 미디어를 감독하자.

영화나 비디오게임, 뮤직비디오, 인터넷 사이트, 뉴스에 나오는 영상이 두려움을 크게 만들 수 있다. 자녀가 미디어를 어떻게 접하고 있는지 잘 살피고, 특히 자기 전에 보는 것들을 잘 파악해야 한다. (나이에 상관없이) 자녀가 지나치게 자극적인 영화를 봤다면 그 내용을 떨쳐버리는 데 시간이 얼마나 걸리는지 살펴보도록 하자. 아직도 떨고 있거나 장면을 잊지 못하고 있다면 영화 기준을 조절해야 한다.

6. 걱정을 나눌 수 있도록 격려하자.

두려움에 대한 이야기를 나누자. 두려움의 감정을 말로 표현함으로써 아이가 두려움을 감당할 수 있다는 느낌을 갖게 하자. 아이가 너무 커버리기 전에 아이의 걱정을 찾아내는 것이 목표이다. 아이의 말을 들어주리라는 확신을 주도록 하자. 아이를 안심시켜줄 뿐만 아니라 오해를 풀게 해주고 질문에 대한 답도 해줘야 한다.

2단계 : 신속한 대처

- **아이의 두려움은 '사실'이다.** 하찮고 근거 없어 보이는 두려움이라도 아이는 진정 두려운 것이다. 아이를 놀리거나 가르치려 하거나 무시하거나 타당성만을 따지는 것은 전혀 도움이 되지 않는다.

- **두려움을 하찮게 취급하면 안 된다.** "바보같이 굴지 마. 침대 밑에 귀신 같은 건 없다고." 이런 말이 자녀를 잠들게 할 수는 있겠지만 그 두려움을 없앨 수는 없다. 우리의 어린 시절로 돌아가 보자. "괴물 같은 건 없어" "애기처럼 굴지 마"라는 말이 기분좋지는 않았을 것이다. 우리의 자녀도 마찬가지다.

- **'보호자' 역할 그만하기.** 아이가 불안해할 때마다 "엄마 여기 있어. 널 지켜줄게"라고 말하고 싶겠지만 그래서는 안 된다. 아이는 두려움을 느낄 때마다 항상 부모에게 달려갈 것이다. 스트레스 상황에서 아이를 보호하는 것이 해답은 아니라는 연구결과가 있다. 아이 스스로 두려움을 극복하는 방법을 배우지 못할 수도 있다.

- **지지를 보내자.** 아이가 안심할 수 있도록 도와주라. 부모의 말이 가진 힘을 무시하지 말라. 두려움을 느낄 때 "괜찮아질 거야"라는 부모의 말에(아빠가 자녀의 손을 꼭 잡아주는 것도 좋다) 아이는 안심할 수 있을 것이다.

- **무엇을 기대해야 할지 알려주자.** 부모 없이 자녀 스스로 극복해야 할 두려움이 있다. 그런 경험들을 미리 가르쳐주면 오해를 방지하고 아이를 안심시킬 수 있다. 만약 병원에 입원하는 것을 무서워한다면 미리 병원에 가서 이곳저

육 아 뉴 스

두려움으로부터 자녀를 과잉보호하면 오히려 역효과가 나타난다

컬럼비아대학교와 하버드대학교: 유아를 대상으로 한 연구의 결과를 보면 스트레스를 주는 경험으로부터 자녀를 보호하면 아이들은 더 큰 두려움을 겪게 된다고 한다. 그런 부모들은 공황발작을 갖고 있거나 그들의 어린 시절에 과보호를 받았던 성향이 있었다. 일상생활에서의 크고 작은 문제들을 자녀 스스로 해결하도록 할 때 아이는 더 나은 대처능력을 갖출 수 있다. 스트레스 상황에서 자녀를 보호하지 말라. 이는 백해무익한 행동이다.

곳을 둘러보도록 하자. 병원놀이 장난감을 사서 놀거나 입원할 때 곰돌이나
담요를 가져갈 수도 있다.

● 두려움을 다루는 책을 같이 읽자.

3단계 : 변화를 위한 습관

무서운 순간과 어린 시절의 두려움을 극복할 수 있는 방법들을 살펴보자.

● '걸음마' 방법으로 두려움을 조절한다. 우선 아이가 감당할 수 있는 수준의 스
트레스부터 마주할 수 있게 하라. 그리고 두려움이 없어질 때까지 점점 그 수
위를 늘려가도록 하자. 다음은 아이들이 많이 겪게 되는 두려움과 그에 대한
해결책이다.

문제: 이웃의 큰 개를 무서워한다.

해결방법: 귀여운 개들의 사진을 보게 하고 작은 강아지와 놀게 한다. 그 다
음에는 조금 큰 강아지와 놀게 한다.

문제: 공공수영장에서 수영하기를 두려워한다.

해결방법: 어린이 풀장에서 튜브를 끼고 놀게 한다. 얕은 풀에서 놀게 한 후
점차 깊은 풀에서 수영할 수 있게 한다.

아이의 반응을 지켜보면서 자신이 너무 재촉하는 건 아닌지 확인하자. 아이
가 준비될 때까지 기다리고 아이의 속도에 맞춰 두려움을 극복할 수 있도록
도와줘야 한다. 부드럽게 격려해주는 것이 중요하다.

- **두려움을 없애는 주문을 만들자.** 긍정적인 말을 하면 두려움을 없앨 수 있다고 알려주자. 주문을 하나 만들고 아이가 불안할 때마다 반복해서 말하게 하자. "난 할 수 있어." "괜찮을 거야." "별거 아니야."

- **안정을 찾는 방법을 연습한다.** 안정을 찾을 수 있는 방법을 배우는 것이 긴장한 아이에게 도움이 된다. 긴장하기 시작했을 때 구름 위에 평화롭게 떠 있는 자신을 상상하거나 해변에 누워 있는 모습을 상상하도록 한다. 천천히 숨을 깊이 들이쉬는 것도 불안을 줄이는 데 도움이 된다. 폐가 바람이 가득 찬 풍선이 된 것처럼 상상하게 한 후 천천히 바람을 내보내면서 두려움이 사라지는 것을 느끼게 해준다.

- **직접 부딪치게 한다.** 어떤 상황을 자신이 조절할 수 있다고 판단되면 걱정은 줄어든다고 한다. 아이에게 두려움을 없앨 자신만의 방법을 개발할 수 있는 자율권을 주자. 아이가 가질 만한 두려움을 하나 생각해보자. 예를 들어 아이가 "이상한 그림자 때문에 밤에 잠을 못 자"라고 말하면 "어떻게 하면 널 안심시킬 수 있을까?"라고 물어보라. 아이 스스로 상황을 조절할 수 있다는 확신이 들게 하는 방법을 찾을 때까지 브레인스토밍(생각나는대로 자유롭게 토론하기–옮긴이)을 하자. 그리고 그 방법을 직접 해보도록 한다. 다음과 같은 방법들을 찾을 수 있다. "손전등을 베개 밑에 둔다." "책장에서 침대를 멀리 두어 벽에 있는 그림자를 안 보이게 한다."

어린 시절의 두려움은 성장과정에서 정상적인 것이며 아이의 연령에 따라 다르게 나타날 수 있다.

3~6세 이 시기의 아이들은 현실과 환상을 구분하지 못하기 때문에 지나친 상상이 두려움을 더 크게 만들 수 있다. 만 3~4세에는 큰 소리(천둥, 번개)를 무서워하기도 하고 개, 어둠, 부모와 떨어져 있기, 괴물, 처음 보는 사람들에게서 두려움을 느낄 수 있다. 5세가 되면 몸을 다치거나 떨어지는 것, 취침 시간, 귀신들을 무서워한다.

7~9세 환상과 현실을 구분할 수 있고 두려움은 조절하면 극복할 수 있다고 생각한다. 만 5~7세까지는 동물, 길을 잃어버리는 것, 부모를 잃는 것, 죽음, 부모의 이혼 등을 무서워한다. 만 7~8세가 되면 폭풍, 불, 부상 같이 실생활에서 일어날 수 있는 재해나 미움을 받는 것, 지각하는 것, 따돌림 당하는 것 등을 두려워하게 된다. 만 8~9세가 되면 창피를 당하는 것을 두려워하고 친구들과의 문제, 부모의 말다툼과 별거, 다치는 것, 폭력에 의해 다치는 것을 두려워한다. 또한 71%의 아이들이 집이나 학교에서 총을 맞거나 칼에 찔리는 것을 두려워한다고 한다.

10~13세 대부분 10대들은 두려움에 대처하는 방법을 알기 때문에 두려워하지 않아도 된다는 것을 알고 있다. 만 9~11세 아이들이 두려움을 느끼는 것은 학교나 스포츠 경기에서의 실패, 몸이 아픈 것, 특정한 동물, 살인자나 괴물, 그리고 높은 곳이다. 만 11~13세까지는 학교에서의 실패를 가장 두려워하고 또래 사이에서 인기를 잃는 것, 남들과 다른 이상한 행동을 하는 것을 두려워한다. 죽음이나 질병을

두려워하고 부모의 이혼, 험담, 전쟁, 납치 등을 두려워하기도 한다.

우리집 맞춤 처방전

아이에게 괴물을 웃긴 모습으로 상상해보라고 했어요!

우리 아이는 괴물을 너무 무서워해서 잠을 못 잤어요. 그래서 아이한테 괴물을 웃긴 모습으로 상상해보라고 했어요. "괴물이 네 방으로 들어오는 거야. 그런데 얼굴이 갑자기 변하는 거야. 나쁜 귀신들에게서 널 보호하는 친절한 괴물로 말이야." 이 방법이 효과가 있었답니다!

도와주세요

스트레스를 받는 아이의 적신호

- 신체적 신호: 야뇨증, 설사, 구역질, 말 더듬기, 기침, 피로, 손톱 물어뜯기, 머리 꼬기, 초조, 성급함
- 심리학적 신호: 감정기복, 급한 성미, 집중력 부족, 언쟁, 지나친 투정, 울기, 의존하기

부모가 해야 할 일은?

몸이 스트레스에 어떻게 반응하는지, 자녀의 스트레스를 높이는 상황이 무엇인지 알아내서 자녀가 긴장감을 줄이고 대처하는 방법을 배울 수 있도록 도와준다.

> ❓ 여덟 살짜리 우리 아들은 요새 너무 긴장해 있어요. 잠을 못 자고 기분 변화도 심해서 학교공부를 집중해서 하지 못해요. 스트레스 때문일까요?

어른들만 스트레스를 받는 건 아닙니다. 요즘 아이들은 우리가 생각하는 것보다 훨씬 더 많은 압력을 받는다고 합니다. 스트레스 증상은 3세 된 아이들에게도 나타나지요. 3가지 중요한 질문을 해보세요.

- ☐ 우리 아이는 어떻게 스트레스에 대처할까?
- ☐ 왜 스트레스를 받을까?
- ☐ 스트레스를 줄이는 방법을 알고 있을까?

왜 변해야 할까?

어른들만 스트레스를 받는다고 생각하는가? 아니다. 최근 조사를 보면, 90%의 부모들은 자신들이 어렸을 때보다 지금의 아이들이 훨씬 많은 스트레스를 받는다고 대답했다. 8~10%의 미국 아이들은 심각한 스트레스와 그 증상으로 어려움을 겪는다. 이 문제가 치료되지 않으면 자녀의 교우관계에도 영향을 주고 학업능력과 신체적·감정적인 문제에도 영향을 준다. 지나치게 빡빡한 일정, 경쟁, 가정문제, 무서운 뉴스, 스트레스를 주는 부모가 스트레스를 일으키는 원인들이다.

한 가지 분명한 사실은 스트레스는 인생의 일부이고 어떤 아이들은 그에 잘 대처해나간다는 점이다. 1/3의 아이들은 만성적인 스트레스를 겪고 있고 그것은 면역체계뿐 아니라 우울증 증상까지 초래할 수 있다. 스스로에게 물어보자. 스트레스가 자녀를 자극하고 있는지, 아니면 무력하게 만드는지. 답을 찾으려면 자녀가 어떻게 일상적인 스트레스에 대처하는지, 과부하가 걸렸을

부모 시선 집중!

모든 아이들이 때로 스트레스를 받고 있다는 신호를 보일 것이다. 아이의 정상적인 행동에 두드러진 변화가 생겨 2주 이상 지속되면 주의를 기울이자. 아이가 힘겨워하고 어쩔 줄 몰라 하면 전문가의 도움을 받아야 할 때다. 기다리지 말자. 스트레스가 쌓인 아이들이 우울증으로 발전할 가능성이 2배에서 4배에 이르고 10대들은 약물남용에 빠질 가능성이 훨씬 더 높다.

때 자녀만의 독특한 신호가 무엇인지 알아야 한다. 스트레스가 부정적인 영향을 많이 주고 있다면 자녀의 신체적이거나 감정적인 건강을 위해 부모가 개입해야 한다.

어떤 행동을 보일까?

아이들은 각각 다른 방법으로 반응한다. 중요한 것은 아이가 지치려 할 때 아이의 신체적·행동적·감정적 신호를 알아내야 한다는 점이다. 단서는 아이가 보여온 전형적인 모습이 아닌 다른 행동을 할 때가 될 것이다.

신체적 스트레스 신호

- 두통, 목통증, 요통
- 구역질, 설사, 변비, 복통, 구토
- 수전증, 손에 땀이 나는 증상, 떨림, 머리가 지끈거림
- 야뇨증
- 숙면을 취하지 못하고 악몽을 꿈
- 식욕의 변화
- 말 더듬기
- 잦은 감기, 피로

감정적 혹은 행동적 스트레스 신호

- 새롭거나 반복적인 두려움. 불안과 걱정.
- 집중이 어렵다. 자주 딴 생각을 하게 된다.
- 초조해하고 짜증을 낸다.
- 학교나 가족 행사에 참여하길 싫어한다.

- 감정적이고 감정을 조절하기 어려워한다.

- 손톱을 깨물고 머리카락을 꼬고 손가락을 빨고 주먹을 꼭 쥔다.

- 화를 내고, 공격적이고 어수선하고 무질서한 행동을 한다.

- 아기 같은 행동으로 퇴행한다.

- 투정과 울음이 지나치다.

- 지나치게 부모에게 의존해서 부모가 항상 옆에 있어야 한다.

나이별 육아법

1단계 : 초기 개입

1. 이유를 찾자.

스트레스는 인생에서 피할 수 없는 것이지만 지나친 스트레스는 좋지 않다. 첫 번째 단계는 왜 자녀가 스트레스를 지나치게 받고 있는지, 줄일 수 있는 현실적인 계획을 마련할 수 있는지 파악하는 것이다. 다음은 비정상적인 스트레스의 이유들이다. 자녀에게 해당되는 사항이 있는지 확인해보자.

- 유전. 스트레스를 쉽게 받는 성향

- 꽉찬 일과. 쉴 시간이 없을 정도로 너무 많은 방과후활동

- 뉴스. 무서운 소식들, 사건들

- 정신적 충격. 화재, 부모의 이혼이나 죽음, 홍수, 사고 등

- 교우관계. 또래압력, 괴롭힘, 따돌림

- 외모. 옷, 체중 등으로 인한 걱정

- 학교. 성적, 숙제, 성과에 대한 지나친 집착

- 비현실적인 기대. 성과에 비해 너무 높은 기대로 인해 받는 지나치게 높은 압력

●가정문제. 부모의 이혼, 질병, 이사, 경제적인 문제, 형제 간의 경쟁

2. 충분한 숙면.

지나친 과제와 일정은 수면습관을 사정없이 파괴한다. 숙면을 취하지 않으면 스트레스가 쌓이기 쉽다. 충분히 잠을 자고 있는지를 확인해야 한다('잠을 못잔다' 참조). 잠들기 30분 전에 컴퓨터를 하지 않는지 확인하자(모니터에서 나오는 빛이 수면을 방해할 수 있다). 카페인이 들어 있는 음료를 마시지 않도록 해야 한다.

3. 스트레스의 원인 파악하기.

텔레비전에서 나오는 무서운 뉴스들, 학교에서 괴롭히는 친구들, 자녀에게 소리치는 가족들, 이 모든 스트레스로부터 아이를 보호할 수는 없다. 하지만 부모가 없앨 수 있는 비정상적인 스트레스 요인이 있는지를 봐야 한다. 예를 들어, 어려운 과학숙제를 도와줄 과외선생님을 구한다든지, 자녀 앞에서 소리를 치지 않는다든지, 무서운 뉴스만 가득한 텔레비전은 꺼버린다든지 할 수 있다.

4. 너무 꽉찬 일과를 줄이기.

부모가 조절할 수 있는 스트레스 요인들을 최대한 줄여주도록 하자. 많은 부모들이 자녀에게 스트레스를 주는 가장 큰 요인으로 감당하기 어려운 하루 일과라는 걸 인정한다. 이것이 자녀의 잘못일까? 학교에서, 집에서, 방과후활동으로 보내는 시간

이 어떻게 되는지 1주일간 파악하도록 하자. 자유시간이 얼마나 되는지를 보고 활동을 하나라도 줄일 수 있다면 스트레스를 줄이는 데 굉장한 효과를 가져다줄 것이다.

5. 가족의 일과를 일관성 있게 유지하자.

일과를 일정하게 유지하는 건 예측을 가능하게 하여 스트레스를 줄일 수 있다. 가족 식사, 취침시간, 저녁대화시간, 목욕시간은 가족 간의 추억을 만들 수 있을 뿐 아니라 스트레스도 줄여줄 수 있다.

6. 텔레비전 시청을 감독하자.

10~13세 아이들은 어른들이 설명해주지 않는, 감당하기 힘든 큰 사건 소식을 보는 것으로도 스트레스를 받는다. 자녀가 무엇을 보는지 살펴서 스트레스를 주는 뉴스는 보지 않게 하고(테러, 전쟁, 폭풍, 납치), 무서운 뉴스가 나오면 곁에서 자녀를 안심시켜주자.

7. 스트레스를 받으면 나타나는 신호를 알게 해주자.

자녀가 스스로 인식할 수 있도록 스트레스 신호가 어떤 것인지 같이 알아보도록 하자. "넌 긴장했을 때 주먹을 꼭 쥐는 것 같아." "걱정이 있을 때마다 두통을 겪는 걸 알고 있니?"

8. 과보호하지 않기.

긴장된 상황과 스트레스를 겪는 자녀를 보는 것은 힘든 일이다. 아이를 도와주고 어려움으로부터 구해내고 싶겠지만 그런 충동과 싸워야 한다. 존스홉킨스대학 의과대학연구소에서는 지나친 부모의 간섭과 과보호가 오히려 자녀의 스트레스를 증

가시킨다고 발표했다. 스트레스는 삶의 일부분이고 아이는 스스로 어떻게 대처해야 하는지 깨달아야 한다. 스트레스를 조절하는 유일한 방법은 실제로 경험하는 일이다. 자녀가 언제 지나친 스트레스를 받고 있는지, 그리고 조절하는 법을 알고 있는지 확인하는 게 중요하다.

2단계 : 신속한 대처

- **차분하게 대처하자.** 만약 부모가 기진맥진해 있거나 정신이 없으면 자녀의 스트레스는 더 커진다. 부모 자신이 긴장하거나 슬프면 심호흡을 해서 마음을 진정시키자. 그러면 자녀의 스트레스를 더 빨리 줄여주어서 마음을 진정시키는 데 도움이 된다.

- **긴장을 풀자.** 근육을 뻣뻣하게 뻗었다가 다시 푸는 방법을 가르쳐주자. 스스로 안정을 취하는 방법을 알면 가장 긴장된 부분(목, 어깨 근육, 턱 등)이 어디인지 찾을 수 있다. 눈을 감고 그 부분에 집중해서 3~4초 동안 긴장한 다음 이완하면 된다. 안정을 찾을 때까지 반복하며 머리부터 발끝까지 뭉쳐진 스트레스가 저절로 녹아 없어지는 걸 상상하라고 해주자.

- **긍정적인 말을 이용하자.** 머릿속으로 스트레스를 다스릴 수 있는 말을 가르쳐주자. "진정해" "할 수 있어" "숨을 천천히 쉬고 진정해" "내가 조절할 수 없는 건 없어" 등의 말이 있다.

- **호흡법을 가르치자.** 눈을 감고 천천히 깊이 숨을 쉰 다음 12층 엘리베이터에 있다고 상상하게 하자. 1층으로 가는 버튼을 누르고 엘리베이터가 내려갈 때마다 버튼이 켜지는 것을 상상하며 버튼이 켜질 때마다 길고 깊은 숨을 쉬게 하자. 스트레스가 점점 사라지는 것을 느낄 수 있을 것이다

- **차분한 장소를 상상하게 하자.** 직접 가보았거나 평화로움을 느낄 수 있는 장

소를 생각하게 하자. 스트레스를 받기 시작하면 천천히 숨을 쉬며 눈을 감고 그 장소를 생각하게 하자.

3단계 : 변화를 위한 습관

● **가족 모두 스트레스를 줄인다.** 자녀와 함께 요가, 명상, 운동을 하고 자전거를 타고 편안한 음악을 듣도록 하자. 자녀의 스트레스를 줄이는 데 도움이 될 뿐 아니라 부모의 스트레스도 줄일 수 있다. 결국 스트레스를 덜 받는 부모가 자녀에게 스트레스를 덜 줄 수 있다.

● **감정에 이름을 붙이자.** 감정에 이름을 붙이게 하고 언제 긴장하기 시작하는지 알 수 있게 하자. 아이는 그 감정을 어떻게 느끼는지 부모에게 말할 수 있고 그렇게 되면 부모는 그 스트레스를 줄여줄 수 있다. "이를 악물고 있네. 수학공부가 많이 짜증이 나니? 도움이 필요하니? 친구들이랑 함께하고 싶은데 그러지 못해서 화가 났구나! 여기 와서 엄마랑 얘기해볼까?"

● **마음을 안정시킬 수 있는 방법을 찾자.** 안정을 찾을 수 있는 방법을 찾아 수시로 사용할 수 있도록 격려해주자. 어떤 아이들은 그림을 그리거나 일기를 쓰면서 스트레스를 풀 수 있고 편안함을 주는 것들을 상상하면서 스트레스를 줄일 수도 있다. 편안한 장소를 마련하여 필요할 때마다 찾아가 긴장을 풀 수 있도록 해주자. 10~13세의 아동 900명을 대상으로 한 조사에서 스트레스에 가장 효과적인 방법은 활동적인 일을 하는 것, 음악 듣기, 텔

육아 119

심호흡으로 걱정을 날려버리자

긴장을 푸는 (그리고 뇌에 산소를 불어넣는) 간단한 방법은 횡경막으로 천천히 심호흡을 하는 것이다. 아이에게 천천히 하나, 둘, 셋을 세면서 배로 풍선을 부는 것처럼 하라고 하면 쉽다. 이때 의사가 아이의 목 안을 들여다볼 때처럼 입을 아, 벌리고 바람을 뺀다. 배로 천천히 심호흡하는 법을 가르쳐주면 아이가 걱정을 날려버리는 데 도움이 된다. 비누거품을 불거나 바람개비를 이용해서 아이가 심호흡하는 것을 연습하도록 해주자.

레비전 보기, 비디오게임, 운동, 친구와 수다 떨기, 혼자 있기, 부모와 이야기하는 것 등으로 나타났다.

- ●의사소통을 하자. 스트레스를 받은 아이가 부모를 찾지 않을 수도 있다. 부모가 먼저 다가가도록 하자. 75%의 10~13세 아동들은 스트레스를 줄이기 위해 부모의 도움을 필요로 하고, 문제를 해결하거나 기운을 내거나 그냥 같이 시간을 보내기 위해 부모와 함께 있기를 원한다고 한다.

- ●대응법을 보여주자. 부모의 직장상사나 경제적인 문제로 인한 스트레스를 아이에게 감추지 말자. 부모에게 걱정이 있다는 사실을 인정하고 건강한 방법으로 대처하는 모습을 보여주자. 산책이나 목욕을 하고 일기를 쓰고 운동하는 모습을 보여주면 아이는 스트레스가 정상적인 것이며 해소할 수 있는 방법이 있다는 사실을 알게 될 것이다.

나이별 육아법

3~6세 만 3세부터 스트레스를 경험하지만 말로 표현할 수 없기 때문에 종종 알지 못한다. 스트레스 증상을 가까이에서 관찰하자. 새로운 것, 개, 괴물, 거미, 집에서 떨어져 있는 것, 부모와의 이별, 납치와 같은 생각들은 스트레스를 줄 수 있다.

7~9세 다른 사람들 앞에서 행동하는 것(예를 들어 연설, 의식, 스포츠 경기), 시험, 성적, 학교, 야뇨증, 팀에서 마지막으로 뽑히는 것, 현실적인 위험, 불, 도둑, 질병, 폭풍 등이 스트레스를 줄 수 있다. 10세 이하의 아이들은 반복되는 스트레스에 더욱 약하다.

10~13세 성적, 학교, 숙제 등이 스트레스의 요인이 된다. 지나친 과외활동, 부정적인 생각과 자기 자신에 대한 걱정, 이사와 전학, 가족의 압박, 경제적인 문제, 언쟁, 긴장, 친구들의 외면, 창피함, 험담과 놀림, 변화하는 신체와 다른 사람과 다른 모습, 부모를 실망시키는 것 등이 스트레스가 된다.

 우리집 맞춤 처방전

딸아이는 노래를 들으면서 스트레스를 풀어요!

남편이 직장을 잃게 되자 집에는 긴장감이 흘렀습니다. 딸도 스트레스를 같이 받았죠. 잠을 잘 못 자고 학교공부에도 집중하지 못했어요. 스트레스를 받으면 귀를 막고 노래를 부르더군요. 할머니가 사주신 아이패드로 노래를 들으면서 스트레스를 푸는 것 같았어요

작은 일에 슬퍼한다

도와주세요

슬퍼하는 아이의 적신호

사랑하는 사람을 잃은 슬픔과 극단적인 감정들로 인해 정상적인 일상으로 돌아가는 것을 어려워한다.

부모가 해야 할 일은?

자녀가 건강한 방법으로 슬픔을 이길 수 있도록 해주고 앞날에 대한 안정감과 미래에 대한 희망을 되찾을 수 있도록 도와준다.

어머니가 뇌졸중 진단을 받았는데, 의사들은 일주일도 못 견딜 것이라고 예상하고 있습니다. 일곱 살인 제 딸이 처음으로 가족의 죽음을 겪게 될 것 같아요. 딸아이가 어떻게 반응할지 잘 모르겠습니다. 예전에 고양이가 죽었을 때 일주일 동안 학교에도 안 가고 집에만 있었어요. 충격을 줄일수 있는 방법이 있을까요?

! 자녀의 성숙도, 성격, 죽음과 관련된 과거의 경험은 슬픔에 어떻게 대응할지를 알게 해주는 좋은 예측변수가 됩니다. 고양이의 죽음이 얼마만큼의 슬픔을 주었든, 지금 겪게 될 일이 아이에게 더 큰 슬픔이 될 것입니다. 문제는 어떻게 죽음을 마주하고 슬퍼해야 하는지 아이가 전혀 모른다는 점이에요. 부모로서 할 수 있는 최선의 방법은 자녀의 반응을 지켜보면서 이 상황을 극복해나갈 수 있다는 자신감을 아이에게 심어주는 것입니다.

왜 변해야 할까?

사랑하는 사람의 죽음은 어린 아이들이 겪게 되는 가장 큰 스트레스 중 하나이다. 상상할 수도 없던 일이 일어난다면, 만약 그것이 부모나 형제의 죽음이라면 그 죽음에 어떻게 반응하는지가 매우 중요한 문제다. 이런 경험은 개인의 정신건강과 인생관에 큰 영향을 미치기 때문이다. 만약 떠나보내야 하는 사람이 부모에게도 소중한 사람이었다면 문제는 더욱 복잡해진다. 슬픔은 우리가 경험할 수 있는 가장 강력한 감정이고 부모는 자신의 감정뿐 아니라 자녀의 감정까지도 상대해야 하기 때문이다.

어떤 행동을 보일까?

미국 소아과학회에서는 아이들에게 흔히 나타나는 슬픔의 신호와, 전문가의 도움이 필요한 증상들을 다음과 같이 보고했다.

정상적인 슬픔의 신호

며칠 또는 몇 주간의 충격	쇼크나 멍한 상태
슬픔	즐겁지 않음
화	죄책감
식욕상실	혼자 고민함
일시적인 수면장애	일시적인 퇴행
매달리는 행동의 증가	울기
반항	사망한 사람이 아직 살아 있다고 믿음

전문가의 도움이 필요한 증상

몇 주 혹은 몇 달간의 충격	감정 회피나 부정이 장기간 일어남
우울증, 자살충동	지속되는 불행한 감정
지속되는 분노	자신의 잘못이라고 생각하고 비난함
섭식장애	은둔형 외톨이
지속되는 수면장애와 악몽	지속적인 퇴행 및 장애 현상
분리불안	반복적으로 울음을 터뜨림

반항 및 품행장애(반사회적, 공격적, 도전적 행위를 반복적, 지속적으로 해서 사회·학업·작업 기능에 중대한 지장을 초래하는 장애—옮긴이)

사망한 사람이 아직 살아 있다고 계속 믿음

해결책

다음은 자녀가 인생에서 힘든 변화를 겪을 때 대처하도록 도와주는 해결책들이다.

1단계: 초기 개입

1. 자녀의 반응을 지켜본다.

모든 아이들은 사랑하는 사람의 죽음에 대해 다르게 반응한다. 부모가 해야 할 일은 자녀가 슬픔을 이겨내도록 조용히 자녀의 반응을 지켜보며 돕는 것이다. 다음은 아이들이 사랑하는 사람의 죽음을 겪을 때 보이는 정상적인 반응이다.

- □ 부정 "못 믿겠어." "할아버지는 아직 살아계셔."
- □ 신체적 고통 "숨을 못 쉬겠어요." "잠을 못 자겠어요."
- □ 적대감 "날 사랑했다면 어떻게 죽을 수 있죠?"
- □ 죄책감 "내가 말을 안 들어서 할머니가 그렇게 아팠던 거야." "내가 할머니를 너무 슬프게 만들어서 할머니께서 돌아가신 거야."
- □ 탓하기 "의사 잘못이야. 아빠한테 제대로 치료를 하지 않았어!"
- □ 대신할 사람 "삼촌, 삼촌은 절 사랑하시죠, 정말로요!"
- □ 사망한 사람에 대한 매너리즘 "제가 아빠처럼 보이나요?" "난 엄마처럼 춤을 잘 춰."
- □ 이상화 "엄마에 대해 나쁘게 말하지 마. 엄마는 완벽했어."
- □ 불안감 "가슴에 통증이 있어요. 엄마가 돌아가실 때 증세와 같아요."
- □ 혼란 "이제 누가 나를 돌봐주지?" "결혼식장에서 누가 내 손을 잡아주지?"
- □ 퇴행 "안심담요가 필요해." "엄지손가락을 빨게 돼."

□ 공격성 "칠 생각은 아니었어." "멈출 수도, 진정할 수도 없어."

□ 망가진 관계들: "새로운 친구들이 필요해." "학교에 가기 싫어요."

2. 아이에게 무슨 말을 할지 숙고하자.

자녀에게 죽음에 대해 말하는 것은 어렵다. 우리 역시 준비가 되어 있지 않기 때문이다. 충분한 시간 동안 계획을 세우고 자녀에게 정말 말하고 싶은 것을 생각해보자. 아이가 어떻게 대답할지에 대해 생각해보는 것도 도움이 된다. 부모의 말은 정직해야 하고 자녀가 필요로 하는 말이어야 한다. 자녀에게 편하게 말할 수 없다면 종교지도자나 친한 친척 혹은 친구에게 같이 있어달라고 부탁하자.

3. 부모의 감정을 숨기지 말자.

부모가 어떻게 느끼는지를 표현하기 위해 부모 자신의 슬픔이나 충격, 화를 보여주는 것도 괜찮다. 하지만 자녀는 부모가 자신을 이끌어주길 기대하고 있을 것이다. 죽은 사람에 대한 추억을 함께 이야기하거나 그의 사진을 볼 수도 있다. 이런 방법은 자녀가 느끼게 될 외로움을 줄여준다는 연구결과가 있다.

4. 사망소식을 알리자.

아이의 학교(특히 담임선생님), 코치나 죽음에 대해 알아야 할 사람들이 있으면 그들에게 소식을 전하자. 사망소식을 친구나 그 부모에게도 알려야 하는지 아이에게 물어보자.

5. 자신을 돌보자.

아이는 죽음의 문제에서 부모나 다른 어른들의 도움을 필요로 한다. 그런데 만약 사망한 사람이 당신과 가까운 사람, 배우자나 자녀, 부모였다면 당신 자신을 위해 상담가의 도움을 받도록 하자. 아이가 부모까지 걱정하도록 만들고 싶지는 않을 테니까 말이다.

2단계: 신속한 대처

- **이해할 수 있도록 말해주자.** 죽음이 뜻하는 신체적인 상태를 자세히 설명해주는 게 좋다. 죽음이란 삶이 멈추는 것이고 사망한 사람은 다시 돌아올 수 없으며 몸은 땅에 묻힐 것이라고 설명해주자. 죽고 나면 숨쉬기, 먹기, 걷기 등의 활동을 멈추고, 고통을 느낄 수 없고, 걱정하지 않아도 되고, 배고프지도 않다는 것을 설명해주자. "할아버지는 할아버지의 심장이 더 이상 뛰지 않아서 돌아가셨어." "영현이는 안전벨트를 매지 않아서 차 사고가 났을 때 크게 다쳤고 그래서 살지 못했어." 설명이 너무 단순하거나 분명하지 않으면 아이는 죽음에 대해 혼란과 오해를 일으킬 수 있다는 점을 명심하라. 아이들이 이해하는 죽음은 어른의 생각과는 많이 다르다('아이의 성장단계와 그에 따른 변화들' 참조).

- **솔직하게, 직접적으로, 마음을 터놓고 말하자.** 나이가 많으면 죽게 된다고 일반화하지 말자. 이해할 수 없는 것들이 있다고 설명해주자. 죽음에 대한 오해를 명확히 풀어주고 죽음에 대해 알아야 할 세부적인 내용들도 알려주자. 사실을 말하지 않는 것이 자녀를 위하는 길은 아니다. 만약 어떻게 대답해야 할지 모르겠다면 솔직하게 모른다고 말해주자.

- **질문을 유도하자.** 반복되는 질문에 대해 대답해줄 준비를 하자. 아이들은 이해할 수 없으면 질문을 반복함으로써 알아나간다. 아이에게 부모는 항상 이야기할 수 있는 상대라는 점을 알려주자. 다음은 아이들이 죽음에 대해 자주 하는 5가지 질문이다. 이에 대해 솔직하고 간명하게 설명해주자.

죽음에 대해 거짓말을 하지 말자

산타바버라대학에서는 이런 발표를 했다. 자신의 인생에서 가장 기억하기 싫은 거짓말은 부모에게서 들었던, 사랑하는 사람의 죽음에 대한 거짓말이었다고 한다. 그들은 어릴 적에 속았던 그 느낌을 잊지 못하고 있었으며 그에 대해 아직도 분하게 여긴다고 말했다. 그들 부모에게 이에 대해 묻자, 그런 거짓말이 자녀를 보호하는 것이라 믿었으며 사랑에서 나온 행동이었다고 답했다. 이를 통해 현명한 조언을 한다면, 우리의 자녀가 알고 있는 것을 과소평가하지 말라는 것이다. 절대로 아이를 속여서는 안 된다. 아이는 부모가 긴장한 것을 알아차리며 다른 사람을 통해 슬픈 소식을 들을 수도 있다. 다른 사람이 아닌 부모에게서 죽음에 관해 듣는 편이 낫다.

최신뉴스가 말해주듯, 부모의 양육법이 자녀가 깊은 상실감을 극복할 수 있게 해주고 미래에 대한 희망을 되찾을 수 있게 도울 것이다. 항상 사실을 말하라. 자녀가 질문하고 자기 생각을 표현할 수 있도록 해주라. 긍정적인 방법을 제안하라(돌아가신 분을 기리는 펀드나 단체를 만드는 일 등). 가족의식이나 종교의식에 자녀를 참여하게 하는 것은 좋은 방법이라고 할 수 있다. 이런 방법들은 당신과 가족 모두가 힘들어할 시간을 잘 견디도록 도와줄 것이다.

"죽음이 뭔가요?" "누가 사람을 죽게 만드는 건가요?" "돌아가신 분은 지금 어디에 있죠?"

"나도 죽을 수 있나요?" "누가 나를 돌봐주죠?"

● **완곡한 표현을 피하자.** 아이는 부모의 설명을 그대로 믿는다. 따라서 명확히 설명해주지 않으면 아이는 죽음에 대한 잘못된 개념을 가질 수 있다. "할머니께서는 지금 깊은 잠을 주무시고 계신 거야." "아빠는 좀 쉬고 싶대." "그분은 사라지셨어." "엄마는 잠시 쉬는 것뿐이야." "이모는 너무 아팠는데 병이 이모를 죽게 만들었어." "하나님께서 그분을 데려가셨어." 이런 말들은 아이들에게 혼란을 주고 아이들은 그런 일이 자기에게도 일어날지 모른다고 걱정하게 된다. "아프면 나도 죽게 되겠지." "잠을 자면 나도 하늘나라로 가게 될 거야."

● **상실감을 하찮은 감정으로 만들지 말자.** "그래도 할머니께서는 살아계시잖아." "강아지는 또 구할 수 있어." "어떤 아이들은 아예 오빠가 없기도 해."

"걱정 마. 괜찮아지겠지." 이런 말들은 삼가야 한다.

● **곤란한 질문에 대한 대답을 준비하자.** 죽음에 대해 이해할수록 죽음은 아이에게 매우 사적인 문제가 된다. "그럼 엄마도 죽어요?"라는 질문을 할 수도 있다. 보통 아이들은 사랑하는 또 다른 사람을 잃을지도 모른다는 두려움을 없애기 위해 질문을 한다. 거짓된 약속을 할 수는 없지만 "의사선생님이 말씀하셨는데 엄마는 너무 건강하대" "엄마는 정말 오래 살 거야" "네가 나이가 들 때까지 엄마는 여기에 같이 있고 싶구나"라는 말로 아이를 안정시키고 두려움을 달래주자.

● **상투적인 문구를 피하자.** "너는 강한 아이잖아." "넌 강하니까 엄마는 걱정 안 해." "남자는 울지 않는 거야." "마음을 굳게 먹고 엄마를 도와야지." "네가 이제는 이 집의 가장이야." 죽음의 문제 앞에서 자녀의 부담을 덜어줘야 하는데, 이런 말들은 오히려 부담을 가중시킬 뿐이다.

● **슬퍼할 수 있게 해주자.** 아이의 감정은 정상적인 것이다. 아이가 퇴행하는 것도, 감정을 폭발시키는 것도 받아들여야 한다. "사랑하는 사람을 잃는 것은 공평하지 않다"는 아이의 의견에 동의해주자. 울거나 어떤 종류의 감정을 표현하든지 간에 그것을 슬픔의 일부로 생각하고 다시 행복해지거나 옛날처럼 돌아가는 데는 많은 시간이 필요하다는 점을 알려주자.

● **지원자가 되자.** 강요하지 않고 지원해주자. 도움과 지원 없이 슬픔을 달랠 수 있을 것이라고 생각하지 말자. 충분히 안아주고 사랑을 표현해줘야 한다. 당신과 자녀 모두에게 힘든 시간이 될 것이다. 항상 자녀 곁에 있어줄 것이라고 말해주자.

● **상담가의 도움을 받자.** 충격적인 경험에 대해 어떻게 대응해나갈지 걱정된다면, 정신과 상담가의 도움을 받는 문제를 고려해보자. 슬픔을 전문으로 다루는 상담가들은 전문지식으로 자녀들을 도와줄 수 있고 당신의 걱정을 완화시

켜줄 수도 있다.

- ●장례식이나 추모식에 함께 갈 것인지 결정하자. 대부분 상담가들은 아이들이 힘든 일의 마무리를 잘 지을 수 있도록 의식에 참여하기를 권한다. 이는 자녀가 죽은 사람을 떠나보내고 그에게 마지막 인사를 하고 추억을 기억하는 방법이 될 수 있다. 자녀의 나이와 성숙도, 의식이 치러지는 시간을 고려해서 아이의 참여여부를 결정짓자. 아이와 함께 가기로 결정했다면 아이에게 마지막 작별인사를 할 것이라는 말을 해주고, 많은 사람들이 슬퍼할 것이고 죽은 사람을 그리워하기 때문에 울 수도 있다는 사실을 알려주자. 만 5세 이하의 아이는 장례식을 이해하고 적절히 행동하는 것을 어려워할 수도 있다. 당신에게도 각별한 사람의 장례식이라면 다른 어른에게 자녀와 함께 있어달라고 부탁하자. 상담가들은 '아이들이 장례식에 참석하여 작별인사를 하지 않으면 더 슬퍼하고 후회할 것'이라고 말한다.

3단계 : 변화를 위한 습관

얼마나 슬퍼할지는 아이에 따라 다르다. 다음은 힘든 시간을 견딜 수 있도록 도와줄 수 있는 방법들이다('겁이 많다', '스트레스에 약하다' 참조).

- ●경험을 표현하게 하자. 상담가들은 많은 아이들이 죽음과 상실감에 대한 느낌을 말로 표현하지 못한다고 한다. 아이에게 슬픔을 표현할 수 있는 방법을 가르쳐주자. 어린 아이들은 그림으로 표현할 수 있고 그보다 연령이 높은 아이들은 일기나 글을 쓰거나 죽은 이에게 편지를 쓰며 나누지 못한 말들을 전할 수도 있다. 또한 언제든지 부모와 친한 친척들 혹은 상담가와 이야기를 나눌 수 있다는 점도 알려주자.

● 슬픔을 달랠 수 있는 긍정적인 방법을 제안하자. 어떤 가족은 죽은 사람을 기리는 기념활동을 시작한 것이 도움이 되었다고 한다. 또 다른 가족은 신체적인 활동(자전거 타기, 조깅, 요가, 공놀이, 친구 방문하기)을 통해 긴장과 슬픔을 달랠 수 있었다고 한다. 집 분위기가 너무 가라앉고 긴장되어 있다면 자녀를 데리고 여행을 갈 수 있는 다른 어른을 찾아보자. 가능한 한 아이가 웃거나 행복해할 수 있는 시간을 만들어주는 게 좋다.

● 애도행사에 아이를 참여시키자. 아이에게 장례식이나 애도식에 사용될 기도문이나 음악을 고르게 할 수도 있다. 혹은 죽은 사람의 삶을 보여줄 수 있는 비디오나 사진앨범을 만들게 할 수도 있고, 쪽지를 적거나, 꽃다발 만들기, 남은 가족들에게 그림 그려주기 등의 일을 할 수도 있다. 아이는 이런 일들을 통해 자신의 슬픔을 이겨낼 수 있게 된다. 또한 죽은 사람을 기리며 기념 나무를 심는 일도 괜찮다.

● 자녀를 가까이에서 관찰하자. 슬픔에 대해 어떻게 반응할지 예상하기는 어려

육아 119

자녀에게 죽음에 관한 책을 준다
상담가들은 죽음이라는 주제에 대해 아이들이 마음을 터놓게 해주려면 죽음에 관한 책을 읽게 해주는 것이 좋다고 한다.

부모 시선 집중!

슬픔이 점점 사라지고 있는지 주의깊게 지켜볼 필요가 있다. 짧은 시간 안에 갑자기 슬픔이 사라진 듯해 보이는 건 건강하지 않거나 진짜로 그럴 가능성이 적다. 슬픔이 일상생활에 영향을 주면 식사하는 것을 힘들어하고 무언가에 집중을 하거나 잠자는 것을 어려워하며 우울증에 시달릴 수도 있다. 만약 아이가 이런 증상을 보이면 전문가의 도움을 받도록 하자('우울증' 참조). 커다란 상실감을 겪은 자녀(부모나 형제의 죽음, 계속되는 질병, 예측할 수 없었던 갑작스럽고 폭력적인 참사나 많은 사람들의 죽음)에게 더 큰 관심을 갖도록 하자. 슬픔의 증상은 지속될 수도 있고 다시 나타날 수도 있다. 예를 들면, 죽음을 추모하는 날이나 휴가, (죽은 이가 살아 있었다면 참가했을) 학교행사, 혹은 다른 사람의 죽음을 겪게 될 때 자녀에게 가장 힘든 시간이 될 수 있다.

운 일이다. 아이가 상실감에 어떻게 대처하고 있는지 주의깊게 살펴보자. 퇴행적인 행동(엄지손가락 빨기, 불 켜놓기, 가족과 함께 잠자기)에 대해 관대해져야 한다. 취침시간은 사랑하는 사람을 잃은 아이들에게는 특히 힘든 시간이다. 자녀가 겪고 있는 특별한 두려움이나 걱정을 파악하라('겁이 많다' 참조). 그로써 오해하고 있는 것이 있다면 풀어주고 악몽을 꿨다면 그에 대해 잘 들어주도록 하라.

- **가능한 한 정상적인 일상을 유지하자.** 정신적인 충격을 받았을 때 똑같은 패턴의 일상은 자녀에게 안정감을 줄 수 있다. 가능하다면 정상적인 일정표를 유지하도록 하자(취침시간, 저녁식사, 특히 가족습관).

- **종교적, 문화적인 관습을 알려주자.** 아이에게 죽은 사람에 대한 종교적인 의식의 절차를 말해주면 어떻게 슬퍼해야 하는지를 배울 수 있다. 촛불 켜놓기, 묵주 기도 외기, 방문객들의 애도 받기, 특별한 기도문 외우기, 종교적인 의식에 참여하기 등을 아이에게 알려주고 같이 참여할 수 있도록 하자. 이는 위로가 될 뿐만 아니라 자녀의 인생에도 큰 도움이 된다.

나이별 육아법

죽음에 대한 이해는 연령이 높아질수록 점점 발달한다.

3~6세 유아기의 자녀는 죽음이란 잠을 자는 것과 같은 일시적인 현상이라고 이해한다. 환상과 현실을 구분하는 데 어려움이 있기 때문에, 어떤 생각이나 행동이 죽음을 가져왔다고 믿기도 한다(특히 그들이 '나쁘게' 행동했을 때). 간절히 빌거나 착하게 행동하면 죽음을 되돌릴 수 있다고 믿는다. '천국'과 같은 추상적인 개념을 완전히 이해하기가 어렵다. 대부분 자기 자신은 죽지 않을 것이라 생각하고 다른 사

람들만 죽는다고 생각한다.

7~9세 이 시기가 되면 점점 죽음은 되돌릴 수 없는 것이라고 이해하지만(죽은 사람은 계속 죽어 있어서 깨어나지 못한다. 잠자는 것이 아니다) 그들에게도 균형감이 필요하다. 죽은 사람을 또 다른 사람이나 귀신, 광대, 해골 같은 존재라고 생각할 수도 있기 때문이다. 또한 어떤 생각을 했기 때문에 죽은 것이고, 만약 그들이 영리하거나 운이 좋았다면 죽음을 피할 수 있었을 것이라고 생각한다. 죽음은 전염된다고 생각하기 때문에 사랑하는 사람이나 자기도 전염되면 죽을 수 있다고 믿는다. 추상적인 개념(천국, 사후세계, 영성)에 대해서는 아직 이해하기가 어렵다.

10~13세 만 10세 정도의 아이들은 죽음은 되돌릴 수 없고 피할 수 없는 인생의 부분이라 여기며, 자신들의 죽음에 대해서도 생각할 수 있게 된다. 다른 사람의 죽음이 자신의 미래에 어떤 영향을 줄지 생각한다(앞으로 누가 나랑 축구연습을 할 수 있지? 결혼식에서 누구와 함께 걸어가야 하지?). 또한 죽음에 대한 호기심이 발달해서 죽음에 대해 더 세부적인 질문들을 할 수 있다. "죽으면 몸이 차가워지나요?" "몸은 어떻게 되나요?"

우리집 맞춤 처방전

추억상자를 만들어줬어요!

남편이 세상을 떠났을 때 아이들에게 추억상자를 만들어줬어요. 각자 아빠에 대한 추억을 담을 수 있게 말이죠. 아이들과 남편의 사진을 모았고 남편이 쓴 편지와 아이들이 기억할 만한 남편의 물건들을 넣었습니다. 아이들에게도 아빠에 대한 추억이 있는 물건을 상자에 넣도록 했어요. 추억상자는 아이들의 슬픔을 달래주었을 뿐 아니라 아빠는 세상을 정말 떠났지만 아빠와의 추억은 간직할 수 있다는 사실을 깨닫게 해주었습니다.

우리 아이는 세상에서 일어나는 일들에 대해 지나친 걱정을 합니다. 테러, 에이즈, 전쟁, 온난화 현상 같은 일을 걱정한다니까요. 어떻게 해야 우리 아이의 걱정을 덜어줄 수 있을까요?

자녀에게 세상은 매우 두려운 곳일 수 있습니다. 왜냐하면 테러, 총격 사건, 범죄, 재정난, 전쟁, 에이즈 등 끔찍하고 무서운 뉴스들이 언론에서 계속 흘러나오기 때문이지요. 슬픈 사실은 그런 끔찍한 일들이 자녀에게도 영향을 준다는 것입니다. 여행할 때 테러로부터 안전하다고 느끼는 미국 아동은 25%에 불과했어요. 또한 10년 후 나라의 미래에 대해 긍정적으로 생각하는 아동은 29%뿐이었고요. 다시 말해 많은 아이들이 세상을 위험하고 무서운 장소로 보고 있는 것입니다. 다음은 자녀의 걱정을 줄이고 안심시켜줄 수 있는 방법들입니다.

- **주의해서 말하자.** 특히 위기상황에서 부모 자신이 어떻게 반응하는지 살펴보고 의견을 잘 들어보자. "그 바이러스가 엄청 빨리 퍼질 거야." "테러를 절대 막을 수 없을걸." "우린 이제 큰일났어." 아이들은 자신이 보고 들은 것을 따라하고 부모의 두려움을 쉽사리 알아차린다. 잔걱정을 많이 하는 사람들은 현실적, 희망적인 시각을 가진 사람들을 가까이 할 필요가 있다. 긍정적인 생각이 장점이 된다는 걸 알게 될 것이다.

- **지나친 보호는 안 되지만 안심시켜주자.** 무서운 사건이 일어났을 때 우리는 일단 자녀를 그것으로부터 보호하고 싶어 한다. 하지만 아이들은 결국 이 사건을 알게 되고 다른 사람들한테서 사실을 들을 수도 있다. 또한 부모가 문제를 감추려 한다는 것을 알게 되면 아이의 걱정은 더 커진다. 차분히 문제를 설명해주는 편이 낫다. "그 사건에 대해서 들었니?" "친구들은 그 일에 대해 어떻게 생각하니?" 그리고 책임자들(경찰, 정부, 의사, 소방원)이 그 상황을 해결하기 위해 최선을 다하고 있다고 안심시키자. 자녀가 알아야 할 정보를 준 후 그 정보가 자녀의 이해력에 맞는 수준인지를 확인하자. 어린 아이들은 아주 가까운 곳에서 문제가 일어난다고 느낀다. "전쟁은 이 큰 바다 건너편 저 멀리에서 일어나고 있어. 폭탄은 우리에게 올 수 없어"라고 말해주자. 자신 있고 차분한 목소리로 말하는 것이 중요하다.

- **뉴스를 잘 살피자.** 조사에 참여했던 아이들 가운데 반 정도가 '뉴스를 보고 나면 화가 나고 두렵고 슬프고 우울하다'고 대답했다. 자녀가 보고 듣는 뉴스를 잘 살피고 충격적인 사건이 발생하면 텔레비전을 꺼두는 것도 좋다. 두려움을 부추기는 선정적이고 과장된 뉴스는 피하도록 하자. 실제 이미지와 뉴스의 보도는 신문에서 보는 사진보다 더 무서울 수 있다. 무엇보다도 자녀와 '무서운' 사건에 대해 이야기를 나누자. 펜실베이니아대학의 연구결과를 보면 부

모와 이야기를 나누는 청소년들은 그렇지 않은 청소년보다 현실에 대해 더 정확한 시각을 갖고 있다고 한다. 또한 걱정을 하게 만드는 뉴스보다는 그렇지 않은 아동용 교육방송이나 아동용 잡지를 구독할 것을 추천한다.

●**균형된 시각을 제공하자.** 비극적인 사건이 일어나지 않게 막을 순 없지만 자녀들이 세상의 좋은 측면을 볼 수 있도록 해줄 수는 있다. 자녀가 좋은 소식들을 접할 수 있게 하자. 멋있고 따뜻한 사람들에 대한 기사를 들려주자. 보통 그런 기사들은 신문 맨 마지막 면에 있다. '좋은 뉴스 보고서'를 만들어 자녀와 함께 나누자.

●**면밀히 관찰하자.** 자녀의 두려움이 지나쳐 일상생활에 영향을 미칠 정도라면 도움을 받아야 한다. 심각한 고통, 울음, 짜증, 절망, 불만과 같은 신호들을 잘 지켜보자. 집을 떠나는 것, 사회활동을 하는 것을 두려워하거나 최소 2주 이상 학교에 가길 싫어하고, 앞서서 걱정하며, 두통이나 복통 같은 질병이 생기고 자녀의 성격에 극심한 변화가 일어난다면 걱정을 해야 한다. 심리상담가나 의사의 도움을 받도록 하자.

제 아들은 저랑 말을 하지 않습니다. 대화를 해야 할 때면 애 아빠와 저는 독백이 되어버립니다. 어떻게 하면 아이와 진정한 대화를 나눌 수 있을까요?

아이와 대화한다는 것은 때로는 지뢰밭을 밟는 것과 같습니다. 간단하고 진실한 질문이라고 생각했던 것이, 사랑스럽고 작은 천사 같은 아이와 '제3차 대전'을 하게 만들 수도 있습니다. 명랑하게 마음을 열었던 아이가 갑자기 '침묵'하며 마음을 닫아버리기도 하지요. 그러고는 단답식으로만 대답하거나 퉁명스럽게 말할 것입니다. 아이를 키우면서 가장 좌절하게 되는 순간이지요. 좋은 의사소통은 부모와 자녀의 사랑을 기반으로 아이와의 유대감을 키워주는 역할을 합니다. 위험한 행동에 대한 최고의 해독제는 부모와의 강한 유대감입니다. 하지만 아들과의 대화가 항상 일방적인 독백이라면 어떻게 이야기를 나눌 수 있을까요? 활발했던 아이가 갑자기 변덕스러워지고 비꼬기 시작한다면 중요한 일들을 어떻게 논의할 수 있을까요? 아이가 푸념만 늘어놓으며 웅얼거린다면 아이의 일상에 어떤 일들이 일어

나고 있는지를 알 수 있을까요? 아이들과의 의사소통을 활짝 열어줄 해결법이 있습니다.

- ●듣기기술을 향상시키자. 1,000여 명의 청소년 중 35%가 자신의 부모에게 듣기능력 점수로 F를 줬다는 사실을 아는가? 자신을 채점해보자. 1에서 10까지(1이 가장 낮고 10이 가장 높은 점수다) 중 몇 점을 주겠는가? 어떻게 하면 점수를 향상시킬 수 있을까? 부모의 의사소통 능력을 재조정하는 것이 중요하다. 육아 의사소통법을 다룬 책들을 읽어보자. 혹은 육아강좌나 워크숍에 참석하자. 아이가 '이야기를 잘 들어주는 사람'이라고 말하는 사람을 찾아가 그의 대화법을 따라해보자.

- ●'이야기를 차단하는 사람'을 피하자. 다음은 의사소통을 중단시키는 어른들의 행동이다.

□ 비언어적인 소리. 무거운 한숨이나 끙끙거리는 소리를 내지 말자. 자신도 모르는 사이에 그런 소리를 내고 있을지도 모른다.

□ 너무 서두른다. 아이가 생각을 표현할 수 있도록 충분한 시간을 주자. 재촉하지 말자.

□ 설교. '설교'나 강의를 하지 말자.

□ 장황하다. 아이들은 강의를 싫어하므로 1분 규칙을 적용하자. 만약 부모가 1분 이상 이야기를 한다면 아이들은 귀를 기울이지 않을 것이다. 짧게 말하고 길게 들어주자. 유아기 아이, 피로한 아이, 스트레스를 받는 아이, 수면이 부족한 아이들의 집중시간은 짧다.

□ 집중하지 않는다. 아이들이 경청하기를 원한다면 부모가 먼저 아이의 말을 경청

해야 한다. 앉아서 아이와 눈을 맞추자. 아이들은 눈을 맞춰줘야 우리가 정말로 듣고 있다는 걸 안다. 사실 대화의 간단한 팁은 이것이다. "아이의 이야기를 들을 때는 항상 아이의 눈동자를 바라보자."

☐ **비우호적이다.** 침착하고 다정한 목소리를 내서 대화하고 싶도록 만들자. 아이의 이야기를 들어주고 있다는 것과 아이의 관점이 중요하다는 것을 느낄 수 있도록 해주자. 스스로 자문해보자. "아이에게도 친구와 대화할 때와 같은 목소리를 내고 있는가?"

☐ **부정적인 신체언어.** 눈썹을 치켜올리거나 어깨를 으쓱하는 등의 비언어적인 단서를 주의하자.

☐ **다른 일을 한다.** 아이들과 매우 중요한 대화를 나눌 때는 다른 일을 하지 말자. 하던 일을 멈추고 아이에게 완전히 집중하자.

☐ **비평.** 유아기 아이들은 뉘앙스, 냉소, 농담을 이해하지 못한다. 10~13세 아이

육 아 뉴 스

아이들은 부모와 함께 장난감을 갖고 놀면서 어울림으로써 엄마아빠의 역할 차이를 통해 남녀 성역할을 알게 된다는 연구결과가 나왔다.

미국 펜실베이니아주립대 버크스 캠퍼스 에릭 린지 교수팀은 80가구의 부모와 어린이가 서로 어울리는 모습을 근접 촬영한 영상을 통해 상황에 따라 어린이의 언어활동이 어떻게 바뀌는지 분석했다. 이 가정들의 활동 모습은 15분 가량은 부모와 어린이가 함께 어울려 노는 모습, 10분 가량은 부모가 아이에게 과자 등 먹을 것을 나눠주는 영상이었다.

분석 결과 부모가 어린이에게 먹을 것을 나눠줄 때 커뮤니케이션의 중심은 부모에게 있었다. 반면 부모와 함께 어울려 놀 때 어린이는 부모와 더 동등한 자격으로 더 직접적으로 의사소통을 하려고 했다.

부모들도 어린이를 일방적으로 돌볼 때는 행동패턴이 전형적이었지만 놀 때는 엄마와 아빠의 행동에 차이가 있었다. 아빠는 어떤 일에 대해 더 단정적이고 독단적인 모습인 반면 엄마는 더 협조적이고 도움이 되는 모습으로 나타났다.

린지 교수는 "함께 어울려 놀 때 어린이는 엄마아빠의 차이, 즉 남녀의 역할 차이에 대해 자연스럽게 생각하고 알게 된다"면서 "대체로 남성은 주장이 강하고 단정적이며 여성은 유연하고 상냥하다는 성역할을 갖게된다"고 말했다.

들은 아주 민감할 뿐 아니라 호르몬 변화에 따라 변덕스러워진다. 그러므로 비판이나 풍자를 피하자. "넌 언제나……" "넌 절대로……"라고 말해선 안 된다. 이런 말들은 대화를 중단시킨다.

☐ 독백. 아이가 말하기를 원하면 아이에게 시간을 주자. 우리에게 하나의 입과 2개의 귀가 있는 이유가 있다. 말하는 것의 2배로 들어줘야 한다.

● 아이의 세계에 대해 말하자. 아이와의 대화가 중단되었다면 아이들이 관심 있고 흥미로워하는 주제를 건네보자. 어려운 주제는 그 후에도 나눌 수 있다. 아이의 마음을 열 수 있는 안전한 주제를 시도하자. 다음에 몇 가지 예가 나온다.

● 아이들의 문화를 익히자. 텔레비전 프로그램, 운동, 음악가사, 서적, 또는 패션 등. 예를 들어, 아이들이 좋아하는 연예인에 대한 '최근 소식'에 대해 이야기해보자. 아이가 좋아하는 야구선수의 타율이 실린 기사를 정독하자. 아이의 세계에 관심을 갖고 이야기를 나눠보자.

● 아이가 잘하는 것을 활용하자. 아이가 알고 있는 것을 물어서 도움을 청해보자. "아이패드에 노래를 어떻게 다운받니?" "이모티콘을 어떻게 보내야 하니?" 10대 아이들의 53%가 문자메시지를 통해 부모와의 관계를 개선했다고 대답했다.

● 아이의 공간으로 가자. 아이가 가장 편안하게 느끼는 장소를 찾자. 예를 들면 백화점, 야구연습장, 나무 요새, 햄버거가게 등이 있다.

● 움직이면서 대화하자. 어떤 아이들, 특히 남자아이들은 농구공 던지기, 드라이브하기 또는 레고 쌓기 등 자기가 좋아하는 활동을 하면서 대화할 때 더 잘 받아들인다.

● 기다려주자. 스탠퍼드대학에서 발표한 연구결과를 보면 아이들은 말하기 전에 '기다리는 시간'(자신이 들은 것을 생각하는 시간이다)이 필요하다고 한다. 그

러므로 질문을 하거나 요구할 때 아이가 들은 것에 대답하기 전, 적어도 10초 이상은 기다려주자. 아이는 더 많은 정보를 흡수할 것이고 아마도 부모에게 더 정교한 대답을 해줄 것이다.

● 질문을 다시 포장하자. 아이와 대화하기를 원한다면 아이가 단지 "예" "아니요"로 대답할 수 있는 질문은 하지 말자. 부모가 정말로 듣기를 원하는 질문을 하자. 진부한 질문을 해서도 안 된다. "어젯밤에 재미있었니?" "학교는 어땠어?" 등과 같은 질문을 함으로써 아이들에게 '성의 없는' 혹은 '예상하기 쉬운' 사람으로 보이지 말라(엄마는 늘 그랬듯이 "오늘 하루 어땠니?"라고 물어보겠지?). 이런 질문을 하면 "좋았어요!"라는 대답 말고는 별로 얻을 게 없다. 구체적인 대답을 얻을 수 있는 질문을 해보자.

● '나―메시지'를 사용하자. '너'로 시작하는 말은 비판적인 뉘앙스가 있어서 아이들은 방어태세를 갖추게 된다. "네가 무슨 짓을 하고 있는지 아니?" "너는 전혀 듣지 않는구나." '너' 대신 '나'로 시작하자. 아이의 행동보다는 부모의 느낌이나 생각을 얘기하자. "내가 화나는……." "내가 실망스러운 건……." "내가 슬픈 이유는……." 아이는 좀더 경청할 것이다. 시도해보자!

● 타이밍을 잘 선택하자. 타이밍은 매우 중요하기 때문에 아이에게 이야기하기 전에 아이의 기분을 살피도록 하자. 아이가 피곤해하거나 우울함을 떨쳐버리기 전까지는 중요한 대화를 미루도록 하자. 그리고 아이가 하루 중 언제 말을 들을 것인지 살펴보자. 가장 나쁜 타이밍은 아이들이 충분한 수면을 취하지 못해서 힘들어하는 아침시간과 학업으로 지치고 힘들게 집으로 들어왔을 때다. 가장 좋은 시간은 아이들이 냉장고 앞에 있는 5시쯤이다.

● 포기하지 말자! 계속해서 새롭게 대응하면서 관계를 회복시키고 대화의 문을 열 수 있는 주제들을 시도해보자. 만약 대화가 눈물이나 고함으로 끝난다면

다시 제자리로 돌아올 때까지 긍정적인 말들만 하자. 상황이 너무 긴장되어 있다면 잠깐 동안 분을 식힐 시간을 가진 후 다시 마주하자. 말하기보다 쪽지를 원한다면 그렇게 하자. 한 엄마가 고백하기를 딸과 일기로만 대화했던 시간이 있었으며 그 방법을 통해 관계를 유지할 수 있었고 결국은 관계가 회복되었다고 한다.

습관을 변화시키는 작업은 오래 걸립니다. 포기하지 마세요! 시간과 노력이 필요합니다. 서로를 존중하는 열린 대화는 효과적인 양육을 위한 필수요소입니다. 또한 스트레스와 충격, 괴롭힘, 슬픔, 우울증, 알코올이나 약물, 사춘기 문제를 가볍게 보아선 안 됩니다. 만약 아이와의 의사소통이 계속해서 막히고 위험에 관계로 변하고 있다면 정신건강 전문의에게 도움을 요청하세요.

도와주세요

충동적인 아이의 적신호

생각 없이 행동하고 무모한 행동을 한다.

대화에 불쑥 끼어들거나 인내심이 부족하다.

충동적으로 거짓말을 하고 자기 차례를 기다리는 걸 힘들어한다.

자주 일을 방해하고 불쑥 화를 내거나 짜증을 낸다.

부모가 해야 할 일은?

아이가 자신의 충동적인 성격을 파악하고 자신의 생각과 행동을 최대한 조절하는

기술을 배울 수 있게 도와준다.

왜 변해야 할까?

충동적인 아이들은 즉흥적이고 항상 정신없이 바쁘다. 아이는 항상 바쁘게 달려나

가고, 대체로 계획에 없던 행동을 한다. 아이가 활발하고 재미있는 것은 좋지만 자신을 점검하며 통제하지 못하는 것은 문제가 있다. 대화 중간에 함부로 끼어들고 다른 사람의 영역을 침범하며 수업내용과 관련 없는 질문을 하거나 눈치 없는 말들을 한다. 친구들과 주변 어른들은 아이의 이런 행동을 예의 없다고 생각하며 기분 나쁘게 받아들일 수 있다.

결국 이 문제는 아이의 사회성에 영향을 미치게 될 것이다. 이런 아이에게 교실에 얌전히 앉아 있고 코치의 규칙에 따라 행동해야 하는 것은 힘든 일이다. 충동적인 아이들은 결과를 생각하지 않고 행동하기 때문에 항상 안전의 위험이 따르고 더 위험한 일에 가담해서 응급실도 자주 찾게 된다.

부모는 아이가 충동을 조절하는 방법을 배울 수 있도록 도와야 한다. 아이의 변화는 점진적으로 나타나기 때문에 이를 위해 부모는 많은 시간과 노력을 쏟아야 한다. 자기조절능력은 타고나는 게 아니라 학습되는 것이다. 그 기술을 가르칠 수 있는 최고의 장소는 집이라는 점을 기억해두자.

해결책

변화를 위한 5계명

1. 충동적 행동의 신호를 읽자.

아이에게 관심을 더 기울여 아이의 인내심이 한계에 다다랐다는 신호를 찾아낸다. 아이가 충동적인 행동을 보이면 이를 유발한 원인이 무엇이지 파악해야 한다. 아이가 고무되었을 때, 화가 났을 때, 당황했을 때 어떤 말이나 행동을 하는가? 아이의 충동성을 개선하는 최고의 방법은 부모가 그 충동성을 예상하고 신속하게 개입하는 것이다.

● 아이의 주의를 분산시키거나 관심의 주제를 바꾼다.

● 아이를 다른 장소로 이동시킨다.

● 아이가 절제된 상태를 유지할 수 있도록 차분한 말투로 이야기한다(힌트: 소리 치거나 명령조로 말해선 안 된다. 오히려 아이의 반항만 유발할 뿐이다).

● 아이가 얻으려는 보상을 상기시킨다(혹은 아이가 함부로 행동할 때의 결과를 상기시킬 수도 있다).

● 육체적인 활동을 하게 한다.

부모는 아이의 충동적인 행동 대부분이 고의적인 것은 아니라는 사실을 기억해야 한다. 아이는 문제를 일으키려는 목적으로 행동하는 것이 아니다. 단지 충동을 억

부모 시선 집중!

우리 아이가 ADHD일 수 있을까?

주의력결핍 과잉행동장애(ADHD)는 교사와 부모로부터 모은 행동에 관한 정보뿐 아니라 의학적, 교육적, 신경학적인 검사를 결합하여 오랜 시간에 걸쳐 평가한 후에 의사나 심리학자만이 진단내릴 수 있다. 미국소아과협회(AAP)는 학령기 아동의 6%(남자아이가 여자아이보다 훨씬 더 많다)가 ADHD로 진단받는다고 밝히고 있다. ADHD의 증상은 "적어도 만 7세에 6개월 이상 다양한 상황에서 분명하게, 그리고 같은 연령과 성(性)의 다른 아이들에게서 보통 보이는 것보다 강렬하게 나타나야 한다"는 점을 명심하자. 미국소아과협회가 제시하는 이 장애의 특징은 다음과 같다.

부주의함
- 학교에서 조심성 없는 일을 저지른다.
- 주의를 집중하는 것이 불가능하다.
- 이야기를 듣는 것 같지 않다.
- 혼란스럽다.
- 물건을 잃어버린다.
- 쉽게 산만해진다.
- 잘 잊어버린다.

과다활동—충동성
- 끊임없이 꿈틀대고 꼼지락거린다.
- 가만히 있지를 못한다.
- 흥분을 잘한다.
- 에너지를 주체하지 못한다.
- 다른 사람들을 방해한다.
- 차례를 기다리는 걸 어려워한다.

제하는 능력이 부족해서 자신의 행동을 조절하지 못하는 것이다.

2. 안전을 우선시하자.

충동적인 아이들은 내적 통제능력이 부족하기 때문에 행동하기 전에 생각을 하지 못할 때가 있다. 그래서 충동적인 아이들은 종종 사고를 일으키고 차가 오든 말든 함부로 뛰어다니며 고전압 표시가 있는 담을 넘는 것과 같은 위험한 행동을 한다. 부모는 안전을 우선으로 삼아 사고가능성을 줄일 수 있는 방법을 모색해야 한다.

- 안전문제를 예상한다. 유리병이 들어 있는 보관함은 잠그고, 전기소켓을 가리고, 무기가 될 만한 장난감과 고장이 날 만한 물건들을 치운다. 유리제품을 치우고 플라스틱을 사용한다. 비싼 물건은 아이의 손이 닿지 않는 곳에 둔다.
- 위험을 줄인다. 아이가 위험에 뛰어드는 타입이라면 안전을 지킬 수 있는 방법을 찾아야 한다. 헬멧, 무릎보호대, 팔꿈치보호대를 사용하게 한다. 만약 아이가 수영장 근처에서 논다면 수영을 가르쳐야 할 것이다.
- '친구'를 주의한다. 어떤 친구가 아이를 자극시키고 위험한 일을 하도록 부추기는지 알아낸다. 또래의 영향이 너무 크게 작용하거나 위험한 사회활동은 허락하지 말라.
- 더 가까이에서 지켜본다. 집에서 친구들과 놀게 해서 아이의 행동을 더 주의 깊게 관찰해보자.

3. 한계를 정하자.

충동적인 아이들은 내적 통제가 되지 않기 때문에 확실한 외적 한계를 만들어줄 필요가 있다.

- **명확한 규칙을 정한다.** 규칙을 명확히 설명해줌으로써 어떤 행동이 허락되지 않는지 아이에게 확실히 인식시킨다. 사소한 문제들은 접어두고 안전과 관련된 일이나 다른 사람의 권리를 침범하는 문제에 집중하라. 그렇지 않으면 아이들은 항상 문제를 일으킬 것이다.

- **현실적으로 반응한다.** 충동적인 아이는 또래보다 더 성숙한 경향이 있다. 그러므로 나이가 아닌 능력에 맞춰 기대치를 정해야 한다. 사고가 일어난다고 해도 여유롭게 행동하라. 강하게 반응하는 것을 피하고 아이에게 왜 그런 사고가 일어났는지 설명해준다.

- **평정을 유지한다.** 소리를 지르거나 때리는 것은 충동적인 아이를 더 충동적으로 만들 뿐이다.

- **즉시 행동한다.** 재빨리 개입하고 '타임아웃'을 적용하거나 권리를 제한하는 등의 벌을 준다. 그로써 잘못을 한 즉시 훈육을 받게 될 것이라는 점을 아이가 알게 해준다. 이를 나중으로 미뤄서는 안 된다. 그때 가면 아이는 자신이 어떻게 행동했는지 기억하지 못한다.

- **차분하게 진정할 수 있는 장소를 제공한다.** 아이가 차분해지도록 해주는 물건들을 모은다. 그것을 한 바구니에 담아 갈등이 고조되는 것을 막고 아이가 감정을 가다듬을 수 있는 특별한 장소에 둔다. 물론 아이의 충동성이 나타나기 전에 아이를 이곳으로 보내는 것이 가장 좋겠지만 이는 많은 경우 불가능한 일이다.

- **노력을 강조한다.** 충동적인 아이에게 문제를 일으키지 않도록 하는 것은 힘든 일이다. 그럼에도 아이가 충동성을 고치기 위해 긍정적으로 노력한다면 이를 높이 평가해줘야 한다. "기다리는 게 힘들었을 텐데, 아주 잘 기다렸어.

멋지다."

4. 성공가능성을 높여주자.

친구관계를 통한 해결법

- 아이의 충동성을 자극하지 않는 차분한 친구들을 초대한다.

- 친구의 숫자를 줄인다. 한 명의 친구부터 새로운 관계를 시작한다.

- 아이와 비슷한 수준의 능력을 가진 친구를 찾는다(충동적인 아이는 자신과 비슷
  한 발달단계에 있고 수용적이거나 어린 친구들을 찾는다).

- 친구들과 노는 시간을 반나절이 아닌 한 시간으로 줄인다.

- 무기가 될 수 있는 장난감이나 잔인한 비디오게임 같이 충동을 자극하는 공
  격적인 것은 금지한다.

- 친구의 부모와 친해진다. 그래서 문제가 발생하면 연락해달라고 부탁한다.

- 아이의 놀이에 적극적으로 참여하고 문제가 생기기 전에 개입한다. 다른 사
  람의 집을 방문하면 그곳을 빠르게 둘러보고 쉽게 깨지거나 중요한 물건이
  눈에 띄면 아이 손이 닿지 않는 곳에 옮겨달라고 부탁한다.

학교에서의 해결책

- 선생님과 협력하여 부모와 같은 태도를 보일 수 있도록 한다.

- 산만하지 않은 자리에 앉을 수 있도록 부탁한다.

- 행동차트를 만들어 아이가 임무를 잘 수행했을 때는 보상을 해준다.

- 선생님에게 쉬는 시간에 아이가 갈 만한 조용한 장소가 있는지 물어본다.

- 아이에게 적합한 적극적이고 체험적인 환경을 선택한다. 주의력 결핍과 과잉
  행동장애를 보이는 아이에게 이런 환경은 효과적이라는 연구결과들이 있다.

- 아이와 가족에게 제대로 적용될 수 있는 일과표를 만들고 철저하게 지킨다.

- 기운을 발산할 수 있는 기회를 제공한다(예컨대 농구 골대 같은 운동기구를 설치한다).

- "제자리에"라고 말하면서 아이에게 부모의 요청을 실행할 시간을 준다. "제자리에. 지금 양치질을 하고 오렴"이라고 한 뒤 "준비"라고 말하면서 아이에게 생각할 시간을 준다. 그 다음 "시작"이라고 말함으로써 부모의 요구사항을 다시 한 번 알려준다. "가서 양치질 하렴."

공동체에서의 해결책

- 축구, 수영 등 참가자들이 함께 움직이며 경쟁이 덜한 운동을 선택하도록 한다.

- 아이의 급한 성격에 맞는 취미를 찾아준다. 악기 연주, 스케이트 등이 있다.

5. '기다리는 시간'을 늘리자.

아이는 모든 일에 성급히 달려들려고 할 것이다. 부모의 목표는 아이가 충동억제능력을 갖출 수 있게 하는 것이다. 충동적인 욕구에 사로잡히기 전까지 아이가 얼마나 참을 수 있는지 시간을 재보자. 단 2초의 시간일지라도 그 시간을 아이의 '기다리는 능력'으로 받아들이고 한 주, 한 달의 시간을 거쳐 점차 기다리는 시간을 늘려나가자. 여기 아이의 충동을 통제할 수 있는 방법을 소개한다.

- 멈추기. 차분한 목소리로 아이에게 말한다. "그만. 다시 참을 수 있는 상태로 돌아갈 때까지 움직이지 않는 거야."

- 숨 참기. 가능한 한 오래 숨을 참도록 시킨다. 그러고 나서 긴 심호흡을 몇 번 하도록 한다.

리하이교육대학교: 조지 두폴(George Du –Paul) 박사는 컴퓨터와 비디오게임에서 연이어 쏟아지는 화면들이 주의력 결핍과 과잉행동장애에 도움이 될 수 있다는 결과를 발표했다. 게임은 특히 유아기 아동의 행동과 학업상의 문제를 방지하는 데 효과적이라고 알려져 있다. 그러므로 충동적인 아이에게 특히 교육적인 기술을 가르치는 비디오 혹은 컴퓨터게임을 사용해볼 수 있다. 그런 게임들이 아이의 집중력을 높이고 편안한 태도를 갖게 하는지 관찰해야 한다. 많은 교육자들은 성급한 행동과 사고 양식을 가진 아이들이 최신기술을 잘 받아들이며 이런 기술은 아이에게 효과적인 학습도구가 된다고 믿고 있다. 단, 아이의 공격성을 자극하는 폭력적인 게임은 사용하지 않도록 주의해야 한다.

● 숫자 세기. 1부터 20까지 천천히 숫자를 세게 한다.

● 노래하기. 어린 아이들에게는 자기가 가장 좋아하는 노래를 고르게 한 다음 몇 구절을 부르게 한다.

● 시계. 자신의 시계를 보며 초를 재게 한다.

● STAR 사용하기. STAR은 '멈추고 생각해서 올바르게 행동하기'(Stop, Think, Act Right)의 약어다. 멈추었을 때 스스로에게 어떤 말을 해줄지를 알면 충동적인 욕구를 멈출 수 있다는 연구결과가 있다.

1단계:멈추기(Stop). 욕구를 억제할 수 있도록 해주는 첫 단계가 가장 중요하다. 행동하기 전에 멈추는 방법을 배워야 한다. 특히 스트레스가 많고 위험가능성이 큰 상황에서 잠시 멈추는 시간을 갖는 것이 결과적으로 큰 차이를 만들어낸다. 멈추기를 배우는 것은 많은 아이들, 특히 나이가 어리거나 충동성이 강한 아이에게는 쉽지 않은 일이다. 따라서 처음 이 방법을 시작할 때 아이를 부드럽게 대하되 아이의 어깨에 손을 얹어 물리적인 제약을 가하면서 "그만"이라고 말해야 한다. 아이 스스로 잘해낼 때까지 반복하라.

2단계:생각하기(Think). 다음으로는 아이가 잘못된 선택에 의한 결과를 생각하도록 가르쳐야 한다. 주위를 돌아보면서 어떤 일이 일어나고 있는지를 관찰하도록 가르친다. 아이에게 '이것이 옳은 일일까? 좋은 생각일까? 다른 사람이 다치는 건 아닐까? 안전한 일일까?'라고 자문해보도록 한다. 어린 아이들도 이 단계를 배울 수 있다. 처음에는 아이에게 반복적으로 물어보도록 하자. 반복적으로 듣게 되면 아이는 부모 도움 없이도 그 질문을 스스로 떠올릴 수 있다.

3단계:올바르게 행동하기(Act Right). 마지막 단계는 아이가 올바르지 못한 선택을 할 때마다 그것을 대신할 수 있는 행동이 무엇이었는지 생각하게 해주는 것이다. '어떤 결과를 바랐는가? 무슨 일이 일어났는가? 어떤 점에서 그 행동이 올바른 결과를 낳을 것이라고 생각했는가? 이와는 다른 행동에 대해서는 생각해봤는가? 무엇 때문에 계속 그렇게 행동한 걸까? 다음부터 이런 일이 일어나지 않게 하려면 어떻게 해야 할까?' 이런 질문들은 현재 무슨 일이 일어났는지 아이가 깨닫도록 해준다. 이 과정은 인내심을 요하고 반복해서 실행해야 하지만 시간이 지나면 아이는 '멈추고 생각해서 올바르게 행동하는' 방법을 습득하게 된다.

나이별 육아법

3~6세 이 시기의 아이들은 자신을 책임맡은 어른이 정한 규칙을 따르며 자신의 행동을 통제하기 위해 이렇게 크게 말하기도 한다. "사탕을 먹지 않는 게 좋겠어. 왜냐하면 곧 저녁을 먹을 거고 엄마는 내가 간식 먹는 걸 원하지 않으니까."

7~9세 이 시기 아이들은 충동을 멈추고 행동을 조절하기 위해 내면의 생각을 활

용한다. 아이들은 문제를 해결하는 기술을 배우고 행동에 대한 자각을 발달시킨다. 7세 아이들은 놀림을 당하면 자신에게 이렇게 말할 수 있다. "차분해져야 해. 난 저 아이가 날 놀릴 때마다 흥분하게 되거든."

10~13세 아이들은 문제를 해결하는 데 좀더 정교한 방법을 배우고 자신의 행동적 욕구가 무엇인지 잘 알게 된다. 이 시기에는 위험행동을 하게 하는 또래의 압력이 커지는데, 이것이 아이들을 충동적으로 만든다.

우리집 맞춤 처방전

고장난 라디오처럼 아이에게 끊임없이 말해줬어요!

우리 아이는 충동을 절제하는 데 문제가 있어서 아이와 함께 외부 활동을 하는 건 정말이지 끔찍한 일이었어요. 아이의 행동을 고칠 수 있었던 건 아이에게 일어날 수 있는 문제를 예상하고 모임에 나가기 전 아이에게 그에 대해 끊임없이 말해준 게 도움이 되었어요. "기억하렴. 할머니께서는 고양이의 꼬리를 잡아당기는 걸 좋아하지 않으셔. 그러니까 고양이 꼬리를 잡아당기면 안 돼." "태호의 생일파티라는 걸 기억하렴. 그러니까 태호의 생일 케이크 촛불을 네가 불어서는 안 돼." 이런 말을 반복하는 제 자신이 마치 고장난 라디오처럼 느껴지기도 했지만 모임이 있으면 그전에 한 가지 문제에 초점을 맞춰 끊임없이 말해줬던 게 큰 도움이 됐다는 걸 깨달았답니다.

도와주세요

짜증부리는 아이의 적신호

통제가 불가능할 정도로 울고 소리를 지른다.

불만을 처리하는 능력이나 스스로 침착한 태도를 취하는 능력이 부족하다.

자기 마음대로 하거나 주위의 관심을 끌기 위해 감정을 폭발시킨다.

부모가 해야 할 일은?

짜증을 내는 것이 부적절하고 받아들일 수 없는 행동임을 아이가 깨닫게 하고 부정적인 감정을 처리하고 표현할 수 있는 적절한 방법을 배우도록 도와준다.

우리집 세 살짜리 아이는 자기 뜻대로 일이 되지 않으면 짜증이란 짜증은 죄다 부려댑니다. 아이의 정서적 문제를 해결하기 위한 가장 좋은 방법은 무엇

타고난 성품이 이해 안 될 때 … 177

일까요?

아이들은 자신의 감정을 어떻게 표현하고 원하는 바를 어떻게 얻어야 하는지를 모르기 때문에, 또한 짜증을 내는 것이 효과가 있었다는 경험이 있기 때문에 짜증을 내는 경우가 많습니다. 이 행동을 멈추게 하는 비밀은 아이의 감정폭발 앞에서 결코 물러서지 않는 것이에요. 아이의 행동에 더 많은 관심을 줄수록 아이가 짜증을 내는 시간은 점점 더 길어진다는 사실을 명심해야 합니다. 아이에 대한 반응을 바꿔보세요. 침착함과 평온함을 유지해보세요. 그리고 아이의 짜증은 무시하고요. 이런 반응을 일관되게 유지하면 아이의 짜증은 점점 줄어듭니다. 아울러 아이가 보인 최악의 행동들을 양육일기에 상세히 기록해보세요. 당시에는 결코 벗어날 수 없을 것만 같은 시간으로 느껴졌겠지만 나중에는 편안히 앉아 되새길 수 있는 추억이 될 것입니다.

왜 변해야 할까?

아이의 짜증부리는 행동은 '불쾌하고 창피한 행동'들 가운데서도 상위를 차지할 것이다. 아이들은 최선을 다해 귀청을 때리는 소리를 내고 데굴데굴 구르고 도무지 통제할 수 없는 행동들을 보인다. 아이가 학교, 공원, 슈퍼마켓에서 그런다면 부모는 창피해서 쥐구멍에라도 숨고 싶을 것이다. 아이들은 왜 그토록 극단적인 행동을 보이는 걸까? 아이들은 짜증내는 행동이 관심을 끄는 데 가장 효과적인 방법임을 알기 때문이다.

성별에 상관없이 만 1~3세의 아이들은 부모에게 짜증을 부린다. 또한 연령이 높은 아이들도 스트레스를 받거나 삶에 변화가 생기면 '짜증 모드'로 돌입한다. 자기 마음대로 행동하기 위해 감정을 폭발시키는 행동을 하는지 하지 않는지의 여부는 그에 대한 부모의 첫 반응이 어떠했는가에 따라 달라진다. 아이들은 자신이 원하는 것을 얻기 위해 짜증을 도구로 삼는다. 그 방법이 성공적임을 알게 되면 또한 그로써 자기 마음대로 할 수 있다는 것을 알게 되면 아이는 그 행동을 계속 반복한다. 이런 행동을 내버려두면 사람들의 눈총과 두통을 유발하고 아이는 "땅에 드러누워 데굴데굴 구르고 소리를 지르면 내 맘대로 할 수 있어"라는 생각을 더 강화할 것이다.

어떤 행동을 보일까?

아이들이 한두 번씩 짜증을 내는 건 정상적이지만 전문가의 도움이 필요할 정도로 지나친 행동도 있다.

- **빈도와 강도가 증가한다.** 부모의 꾸준한 노력에도 불구하고 짜증부리는 행동이 점점 늘어나고 오래 지속되며 심해진다.
- **안전문제.** 짜증부리는 행동이 너무 심해 아이 자신이나 다른 사람의 안전을 위협하고 아이가 자해하는 행동도 보인다.
- **부적절한 발달.** 아이의 연령단계에 흔히 나타나는 행동이 아니다.
- **감정적인 원인.** 재난, 이혼, 사랑하는 사람의 죽음과 같은 사건들로 스트레스와 외상후스트레스장애가 생겨 짜증을 일으킨다.
- **육체적 원인, 신경적 혹은 정신적 고통.** 만약 아이의 짜증이 조울증, 반항장애, 발작, 우울증과 같은 정신적 혹은 신경계의 장애 때문인 것으로 의심되면 전문가의 도움을 받도록 하자.

> ### 육 아 뉴 스
>
> 유명한 심리학자이자 저자인 베리 브래젤튼(T. Berry Brazelton)은 중요한 규칙을 말한다. "짜증을 줄이기 위해 아이의 일에 관여하면 할수록 아이의 짜증은 오래 지속될 것이다." 따라서 부모는 아이가 울어도 관심을 주지 않고 아이가 감정을 폭발시키더라도 결코 느슨해져서는 안 된다.

1단계 : 초기 개입

부모가 취할 수 있는 최선의 대응은 아이의 감정이 최고조에 이르기 전, 짜증이 시작되는 때를 예측하는 것이다. 시도해볼 수 있는 몇 가지 팁을 살펴보자.

● **이유 알아내기.** 짜증은 걸음마기 아기들에게 가장 흔하게 나타나지만 유아기 아이와 연령이 높은 아이, 심지어는 어른에게도 절제되지 않는 감정의 폭발로 나타날 수 있다. 짜증을 내게 되는 가장 일반적인 이유는 다음과 같다. 자녀에게 자주 나타나는 것이 있는지 표시해보자.

☐ 요구적이고 이기적인 태도.

☐ 성숙하지 못한 기질. 불만의 한계치가 낮다.

☐ 독립적인 행동을 원하고 자신이 원하는 것을 하지 못할 때는 화를 낸다.

☐ 감정, 욕구, 불만을 다른 방법으로 표출하는 방법을 알지 못한다.

☐ 스트레스, 외상후스트레스장애, 질병, 우울증 혹은 급격한 삶의 변화.

☐ 짜증을 부릴 때마다 효과적으로 관심을 끌었다.

☐ 긴장된 집안 분위기. 스트레스를 받는 부모.

☐ 부모의 요구사항을 이해하지 못한다.

☐ 피로, 배고픔, 지나친 자극 혹은 무료함.

☐ 너무 많거나 너무 적은 선택사항.

☐ 생화학적인 불균형, 신경계 및 정신건강 상태의 문제.

☐ 일상에 급작스럽게 생긴 변화.

☐ 약물(일부 약들은 아이의 흥분을 악화시키므로 주의사항을 잘 확인해야 한다).

●**아이의 천성적인 기질을 파악한다.** 천성적으로 감정이 격한 아이는 불만을 처리할 줄 모르고 감정을 진정시키는 것도 어려워한다. 혹시 당신의 자녀가 이런 타입은 아닌가? 그렇다면 육아에서 아이의 기질을 고려해야 한다. 앞으로 일어나는 일들에 대해 미리 예고해주는 것이 좋고, 한 행동에서 다른 행동으로 옮겨갈 때는 준비시간을 주도록 하자. 활동적인 일을 한 후에는 차분한 일을 할 수 있게 해준다. 낮잠을 거르지 않도록 하고 아이에게 민감한 상황은 피하는 편이 좋다.

●**부모 스스로 행동을 조심한다.** 아이에게 올바른 모범이 되어주고 있는지를 반문해보자. 당신은 문제를 차분하게 해결하고 있는가? 아이들이 부모를 지켜보며 따라하고 있다는 것을 잊지 말자.

●**기대치를 점검한다.** 멋진 레스토랑, 쇼핑카트, 자동차에 아이가 너무 오랫동안 앉아 있게 하는 것은 그 자체로 문제를 일으킬 수 있다. 아이의 능력 이상인 것을 기대하는 것은 불공평하다. 아이에 대한 기대치가 아이의 능력에 맞는 것인지 확인해보자.

●**짜증 증세를 읽자.** 아이들은 자신만의 스트레스 혹은 '폭발 직전'임을 알리는 표시를 한다. 아이가 짜증을 부릴 것임을 알려주는 신호를 읽어내자. 아이의 '짜증 예고' 신호를 파악하는 것은 아이의 감정폭발을 다스리기에 가장 좋은 방법이다.

아이의 짜증에 대해 우려해야 할 때

미국 심리학회는 아이의 짜증이 하루에 몇 번 이상 지속되고, 아이가 불만이나 분노를 느낄 때마다 나타나는 패턴이 있고, 짜증 정도가 심하고, 오래 지속되고, 자기 자신 혹은 다른 사람이나 물건에 상처를 입힌다면 전문가와의 상담이 필요하다고 권고한다(질병은 예외다). 또한 아이의 짜증이 행복한 부모자녀 관계를 훼손할 때도 도움을 청해야 한다. 아이가 분노를 조절하는 법을 배울 수 있도록 부모는 정신적인 지지를 보내고 도와줘야 한다.

2단계 : 신속한 대응

곧 짜증을 낼 거라는 신호를 보낼 때, 아이가 곧 짜증을 낼 것 같다는 예상이 들 때 그 사이에 이를 막을 수 있는 방법을 활용해보라.

- **아이를 차분하게 만드는 방법을 이용한다.** 아이가 진정할 수 있도록 도와줘야 한다. 아이의 등을 쓰다듬어주거나 부드럽게 안아주거나 노래를 불러줄 수도 있다. 아이와 눈을 맞추고 차분한 목소리로 이야기를 하라. 아이가 긴장을 풀고 자기 자신을 달래는 방법을 찾도록 이끌어주라.

- **관심을 분산시키거나 다른 데 집중하게 한다.** 아이가 짜증을 부릴 것 같으면 곧장 아이의 관심을 다른 데로 돌리거나 분산시켜라. 가장 좋은 방법은 아이가 자신의 에너지를 다른 곳에 쏟을 수 있도록 관심의 방향을 돌리는 것이다.

- **감정을 설명해준다.** 아이의 감정을 언어로 표현해주자. "피곤해 보이는구나. 많이 피곤하니?" "불만스러워 보이는데, 뭔가 불만이 있니?" 아이가 "예" "아니요"로 대답할 수 있는 질문을 던져보자. 차분한 목소리로 아이의 감정을 설명해주면 곧 일어날 폭발을 막을 수 있다.

- **통역가가 되라.** 부모가 생각하기에 아이가 원하는 것이나 필요로 하는 것이 무엇인지를 설명해준다. 아이가 요구하는 것을 다 받아줄 필요는 없지만 아이의 고민을 인정해주는 것만으로도 감정적인 문제가 발생하는 것을 막을 수 있다. 이는 아이의 어휘력에 한계가 있을 때 특히 효과적이다.

- **지나친 통제는 금물.** 지나치게 엄격한 방법을 써서는 안 된다. 예를 들어 때리기, 소리지르기, 지나치게 통제하려드는 것과 같은 행동은 역효과를 낳을 수 있다.

- **미리 주의시켜라.** 의사소통이 되는 아이에게는 자신의 행동이 올바르지 않으

며, 만약 그 행동을 계속한다면 그에 따른 결과가 있다는 점을 미리 알려주자. 이때 선생님과 같은 단호한 말투를 사용하는 것이 효과적이다. 때로는 확실하게 주의만 줘도 문제가 해결될 수 있다. 그런데 이런 주의는 만 3세 이상의 아이에게 효과적이다. 다시 말해 아이가 경고나 결과 같은 개념을 이해할 수 있어야 하고 적어도 몇 문장 이상을 이야기할 수 있는 수준이 되어야 한다.

아이가 짜증을 부리고 있을 때. 일단 짜증이 시작되면 부모의 통제권이 별로 크게 작용하지 못할 것이다. 이때 부모가 할 수 있는 일이란 아이의 안전을 확보하는 것이고 그 다음은 짜증이 풀릴 때까지 아이를 내버려두는 것이다. 아이가 짜증을 부릴 때 '살아남을' 수 있는 몇 가지 팁을 살펴보자.

- **차분함을 유지하려 노력한다.** 소리지르기, 흔들기, 때리기, 화내기 같은 행동은 상황을 악화시킬 수 있다. 차분함을 유지하기가 어렵다면 아이에게 등을 돌리고 자기 자신을 통제하거나 그 자리를 떠나는 편이 좋다. 부모의 차분한 태도를 통해 아이는 자신을 통제하는 방법을 배우게 된다.
- **안전을 확보한다.** 마구 움직이는 아이들은 자기 자신이나 다른 사람들을 다치게 할 수 있다. 주변환경을 살펴보고 뾰족한 구석이나 유리제품 등 아이를 다치게 할 만한 것이 있다면 아이를 '안전한 장소'로 옮기자.
- **관여하지 않는다.** 일단 짜증이 시작되면 아이에게 어떤 관심도 주지 말라. 눈도 마주치지 말고 어떤 말도 해서는 안 된다. 반응하지 말고 무시하라. 그렇지 않으면 아이는 자신의 '폭발'이 통한다고 생각해서 짜증을 반복할 것이다.
- **이해시키려 하지 않는다.** 마구 울고 뒹구는 아이에게 문제를 이해시키려는 노력은 하지 않는 편이 좋다. 아이는 이미 통제불능의 상태에 있기 때문이다.

또한 아이에게 애원하거나 뇌물을 주지도 말자. 이 방법은 전혀 도움도 안 되고 아이의 감정을 더 폭발시킬 것이다.

● **필요하다면 아이를 떼어놓는다.** 관심을 얻기 위해 짜증을 부리며 공공장소를 망가뜨리거나 다른 아이에게 상처를 입힌다면 아이를 따로 떼놓아야 한다. '타임아웃'을 통해 아이를 진정시키도록 하자. 아이를 다른 방으로 데려갈 수도 있다. 만약 밖에 나와 있다면 하던 일을 멈추고 아이를 구석진 공간이나 집으로 데려간다. 이는 물론 불편한 방법이긴 하지만 그로써 아이는 부모가 그런 행동을 결코 용납하지 않는다는 점을 확실히 깨닫게 된다.

● **필요하다면 아이를 붙잡는다.** 마구 구르는 아이를 제한하는 것은 절대적으로 필요한 때(자신이나 남에게 상처를 입힐 때)를 제외하고는 추천할 만한 방법이 아니다. 아이를 구속하는 것은 감정을 더욱 폭발시킨다. 하지만 심히 민감한 아이라면 이것만이 아이를 진정시킬 수 있는 유일한 방법이 될 수도 있다. 불안을 해소시켜주는 말투를 사용하라. 통제불가능한 아이들은 주로 겁에 질려 있으므로, 부모는 아이를 안심시켜야 한다.

 **육아 119**

불만을 표현할 수 있는 말들을 가르친다

많은 아이들이 자신의 욕구나 감정을 표현할 단어를 알지 못하기 때문에 짜증을 부린다. 따라서 아이에게 '화, 슬픔, 피곤함, 불만' 같은 몇몇 감정 단어를 가르친다. 아이의 짜증을 불러일으키는 가장 흔한 감정을 설명해주는 두세 개의 단어를 선택하면 아이들이 더 쉽게 배울 수 있다. 또한 실생활에서 그 단어를 적절히 사용하고 책을 읽어주는 것도 좋다. 아이가 단어를 이해하면 적절한 순간에 "난 화가 났어"처럼 자신의 감정을 표현할 수 있게 해주자. 처음에는 아이에게 단어를 상기시켜줘야 할지도 모른다. "짜증이 나 있는 것 같구나. 네가 어떤 감정을 느끼고 있는지 말해줄래?" 아이가 자신의 감정을 제대로 표현할 수 있게 되고 또한 그렇게 하도록 허락을 받는다면 짜증은 점차 사라질 것이다. 아울러 아이의 어휘력을 늘려주면서 울거나 차거나 하는 행동을 대신할 수 있는 단어를 사용하도록 해준다.

- **아이에게만 집중한다.** 다른 사람의 시선과, 그들의 '선의에서 나오는' 말들은 무시한다. 부모의 임무는 오직 아이에게만 집중하는 것이다.
- **일관성을 유지한다.** 자신의 감정폭발에 부모가 관심을 보이는 경험을 하면 아이는 이후로도 같은 행동을 반복한다. 따라서 부모는 아이에 대해 일관성 있는 반응을 보여야 한다. 또한 주위의 다른 사람들에게도 부모와 똑같이 행동해달라고 부탁하자.

아이의 짜증이 가라앉은 후에 해야 할 일. 일단 아이의 짜증이 가라앉으면 숨을 크게 쉬자. 그러고 나서 아이가 불만을 건전하게 표출할 수 있는 방법을 찾아보자.

- **스트레스를 받지 않는다.** 아이와 부모 모두 지금쯤 녹초가 되었을 가능성이 있다. 그러므로 회복할 수 있는 모든 일을 해보자. 긴 연설이나 판단이 들어간 지적은 잊어버린다. 그런 것은 지금 의미가 없다. 부모와 아이는 진정된 후에야 그 문제를 다룰 수 있을 것이다.
- **부모 자신의 반응을 점검한다.** 자신의 반응을 평가해보자. 아이의 감정폭발에 대처할 때 일관된 반응을 보였는가? 차분한 태도를 유지했는가? 아이가 감정을 폭발시키기 전과 후 혹은 그 중간에 효과를 보여준 특정한 방법이 있었는가?
- **원인을 알아낸다.** 만약 아이의 감정폭발이 자주 일어난다면 상황을 추적해봐야 한다. 언제, 어디서 아이가 주로 짜증을 부리는지 그 패턴을 찾아보자. 예를 들면 낮잠 시간 직전 아이가 피곤해 할 때, 유치원을 다녀온 후 스트레스를 받고 있을 때일 수도 있다. 아이가 변화에 대한 두려움이 있으므로 곧 일어날 변화에 대해 미리 알려줘야 하는가? 아이의 감정이 폭발하게 하는 집안 문제가 있는가? 아이의 감정폭발을 줄이기 위해 아이의 일과를 바꿀 필요는

없는가? 그 변화를 위해 부모가 할 수 있는 일은 무엇일까?

● 행동에 따르는 결과를 정한다. 주의를 줬는데도 아이가 계속 짜증을 부리면 부모는 미리 경고해둔 벌을 반드시 내려야 한다. 예를 들면 아이를 지정된 장소의 의자에 앉아 있게 한다. 이것은 일명 '마음을 가다듬게 하는 의자 처벌'이다. 이 벌은 적어도 3세 이상의 아이에게 적용할 수 있다. 아이가 성숙하다면 2세에게도 적용할 수 있겠지만 그보다 더 어린 아이에게는 적당하지 않다.

3단계 : 변화를 위한 습관

● 불만을 처리하는 방법에 대해 이야기한다. 화를 낼 수는 있지만 그 화를 부적절한 방법으로 표현하는 것은 옳지 못하다는 점을 깨닫게 해야 한다. 연령이 높은 아이와는 대화를 나누는 것이 좋다. 무엇이 짜증나게 만드는지, 어떻게 하면 그 문제를 잘 처리할 수 있는지 함께 의논해보라.

● 노력을 강조한다. 아이가 자신의 욕구나 불만을 짜증이 아닌 적절한 언어로 표현하고자 노력했다면 그에 대해 칭찬해주자. 보상을 해주는 것이 효과적일 때도 있다. 아이가 짜증내지 않고 갈등상황을 해결할 수 있을 때 물질적인 보상을 해주자.

● 부모의 계획을 전달한다. 아이가 선생님, 친척, 베이비시터 같은 다른 양육자에게 짜증을 낸다면 그들과 함께 아이의 행동을 개선할 수 있는 계획을 세우자. 다른 양육자들과 긴밀한 연락을 유지하며 아이의 변화과정을 평가해보자. 육아 태도에 모두가 일관성을 보이는 것은 아이의 통제불가능한 행동을 줄이는 데 중요하다.

● 변화가 없다면 부모의 계획을 재평가하고 도움을 청한다. 변화계획을 유지하고 다른 양육자들도 협력하고 있다면 부모는 아이가 짜증을 부리는 것이 점

차 줄어들고 있음을 눈치챌 수 있을 것이다. 긍정적인 행동의 변화는 많은 요소에 따라 결정된다. 그 요소로는 예컨대 짜증이 얼마나 심한지(짜증 정도가 더 강하고 자주 일어날수록 변화되기까지 더 많은 시간이 걸린다), 부모가 새로운 대응방식으로 일관성 있게 행동하는지, 짜증의 원인이 무엇인지(예컨대 관심을 얻기 위한 짜증은 스트레스로 인한 짜증보다 개선하기가 쉽다) 등이 있다. 따라서 아이의 짜증이 얼마나 지속되는지, 얼마나 자주 나타나는지 달력에 표시해두는 것이 좋다. 만약 짜증이 감소하는 게 보이지 않는다면 전문가에게 도움을 청해야 한다. 다른 무언가가 이런 감정폭발을 유발하고 있을지도 모르기 때문이다.

나이별 육아법

3~6세 어린 아이들에게 짜증은 흔하게 나타나지만 만 4세쯤 되면 짜증내는 행동이 줄어드는 것이 정상이다. 짜증은 성별에 상관없이 모든 아이에게 나타난다. 만 2~4세 아이들의 80%가 대처방법이나 대화방법을 배우지 않았기 때문에 짜증을 낸다. 만 2~3세 아이들의 약 20%, 그리고 만 4세 아동의 11%가 하루에 두 번 이상 짜증을 낸다고 한다.

7~9세 학교에 들어가는 나이가 되면 아이들의 짜증은 줄어들지만 계속 짜증을 내는 아이들도 있다. 그들 대부분은 충동적이고 쉽게 불만을 품고 초조해한다. 혹은 최근에 스트레스에 시달리거나 삶의 변화를 겪었거나 정신적 장애를 겪고 있을 수도 있다. 아이는 자기 마음대로 행동하기 위해 짜증을 내기도 하고 관심을 끌기

위해서도 짜증을 낼 수 있다.

10~13세 어른들 중에서 투정을 부리는 사람은 소수인데, 10~13세의 아이들도
그러하다. 만약 이 시기에 감정폭발이 나타난다면 즉시 전문가에게 도움을 청해야
한다.

우리집 맞춤 처방전

저도 소리를 지르며 아이에게 겁을 줬어요!

제 손자는 사랑스럽고 똑똑한 아이랍니다. 그런데 자신이 원하는 것을 위해서라면 두
손 두 발 다 들 정도로 투정을 부린답니다. 바닥에 누워 뒹굴고 발로 차고 소리를 질
러대죠. 혹시 이웃들이 경찰을 부르면 어쩌나 걱정이 되기도 한답니다. 아이 부모는
아이를 조용히 만들려고 아이가 온갖 변덕을 부려도 다 받아줬어요. 그 때문에 아이
는 자기 행동이 효과적이라고 생각하게 됐어요. 꾀를 쓰는 거죠. 그래서 저는 아이가
마음대로 행동하도록 가만 내버려두진 않겠다고 다짐했어요. 하지만 어떻게 해야 할
지 모르겠더라구요. 어느 날 저녁에는 케이크를 못 먹는다는 이유로 아이가 마구 소
리를 질러댔어요. 더 이상 참을 수 없었던 저도 소리를 지르며 아이에게 겁을 줬어요.
그랬더니 아이는 자기 방에 들어가 문을 잠갔습니다. 시간이 지나서 제가 왜 그런 갑
작스러운 행동을 보였는지 이야기하자 아이는 자기가 짜증낸 게 얼마나 터무니없는
일이었는지 알게 되었다고 했어요. 이후로 아이는 제 앞에서 짜증을 내는 일이 없었
답니다. 그때 제가 취했던 행동은 그 아이에게 적합한 처방이었던 것 같아요.

도와주세요

말을 안 듣는 아이의 적신호

지시사항을 따르지 않으며 말을 '골라서' 듣는다.

관심을 기울이지 않아서 부모가 요구사항을 반복적으로 말해줘야 한다.

지시사항을 기억하지 못한다.

부모가 해야 할 일은?

부모가 한 번만 말해도 아이가 알아듣고 지시사항을 따를 수 있도록 듣는 기술을
익혀 집중해서 들은 내용을 기억할 수 있도록 도와준다.

우리 아이는 청력에는 전혀 문제가 없지만 제 말은 선택적으로 골라 듣는
'귀머거리'랍니다. 제가 원하는 바를 아이에게 반복적으로 말하는 데도 이젠 지

첫습니다. 어떻게 하면 아이가 제 말을 듣도록 할 수 있을까요?"

반복해서 말하지 않겠다고 스스로 약속하세요. 그리고 아이의 눈높이에 맞춰 부모가 원하는 바를 간단하게 요점만 전달해야합니다(요구하는 것이 아니다). '저' '그'와 같은 단어로 시작하여 부모가 무엇을 원하는지 아이가 정확히 알 수 있도록 하셔야 하고요. "저 장난감을 치워야지." "그 텔레비전을 끄도록 하겠니?" 일단 말을 한 후 아이가 부모의 요구를 확실히 이해했다면(아이에게 부모가 말한 것을 다시 이야기하도록 시키세요), 아이가 부모의 말을 듣고 따를 것이라고 기대해야 합니다.

왜 변해야 할까?

"벌써 똑같은 말을 네 번째 하는구나." "엄마가 말한 거 못 들었니?" 아이가 말을 듣도록 하는 데 지쳐버렸다고 해도 긍정적인 태도를 취해야 한다. 이는 당신 혼자만의 문제가 아니다. 《페어런츠》에서 가장 힘든 훈육이 무엇인지에 대해 설문조사를 했는데, 그 결과 '아이가 말을 듣지 않는 것'이라는 대답이 압도적이었다. 아이에게 무엇을 하도록 시키는 데는 기술이 필요하다. 요구하는 방법에 따라 아이의 반응은 크게 달라진다는 사실을 명심하자. 아이가 말을 듣도록 지시하는 법을 배우려면 많은 연습을 해야 한다. 아이의 듣는 습관을 고치는 데는 노력과 인내심이 있어야 한다. 아이의 듣는 능력을 향상시키면 학교생활, 친구들과의 관계, 일을 수행하는 능력, 가족과의 화목 등 아이 삶의 모든 부분이 큰 영향을 받을 것이다. 많은 전문가들은 인생을 살아가면서 듣는 방법을 배우는 것이 가장 중요하다고 말한다. 아이와 존중하는 태도로 의사소통을 하고 새롭게 습득한 지식을 기반으로 양육해야 한다.

어떤 행동을 보일까?

아이들은 가끔 부모의 말을 무시하고 듣지 않을 때가 있지만 그 정도가 심각함을 보여주는 행동들이 있다.

- 몇 번씩 반복해서 이야기를 해야 비로소 말에 따른다.
- 지시사항을 따르지만 들은 것 가운데 일부만을 기억한다.
- 부모의 말을 이해하지 못하거나 다시 이야기해달라고 한다.
- 결국 소리를 지르거나 협박을 할 때만 반응을 보인다.
- 부모의 요구를 따르려고 하지 않는다.
- 부모가 요청한 것을 '나중에' 하겠다고 말한다.
- 부모의 말을 골라서 듣고 어떤 말은 무시하거나 들은 적이 없다고 시치미를 뗀다.

해결책

1단계 : 초기 개입

- 이유를 알아낸다. 아이가 말을 듣지 않는 데는 여러 가지 이유가 있을 수 있으므로, 아이가 왜 말을 듣지 않는지 그 이유를 알아내는 것이 첫 번째로 해야 할 일이다. 다음에 나오는 이유들 가운데 현재 상황에 적용되는 것이 있는지 점검해보자.

☐ 부모자녀 간에 기싸움을 하고 있거나 관계가 깨어져 있다. 아이가 부모 말에 따르지 않기로 작정하고 있다.

☐ 부모는 습관적으로 지시사항을 몇 번씩 반복한 후 진지한 말투를 사용한다.

☐ 아이가 순응하도록 뇌물을 주거나 말을 듣기를 강조하지 않는다. 아이는 보상을 받거나 부모가 포기할 때까지 기다린다.

☐ 배고픔, 아픔, 졸림, 배변 욕구 등 신체적인 문제로 방해를 받고 있다.

☐ 부모가 요구를 할 때 아이가 다른 일에 집중해 있다.

☐ 아이의 청각에 문제가 있거나 주변의 잡음을 걸러내는 데 어려움을 겪고 있다.

☐ 아이가 게으르거나 혹은 부모의 기대에 미치지 못하리라는 두려움이 있어서 요청대로 하지 않는다.

☐ 아이가 귀에 통증을 느끼거나 알레르기, 질병 혹은 청력 손실의 문제를 겪고 있다.

☐ 최근 외상후스트레스장애를 겪고 있거나 집에서 소리를 지르고 스트레스가 너무 심하거나 우울증을 겪고 있다.

☐ 부모의 전달사항이 너무 심각하거나 부모의 말투가 설교 투, 협박 투다.

☐ 부모의 지시나 기대가 아이의 발달단계와 맞지 않다.

아이의 문제행동을 야기하는 가장 큰 요인이 무엇이라고 보는가? 상황을 개선하기 위해 부모가 할 수 있는 가장 쉬운 일은 무엇일까?

● 잘 듣는 방법을 보여준다. 아이가 보고 배울 수 있는 좋은 본보기를 보여주는 역할을 부모가 하지 않고 있다면 아이는 말을 잘 듣는 방법을 배울 수 없다. 그러므로 부모의 기대가 어떤 셋인지, 부모 스스로 말을 잘 듣는 사람이 되어 가르쳐주자. 배우자, 친구, 그리고 무엇보다 아이의 말을 잘 듣는 모습을 보여주자. "두 개의 귀와 하나의 입을 가진 데는 이유가 있다"라는 옛말은 좋은

암시가 될 수 있다. 아이와 말하는 시간의 2배만큼을 아이의 말을 듣는 데 사용하도록 하자.

● 듣기를 방해하는 요소를 제거한다. '너' '만약' '왜' 같은 말들을 어두에 사용하는 것은 아이가 자동적으로 말을 듣지 않도록 만드는 원인이 된다. '너'를 사용하는 것은 아이의 성격을 모욕하는듯이 들릴 수 있고, '만약……하지 않으면'이라는 말은 협박으로 들릴 수 있다. 또한 '왜'라는 말은 아이 자신도 알지 못하는 자기 행동의 이유를 설명해달라는 의미가 들어 있다. 그러므로 아이에게 요청할 할 때 이 세 가지 말을 사용하지 않는다면, 아이는 부모의 말에 더 귀를 기울이고 순종하게 될 것이다('의사소통이 안된다' 참조).

2단계 : 신속한 대처

아이의 능력에 맞는 요구와 지시가 성공의 열쇠라고 할 수 있다. 아이에게 한 번만 말하고도 부모의 말을 듣게 만들 수 있는 방법을 소개한다.

● 먼저 아이가 주목하게 한 후 이야기를 시작한다. 만약 아이가 이야기를 듣지 않는다면 우선 아이의 관심을 끌어 부모를 쳐다볼 수 있게 해야 한다. 아이의 눈높이에 맞춰 앉아서 아이의 턱을 부드럽게 끌어당겨 눈을 마주치게 하거나 아이가 집중하도록 말한다. "엄마를 보고 엄마가 하는 말을 잘 들으렴." 아이가 눈을 정확히 맞췄을 때 이야기를 시작한다.

● 목소리를 낮추고 천천히 말한다. 소리를 지르면 아이는 돌아서게 된다. 목소리를 낮추고 더 부드럽게 이야기해주자. 혹은 속삭여보도록 하자. 이 방법은 아이의 긴장을 낮춰주고 부모의 말을 듣기 위해 행동을 멈추게 할 수 있다. 이는 선생님들이 사용하는 효과적인 방법이다.

- **짧고, 부드럽게, 요점만 이야기한다.** 아이가 집중할 수 있는 시간과 인지능력에 맞춰 지시한다. 아이에게 부모가 원하는 것이 무엇인지 정확히 전하자. 몇 가지 말로 한정해서 전하는 것도 도움이 된다. "숙제!" "심부름!" 같이 짧은 말 한 마디만으로 이야기하는 것도 비결이라고 할 수 있다. 질문이나 제안형으로 요청하는 것은 피한다. 아이가 따르기를 원한다면 요구하지 말고 이야기를 하자.

- **행동하자.** 만약 시간이 촉박하고 아이가 행동을 하도록 '시동'을 걸어줄 필요가 있다면 아무 말도 하지 말자. 단지 아이의 손을 부드럽게 잡고 아이가 가길 원하는 곳으로 데려가면 된다.

- **약간의 재량을 허락한다.** 아이가 무언가에 집중하고 있는 것을 방해하면 저항을 불러일으킬 수 있다. 따라서 아이가 무언가에 빠져 있으면(숙제, 숙제를 위해 친구와 문자하기, 레고 쌓기 등) 유연한 태도를 취하자. 아이의 집중도가 낮아질 때까지 기다리자. 그리고 나서 부모의 요구를 전달하자. 단, 아이가 자신의 상황을 이용하지 않도록 한다(만약 아이가 어떤 일에 집중하고 있으면 시간을 제한한다. "잠시 1분만 이야기할 수 있겠니").

- **말을 따르도록 한다.** 만약 지시사항을 두 번, 세 번, 네 번 계속 말해왔다면 부모는 아이가 주의를 기울이지 않도록 훈련시켜온 셈이다. 부모는 계속 반복해서 말해야 할 것이다. 앞에 제시한 방법들을 사용하되, 아이가 한 번 듣고 말을 따르도록 해야 한다. 아이에게 다가가 확실히 요청하고 더 이상 반복해서 말하지 말라. 만약 아이가 요청을 따르지 않으면 그에 맞는 벌칙을 적용한다.

- **효과가 있는 벌칙을 내린다.** 아이가 부모의 요청을 들었음에도 따르지 않는다면(그 요청이 아이의 수준에 맞는 것이라면) 이제는 벌칙을 적용해야 할 때다.

그냥 넘어가면 부모의 말을 듣지 않아도 된다는 메시지를 아이에게 전달하는 셈이 된다. 첫 단계의 벌칙은 부모가 아이에게 요청을 할 때 말해줄 수 있다. 예를 들어 "후식으로 과자를 먹고 싶다면 지금 이리로 오렴"이라고 말할 수 있다. 만약 아이가 늦게 나타나면 사무적인 말투로 "미안하지만 너무 늦었구나"라고 말한다. 봐주거나 "못 들었어요"라는 아이의 항변을 받아들이지 말아야 한다. 부모의 답변은 간단하다. "다음번에는 잘 들을 필요가 있겠구나." 일관성을 유지하며 처음 말할 때 잘 듣기를 바란다는 점을 알리자.

3단계 : 변화를 위한 습관

- **기억하는 방법을 가르친다.** 만약 지시사항을 전달했는데도 아이가 들은 것을 기억하지 못한다면 들은 것을 기억할 수 있는 방법을 가르쳐야 한다.

☐ **되감기 방법.** 아이가 부모의 지시사항을 들었는지 확인하기 위해 아이에게 부모의 말을 반복하게 한다. 그리고 나서 지시사항을 계속 반복해서 생각하도록 시킨다. 어린 아이들은 부모에게 들은 말을 인형이나 애완동물에게 말하며 연습할 수 있다. 연령이 높은 아이들은 일을 끝낼 때까지 지시사항을 낮은 목소리로 계속 반복하여 말할 수 있다.

☐ **메모하기.** 어떤 아이들은 메모를 하거나 자기가 해야 할 일을 표시하는 스티커를 손에 붙여서 기억하게 할 수 있다.

☐ **마음속으로 그려보기.** 자기가 맡은 일을 마음속으로 그려보게 한다. "네 옷과 바구니가 바닥에 놓인 모습을 그려보렴. 그 다음 네가 그 옷들을 바구니에 담는 모습을 그려보도록 해봐. 그게 네가 해야 할 일이란다."

☐ **손가락을 사용한다.** 손으로 '해야 할 일을 꼽아보게' 하자. 각각의 손가락은

아이가 기억해야 일을 나타낸다.

- ●**자녀와의 관계를 다시 생각해본다.** 부모는 더 나은 의사소통 방법을 사용했고 지시하는 방법도 개선했다. 또한 아이의 나이와 집중시간을 고려했으며 청력에 문제가 있는지도 살펴보았다. 그런데도 아이가 개선되지 않는다면 이제는 다른 방법을 고려해야 한다. 아이가 심할 정도로 부모의 말을 듣지 않으려 한다면 이는 복종과 무례의 문제다(화를 잘낸다, 다툼이 잦다, 의사소통이 안 된다, 반항을 한다 참조).

나이별 육아법

3~6세 이 시기 아이들은 간단한 질문에 대답하고 이야기를 따라가며 대부분의 대화를 이해할 수 있다. 집중시간이 점차 길어진다. 만 4~5세의 아이들 대부분은 12~25분 동안 한 가지 활동에 집중할 수 있다. 좀더 나이가 있는 아이들은 3단계의 지시를 따를 수 있다("장난감을 정리하고, 양치질을 하고, 잠옷으로 갈아입어라").

7~9세 아이들이 비디오, 컴퓨터게임과 텔레비전에 집중하며 부모의 말은 듣지 않으려고 한다. 이 시기 아이들의 15%가 일종의 청력 손실을 겪는다는 사실을 알고 있는가? 7%의 아이들은 청력장애를 겪지만 '들으려고 노력도 하지 않는다'라는 비난을 받을 수 있다.

10~13세 아이들은 반항하거나 무례하게 굴면서 스트레스, 수면 부족, 사춘기 호르몬 때문에, 또는 단순히 할 일이 너무 많아서 부모의 말을 듣지 않으려 할 수도

있다. 또한 이 나이의 아이들은 부모에게서 떨어져 또래 아이들과 더 많은 시간을 보내게 된다. 휴대전화, 비디오게임, CD 플레이어, MP3 같은 전자제품을 너무 많이 사용하지 않도록 주의를 준다. 이런 제품들이 내는 시끄러운 소리는 청력 손실의 원인이 될 수 있다.

우리집 맞춤 처방전

포스트잇과 연필을 주머니에 넣어 다녔어요!

이래라 저래라고 하는 제 목소리를 듣는 것도 지쳐서 포스트잇과 연필을 주머니에 넣어 다니기 시작했어요. 아이가 즉시 하기를 원하는 일이 있으면 그 말만 적어서 아이에게 주거나 아이의 장난감에 붙였습니다. 그랬더니 아이는 제 말에 따라 행동하기 시작했을 뿐만 아니라 그 방법을 재미있게 여기고 해당 어휘를 익혀서 활용하기도 합니다.

도와주세요

완벽주의 자녀의 적신호

공부, 외모, 성과에 대해 절대로 만족하지 않는다.

1등이 되지 못하는 것을 참지 못한다.

지나치게 경쟁적이다.

성과나 점수, 등수를 통해 자부심을 얻는다.

부모가 해야 할 일은?

역경에 대처하는 방법을 배우고 새로운 일에 대한 시도에 두려움을 느끼지 않으며

건강한 방법으로 성취감을 느낄 수 있도록 도와준다.

저희 딸은 반에서 2등인데 그걸 견디지 못해요. 아이는 새벽 1시까지 단어

를 외우고 있습니다. 이러다가 신경쇠약에 걸릴까봐 걱정이에요. 어떻게 해야 하죠?

 최선을 다해 노력하는 딸을 칭찬해줘야 합니다. 하지만 공부시간을 제한해야 합니다. 모든 면에서 최고가 아니라고 해서 나쁜 게 아니란 걸 설명해주세요. 있는 그대로의 딸을 사랑한다고 말해주시고요.

왜 변해야 할까?

우리 아이가 잠재력을 발휘해서 잘하길 원하는 건 당연한 일이다. 하지만 아이는 지금 엄청난 압박에 시달리면서 지나치게 완벽해지려는 성격 때문에 항상 걱정과 불만 속에 자신을 채찍질하게 될 것이다. "이거면 충분할까?" "다른 사람이 어떻게 생각할까?"라고 스스로에게 물을 것이다. 이런 아이들은 항상 자신을 채찍질하면서도 절대로 만족하지 않기 때문에, 높은 불만과 스트레스로 불안, 우울증, 섭식장애, 편두통, 심지어 자살까지도 생각하게 된다. 또한 완벽주의자들은 감정과 신체적 문제뿐 아니라 다른 사람과의 관계에서도 문제가 있을 가능성이 높다. 유아기의 아이들도 완벽주의 성향을 보이기 시작한다.

어떤 행동을 보일까?

- **지나치게 경쟁적이다.** 다른 사람과 항상 비교한다. 다른 아이보다 못하거나 1등이 되지 못하는 걸 견디지 못한다. 최고가 되고 싶어 한다. 덜 하는 것을 참을 수 없어한다.
- **신체적 질병을 갖고 있다.** 편두통이나 복통이 있고 잠을 잘 못 자며 일을 시작하기 전이나 후, 또는 진행 중에 고통을 호소한다.

- ●도전하기를 꺼린다. 경험해보지 못한 새로운 것에 도전하는 걸 너무나 조심스러워한다. 이는 못할 수도 있기 때문이다.

- ●쉽게 화를 낸다. 쉽게 짜증을 내고 기대에 못 미치면 매우 화를 낸다.

- ●다른 사람들을 깔본다. 최고가 되고 싶은 의욕에 가득 차 있다.

- ●다른 사람들도 완벽하기를 기대한다. 다른 사람들에 대한 기대치가 높다.

- ●피하거나 미룬다. 실패를 두려워해서 충분히 잘하지 못할 바에는 시작도 하지 않는다. 스트레스를 받거나 어려운 일은 피한다. 완벽히 끝내야 한다는 걱정에 일을 끝내지 못한다.

- ●실수에 집착한다. 종합적인 성과나 얼마나 잘해왔는지를 생각하지 않고 실수에만 집착한다.

- ●인생을 너무 심각하게 생각한다. 자기 자신에게 너무 매정히 대한다. 자기 자신이나 실수에 대해 웃어넘기지 못한다.

- ●융통성이 없다. 전부 아니면 아니라는 생각으로 임한다. 한 가지 방법밖에 생

육 아 뉴 스

브리티시컬럼비아대학: 폴 휴윗(Paul Hewitt) 교수는 완벽주의자가 비현실적으로 자기 자신이나 다른 사람에 대해 높은 기준을 가지고 있지만 완벽주의자의 모습은 다양하다는 사실을 밝혀냈다. 세 가지 유형이 있다.

1. 자기 촉진자형: 항상 허풍을 떨거나 자신의 완벽함을 보여주어 다른 사람에게 인상을 남기려 한다. 이러한 유형은 발견하기 쉽다. 왜냐하면 이들은 다른 사람을 성가시게 만들며 진짜로 완벽해지기 때문이다.

2. 회피자형: 실패를 두려워한다(성공보다 못한 상태도). 따라서 자신이 덜 완벽한 상황이나 사건을 회피하려 한다(자신이 유명한 축구 선수가 될 거라고 생각하지 않는다. 따라서 스포츠를 피한다. 자신이 친구만큼 완벽한 바이올린 연주가가 될 수 없으리라고 걱정한다. 그래서 첼로를 계속한다). 이러한 일은 어린 아이들에게 흔히 나타난다.

3. 조용히 고통받는 형: 자신의 문제를 자신에게 국한시킨다. 다른 사람에게 자신의 잘못을 시인할 수 없으며 다른 사람에게 도움을 요청할 수 없다. 왜냐하면 자신이 충분히 훌륭하지 못하다는 걸 의미하기 때문이다.

각하지 못한다.

● **도움 청하기를 두려워한다.** 자신이 이해하지 못하고 있다는 사실을 인정하기

싫어한다. 실패나 약점 잡힐 일을 걱정하며 도움을 요청하지 않는다.

해결책

1단계 : 초 기 개 입

1. 이유를 찾자.

아이의 입장이 되어 왜 완벽하려 하는지 이유를 찾아보자. 더 심각해지기 전에 문제

를 찾는 것이 좋다. 다음은 지나치게 완벽하려는 아이들이 갖고 있는 원인들이다.

- ☐ 기질. 선천적인 기질이다.
- ☐ 불안. 자신감이 부족하다. 자신의 무능함을 강하게 느낀다.
- ☐ 굴욕에 대한 두려움. 다른 사람들의 웃음이 나 조롱을 두려워한다. 쉽게 창피해한다.
- ☐ 가족. 형제나 부모의 완벽주의 성향을 따라 한다.
- ☐ 성과에 대한 지나친 중시 선생님이나 부모 로부터 지나친 요구를 받은 경험이 있다. 비 실현적인 목표를 가지고 있다.
- ☐ 인정이나 존경을 잃을 것을 걱정한다.

육아 119

지나치게 완벽을 추구하는 것은 아이의 건강뿐 아니라 인생을 즐기는 데도 방해가 된다. 자녀를 주의깊게 지켜보고 반복되는 문제행동이 있으면 정신과 전문의의 도움을 받도록 하자.

섭식장애 '완벽한' 몸매를 만들기 위한 고민이 자녀에게 음식과 식사, 스스로 굶는 상태, 폭식, 식욕이상항진증과 같은 문제를 일으킬 수 있다.

우울증 완벽하게 성취하려는 고민이 너무 지나 치면 먹고 자고 집중하는 데 어려움을 겪는다. 아이가 무관심해지고 짜증과 슬픔이 지나치면 이는 자살충동으로까지 이어질 수 있다.

2. 사실을 인정할 수 있도록 도와주자.

완벽주의자들의 장점과 단점을 보여주자. 자녀가 조절할 수 있는 것과 할 수 없는 것을 구체적으로 명시해주자. 성공이란 완벽한 것이 아니라 뛰어난 것이라고 알려주자.

3. 자신을 돌아보자.

부모 본인이 완벽주의자인지 돌아보자. 증상을 다시 살피며 본인에게 해당되는 사항이 있는지 보자. 부모가 완벽주의자이거나 부모가 자녀의 성과로 자부심을 얻는다면 아이가 완벽주의 성향을 가지게 된다는 연구결과가 있다.

4. 능력에 대해 현실적이 되자.

모든 것을 잘하는 완벽한 우리 딸로 만들지 말자. 대신 자녀에게 솔직해지자. 자녀의 타고난 장점(노래 실력, 그림 그리기, 창의력 등)을 보고 개발시켜주자. 자녀를 관찰하고 격려해주며 아이가 너무 많은 부분에서 잘하려고 스스로를 괴롭히지 않도록 해주고 재능을 현실적으로 판단하며 자녀가 가진 능력과 기질이 성장해나갈 수 있도록 도와주자.

2단계 : 신속한 대처

자녀의 걱정을 덜어주자. 자녀의 일정표를 확인해보자. 쉬는 시간이나 노는 시간이 들어 있는지를 보자. 혹시 줄이거나 그만둘 수 있는 활동이 있는지를 보자.

● 자녀의 짐을 덜어주자. 자녀의 일정표를 확인해보자. 쉬는 시간이나 노는 시간이 들어 있는 지를 보고, 혹시 줄이거나 그만둘 수 있는 활동이 있는지를 보자.

- **시간을 정해두게 하자.** 아이가 몇 시간 동안 글짓기를 하며 아주 잘쓰고 있지만 아직 완성하지는 못했다고 하자. 그렇다면 특정한 활동에 대한 시간제한을 두도록 해주자.

- **즐길 시간이 있는지를 확인하자.** 웃으며 하늘을 볼 수 있는 시간을 갖도록 해주자. 숙제는 언제든 시작하면 끝낼 수 있는 거라고 가르치고 평범하게 일상을 즐길 수 있도록 허락해주자.

- **스트레스를 푸는 방법을 알려주자.** 숨을 크게 쉬거나 좋은 음악 듣기, 산책하기, 소파에 누워 쉬면서 긴장 풀기 등의 방법을 알려주자. 적어도 몇 분간이라도 안정을 취하도록 해주자.

- **아이를 자랑하고 다니지 말자.** 아이는 부모가 자신을 자랑스러워한다는 걸 안다. 하지만 항상 아이를 자랑하고 다녀서는 안 된다. 축구를 하는 운동장이나 음악회에서는 괜찮지만 집에 오면 자랑을 멈추도록 하자. 아이가 보지 못한 아이의 다른 장기를 발견하도록 격려하고 있는지, 자부심을 키워주기 위해 잘난 척하는 아이의 태도를 북돋우는 건 아닌지 생각해보자.

- **실망감을 조절할 수 있도록 도와주자.** 완벽주의자들의 내면은 자멸감이다. "난 절대로 잘할 수 없어." "망칠 줄 알았어." 비판을 줄이고 긍정적인 말을 하도록 하자. "누구나 실수는 할 수 있어" "최선을 다하면 돼" "다음에 또 도전하면 돼"와 같은 사실적인 말을 하도록 하자.

3단계 : 변화를 위한 습관

- **책을 읽자.** 완벽주의의 위험을 알려주는 좋은 책들을 찾아보자.

- **주문을 외자.** 실수가 패배를 의미하는 게 아니란 걸 알게 해주는 방법은 주문을 외는 것이다. 예를 들어 "실수는 다시 할 수 있다는 기회다!" "'할 수 있다, 할 수 없다'를 생각할 때마다 정말 그렇게 된다" "노력하지 않는 한 절대로 할 수 없다" 가운데 한 가지 문구를 고르게 한 뒤 반복해서 말하도록 시키자. 주문 문구를 프린트해서 냉장고에 붙여둘 수도 있다.

- **사실을 말해주자.** 완벽주의자 아이들은 만약 기대에 못 미치면 엄청난 일이 일어날 거라고 생각한다. 전부가 아니면 아무것도 아니라는 태도를 바꾸도록 해주자.

아이: 성적표에 우가 하나라도 있으면 대학 못 간대.

부모: 영빈이형은 어떻고? 미가 두 개나 있어도 갔잖아.

아이: 이번에 또 야구시합을 망치면 팀에 들어가지 못할 거야.

부모: 네 사촌은? 스트라이크를 제일 많이 맞았던 해에 홈런도 제일 많이 쳤다고 하더라.

아이: 연필을 드는 순간 공부했던 걸 다 까먹을 것 같아.

부모: 지금까지 그런 적이 한 번도 없었잖아? 이번에도 그러지 않을 거야.

나이별 육아법

3~6세 만 4~5세의 아이들은 유치원에 처음 가게 되면서 책임과 도전의 문제가 생기면 간혹 완벽주의 성향을 보일 수도 있다.

7~9세 지적능력과 감정이 발달되면서 단점을 발견하고 고민하기 시작한다. 너무 힘든 목표를 세운 건 아닌지를 지켜봐야 한다. 학령기 아동은 기대에 미치지 못하거나 다른 사람의 인정을 받지 못할 것을 걱정하며, 새로운 능력 개발이나 게임을 시도하는 걸 망설이거나 늘 미루는 사람이 될 수도 있다. 다른 사람뿐 아니라 자기 자신에 대해서도 매우 비판적일 수 있으므로, 친구들과 잘 지내는지를 확인해볼 필요가 있다. 가장 중요한 것은 부모의 인정이다.

10~13세 10대들은 외모와 키에 대해 걱정하게 된다. 식욕이상항진증, 거식증을 주의해야 한다('섭식장애' 참조). 여자아이들은 남자아이들보다 완벽해지려는 경향을 더 보인다. 숙제가 늘어나며 스트레스가 높아지는 시기다.

우 리 집 맞 춤 처 방 전

너무 심각하게 생각하지 않는 법을 배웠어요

우리집 딸은 완벽주의자에요. 그애는 자기 숙제를 빈틈없이 하느라 몇 시간을 보냅니다. 저는 왜 아이가 그렇게 모든 걸 완벽하게 하려는지 몰랐어요. 아이가 저에게 "엄마도 똑같이 하잖아"라고 말하기 전까지는 말이죠. 딸아이가 옳았어요. 제가 얼마나 모범을 보이지 못했는지를 알게 되었죠. 항상 완벽할 때까지 다시 하고, 고치게 하고, 무엇보다도, '넌 부족해'라는 메시지를 항상 아이에게 보내고 있었으니까요. 나는 모든 일을 가볍게 생각하기로 마음먹었고 즐거운 일을 하는 데 시간을 더 많이 들이기로 했습니다. 생각보단 어렵지만(딸아이와 저는 항상 기대 이상의 성과를 내야 하는 타입의 사람이니까요) 더 많이 웃게 되었고 너무 심각하게 생각하지 않는 법을 배우게 되었습니다. 그 후로 우리 둘은 더욱 친밀해졌답니다.

예측 불가 행동을 할 때

도와주세요

반항하는 아이의 적신호

부모의 간단한 요청을 끊임없이 거부한다.

권위를 의심하고 모든 일을 한계까지 밀어붙인다.

지나칠 정도로 예의가 없고 반항적이다.

부모가 해야 할 일은?

자신의 의견을 정중히 전달하는 방법과 부모자녀 간에 건전하게 소통하는 방식을 배울 수 있도록 도와준다.

모든 아이들이 때때로 부모에게 반항한다는 걸 알고 있습니다. 하지만 우리 아이가 정말로 반항하고 있는 건지, 아니면 호르몬 영향으로 여느 10대들처럼 행동하는 건지 잘 모르겠어요.

⚠️ 물론 아이들은 때때로 부모뿐만 아니라 선생님, 운동코치, 할머니의 말도 거역합니다. 아이들을 바로잡기 위해서는 단호한 표정으로 확실하게 꾸짖어야 합니다. 아이가 한계를 넘어 '반항의 영역'에 들어서고 있음을 알려주는 4가지 적신호가 있지요.

1. 공손하지 못한 태도. 반항적인 아이들은 기본을 넘어서는 무례한 행동을 보이며 예의 없이 군다.

2. 자기중심적이고 남의 감정을 무시하는 태도. '자신'의 욕구가 충족되기를 원하며 다른 사람의 요청을 받아들이는 것을(심지어 듣기만 하는 것도) 단호히 거부한다.

3. 통제하려는 태도. 부모에게서 권한을 빼앗아 밀어내고 자신이 책임자의 자리에 앉아 하고 싶은 것을 하고자 한다.

4. 가족의 평화를 깨는 태도. 가족들은 반항적인 아이 때문에 마치 살얼음판을 걷는 것 같고 마치 인질로 잡혀 있는 것 같은 기분이 든다.

왜 변해야 할까?

하루가 멀다하고 아이와 싸우는 데 지쳐가는가? 아이가 부모의 말을 듣게 하는 데 어려움이 있는가? 아이가 부모의 권위에 도전하면 어쩌나 걱정이 돼서 아이와 함께 외부활동을 하는 것도 망설여지는가? 부모에게 무례하게 말하는 아이에 대한 다른 사람들의 시선이 지겨운가? 이런 상황에 해당한다면 당신의 자녀는 분명 반항적이다. 물론 당신은 상황을 개선하고자 여러 양육법을 시도했을 테고 그 노력이 헛수고로 돌아갔을 수도 있다. 그런데 이런 고민은 당신 혼자만의 고민이 아니다. 아이의 반항적인 행동은 하루아침에 달라질 수 있는 것이 아니다. 이제는 과거에 시도했던 방법과는 다른 방향의 시도들을 해야 한다. 아이의 행동뿐만 아니라 부모 자신의 태도도 고치겠다는 의지를 가져야 한다. 아이가 자신의 욕구를 표현할 수 있는 건전한 대안을 함께 모색하면서 아이의 반항을 줄여가자. 그로써 부모자녀의 관계와 가족의 삶이 개선되고 아이는 사회적으로 성공을 이룰 수 있는 기회를 갖게 된다.

어떤 행동을 보일까?

우리 아이가 종종 다음과 같은 행동을 보이고 있는 건 아닌지 살펴보자.

- **완강함.** 엄청난 고집불통인데다 다른 사람의 관점은 전혀 고려하지 않는다.
- **불복종.** 일상적으로 해야 할 일과 심부름을 거부한다.
- **도전적.** 부모의 권위를 받아들이지 않고 오히려 부모의 권위에 회의를 품는다.
- **급한 성미.** 자주 화를 내고 흥분하며 소리를 지른다.
- **짜증.** 쉽게 짜증을 내고 굉장히 민감하며 과민반응을 보인다.
- **권위에 대한 문제제기.** 어른들과 싸우고 그 권위를 받아들이려 하지 않는다.
- **권력투쟁.** 한계상황을 만들고 모든 일을 싸움으로 만들고 이기려고 한다.
- **비난.** 자신의 실수나 비행에 대한 책임을 인정하지 않는다.
- **무례함.** 다른 사람을 업신여기고 무례하게 행동한다.

아이가 꾸준히 보이는 행동양식을 찾아내야 한다. 위에 열거된 행동을 계속 반복하고 있다면 육아법을 바꿔야 한다.

1단계 : 초기 개입

- ●세심하게 살펴본다. 반항적이고 무례한 태도를 용서해서는 안 된다. 그렇다고 해서 아이가 왜 그런 행동을 하는지에 대해 이해하는 노력을 하지 말라는 뜻은 아니다. 반항적인 태도를 보이는 데는 여러 가지 이유가 있는데, 다음은 가장 일반적인 것들이다. 우리 아이에게 해당되는 것이 있는지 점검해보자.

☐ 잘못된 훈육. 아이들을 너무 심하게 훈육하여 아이가 반항적으로 변한 것은 아닐까? 반대로, 뭐든 쉽게 허용해줘서 아이가 계속 반항적인 태도를 보이는 것은 아닌가? 혹은 일관성 없는 훈육으로 부모의 기대가 무엇인지 아이가 모르는 것은 아닐까?

☐ 틀어진 관계. 아이가 부모 가운데 어느 한쪽과 마찰을 일으키고 있는 건 아닌가? 부모와 보내는 시간이 부족한 건 아닌가? 부모에게 사랑받고 있다는 느낌을 갖지 못하는 건 아닌가?

☐ 분노와 질투. 부모와 다른 형제자매, 또래, 혹은 다른 어른과의 관계에 질투를 느끼는 건 아닐까?

☐ 부족한 느낌. 아이의 자부심이 낮고 뭔가 부족하다는 느낌을 갖고 있는 건 아닌가? '나는 부족하다'는 감정을 가지고 있고 이에 대해 보상을 받으려고 하는 건 아닌가?

☐ 격정적인 기질. 아이가 자신의 분노를 조절하는 데 어려움을 겪는 건 아닌가? 쉽게 폭발하는 기질이 있는가? 항상 다루기 힘든 아이였는가?

☐ 끊임없는 긴장과 스트레스. 아이가 학업, 사회, 혹은 운동에서 반드시 성공

해야 한다는 압박감을 받고 있는 건 아닌가? 집안에 큰 목표를 달성하기 위한 경쟁이 존재하는가? 아이의 일과가 너무 꽉 차 있어 쉴 틈이 없는 건 아닌가?

□ **학습장애.** 아이가 학업장애 또는 집중력 부족으로 들은 것을 이해하는 데 어려움을 겪고 있는 건 아닌가?

□ **우울증.** 반항적인 태도를 야기하는 정신적인 문제, 즉 우울증이나 외상후스트레스장애를 갖고 있는 건 아닌가?

□ **지나친 기대.** 부모의 기대가 비현실적이고 불공평한 건 아닌가? 아이의 성장단계에서 볼 때 아이에 대한 기대감이 적합한가?

□ **알코올 또는 약물 중독.** 아이의 손위형제가 술 혹은 약에 빠져 있는 건 아닌가?

□ **학대.** 아이가 부당한 대우를 받고 있는 건 아닌가? 현재 혹은 과거에 언어적·신체적 학대를 받은 건 아닌가?

□ **관대한 가족 분위기.** 아이가 무의식적으로 혹은 직접적으로 규칙이나 한계를 요구하는 건 아닌가? 부모가 가장으로서, 책임자로서 권위를 갖기를 아이가 바라는 건 아닌가?

□ **흉내.** 아이가 다른 사람의 행동을 따라하고 있는 건 아닌가?

● **다른 어른들과 만나본다.** 조부모, 베이비시터, 선생님, 운동코치와 같이 아이를 소중히 여기는 사람들에게서 조언을 얻자. 아이가 반항적인 행동을 보이는 것에 대해 그들의 의견은 어떤가? 아이가 다른 사람들과 교류할 때를 잘 살펴보자. 누구에게 반항적인 태도를 취하고 누구에게는 그렇지 않은가? 그 어른들이 아이에게 자신의 요구를 어떻게 전달하고 반응하는지도 살펴보자. 새로운 대응법으로 배울 수 있는 교훈이 있는지 찾아보자.

● 반항심을 일으키는 요인을 찾는다. 아이가 부모가 요구하는 '모든 일'을 거부하는지, 아니면 일부만을 거부하는지 알아보려면 종이를 반으로 접어 2개의 목록을 만든다. 한쪽에는 자주 집안을 전쟁터로 만드는 문제들을 적는다. 예를 들어 숙제, 심부름, 귀가시간, 텔레비전 시청 문제들이 있다. 다른 쪽에는 때때로 따르거나, 혹은 논쟁이 그나마 적은 문제들을 적어본다. 축구하러 가기, 함께 저녁식사 하기, 강아지 사료 주기 등이 해당될 수 있다. 아이들은 즐겁거나 덜 위협적으로 느껴지는 것, 혹은 자신이 해낼 수 있다고 느끼는 것들에는 순순히 따르려 한다. 아이에게서 일정한 패턴이 보이는지 살펴보자.

● 골라서 싸우기. 반항적인 아이들은 무슨 일이든 그것을 권력투쟁으로 바꾼다. 부모로서 중요하다고 느끼는 문제(예컨대 학교, 숙제, 욕설 등)가 무엇인지, 그다지 중요하지 않으므로 넘길 수 있는 문제(예컨대 채소 먹기, 스스로 침대 정리하기 등)는 무엇인지 잘 선택해야 한다. 심각한 마찰을 일으키는 문제를 적은 목록에서 제외할 수 있는 것이 있는지, 아이에게 순응하도록 요구하는 부모의 방법 때문에 마찰이 일어나는 것이 있는지를 살펴보자. 부모의 첫 번째 목표는 아이가 반항을 줄이고 부모의 말을 잘 따르도록 만드는 일이다. 이를 달성하기 위한 방법은 싸움거리를 현명하게 골라서 아이에 대한 통제를 조금씩 줄여가는 것이다. 많은 행동을 한 번에 바꾸고자 노력하기보다는 중요한 몇 가지에 집중해서 지도하자.

● '존중'의 예를 보여준다. 부모를 통해 반항적인 태도를 배울 수도 있다. 예를 들어 찾아보자.

☐ 부모가 다른 친구들과의 관계에서 자기 방식대로 밀어붙이고 있지 않은가?

☐ 부모가 가족의 요청을 거부하거나 문제를 해결하기 위한 협상을 거절하지는

않는가?

☐ 부모가 예외 없이 가정의 규칙이 엄격하게 지켜지기를 요구하고 있지는 않은가?

☐ 배우자와의 갈등을 겪고 있지는 않은가?

☐ 부모가 지나치게 요구가 많고 지배적이지 않은가?

☐ 부모가 싸우는 모습을 자주 보게 되는 건 아닌가? 싸움을 무시하는가? 그 자리를 떠나거나 집 밖으로 나가기도 하는가?

요점: 부모를 보고 따라할 수 있는 선례를 아이에게 보여주고 있는 건 아닐까? 아이들이 다른 사람을 잘 모방한다는 사실을 기억하자.

●현재의 대응방식을 점검해본다. 반항적인 아이에게 어떻게 대응하고 있는가? 솔직히 대답해보도록 하자.

☐ 아이에게 어떤 방법으로 요구하고 있는가? 차분하고 정중한 말투로 이야기하는가? 혹은 소리를 지르거나 꾸짖고 협박하는가?

☐ 아이를 정중히 대하는가? 혹은 막 대하는가? 혹은 빈정대는 태도를 취하는가?

☐ 어떤 제스처를 취하는가? 시선을 피하거나 어깨를 움츠리거나 히죽거리는가? 혹은 예의 있게 기다리는가?

☐ 아이에게 무조건 순응하라고 요구하는가? 혹은 아이의 요청을 귀담아 들

는가?

☐ 아이가 부모의 평가에 동의하는가?

☐ 가장 최근에 있었던 갈등을 생각해보자. 그로 인한 결과를 막기 위해 부모가 할 수 있었던 일이 있었는가? 만약 그렇다면 어떻게 적용할 수 있을까?

2단계 : 신속한 대처

- **긴장감 줄이기.** 아이가 다시 반항할 때 부모가 해야 할 가장 중요한 일은 스스로 평정을 유지하는 것이다. 부모가 소리치고 화를 내면 당연히 아이와의 싸움은 격해질 수밖에 없다.

- **정중한 태도로 기대하는 바를 전한다.** 부모와 아이 모두 차분해지면 아이에게 부모 말을 따라주길 기대한다고 일러준다. 그 뜻이 명확히 전달될 수 있도록 말하자. 예를 들어보자. "만약 엄마가 진지하게 보이거나 '엄마는 심각해'라고 말하면 그건 진심으로 하는 말이야." 그러고 나서 부모의 '진지한 말투'가 무엇인지를 예를 들어 보여주자. 그리고 부모의 요구에 따르지 않는다면 그에 상응하는 결과가 있으리라는 점도 알려주자.

- **아이에게 힘을 준다.** 반항하는 아이는 항상 통제권을 원한다. 그러므로 부모의 새로운 기대를 설명할 때 어떤 벌을 정할 수 있는지에 대해 아이의 의견을 들어주자. 아이의 제안에 동의할 필요는 없다. 이는 단지 아이를 과정에 참여시키는 방법일 뿐이다.

- **말싸움을 줄인다.** 반항적인 아이들은 끊임없이 부모를 한계까지 밀어붙인다. 아이들은 아주 사소한 것을 끄집어내 '제3차 세계대전'의 수준까지 싸움을 일으킬 수 있다. 그러므로 말싸움을 줄일 수 있는 방법을 찾아야 한다.

☐ **여유를 두고 경고하기.** 즉시 다른 일을 하는 걸 어려워하는 아이들이 있다. 시간을 정하거나 여유시간을 주도록 하자. "3분 후에 네 도움이 필요하단다." "2분 정도 후에 너와 이야기를 하고 싶구나."

☐ **선택안 주기.** 아이에게 약간의 재량을 주는 것이 반항을 줄일 수 있다. "오늘 내로 이 심부름을 끝냈으면 좋겠구나. 저녁 먹기 전에 하고 싶니, 아니면 먹고 나서 하고 싶니?" 이때 부모가 받아들일 수 있는 범위 내에서 선택안을 주면 된다.

☐ **타협하기.** "지금 당장 숙제를 해야 하는데 축구연습만 하고 있구나. 30분 후에 숙제를 하겠니?" 부모 판단에 올바르지 않다고 생각되는 것을 타협안으로 내놓을 때는 허락하지 말라.

☐ **'고장난 라디오'처럼 반복해서 말하기.** 아이에게 왜 부모의 말을 따라주길 원하는지 말한 다음 부모의 입장을 설명해준다. "아빠 친구가 5분 후에 온단다. 지금 문 앞에서 기다려야 해." 아이가 논쟁하려 할 때마다 부모의 요구를 또박

또박 반복해서 말해주자. 논쟁에 휘말리지 말고 계속해서 같은 말을 반복하면 된다.

☐ **속삭이기.** 언성을 높이는 대신 오히려 낮추려고 노력한다. 소리지르는 것만큼 반항적인 아이를 자극하는 것은 없다. 오히려 반대로 더 부드럽게 이야기하자. 논쟁하기를 거부하는 사람과 싸우기는 힘든 일이다.

☐ **관심없다는 의도를 표현하기.** 싸움에 대한 가장 좋은 대안은 관심이 없다는 의사를 몸짓으로 표현하는 것이다. 이는 문제를 냉정히 유지하며 감정의 표현을 제한하는 차분한 메시지가 된다.

☐ **유머 사용하기.** 비꼬지 말자. 약간의 유머라면 상황을 진정시키는 데 도움이 될 것이다. 단, 아이에 대한 유머가 아닌, 부모나 상황에 대한 농담을 해야 한다. 반항적인 아이들은 지나치게 민감해서 자신을 빗댄 농담은 참지 못해도 다른 사람에 대한 농담에는 웃을 수 있을 것이다.

● **타당한 변명은 허락한다.** 부모의 요청을 따르지 않는 정당한 이유가 있을 수도 있다. 그러므로 아이의 말에 귀를 기울이자. "만약 엄마가 요구한 걸 할 수 없는 정당한 이유가 있다면 정중한 태도로 엄마에게 말하렴"이라고 이야기할 수 있다.

● **동의하기를 기대하고 물러서지 않는다.** 아이가 끝까지 부모의 말을 거부하고 있다면 어떻게 해야 할까? 우선 침착할 태도를 유지할 수 있도록 심호흡을 깊이 하라. 그리고 절제되고 단호한 목소리로 부모가 하는 말의 요점이 무엇이며 더 이상의 타협은 없음을 일러둔다(주의: 아이에게 애원하거나 싸우거나 달래선 안 된다. 아이는 부모를 이기기 위해 싸움, 말 돌리기, '불공평'함 따지기 등 많은 묘책을 사용할 것이다).

● **행동에 상응하는 벌을 준다.** 아이에게 무엇을 기대하는지 확실히 말했는데도 여전히 반항하고 있다면 이젠 벌을 줘야 할 때다. 효과적으로 벌을 주려면 명확하고 구체적인 시간을 정해야 한다. 그리고 불쾌한 행동과 관련되고 아이의 기질과 연령에 맞는 벌이어야 한다. 또한 그 벌은 아이에게 어느 정도의 고통을 주는 것이어야 하는데, 아이가 벌을 받아서 힘들어만 하는 것이 아니라 자기 행동을 바꾸는 편이 낫겠다고 생각하도록 만들어야 한다. 아이는 부모가 진지하다는 사실을 깨달아야 한다.

☐ **타임아웃.** '타임아웃'은 일반적으로 만 8세까지의 아이들에게 적절하다. 이는 즉시 행동을 멈추고 일정시간 동안 조용히 앉아 자신의 행동을 생각하게 하는 방법이다. 시간은 아이의 나이에 따라 정하면 된다(예컨대 만 5세는 5분, 만 8세는 8분). 또한 아이의 기질, 성격, 잘못의 정도에 따라 시간을 조절하자. 어떤 아이에게 그 벌은 견딜 수 없을 정도로 잔인한 것이 될 수 있다. 하지만 또 다른 아이에게는 '재미'있지는 않으나 별일이 아닐 수도 있다. 아이가 '타임아웃'을 마치면 부모의 요구에 따라야 한다는 것을 확실히 해둬야 한다.

☐ **특권박탈.** 만약 잘못의 정도가 심하거나 반항이 계속된다면 텔레비전 시청, 비디오게임, 휴대전화 사용과 같은 특권을 아이에게서 뺏을 수 있다. 혹은 정해진 시간 동안 아이가 좋아하는 스케이트보드, 자전거, 가족 공용 장소 등을 사용하지 못하도록 할 수도 있다. 단, 부모가 통제할 수 있는 것을 선택해야 한다.

☐ **외출금지.** 학교나 종교 활동을 제외하고는 일정한 기간 동안 집에만 있게 하는 방법이다. 아이가 어리다면 몇 시간, 나이가 많다면 하루이틀 정도의 시간을 정할 수 있다. 교육과 종교 관련 행사를 제외한 사회활동은 모두 금해야 한다. 이 벌은 사전에 경고해둔 것이어야 하고 아이가 계속 의도적으로

반항할 경우에만 사용해야 한다.

☐ 다른 사람에게 봉사하기. 어른의 관리 없이도 아이가 할 수 있는 봉사활동을 찾아 일정기간 동안 하게 한다. 무료급식소에서 일하거나 불우한 아이들을 돕거나 다른 아이들을 가르치는 일을 할 수 있다. 반항적인 아이들은 자신의 필요를 가장 먼저 생각하기 때문에 다른 사람을 위해 무언가를 하도록 요구하는 것은 의미 있는 벌이 될 수 있다.

> **육아 119**
>
> 반항적인 아이는 부모를 지치게 만든다. 부모가 소리치거나 싸우거나 혹은 화난 것처럼 보이는 순간 갈등은 치솟게 된다. 아이와의 긴장된 관계 속에서 자신을 진정시킬 수 있는 간단한 방법을 찾아보자. 모든 상황이 저마다 다르겠지만 도움이 되는 몇 가지 방법을 예로 들어보자. 크게 심호흡하기, 평온한 장소를 떠올리기, 자신에게 '진정하자'라고 말하기, 물 한잔 마시기, 양해를 구하고 잠시 다른 방에 가 있기, 기도하기, 화장실에 들어가 있기. 자신에게 효과적인 방법을 찾아 필요한 때에 적절히 사용할 수 있도록 하자.

● 도움 받기. 위에 나온 방법들을 시도해보고 대응방식도 바꿨지만 아이가 계속 심하게 반항한다면 더 이상 기다리지 말고 소아청소년정신과 전문의의 도움을 받도록 하자. 다른 무언가가 이런 행동을 일으키고 있을지도 모르기 때문이다. 부모는 그 진짜 원인이 무엇인지를 알아낼 의무가 있다. 양육방법을 바꾸는 데 도움을 주는 심리상담사를 찾을 수도 있다.

3단계 : 변화를 위한 습관

● 부모가 원하는 행동에 집중하기. 만약 오랜 기간 아이의 반항이 계속되었다면 이는 부모가 지금까지 아이의 행동 이외의 것에 관심을 두었다는 의미가 될 수 있다. 아이와 관계가 안 좋은 시간이 하루 가운데 얼마나 되는지 자문해보자. 대부분 부모들은 적어도 75%의 시간이 그렇다고 한다. 따라서 아이가 칭찬받을 수 있는 상황을 일부러 만들어야 할 수도 있다. 아이는 그 행동이 좋든 나쁘든 연습을 통해 배우는데, 지금 당신의 아이는 반항적인 행동만을 연습하

고 있을지도 모른다. 부모에게 반응하는 다른 방법들을 찾게 해주고 아이가 올바르게 행동하는 즉시 아이의 긍정적인 행동에 대해 칭찬해줘야 한다.

● '황금률' 질문에 대답하기. "남에게 대접받고 싶은 대로 남을 대하라"는 황금률(그리스도교의 근본 원리-옮긴이)을 강조하자. 자신이 공손하게 행동하고 있는지 알 수 있는 가장 간단한 방법은 행동하기 전에 "다른 사람이 똑같은 방법으로 나를 대하길 원하는가?"라고 자문해보도록 하는 것이다. 아이가 질문의 의미를 이해했다면 이후로 공손하지 못한 태도를 보일 때마다 "황금률에 따라 행동하고 있니?"라고 물어볼 수 있다. 이는 아이가 자신의 행동이 다른 사람의 감정에 끼칠 결과를 생각하게 하는 데 도움이 된다.

● 새로운 규칙 만들기. 가족 모두의 동의 아래 '존중 법칙'을 만드는 가족들이 많다. 아이들도 이 규칙을 결정하는 데 의견을 낼 수 있는데, 이는 '혼자'만의 규칙이 아니라 '모두'의 규칙이 된다(이런 변화는 규칙을 순조롭게 실행할 수 있게 한다). 함께 생각을 모아보자. 종이에 모든 의견을 적고 민주적인 절차와 투표로 '가족 헌법'을 만들 수 있다. 규칙의 예를 들어보자.

허락 없이 다른 사람의 물건을 쓰지 않는다. 다른 사람의 말에 귀를 기울인다.

다른 사람의 비밀을 누설하지 않는다.

다른 사람에게 대접받고 싶은 대로 남을 대한다.

서로를 배려한다.

차분하고 듣기 좋은 목소리로 말한다.

다른 사람의 기분을 북돋워주는 이야기를 해준다.

다른 사람의 사생활을 존중한다.

최종 의견을 도표로 만들어 가족들의 서명을 받은 후 모두가 기억할 수 있도록 붙여두자.

나이별 육아법

7~9세 이 시기 아이들은 자신의 한계와 부모의 규칙을 시험하며 현실적인 기대치를 유지한다. 반항의 가장 흔한 형태는 투정과 짜증이다. 아이는 감정을 언어로 표현하는 데 한계가 있는데, 자신이 지금 강력하게 느끼는 감정을 표현하는 것 역시 어려워한다. 아이에게서 "엄마 싫어" "엄마는 세상에서 제일 나빠"라는 말을 듣게 되더라도 감정적으로 받아들이지 말고 감정을 올바르게 표현하는 방법을 가르쳐주자. "화가 난 건 알지만 그런 행동은 엄마에게 상처를 준단다. 대신 무엇 때문에 화가 났는지 엄마에게 이야기해주렴."

10~13세 이 시기에는 깔보기, 욕하기와 같은 행동이 늘어난다. 아이는 친구들에게서 들은 말들을 집에서 흉내내려 할 수도 있다. 이런 부정적인 말은 집안 분위기를 망치므로 절대 허락해선 안 된다. 아이가 통제하기 힘든 나이가 되기 전에 반항적인 행동을 멈추게 해야 한다. 배우자와 협력하여 부모가 일관된 행동을 보인다.

10~13세 우울증, 불면증, 또래 흉내, 스트레스 등이 반항을 일으킬 수 있다. 호르몬이 영향을 끼치고 감정의 변화가 심해지며 그로 인해 행동이 바뀐다. 시선 피하기, 어깨 움츠리기, 히죽거리기, 그 외에 또 다른 몸짓을 하거나 반항적인 메시지를 보낼 수 있다. 또래압력과 그 안에 소속되려는 욕구가 늘어나고 다른 아이들이 하듯이 논쟁을 하며 부모를 한계로 몰아붙이기도 한다.

비결은 입씨름에 휘말리지 않는 거예요!

우리집 열두 살짜리 아이와는 사소한 일도 큰 싸움으로 번지게 돼요. 아이는 모든 상황을 자신이 통제하려고 하죠. 저도 화가 나서 소리를 지르지만 그렇게 하면 결국은 아이가 원하는 대로 되더라구요. 그래서 저는 몇 가지 문장을 생각해냈습니다. 그 문장을 차분한 목소리로 전달하고 아이가 저를 밀어낼 때마다 그 문장을 계속 반복했죠. "미안하지만 원래 그런 거야." "이해는 하지만 이게 규칙이란다." "좋아. 하지만 지금 당장 시작하는 게 좋을 거야." 비결이라 하면, 함께 힘겨루기식 입씨름에 휘말리지 않는 것이죠. 아이가 "엄마 무슨 일 있어? 예전이랑 달라"라고 말하는 순간 제 행동이 적확했다는 걸 깨달았습니다. 달라진 점은 제가 물러서거나 소리지르지 않게 되었다는 거예요. 그로써 아이는 절 이길 수 없게 되었답니다.

도와주세요

말대꾸 하는 아이의 적신호

다른 사람이 뭔가를 요청할 때 무례하고 굴고 잘난 척한다.

예의 없는 말, 말투, 손짓을 사용한다.

부모가 해야 할 일은?

아이의 말대꾸와 무례한 태도를 꾸짖고 자신의 고민이나 요구사항을 정중하고 적절한 방법으로 말할 수 있는 방법을 가르쳐준다.

딸아이가 어느 순간부터 잘난 척하면서 대답하는 태도를 보이기 시작했어요. 딸이 그런 식으로 저에게 대드는 모습을 다른 사람이 본다면 너무 창피할 것 같아요. 아이의 말대꾸를 멈추게 할 수 있는 좋은 방법이 없을까요?

⚠️ 말대답하는 습관을 없애는 가장 빠른 방법은 아이가 다시는 말대답을 하지 못하도록 하는 것입니다. 침착한 목소리로 "예의바른 말투를 사용하도록 하자"라고 일러둬야 합니다. 그런데도 아이가 공손한 말투로 이야기하지 않으면 아이의 말에 반응하지 말아야 합니다. 그런 경우 방을 나가야 할 때도 있어요. 결코 물러서거나 타협해서는 안 됩니다. 이런 반응을 한 번으로 그쳐서는 안 되고 아이가 무례한 말투를 쓸 때마다 강경한 태도를 보여줘야 합니다. 부모의 반응은 반드시 항상 똑같아야 합니다. 아이가 부모에게 뭔가 중요한 이야기를 하려고 하거나 절박하게 부모의 도움을 필요로 할 때도 이는 똑같이 적용되어야 해요.

아이에게 무례한 말대꾸를 하는 것은 용서할 수 없는 일이며 더 이상 마음대로 할 수 있게 내버려두지 않을 것임을 단단히 일러둬야 합니다. 아이의 연령이 많든 적든 말입니다.

왜 변해야 할까?

이런 경우를 생각해보자. 부모가 아이에게 정중히 "예준아, 4시까지는 집에 돌아와야 한다는 걸 기억하렴"이라고 말한다. 그러자 귀여운 아이는 무례한 말투로 "말도 안 되는 소리!"라고 대답한다. 또 다른 경우를 떠올려보자. 부모가 아이에게 침착한 목소리로 "네 침대를 정리할래?"라고 물었더니 귀한 자식은 글쎄 "엄마 혼자 하세요"라고 대답한다. 혹시 이런 대답들에 익숙한가?

아이들의 건방진 말대꾸는 점점 흔해지고 있으며 이런 행동은 모든 어른들을 불편하게 만든다. 어른들의 반응은 당연한 거다. 아이의 말대꾸는 약 만 4세부터 시작되는데, 만약 부모가 아이의 말대꾸를 계속 봐준다면 그로 인한 부정적인 결과는 순식간에 커져버릴 것이다. 어떤 선생님도, 운동코치, 스카우트 대장, 혹은 다른 아이의 부모라도 무례한 아이의 태도를 달가워하지 않을 것이다.

다행히도 아이의 칭얼거림, 말대꾸, 무례한 태도 등은 나쁜 태도 가운데서도 가장 쉽게 고칠 수 있는 것들이다. 《차일드》(*Child*)에 나온 조사결과에 따르면 성인 2,000명 가운데 단 12%만이 요즘 아이들이 다른 사람을 대할 때 정중한 태도를 보인다고 대답했다. 사람들 대부분은 요즘 아이들이 '버릇없고' '무책임하며' '훈육이 부족하다'고 말한다. 부모들은 하루라도 빨리 아이들의 잘못된 행동을 뿌리 뽑아야 한다.

어떤 행동을 보일까?

여기에서 말대꾸는 버릇없고 건방지고 잘난 척하고 무례한 말투로 하는 모든 말을 뜻한다. 몇 번 정도의 말대꾸는 어떤 아이에게나 정상적인 것이다. 하지만 이를 개선하기 위해 좀더 강력한 양육태도를 갖춰야 할 때도 있는데, 그것은 아이가 다음 5가지 행동을 보일 때다.

1. 부모의 간단한 요청에 계속 말대꾸를 한다.
2. 말대꾸의 빈도와 강도가 증가한다.
3. 아이의 말대꾸가 가족 간의 말투 혹은 부모자녀 간의 관계를 망치고 있다.
4. 다른 아이들 혹은 어른들이 자녀의 무례한 행동에 대해 불평을 하거나 우려를 한다.
5. 자녀가 집 밖에서 다른 아이들과 함께 어른에게 무례하게 말대꾸를 한다.

1단계 : 초기 개입

- **원인을 알아낸다.** 말대꾸가 심해지는 걸 막는 첫 번째 단계는 아이의 무례한 행동을 일으키는 원인을 찾는 것이다. 아이가 말대꾸를 하게 되는 일반적인 원인은 다음과 같다. 자신의 자녀에게 해당되는 것이 있는지 점검해보자.

- ☐ 다른 아이의 행동, 텔레비전이나 영화, 부모의 행동을 따라한다.
- ☐ 주의를 끌려고 한다.
- ☐ 인정받지 못하고 있다고 생각한다.
- ☐ 한계를 시험한다.
- ☐ 자신의 독립심을 입증하고자 하거나 자신이 다 컸다고 생각한다.
- ☐ 주도권을 쥐려고 한다.
- ☐ 다른 아이들 사이에 끼려 하거나 주변 아이들의 인정을 받으려 한다.
- ☐ 화를 내거나 좌절감을 느낀다.

- **부모 자신의 행동을 점검한다.** 혹시 본인이나 배우자, 아이의 손위 형제자매 등의 버릇없는 말투나 비꼬는 말투를 아이가 따라하는 것은 아닌지 점검해보자. 만약 그렇다면 자신의 행동을 개선함으로써 아이에게 예의바른 태도의 모범이 되어야 한다. 또한 다른 가족들도 예의바른 행동을 하도록 요구해야 한다.

- **존중하는 태도를 기대한다.** 아이에게 새로운 대화의 규칙을 알려주자.
  "가족은 서로를 돕고 격려하는 거야."

"네 친구 영은이는 엄마한테 그런 식으로 말할 수 있을지 모르겠지만 넌 엄마에게 그런 버릇없는 태도로 말할 수 없어."

"네 친구들 이야기를 들었지만 넌 이 집에 살고 있고 우리는 우리만의 규칙을 가지고 있단다."

"엄마(아빠)가 이야기할 때 넌 딴 데를 쳐다보는구나. 그건 버릇없는 행동이니까 앞으로 하지 않도록 하렴."

"엄마(아빠)가 말할 때 '열 내지마!'라고 대꾸하는 건 절대 용납할 수 없어. 그런 식으로 말해선 안 돼."

이런 메시지를 전달할 때 주의해야 할 점은 아이의 성격이 아니라 그 행동에 대해서만 언급해야 한다는 것이다.

● 텔레비전 시청을 감독한다. 시트콤과 리얼리티쇼들은 말대꾸와 비꼬는 말투로 가득하다. 아이들은 텔레비전을 보고 곧장 그런 말들을 따라하게 된다. 따라서 부모는 텔레비전 시청 지침을 확실히 세워둬야 한다. 아이들에게 시청이 허락되는 프로그램들은 무엇이고 안 되는 것은 무엇인지를 알려준다. 그리고 텔레비전에서 나오는 말들이 허용되지 않는 것이라면 텔레비전을 끄고 왜 시청을 반대하는지 그 이유를 알려주자.

● 인격을 강조한다. 일상에서 동정심, 존경심, 예의의 미덕을 강조하고 왜 엄마아빠가 그런 미덕들을 좋게 생각하는지 그 이유를 끊임없이 말해주자. 부모가 지지하는 가족의 가치를 강조하고 왜 엄마아빠가 말대꾸와 버릇없는 말투를 허락하지 않는지 잘 이해할 수 있도록 알려주자.

육아 119

멈춘 후 다시 시작하기

아이가 말대꾸를 하는 즉시 "그만. 예의바른 목소리로 이야기하기 전까지 움직이지 않는 거야" 혹은 "네가 정중히 요청할 때 다시 듣도록 할게"라고 말하자. 그리고 귀를 막은 후 다른 곳으로 이동하자. 이때 다른 어떤 제스처도 취하지 말라(예컨대 한숨 쉬기, 시선 돌리기, 어깨 움츠리기, 화난 얼굴 하기 등). 이는 아이가 부모에게 예의바르게 행동할 때까지, 부모가 아이를 '예의 있게 무시하는' 것이다. 아이는 부모가 물러서지 않으리라는 점을 알게 되면 버릇없는 행동을 그만둘 것이다.

- **가능한 한 빨리 개입한다.** 말대꾸는 주로 어릴 때 시작되고 아이가 말을 점점 잘하게 되고 자신감을 얻으면서 그 정도가 심해진다. 아이의 나이에 상관없이 아이가 버릇없는 말투나 단어를 사용하면 그 즉시 그 행동을 지적하자. 차분하고 확고한 '선생님' 말투를 사용해서 아이의 어떤 말과 행동이 용납될 수 없는지를 알려준다.

"그 말투는 무례하구나."

"엄마(아빠)에게 '조용히 해'라고 말하는 건 결코 허락할 수 없어."

"그만. 엄마(아빠)가 아무것도 모른다고 하는 건 무례한 말이야. 네가 올바른 태도로 말할 때 다시 이야기하자."

"엄마(아빠)는 그런 버릇없는 말은 듣지 않겠어. 만약 엄마(아빠)와 대화하고 싶다면 존중하는 태도로 이야기하렴. 엄마(아빠)는 다른 방에 가 있을게."

"네가 히죽히죽 웃으면서 딴 데를 보지 않을 때, 예의바르게 들을 준비가 됐을 때 다시 이야기하자."

- **침착함을 유지한다.** 예의 없는 행동에 대한 가장 좋은 대처법은 침착함을 유지하는 것이다. 아이에게 소리를 지르거나 화를 내면 이야기의 초점은 아이의 부적절한 행동에서 부모의 분노로 옮겨진다. 그리고 이것은 누가 주도권을 쥐느냐의 문제로 바뀔 것이다. 아이에게 화를 낸 것은 아이가 원하는 관심과 반응만을 제공할 뿐이다.

- **일관성을 유지한다.** 부모의 목표는 말대꾸는 용납되지 않는다는 점을 아이에게 인지시키는 것이다.

- **감정적으로 받아들이지 않는다.** 일반적으로 아이들은 자신의 말을 계획해서 하지는 않는다. 다시 말해 아이가 사용하는 말은 부모의 말에 자동적으로 튀

어나온 것일 뿐이다. 어쩌면 그것은 부모의 요구에 대해 자신의 정직하고 강한 느낌을 표현하는 것이다. 그러므로 긴장을 풀고 아이들의 발언을 감정적으로 받아들이지 않도록 하자.

● 다른 사람들을 참여시킨다. 배우자, 베이비시터, 혹은 할머니 등 아이를 아끼는 사람들에게 그들도 아이가 말대꾸하는 것을 듣게 될 수 있음을 알려주자. 그리고 부모의 계획을 알려준 후 아이의 말대꾸가 심해지기 전에 함께 문제를 해결하도록 하자.

3단계 : 변화를 위한 습관

● 버릇없는 행동에 대한 결과를 확실히 알려둔다. 만약 아이가 말대꾸를 계속하거나 아이의 버릇없는 행동이 심해지면 좀더 확실한 방법을 사용할 때가 온 것이다. 자신의 버릇없는 행동이 용납되지 않는다는 사실을 인지하도록 하는 4가지 방법이 있다.

1.사과를 요구한다. 상처 주는 행동을 한 것에 대해 사과를 요구한다. 어린 아이라면 사과하는 모습을 그림으로 표현하게 할 수 있고 그보다 연령이 높은 아이에게는 자신이 상처를 준 것에 대한 사과의 글이나 말을 하게 할 수 있다. 혹은 사과의 뜻에서 꽃 선물하기, 상처받은 사람을 위해 심부름 같은 작은 일을 해주기 등도 좋은 방법이다.

2. 친구를 돌려보낸다. 만약 아이가 친구 앞에서 부모에게 말대꾸를 하면 '예의 바르게 말하지 않으면 놀 수 없다'는 규칙을 설명해주라. 그리고 잠시 두 아이를 분리시킨다. 그래도 아이가 계속 말대꾸를 하면 친구를 집으로 돌려보내야 한다.

부모가 '말대꾸 금지' 규칙을 꾸준히 지킨다면 2주 혹은 3주 안에 아이들의 말대꾸가 줄어듦을 확인할 수 있을 것이다. 만약 상황이 나아지지 않고 다른 어른들에게까지 계속 말대꾸를 하고 반항적인 태도를 보인다면 그런 행동을 유발하는 다른 원인을 살펴봐야 한다. 다시 말해 문제 행동의 원인이 무엇인지를 더 깊이 알아볼 필요가 있다. 아이를 잘 아는 다른 사람들과 이야기를 하며 조언을 구해보자.

3. '권리 포스터'를 사용한다. 효과가 있는 방법들이 아이에게 불편할 수도 있다는 건 어쩔 수 없는 일이다. 아이가 정말 좋아하는 사진이나 그림, 휴대전화, 텔레비전, 간식, 자전거, MP3 등 부모가 통제할 수 있는 것이 무엇인지 살펴보자. 그리고 아이가 말대꾸를 할 때마다 더 좋아하는 순위로 올라가며 차례로 그 물건에 대한 권리를 잃게 될 것임을 알려준다.

4. 가족활동에서 아이를 제외시킨다. 아이의 말대꾸가 가족들에게 허용되지 않을 것이며 그런 행동은 가족과 함께 시간을 보내고 싶지 않다는 의미임을 알게 해준다. 아이가 계속 말대꾸를 하면 자기 방으로 보낸다.

● 부모와 아이의 관계를 발전시킨다. 주의를 줬는데도 아이가 계속 말대꾸를 하면, 이런 행동은 자신이 제대로 평가받지 못한다고 느끼는 감정을 표현하는 것일 수도 있다. 만약 그렇다면 부모자녀 간의 일대일 시간을 가져 아이와의 관계에서 긴장된 부분을 풀고 관계를 회복해야 한다.

● 예의바른 행동을 격려해준다. 바람직한 행동을 많이 하도록 만드는 가장 간단한 방법은 아이가 올바른 행동을 할 때마다 적극적으로 칭찬해주는 것이다. 그런데 많은 연구들은 대부분 부모들이 이와 반대로 행동하고 있음을 보여준다. 아이의 예의바른 행동을 찾기보다는 아이의 잘못된 행동만을 찾아 꼬집고 있다는 것이다. 아이가 예의바른 행동과 정중한 말투를 사용하면 그것을 인정하고 부모로서의 기쁨을 표현해줘야 한다.

"은호야, 너의 예의바른 말투가 엄마(아빠)는 너무 좋단다."

"영진아, 엄마(아빠)가 이야기할 때 예의바르게 들어줘서 정말 고마워."

"정말 멋진 표현이구나, 영민아. 네 의견을 어떻게 표현하는지 잘 기억하고 있었
다니 정말 대단해."

"네가 화났다는 걸 알아. 그런데도 넌 그때 말대꾸를 하지 않았단다. 나쁜 버
릇을 고치기란 무척 힘든 일인데, 넌 정말 열심히 노력하고 있구나."

나이별 육아법

3~6세 어린 아이들은 조그마한 복사기와 같다. 다시 말해 아이들은 관심을 끌기
위해 새로운 낱말과 말투를 배우려고 노력한다. 만약 아이가 버릇없는 말투를 쓴
다면 이에 대해 부모가 취할 수 있는 최선의 대응은 간단히 이렇게 말해주는 것이
다. "우리집에선 그런 식으로 이야기하지 않아." 이 시기 아이들은 부모님이 뭐든
제일 잘 알고 있다고 생각하고 행동하기 때문에 부모가 정해 놓은 규칙을 잘 따를
것이다.

7~9세 이 시기는 실험을 하고 한계를 시험해보는 단계이다. 이 시기 아이들은 부
모에게 말대꾸를 하려들 것이다. 하지만 부모는 아이의 버릇없는 태도를 허락해선
안 된다. 말대꾸에 대해 부모가 어떻게 생각하는지 확실히 알려주면 아이들은 10대
가 되어서도 버릇없는 말투를 쓸 가능성이 훨씬 적다. 그와 달리 아이의 말대꾸를
별스럽게 않게 넘겨버리면 부모자녀 간의 관계뿐만 아니라 가족 간의 조화가 무너
질 수도 있다. 부모는 또한 아이의 행동에 대해 과민하게 반응하지 않도록 주의해
야 한다. 이 시기의 아이들은 부모를 통해 긴장된 상황을 어떻게 다루는지 배우게

된다.

10~13세 이 시기 아이들은 독립권을 얻기 위해 노력하고 자신이 주도권을 행사
하고자 할 때 부모가 어떤 반응을 보이는지 확인하려고 한다. 이때는 말대꾸가 가
장 심한 시기라고 할 수 있다. 아이들은 또한 또래집단에 적응하고 멋지게 보이는
친구들의 행동을 따라하기도 한다. 만약 문제상황이 악화되고 있다면 잠시 타임아
웃을 요청하고 부모와 자녀가 감정을 가라앉힌 후 이야기를 다시 시작해야 한다.

우리집 맞춤 처방전

버릇없이 말대꾸하면 그 자리에서 지적했어요!

우리집 아이가 버릇없는 말투를 쓴다는 걸 알게 됐어요. 그래서 아이에게 그래선 안
된다는 걸 확실히 알게 해주고 싶었어요. 아이에게 심부름을 시켰을 때 버릇없이 대
답하면 그 자리에서 잘못을 지적했습니다. 그리고 친구와 스케이트를 타러 가게 차를
태워달라고 했을 때 아이에게 다른 운전사를 찾아보라고 했죠. 아이의 버릇없는 말에
저는 상처를 받았습니다. 그때 우리 아이 표정을 잊을 수가 없어요. 하지만 그게 아이
의 마지막 말대꾸였답니다.

도와주세요

칭얼거리는 아이의 적신호

주의를 끌거나 마음대로 행동하기 위해 울음과 불평이 뒤섞인 목소리로 거슬리는
말을 한다.

부모가 해야 할 일은?

자신의 욕구와 필요를 표현하기 위해 적절하고 공손한 말투를 사용하고 행동하는
법을 배우고 다른 사람들이 '안 된다'고 하는 말을 수용하는 법을 배우도록 해준다.

? 제 딸은 자기 마음대로 행동하고 싶어지면 칭얼거려요. 공공장소로 아이를
데려가기가 두려울 정도로 말이죠. 일단 시작하면 제가 포기할 때까지 계속 칭
얼댑니다. 이제 겨우 네 살 된 아이의 행동이 저를 미치게 만들어요.

아이가 칭얼대는 가장 큰 이유는 관심을 얻기 위해서입니다. 부모가 물러설 것이라는 점을 알게 되면 아이는 자신의 행동이 효과적이라고 생각하게 되지요. 따라서 부모는 절대 물러서서는 안 됩니다. 아이에게 관심을 주지 마세요. 그렇지 않으면 아이가 원하는 반응을 보여야 할 것입니다. 부모가 관심을 보이지 않으면 아이는 자신의 방법이 먹히지 않는다는 사실을 알게 됩니다.

왜 변해야 할까?

칭얼거린다는 것은 울음과 불평 섞인 큰 목소리로 거슬리게 하는 말투이다. 아이들은 일찍이 그런 거슬리는 소리를 내는 게 자기 마음대로 할 수 있는 효과적인 방법임을 깨닫는다. 부모들 역시 그 소리가 정말 거슬리기 때문에 아이의 행동 앞에 항복하게 된다는 점을 인정할 것이다. 칭얼거림이 효과가 있음을 증명해주는 연구들이 있다. 아이들 대부분은 부모가 물러설 때까지 계속 칭얼거리며 불평한다. 부모의 가장 큰 잘못은 아이에게 두 손 드는 모습을 보여주는 것이다. 확실히 아이의 칭얼거림은 이런 경험에서 습득한 행동이다. 또한 칭얼거림은 전염성이 있어서 온 집안에 전염병처럼 돌 것이다. 애초에 뿌리를 뽑지 않으면 다른 형제자매들도 그 행동이 효과가 있음을 깨닫고 따라한다. 칭얼거림은 또한 친구와의 관계를 멀어지게 만들기도 한다. 칭얼거리는 아이와 놀고 싶어 하는 친구가 과연 얼마나 될까? 어른들도 마찬가지다. 자신의 자녀가 칭얼거리는 친구와 노는 것을 좋아하는 부모는 별로 없다. 칭얼거림을 고쳐야 하는 가장 큰 이유는 그 정도가 점점 더 심해지기 때문이다. 칭얼거림

750명의 아이들을 대상으로 한 조사에 따르면, 대부분 아이들이 '안 된다'는 대답을 받아들이지 않고 부모님이 포기할 때까지 졸라댄다. 대부분 아이들은 자기 뜻대로 될 때까지 9번을 조른다고 한다. 만 12~13세 아이들이 최악의 '조르기 대장'으로 나타났는데, 자기 뜻이 관철될 때까지 50번 이상을 조른다고 한다. 부모에게 주는 조언은 간단하다. 확고한 자세를 유지하며 아이들이 조른다고 해서 부모가 물러나지는 않는다는 걸 알게 해주자.

은 짜증 행동의 첫 단계라고 할 수 있다. 아이의 칭얼거림은 부모자녀의 관계를 망치고 아이는 나쁜 평판을 얻게 된다. 아이의 칭얼거림을 고쳐주지 않으면 더더욱 나쁜 결과에 부딪히게 될 것이다. 칭얼거림에는 이점이 전혀 없다. 가능한 한 빨리 변화를 시도하라.

어떤 행동을 보일까?

가끔씩 아이들이 자기 마음대로 행동하기 위해 귀에 거슬리는 소리를 내며 칭얼댈 수는 있다. 하지만 그 정도가 심해서 반드시 고쳐야 하는 경우가 있는데, 다음 4가지 행동을 보이는 경우가 그렇다.

1. **칭얼거림이 효과가 있음을 알고 습관이 되었다.** 아이가 칭얼거리면 마음대로 행동할 수 있다는 점을 깨달았다.
2. **칭얼거림이 부모자녀 간의 관계를 방해하고 있다.** 아이가 예의 없는 태도로 부모를 대한다. 아이를 데리고 밖에 나가는 것이 창피하다.
3. **아이의 평판이 나빠지고 있다.** 아이가 칭얼거리는 소리를 듣고 눈살을 찌푸리는 사람들이 있다. 친구들이 아이에게 '칭얼쟁이'라는 별명을 붙이고 아이와 함께 놀려 하지 않는다.
4. **칭얼거림의 정도가 심해진다.** 칭얼거림뿐만 아니라 (혹은 그 대신에) 말대꾸, 예의 없는 행동, 짜증, 반항의 모습이 보인다.

1단계 : 초기 개입

●**아이가 칭얼대는 이유를 알아낸다.** 아이가 칭얼대는 데는 이유가 있다. 부모는 아이가 언제 무슨 이유로 칭얼거리는지를 파악하고 이 문제와 관련된 정보를 활용해서 아이의 칭얼거림을 고치기 위한 계획을 짜야 한다. 아이가 칭얼거리는 일반적인 이유는 다음과 같다. 자녀에게 해당되는 것이 있는지 점검해보자.

- ☐ 불만
- ☐ 질투
- ☐ 피로, 배고픔, 짜증, 질병
- ☐ 한계 시험
- ☐ 언어, 혹은 듣기 장애
- ☐ 관심 끌기
- ☐ 모방
- ☐ 불만을 참는 한계점이 낮다
- ☐ 최근 사건에 의한 스트레스 혹은 정서적 과부하
- ☐ 많은 변화에 의한 충격
- ☐ 칭얼거려서 원하는 것을 얻는 데 성공한 전례가 있다

●**현재 부모가 보이는 반응을 점검한다.** 아이가 칭얼거리면 주로 어떻게 반응하고 있는지 생각해보자. 가능하다면 배우자, 아이의 조부모, 아이를 잘 아는

다른 부모들과 이야기를 해보자. 왜 부모의 반응이 아이의 칭얼거림을 멈추게 하지 못하는 것일까? 더 이상 아이의 칭얼거림을 허락하지 않겠다는 다짐과 함께 다음부터는 어떻게 대응할 것인지에 대한 계획을 세워야 한다.

● 패턴을 알아내어 행동을 예측한다. 아이의 행동에는 예측가능한 패턴이 있기 때문에 어떤 특정한 상황이 아이의 칭얼거림을 더 유발시키고 있을 것이다. 예를 들어 하루 중에 더 부루퉁해지는 때가 있는지? 배가 고프거나 피곤할 때 그런지? 부모가 통화 중일 때 관심을 끌려고 하는지? 쇼핑몰에서 아이가 원하는 걸 발견했을 때? 아이를 칭얼거리게 만드는 상황을 알아보자. 이런 패턴을 알면 아이가 언제 칭얼거리게 될지 예측할 수 있고 그로써 칭얼거림을 미리 막을 수 있다.

● '좋은' 말투를 쓴다. 칭얼거리는 말투와 '좋은' 말투의 차이를 알게 해준다. 칭얼거림이 습관이 되면 아이는 자신이 얼마나 짜증스러운 말투를 쓰는지 모를 수도 있다. 아이가 칭얼대지 않을 때 "그래. 칭얼대지 않고 말해줘서 고맙다"라고 해주자. 그리고 부모가 어떤 말투를 기대하고 있는지도 설명해준다. "'이거 하기 싫어' 이게 칭얼대는 목소리란다. '도움이 필요해요'라고 말해보렴. 그게 예의바른 말투야. 네가 뭔가를 원할 땐 이렇게 예의바른 말투를 사용하렴"(힌트: 이 방법은 아이를 놀리려는 게 아니라 예의바른 말투를 가르치기 위한 것이므로, 아이의 목소리를 따라하지 않도록 주의한다).

● 주의를 분산시킨다. 아이가 칭얼거리기 전에 "어, 아빠 차 소리 같지 않니?"라는 말로 아이의 관심을 돌릴 수 있다(주의: 칭얼거림은 짜증 행동의 첫 단계다. 그러므로 아이의 칭얼거림이 감정폭발로 이어지기 전에 즉시 아이의 관심을 돌리거나 그 자리를 떠나자).

● 인내심 부족을 인정한다. 몇몇 아이들은 기다리는 것 자체를 힘들어한다. 아

이는 관심을 얻기 위해 칭얼거릴 수 있다. 좀더 충동적인 아이에게는 칭얼거리는 즉시 반응을 보이는 것이 효과적이다. "잠깐 전화를 하고 올게. 통화가 끝나면 함께 책을 읽자." 아이의 어깨에 부드럽게 손을 얹거나 아이에게 손가락으로 1분이라고 표시해주는 것 등으로 부모가 아이를 지켜보고 있음을 알게 해주어도 도움이 된다.

2단계 : 신속한 대처

- **말투를 조심한다.** 혹시 부모 자신이 칭얼대지는 않는지 점검해보자. 아이들은 모방자다. 부모를 통해 칭얼거리는 행동을 배우지 않도록 주의한다.

- **새로운 규칙을 강조한다.** 지금부터는 칭얼거리면 자동적으로 '거절'의 대답이 나오리라는 사실을 알려준다. 부모가 칭얼거리는 말은 한 마디도 듣지 않을 것이라고 못박아두자. 아이는 부모의 규칙에 절충의 여지가 없다는 점을 깨달아야 한다.

- **안 들리는 척한다.** 아이가 칭얼거리면 "그만. 엄마는 칭얼거리는 소리는 듣지 않는단다. 좋은 말투로 원하는 게 무엇인지 말하렴"이라고 하자. 그리고 돌아서서 다른 일에 관심을 쏟는 것처럼 행동한다. 칭얼거림을 무시하라. 아이의 칭얼거림이 멈추는 순간 "좋은 말투가 들리는구나. 엄마의 도움이 필요하니?"라고 물어본다.

- **과민반응을 보이지 않는다.** 아이의 칭얼거림이 신경을 거슬리게 한다면 다른 데로 돌아서되 화를 내지 않는다. 화를 내면 아이의 칭얼거림을 짜증 행동으로 악화시킬 수 있다. 침착함을 유지하고 필요하다면 그 자리를 떠나는 게 좋다. 화난 것처럼 보여서는 안 되고 아이에게 반응하지 말아야 한다. 몸짓에도 신경을 쓰도록 하자. 눈썹을 치켜뜬다든지 고개를 가로젓는 것도 일종의 반

응이다. 부모를 화나게 만들기 위해 칭얼거리는 아이도 있다. 한 엄마는 아이가 칭얼거릴 때면 아이의 말을 외국어인 듯 못 알아듣는 것처럼 행동한다고 한다. 이 방법은 아이의 행동을 무시하고 결국은 아이의 칭얼거림을 줄이는 데 효과가 있다.

즉시 개입하지 않는다면 칭얼거림은 심해진다
전문가들은 부모의 개입이 없다면 아이의 칭얼거림은 결코 사라지지 않을 것이라고 말한다. 아이는 스스로 자기 뜻을 관철시킬 수 있는 효과적인 방법을 발견하면 칭얼거림을 멈출 것이다. 하지만 그 방법에는 거짓말하기, 훔치기, 약물과 알코올 중독 등이 포함되어 있다. 따라서 부모는 아이의 행동을 심각하게 받아들이고 바꾸게 하겠다는 결심을 확고히 해야 한다.

- **아이가 공손하게 말할 때까지 들어주지 않는다.** 칭얼거림을 멈추게 하는 최고의 방법은 아이가 공손한 말투로 이야기하기 전에는 아이가 요구하는 바를 들어주는 않는 것이다. 부모가 물러서서 항복하면 아이는 자기가 원하는 바를 얻기 위해 계속 칭얼거린다. 나아가 칭얼거림은 말대꾸, 싸움, 짜증 행동으로 악화될 수 있다. 따라서 부모는 칭얼거림이 먹힐 것이라는 생각을 아예 갖지 못하도록 만들어야 한다. 아이가 예의바른 말투를 사용할 때 아이의 (합리적인) 요구를 들어준다.

- **더 나은 모습을 기대한다고 말해준다.** 아이의 행동에 더 많은 것을 기대한다고 알려준다. "우리는 칭얼대지 않는단다. 네가 원하는 게 무엇인지 말로 표현하길 기대한다."

3단계 : 변화를 위한 습관

- **존중하자.** 부모가 아이와 대화할 때 아이를 존중하지 않아서 아이가 칭얼거리는 것일까? 그렇다면 일상에서 아이와의 교류가 어떤지를 점검해야 한다. 가장 친한 친구인 것처럼 아이와 이야기하라. 예의바르게 말하고 아이의 말을 집중해서 듣는다. 웃으면서 아이와 있는 것이 즐겁다는 모습을 보여준다.

아이에게 자신의 생각을 들려줘서 고맙다고 말해준다. 아이와의 관계를 소홀히 다뤄서는 안 된다.

● **'올바른' 말투를 칭찬한다.** 아이가 올바른 말투를 사용하고 올바른 태도를 취할 때마다 칭찬해준다. 그로써 아이의 칭얼거림이 줄어든다는 사실을 확실히 느낄 수 있을 것이다.

● **행동에 따른 결과를 정한다.** 부모가 아이의 말투를 거부하면 아이들 대부분은 그 사실을 알고 칭얼거림을 그만둔다. 하지만 아이의 칭얼거림이 버릇처럼 되었다면 부모는 반응을 한 단계 강화해서 벌을 줘야 할지도 모른다. 어린 아이에게는 칭얼거릴 때마다 '칭얼 의자'에 앉아 있도록 하거나 '칭얼거리는 방'으로 보내 혼자 칭얼거리고 불평하게 한다. 연령이 높은 아이들에게는 인터넷이나 휴대전화 사용 같은 특권을 빼앗거나 용돈 일부를 '벌금 유리병'에 넣게 한다. 칭얼거리면 벌금을 내도록 미리 정해놓는 것이다. 이런 식으로 벌을 주지 않으면 아이는 부모가 서서히 물러서고 있다고 생각하며 더욱 칭얼거릴 것이다. 느슨해져선 안 된다는 점을 명심하라.

 **육아 119**

집 밖에서 아이가 칭얼거릴 때 사용할 수 있는 3가지 전략

아이는 언제 어떤 장소에서든 부모가 칭얼거림을 허용하지 않는다는 점을 알아야 한다. 아이가 공공장소에서 귀에 거슬리는 소리를 내면 다음 방법들을 사용해보자.

1. **다른 사람의 집에서.** '칭얼의자'를 정해서 아이가 올바른 말투를 사용할 때까지 몇 분 간 그 의자에 앉아 있도록 한다. 방문한 집의 주인에게 왜 의자를 빌리려고 하는지 미리 말해둔다.
2. **차에서.** 안전한 곳에 차를 멈추고 아이가 바르게 말할 때까지 기다린다. 이때 부모는 라디오를 듣거나 책을 읽을 수도 있다. 아이는 부모의 의도를 이해할 것이다.
3. **공공장소에서.** 일어나서 아이의 팔을 부드럽게, 그러나 확실히 잡고 그 장소를 즉시 떠난다. 아이는 어느 곳에서든지 자신의 행동이 허락되지 않는다는 점을 알게 될 것이다.

● **기다린다.** 아이의 칭얼거림이 습관이 되었다면 쉽게 고쳐지지 않는다. 부모는 '반응을 보이지 않는' 대응방식을 일관되게 유지해야 한다. 그로써 아이의 칭얼거림이 줄어드는 것을 볼 수 있을 것이다. 그렇지 않다면 아이를 칭얼거리게 만드는 다른 이유가 있는지 찾아야 한다. 질병을 앓고 있는 것은 아닌지? 언어 발달이 늦거나 장애를 가지고 있지는 않는지? 집중력 부족 혹은 정서 불안으로 감정의 한계선이 낮은지? 전문가에게 도움을 청해 조언을 들어보자.

나이별 육아법

3~6세 칭얼거림은 아이가 만 3세 정도에 통제가 안 된다고 느끼거나 흥분했을 때, 혹은 자신의 불만을 표현할 언어가 부족할 때 시작된다. 아이들은 한계치가 낮기 때문에 짜증, 배고픔, 피곤함이 칭얼거림을 유발할 수 있다. 혹은 새로운 말투를 시도해보는 것을 좋아하고 부모의 한계가 어디인지를 보고 싶어 한다.

7~9세 스트레스, 큰 변화(동생의 출생)로 관심을 끌기 위해 칭얼거릴 수 있다. 아이는 배고프거나 피곤할 때뿐만 아니라 따분하거나 하고 싶지 않은 일을 요구받을 때도 칭얼거릴 수 있다. 이를 고쳐주지 않으면 아이의 칭얼거림은 학교생활 내내 계속될 것이다.

10~13세 이 시기 아이들은 거슬리는 소리를 낼 뿐만 아니라 버릇없는 행동도 보인다. 아이의 몸짓에 주의하자. 주로 눈을 찌푸리거나 어깨를 움츠리는 행동을 보이며 칭얼거린다. 또래 친구들이 갖고 있는 최신제품을 사달라고 칭얼거릴 수 있다.

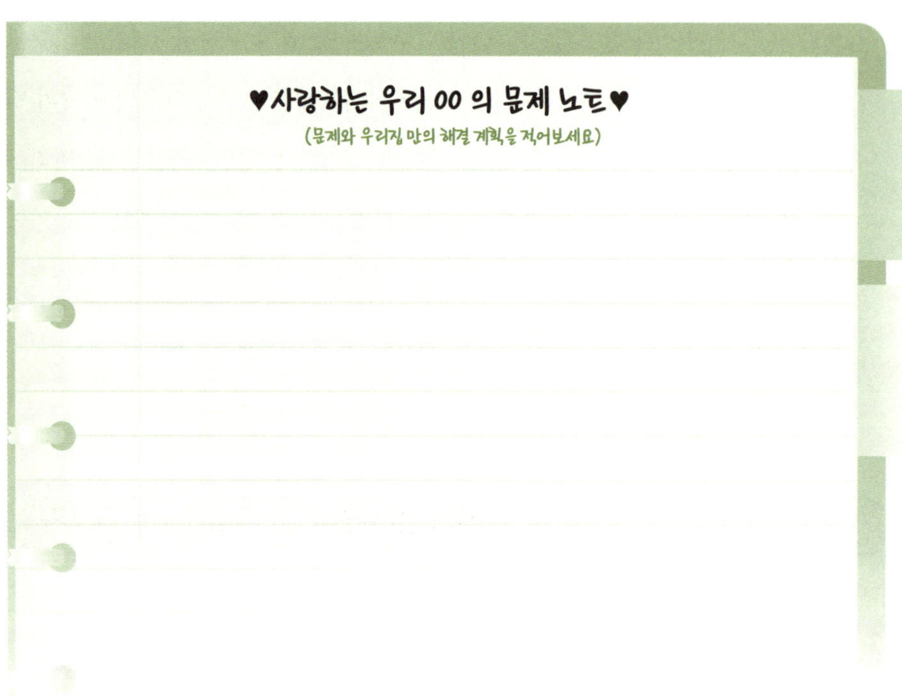

 우리집 맞춤 처방전

아이가 칭얼거리는 모습을 녹화해 보여줬어요!

저는 아들의 칭얼거림 때문에 귀마개를 샀다니까요. 그런데도 아이의 칭얼거림을 막을 길이 없었어요. 그러던 어느 날 남편이 아이가 칭얼거리는 모습을 녹화했습니다. 그리고 비디오를 틀어 아이가 자신의 모습을 보게 했어요. 아이는 자신이 얼마나 불쾌한 행동을 하는지 알게 되었고 이후로 칭얼거리는 일이 급격히 줄어들기 시작했답니다.

거짓말을 한다

도와주세요

거짓말하는 아이들의 적신호

거짓말하고 과장하고 왜곡한다.

더 이상 신뢰받지 못하고 있다.

속이는 것이 습관화되었다.

부모가 해야 할 일은?

아이가 정직이 가장 중요한 덕목이라는 점을 이해하고 양심을 지킬 수 있도록, 자신의 거짓말을 인정하고 이를 고쳐서 다른 사람을 진실로 대할 수 있도록 도와준다.

? 자신이 하지 않은 일이나 숙제를 본인이 했다는 거짓말을 하면 어떻게 해야 할까요? 저는 아이를 거짓말쟁이라 부르고 싶지는 않지만 진실을 왜곡하고

거짓말하는 것이 습관화되면 어쩌나 걱정입니다.

아이들은 여러 이유로 거짓말을 합니다. 만약 거짓말을 하는 것이 허용되면 아이에게 거짓말은 문제를 해결하는 쉬운 방법이 되지요. 아이가 거짓말을 할 때마다 가능한 한 빨리, 아이를 앉혀놓고 정직에 대해 가르쳐야 합니다. "나는 네가 진실을 말하길 바란단다. 그렇게 되면 우리는 항상 서로를 믿을 수 있는 거야." 이런 말을 통해 아이에게 거짓말은 잘못된 행동이고 진실한 마음으로 다른 사람을 대해야 한다는 점을 알도록 해주세요.

왜 변해야 할까?

많은 아이들이 많은 이유들로 거짓말을 한다. 예를 들자면 체벌을 피하기 위해, 자기 자신을 더 좋게 보이고 기분을 좋게 하기 위해, 과제에서 벗어나기 위해, 친구의 문제를 해결해주기 위해 등이 있다. 아이들은 만 2~3세부터 거짓말을 시작한다. 거짓말은 거의 모든 아이들의 행동발달과정에서 예상되는 것이지만 이것이 습관화되면 큰 문제가 된다. 거짓말이 아이에게 습관이 되느냐 마느냐 하는 것은 그에 대한 부모의 반응에 달려 있다.

《유에스뉴스앤월드리포트》(*U.S News & World Report*)의 설문조사는 4명의 대학생 중 1명이 구직활동에서 거짓말을 한 적이 있다고 응답했다고 보고한다. 84%는 오늘날 사회에서 앞서나가기 위해 속임수를 쓸 필요가 있다고 응답했다. 다른 조사에서도 상위권 고등학생의 80%가 부정행위를 한 경험이 있다고 응답했다. 그리고 절반 이상이 속임수가 잘못이 아니라고 생각한다고 답했다.

아이러니한 사실은, 거짓말을 부모에게서 배우게 된다는 점이다. 하지만 좋은 소식도 있다. 부모는 아이의 정직한 태도를 형성하는 데 여전히 중요한 역할을 하고 있다는 사실이다. 이 책에서 제시하는 몇 가지 방법을 따른다면 당신이 원하는 방향으로 아이를 변화시킬 수 있다.

어떤 행동을 보일까?

모든 아이들은 사소한 거짓말을 하곤 한다. 그러나 아이의 거짓말이 심각해지고 있음을 알려주는 몇 가지 행동들이 있다.

- **신뢰할 수 없다.** 아이를 더 이상 신뢰할 수가 없다.
- **나쁜 평판.** 다른 어른이나 친구들이, 아이가 거짓말을 해서 더 이상 믿을 수 없다는 말을 한다.
- **거짓말의 습관화.** 아이가 일상적으로 표절을 하며 친구의 숙제를 베낀다.
- **빈번한 거짓말.** 거짓말이 일회성이 아닌 일상적인 습관이 되었다.
- **이유가 없다.** 아이가 이유 없이 거짓말을 한다. 거짓말을 할 동기도 없으며 거짓말을 통해 얻는 것도 없는데 거짓말을 한다.
- **죄책감이 없다.** 모든 아이들이 거짓말을 하고 있으므로 그것은 잘못이 아니라고 생각한다.

해결책

1단계 : 초기 개입

- **주의를 기울이자.** 아이가 거짓말하는 습성을 버리게 하고 싶다면 가장 먼저 해야 할 일은 아이가 왜 그런 행동을 하는지 파악하는 것이다. 아래의 목록을 확인한 후 아이나 상황에 적용되는 것이 있는지 점검해보자. 아이는 다음과

때때로 사소한 거짓말은 걱정할 만한 것이 아니다. 하지만 만약 당신의 아이가 습관적으로 거짓말을 한다면 그것은 훨씬 심각한 문제임을 알리는 신호일 수 있다. 또는 드문 경우에는 행동장애일 수도 있다. 거듭해서 발생하는 도둑질, 거짓말, 싸움, 물건 망가뜨리기, 등교 거부, 고의적인 규칙위반, 괴롭히기, 잔혹함 혹은 비정함을 보이거나 잘못에 대해 뉘우치지 않는 증상을 보인다면 정신건강 전문의에게 도움을 요청해야 한다.

같은 이유로 거짓말을 한다.

☐ 부모를 기쁘게 하거나 부모에게서 인정받기 위해 혹은 부모에게 걱정을 주지 않기 위해

☐ 자신이 바라는 바를 실현하기 위해

☐ 좌절감을 표출하기 위해

☐ 주목받기 위해

☐ 문제에 대한 손쉬운 해결책을 찾기 위해

☐ 벌을 피하고 곤경에서 벗어나기 위해

☐ 다른 사람들에게 더 좋게 보이기 위해

☐ 낮은 자존감을 극복하기 위해

☐ 힘을 얻거나 영향력을 얻기 위해

☐ 논쟁을 피하기 위해

☐ 자신이 원하는 것을 얻기 위해

☐ 누군가를 보호하기 위해

☐ 과제를 피하거나 하고 싶지 않은 일에서 벗어나기 위해

● **거짓말하는 이유를 해결하자.** 아이의 거짓말을 좀더 주의깊게 지켜보자. 거짓말하는 이유가 있는가? 그 이유를 찾았다면 간단한 해결책으로 아이의 거짓말을 멈출 수 있다. 아이가 수학 숙제에 대해 거짓말을 했다고 해보자. 그 이유가 아이의 게으름 때문인지, 부모를 실망시키고 싶지 않아서인지, 과도한 일정 때문인지, 혹은 숙제를 할 능력이 없어서인지? 만약 수학 숙제를 너무 어려워해서 거짓말을 한 것이라면 해결책은 부모에게 사실대로 말해야 도움을 줄 수 있다는 점을 강조하고 해결방안을 마련해주는 것이다.

● **정직에 대한 기대치를 제시하자.** 정직한 아이를 키우는 부모는 아이가 정직하기를 기대하고 정직해지도록 요구한다. 반복적으로 정직에 대한 부모의 기대를 말해준다. "우리 가족 모두는 다른 사람을 항상 진실로 대해야 해." "힘든 일이라도 나한테 진실을 말해주길 바란다." "나는 네가 자기가 한 말을 지킬 수 있는 신뢰할 만한 사람인지 알고 싶어." 일단 정직에 대한 부모의 기대치를 제시하고 아이가 진실을 말할 것을 약속하도록 하자. 맥길대학에서 실시한 조사는 이런 방법이 아이가 거짓말을 하지 않게 만드는데 가장 효과적임을 밝혀냈다. 가족끼리 정직에 관한 규율을 만드는 가정도 있다. 이런 간단한 방법을 간과해서는 안 된다.

● **터놓고 말할 수 있는 환경을 만들자.** 아이에게 정직을 기대한다면 진실을 말하고 실수를 인정할 수 있는 안전감을 충분히 느끼게 해줘야 한다. 너무 가혹하게 구는 것은 공포감을 조성해서 진실을 말하는 것보다 거짓말이 더 나은 대안이라는 생각을 하게 만들 수 있다. 또한 너무 허용하는 분위기라면 아이의 거짓말이 습관화되도록 할 수 있다는 점도 주의해야 한다.

● **정직함의 본보기를 제시해주자.** 한 설문조사에서 77%의 부모들이 아이에게 거짓말을 한 적이 있으며 대부분 죄책감을 느낀다고 답했다. 그들은 당연히 죄책감을 느껴야 한다. 아이들이 새로운 습관을 배우는 방법 중 하나는 부모를 모방하는 것이다. 부모를 보면서 아이는 거짓말을 배운다. 당신은 아이에게 어떻게 하고 있는가? 전화가 오면 아이에게 본인이 집에 없다고 말하라고 시킨 적은 없는가? 세금신고서를 작성할 때 수입 가운데 일부를 빠뜨린 적은 없는가? 아이가 더 어리다는 거짓말을 해서 입장료를 할인받은 적은 없는가? 자녀가 부모의 행동을 지켜보고 따라한다는 사실을 명심하라.

2단계 : 신속한 대처

아이의 거짓말을 즉각적으로, 그리고 전적으로 멈출 수 있는 방법은 없지만 부모의 반응에 따라 거짓말을 최소화할 수는 있다. 연구를 통해 증명된 효과적인 대처방법들을 살펴보자.

● **과도한 반응을 보이지 말자.** 아이가 사소한 거짓말을 하고 있음을 알게 되면 마음을 진정시키려는 노력을 하라. 과도한 반응을 보이면 아이가 겁을 먹어서 다음번에는 사실을 말하지 않을 수도 있다. 아이가 거짓말을 하는 가장 큰 이유 중 하나는 바로 두려움이다. 아이들은 부모가 침착한 반응을 보이면 사실을 털어놓는다. 부모는 스스로 1~2분의 시간을 갖고 아이가 왜 그런 거짓말을 하게 되었는지 생각해본 후 벌을 주는 것이 합당한지를 결정해야 한다. 아이의 나이와, 정직함에 대한 아이의 이해 정도를 고려해서 대응해야 한다. 거짓말의 심각성을 이야기하고 거짓말을 반복해서는 안 된다는 점을 강조하자. 한편 가혹한 벌을 준다고 아이가 거짓말을 하지 않는 것은 아니란 사실을 명심해야 한다.

 **육아 119**

아이가 진실을 왜곡하려는 생각을 할 때마다 정직을 택할 수 있도록 다음의 정직 테스트 가운데 한두 가지를 가르치도록 하자. 아이는 자신이 가진 딜레마만을 생각한다. "아빠한테 이미 숙제를 했다고 거짓말을 해야 할까?" 스스로에게 정직을 묻는 질문을 하게 한 후 양심에 따르게 하도록 해야 한다.

조회시간 테스트 학교 교장선생님이 조회시간에 내가 한 말을 알리더라도 나는 그렇게 말할까?

신문 테스트 내가 하는 말이 신문 첫 페이지 헤드라인으로 쓰여도 나는 그렇게 말할까?

부모 테스트 부모님이 내가 하는 말을 듣게 되더라도 나는 그렇게 말할까?

할머니 테스트 할머니가 내가 하는 말을 듣게 되더라도 나는 그렇게 말할까?

점술가 테스트 내가 미래를 볼 수 있게 되더라도 나는 그렇게 말할까?

- **비난하지 말자.** 거짓말에 대한 비난은 상황을 더욱 악화시킬 뿐이고 아이들은 부모의 주장을 부정하려 할 것이다. 부드럽게 접근해서 아이가 사실을 인정하게 만들어야 한다. "네가 접시를 깨뜨렸니?"라고 묻기보다는 "사고가 있었던 것 같구나. 치우는 데 도움이 필요하니?"라고 말하는 것이 좋다. 혹은 "무슨 일이 일어난 거니?"라고 물어보라. 그로써 아이들은 자신이 안전하다고 느낄 것이고 그러면 거짓말을 하지 않을 것이다.

- **아이를 거짓말쟁이라고 칭하지 말자.** 그렇게 하는 것은 전혀 도움이 되지 않고 오히려 역효과만 불러일으킬 뿐이다. 게다가 아이는 "엄마가 나를 거짓말쟁이라고 하니까, 차라리 정말로 거짓말쟁이가 되는 게 나을지도 몰라"라고 생각할 수도 있다.

- **행동에 초점을 두고 이야기하자.** 사실에 근거하여 간단히 이야기하자. "코치 선생님은 다르게 이야기하던데. 사실을 말해주렴." "친구네 집에서 실제로 무슨 일이 일어났는지를 말하지 않았구나. 진실을 말해주렴."

- **반복적인 거짓말에 대한 벌칙을 정하자.** 적절한 벌칙은 아이의 잘못된 행동을 고치는 데 도움이 된다. 아이가 거짓말을 함으로써 싫어하는 일에서 벗어날 수 있었다면 다시 돌아가서 그 일을 끝내도록 시켜야 한다. 또한 아이가 시험에서 부정행위를 저질렀거나 숙제를 베꼈다면 다시 하도록 시키자. 거짓말을 계속한다면 거짓말 단지를 만들어 거짓말을 한 번 할 때마다 벌금을 넣도록 한다. 만약 아이가 속인다면 거짓말이 왜 잘못된 것인지 그 이유를 5가지 적도록 시킨다. 또는 기초교육을 다시 시키거나 아이가 원하는 것을 얻지 못하게 만든다.

- **진실과 거짓의 개념을 가르치자.** 더 어린 아이에게는 실화와 꾸며낸 이야기 간의 차이를 설명해주자. 동화를 예로 들어 설명하면 아이가 이해하기 쉽다.

그러고 나서 아이가 이야기를 만들어낼 때마다 이렇게 묻도록 하자. "그 이야기는 진짜 이야기니, 아니면 꾸며낸 이야기니?" "네가 일어나길 바라고 있는 일이니, 아니면 실제로 일어난 일이었니?" 보통 아이들은 부모가 부드럽고 차분하게 이야기하면 자기 이야기가 꾸며낸 것임을 인정한다.

- **바란다고 해서 실현되는 것은 아니란 점을 강조해주자.** 아이의 마술적인 사고방식에 주의해야 한다. "저 자전거가 네 것이면 좋겠다고 생각한다는 걸 알아. 하지만 그건 태호 거야. 그러니까 자전거를 태호한테 돌려주자." "네가 그렇게 되길 바라고 있다는 걸 알아. 하지만 그렇게 되지 않을 거야."

3단계 : 변화를 위한 습관

- **책을 통해 정직함을 가르치자.** 책에는 정직함에 관한 좋은 이야기들이 많이 있다.

- **좋은 본보기를 제시해주자.** '조지 워싱턴과 체리 나무' 이야기(어린 조지가 새 도끼로 아버지가 아끼는 체리 나무를 잘랐을 때 정직하게 자신의 잘못을 고백하자, 아버지가 많은 체리 나무를 가진 것보다 아들이 진실을 말해준 게 훨씬 가치 있다고 말했다는 이야기 – 옮긴이)를 들려준 뒤에 아이들의 거짓말이 43%까지 줄어든 것을 보여주는 연구가 있다. "네가 거짓말이 아닌 사실을 말해주니까 100그루의 체리 나무를 갖는 것보다 훨씬 더 좋구나." 성경이나 역사에 나오는 정직한 영웅들을 제시하거나 FBI의 내부고발자, 최근의 정직한 인물들에 관한 이야기를 해주는 것은 정직을 가르치는 좋은 방법이다. 정직한 사람들은 그들이 무언가를 잘못했을 때 말하기 힘들지라도 진실을 말하며 약속을 지키고 자신의 말을 지키기 위해 노력하며 의도적으로 다른 사람들을 오해하게 만들지 않고 거짓말을 하지 않아 신뢰를 받는다. 또한 지역사회 내에서 정직함의

덕목을 고수하는 인물들을 찾아보자. 부모가 그런 사람들을 존경하고 있다는 사실을 아이들에게 알려주자.

● 거짓말이 가져올 영향에 대해 강조하자. 거짓말을 하는 것이 왜 잘못인지를 충분한 시간을 가지고 설명해주자. 아이와 함께 이야기를 나눌 수 있는 몇 가지 논점을 살펴보자.

☐ 거짓말은 너를 곤경에 빠트릴 수 있다.

☐ 거짓말을 하면 평판이 나빠진다.

☐ 다른 사람에게 상처를 주게 된다. 부정행위는 열심히 공부한 다른 학생들에게는 불공평한 것이다.

☐ 아무도 너의 친구가 되고 싶어 하지 않을 테고 너와 함께 일하는 것을 원하지 않을 것이다.

 **육아 119**

아이의 정직지수를 위해 도덕성 판단 질문을 사용하자.
아이가 진실을 왜곡할 때 올바른 질문을 하는 건 아이의 정직지수를 늘리는 중요한 방법이 된다. 아이에게 물을 수 있는 질문들은 다음과 같다.
"사실대로 말했니?"
"그게 올바른 일이었니?"
"왜 내가 걱정한다고 생각하니?"
"만약 가족(반) 구성원 모두가 항상 거짓말을 한다면 무슨 일이 벌어질까?"
"만약 네가 너의 말을 지키지 않는다면 너에 대한 내 신뢰는 어떻게 되겠니?"
"내가 만약 너에게 거짓말을 하면 너는 어떤 느낌이겠니? 내가 속았다고 느끼는 것에 대해 너는 어떻게 생각하니?"
"왜 거짓말은 잘못일까?"
변화의 목표는 거짓말은 신뢰를 무너뜨린다는 걸 아이가 이해하도록 하는 것이다. 목표에 도달할 때까지는 시간이 걸릴 것이다. 따라서 아이가 정직함의 가치를 이해하도록 돕는 교육적인 순간들을 활용하자.

☐ 거짓말은 근신, 제적, 심지어 구금이나 벌금과 같은 법적 처벌 등으로 이어 져 너를 심각한 곤경에 빠트릴 수 있다.

☐ 네가 거짓말을 하는 것은 가족의 평판과 너의 신뢰도를 떨어뜨릴 것이다.

선출된 공직자, 운동선수, 회사 중역, 유명인들이 저지른 정직하지 못한 행동에 대한 뉴스기사를 모아두고 이를 활용해 진실과 거짓의 대가가 무엇인지 가르쳐 주자.

● 정직을 표어로 삼자. 아이들은 반복을 통해 습관을 형성한다. 정직을 가족의 모토로 정하자. 예를 들면 이런 것들이 있다. "절반의 진실은 거짓과 같다." "옳

지 않은 일이라면 하지 말라." "진실이 아니면 말하지 말라." "정직이 최고의 덕목이다." 가족의 모토를 아이가 내면화하여 자신의 것으로 만들 때까지 반복적으로 이야기해주자.

●정직을 강조하자. 아이가 진실한 것에 대해 부모가 고마워하고 있다는 사실을 깨닫게 해주라. 그리고 아이의 노력을 인정해주자. "네가 정직한 태도를 보여줘서 정말 기쁘구나." 아이에게 자신의 실수를 인정하고 거짓말을 시인할 용기를 낸 것에 대해 칭찬해주자. 강화된 행동이 다시 반복되기 쉽고 반복된 행동들이 새로운 습관이 되기 쉽다는 연구결과가 있다. 그러므로 아이의 정직한 태도를 칭찬해줘야 한다.

●일정시간 동안 거짓말하지 않는 도전을 시도하자. 마크 하이엇(Mark Hyatt)은 고등학교 학생들이 24시간 동안 거짓말을 하지 않도록 시도하게 했던 일에 대해 이야기해주었다. 그 결과 단 한 명도 성공하지 못했다. 당신의 집에서도 이를 시도해보거나 당신을 포함한 가족들이 거짓말을 하지 않고 지낼 수 있는 최대한의 시간이 얼마인지를 확인해보자(힌트: 만 4세 아이는 2시간마다, 만 6세 아이는 약 한 시간 반마다 거짓말을 한다. 이런 현실을 고려해서 도전을 시작할 필요가 있다. 그리고 나서 목표시간을 늘려나가도록 하자).

나이별 육아법

3~6세 거의 모든 아이들은 만 3세가 되면 벌을 피하기 위해 거짓말을 시작한다. 그리고 나쁜 거짓말과 선의의 거짓말을 구분할 수 있게 된다. 아이의 상상력은 꾸며낸 것과 사실을 구분하기 어렵게 만든다. 이 연령의 아이들은 자신의 바람이 이루어지길 원하면서 이야기를 부풀려 말하기도 한다. "수영해서 풀장을 건넜어"(이

는 희망사항일 뿐 사실이 아니다).

7~9세 학령기 아동은 거짓말이 잘못이라는 걸 안다. 그러나 진실을 왜곡하는 게 어디까지 허용되는지 그 한계를 시험해보고자 할 것이다. 아이들은 점점 더 교묘한 거짓말을 할 것이고 문제해결 방법으로 고의적으로 거짓말을 이용할 것이다. 거짓말을 하는 이유는 벌을 피하기 위해, 다른 사람들에게 좋은 인상을 주기 위해, 자존감을 높이기 위해, 자신이 원하는 것을 얻기 위해서이다. 만약 만 7세에 거짓말이 문제해결에 효과적이라는 걸 알게 되면 그 후 거짓말이 아이의 유년시절에 걸쳐 습관화될 것이다.

10~13세 10대 초반의 아이들은 거짓말이 속임수이고 그에 따른 대가가 있다는 걸 안다. 그래서 거짓말은 더 중요한 문제가 된다. 아이는 거짓말을 들켰을 때 사실을 고백하려고 하지 않는다. 거짓말을 하는 일반적인 이유는 부모에게 걱정을 끼치지 않기 위해, 논쟁을 피하기 위해서이다. 또한 이 시기의 아이들은 친구를 보호하기 위해, 자신의 사생활이 침해되었다고 느낄 때, 거짓말을 하기도 한다. 이런 거짓말이 습관화되지 않도록 조심해야 한다.

우리집 맞춤 처방전

아이들의 말을 확인할 전화연락망을 구축했어요!

열 살짜리 우리 딸과 아이의 친구들이 도서관에 가겠다고 하고는 매일 쇼핑몰에서 만났다는 걸 알게 되었습니다. 우리 딸아이는 자신의 거짓말을 시인했지만 다른 부모들은 여전히 모르고 있는 것이 분명했습니다. 그래서 우리는 그 부모들을 대화에 초대했습니다. 우리의 첫 번째 결정은 일주일 동안 아이들이 서로 보지 못하게 하는 것이었습니다. 그리고 아이들의 말을 확인할 전화연락망을 구축했습니다. 어린 천사 같은 우리 아이들이 정직하지 않을 수도 있다는 걸 일깨워준 일이었습니다. 우리는 그날 저녁 아이들의 거짓말이 습관이 되지 않도록 노력하기로 약속했습니다.

도와주세요

도둑질하는 아이들의 적신호

잘못된 행동인 줄 알면서도 또래 혹은 가족들에게 물어보지 않고 그들의 물건을 가져간다.

물건을 사는 척하고 훔친다.

부모가 해야 할 일은?

아이가 정직의 가치를 이해하고 도둑질이 잘못이라는 걸 깨닫게 한다. 아이의 행동이 아이의 양심과 가족의 가치와 일치될 수 있도록 지도한다.

왜 변해야 할까?

아이가 상점에서 사탕을 가지고 나와 주머니에 넣는 것을 목격한다. 딸이 친구집을

나오면서 친구의 인형을 윗도리 속에 숨겨 나오는 걸 알아차렸다. 아들의 옷장에서 비디오게임기를 발견했는데, 그 게임기는 아이의 것이 아니다. 당신의 아이는 자신이 원하는 거의 모든 것을 가지고 있다. 그런데도 왜 다른 사람의 물건을 훔치는 걸까? 아이에게 도벽이 있는 건가? 부모는 이에 어떻게 대처해야 할까?

아이가 무언가를 훔치는 걸 발견하면 차분한 부모라도 굉장히 놀랄 것이다. 생각하는 것보다 아이들의 도둑질은 훨씬 더 빈번하게 일어나는 일이라는 걸 알아두자. 특히 소유에 대한 명확한 이해가 없고 양심이 덜 발달된 어린 아이들일수록 더욱 그렇다. 만 5~7세까지의 아이들은 도둑질이 불러오는 좋지 않은 영향에 대해 이해하지 못한다. 그러나 도둑질이 다른 사람의 권리를 침해하는 일이고 심각한 법적인 결과를 낳을 수도 있다는 사실을 이해하는 나이가 되어도 도둑질이 계속되면 문제는 훨씬 더 심각해질 수 있다. 도벽은 새로운 젊은 세대의 문제가 되고 있다.

내 아이가 물건을 훔칠까?

2만 개 중고등학교를 대상으로 실시한 설문조사에 따르면 전체 응답자 가운데 47%가 상점에서 물건을 훔친 경험이 있다고 한다. 고등학교 학생 가운데 1/4이 최소한 2번 이상 상점에서 물건을 훔쳐봤다고 답했다. 상점에서 물건을 훔치는 행위를 심각하게 받아들일 필요가 있다. 많은 주들에서 청소년 범법자들을 엄격하게 다루고 있다. 4명 중 1명의 아이들이 도둑질을 한다고 나왔으니, 부모의 대응책은 지금 바로 이런 행동을 잡는 것이다. 아이가 도둑질을 할 가능성을 보여주는 몇 가지 증상들이 있다.

1. 쓰레기통에 가격표나 물건 포장지가 숨겨져 있다.
2. 부모가 구매한 적이 없고 집에서 못 보던 물건들이 발견되거나 아이가 새 옷 혹은 새 전자제품을 가지고 다닌다. 하지만 아이에겐 그런 물건들을 새로 살 돈이 없다.
3. 아이가 부모 혹은 친구에게 비싼 선물을 주고 어디에서 돈을 얻었는지에 대해서는 비밀로 한다.
4. 아이가 빈 가방을 메고 집을 나서거나 헐렁한 옷을 입거나 밖이 따뜻한데도 재킷을 입고 나간다.
5. 돈이나 물건을 가족들로부터 숨기기 시작한다.

물건을 사는 체하고 들고 나가는 행위가 매우 빈번해서 상점에서는 CCTV를 설치하고 경비원들을 고용하고 있다. 언제나 어린 아이들이 도둑질을 가장 많이 하는 것으로 나타난다. 이런 문제를 줄이기 위해, 상점들은 부모들에게 아이와 동반할 것을 요구하고 있다. 학교 도서관은 책 도난을 방지하기 위한 보안시스템을 설치한다. 학교장은 훈육에서 가장 큰 문제 중 하나는 친구의 물건을 훔친 아이를 다루는 일이라고 한다. 그런데 대부분 아이들은 경제적인 이유나 탐욕 때문에 훔치는 것이 아니라는 연구가 있다. 그 아이들은 대개 필요하거나 원하는 것 이상을 가지고 있다. 도둑질은 유년시절에 흔한 문제이기는 하지만 절대로 용인되어서는 안 된다. 그것이 아이의 양심, 명성, 정직성에 미치는 영향은 정말로 크다. 한 가지 분명한 사실은 아이의 도둑질에 대해 부모가 어떻게 반응하느냐에 따라 아이가 옳고 그름을 이해할 수 있다는 것이다. 그런 문제 있는 행동을 멈출지 계속할지도 부모의 반응에 달려 있다. 이런 행동을 가능한 빨리 개선할 수 있는 6가지 해결책을 제시해본다.

해결책

변화를 위한 6가지 전략

1. 정직의 본보기를 제시하자.

일상에서 부모의 정직성을 평가하는 것부터 시작해보자. 예를 들어, 상점의 사탕통에서 돈을 내지 않고 사탕을 꺼내 먹은 적이 있는가? 레스토랑이나 호텔에서 가져가면 안 되는 작은 기념품들을 가져온 적이 있는가? 혹은 회사의 물건들을 집으로 가져온 적이 있는가? 만약 그렇다면 그런 행동들이 아이에게 어떠한 영향을 줄지에 대해 생각해보자. 그러고 난 후, 자신의 잘못된 행동을 개선할 것을 다짐하자. 아이가 정직을 배우는 가장 좋은 방법은 부모의 올바른 행동을 직접 관찰하는 것이다.

2. 차분하게 문제를 대하고 아이의 의도를 평가하자.

첫 번째 단계는 5가지 중요한 답을 찾아내는 것이다. 먼저 무엇이 언제 어디에서 그 일이 벌어졌으며, 누구와 함께 있었고, 왜 훔쳤는지를 물어야 한다. 불행히도 지금의 문제가 생긴 것은 지금껏 부모가 아이에게 왜 훔쳤는지를 직접적으로 물어왔기 때문이다. 그보다는 부모가 일어났다고 믿는 일에 대해 간단히 설명한 후 그 일에 대해 어떻게 느끼는지를 아이에게 말해주는 것이 더 낫다. 차분하게 대하고 과민한 반응을 보이지 말자. 그렇게 하면 아이가 열린 마음으로 다가오도록 할 수 있다. "민규야, 네 것이 아닌 비디오게임기를 옷장에서 보고 화가 났단다. 너의 이 행동에 대해 우리가 어떻게 하면 될까?" 아이의 도둑질에 대해 비난하거나 아이에게 도둑이라는 딱지를 붙여서는 안 된다. 비난은 절대로 문제를 해결해주지 못한다. 또한 그렇게 하면 아이는 벌을 피하기 위해 거짓말을 하기 시작한다. 문제가 생기면 그것을 함께 해결해야 한다는 생각을 당연히 하도록 해야 한다.

3. 정직을 강조하고 왜 도둑질이 잘못인지를 함께 이야기한다.

아이에게 왜 도둑질이 옳지 않은지, 그리고 도둑질이 가족의 도덕적 기준에 왜 어긋나는지를 설명해주자. 간단히 그리고 왜 도둑질이 잘못인지를 설명하는 데 초점을 맞춰 이야기하자. 예를 들어 "네 것이 아닌 것을 허락 없이 가지고 오는 건 잘못된 일이야. 우리는 우리 물건이 아닌 걸 가져오면 안 돼. 우리는 서로를 믿어야 할 필요가 있어. 나는 네가 다른 사람의 물건을 존중해주고 다른 사람의 물건을 빌릴 때는 항상 허락을 받길 바란단다." 어린 아이들은 종종 빌리는 것과 훔치는 것의 차이를 구분하기 어려워한다. 따라서 소유하는 것과 소유물을 존중해주는 것의 개념을 설명해줄 필요가 있다. 나이가 많은 아이의 경우에는 도둑질에 따르는 결과에 대해 함께 이야기를 나눠보도록 하자. 친구를 잃거나, 나쁜 평판을 얻거나, 사람들의 신뢰를 잃고, 법적인 문제에 얽히게 되는 등의 예를 들어줄 수 있다. 어떤 상점 주인들은 도둑질을 봐주지 않고 바로 경찰서에 연락을 할 수 있다는 사실을 이야기해주자. 아이와 몇 주 동안 정직에 대해 자주 말할 수 있도록 계획을 세우자. 아이가 부모의 기대치를 이해할 뿐 아니라 자신의 일상에서 그 가치를 유념해서 행동할 수 있게 하자. 아이와 한 번 정도 이야기를 나누고는 오랫동안 지속되어온 아이의 행동이 변화할 수 있으리라고는 기대하지 말자.

4. 도둑질이 가져오는 영향에 대해 질책하고 깊이 생각하게 한다.

대부분 아이들은 훔치는 행동이 다른 사람에게 상처를 줄 수 있다는 걸 생각하지 못한다. 하지만 아이들은 그런 행동의 결과에 대해 알 필요가 있다. 아이가 피해자의 입장에서 생각해보도록 하는 게 가장 좋은 방법이다. 그러면 아이는 자신의 물건을 누군가가 훔쳐가는 것이 얼마나 화나는 일인지를 깨닫게 될 것이다. 더 어린 아이의 경우에는 아이가 가장 좋아하는 장난감을 가지고 역할극을 해보자. 아이의 장난감을 훔쳐간 후 물어보자. "만약 누군가가 네 장난감을 가져가면 기분이 어떻겠니? 그게 옳은 일일까?" 나이가 많은 아이에게는 "네가 피해자라고 해보자. 그리고 네 지갑 속의 돈을 다 도난당했다고 생각해보자, 어떤 기분이 들겠니? 훔쳐간 사람한테 뭐라고 말하고 싶니?"라고 물어보자. 아이들은 항상 자기가 하고 싶어 하는 것과 해야 하는 것 사이에서 갈등한다. 적절한 질문을 통해 아이의 양심이 발휘되어 도둑질이 나쁜 이유와 도둑질이 다른 사람에게 주는 영향에 대해 깨닫게 될 것이다.

5. 잘못을 개선하도록 요구하자.

왜 도둑질이 잘못인지를 이해할 뿐 아니라 어떻게 그 행동을 바꿀 수 있을지를 깨닫게 해줘야 한다. 최고의 벌은 피해자에게 사과하고 훔친 물건을 돌려주게 하는 것이다. 훔친 물건이 껌이든 혹은 비싼 비디오게임기든 반드시 돌려주도록 해야 한다. 만약 상점에서 훔쳤다면 부모가 아니라 아이가 직접 상점 점원에게 사과하도록 시키자. "이 물건을 훔쳐서 죄송합니다. 그게 잘못되었다는 걸 알고 돌려드립니다." 만약 점원이 부모에게 이야기를 한다면 아이에게 직접 이야기 해줄 수 있도록 하자. 여기서 핵심은 아이가 자신의 행동에 대한 책임감을 느끼도록 하고, 잘못된 행동을 바로잡을 수 있는 사람은 부모가 아니라 바로 자기 자신이라는 점을 깨닫게 해주는 것이다. 만약 훔친 물건이 손상되었거나 돌려줄 수 있는 상태가 아니라면 아이가 물건값을 지불하게 해야 한다. 부모가 대신 갚아주면 아이가 책임감을 갖고 자신의 용돈이나 다른 집안일을 도우며 받는 돈으로 물건값을 부모에게 갚아나가도록 해야 한다. 그 이상의 벌은 필요없다(주의: 상점이 도난사건에 대해 경찰에 신고한 상태인지를 미리 파악해야 한다. 어떤 상점은 경찰을 부를 것이고 부모가 직접 법적인 문제

도둑질은 정말로 잘못된 행동이고 용인되어서는 안 되는 행동이지만 성장과정에서 자주 등장하는 문제로서 항상 심각한 문제로 이어지는 건 아니다. 하지만 나이가 많은 아이가 다음과 같은 행동을 보인다면 소아청소년정신과 전문의의 도움을 청해야 한다.

- 아이의 도둑질이 점점 빈번해지고 훔치는 물건이 훨씬 더 비싸졌다.
- 걱정되는 다른 행동들, 즉 무단결석, 충동적 행동, 반항, 방화, 동물학대, 우울증의 증상을 보인다.
- 아이가 훔치는 것에 대한 부끄러움, 후회, 죄의식 등을 느끼지 않으며 심지어 훔치는 것이 잘못되었다는 생각도 하지 않는다.
- 부모의 본능이 무언가가 옳지 않다고 말하고 있으며 오랫동안 걱정이 지속되고 있다. 도움을 요청하자!

에 대처해야 할지도 모른다).

6. 방심하지 말고 더 깊이 파고들자.

아이가 계속 물건을 훔치고 있다는 의심이 들면 아이의 행동을 더 면밀히 감시하도록 하자. 아이를 신뢰할 수 없다면 아이와 동행하여 상점에 갈 필요가 있다. 그리고 집에서도 귀중품은 잠근 채 보관해야 한다. 중요한 건 아이로 하여금 도둑질을 하도록 자극하는 게 무엇인지를 알아내는 일이다. 아이의 행동에 대한 새로운 관점을 찾아서 신뢰할 수 있는 어른과 대화를 나누도록 하자. 가장 흔하게 나타나는 이유들을 제시해보겠다. 어떤 것이 아이 혹은 상황에 적용되는지 확인해보자.

- 가정에서 이혼이나 재혼, 이사 등 아이에게 외상후스트레스장애가 될 만한 변화가 있었는지를 확인해보자. 그런 외상후스트레스장애로 인해 아이가 느끼는 두려움이나 분노를 도둑질로 표출할 수도 있다.
- 자기통제능력이 부족하고 충동적인지를 살펴보자.
- 동정심이 부족하고 무관심하며 피해자가 입는 마음의 상처를 깨닫지 못한다.
- 정직과 주인의식의 개념을 이해하지 못하고 양심이 부족하거나 약하다.
- 가정에서 소유의식에 대한 규칙이 약하다.
- 또래의 압력과 무리에 어울리려는 욕구가 크다.
- 자신에게 상처를 준 사람에게 복수를 하거나 되갚아주려고 한다.
- 스릴과 위험을 즐기는 행동을 한다.
- 자신은 잡히지 않을 것이고 상점은 별 피해 없을 거라 생각한다.
- 술, 담배, 마약, 도박 등을 남용하는 습관이 있다.

일단 아이가 왜 도둑질을 하는지 알아냈다면 해결책을 잘 생각해보자. 예를 들어 아이가 친구들의 호응을 얻기 위해 물건을 사는 체하다가 그냥 들고 나오는 것이라면 아이의 성격을 바꿔주고 친구의 압력을 이겨낼 방법을 배울 수 있을 만한 친구들을 찾아주자. 아이의 문제를 해결할 방법을 찾았다면 아이에게 시도해보자. 만약 훔치는 행동이 멈춰지지 않거나 오히려 늘어난다면 소아청소년정신과 전문의의 조언을 구하자. 그냥 기다리고만 있어서는 안 된다.

3∼6세 이 시기의 아이들은 자신의 상상이나 바람을 현실처럼 믿는다. 예를 들어 '저 트럭은 내 거야'라는 말은 실은 저 트럭이 내 것이면 좋겠다는 의미다. 또한 아이들은 자신에게 유리한 쪽으로 이야기를 만들어낸다. 자신의 충동을 통제하지 못하고 어떤 행동을 하기 전에 멈춰서 생각하지 못하는 것이, 유아기 아이들이 다른 사람의 물건을 가져오게 되는 가장 큰 원인이다. 한 번의 도둑질을 범죄처럼 취급해서는 안 된다. 대신 그 사건을 강력한 도덕적 교훈을 주는 기회로 삼자.

7∼9세 다른 사람의 소유에 대한 인식이 지속적으로 발달하고 도둑질이 잘못된 행동이라는 걸 이해하며 도둑질이 다른 사람에게 상처를 줄 수 있다는 것도 알게 된다. 이 시기 아동들은 보관을 위해 물건을 훔친다. 물건을 훔치는 가장 흔한 이유는 자존감이 낮거나 친구가 없어 친구들에게 강한 인상을 심어주기 위해서다. 남자 아이들 사이에서 더 빈번하고 5∼8세 사이에서 가장 많이 일어난다고 한다. 부모로부터 훈계를 들을 것이라는 두려움이 도둑질을 막는 가장 큰 요인이 된다고 한다.

10~13세 양심이 다져지고 죄의식이 내적으로 형성되기 시작한다. 아이들은 이제 도둑질은 잘못임을 완전히 이해한다. 따라서 이 시기의 도둑질은 의도적인 행동이다. 또래압력과 무리에 끼고자 하는 욕구가 가장 큰 동기가 된다. 설문조사에 따르면 36%의 아이들이 또래의 압력으로 물건을 훔쳤다. 이 연령대의 아이들은 능숙한 솜씨로 도둑질을 하며 심지어 자신의 행동을 자랑스러워하기까지 한다.

우리집 맞춤 처방전

아들을 가게주인한테 보내 사과하게 했어요!

제 아들은 음반가게에서 CD를 훔치다가 잡혔어요. 아이가 CD를 살 돈이 충분히 있었는데도 물건을 훔쳤다는 사실에 놀랐습니다. 아이에게 우리가 얼마나 실망했는지 설명하고 CD를 가게에 돌려주고 사과하고 오라고 했습니다. 가게 주인은 아들에게 좀도둑들 때문에 한 달에 얼마의 손해를 보는지 설명해주었습니다. 제 아이는 한 번도 가게 주인의 입장에서 생각해본 적이 없었다고 합니다. 가게 주인의 말은 지금껏 제가 아들에게 해준 어떤 조언들보다 더 크게 아들의 양심을 깨웠습니다. 아들을 가게로 다시 보낸 게 참 잘한 일이라고 생각됩니다.

도와주세요

보상을 원하는 아이의 적신호

보상받는 것을 당연하게 여긴다.

일에 대한 동기부여를 받기 위해 과제를 시작하거나 행동할 때 외부적인 통제에 의존한다.

'배움'을 위해 무언가를 하는 데 만족감을 느끼지 못하고 보상을 위해 한다.

항상 "내가 뭘 갖게 되는데?" "이건 얼마야?"라고 물어본다.

부모가 해야 할 일은?

아이의 자립심과 내적 동기부여 능력을 키워줘야 한다. 그로써 올바른 행동을 하거나 어떤 일을 하는 데서 외부의 보상에 의지하지 않도록 도와준다.

변해야 할까?

"내가 이걸 하면 뭘 받게 되는데?"

"나한테 얼마를 줄 거야?"

"만 원 이하면 안 할 거야."

최근 사랑스러운 자녀에게서 이런 말을 들었는가? 아이에게 작은 보상을 해주는 건 잘못된 일이 아니다. 하지만 장기적인 안목으로 볼 때 아이에게 끊임없이 보상을 해주는 것은 아이의 행동을 발전시키는 데 도움이 되지 않는다. 약 100년에 걸친 심리학 연구는 보상이 일시적으로 복종하게 하는 결과를 가져오기는 하지만 장기적으로 볼 때는 그 어떤 변화도 가져오지 않는다는 사실을 증명해준다. 아이가 보상에 집착할수록 아이의 기대는 점점 높아진다. 성적을 올리면 비디오게임기를 사주겠다는 제안으로 끝나지 않는다. 아이는 더 비싼 게임기를 원할 수도 있다. 아이가 자립심을 키워서 자신의 삶을 스스로 통제할 수 있다는 사실을 깨닫게 해주는 것이 중요한 양육과제다. 돈이나 스티커 없이도 올바르게 행동하는 법을 배우도록 도와줘야 한다. 아이는 자신을 북돋우며 자신을 의지해야 한다. 따라서 가능한 한 빨리 아이를 뇌물이나 보상에서 멀리 떼놓아야 한다. 동시에 다음 방법을 활용해서 아이 스스로 자신의 행동에 책임을 지고 대가를 바라지 않도록 하자.

육 아 뉴 스

여러 연구는 어떤 일을 잘했다는 이유로 아이들에게 보상하는 것이 역효과를 불러올 수 있다는 점을 확인시켜준다.

• 애리조나주립대학: 다른 사람과 함께 나누고 남을 돕는 행동을 보이는 유아기 아이들에게 보상을 해주면 시간이 지남에 따라 보상받지 않은 아이들에 비해 덜 관대해지고 비협력적인 모습을 보인다고 한다.

• 노팅엄대학교: 일상적인 일에 과자 등으로 보상을 하면, 아이들은 모든 관심을 과자에 쏟을 뿐 자신의 일에 대해 생각하거나 즐기지 못한다.

• 브랜디스대학교: 초등학생을 대상으로 한 실험은 보상을 받기로 한 아이들의 과제가 비창조적이라는 사실을 발견했다.

변화를 위한 5계명

1. 사소한 모든 것에 물질적인 보상을 하지 말자.

불필요한 보상을 하지 않겠다는 확실한 태도를 취해야 한다. 아이에게 '사소한 일들을 한 것에 대해선 상을 주지 않겠다'는 새로운 방침을 알리고 아이가 집안일을 돕고 학교와 다른 활동에서 최선을 다하길 기대한다는 규칙을 정하자. 이에 대해 아이는 싫은 내색을 하거나 싸우려 들거나 시선을 피할 수도 있다. 그래도 그냥 그대로 두자. 새로운 규칙을 통해 아이는 자립심을 키우고 자신에게 동기를 부여하는 방법을 배우게 될 것이다. 만약 아이가 "왜 그래야 하는데요?"라고 물으면 "엄마가 그렇게 하라고 말하니까"라고 답하라.

2. '올바르게' 보상한다.

'어떤 방법으로 아이를 북돋아주는가' 하는 것이 아이들의 행동과 내적 동기의 발달에 큰 차이를 가져온다는 연구결과가 있다. 부모는 다음 4가지 사항을 명심하고 보상을 할지 말지를 결정해야 한다.

- 기대하기를 포기하지 않는다. 가게에 들어가기 '전'에 부모의 기대사항을 아이에게 각인시킨다. "떼쓰지 않기야. 그러면 놀이기구를 탈 수 있도록 해줄게."
- 잘못된 행동에 대해서는 보상하지 않는다. 잘못된 행동을 그만두게 하려면 보상을 줘서는 안 된다. 그렇지 않을 경우 아이는 나쁘게 행동하면 보상을 받는다고 인식할 것이다.
- 받을 자격이 없다면 보상하지 않는다. 부모가 기대한 행동을 보이지 않는다

면 미리 약속한 보상이라고 해도 줘서는 안 된다.

- **과해서는 안 된다.** 합리적인 보상을 해줘야 한다. 경기에서 득점을 했다고 게임기를 사주거나, 잠을 재우기 위해서나 채소를 먹이기 위해서 큰 돈을 주는 등의 행동은 불필요하고 또한 부적절하다. 이는 아이에게 당근을 매달아 유혹하는 것과 같다. "잘했어" "네가 자랑스럽구나"와 같은 진심어린 칭찬만으로도 충분하다.

3. 내적 동기에 관심을 두자.

부모의 양육 목표는 아이의 내적 동기 부여를 발전시키고 더 이상 외부 보상에 집착하지 않도록 도와주는 것이다. 다음 3가지 방법을 살펴보자.

- **수준을 한 단계 높인다.** 보상에는 물질적 보상(장난감, 과자), 상징적 보상(스티커, 별표, 자격증), 칭찬(어른이 칭찬해주는 말), 내적 칭찬(그 자체를 즐기기 때문에, 혹은 그러면 기분이 좋아지기 때문에 그렇게 한다)이 있다. 아이가 받고 있는 보상의 종류를 알아보고 더 이상 외적 보상을 필요로 하지 않을 때까지 다음 단계의 보상으로 넘어간다. 아이가 얌전히 앉아 있는 행동으로 사탕을 받았다면 다음에는 스티커를 주도록 하자. 만약 침대를 스스로 정리해서 스티커를 받았다면 다음에는 그 자리에서 칭찬을 해주도록 하자.

- **기다리는 시간을 늘린다.** 아이의 행동과, 그에 대해 인정해주는 사이의 시간을 늘려나가자. 아이가 어리다면 그 즉시 칭찬을 바랄 테지만 연령이 높으면 보상을 위해 한 시간, 하루, 나아가 한 주를 기다릴 수도 있게 해야 한다.

- **아이를 참여시킨다.** 아이가 자신의 문제를 해결할 수 있는 방법을 스스로 찾을 수 있도록 도와줌으로써 자신의 행동에 책임감을 갖게 해준다.

4. 물질적 보상에 대해 한 번 더 생각해본다.

만약 아이가 물질적 보상에 익숙해져 있다면 상 받기를 기대하는 마음에서 벗어날 수 있게 해야 한다. 여기에 아이의 올바른 행동을 이끄는 효과적인 보상방법이 있다.

- **아이를 응원한다.** 보상이란 물건을 사주는 것만을 의미하지 않는다. 미소, 포옹, 박수만으로도 아이를 흥분시킬 수 있다.
- **빈 병을 사용한다.** 심부름을 마칠 때마다 조그마한 유리병에 조약돌이나 동전을 하나씩 넣게 한다. 그리고 병이 가득 차면 가족들이 함께 박물관에 가거나 영화를 보는 등 즐거운 시간을 보내기로 한다.
- **특별한 장소로 간다.** 착한 행동은 가격표와 함께 오는 것이라는 인식을 줘서는 안 된다. 또한 건강하지 못한 식습관을 만드는 먹을거리나 돈으로 보상을 해서도 안 된다. 스케이트장이나 공원 같은 장소로 함께 나들이를 가는 것으로 보상을 해주면 어떨까?
- **부모와의 일대일 시간을 만든다.** 쇼핑, 도서관 가기, 산책하기 등 아이와 함께 보낼 수 있는 시간을 계획한다. 아이가 부모의 관심을 두고 다른 형제자매와 경쟁하지 않도록 해준다.

5. 내적 칭찬을 강조한다.

아이가 주목할 만한 일을 한 바로 그 순간, 곧장 보상하지는 말자. 대신 아이가 내적 동기를 키울 수 있는 다음 방법을 활용해본다.

- **보상 없이 단지 목격한 것만을 이야기한다.** 판단하는 말을 제외하고 간단한 말들로 아이의 성공을 인정해주자. "혼자서 자전거를 탔구나" "와, 이 숙제를

하는 데 정말 많은 노력을 했구나. 잘 했어" 혹은 단순히 "해냈구나!"라고 말해주는 것으로 충분하다.

- **내적 자신감을 북돋아준다.** 아이의 행동을 강화하기 위해 빠르게 반응하는 대신 아이의 어떤 행동이 아이를 기쁘게 만들었는지 찾아보자. "어떻게 보조바퀴 없이 중심 잡는 법을 배웠니?" "그 숙제를 할 때 어떤 점이 가장 힘들었니?"

- **스스로 인정하도록 해준다.** 어떤 일이 보상받을 가치가 있는지 말해주고 스스로 그 행동을 인정하도록 해준다. 아이가 축구경기에서 질 때마다 좋지 못한 태도를 보인다고 해보자. 그런데 이번에는 실패를 남 탓으로 돌리지 않으려고 노력했다면 이를 높이 평가해줘야 한다. "준희야, 넌 오늘 상대팀에 대해 나쁜 말을 하지 않으려고 정말 큰 노력을 했구나. 정말 잘했다." 그리고 아이 스스로 자신을 칭찬할 수 있도록 격려해준다. "너 자신에게 잘했다고 이야기해주는 걸 잊지는 않았지?"

- **주어를 '나'에서 '너'로 바꾼다.** 칭찬할 때 주어를 바꿔 말하면 부모가 인정하고 있음을 강조하기보다 아이 스스로 자신의 행동을 조절한 것에 대해 강조할 수 있다. "나는 네가 오늘 열심히 노력한 게 자랑스럽구나"라고 말하기보다는 "오늘 네가 열심히 노력한 것에 대해 스스로 무척 자랑스러웠겠구나?"라고 말해주자.

- **'성취일기'를 이용한다.** 일주일에 한 번 시간을 내서 자신이 성과를 이룬 일들에 관해 일기를 쓰거나 그림을 그리게 해보자. 이를 통해 아이는 스스로 좋은 행동을 이끌어냈다는 사실을 점차 깨닫게 된다.

3~6세 아이들은 현재만을 의식하고 집중하는 시간이 짧다. 보상은 아이가 올바른 태도를 보이고 있는 순간이나 직후에 해야 한다. "잘하면 나중에 상을 받게 될 거야"라고 말하는 것으로는 부족하다. 최고의 방법은 아이가 잘하고 있는 그 순간에 칭찬하는 것이다. 보통 만 3세 이후가 되어서야 '협의'가 무엇인지 이해하고 협력할 자세를 보인다. 또한 곧장 보상받지 못하더라도 어느 정도 인내심을 발휘할 수 있다.

7~9세 자기조절과 이해능력이 증가하는 시기이다. 아이는 나이와 성격에 따라 한 시간, 하루, 혹은 일주일까지도 자신의 올바른 행동에 대한 보상을 기다릴 수 있다. 부모의 목표는 아이가 자기조절과 집중의 정도를 점차 늘려나가게 하는 것이다.

10~13세 숙제를 더 열심히 해야 한다거나 심부름을 좀더 제대로 해야 한다는 등으로 아이가 어떤 일을 해야 하는지, 부모가 보기에 아이가 더 발전시켜야 하는 부분은 무엇인지를 두고 아이와 대화해보자. 그러고 나서 아이가 노력하는 모습을 보이면 어떤 식으로 그 노력을 존중해줄지에 대해 의논한다. 목표를 구체적으로 정해야 한다. 숙제하는 시간을 30분 늘린다든지, 한 달에 한 번 자신의 방을 청소한다든지 하는 식으로 말이다. 이는 아이에게 노력의 중요성을 깨닫게 하고 목표설정이라는 중요한 기술을 배우게 한다.

♥사랑하는 우리 ○○의 문제 노트♥
(문제와 우리집 만의 해결 계획을 적어보세요)

우리집 맞춤 처방전

상을 스스로 만들게 했어요!

우리집 아이들은 '착한 행동'을 한 것에 대해 언제 스티커를 받을 수 있는지 늘 물어봤어요. 어느 날 저는 펜, 스티커, 종이, 우표, 풀 등을 전부 상자 하나에 담았습니다. 그러고는 아이들이 상을 바랄 때마다 아이들에게 그 박스를 가지고 와서 스스로 자신의 상을 만들라고 했어요. 또 한 가지 규칙이 있었죠. 냉장고에 자기가 받은 상을 붙여놓고 싶으면 자기가 뭘 했는지를 발표하도록 했습니다. 이를 통해 아이들은 저에게 악착같이 인정받으려고 기대하기보다는 스스로 자부심을 느끼고 행동이 개선되었답니다.

도와주세요

비관적인 아이의 적신호

부정적인 면만 보려 하고 대부분 사건에서 최악의 경우만을 생각한다.

우울한 상황에서 안 좋은 점만 찾는다.

귀찮아하고 실패를 당연한 듯이 여긴다.

부모가 해야 할 일은?

아이가 비관적인 태도를 다스리는 방법을 배울 수 있게 해주고 긍정적인 사고방식

으로 대처할 수 있도록 도와준다.

왜 변해야 할까?

"노력해서 뭐해요? 어차피 떨어질 건데." "꼭 해야 해요? 절대로 못할 텐데." 최

근 이런 말들을 자녀한테서 들어본 적이 있는가? 그렇다면 자녀는 비관적인 아이

일 가능성이 높다. 비관적인 아이들은 무엇이든 불만스러워한다. 무슨 경험을 하든 "그게 뭐? 중요하지 않아" 하는 태도로 일관한다. 더 큰 문제는 부정적인 관점이 그들의 인생 곳곳에서 극적인 영향을 준다는 점이다. 무엇을 하든 바꿀 수 없다고 생각하고 실패를 두려워해서 쉽게 포기한다. 그리고 잘한 일이 있을 때도 "그렇게 대단한 게 아니었어, 운으로 된 거야"라며 자신의 능력을 과소평가하게 된다. 슬프게도, 이런 아이들은 자기 자신을 포함하여 세상을 부정적으로 보기 때문에 인생의 멋진 부분들을 보지 못한다.

이 아이들은 자신의 약점을 찾아내는 데 재빠르다. "난 멍청해, 공부해서 뭐해?" "아무도 날 좋아하지 않을 텐데, 왜 노력해? 팀에서 왜 날 뽑겠어? 난 그동안 잘하지도 못했는데." 이런 비관주의적인 태도가 냉소주의나 비난으로 깊어지고 나아가 자기능력 이하의 실력을 내거나 우울증을 야기할 수도 있다.

해결책

변화를 위한 7계명

1. 부모의 태도를 확인하자!

태어날 때부터 비관적인 아이는 없다. 그렇다면 비관적인 태도를 어디에서 배웠을까? 형제? 친구? 이웃? 친척? 부모가 일상에서 문제들을 긍정적으로 해결하고 있는지, 아니면 아이가 비관적인 태도를 배우도록 행동하고 있는지 확인하는 질문들을 해보자.

- **끔찍한 사건들이 텔레비전에 나온다**: 자주 조만간 비극적인 일이 일어날 것이라고 말하는지, 아니면 세계의 지도자들이 문제를 해결할 수 있을 거라고 말하

는지?

- **경제적인 문제를 겪고 있다:** 돈 때문에 힘든 일이 생길 거라고 말하는지, 아니면 빚 없이 잘 살아갈 수 있다고 용기를 내는지?
- **가장 친한 친구와 문제가 있다:** 친한 친구의 잘못만을 얘기하는지, 아니면 잘 화해해서 좋은 친구로 계속 남을 거라고 말하는지?
- **자녀의 성적이 좋지 않다:** 우리집안 여자들은 수학을 절대로 잘하지 못했기 때문에 걱정할 일이 아니라고 말하는지, 아니면 자녀가 잘할 수 있을 거라 믿으며 성적을 향상시킬 계획을 세우는지?
- **친한 어르신의 건강이 매우 좋지 않다:** 그분의 건강이 절대로 회복될 수 없을

부모 시선 집중!

만약 긍정적이던 자녀가 갑자기 부정적으로 바뀌었다면 그 이유가 무엇인지 가까이에서 지켜보자.

- **약물**(약국 또는 병원에서 처방한) 어떤 약물의 복용은 우울증과 같은 증상을 보일 수 있다. 의사 또는 약사와 자녀가 현재 복용하고 있는 약물의 영향에 대해 상의해보자. 다른 형제의 처방전으로 받은 약이 아닌지 다시 한 번 확인해보자.
- **약물 남용** 감기약이나 시럽약 중독, 스테로이드가 비관주의를 야기할 수 있다. 약물 남용의 가능성을 간과해선 안 된다.
- **충격적인 사건** 특정한 충격적인 사건(사고, 죽음, 화재, 홍수, 부모의 이혼)이 인생을 새롭게 보게 했는지? 자녀의 비관주의가 심리적 외상 후에 온 스트레스장애가 아닌지 상담가의 도움을 받도록 하자.
- **건강 또는 감정적인 문제** 비관주의가 질병, 낮은 자존감, 우울증, 불안감 등 더 큰 문제의 신호일 수 있다. 더 심각한 문제를 일으킬 수 있는 여지가 있다고 생각되면 전문가의 도움을 받도록 하자.

만약 자녀의 비관주의가 반복되는 경향을 보인다면 잘 지켜보도록 하자. 예를 들어, 항상 할머니 댁을 방문하는 첫째 주말에만 우울해지는지, 역사시험이 있는 월요일에만 우울해지는지 말이다.

거라고 걱정하는지, 아니면 의술도 발전하고 있고 그분은 강한 사람이기 때문에 회복할 수 있을 거라고 말하는지?

자녀는 부모의 모든 행동을 따라한다는 사실을 잊지 않도록 하자. 자녀가 긍정적인 관점으로 세상을 바라보는 사람들과 교제할 수 있도록 해주자. 아이들은 부모의 태도를 보고 배운다.

2. 긍정적인 면을 보여주자.

집에서부터 긍정적인 관점을 강조하면 아이는 불리한 점보다는 인생의 좋은 점을 보기 시작할 것이다. 가족이 함께 도울 수 있는 몇 가지 방법을 소개한다.

- **자녀가 읽고 보는 것을 감독하자.** 계속되는 우울한 뉴스는 자녀의 관점에 영향을 줄 수 있다. 감동적인 영화나 희망을 주는 다큐멘터리를 보도록 하자. 좋은 뉴스만을 보여주고 같이 이야기를 나누도록 하자.

- **'좋은 소식' 보고하기를 시작하자.** 저녁식사 때 '좋은 소식'을 보고하도록 해보자. 이는 가족들이 하루를 보내며 있었던 긍정적인 일을 이야기하는 시간이다. 신문에 나온 뉴스를 말해도 좋고 하루를 보내며 좋았던 일을 말해도 좋다. 이 방법은 긍정적인 생각을 심어줄 뿐 아니라 사랑하는 자녀와 함께 시간을 보낼 수 있는 중요한 방법이다.

- **낙관적인 이야기를 나누자.** 큰 고난을 겪고 있지만 비관적으로 생각하지 않고 꿈을 이루기 위해 노력하는 사람들의 이야기를 찾아보자. 베토벤의 음악 선생님은 그가 작곡자로서는 빵점이라고 했고 마이클 조던은 고등학교 농구팀에서 쫓겨났다. 월트 디즈니는 파산한 후 신경쇠약까지 앓았다. 루이저 메

이 올컷은 《작은 아씨들》을 쓰기 전까지 수많은 출판사들로부터 그런 책은 아무도 읽지 않을 거라고 거절을 당했다.

3. 비관적인 사고에 대응하자.

많은 아이들은 비관적인 태도를 바꾸지 않는다. 자신이 얼마나 비관적인지, 얼마나 자주 비관적인 태도를 취하는지 깨닫지 못하고 있기 때문이다. 심리학자들은 아이들이 냉소적인 생각을 할 때마다 동전, 구슬 같은 것을 이용해서 자신의 생각을 추적할 수 있게 하라고 한다.

왼쪽 주머니에 동전을 넣은 후 머릿속으로든 아니면 말로든, 부정적인 생각을 하게 되면 동전을 왼쪽에서 오른쪽으로 옮기게 하라고 한다. 그러면 아이들은 자신이 얼마나 부정적인 생각을 자주하는지 알 수 있게 되고 변화를 더욱 수용할 수 있게 된다고 한다.

● 냉소적인 반응을 지적하자. 아이가 냉소적인 반응을 보이면 귓불을 잡아당기거나 팔꿈치를 만지는 등 아이와 둘만이 아는 방법으로 방금 냉소적인 발언을 했다고 알려주자.

● '나쁜 생각'에 맞서자. 비관적인 이야기가 나오면 그에 맞서 대응할 방법을 아이에게 알려주자. 예를 들면 이렇게 이야기해줄 수 있다(아이가 의미를 이해하기만 한다면 꾸며낸 이야기여도 좋다). "엄마가 너 만했을 때야. 시험을 치르기 직전 어떤 목소리가 들렸어. '넌 이번 시험을 망칠 거야.' 난 그에 맞서 대꾸했지. '난 그래도 시험을 볼 거

야. 난 잘 볼 거 같은데.' 그랬더니 곧 목소리가 들리지 않았어. 엄마가 그 소리를 듣는 걸 거부했기 때문이야. 너도 그런 목소리가 들리면 말해. '틀렸어'라고."

4. 비관적인 관점에 균형을 맞추자.

비관적인 아이들은 나쁘고 안 좋은 면만을 보기 때문에 좋은 점을 놓칠 때가 많다. 아이 내면에서 나오는 부정적인 목소리를 이길 수 있도록 자녀에게 균형적인 시각을 보여주자.

아이가 아무도 자기를 좋아하지 않는다고 생각해서 친구의 생일파티에 가지 않으려 한다고 하자. 아이에게 "희진이가 널 싫어했으면 초대하지도 않았을 거야"라고 말해줌으로써 균형잡힌 시각을 알려줄 수 있다.

또 다른 예로, 수학시험을 망친 후 자기는 잘하는 게 아무것도 없다고 말하면 "네가 얼마나 속상한지 알지만 모든 걸 다 잘하는 사람은 없어. 미술이랑 역사는 네가 최고잖니. 수학 성적을 올릴 수 있는 방법을 같이 찾아보자"라고 말해주면 된다.

5. 긍정적인 추측을 격려하자.

비관적인 아이들은 모든 상황에서 나쁜 일이 일어날 가능성만을 생각하기 때문에 성공 잠재력이 크게 줄어든다. 의사결정을 하기 전 현실적인 평가를 할 수 있도록 해주고 낙관적인 결과를 생각할 수 있도록 해주자. "만약 네가 이렇게 한다면 어떻게 될까?" "만약 네가 노력하지 않는다면 어떻게 될까?"라고 물어보자.

- 장점과 단점 보기. "네가 그걸 선택하면 어떤 좋은 일이 일어날까?" "좋은 일과 나쁜 일을 나누어보자. 좋은 점이 더 많니, 아니면 나쁜 점이 더 많니?"
- 최악의 상황 말하기. "정말 최악의 상황은 뭔데?" 결과가 정말로 부정적일지

알 수 있도록 도와주고 해결할 수 있는 방법도 함께 고민해본다.

6. 긍정적인 사고를 인정해주자.

변화는 항상 어려운 일이다. 몸에 배인 버릇을 바꾸는 것은 특히 더 어렵다. 아이가 긍정적인 말을 하는 순간들을 잘 지켜보자. 만약 아이를 지켜보지 않는다면 아이가 새로운 접근을 시도하는 순간을 놓치게 될 것이다. 자녀의 낙관론을 들을 때마다 인정해주자. 자녀에게 긍정적으로 말했다는 사실을 알려주는 것을 잊지 말고 엄마가 왜 그걸 고마워하고 환영하는지 말해주자. "시험 보느라 힘들었다는 거 알아. 네가 더 잘할 수 있다고 말한 건 정말 긍정적이구나! 공부를 열심히 했으니까 이제부터는 시험을 잘 볼 수 있을 거라고 믿어." "신발끈을 너 혼자 묶어보겠다고 말하니까 엄마는 너무 기쁘구나."

7. 현실을 점검해보자.

위의 방법들을 다 시도했는데도 자녀의 태도에 변화가 없다면 다음의 2가지를 고려해보자. 첫째, 부정적인 불만이 적절한 것인가? 예를 들어, 진도가 너무 빨라서, 정말로 이번 시험을 못 볼 것 같은 불안함이 있는 건지. 정말 실력이 없어서 야구시합에서 질 가능성이 높은 건지? 너무 이상한 행동을 하거나 촌스럽게 옷을 입고 다니고 있어서 친구들이 놀리고 있는 건 아닌지? 그렇다면 자녀에 대한 기대가 정말 현실적인지를 확인해봐야 한다. 좀더 천천히 진도를 나가는 수학교실에 들어가게 해주고 과외수업을 구해주고, 자녀가 야구팀을 그만두고 정말로 원하는 태권도 학원에 보내고, 사회성을 키워주는 수업을 듣게 해야 한다. 두 번째는 자녀의 비관주의에 내재해 있는 큰 분노나 우울증이 있는지 확인해보고 정신과 전문의의 도움을 청하는 것이다.

♥사랑하는 우리 OO 의 문제 노트♥
(문제와 우리집 만의 해결 계획을 적어보세요)

우리집 맞춤 처방전

텔레비전 시청을 제한했어요!

우리 딸은 항상 긍정적이었는데, 갑자기 세상에 대해 부정적으로 변했습니다. 처음에는 딸이 그런 우울한 생각을 어떻게 하게 되었는지 알지 못했는데, 곧 아이가 케이블 뉴스방송을 자주 보고 있다는 걸 깨닫게 되었습니다. 우리는 딸이 최근 사건들에 대해 잘 알았으면 했지만, 그렇다고 해서 전쟁, 지구 온난화, 재정악화와 같은 뉴스를 보도록 격려하진 않았습니다. 딸에게 앞으로 뉴스를 보지 말자고 했더니, 딸은 곧 명랑하게 달라졌습니다.

도와주세요

욕하는 아이의 적신호

욕, '더러운' 이야기, 비속어, 부적절한 단어를 사용한다.

부모가 해야 할 일은?

가족이 중요하게 여기는 가치에 따라 어떤 말과 행동이 안 되는지를 이해하게 해준다. 부모의 관점을 따르고 격한 감정을 적절히 표출할 수 있는 방법을 배우게 해준다.

평소에 행동이 바르다고 생각했던 딸아이가 어제 저녁식사 자리에서 욕을 내뱉었어요. 얼마나 충격적이었는지! 우린 아이가 밖에서도 그런 욕을 다시 할까봐 너무 두려워요. 이 일을 어떻게 하죠?

아직은 잠을 못 이룰 정도로 걱정할 단계는 아닙니다. 하지만 아이의 행동을 계속 주시해야 할 것입니다. 우선 아이에게 집안이나 밖에서 그런 단어를 사용해서는 안 된다고 못박아두고 그 이유를 설명해주세요. 나쁜 말을 써서는 안 된다고 결정한 뒤에는 이를 반드시 지키도록 해야 합니다. 한편, 어떤 아이들은 부모의 반응을 보기 위해 욕을 하기도 합니다. 따라서 아이가 욕하는 걸 들었을 때 얼굴에 감정을 그대로 드러내서는 안 됩니다. 유아기의 아이가 나쁜 말을 썼을 경우에도 웃지 말아야 하고요. 부모가 웃으면 그런 말을 쓰는 게 귀엽다는 인식을 갖게 되고 계속 그렇게 행동할 것입니다.

왜 변해야 할까?

우리는 일반적으로 아이들은 순수한 존재라고 생각한다. 그래서 아이들 입에서 상스러운 말이 튀어나왔을 때 그 충격은 금할 길이 없다. 그런데 요즘 시대에는 아이들이 비속어를 사용하고 더러운 이야기를 하는 게 정상적인 발달행동이라고 여긴다. 아이는 남을 모방하며 배운다. 아이가 접하는 텔레비전 프로그램은 물론 음악, 영화, 공공장소에서 상스러운 말들이 넘쳐난다. 플로리다 주립대학교에서는 주요 시청 시간대에 나오는 상스러운 말이 지난 4년 동안 58% 증가되었으며 10개의 프로그램 중 9개가 상스러운 단어를 사용한다는 결과를 발표했다. 이런 세태에 화가 난 교육자들과 몇몇 고등학교에서는 학교에서 욕을 하는 아이들에게 징계를 주고 있다. 한편 80% 이상의 응답자는 요즘 사람들의 말이 점점 더 상

10대들의 욕이 늘고 있다

하버드대학교: 욕설과 외설적인 행동을 하는 학생들이 급격히 늘고 있다. 도시지역 학교의 59%, 시골 학교의 40%의 교사가 이런 행동을 하는 학생들을 매일 목격한다고 답했다. 《USA투데이》에서 교장들을 대상으로 한 설문의 결과를 보면 89%는 학교에서 선생님 혹은 다른 학생에게 모욕적이거나 상스러운 말을 사용하는 것과 관련해서 꾸준히 문제가 일어나고 있다고 답했다. 이는 우리의 자녀가 또래에게서 상스러운 욕을 듣고 있을 가능성이 있으며 부모는 경계를 늦추지 않고 아이를 변화시키기 위한 노력을 계속해야 함을 말해준다.

스러워지고 있음을 느낀다고 대답했다.

이런 일이 만연해 있다고 해도 아이들이 일상에서 상스러운 단어를 사용하게 그냥 내버려둬서는 절대 안 된다. 특히 그런 말을 특정한 사람에 대한 분노를 드러내는 데 사용한다면 더욱 그렇다. 욕하기는 고치기 힘든 버릇이 되어 아이의 평판을 나쁘게 만들고 아이의 성격을 망가뜨리며 가족 간의 화목을 깨뜨릴 수 있다. 욕하는 버릇을 없애는 가장 좋은 방법은 싹이 보일 때 곧장 제거하고 좌절감을 정화할 수 있는 건전한 방법을 가르치는 것이다.

어떤 행동을 보일까?

아이가 욕하는 문제가 심각함을 보여주는 5가지 행동이 있다.

1. 나쁜 말들이 때와 장소를 가리지 않고 튀어나온다. 습관이 된 것이다.
2. 아이의 상스러운 입버릇이 아이의 평판이나 성격 형성에 악영향을 준다.
3. 가족관계가 나빠지고 있다. 존중하는 태도가 사라졌다.
4. 화나게 만든 사람이나 무리에 대해 나쁜 말을 사용한다.
5. 욕을 하는 원인이 다른 문제와 연결되어 있다.

미국 심리학회는 욕하는 행동 자체가 정서장애를 의미하는 것은 아니지만 거짓말, 적대감, 우울증과 같은 다른 고질적인 문제들과 함께 일어난다면 아이는 심리적·사회적 장애를 앓고 있는 것으로 판단된다고 한다. 필요하다면 소아청소년정신과 전문의의 상담을 받아보는 게 좋다.

욕하는 행동을 줄일 수 있는 3단계를 소개하겠다. 나이가 어린 아이에게는 1단계만 적용시켜도 될 것이다. 하지만 10대 초반의 아이나 그보다 연령이 높은 아이라면 3단계 모두를 적용해야 할 것이다.

1단계 : 초기 개입

- **이유를 찾는다.** 1단계는 아이가 욕을 하는 이유를 알아낸 다음 그 이유에 따라 해결책을 적용하는 것이다. 아이들이 욕을 하게 되는 가장 일반적인 이유들은 다음과 같다. 아이에게 해당되는 것이 있는지 점검해보자.

☐ 친구, 텔레비전, 영화, 다른 어른들 혹은 부모를 따라한다.

☐ 주목받기를 원하거나 충격을 주려고 한다.

☐ 부모의 한계를 시험한다.

☐ 독립심을 표현하거나 이제 자신은 어른이라고 생각한다.

☐ 멋지게 보이려고 하며 남에게 강한 인상을 남기고자 한다.

☐ 또래 사이에서 인정받거나 거기에 끼려고 한다.

☐ 분노를 삭이는 방법으로 욕을 한다.

☐ 일부러 남에게 상처를 주려고 한다.

☐ 자신이 속한 무리의 행동을 따라한다. 욕을 하는 게 하나의 문화다.

☐ 자신이 쓰는 말이 나쁜 것인지를 모른다.

아이가 부적절한 말을 사용하고 욕을 하는 이유가 무엇이라고 생각하는가? 이

문제를 해결하기 위해 우선적으로 해야 할 일은 무엇일까?

- **부모 스스로 말조심을 한다.** 아이가 나쁜 말을 사용하는 책임이 부모에게 있는 것은 아닐까? 아이가 부모한테서 들은 말을 따라하는 건 아닐까? 아이들은 흉내쟁이다. 그러므로 부모 스스로 말조심을 해야 한다. 욕을 하는 손위형제가 있다면 그들에게도 주의를 주라.

- **중요한 것이 무엇인지를 말해주자.** 아이에게 가족들이 중요하게 여기는 가치가 무엇인지를 말해주고 부모가 왜 그런 말을 쓰는 데 대해 반대하는지 설명해주자. "우리 가족은 다 소중한 사람이라 욕을 해서는 안된다."

- **출처를 알아낸다.** 아이가 욕을 어디서 배웠는지 알아내야 한다. 그 출처를 없애기 위해 할 수 있는 일은 무엇인가? 예를 들어 텔레비전의 특정 프로그램이나 음악을 금지한다든지, 욕하는 친구를 멀리하도록 하는 방법이 있다.

- **집을 '욕 금지구역'으로 정한다.** 집에서는 어떤 욕도 허용되지 않는다는 규칙을 정한다. 가족들이 함께 모여 어떤 말을 금지해야 하는지 상의하고 정해서 규칙에 포함시킨다(엄마아빠는 물론 집에 오는 모든 사람들이 그 규칙을 따라야 한다).

2단계 : 신속한 대처

아이가 용납되지 않는 욕을 했을 때 사용할 수 있는 최선의 대응법을 살펴보자.

- **중립을 유지한다.** 최고의 대답은 중립적인 대답이다. 미온적인 반응이 과민

반응보다 훨씬 효과적일 수 있으므로 침착함을 유지하자.

●용납되지 않는 단어와 행동을 꼬집어 지적한다. 부적절한 말을 지적하고 왜 그 말이 부적절한지 그 이유를 설명해준다. "그건 예의바른 말이 아니야." "네 친구는 그 단어를 사용할지 모르지만 우리집에선 안 돼." 연령이 높은 아이에게는 그런 말을 문자, 이메일 등에도 사용해선 안 된다고 확실하게 못박아두자('인터넷 안전' 참조).

●필요하다면 부적절한 언어에 대해 설명해준다. 아이가 자신이 사용하는 욕설의 의미를 이해하고 있다고 생각하지 말라. 부모는 필요한 경우 아이가 이해할 수 있는 수준에서 욕의 의미를 설명해줘야 한다. 만약 아이가 성적인 말을 사용한다면 아이와 '성'과 관련된 이야기를 할 때가 온 것이다. 만약 아이가 이런 말을 학교에서 배웠다면 다른 아이가 성과 관련된 이야기를 하고 있을 가능성이 있으므로, 아이에게 올바른 메시지를 확실히 전해야 한다('성' 참조).

3단계 : 변화를 위한 습관

●어린 아이에게는 신체기관을 지칭하는 말을 정확하게 가르친다. '똥대가리', '똥꼬' 같은 말들은 악의 없이 사용되고 있으며 유아기 아이들도 자주 사용한다. 그러나 부모는 아이가 적절하고 해부학적으로 정확한 말을 사용하도록 지도해야 한다. 한편 아이가 자신의 신체에 대해 이야기하는 것을 막을 필요는 없다.

●농담을 가르친다. 아이가 '더러운' 말을 쓰는 까닭이 다른 사람을 웃기기 위해

투렛증후군일까?

비자발적인 경련, 행동, 말로 특징지어지는 신경계 질환인 투렛증후군(tourette syndrome)은 '욕하는 병'으로 불리기도 한다(사실 투렛증후군을 겪는 환자의 30% 이하만이 욕을 한다). 만 3~10세 사이에는 욕하기가 틱(tic) 증상으로 나타난다. 자세한 정보를 얻고자 한다면 한국투렛병 협회(www.kacap.or.kr)에 연락하거나 소아청소년과, 신경정신과 전문의와 상담해보도록 하자.

서라면 아이에게 간단한 유머를 가르치자. "화장실과 관련된 농담들은 재미가 없고 사람들의 기분을 상하게 만든단다. 사람들이 유쾌하게 받아들일 수 있는 재미난 농담들을 배워보자."

● **욕을 대신할 말을 알려준다.** 아이나 어른이나 욕을 하는 것은 화를 누그러뜨리려는 이유가 크다. 만약 아이가 감정을 정화할 수 있는 방법을 모른다면 가족회의를 통해 욕을 대신할 수 있는 말들을 생각해보도록 하자. 아이가 사용해서는 안 되는 말을 지적하고 이를 대체할 수 있는 말을 생각해보자. 그리고 아이가 그 말을 습관화할 수 있도록 지도하라.

● **욕을 하지 않으려는 노력에 대해 칭찬해준다.** 아이가 욕을 하지 않으려고 노력한다면 이를 높이 평가해준다.

● **자신의 행동을 되돌아볼 수 있게 한다.** 아이에게 하루에 욕을 얼마나 하는지 그 사용빈도를 점검해보게 하자. 욕이 습관화되면 아이는 자신이 얼마나 욕을 하는지도 잘 모른다. 아이의 한쪽 주머니에 동전들을 넣어주고 욕을 할 때마다 동전을 다른 쪽 주머니로 옮기게 하자. 그리고 잠자기 전에 동전이 몇 개나 옮겨졌는지 세어보게 한다. 아이가 욕하는 것을 고칠 때까지 옮겨지는 동전 수를 점차 줄이는 게 목표다. 욕을 하지 않고 얼마나 오래 버틸 수 있는지도 시험해볼 수 있다. 아이가 정해진 시간 이상 동안 욕을 하지 않는다면 그에 대한 보상을 해주자.

● **욕설을 '찢도록' 한다.** 아이가 욕을 할 때마다 그 말을 종이에 적은 다음 그 종이를 갈기갈기 찢는 의식을 치르도록 시킨다. 많은 선생님들이 사용하는 방법이 있는데, 그 말을 쓴 종이를 땅에 묻도록 해서 그 말은 이제 영원히 땅 속에 묻혔으니 이제 더 이상 사용할 수 없다는 상징적인 의미를 일깨워주는 것이다.

● 문제행동이 계속되면 벌을 정한다. 아이에게 주의를 줬는데도 계속해서 욕을 한다면 한 단계 더 나아가 벌을 줘야 한다. 이때 사용할 수 있는 두 가지 방법이 있다.

☐ 벌금 유리병. 뚜껑이 있는 유리병이라면 어떤 것이라도 좋다. 어떤 말을 하면 벌금을 내야 하는지, 그 벌금은 얼마인지를 확실히 정해둔다. 아이(혹은 엄마아빠를 포함한 모든 가족)가 욕을 할 때마다 벌금을 병에 넣도록 한다(주의: 아이에게 벌금을 빌려주는 것은 금물이다. 이는 벌의 목적을 무색하게 만든다).

☐ 특권 박탈. 욕을 하면 '타임아웃'을 적용하고("바른 말을 사용할 수 없다면 네 방에 들어가 혼자 있으렴") 특권을 박탈한다("바른 말을 쓰지 않으면 휴대전화 사용 금지야").

나이별 육아법

3～6세 아이들은 관심을 끌기 위해, 반응을 얻기 위해, 혹은 자신이 들은 말을 단지 따라하기 위해 새로운 단어를 사용한다. 신체기관과 그 기능에 관련된 말들을 배우기 시작하면서 '똥' '오줌' 같은 단어들을 악의 없이 사용한다. 유머를 이해하기 시작하고 '똥꼬빵꾸' 같은 말을 만드는 데 재미를 느낄 수 있다.

7～9세 아이들이 그리 심하지 않은 욕을 사용할 순 있겠지만 이를 부모가 허락할 것이라고 생각하게 해서는 안 된다. 이 시기 아이에게는 어떤 말이 부적절한지 알려줘야 하고 자신의 좌절감을 표현할 수 있는 적절한 언어를 가르쳐줘야 한다. 아

이의 친구가 욕을 한다면 마땅히 꾸짖어야 한다. 그렇지 않으면 아이는 부모가 욕하는 것을 허용한다고 생각해서 "쟤가 하니까 나도 할 수 있어"라고 단정한다.

10~13세 멋지게 보이는 것이 이 또래 아이들에게 아주 중요하다. 그래서 아이들은 또래들에게 인정을 받기 위해 욕을 할 수도 있다. 하지만 부모는 이미지는 중요한 문제이며 나쁜 말을 쓰면 다른 사람한테 어떤 인상을 주게 되는지를 일러줘야 한다. 대부분 어른들은 욕하는 것을 잔인하고 무례하며 무식한 행동으로 본다는 점을 알려주자. 또한 아이에게 허용되는 미디어 등급의 기준을 확실히 정해야 한다.

우 리 집 맞 춤 처 방 전

아이가 듣는 음악을 점검했어요!

우리집 아이가 우연히 차에 두고 내린 MP3에 욕설이 가득한 노래가 담겨 있었습니다. 그날 저녁 아내와 저는 아이가 모아놓은 음악 목록을 살펴봤습니다. 그리고 미성년자가 듣기에 적합하지 않은 음악이 있으면 삭제해 버렸습니다. 또 욕이 담긴 노래들도 모두 지웠습니다. 저는 아이에게 이후로도 예고 없이 MP3를 확인하겠다고 말했습니다. 마침내 아이는 가족 모두가 그런 종류의 언어를 허락하지 않는다는 사실을 깨달았습니다.

도와주세요

깨무는 아이의 적신호

충동, 좌절감, 주의 끌기, 보호받으려는 이유로 다른 사람을 깨문다.

자신의 필요와 느낌을 말로 표현하지 못한다.

부모가 해야 할 일은?

아이가 공격적인 충동을 억제하고 자신의 감정과 필요사항을 언어로 표현하고 좌

절감에 대처할 수 있는 건전한 방법을 배울 수 있도록 돕는다.

왜 변해야 할까?

할퀴기, 치기, 꼬집기, 침뱉기, 때리기, 밀기, 머리카락 잡아당기기 등과 같은 공격

행동 가운데서도 깨물기는 부모의 가장 큰 걱정거리이다. 이는 어린 아이들, 특히 남자아이에게 흔히 나타나는 행동이다. 또한 깨물기는 유치원에서 아이가 쫓겨날 수 있는 가장 흔한 사유이기도 하다. 이는 결코 가볍게 다뤄서는 안 될 문제다. 때리는 것과 비슷하게 보이지만 사실 깨무는 것은 더 위험한 행동이다. 아이의 턱 근육은 팔 근육보다 더 세기 때문에, 이로 물어서 생긴 상처는 심각해질 수 있다. 보통 깨무는 습관은 아이가 자신의 욕구를 표현하고 좌절감에 대처하는 방법을 배우게 되면 사라지지만 그렇지 않을 수도 있다. 깨무는 이유가 무엇이든 깨물기는 용인될 수 없는 행동이며, 깨무는 아이는 결코 친구들과 사이좋게 지낼 수 없다. 그렇다면 부모는 어떻게 해야 할까? 아이의 이런 공격적인 행동이 습관화되기 전에 아이가 자신의 좌절감에 대처하고 자신의 욕구를 표현할 수 있는 건전한 방법을 배울 수 있도록 도와줘야 한다.

해결책

변화를 위한 5계명

1. 원인을 파악한 후 예상해본다.

문제해결을 위한 첫 단계는 아이가 왜 깨무는지, 그 이유를 찾는 일이다. 원인을 찾기 위해 아이의 선생님과 상담할 수도 있을 것이다. 다음 사항 가운데 자녀에게 해당되는 것이 있는지 점검해보자.

- ☐ 질투. 다른 사람이 가지고 있는 것을 원한다. 자신의 욕구를 빨리 충족시키려 한다.
- ☐ 충동. 자기제어가 어렵고 쉽게 화를 내고 좌절한다. 집중하는 시간이 짧다.

□ 보호. 공격적이거나 협박적인 아이들에 대한 자기방어로 깨문다.

□ 능력부족. 욕구를 말로 표현할 수 있는 어휘력도, 어려움에 대처하는 기술도 부족하다.

□ 주도권 찾기. 한계를 시험하거나 권력을 차지하려고 한다.

□ 좌절감. 너무 좁은 영역에서 너무 많은 아이들과 어울려 논다. 장난감 또는 기구들이 충분하지 않다.

□ 관심 끌기. 깨물기가 관심을 끄는 가장 빠르고 확실한 방법이라고 생각한다.

□ 따라하기. 다른 사람이 하는 깨무는 행동을 따라한다.

□ 스트레스. 집안의 갈등, 질병, 압력, 이혼, 사망, 새 학교, 이사 등을 경험하고 있다

□ 습관. 깨무는 행동이 방치되어왔다.

2. 가능한 한 빨리 행동한다.

그 다음 단계가 매우 중요한데, 기다리지 말고 빨리 행동해야 한다.

- 아이가 깨무는 순간, 즉시 "무는 건 안 돼!"라고 단호하게 말한다. 그리고 "다른 사람을 무는 건 잘못된 행동이야. 깨무는 건 다른 사람에게 상처를 주는 거야"라고 덧붙여 말한다.

- 즉시 아이를 다른 아이들에게서 떨어뜨리고 다른 곳으로 옮긴 뒤 진정할 수 있는 시간을 준다. 이 방법은 아이가 깨무는 행동을 관심을 끄는 방법으로 이용할 때 효과적이다('타임아웃' 참조).

- 침착한 태도를 유지하고 과민반응을 하지 않는다. 다른 사람이 어떤 말을 하든지 절대로 아이를 똑같이 깨물어선 안 된다. 이런 행동은 전혀 도움이 안 될 뿐만 아니라 아이는 깨물면 안 되고 어른은 깨물어도 된다는 메시지를 전

달하는 셈이다.

- 다른 형제자매와 아이들이 웃지 않도록 주의시킨다. 그런 반응은 아이가 원하는 관심을 주는 것이다. 만약 아이의 깨무는 행동이 습관화되었다면 아이의 노는 모습을 잘 살펴보면서 아이가 물기 전에 개입해야 한다.
- 좌절감이 커지는지 주시해야 한다. 아이를 그 상황에서 벗어나게 하거나 다른 대안을 제시해줄 수 있다. 예컨대 "블록쌓기 게임을 하자"라고 말할 수 있다.

3. 다친 사람을 위로한다.

부모의 관심이 피해자에게 있다는 것을 알려준다. "이런, 정말 아프겠구나!" "정말 미안하다, 얘야"라고 말하며 부모의 관심이 다친 사람에게 집중되면 아이는 물리는 것은 아픈 일이고 자신의 행동이 어떤 결과를 불러일으키는지 알게 된다. 또한 부모의 이런 행동은 아이에게 동정심을 표현하는 방법을 가르쳐줄 수 있다. 아이가 진정되면, 부모는 아이에게 다른 사람을 위로할 수 있는 방법을 알려줄 수 있다. "친구에게 휴지를 갖다줄래?" "친구에게 손수건을 주렴." "선생님을 찾아봐." "친구에게 인형을 주렴." 그리고 상처를 입은 아이의 부모에게 그 사실을 꼭 알리도록 하자. 부모가 직접 연락하는 것이 좋다. 어떤 응급치료를 했는지를 알려주고, 가능하다면 자녀의 깨무는 행동을 막기 위해 어떤 계획을 가지고 있는지도 설명해준다('물렸을 때의 응급조치' 참조).

4. 깨무는 행동을 언어로 대체한다.

아이에게 자신이 무엇을 원하고 있으며 무엇을 필요로 하는지 말하는 방법을 가르쳐주자. 그렇게 하면 아이의 깨무는 행동이 줄어들 것이다. 아이가 진정되어 있을 때 '말을 이용하는' 방법을 가르쳐줌으로써 깨무는 행동을 빠르게 개선할 수 있다.

말을 할 때도 아이가 따라할 수 있는 적절한 단
어를 사용하라. "화가 난 것 같구나. 친구에게 가
서 '난 화가 났어'라고 말하렴" 혹은 "나는 놀고
싶어" "이번엔 내가 사용해도 될까?" "함께 나눠
갖자"와 같이 또래 간의 갈등을 줄일 수 있는 말
들을 가르쳐주자. 그리고 아이가 이를 실생활에
서 사용할 수 있을 때까지 연습하도록 도와줘야
한다. 또한 아이가 자신의 욕구를 잘 표현하거나
조절하는 노력을 보이면 이를 부모가 자랑스럽
게 여긴다는 점을 알려준다.

보육시설의 '깨물었을 때의 규정'를 확인하자
'깨물기'는 아이들이 보육시설에서 쫓겨나게 되
는 가장 흔한 이유 중 하나이다. 아이가 깨물었
을 때 어떻게 되는지 보육시설의 규정을 확인해
야 한다(만약 관리자가 지금까지 그러한 문제가 발생
한 적이 없다고 말하면 좀 이상하다고 여겨야 한다!).
좋은 시설은 자상하고 열심인 선생님들이 아이
들을 가까이에서 관찰하며 아이들의 공격적인
행동에 대해 분명하고 세심한, 그러면서도 일관
되고 확고한 원칙을 가지고 있다. 또한 깨무는
행동이 어린 아이들에게 전형적으로 나타나는
행동임을 알기 때문에 상황을 어떻게 다루어야
하는지도 잘 알고 있다.

5. 다른 보호자들을 참여시킨다.

깨무는 행동이 습관화되었다면 긴급하게 비상조치를 취해야 한다. 학교, 양육센터,
놀이그룹에 관련된 사람들과 상의하여 아이의 깨무는 행동에 주의를 기울이고, 아
이가 그런 행동을 하면 똑같은 벌을 주자는 의견을 모아야 한다(예를 들어 잠시 타임
아웃하기, 집으로 돌아가기 등). 이런 계획은 학교와 집 모두에서 일관되게 이루어져
야 한다. 부모는 위의 사람들에게 아이에 대한 정보를 요청하고 어떤 일이 있었는
지 기록해서 아이의 행동패턴을 추적할 수 있어야 한다. 연령이 높은 아이라면 가
능한 한 빨리 진지하게 대화하는 시간을 마련해야 한다. 깨무는 행동은 용납되지
않는다는 점과 깨물었을 때 그에 대한 책임을 져야 한다는 점을 알려주자. 또한 앞
으로도 아이가 어떻게 행동하는지 주의깊게 지켜볼 것이라는 말도 해준다. 아이가
깨무는 행동을 멈출 때까지 아이의 선생님과 지속적으로 연락해야 한다. 만약 몇
주가 지나도 여전히 깨문다면 전문가의 도움을 받도록 하자. 미국 아동청소년정신

의학아카데미(The American Academy of Child and Adolescent Psychiatry)는 약간의 깨무는 행동은 성장과정에서 일어나는 정상적인 일이지만 아이가 이를 지속한다면 정신적·행동적으로 문제가 있음을 나타내는 신호로 볼 수 있다고 한다.

물렸을 때의 응급조치

미국소아과학회에서 제시하는 응급조치는 다음과 같다.

- 즉시 물린 부위를 따뜻한 비눗물로 10분 정도 씻는다.
- 피부가 찢겼다면 살균붕대로 피부를 감싼다.
- 며칠 동안 물린 부위를 주시한다. 감염 징조가 있으면 즉시 의사에게 알린다 (붓기, 새로 생긴 붉은 자국, 열, 정상범위를 넘는 고통). 최근 파상풍 예방접종을 했는지 확인한다.
- 물린 아이의 부모에게 연락하고 병원에서 치료를 받을 수 있도록 한다. 사람의 타액에는 감염을 일으킬 수 있는 박테리아가 들어 있다.

나이별 육아법

3~6세 이 시기의 아이들, 특히 남자아이들은 흔히 깨무는 행동을 보인다. 왜 깨무는 것일까? 그 까닭은 아이가 감정을 다루는 기술이 부족하거나 협소한 장소에서 놀기 때문이며, 또한 유치원 등에서 다른 아이의 행동을 따라하는 것이다.

7~9세 이 시기 아이들은 분노 혹은 좌절감 때문에 다른 사람을 깨물곤 한다. 만

7세 이상의 아이들에게선 깨무는 행동을 별로 볼 수 없다. 만약 아이가 만 7세 이상인데도 깨무는 행동을 보인다면 이는 정서적인 문제가 있거나 충동 혹은 심각한 스트레스 때문이다. 이 경우 부모는 아주 엄격하게 개입해야 한다. 학교 혹은 지역 내 심리상담가에게 도움을 구해보는 것은 어떨까? 심리학적 정밀검사나 행동연구 등을 요청할 수 있을 것이다.

10~13세 이 시기에서 깨무는 행동은 흔하지 않다. 만약 이런 행동을 보인다면 그것은 강한 분노나 외상후스트레스장애, 정서적 문제 때문이다. 따라서 즉시 소아청소년정신과 전문의의 도움을 받아야 한다.

우리집 맞춤 처방전

다시는 친구를 물고 싶은 상황이 안 생기도록 했어요!

유치원 선생님에게서 제 사랑스러운 딸이 남자아이를 깨물었단 말을 들었을 때 저는 정말이지 믿을 수가 없었어요. 나중에서야 그 남자아이가 물건을 빼앗는 식으로 우리 딸아이를 자극한다는 사실을 알게 되었죠. 그 아이는 다른 친구들을 종종 괴롭혔어요. 그래서 우리 아이도 바르게 행동하려고 했지만 어쩔 수 없이 그 아이의 팔을 물어버렸던 거죠. 화가 많아 나 있는 딸아이에게 저는 깨물려는 의도는 없었다는 걸 안다고 말해줬어요. 그리고 다시는 친구를 물고 싶은 상황이 생기지 않도록 도와주겠다고 했습니다. 아이는 자신이 괴롭힘을 당할 때 도와줄 수 있는 사람이 있다는 사실에 안심하는 듯 보였어요. 우린 아이가 자기자신을 대변할 수 있을 때까지 '강한 어조'를 사용하도록 연습시켰습니다. 그 후로는 우리 아이가 남을 깨무는 일도, 그 남자아이가 우리 아이를 괴롭히는 일도 없었답니다.

도와주세요

? 제 딸은 어떤 것에 대해서든 결정하는 것을 어려워합니다. 아이는 하루에도 수십 번 마음을 바꾸고 남들에게 어떻게 하면 좋을지 물어봐요. 그러고도 결국은 저한테 결정을 해달라고 부탁하죠. 아이가 이런 문제로 너무 스트레스를 받는 건 아닌지 걱정이 됩니다.

! 문제를 해결하기 위한 전략을 구상하는 것은 아이들도 충분히 할 수 있는 일입니다. 문제는 무엇이 아이들에게 가장 적합한 방법인가 하는 것이지요. 부모는 아이들이 가장 좋은 해결책을 선택하는 방법을 가르쳐야 합니다. 모든 결정에는 결과가 따르고 그 결과에는 좋은 점과 나쁜 점이 모두 존재한다는 사실을 알려주세요. 그리고 어떤 결정을 하면 어떤 일이 벌어질지에 대해서도 생각할 수 있도록 가르쳐야 합니다.

- **결정하는 모습을 보여준다.** 우리는 날마다 선택의 기로에 선다. 이렇게 결정하면 어떤 결과가 생기는지 무게를 잰다. 결정의 순간에 부모가 이를 어떻게 해결해나가는지 아이에게 그 단계를 짚어주는 것도 좋은 방법이다. 의사결정 단계를 순서대로 알려주면 아이는 부모가 결정을 내리기 위해 무엇을 고려했는지 이해할 수 있게 된다.

- **결정을 내릴 수 있는 기회를 끊임없이 준다.** 결정을 내리는 데 자신없어하는 아이에게는 선택할 기회를 많이 줘야 한다. 자신있어하는 간단한 문제부터 시작해서 아이의 자신감이 높아짐에 따라 선택가능한 사항들을 늘리고 선택의 난이도를 높이자. 현재 아이의 자신감의 정도를 확인한 다음 아이가 좀더 어려운 결정을 할 수 있도록 격려하면서 자신감을 더욱 키워주자.

- **결정할 때 사용하는 말들을 알려주자.** 아이와 대화할 때 '결정하다, 선호하다, 고르다, 선택하다'처럼 선택과 관련된 어휘들을 사용함으로써 아이가 일상에서 그런 말을 활용할 수 있도록 해준다.

- **심각한 문제가 아닌 안전한 선택사항을 제시하면서 연습한다.** 딱 두 가지의 선택사항을 놓고 결정하는 일부터 시작하자. "자전거를 타고 싶니, 아니면 산책하고 싶니?" 그 다음에는 세 가지 선택사항을 제시한다. 이런 식으로 선택사항을 늘려가며 아이가 좀더 어려운 문제를 결정하도록 해주자.

- **결과를 통해 이야기한다.** 책임 있는 결정을 내리기 위해서는 즉각적인 결과와 장기적인 결과를 고려해야 한다. 이런 결정을 내리면 어떤 결과가 일어날지 예측하는 것은 아이는 물론 어른에게도 어려운 일이다. 다음과 같은 질문으로 결과에 대해 생각해볼 수 있도록 하자. "그 선택을 하면 내일이 돼서도

문제가 없다고 느낄까?" "그 다음주에는 어떨까?"

- **하나씩 지워나간다.** 너무 많은 선택사항은 아이를 지치게 만든다. 그러므로 선택사항을 지워나가도록 가르친다. 아이와 함께 가능한 선택사항들을 적어 목록으로 만들자. 아이가 편하게 느끼지 않는 일들을 골라 지워나가도록 시킨다. 선택의 결과로 받아들일 수 있는 것은 남겨둔다. 정말로 가고 싶은 생일파티가 있지만 같은 날 운동연습이 있다고 해보자. 만약 연습에 빠지고 생일파티에 갔다는 걸 운동코치가 알면 아이를 팀에서 내쫓을 수도 있다. 아이는 다음과 같은 선택안을 생각할 수 있을 것이다. A)코치에게 아프다고 말한다. B)생일파티에 갔다가 늦게라도 연습에 참여한다. C)운동연습을 하고 파티에는 늦게 간다. D)생일파티에 가지 않는다. 이제 아이가 그에 따른 결과들을 생각해볼 수 있도록 하라. 각각의 가능한 선택안을 읽게 하고 해당사항에 대해 "이 선택을 하면 어떤 결과가 생길까?"라고 물어보라.

- **시간을 제한한다.** 시간적인 제약이 있을 때 결정을 더 쉽게 내릴 수 있다.

- **바꿀 기회는 없다.** 일단 결정을 했다면 그것을 지키도록 한다. 다시 말해 결정을 바꿀 기회를 주지 않는다. 결정을 계속 바꾸게 하면 아이는 결코 자신감을 얻지 못한다. 그리고 "이렇게 했어야지" "내가 이럴 거라고 말했지"라는 말은 하지 않도록 한다. 결정 내리기는 경험을 통해 배울 수 있다. 자신감을 키우는 데 시간이 걸리겠지만 각각의 경험을 통해 아이는 마침내 스스로 완전한 결정을 내릴 수 있을 것이다.

도와주세요

제 딸은 아직 여섯 살이지만 유리가 다 깨질 것 같은 목소리를 가지고 있습니다. 아이는 끊임없이 소리를 질러 가족 모두에게 끔찍한 고통을 주고 있어요. 아이가 짜증이 나거나 자신이 원하는 것을 얻지 못하더라도 소리를 지르지 않게 할 수 없을까요?

해결책

한 조사에 따르면, 아이들과 어른들 모두 10년 전보다 훨씬 많은 스트레스를 받고 있다고 합니다. 그리고 소리를 지르는 것이 분명 건전하거나 적절한 방법이 아님에도 불구하고 분노를 식히는 한 방법이 되고 있어요. 또한 소리를 지르는 것은 인내심과 가족 간의 화목을 깨뜨리는 주범이지요. 소리지르는 행동을 봐주면 아

이는 목소리를 높이기만 하면 자신이 원하는 것을 할 수 있다고, 그리고 소리를 더 많이 지를수록 그런 행동이 더 큰 효과가 있다고 학습하게 됩니다. 가족 구성원들이 소리지르는 것에 익숙해지면 목소리가 점점 커지고 그 빈도도 증가하며 결국 가족 모두가 다른 사람이 자신의 말을 듣게 하기 위해 소리를 지르게 됩니다.

아이가 청력에 문제가 있지 않는 한, 소리지르기는 누군가에게서 배운 행동입니다. 우선 부모 자신의 행동을 점검해볼 필요가 있습니다. 소리지르는 것을 고치면 집안 분위기는 차분하고 평화로워지지요. 기다리지 마세요! 소리지르는 행동을 변화시킬 수 있는 몇 가지 해결책을 적용해보세요.

- **진짜 이유를 찾아 변화를 위해 노력한다.** 변화를 위한 첫 단계는 무슨 일이 벌어지고 있는지를 알아내는 것이다. 다음은 아이가 (혹은 부모가) 소리를 지르는 가장 일반적인 이유들이다. 자녀에게 해당되는 것들이 있는지 점검해보자.

  ☐ **감정적 고통.** 아이가 화가 나 있거나, 불만에 차 있거나, 흥분되어 있거나, 주위의 관심을 필요로 하거나, 스트레스를 받고 있거나, 신체적으로 피곤하거나 아프다.

  ☐ **무기력함.** 다른 사람들이 자신의 말을 들어주지 않는다고 생각한다.

  ☐ **모방하기.** 아이가 소리지르면 맞받아 소리친다. 모두가 소리를 지른다. 아이가 자신의 욕구를 전달하기 위해 소리를 지르는가?

  ☐ **괴롭힘을 당하는 느낌.** 아이가 소리를 지르는 정당한 이유가 있는가? 다른 형제자매에게 괴롭힘을 당하고 있는가? 아이가 소리를 지르도록 다른 형제자매 혹은 어른이 선동하는가?

  ☐ **가족 내의 스트레스.** 가족의 스트레스가 폭발 직전인가? 부모 사이에 문제

가 있으며 그로 인해 아이는 스트레스를 받고 있는가?

□ 부모의 문제. 아이가 소리를 지르면 어떻게 반응하는가? 부모의 반응이 아이를 침착하게 만드는가, 아니면 더 흥분시키는가?

아이나 가족의 다른 구성원들이 소리를 지르는 진짜 이유를 찾아낸다. 그리고 자신에게 진지한 태도로 임할 자신이 있는지 묻는다. 뉴햄프셔대학교의 가족연구실험의 공동책임자인 사회학자 머레이 스트로스(Murray A. Straus)의 연구에 따르면, 조사에 응한 부모 가운데 반 이상이 젖먹이 아이에게 소리를 질렀다. 아이가 만 7세가 되면 98%의 부모들이 말로써 아이를 마구 몰아세웠다. 소리지르는 것을 줄이고 가족 간에 더 화목하고 싶다면 아이의 주변환경이 지금 당장 바뀌어야 한다. 그렇다면 무엇을 바꿔야 할까?

● 확고하고 차분하게 새로운 규칙을 알린다. "소리지르는 건 금지야." 가족회의를 열어 '소리지르기 금지' 규칙을 모든 가족에게 알린다. 부모가 더 이상 소리지르는 행동을 용납하지 않을 것이라고 말할 때 정말로 진지하다는 사실을 아이는 알아야 한다. 소리지르는 아이에게 화를 내는 것은 괜찮지만 자신의 감정을 표현하기 위해 소리를 지르는 것은 허락되지 않는다고 분명히 말해둔다. 만약 진정할 시간이 필요하다면 잠깐 시간을 주자. 모든 사람이 이 새로운 규칙을 지키도록 맹세하도록 한다. 그리고 종이에 적어 가족 모두가 서명을 하게 한 후 벽에 붙여 잊어버리지 않도록 한다.

● 대응방식을 바꾼다. 소리지르는 것은 전염성이 있는데, 한 아이나 가족 가운데 누군가가 소리를 질러왔다면 이는 '소리지르는 유행병'이 발동했다는 의미이다. 아이에게 자라고 하든지 숙제를 하도록 시키면서 논쟁이 일어날 수 있을 때 분위기가 가열되면 부모는 대응방식을 바꾸도록 노력해야 한다. 다음

4가지 간단한 방법을 통해 '소리지르기 전쟁'을 막고 평화로움을 유지할 수 있다.

□ 숨쉬기. 부모가 스스로 소리를 지르게 될 것 같으면 천천히 깊게 심호흡을 하며 자신을 가다듬도록 하자. 마음을 진정시키기 위해 자리를 떠나야 한다면 그렇게 하도록 한다.

□ 속삭이기. 목소리를 높이고 소리치는 대신 속삭이자. 이 방법은 선생님들이 사용하는 방법으로 마법과도 같은 효과를 낸다. 아이는 부모의 말에 집중하고 소리지르거나 말대꾸를 하지 않을 것이다.

□ 짧은 문장으로 이야기하기. 아이에게 요청을 할 때 '숙제' '저녁'과 같이 한 단어만 사용한다. 그로써 아이들은 부모의 말이 무엇을 의미하는지 정확히 알 것이고 부모는 말을 많이 하지 않으면서 장황한 비난을 하지 않아도 된다. 혹은 아무 말도 하지 않는다. 요구사항을 포스트잇에 적어 아이의 방이나 베게 혹은 이마에 붙인다.

□ 열까지 센다. 소리를 질러 되받아치면 당장에 '소리지르기 전쟁'으로 번지게 된다. 하지만 그렇게 하지는 말자. 가족 간의 긴장이 너무 팽팽해질 때는 관련된 누군가가 열까지 세도록 혹은 마음을 진정시키기 위해 그 자리를 떠날 수 있도록 한다.

● 욕구를 표현할 수 있는 건전한 대안을 가르친다. 많은 아이들은 단순히 자신의 불만을 다른 방법으로는 표현할 줄 모르기 때문에 소리를 지른다. 따라서 건전한 방법을 가르쳐줘야 한다.

● 새로운 말투를 보여준다. 아이에게 사용할 수 말투를 가르친다. "그 말투는

소리지르는 거니까 받아들일 수 없어. 엄마가 뭔가를 원할 때 차분한 목소리로 어떻게 말하는지 잘 들으렴. 그리고 너 스스로 그 말투를 따라해보는 거야.” “목소리가 크구나. 화가 났니? 재희한테 화가 났다고 말하되 보통 말투로 하렴.”

● **‘나’로 시작하는 문장을 사용하도록 한다.** ‘너’로 시작하는 문장이 아닌 ‘나’로 시작되는 문장을 사용하도록 한다. 이 방법은 아이가 다른 사람을 무시하지 않고 문제 자체에 집중하도록 해준다. 그로써 감정폭발을 줄일 수 있다. 그러고 나서 상대의 어떤 점이 자신을 화나게 만들었는지 상대에서 말하게 한다. 아이는 문제가 어떻게 해결되면 좋을지에 대한 의견을 낼 수도 있다.

● **문제해결 방법을 가르친다.** 아이가 문제를 해결하는 방법을 알지 못하기 때문에 소리를 지르는가? 그렇다면 아이가 갈등을 해결하는 방법을 배우도록 도와줘야 한다(‘화를 잘낸다’ 참조).

● **감정을 표현한다.** 소리지르는 것을 줄이는 한 가지 방법은 가족들이 서로의 감정을 인정하는 것이다. “조심해. 난 지금 화가 나 있어” “난 지금 화가 나서 폭발할 지경이야” 등 자신의 감정을 표현하는 것은 소리를 지르는 사람이나 듣는 사람을 진정시키고 상황을 어느 정도 예측할 수 있게 해준다. 가족 모두가 자신의 감정을 말로 표현할 수 있도록 하고 그 사람의 고민에 귀를 기울이자.

● **소리지르는 사람의 일에 관여하기를 거부한다.** 귀를 잡아당기거나 ‘타임아웃’을 의미하는 손짓 등 서로 간에 신호를 정해서 올바르지 못한 말투를 사용하고 있음을 알린다. 그리고 아이의 말투가 보통 말투보다 한 단계 높아지면 이런 제스처를 보내도록 하자. 이는 즉시 목소리를 낮출 필요가 있으며, 그렇지 않으면 듣지 않겠다는 표시이다. 만약 아이가 계속 소리를 지르면 듣기를 거부하자. 아이가 바르게 이야기할 때까지 돌아서서 다른 일을 하자. 만약 화장

실에 들어가 문을 잠가야 한다면 그렇게 하자. 아이는 부모가 진지하다는 사실을 알 필요가 있으므로 일관성을 유지하는 것이 중요하다.

- **계속 소리를 지르면 벌칙을 정한다.** 만약 모든 방법을 동원해도 아이가 계속 소리를 지른다면 이제는 아이에게 벌을 줄 때이다. 아이가 차분한 상태에 있을 때 벌칙에 대해 설명해주라. 어린 아이에게는 소리를 지를 때마다 어떻게 하면 바르게 말할 수 있는지 떠올릴 수 있도록 몇 분간 '타임아웃'을 할 거라고 말해준다. 타임아웃 시간이 다 끝나면 아이가 올바른 말투로 자신의 고민을 표현하도록 도와준다. 연령이 높은 아이에게는 일정 시간 동안 전화기를 사용하지 못하게 하는 등의 벌칙을 정한다. 일단 벌칙을 정했으면 일관성 있게 유지해야 한다. 아이가 소리를 지를 때마다 똑같은 벌칙을 적용해야 한다.

- **도움을 받는다.** 부모의 모든 노력에도 불구하고 아이가 계속 소리를 지른다면 더 큰 문제가 있을 수 있다. 정신건강 전문가에게 도움을 구하고 어른들은 상담사의 도움을 받는다.

부모가 바라는 변화를 가져오려면 시간이 필요할 수도 있습니다. 하지만 목표에서 물러서지 마세요. 소리지르는 행동을 줄이는 것은 더 행복하고 평화로운 집을 만드는 데도 중요한 일입니다. 아이의 행동을 바꿀 수 있는 가장 간단한 방법은 올바른 행동에 대해 칭찬하는 것이지요. 아이가 힘든 상황을 차분히 해결한다든지 소리지르지 않고 자신의 불만을 표현한다든지 감정을 잘 조절하면, 그 행동을 인정하고 그 노력에 대해 높이 평가한다는 점을 알려주세요. 그리고 아이가 노력해서 성공을 거둔 것에 대해 축하해주세요.

도와주세요

물질주의적인 아이의 적신호

탐욕적이고 만족할 줄 모르며 감사할 줄 모른다.

상표에 과도한 신경을 쓴다.

자신이 가지고 있는 것들에 근거해서 자존감을 형성한다.

항상 더 많은 것을 원하고 충동적인 소비를 한다.

부모가 해야 할 일은?

소유하고 있는 물질들이 행복을 주는 게 아니란 사실을 깨닫게 해주고 인간관계의

중요성을 가르쳐줘야 한다. 물질적인 것에 대한 아이의 집착을 줄여야 한다.

제 아들은 여섯 살인데 이미 모든 제품명을 다 알고 있답니다. 우리에게 뭔가를 사달라고 할 때면 텔레비전 광고를 인용해서 말하죠. 소비지향적인 이 사회에서 아이의 물질주의적인 태도를 개선하려면 어떻게 해야 할까요?

텔레비전 광고는 물질주의적인 태도를 부추긴다고 증명되었습니다. 따라서 첫 번째 중요한 과제는 아이가 광고의 영향을 덜 받게 하는 것입니다. 여기 몇 가지 간단한 해결책이 있습니다. 텔레비전에 광고가 나올 때마다 리모컨의 '음소거' 버튼을 누른 후 아이와 이야기를 해보세요. 아이가 광고를 덜 보도록 주의를 주시고요. 그리고 '무엇을 팔려는 걸까?'라는 게임을 통해 판매자들의 메시지에 현혹되지 않을 수 있는 방법을 가르쳐주세요.

광고의 목적은 고객의 이익이 아니라 회사의 이윤이라는 점을 알게 되면 제품을 구매하려는 욕구가 떨어지리라 생각됩니다. 만약 유명인이 제품을 홍보하면 이렇게 말해주세요. "광고모델료로 저 사람이 얼마를 받았는지가 궁금하네." 아이가 미디어에 대해 잘 알도록 돕는 것이 물질주의적인 태도를 변화시킬 수 있는 하나의 방법입니다.

왜 변해야 할까?

한 설문조사에서 어른들 중 89%가 오늘날의 아이들이 이전 세대의 아이들보다 훨씬 더 물질주의적이고 소비지향적이라는 대답을 했다. 실제로 엄마들 중 2/3는 자신의 아이가 3세 이전부터 특정 제품을 사달라고 했다고 응답했다. 물질주의 세계에서 아이들의 소비를 부추기는 광고들은 아이 양육을 더 힘들게 만든다. 하지만 아이들이 물질주의적인 태도를 보이게 되는 가장 큰 원인은 우리가 그것을 허락했기 때문이다. 아이의 모든 변덕을 다 들어주고 아이에게 가장 좋은 제품만을 사주곤 했던 것이다. 그리고 아이들이 무언가를 잘하도록 격려하기 위해 물질적인 보상을 해주었다.

물론 부모는 아이의 행복을 바라며 아이가 원하는 걸 갖게 해주길 원한다. 그러나 최근 연구들은 이런 부모의 좋은 의도가 반대의 결과를 가져온다는 점을 보여준다. 물질주의적인 아이들은 만족하는 대신 더 많은 것을 원한다. 또한 덜 행복해하고 덜 만족해한다. 물질주의는 아이들의 인성을 망쳐놓는다. 아이가 특정 제품이름에 민감하거나 물질주의적인 모습을 보이면 당장 그런 태도를 고쳐줘야 한다. 이 책은 아이의 물질주의적인 태도를 변화시키고 새로운 습관을 가르칠 수 있는 방법을 알려줄 것이다.

어떤 행동을 보일까?

5가지 문제가 있다. 제품들이 도처에 널려 있고, 끝없이 쏟아지고 있으며, 외형적인 것에 집중하게 되고, 이기적인 자아를 가지고 있으며, 욕구에는 끝이 없다는 점. 이는 물질주의적인 아이를 묘사하는 가장 좋은 수식어들이다. 우선 아이가 보이는 전형적인 행동과 일상의 모습들을 생각해보자. 그리고 나서 다음을 읽어보도록 하자. 만약 하나라도 자녀에게 해당이 된다면 아이가 물질주의적인 태도를 가지고 있음을 의미한다. 일단 그런 행동들을 인식했다면 변화를 위해 더 나은 양육법을 취해야 한다.

1. **도처에 넘쳐나는 제품들.** 우리 아이들의 의식에 영구적으로 기억되기 위해 기업들은 불철주야 일한다. 아이들은 이미 제품의 전문가가 되었다 해도 과언이 아니다. 아이의 욕구는 제품의 질이나 적정한 가격선이 아니라 제품명이나 로고에 근거해 있다.

2. **끝없이 쏟아지는 제품들.** 아이들은 최고의 소비자라 할 수 있다. 그리고 CD, 신발, 책 등 자신이 제품들을 얼마나 많이 가지고 있는지 헤아리면서 그것을 자랑스럽게 여긴다. 아이는 필요하지도 않으면서 최신제품을 갖고 싶어 한다.

3. **외형적인 것에 집중한다.** 아이가 사람이나 상황을 외형에만 근거하여 평가한다. 그들이 들고 다니는 것, 입는 것, 옷, 액세서리를 중요하게 볼 뿐 내적인 자질이나 특징들은 간과한다.

4. **이기적인 자아.** 아이는 부모가 그 제품의 가격 때문에 스트레스를 받고 있다는 사실보다 자신의 욕구가 더 중요하다고 생각한다. 부모가 그 물건을 사주기 위해 얼마나 열심히 일하고 있는지 신경쓰지 않는다. 아이가 원하는 브랜드의 청바지 가격이 2주 동안의 식료품비와 맞먹는다면 어떻게 하겠는가?

5. **끝없는 욕구.** 아이가 원하는 것을 모두 사줬고 이미 다 가지고 있는데도 아이는 여전히 불만스러워한다. 그저 더 많은 것을 가지고 싶어 할 뿐이다. 많이 가질수록 더 많이 원한다는 것은 오래된 진리다.

미네소타대학교: 지금까지 아이의 물질주의적인 변덕에 대해 '안 된다'고 말하는 것에 조금이라도 죄책감을 느꼈다면 그런 감정은 던져버리자. 새로운 연구결과들에 따르면, 부모가 아이의 변덕을 다 들어주고 아이에게 최신제품을 사주는 등의 행동은 하지 말아야 한다고 한다. 연구자들은 물질주의적인 아이들은 덜 행복하고 덜 관대할 뿐 아니라 걱정도 많고 자존감도 낮다는 사실을 발견했다. 또한 물질주의적인 아이들이 부모와 언쟁을 많이 벌인다는 것도 밝혀냈다. 가정에서 물질주의적인 태도를 고칠 수 있는 계획을 생각해내고 그것을 일관성 있게 지켜나가도록 하자.

해결책

1단계 : 초기 개입

- **이유를 찾아라.** 물질주의에 유전적인 요소는 없다. 그렇다면 아이의 탐욕은

• 어디에서 시작된 것일까? 아래 내용 가운데 자녀나 상황에 적용되는 것이 있는지 확인해보자.

□ 가정의 분위기가 물질주의를 강조한다. 제품의 브랜드를 중시한다.

□ 아이의 변덕을 너무 쉽게 받아준다. 아이가 어떤 일이나 행동을 하게 하기 위해 물질적인 보상을 해준 적이 있다.

□ 아이는 최신제품을 갖는 것이 또래들 사이에서 인정받을 수 있는 방법이라고 생각한다.

□ 텔레비전 광고가 아이의 의식에 영향을 준다.

□ 할머니나 다른 가족 구성원이 아이의 요구를 무조건 다 들어준다.

● **좋은 본보기를 보이자.** 물질주의적인 세계에서 아이가 따라할 수 있는 좋은 본보기는 바로 부모이다. 자녀를 위해 어떤 본을 보이고 있는가? 부모가 절제하고 있다는 것을 아이가 알고 있는가? 아이에게 내면의 것이 중요하다는 점을 강조해주자. 물질주의적인 부모가 물질주의적인 아이를 기른다는 연구 결과가 있음을 명심하고 부모는 아이가 따를 수 있는 올바른 본보기가 되어야 한다.

● **더 깊이 원인을 찾아보자.** 아이가 낙담하고 있거나 부끄러워하고 외로워하는가? 때때로 아이는 공허감을 충족시키고자 물질적인 것을 갈망하기도 한다. 아이의 물질주의적인 충동을 촉발시키는 것이 무엇인지 살펴보라. 아이의 욕구 뒤에 숨겨진 심리적인 원인이 있는지 더 깊이 생각해보자. 예를 들어 음악에 전혀 관심이 없던 아이가 갑자기 아이패드를 사달라고 하면 왜 그런지 그 이유를 물어보자. 친구들이 그것을 가지고 있으며 자신도 유행을 따라가야

한다고 대답하면 아이의 자존감을 높여주고 또래의 압력을 이겨낼 수 있는 방법을 가르쳐줘야 한다.

- **아이에게 돈보다는 시간을 할애하자.** 물질주의적인 아이들이 그렇지 않은 아이들보다 훨씬 더 자주 부모와 함께 쇼핑을 한다는 사실을 밝힌 연구결과가 있다. 가족이 외출할 때 비물질주의적인 태도를 얼마나 강조해왔는지를 되돌아보자. 부모는 아이와의 외출시간을 소비하는 데만 들여서는 안 된다. 함께 의미 있는 시간을 보내고자 의식적으로 노력하라. 예를 들어 공원이나 박물관에 가거나, 공원에서 자전거를 타거나, 과자를 굽거나, 보드게임을 할 수 있다. 함께 놀아주지 않고 물질적인 보상만 해주려고 해서는 안 된다.

- **자존감을 높여주자.** 물질주의적인 아이일수록 자존감이 낮다는 연구결과들이 있다. 아이의 자존감이 낮은 가장 큰 원인으로 종종 부모가 손꼽힌다. 옷이나 전자제품에 대한 아이의 변덕에 끌려다닌다면 아이들에게 그들이 가진 것이 곧 그들의 정체성이라는 메시지를 주고 있는 셈이다. 아이들은 정말 그렇게 믿는다. 다행히도 연구자들은 부모들이 그 메시지를 바꿀 수 있음을 발견했다. 현명하고 재미있는 요소에 초점을 맞춰 아이를 칭찬하라. 아이의 독특한 강점과 자질을 강조해주라는 말이다. 이렇게 칭찬해주면 아이의 물질주의적인 태도가 개선되는 것을 볼 수 있다. 칭찬이 스포츠정신, 친절, 유머, 책임감처럼 돈으로 살 수 없는 것임을 아이가 깨달을 수 있도록 해주자. 이를 통해 아이의 자존감이 내면의 자질로부터 형성되고 아이는 자신의 소유물이 아닌 자기 자신을 인식하게 될 것이다.

- **물건들을 바꾸어 갖고 놀게 하자.** 물질주의적인 아이들은 어떤 물건을 소유하는 것에 대해 자부심을 갖는다. 그리고 자신의 관점에서 가장 많이 가지고 있는 사람이 최고라고 여긴다. 아이의 장난감 차와 플라스틱 인형, 그리고

CD 등을 한 주 또는 한 달 동안 장롱 안에 넣어두자. 결국 아이는 이 모든 걸 다 갖고 놀지는 못한다. 보관되어 있던 것들을 내줄 때는 다른 것들을 다시 장롱 속에 보관해둔다는 규칙을 새롭게 만들자. 이렇게 물건들을 바꿔서 가지고 놀게 하는 것은 아이 방을 더 깨끗하게 만들어주는 쉽고도 간단한 해결책이며, 아이는 재미있게 노는 데 그렇게 많은 물건들이 필요하지 않다는 걸 알게 된다. 그러나 이럴 경우 가장 좋은 점은 아이가 다시 돌려받은 물건들을 훨씬 더 좋아하고 새 것처럼 여긴다는 것이다(물론 더 간단한 해결책은 아이가 물건을 바로 사지 않게 하는 것이다).

> **육아 119**
>
> **텔레비전을 끄자**
>
> 미국 아이들이 매년 평균 4만 개의 광고에 노출된다는 사실을 아는가? 그리고 기업들이 만 12세 아이들을 겨냥해서 해마다 150억 달러의 광고홍보비를 지출하고 있다는 사실을 아는가? 아이들이 광고를 적게 볼수록 물질주의적인 태도를 가질 가능성이 낮아진다는 연구결과가 있다. 아이의 텔레비전 시청 시간이 1/3로 줄면 장난감을 사달라고 조르는 행동이 또래에 비래 70%까지 줄어들 것이다. 따라서 아이의 텔레비전 시청 시간을 감독하고 텔레비전을 꺼버리는 게 좋은 방법이다.

2단계 : 신속한 대처

● **모든 요구를 다 들어줘서는 안 된다.** 당신은 아이의 물질적인 요구에 어떻게 반응하는가? 아이의 욕구를 충족시켜주는가? 아이에게 물질주의적인 태도를 지적하거나 그 요구를 무시해버리는가? 아이가 계속 욕심을 부린다면 이에 제동을 거는 새로운 규칙을 정하라. 계속 욕심을 부릴 경우 일어날 수 있는 일을 알려주라. 아이의 물질적인 욕구를 항상 충족시켜주는 것은 결코 아이를 위한 일이 아니다. 힘들지라도 끝없는 변덕이나 소비 욕구에 제동을 걸어주는 것이 바람직하다. 이에 대해 죄책감을 가질 필요가 없다. 부모가 무엇을 염려하는지 아이에게 잘 설명해주고, 왜 새로운 규칙을 정했는지 그 이유를 말해주자. 다시 한 번 강조하건대 아이가 원하는 대로 다 들어줘서는 안 된다.

●물질적인 것으로 보상하지 말자. "청바지를 사주시면 이걸 할게요." "얼마 주실 거예요?" 이런 말을 하는 아이는 자신의 행동에 대해 물질적인 보상을 받아온 것이다. 물질주의적인 아이는 더 많은 것을, 더 비싼 것을 원한다. 지금부터는 보상 없이도 아이가 행동하기를 기대하라. 아이가 무언가를 잘했을 때는 물건이나 돈으로 상을 주는 대신 칭찬을 해주고 안아주고 등을 두드려주라. 물론 처음에는 아이가 이 새로운 규칙을 좋아하지 않을 것이다. 그래도 밀고나가야 한다.

●물건이 아닌 사람을 강조하자. 물질주의적인 아이는 종종 좋은 물건을 소유하는 게 인간관계를 돈독하게 유지하는 것보다 더 좋은 일이라고 믿는다. 아이에게 새로운 개념을 인식시켜줘야 한다. 이를 위해 인간관계가 물질적인 것보다 더 중요하다는 점을 아이가 이해할 수 있는 순간을 찾도록 해주자. 다시 말해 아이가 정서적인 충격을 받을 수 있도록 하는 것이다 "오늘 할머니와 함께 시간을 보내서 아주 행복해 보이는구나. 분명 할머니도 무척 좋아하셨을 거야. 이런 경험이 네가 평생 동안 잊지 못할 추억이 되는 거란다." "아빠는 네가 직접 만든 카드를 줘서 무척 기뻤단다. 산 카드보다 훨씬 더 의미가 있구나."

부모 시선 집중!

오늘날의 미국 아이들이 세계의 다른 아이들보다 가장 브랜드 지향적이고 역사상 가장 물질주의적인 소비자라고 말한다. 다음은 아이들 사이에 물질주의가 팽배해 있음을 말해준다.

- 세계의 어느 곳보다 미국 아이들은 옷과 브랜드가 자기 자신을 표현하며 사회적 지위를 결정짓는다고 믿는다.
- 95%의 어른들이 아이들이 물건을 사고 소비하는 데 너무 집중하고 있다고 말한다.
- 설문에 답한 3명의 부모 중 2명이 자신들보다 자신의 아이들이 소유물에 따라 자신의 가치를 매기고 있다고 말한다.

당신의 아이는 어떤가? 만약 자녀의 '물질주의' 성향이 걱정된다면 지금이 개입해야 할 중요한 시기다.

●기다림을 우선시하자. 갖고 싶은 것을 가져야만 하는 소비충동을 억제할 수 있는 한 가지 해결책은 최신제품을 사기 전에 아이가 기다리도록 만드는 것이다. 기다리는 시간은 아이의 나이와 성숙도에 따라 다르게 정해야 하는데, 한 시간이나 하루 혹은 일주일이나 한 달이 될 수도 있다. 그 시간은 아이 스스로 '정말 그게 필요한 물건일까?'를 생각해볼 수 있는 기회가 된다. 만약 기다림의 시간이 끝나기 전에 물건에 대한 흥미를 잃었다면 그 물건은 사지 않아도 된다고 아이 스스로 말할 것이다.

3단계: 변화를 위한 습관

●아이에게 비싼 선물을 사주는 사람들에게 도움을 청하자. 아이에게 비싼 선물보다는 함께 놀아주거나 교육펀드를 넣어주거나 아이의 취미 혹은 재능을 키워줄 수 있는 선물을 해달라고 부탁한다. 모두가 일관성 있는 태도를 취할수록 더욱 효과적으로 아이의 물질주의적인 태도를 변화시킬 수 있다.

●물건의 가치를 강조하자. 아이가 물건의 가격이나 유행이 아닌 물건의 가치에 주목할 수 있도록 해주자. "이것은 내구성이 아주 좋기 때문에 좋은 스케이트보드구나." 가격보다는 정서적인 부분을 더 강조하자. "이 의자는 할머니

육아 119

필요한 것과 원하는 것의 차이를 가르치자

물질주의적인 아이는 당장 어떤 것을 갖고 싶어 할 뿐 그 물건이 필요한가에 대해서는 생각하지 않을 때가 있다. 따라서 아이가 필요하지도 않은 물건을 사달라고 조를 때 그게 정말로 필요한 것인지 아니면 단지 갖고 싶어 하는 것인지를 물어보자. 아이가 요구할 때마다 이렇게 묻도록 하자. 그리고 만약 꼭 필요한 물건이 아니라면 힘들게 번 돈을 그렇게 쓰도록 내버려두지 말자. 가져야만 하는 게 아니라 꼭 필요한 것일 때만 사줘야 한다. 아이는 서서히 부모가 자신의 충동적인 요구를 들어주지 않는다는 사실을 알게 되어 자신에게 진짜 필요한 것인지를 고려해서 무엇을 먼저 사야 하는지 우선순위를 정하는 법을 배우게 될 것이다.

가 어렸을 때 쓰시던 거라서 나한테 의미가 크단다." 아이는 이런 사고과정을 즉각적으로 수용할지도 모른다. 그리고 제품의 인기도나 외관, 비싼 가격 외에도 제품에 들어 있는 의미들을 알게 될 것이다.

●**또래의 압력을 극복할 수 있는 방법을 가르치자.** 아이들은 또래와 잘 어울리기 위해 유행을 따라 최신제품을 사야 한다는 압박을 느낀다고 말한다. 이것이 아이의 물질주의적인 태도에 영향을 준다. 신제품을 사도록 압력을 주는 친구에게 대항할 수 있는 방법을 가르쳐주자. 예를 들어 "오늘은 안 돼." "생각해볼게." "돈을 아껴야 해." "그건 필요하지 않아." "네가 사는 게 어떠니?" "싫어, 안 살 거야." "돈이 충분하지 않아." 아이가 이런 말을 강하고 단호한 목소리로 할 때까지 연습시켜주자.

●**받는 것 없이 베푸는 습관을 길러주자.** 베푸는 연습이 물질주의적인 태도를 변화시키는 가장 좋은 방법이다. 또한 이를 통해 받는 것보다 주는 것이 더 좋다는 인생의 중요한 교훈을 얻게 될 것이다. 아이가 아픈 이웃에게 도시락을 가져다주고 자원봉사를 할 수 있도록 하자. 아이에게 일주일 용돈의 일부를 환경이 어려운 아이에게 주는 게 어떨지 이야기해보자. 아이의 자비로운 행동을 칭찬해줘서 아이 스스로 마음에서 우러나는 깨달음을 얻게 해주자. "할아버지께서는 네 그림을 좋아하신단다. 네가 뭔가를 사서 드리는 것보다 정성껏 그린 네 그림을 더 좋아하실 거야."

나이별 육아법

3~6세 아이들은 이미 만 3세 때 제품이름에 익숙해진다. 보통의 유치원생들은 300개가 넘는 로고들을 구분할 수 있다. 미취학 아동들은 상점에 있는 물건을 움켜쥐거나 특정 회사의 장난감을 사달라고 조르는 등 자신의 욕구를 드러낸다.

7~9세 물질주의적인 충동이 재미있는 장난감에 대한 기본적인 욕구에 의해 생겨나기도 한다. 그리고 다른 아이들이 무엇을 가지고 있는지 의식하게 되고 그들과 같은 것을 갖고 어울리고 싶어 하는 욕구를 갖게 된다. 텔레비전 광고는 상품을 사도록 충동질한다. 공휴일, 방학, 생일이 지난 다음날 아이들이 친구에게 하는 질문이 "뭘 했니?"에서 "뭘 받았니?"로 바뀐다. 만 8~9세 사이에 물질주의적인 태도를 보이는 아이들이 크게 증가한다.

10~13세 물질주의적인 태도는 10대 초반 아이들 사이에서 크게 증가한다. 또래의 압력과 그들과 어울리려는 욕구가 강하기 때문이다. 물질주의적인 태도는 만 12~13세가 되었을 때 가장 고조되다가 그 후 서서히 줄어들기 시작한다. 10대 초반은 자신의 옷과 상표가 자신이 누구인지를 설명해주고 또래 사이에서 자신의 위치를 정해준다고 믿는다. 만 10세의 한 아이는 거의 400개의 상표를 외운다. 이 연령의 75%가 부자가 되길 원한다. 36%는 친구로부터 물건을 훔치도록 압력을 받는다고 답하고 있다. 자존감이 낮은 10대 초반의 아이들은 자존감이 높은 아이들보다 더욱 물질주의적인 태도를 갖게 된다.

우리집 맞춤 처방전

아이가 주인공이 되는 생일파티를 만들어줬어요!

우리 마을에서의 생일파티는 광대와 마술사, 조랑말들로 채워지는 호화스러운 행사가 되었습니다. 가져가는 선물들은 크고 호화스러워졌고요. 모든 부모들은 다른 사람들을 능가하려고 노력했습니다. 그런데 아이들의 입에서 파티가 너무 저렴하게 치러진다는 불평이 나오자 경각심을 갖게 되었습니다. 저는 5명의 엄마들을 초대하여 경박한 파티에 대한 지출을 멈추기로 합의했습니다. 선물은 상한가를 정하고 파티는 다른 무엇이 아닌 바로 아이 자신이 주인공이 되게 했습니다. 이는 아이들에게 변화를 가져왔습니다. 아이들은 선물이나 파티비용에 대해 말하는 것이 아니라 즐거웠던 시간에 대해 말하기 시작했습니다.

옳고
그름의
판단을
못한다
...

도와주세요

옳고 그름을 모르는 아이의 적신호

옳고 그름을 구분하는 데 어려움이 있다.

아이가 습관적으로 거짓말을 하거나 물건을 훔쳐서 믿을 수가 없다.

자신이 잘못한 것에 대해 다른 사람을 탓할 뿐 스스로 책임지려 하지 않는다.

부모가 해야 할 일은?

아이가 옳고 그름을 구분하고 가족의 좋은 덕목을 내면화하여 도덕성을 갖추어 유혹에 직면하더라도 올바른 행동을 할 수 있도록 도와준다. 부모의 지도 없이도 올바른 행동을 할 수 있도록 해 준다.

❓ 여덟 살인 우리 아이의 방에서 아이의 것이 아닌 새 비디오게임을 발견했

습니다. 저는 아이가 상점에서 그 게임을 훔친 것이라고 생각합니다. 아이가 원하는 것을 다 해줬는데도 왜 그랬을까요?

💬 아이의 잘못된 행동에 부모가 어떻게 반응하는지에 따라 아이는 옳고 그름을 구분할 수 있게 되고, 부모의 반응은 아이에게 긍정적인 도움을 주기도 하고 부정적으로 작용할 수도 있습니다. 아이의 양심과 관련될 때 부모의 역할은 더욱 중요해지지요. 부모는 아이의 잘못된 행동에 대해 적절하게 반응해야 합니다. 아이가 자신의 도둑질로부터 교훈을 얻을 수 있도록 도와주는 4가지 도덕 규칙이 있어요. 이 4가지 도덕 규칙은 아이가 옳고 그름을 구분할 수 있도록 지도하면서 항상 적용할 수 있을 것입니다.

1. 스스로 생각할 수 있게 한다. 아이에게 다음과 같은 질문을 할 수 있다. "무슨 일이 일어났는지 설명해주렴" "왜 그랬니?" "무엇이 널 그렇게 행동하도록 했니?" "만약 네 잘못이 드러나면 어떻게 될 거라고 생각했니?"

2. 왜 잘못인지를 짚어본다. 아이에게 이렇게 물을 수 있다. "도둑질이 옳은 일이니, 잘못된 일이니?" "왜 상점에서 물건을 훔쳐서는 안 될까?" "도둑질을 하면 안 되는 이유에 대해 생각해봤니?" "왜 내가 화가 난 것 같니?"

3. 피해자를 떠올리게 한다. 아이가 피해자의 입장을 생각해볼 수 있게 한다. "상점 주인의 입장에서 생각해보자." "네가 생각하기에 자기 재산을 도둑맞은 그 주인은 어떤 심정일 거 같니?" "다른 사람이 네 물건을 가져갔을 때 네가 다시 그걸 사야 한다면 기분이 어떻겠니?" "네가 네 용돈을 그 물건을 사는 데 써야 한다면 기분이 좋겠니?"

4. 양심의 문제로 확대해서 생각할 수 있게 하자. 아이가 옳고 그름을 이해할

수 있도록 도와주는 몇 가지 선택들에 대해 함께 이야기 해보자. 그리고 아이가 어떤 것이 옳은 행동인지를 파악했다면 본론으로 돌아가자. "너는 네가 뭘 잘못 했는지 알 거야. 그럼, 옳은 일을 하려면 어떻게 해야 되는지 생각해보자."

우리의 목적은 아이가 피해자의 감정을 포함하여 자신의 행동이 가져오는 영향에 대해 이해하도록 하는 것이다. 도덕적 성장은 점차적으로 일어난다. 따라서 하룻밤 사이의 변화를 기대하지 말자. 대신 이 4가지 규칙으로 아이의 도덕적 성장을 장려 할 수 있는 실생활 속의 간단한 방법들을 찾아보도록 하자.

왜 변해야 할까?

양심은 우리가 옳고 그른 것을 구분할 수 있도록 해준다. 그리고 모든 부모의 바람 처럼 아이가 올바른 시민의식을 가지고 윤리적인 행동을 하도록 해주는 바탕이 되기도 한다. 그러나 최근의 설문조사를 보면, 많은 사람들은 아이들을 도덕적으로 키우기에는 공정하지 않다고 믿고 있다. 《뉴스위크》의 최근 설문조사는 미국인 절반 이상이, 본인이 엄격한 도덕적 기준 아래에서 성장하지 않았다고 보았다. 또 다른 설문조사에서는 93%의 응답자가 부모가 아이들에게 정직함과 책임감 등을 가르치는 데 실패했다고 보았다. 이런 결과들은 오늘날의 많은 아이들이 우리의 가치관과 상반되는 미디어와 또래 사이에서 많은 대립을 겪게 되리라는 점에서 경각심을 불러일으킨다. 하지만 일련의 연구들은 아이의 도덕적 성장에서 부모가 중요한 역할을 한다는 사실을 공통적으로 보여준다. 도덕성은 학습되는 것이고 가정에서 그 학습이 시작되기 때문이다.

이 책은 아이가 옳고 그름을 구분할 수 있도록 도와줄 뿐 아니라 강한 양심을 형성하여 유혹을 받더라도 올바른 행동을 할 수 있게 해주는 몇 가지 방법들을 제시한다. 이들은 "항상 너의 양심이 널 이끌도록 해"라고 지미니 크리켓(디즈니 만화에서 피노키오의 친구로 나오는 귀뚜라미 캐릭터 – 옮긴이)이 피노키오에게 한 말을 실천할 수 있게 해줄 것이다. 훌륭한 양육의 실질적인 목표는 아이가 부모의 지도 없이도 올바른 행동을 하게 만드는 데 있다. 지금부터 이 전략들을 실천해보도록 하자.

어떤 행동을 보일까?

아이는 단계적으로 옳고 그름의 차이를 이해할 수 있다. 다음은 양심을 지켜야 한다는 의식이 약하고 도덕의식이 덜 발달된 단계에서 나타나는 특징들이다.

● **비난을 받아들이지 않는다.** 자신의 잘못을 인정하지 않고 잘못했을 때 미안하다는 말을 하지 않는다. 신체적, 감정적인 상처를 주게 되었을 때 문제를 개선하려 하지 않으며 그에 대한 필요성도 느끼지 못한다. 자신의 잘못을 다

른 사람 탓으로 돌린다.

- ●옳고 그름을 구분하는 데 어려움이 있다. 잘못된 행동을 구분하는 데 어려움이 있고, 왜 그것이 잘못되었는지를 이해하기 어려워한다. 옳은 행동에 대해 다시 알려주고 경고를 주어야 할 때도 있다. 잘못된 행동을 바른 행동으로 바꾸는 방법을 모른다.
- ●정직하지 않다. 아이가 정직의 중요성을 알고 있으면서도 거짓말을 하며 신뢰를 주지 못한다. 자신이 한 말을 지키지 못한다.
- ●자신의 행동이 미치는 영향을 알지 못한다. 부적절한 행동이 주는 결과에 대해 인식하지 못한다. 결과에 대한 생각 없이 현명하지 못한 선택을 한다.
- ●종종 곤란한 상황에 처한다. 올바른 행동이 무엇인지를 알고 있지만 부적절한 행동을 계속 한다.
- ●죄책감이 부족하다. 자신의 행동에 대한 부끄러움을 느끼지 못하거나 잘못된 행동에 대한 죄책감이 없다.
- ●쉽게 동요한다. 올바른 행동이 무엇인지는 알고 있지만 쉽게 다른 사람들에 의해 동요되어 잘못된 행동을 한다.

해결책

1단계 : 초기 개입

- ●도덕적인 아이로 키우는 데 전념하자. 먼저 아이를 도덕적인 아이로 기르겠다는 것을 목표로 삼자. 부모는 아이에게 영향을 주는 존재이고 부모가 윤리적인 아이로 키우겠다는 목표를 갖고 매일 노력한다면 아이의 도덕성이 형성될 것이다.

● **강력한 도덕성의 본보기가 되자.** 아이들은 부모의 선택이나 행동을 보고, 혹은 부모의 일상적인 평가를 들으면서 도덕적 기준을 습득해나간다. 따라서 부모의 일상이 아이에게는 강력한 교육이 될 수 있다. 예를 들어 가족, 친구, 이웃, 낯선 사람을 대하는 방식을 보고, 부모가 보는 영화, 책, 텔레비전 프로그램을 통해 영향을 받는다. 또한 부모가 아이의 부정행위나 친구의 거짓말, 이웃의 쓰레기와 같이 일상에서 도덕에 반하는 일에 대해 부모가 어떻게 반응하는지에 영향을 받는다. 아이는 이 모든 결정들과 부모의 됨됨이를 가까이에서 지켜본다. 따라서 부모 스스로 아이가 따라하기를 바라는 좋은 행동만을 보여줄 수 있도록 노력하자. "우리 아이가 옳고 그름의 가치를 배울 수 있는 유일한 본보기가 나라면 오늘 우리 아이는 나를 통해 무엇을 배웠을까?"라는 질문을 매일매일 스스로 해보도록 보자.

● **아이와 서로 존중하면서 친밀한 관계가 되자.** 아이들은 자신과 가장 밀접한 애착관계를 맺고 있으며 자신이 존중하는 대상으로부터 가장 큰 영향을 받는다는 연구결과들이 있다. 또한 그 대상의 도덕적 신념을 따르게 된다고 한다. 따라서 아이가 올바른 양심을 갖출 수 있게 해주는 가장 확실한 방법은 아이

육아 119

아이가 사용할 수 있는 양심테스트를 만들자

아이에게 강한 인식을 심어줄 수 있는 한 가지 방법은 도덕성을 지닌 실제 인물이나 가족의 종교적 믿음 등을 이용하는 것이다. 아이에게 한 도덕적인 인물이 추구한 삶에 대해 가르쳐주자. 그리고 나서 아이가 도덕적 딜레마를 겪을 때마다 그 훌륭한 인물이라면 어떻게 행동했을지 자신의 양심에게 조언을 구하게 하자. 예를 들어 "하나님이라면 어떻게 하실까?" 아이가 도덕성을 자신의 신념으로 내면화할 때까지 반복적으로 말해주는 게 핵심이다. 그렇게 되면 마침내 아이는 부모의 지도 없이도 이런 테스트를 자신의 행동을 규제하는 방법으로 사용할 수 있을 것이다.

와 친밀하고 애정 있는 관계를 형성하는 것이다. 물론 그 관계는 상호존중적이어야 한다. 부모가 아이를 사랑과 존중으로 대하면 아이 역시 부모를 똑같은 방식으로 대할 것이다. 이런 관계의 형성은 방해받지 않고 일대일로 개인적으로 대면하는 시간을 통해 이루어져야 하며, 아이의 도덕성을 이끄는 중요한 지도자가 바로 부모라는 점을 잊지 말아야 한다. 이것이 바로 좋은 육아법이다.

- **아이에게 도덕적인 행동을 요구하고 기대하자.** 아이의 도덕성을 잘 발달시켜주는 부모들은 아이에게 도덕적인 행동을 기대하고 요구한다는 보고가 있다. 일단 그런 기대를 설정했다면 부모는 규칙을 일관되게 유지해야 한다.

- **가족의 핵심 가치를 분명히 하자.** 아이가 다 컸다고 가정해보자. 어린 시절을 통해 그들의 양심에 새겨진 중요한 도덕적 가치(인내, 연민, 존중, 진실, 정직 등)가 무엇이 되었으면 좋겠는가? 그런 가치들을 선택해서 중요시하고 강조하며 그 가치에서 벗어나지 않도록 하자.

- **가족 간의 약속을 만들자.** 가족의 핵심 가치를 담은 가족 간의 간단한 약속을 만드는 부모들이 많다. 예를 들면 "우리 가족은 항상 다른 사람들에게 정직해야 한다" "우리집에서는 항상 다른 사람을 친절하게 대하고 본인이 대접받고 싶은 만큼 다른 사람에게 잘해줘야 한다는 걸 기억하자" "서로의 사생활을 존중해주자" 등이 있다. 아이가 이런 가족의 약속을 스스로 기억하고 내면화할 수 있도록 반복적으로 말해주자.

2단계 : 신속한 대처

- **이유를 찾자.** 이는 가장 어려운 부분이기도 하다. 아이의 도덕성이 덜 발달한 이유를 찾기 위해서는 객관적이고 차분한 태도를 유지해야 한다. 각기 다른

상황에서 아이를 관찰하고 부모가 신뢰하는 다른 어른들의 의견을 묻도록 하자. 도덕성이 낮은 데는 몇 가지 이유가 있다. 아래의 내용 가운데 자녀나 상황에 적용되는 것이 있는지 확인해보자.

☐ 미성숙. 도덕적 이성과 행동을 하기에는 아직 무리다.

☐ 좋지 않은 도덕적 본보기. 부모, 코치, 선생님, 친척, 친구 또는 아이들이 선망하는 대상인 유명인, 스포츠 영웅들이 비양심적인 행동을 보이거나 잘못된 본보기가 되고 있다.

☐ 부모의 영향력이 약하다. 아이와 부모의 관계에서 상호존중감이 약하다. 서로 거리감이 있고 비효과적인 육아법이 영향을 미치고 있거나 불안정하고 온전하지 못한 가족관계가 영향을 준다.

☐ 책임감이 없다. 명백히 잘못한 행동에 대해 개선하도록 요구받은 적이 없다. 자신의 행동에 대한 책임을 지거나 도덕적 결함에 대한 어떠한 제재를 받은 적이 없다.

☐ 과거의 경험이 영향을 준다. 육아과정에서 엄마에게 체벌을 받았거나, 어린 시절의 외상후스트레스장애가 있거나, 과도한 무시를 당했거나 하는 등의 경험으로 도덕성 발달에 문제가 생겼을 수 있다. 유대감이 부족하거나 초기 부모와의 관계에 문제가 있었을 수 있다.

☐ 허용적인 육아방법. 아이가 잘못된 행동에 대한 훈육을 받은 적이 거의 없고 따라야 할 규칙도 없고 있더라도 규칙이 일관되지 못하다. 아이가 부모의 육아관에 동의하지 않은 채 대립해왔다. 부모의 감독이 거의 없어 아이가 문제를 겪게 되는 것이다.

☐ 무자비한 일을 경험하거나 목격한 적이 있다. 아이가 감정적 혹은 신체적인

체벌을 받았거나 반복적인 괴롭힘을 받았다. 심각한 무자비함과 편견 등을 경험했다. 무자비함을 목격했거나 무자비한 분위기에서 지도를 받았다.

□ **신경학적인 문제 혹은 심리적인 문제.** 아이의 도덕성이 뇌 질환이나 외상후 스트레스장애, 임신 중의 음주로 인해 영향을 받았다. 인지적인 장애가 있다.

□ **너무 엄격한 훈육법.** 아이가 너무 가혹하거나 처벌 중심의 훈육을 받았다. 아이가 조건부적인 자녀교육을 받거나 위협을 받은 경험이 있다.

□ **부모의 주의를 끌기 위한 행동.** 의도적이든 아니든 도움을 청하거나 애정을 얻고자 할 때 잘못된 행동을 한다.

□ **또래압력.** 아이가 옳고 그름의 차이를 분명히 알고 있지만 또래 친구들에 의해 쉽게 동요되고 아이들과 어울리며 무리에 끼기 위해 잘못된 행동을 한다.

□ **스트레스 혹은 고난.** 아이가 부모의 불화나 경제적인 어려움을 겪거나 가정이 불안정하다.

□ **가족의 가치.** 가족의 가치들, 즉 정신적인 것, 종교, 도덕적 기대치, 아니, 심지어 옳고 그름을 구분하는 논의조차 거의 없거나 무관한 것으로 여겨지고 있다.

● **잘못된 행동에 대해 변명의 여지를 주지 말자.** 아이의 행동에 대해 변명의 여지를 준다면 아이는 자신의 행동에 대한 책임감을 가질 필요가 없다고 생각하게 된다. 따라서 아이가 잘못된 행동을 하는 걸 내버려두어서는 안 된다. 대신 자신의 행동에 대한 책임을 져야 한다는 걸 이해할 수 있도록 도덕적인 훈육방법을 사용하자. 어린 아이 혹은 처음으로 잘못된 행동을 한 아이에게는 자신의 행동이 왜 잘못되었는지를 이해하게 하는 정도로 충분하다. 혹은

적합한 처벌을 정하여 부모의 도덕적 기준을 분명히 이해시키자. 잘못된 행동에 대한 처벌은 항상 그 잘못에 적합한 것이어야 하고 아이의 연령에도 맞아야 한다. 그럴 때, 아이는 자신의 실수를 통해 배울 수 있고 다시는 그런 행동을 하지 않게 된다.

● **다른 어른들의 도움을 받자.** 만약 아이가 만성적이고 의도적으로 잘못된 행동을 보이고 있다면 새로운 대처법이 필요하다. 아이의 선생님과 상담을 하고 가장 좋은 훈육방법에 대한 이야기를 나누자. 부모와 주변의 어른들이 함께 일관적인 태도를 보여야만 아이는 자신의 잘못이 용인되지 않는다는 걸 깨닫게 된다. 거짓말, 도둑질, 싸움, 따돌림, 속임수와 같은 잘못들이 계속된다면 아이를 맡은 어른들(코치, 선생님, 조부모 등)이 아이의 행동을 매일 점검할 수 있는 방법을 마련하자. 그래서 부모가 자신에게 도덕적인 태도를 요구하고 있다는 걸 아이가 알 수 있도록 하자.

● **다른 사람의 조언을 구하자.** 만약 아이가 다른 아이들에게 상처를 주거나 잘못된 행동에 대한 책임감을 갖지 못하면, 혹은 가족의 기준을 무시하고 있다면 정신상담가의 도움을 즉시 받도록 하자. 아이의 행동이 개선되기를 기다리고 있기만 해서는 안 된다.

3단계 : 변화를 위한 습관

● **감정이입의 중요성을 강조하자.** 감정이입을 가르치는 것은 아이의 도덕성 발달에 중요한 영향을 준다. 왜냐하면 아이의 마음과 감정은 아이가 바른 행동을 하도록 작용하기 때문이다. 감정이입을 발달시키는 가장 쉬운 방법은 아이의 잘못된 행동이 다른 사람에게 주는 영향에 대해 지적해주는 것이다. "네가 저 아이한테 못한다고 말해서 저 아이를 울게 만들었구나." 그리고 상대의

감정을 강조해주도록 하자. "이제 저 아이는 기분이 나빠졌겠구나." 아이가 상대의 입장에서 생각할 수 있도록 도와주자. 어린 아이의 경우라면 도둑질과 같은 잘못된 행동이 얼마나 나쁜지를 장난감을 갖고 역할극을 하면서 알려주도록 하자. 아이의 장난감을 훔친 다음 이렇게 묻는다. "만약 다른 사람이 네 장난감을 훔치면 기분이 어떨까?" 나이가 많은 아이에게는 이렇게 질문한다. "다른 사람이 네 물건을 훔치길 원하니?" 혹은 "친구의 입장에서 생각해봐. 네 장난감을 누가 가져갔다는 사실을 알면 어떻겠니?" "어떤 느낌이겠니?" "왜 그런 느낌이 들까?" "네 장난감을 훔쳐간 사람에게 뭐라고 말하고 싶니?"

● **부모의 도덕적 신념을 공유하자.** 도덕적 가르침과 직접적으로 연결되는 가치와 신념에 대해 아이와 자주 이야기하자. 아이가 강한 도덕성을 갖도록 양육하는 부모들이 이 방법을 많이 따르고 있다는 연구들이 있다. 도덕적 쟁점

이 될 만한 이야기를 찾아서 아이들과 토론해보자. 이때 부모가 이용할 수 있는 모든 자료들을 이용하자. 텔레비전 프로그램이나 학교의 새로운 행사 등을 예로 들 수 있다. 그 쟁점에 대해 어떻게 생각하는지, 왜 그렇게 생각하는지를 아이가 말할 수 있도록 해주자. 또한 성경이나 이솝우화 등, 책에 나오는 도덕적 문제들을 이용해서 이야기해주자. 아이의 이해수준에 적합한 이야기인지 확인하여 부모의 이야기를 아이가 잘 이해할 수 있도록 하자.

● **잘못된 행동을 개선하도록 아이에게 요청하자.** 도덕성을 형성시켜주는 한 가지 방법은 자신의 행동이 다른 사람에게 피해를 준다는 사실을 인식하게 해주는 것이다. 자신의 잘못을 되돌릴 수는 없지만 상대에게 자신의 미안한 마음을 전달할 수 있다는 점을 알게 하자. 아이의 연령과 잘못의 정도에 따라 도덕성 형성에 도움이 되는 예들이 있다. 아이는 자신의 행동을 개선하고 자신의 행동에 책임을 질 수 있게 될 것이다.

☐ 메모를 하거나 그림을 그리거나 전화를 하거나 혹은 직접 상대를 찾아가 진지하게 사과할 수 있다.

☐ 아이가 자신의 잘못된 행동에 대한 대안들을 마련하고 가장 적합한 것을 선택하여 올바른 행동이 무엇인지 분명히 알 수 있도록 연습하게 한다.

☐ 잘못된 행동을 개선하게 만든다.

● **옳은 행동을 해야 한다는 신념을 강화해주자.** 부모의 지도 없이도 아이가 올바른 행동을 하게 하는 것이 최종목표다. 아이가 올바른 행동을 하는 그 순간 아이를 칭찬해주는 것도 좋은 방법이다. 도덕적 행동을 칭찬할 때는 다음의 3가지 요소를 포함해야 한다.

□ 강화는 그럴 만할 때 해준다. 아이가 칭찬받아야 할 경우에만 칭찬하자.

□ 칭찬할 때는 도덕적인 행동과 관련된 수식어를 붙이자. "그 행동은 정직하고 친절하고 책임감이 있으며 상대를 존중하는 것이었어."

□ 칭찬은 구체적인 도덕적 행동을 묘사해야 하고, 아이가 어떤 올바른 행동을 했는지 이해할 수 있어야 하며, 부모가 인정하고 있다는 사실을 알 수 있게 해야 한다. "그건 정직한 행동이구나. 실수를 인정하는 게 어렵다는 걸 알아. 하지만 네가 해냈구나, 그래서 네가 자랑스럽다."

나이별 육아법

도덕성은 연속적인 6단계의 과정을 통해 발달한다. 아이의 경험과 능력은 도덕성 발달에 큰 영향을 준다. 발달단계와 아동의 도덕성 발달을 이해하는 것은 양육방법에 상당한 도움이 된다.

3~6세 도덕성은 이 시기에 발달하기 시작한다. 그러나 미취학 아동들은 본능적으로 자기중심적이기 때문에 보통 자기가 원하는 게 올바른 것이라고 여긴다. 아이들은 다른 사람의 생각이나 감정에 대한 고려 없이 자신의 방식을 고수할 것이다. "엄마 전화 좀 끊으세요. 배고파요!" 아이들은 자신의 도덕성을 보상과 처벌의 관점에서 생각하거나, 책임감을 갖기보다는 단지 자신에게 즐거운 것인지를 놓고 생각하게 된다. 미취학 아동들은 처벌을 피하기 위해서, 그리고 부모를 기쁘게 해주기 위해서 올바른 행동을 하기도 한다. 아이들은 어떤 것을 상상하면 그게 실제로 이루어진다고 믿는다. 이런 행동은 자신이 좋아하는 사람에게 잘 보이기 위해 사실을 본인의 생각대로 왜곡하여 받아들이게 한다.

7~9세 저학년의 아이들은 자신의 필요나 다른 사람의 필요가 있고 상호이익이 될 때 도덕적인 행동을 하려 한다. "네 장난감을 갖고 놀게 해주면 내 자전거를 빌려줄게." 만 6~7세에는 의도와는 상관없이 피해를 준 결과에 따라 도덕적 판단을 내린다. 만 7~8세가 되면 의도에 근거하여 도덕적 판단을 내리기 시작한다.

10~13세 또래집단에 끼는 것과 우정의 문제가 큰 영향을 준다. 이 연령의 아이들은 사회적 인정을 추구하기 시작한다. 좋은 행동이란 다른 사람들을 기쁘게 하고 다른 사람들로부터 인정받는 행동이라고 생각한다. "나는 미영이한테 정말 잘 해줄 거예요. 왜냐하면 엄마를 기쁘게 해드리니까요. 그러면 엄마는 저에게 영화를 보게 해줄 거예요." 다른 측면에서 살펴보면 또래압력이 절정에 이르는 시기이기 때문에 아이들은 자신의 양심상 잘못된 행동임에도 친구들에게 동요되어 잘못된 행동을 저지르기도 한다. 이 시기의 아이들은 부모로부터 멀어지고 친구들과 더욱 친밀한 관계를 형성한다. 그러나 부모가 계속 아이와의 유대감을 쌓고 영향력을 유지한다면 가족의 가치가 여전히 최고의 가치가 될 것이다. 명심하자. 이 나이의 아이들은 위선을 빠르게 알아차리고 어른들의 행동에서 보이는 도덕적 불일치를 잘 알아차린다. 따라서 아이에게 하는 가르침대로 행동하도록 하자. 아이의 양심이 발휘될 수 있을 만한 불공정하거나 정의롭지 못한 상황에 아이가 참여하게 하여 정의감을 키울 수 있도록 해주자.

우리집 맞춤 처방전

착한 석영이를 담은 스크랩북을 만들어주었어요!

우리의 6살짜리 입양 아들은 항상 문제를 일으키고 자기 자신에 대한 존중감이 낮은 것 같아요. 잘한 행동에 대해 칭찬을 해줄 때마다 그 아이는 인정하지 않고 자기 자신을 '나쁜 아이'라고 불러요. 아이가 자신의 좋은 자질에 대해 들으려 하지 않아서 저는 아이에게 그것들을 보여주고자 했습니다. 작은 사진앨범으로 아이가 한 선한 일에 관한 스크랩북을 만들었지요. 사진과 글을 붙여 아이가 동물을 다정히 대하는 모습, 가족에게 충실한 모습, 축구를 할 때의 판단력, 확고하게 자신의 관점을 말하는 모습, 그리고 교회에서 기도하는 모습 등을 스크랩북에 담았습니다. 저는 스크랩북을 아이에게 보여주었고 사진들을 짚어가며 아이가 가진 모든 선한 자질에 대해 이야기해주었습니다. 제 아들은 몇 주 동안 그 앨범을 자신의 베개 밑에 넣어두었고 힘들 때마다 침대로 가서 '착한 석영이'에 대한 그 스크랩북을 읽는답니다.

도와주세요

우리집 아이들은 요구가 너무 많아 저를 미치게 해요. "앉아만 있지 말고 당장 해줘, 아빠!" "엄마, 나 지금 전화 써야 하니까 빨리 끊어주세요!" 아이들의 행동이 너무 이기적이어서 기운이 다 빠져요. 아이들의 끊임없는 요구를 줄일 수 있는 방법이 있을까요?

해결책

요구가 많은 아이들은 모든 일이 자신의 방식대로 이루어지길 원하고 또한 그것이 당장 실현되길 원합니다. 이런 아이들은 부모를 지치게 만들지요. 요구가 많은 아이의 목표는 단 하나, 자신의 욕구를 충족시키는 것입니다. 이런 아이들은 끈질기게 요구합니다. 이런 아이를 둔 부모들이 저지르는 가장 큰 실수는 포기하는 것입니다. 물론 아이가 원하는 것을 줘버리는 게 더 쉬운 일이겠지만 부모가 계속 이렇게 반응하면 아이들은 어른이 되어서도 오로지 자신의 요구와 감정만을 생각합니다. 따라서 가능한 한 빨리 아이의 이런 행동을 고쳐줘야 합니다. 그 과정에서 공감, 침착한 태도, 배려심 같은 기본적인 성격이 형성될 수 있도록 해줘야 합니다. 아이들의 요구를 다스릴 수 있는 몇 가지 해결책을 살펴볼까요.

●문제의 근원을 파악한다. 아이의 요구가 왜 이렇게 많은 걸까? 물론 아이가 자기주장을 펴는 데만 익숙해져 있기 때문일 수도 있다. 하지만 또 다른 원인이 있을 수도 있다. 다음 사항 가운데 아이에게 해당되는 게 있는지 점검해보자.

☐ 부모의 관심이 멀어졌다고 느껴 관심을 받고자 하는 욕구가 생긴 건 아닌가?

☐ 부모가 다른 형제를 편애한다고 느끼는 건 아닌가?

☐ 또래 사이에서의 지위를 유지하기 위해 특정한 물건을 소유하려 하는 건 아닌가?

☐ 합리적인 방법으로 부탁하는 법을 모르는 건 아닌가?

☐ 집에서 '존중'의 가치가 강조되지 않고 있는 건 아닌가?

☐ 다른 사람들이 자신의 말에 귀를 기울이지 않는다고 느끼고 요구하는 것이 관심을 얻는 유일한 방법이 되고 있는 건 아닌가?

우선 아이가 많은 요구를 하는 원인이 무엇인지부터 찾아야 해결방법을 적용할 수 있다. 만약 아이가 요구를 통해 자신의 주장을 펴는 데 익숙해져 있다면 자녀를 대하는 올바른 대응방식을 모색해야 한다.

●부모가 새로 기대하는 바를 알린다. 아이의 강압적이고 이기적인 요구는 더

이상 용납되지 않을 것이란 사실을 알리자. 무언가를 원하는 것은 괜찮지만 자신의 감정을 표현하기 위해 요구적인 태도를 취하는 것은 옳지 않다는 점을 분명한 말로써 알려야 한다. 반드시 예의바르고 친절하게 요청해야 한다는 것을 일러두자. 아이가 올바르게 요청할 때까지 아이 곁을 떠나 부모 자신의 일을 하자. 아이가 무작정 요구한다고 해도 이에 굴복해선 안 된다(주의: 일단 기준을 정했다면 물러서서는 안 된다. 아이는 부모의 각오가 진지하다는 사실을 알아야 한다. 그렇지 않으면 결코 배려하는 태도를 배울 수 없다).

● **필요한 것과 원하는 것의 차이를 가르친다.** 아이에게 필요한 것(필수품)과 원하는 것(꼭 필요하지는 않는 것)의 차이를 가르쳐야 한다. 전자의 예를 들면 부모님으로부터 소풍 동의서 받기, 등교시간에 맞춰 학교 가기 등이 있다. 그리고 후자의 예를 들면 CD를 사기 위한 추가 용돈, 저녁식사 전의 과자 간식, 친구와의 통화를 위해 부모가 전화를 끊도록 요구하는 것 등이 있다. 아이에게 이 둘의 차이를 알게 해준 다음 예의바르고 정중한 말투로 요청할 때만 반응해주자.

● **예의바른 말투를 요구하자.** 아이가 무작정 조르는 행동을 취하는 것은 자신의 욕구를 표현할 수 있는 다른 방법을 모르기 때문일 수도 있다. 아이의 말투가 대체로 큰 목소리로 짜증을 부리는 식이어서 신경이 거슬린다면 일단 아이가 좀더 수용적인 말투를 사용하도록 가르치자. 그리고 나서 아이가 새로운 말투를 사용하도록 연습시키자.

● **공감을 불러일으키자.** 요구가 많은 아이들은 다른 사람의 감정을 고려하지 않고 오로지 자신의 계획만 생각한다. 자신의 요구가 얼마나 배려심 없는 행동인지 모를 수도 있다. 그러므로 아이가 자신의 요구를 들어줄 것을 조르면 그런 행동을 멈추게 한 다음 상대가 그에 대해 어떻게 느낄지 생각해보도록 한다. "지금 엄마의 입장이 되어보렴. 엄마가 너한테 똑같은 방식으로 말하면

넌 어떨까? 그런 요구를 받아들이겠니?"라고 물어보라.

● "안 돼"라고 말하는 것을 두려워하지 말자. 세상이 자기중심으로만 돌아가지 않는다는 점, 자신이 원하는 것이 항상 이루어지는 것은 아니라는 점을 깨닫게 해주려면 아이가 기대할 수 있는 것의 한계를 정해줘야 한다. 수용되지 않는 것이 무엇인지, 부모가 정한 한계가 어디까지인지를 알려주자. 그리고 아이가 요구하는 행동이 너무 지나쳐 화가 나더라도 아이가 부모의 한계를 넘어서는 것을 내버려둬선 안 된다. 자신이 가질 수 있는 것 이상을 요구하는 일은 결코 수용되지 않는다는 점을 알게 하자.

도와주세요

너무 어른스러운 아이의 적신호

나이에 걸맞지 않은 옷 또는 물건을 가지고 있거나 갖기를 원한다.

아이의 성장단계에 적합하지 않은 활동에 참여하거나 그런 아이들과 어울린다.

상식적이거나 안정된 발달과정보다 빠르게 성장하고 있다.

부모가 해야 할 일은?

발달과정 면에서 적절하고 정서적·인지적으로도 자신의 내적 단계에 적합한 활동
들을 선택하도록 도와준다.

왜 변해야 할까?

한 가지 확실한 것은, 오늘날은 부모가 자란 세계와는 완전히 다른 세계라는 점과
아이들의 삶은 더 빠른 속도로 달려나간다는 점이다. 아이들은 노골적인 성애 영

아이의 미디어 시청을 감독하자

아이들은 텔레비전, 영화, 노래가사와 잡지 등을 통해 성적 이미지와 혼란스러운 가르침의 공세를 받고 있다. 사실 텔레비전만 해도 매년 아이들에게 1만 4,000번 이상 성적인 내용과 농담을 노출시키고 있다. 주요 방송사의 최고 시청 시간대 방송물 중 77%는 성적인 소재를 다루고 선정적인 옷차림의 배우들이 등장하고 있다. 그리고 성적인 행동을 하는 등장인물의 10%가 10대다. 한 연구는 미디어의 성적인 이미지들이 아이들의 어린 시절에 큰 영향을 미치고 있으며 너무 빨리 조숙해지도록 압력을 주고 있다는 점을 보여주었다.

- 1/4 이상의 청소년들이 텔레비전 방송의 성적 내용이 자신들의 행동에 영향을 미치고 있으며 나이가 많은 것처럼 행동하게 하고 빠르게 성숙하도록 압력을 주고 있다고 대답했다.
- 미국 소아과협회는 텔레비전, 영화, 음악 속의 성적인 내용에 반복적으로 노출되면 성적인 행동을 보이는 나이가 더 어려질 가능성이 높다고 발표했다.
- 미국심리학회는 광고, 상품화, 미디어에서 보여주는 젊은 여성의 성적 이미지의 확산이 여자 아이들의 자기 이미지와 건강한 발달에 나쁜 영향을 미치고 있으며 섭식장애와 우울증을 일으킬 가능성을 높인다고 발표했다(아이가 읽고, 듣고, 보고 있는 미디어가 무엇인지를 알고 확실한 제한선을 두어야 한다).

화, 어른 전용이라는 메시지를 담은 옷과 성적인 노래, 성인용 비디오게임, 선정적이며 '나이에 어울리지 않는' 옷들로 가득 찬 포르노 세계에 살고 있는 것처럼 보인다. 게다가 아이들은 그런 삶의 방식과 제품들을 우상화할 뿐 아니라 제조회사나 상점들도 아이들의 그런 행동을 부추기는 그런 상품들을 홍보하고 있다.

아이들이 이런 어른의 세계를 따라하는 것이 아이의 행복에 영향을 준다는 점이 문제다. 첫째, 이런 것들은 아이의 어린 시절을 '압축시켜' 일반적인 성장단계에 있는 필수적인 활동, 의식, 게임 등을 놓치게 만든다. 둘째, 아이들이 대처할 수 없고 완전히 이해할 수 없는 심각한 문제들에 아이들을 노출시킨다. 그렇기 때문에 아동전문가, 정신과 전문의와 부모 모두가 어른과 관련된 문제에 아이들이 무분별하게 노출되는 것이 위험하다고 걱정하는 것이다. 최근 《페어런츠》에서 실시한 설문조사를 보면 약 80%의 부모가 자기 아이들이 너무 빠른 성장을 보이고 있으며 '너무 많이 그리고 너무 이르게' 노출되고 있다고 걱정하고 있다.

《뉴스위크》의 설문조사에서는 77%의 응답자가 노출이 심한 의상을 입고 성욕을 드러내는 연예인들이 여자아이들에게 큰 영향을 주고 있으며 어른들의 삶의 방식을 너무 어린 나이에 따라하도록 압력을 준다고 했다.

부모들이 아이들의 눈을 가리거나 바깥세계를 변화시킬 수는 없지만 아이들의 삶에 영향을 끼치는 것에 대해서는 통제를 가할 수 있다. 다음은 아이의 연령대에 맞는 바람직한 성장속도를 따르면서 모든 아이들에게 필요한 어린 시절을 경험할 수 있도록 도와주는 해결책들이다.

해결책

변화를 위한 7계명

1. 주변의 일에 주의를 기울이자.

자녀 또래의 아이들이 시청하는 텔레비전 프로그램을 주의깊게 살펴보자. 선정적인 의상이 나오는 최근의 버라이어티쇼나 최신음악의 가사, 10대용 잡지를 살피고, 아이들의 최신패션을 점검하기 위해 상점들을 좀더 자세히 둘러보자.

이는 현재 아이들이 받고 있는 사회적 압력을 인식하고 아이를 위한 제한선을 만드는 데 도움이 된다. 모든 것을 금지하는 것은 비현실적이다. 그렇다면 어디쯤에 선을 그어야 할까? 현실을 파악하여 아이에게 명확한 선을 그어주고 그 이유를 설명해줘야 한다.

2. 아이의 발달과정에 관한 특강을 듣자.

아이와 관련된 책이라면 무엇이든 읽었을 수도 있지만 아이의 현재 발달과정에 대해 적극적으로 배우도록 하자. 좋은 자료들을 골라 아이의 나이에 적절한 과정이

무엇인지 알자. 소아청소년 정신과와 소아과 전문의한테서 아이 연령에 해당하는 성장 차트를 받아오자. 정상적인 발달과정을 이해하는 선생님, 의사, 그리고 조부모 같은 이들과 이야기를 해보자. 빠르게 돌아가는 세상이 아이의 정서적·사회적 발달에 얼마나 위험한지 이해하면 아이의 빠른 성장 속도를 줄이기 위한 노력을 더할 수 있다.

3. 아이다워지도록 도와주자.

미시건대학교에서는 만 3세에서 만 12세까지의 아동을 대상으로 시간을 어떻게 쓰는지 연구했는데, 지난 20년 동안 아이들의 자유시간은 주당 12시간이 줄었고 걷기나 캠핑 같은 활동들은 50%가 줄었으며 압박이 강한 단체스포츠 활동은 50%가 늘어났다고 한다.

아이의 일과와 일상 활동들을 확인해보자. 아이가 모래성 쌓기와 같은 유년 시절의 중요한 놀이를 하면서 시간을 보내고 있는지 살펴보자. 아이들을 몰아붙이는 게 좋

육 아 뉴 스

사춘기가 일찍 나타나고 있다

미국소아과협회: 소아과 의사이자 현재 노스캐롤라이나대학의 공중보건대학 교수로 있는 마셔 허먼기든스(Marcia Herman-Giddens) 박사는 10년 전 연구에서 1학년~5학년의 많은 어린 여자아이들이 음모가 자라고 가슴이 발달하는 현상을 겪고 있음을 밝혔다. "너무 어린 나이에 그런 아이들이 너무 많은 같다"라고 말하며 마셔 박사는 가설을 검증하기 위해 225명의 임상의와 1만 4,000명의 여자아이들을 대상으로 전국적인 연구를 시작했다. 그녀의 논문에 적혀 있듯이, 현재의 아이들이 과거보다 확실히 더 빠르게 성장하고 있었다. 월경이 시작되는 평균 나이는 현재 알려진 기준보다 네 살 정도가 빨랐고 만 7세 아이들의 15%, 만 8세 아이들의 거의 절반 정도가 가슴이 발달하고 있거나 음모가 자라고 있다고 한다. 남자아이들의 경우에는 종합적인 자료가 아직은 없지만 많은 연구결과들이 남자아이들이 더 어린 나이에 어른 키만큼 자라고 있음을 보여주는데, 이는 곧 아이들이 너무 빨리 성숙하고 있음을 말해준다.

은 육아라는 믿음에 빠져서는 안 된다. 왜 서둘러야 하는가? 아이가 아이처럼 행동할 시간을 갖도록 해주자.

4. 발달에 적합한 자료를 접하게 하자.

지금의 문화는 아이가 더 빨리 성장하도록 압력을 주고 있으며 아이들은 자신의 실제 나이보다 더 나이든 아이들처럼 행동하고 있다. 사춘기가 시작되는 시기가 빨라지고 있으며 아이들은 훨씬 더 성숙해 보인다. 하지만 어른처럼 '보이고 행동한다고' 해서 아이가 이처럼 빨리 돌아가는 세상에 적응할 준비가 되어 있다는 의미는 아니다. 다음의 제안들을 따라 실천해보자.

- 아이의 실제 연령에 맞춘 규칙과 기대를 세운다.
- 아이의 정서적·인지적·신체적 과정들이 발달적으로 적합한지를 확인한다.
- 특정한 '발달과정 의식'을 마련하거나 친구의 집에서 잘 수 있는 나이, 혼자 인터넷을 사용할 수 있는 나이, 휴대전화를 가질 수 있는 나이, 화장을 할 수 있는 나이, 귀를 뚫을 수 있는 나이를 정해두어 앞으로 무엇을 기대할 수 있는지 아이가 알도록 해준다.
- 게임, 장난감, 운동기구, 책 등에 관한 연령가이드를 활용한다.
- 비디오게임, 영화, CD, 텔레비전쇼의 연령등급체계를 따른다. 아동발달 전문가로 이루어진 패널들이 많은 시간 동안 각각의 제품들을 검토해서 가이드라인을 제시하고 있다.
- 연령에 맞는 취미와 관심을 갖게 한다. 수영, 승마, 연극, 축구, 뜨개질, 밴드, 교회 그룹과 같이 발달적으로 적합한 건강한 취미들을 찾게 해주자.

5. 섹시한 외모'를 금하자.

요즘은 아이들을 대상으로 한 패션들이 매우 선정적이며 연령의 적합성을 무시하고 있다. 화장, 짧은 치마, 홀터넥, 붙임 손톱, 립글로스, 끈 팬티, 속이 비치는 블라우스 등. 시선을 끄는 옷들은 확실히 성적 이미지를 팔고 있으며 복장에 대한 불건전한 관심을 훨씬 더 어린 나이부터 갖도록 유혹한다. 복장과의 전쟁을 선포하자. '스타일'에 대해서는 너무 신경쓰지 않되, 선정적인 패션에 관해서는 확실한 선을 그어야 한다. 사춘기가 시작되었든 말았든, 아홉 살짜리 아이는 여전히 아홉 살일 뿐이다. 아이의 신체적 외모가 아닌 연령에 따른 기준을 세우도록 하자('복장과 외모' 참조).

6. 성장에 관한 대화'를 일찍 시작하자.

요즘 아이들은 성장과 관련된 문제들에 훨씬 더 일찍 접하고 있다. 음주, 성적 행위, 우울증, 섭식장애, 스트레스, 또래압력, 사춘기, 여드름 등이 부모 세대보다 3, 4년 빠르게 나타나고 있다. 그러므로 빠르게 진행되는 문화를 부인하며 아이가 10대가 되면 하려고 했던 '성장'에 관한 대화를 미루지 말자.

부모와 이런 문제들에 대해 이야기하지 않더라도 아이는 친구들과 이야기할 수 있다. 부모의 도덕적 신념과 가치관의 관점에서 그에 대한 정확한 사실들을 전달해야 한다. 의사가 말하기 편한 상대가 되도록 해줘야 한다. 사춘기가 더 일찍 시작되고 있으니, 아이는 자신의 월경이나 몽정에 대해, 만약 부모가 아니라면 다른 누군가와 편하게 말할 수 있어야 한다는 점을 주의하자.

7. 아이와의 관계를 이어나가자.

부모와의 관계가 가까울수록 아이는 외설적이고 선정적인 문화를 잘 극복할 수 있게 된다. 그리고 아이는 성적인 메시지에 대한 대안을 찾으며, 아이처럼 행동해도 괜찮다는 걸 깨닫게 될 것이다. 아이에게는 부모의 지도가 필요하고 부모는 아이들의 여과장치가 되어줄 것이다.

부모는 아이에게 큰 변화를 가져올 수 있다. 2007년 실시된 MTV와 AP 통신의 여론조사에 의하면, 대다수 어린 아이들은 부모를 영웅으로 묘사했다. 아이들은 유년기를 유지하고 인기도나 섹시함과는 상관없이 자신을 소중히 여길 수 있도록 도와줄 사람들을 찾는다(부모, 조부모, 친척 등). 아이와 많은 시간을 보내자. 만 13세인 아이들은 만 10세와 비교하면 부모와 함께 보내는 시간이 그 절반밖에 안 된다.

나이별 육아법

3~6세 이 시기의 아이들은 주로 부모가 골라주는 옷을 입는다. 하지만 유아기 아동을 겨냥해서 나온 '섹시'한 옷들이 있다. 특정한 성별을 무시하는 듯한 문구를 조심해야 한다. 이런 말들은 해를 주지 않는 것처럼 보이지만 자기실현의 예언이 될 수 있다. 누군가가 아이의 옷에 적힌 문구로써 아이를 부르기 시작하면 그 말은 아이를 따라다닐 것이다.

친구들이 좋아하거나 그들이 좋아하는 텔레비전 프로그램에 붙은 광고의 특정한 브랜드에 관심을 보이기 시작한다. 아이가 가장 좋아하는 바비인형이 입는 옷이나 액세서리 또한 아이의 행동에 영향을 주기 시작한다.

7~9세 만 6, 7세 아이들은 만 12세 아이들보다 부모의 영향을 더 많이 받는다. 판매담당자들은 이 연령의 아이들을 대상으로 하는 립글로스, 매니큐어와 같은 '화장용품'을 내놓기 시작한다. 초등학생은 디지털 미디어 관련자들에게 가장 빠르게 성

장하는 시장이 되고 있다.

만 6세에서 만 10세까지의 아이들 중 31%는 음악 플레이어를 가지고 있다. 음모, 겨드랑이의 털, 여드름과 같은 사춘기의 신호가 만 7세 혹은 만 8세의 어린 여자아이들한테서 나타나기 시작한다.

10~13세 전자제품, 패션, 액세서리, 메이크업 등의 판매담당자들이 10대 초반 아이들을 겨냥해서 강력한 마케팅을 시작한다. 이 시기의 아이들은 사춘기가 시작되며 신체적·정신적으로 어색함을 느낀다.

일상생활을 이해할 수 없을 때

도와주세요

불면증에 시달리는 아이의 적신호

잠자리에 들기를 거부한다.

잠들기가 힘들다.

수면부족으로 인해 행동문제가 생긴다.

학습에 부정적인 영향을 미친다.

정신 및 신체 건강에 문제를 일으킨다.

부모가 해야 할 일은?

아이가 원하는 수면에 필요한 특별한 요구사항을 알아보고 편안하게 숙면을 취하

는 습관을 익히도록 도와준다.

제 아들이 잠을 충분히 못 잔다는 걸 알지만 걱정해야 될 만큼의 문제인지

는 잘 모르겠습니다. 어떻게 알 수 있나요?

❗ 모든 아이들이 가끔은 잠 못 드는 밤을 보내기는 하지만 만약 그런 날이 정기적으로 나타나거나 아이의 행동, 기분, 학습, 건강 및 가족관계에 영향을 미친다면 뒤에 나오는 방법을 시도해보세요. 만약 효과가 없다면 의사를 찾아가도록 하시고요.

왜 변해야 할까?

만성적인 수면문제는 요즘 아이들이 겪고 있는 일반적인 증상이다. 미국 수면치료학회에 따르면 3명 중 1명의 아이가 수면부족 상태라고 한다. 더 큰 문제는 90%의 부모들이 자녀가 충분한 수면을 취하고 있다고 생각하고 있다는 것이다. 그 결과 아이들은 짜증을 잘 내게 되고 신경질적이며 기분이 변덕스럽고 집중력이 약화되었으며 만성두통과 졸음에 항상 시달리고 있다. 위의 증상들에 공감한다면 당신의 자녀는 수면부족 문제를 겪고 있는 것이다.

미시간대학에서 실시한 새로운 연구를 보면 ADHD로 진단받은 25%의 아이들이 수면장애가 원인이라고 한다. 수면습관이 좋지 않으면 아이들의 성장은 방해받게 되고, 성적은 떨어지며, 학업능력이 저하되고, 약물 및 알코올 사용을 부추길 수 있으며, 자존감에 손상을 입고, 자동차 사고를 당할 확률이 높아진다. 충분한 수면을 취한 아이들은 기분의 변덕이 심하지 않고 무의식적으로 행동하지 않으며 제 역할을 잘해낸다.

아이가 수면문제를 해결할 때까지 기다려서는 안 된

육아 119

아이의 수면일과를 일관성 있게 유지하자
아이가 밤에 숙면을 취할 수 있도록 도와주는 간단한 해결책은 아이의 수면일과를 따르는 것이다. 170명의 아이들을 설문조사한 결과, 노동자 가족에 비해 화이트칼라 가족의 아이들이 늦게 자고 늦게 일어나기는 하지만 훨씬 더 편안한 수면을 취하는 것으로 밝혀졌다. 왜 그럴까? 그 까닭은 아이들의 취침시간과 기상시간이 일정하고 수면일과를 지켰기 때문이다. 아이의 수면일과가 습관이 되도록 해주자. 아이가 숙면을 취하게 해주는 최고의 방법이다.

다. 수면은 아이의 건강과 성장에 필수조건이다. 7~9세 아동을 대상으로 조사한 결과 5명 중 1명이 1년간 수면문제가 지속되고 있다고 알려졌다. 취침시간의 전쟁을 끝내고 아이가 더 나은 취침습관을 익혀 상쾌한 기분으로 일어날 수 있도록 도와줄 해결책을 살펴보자.

어떤 행동을 보일까?

모든 아이들은 불면증문제에 다르게 반응하지만 잠을 덜 잤을 때 나타내는 반응들은 다음과 같다.

- 쉽게 화를 내고 충동적이며 반항적이다.
- 우울해하고 신경질적이고 짜증을 내며 슬퍼하고 불안해하며 눈물을 보인다.
- 집중을 못하거나 쉽게 산만해지고 잊어버린다. 학업에 지장이 생긴다.
- 일어나기 힘들어하고 비틀거리며 수업에 지각하게 된다.
- 하루 종일 피곤해하며 수업시간에 잠이 들고 자주 하품을 하며 규칙적으로 낮잠을 잔다.
- 무의식적으로 행동하고 화를 냈다가 금방 풀린다.
- 집착하고 관심을 받으려 애쓰며 손을 빨고 아기처럼 말한다.
- 잠들기 힘들어하며 밤에 깬 후 다시 잠들지 못하며 악몽을 꾼다.
- 지나치게 말을 많이 하고 흥분을 잘하며 이상해지거나 심하게 피곤해 보이거나 콜라나 에너지 드링크 같은 카페인이 첨가된 음료를 자주 마신다.

1단계 : 초기 개입

- ●**수면장애를 일으키는 원인 파악하기.** 잠을 자지 못하는 원인을 찾는 것이 첫 번째로 해야 할 일이다. 잠을 못 자게 하는 원인은 크게 12가지가 있다.

- ☐ **기질.** 아이의 생물학적 시계가 일찍 잠자리에 드는 걸 방해한다. 수면시간이 긴 아이도 있고 짧은 아이도 있다.

- ☐ **걱정이나 두려움.** 현실세계에서의 두려움이나 스트레스, 흔들거리는 움직임, 도깨비가 나오는 악몽, 끼익거리는 소리가 수면을 방해한다.

- ☐ **주말에 몰아서 자기.** 주말에 늦게 자고 늦게 일어나는 것은 아이들의 신체 리듬을 깨뜨린다.

- ☐ **카페인 섭취.** 하루에 카페인이 들어 있는 음료를 한 잔 마시게 되면 일주일 평균 3시간 30분 동안 잠을 자지 못한다. 초콜릿, 탄산음료, 커피, 에너지 드링크, 커피맛 아이스크림, 감기약, 진통제 및 각성제를 조심하자.

- ☐ **한밤중 잠자리에서의 활동.** 휴대전화 통화와 문자메시지, 비디오게임, 텔레비전 시청, 애완동물과 놀기 등은 아이들을 과하게 자극하여 잠자리에 드는 시간을 넘겨버리게 한다. 그리고 잠들어 있다가도 아이들이 일어나게 된다. 62%의 아이들이 부모 모르게 잠자리에서 휴대전화를 사용한다고 한다.

- ☐ **낮잠.** 불필요한 낮잠을 너무 오래 자면 밤에 잠드는 게 힘들 수 있다. 아이들은 저녁식사 후에 잠들지 않는 게 좋으며 낮잠 시간은 60분을 넘기지 않는 게 좋다.

- ☐ **불규칙한 취침시간.** 규칙적인 일상은 매일 자고 일어나는 시간을 몸이 알도

수면을 방해하는 요인과 해결책을 알아보자

1. 불면증

 아동들의 경우, 불면증만 나타나는 경우는 아주 드물다. 심한 불면증인 경우에는 반드시 불안장애, 우울장애 등 다른 정신과적인 문제가 동반되어 있는 것은 아닌지 잘 살펴보아야 한다. 따라서 불면증만으로 약물 투여를 해야 하는 경우는 아주 드물다. 그러면 소아기의 수면장애에는 대표적인 것이 꿈불안장애(악몽증), 야경증, 그리고 몽유증의 세 종류를 먼저 알아보도록 하자.

(1) 악몽증

잠자는 동안 무서운 꿈을 꾸어 깨는 장애이다. 대개 수면의 후반부에 일어나며, 아침에 일어나서 간밤에 있었던 꿈을 또렷하게 기억하는 것이 특징이다. 스트레스와 밀접한 관계가 있다. 만성적인 악몽은 대개 유아기에 시작하며, 악몽증을 가진 환자의 절반 정도가 10세 이전에 시작된다. 전체적으로는 성장하면서 없어질 수 있는 양호한 경과를 갖는다.

가장 흔히 나타나는 연령은 3~8세이다. 3~5세 사이의 아동의 약 10~50%의 악몽증에 시달린다. 남녀의 비율은 여아에서 2~4배 정도 더 흔히 발병되는 것으로 보고되고 있다. 약 60% 정도에서 스트레스와 관계되어 나타난다.

특징

1) 수면중 반복적으로 무서운 내용의 꿈을 꾸기 때문에 깨어난다. 꿈의 내용은 주로 자신의 생존, 안전, 또는 자존심에 심각한 위협이 가해지는 내용이다. 대개 수면의 후반기에 나타난다.

2) 깨어나면, 즉시 정신이 맑아지고 지남력(현재 자신이 놓인 상황을 올바르게 인식하는 능력)을 갖게 된다. 이 점이 다른 수면장애 즉 야경증이나 또는 경련성 질환과 구별 될 수 있는 점이다.

해결책

대개는 아이와 가족들에 대한 간단한 교육만으로도 호전된다. 질병의 특성에 대한 설명을 해주고 안심시켜 주면 이것으로도 치료될 수 있다. 스트레스와 관련된 경우에는 이에 대한 대책을 세워야 한다. 무서운 내용의 TV프로그램이나 영화에 대한 노출을 최소화 하는 것이 좋으며, 아이에게 이것은 현실이 아닌 TV 속에만 존재하는 만들어진 것이라는 사실을 주지시켜야 한다.

(2) 야경증

아이가 자다가 공포에 질린 비명과 함께 잠에서 깨어나 일어나 앉는다. 보통 수면의 처음 1/3 부분에서 벌어지는데 심한 공포 상태를 유발하는 수도 있다. 깨어나면 보통은 그 이유에 대하여 기억하지 못한다. 발병은 대개 4~12세 사이이며 모든 소아에 있어서 1~6%의 유병율을 갖는다고 알려져 있다. 성별 비율에 있어서는 소아에서 여아에게 더 흔히 나타나고, 성인의 경우에는 남녀 비슷한 유병율을 갖는다.

1) 수면 중에 큰소리를 지르거나, 울면서 깨어나는 행동이 반복된다.

2) 극도의 공포가 있다. 가슴이 빨리 뛴다거나, 호흡이 가빠진다거나 또는 혼건학 땀을 흘리게 되는 등의 자율신경계의 기능 항진 증상이 동반된다.

3) 주변 사람들이 달래거나 가족을 주어도 반응을 하지 못한다.

4) 꿈을 꾼 기억이 없고, 아침에 일어나서 간밤에 일어난 일을 기억하지 못한다.

해결책

가족에 대한 교육이 중요하다. 질병의 특성에 대한 교육을 시행하고 많은 경우에 있어서 성장하면서 없어질 수 있다는 점을 인식시킬 필요가 있다. 에피소드 중에 일어날 수 있는 사고에 대하여 예방할 수 있도록 도와주어야 한다. 횟수가 많거나 정도가 심한 경우에는 전문의의 처방을 받아 약물 요법을 조심스럽게 사용할 수 있다.

(3) 몽유병

몽유병은 의식 변화의 상태로서 수면과 각성이 그 속에서 결합되어 있다. 몽유병의 에피소드는 보통 야간 수면 시간의 전반 약 1/3에서 나타난다. 아이는 잠자리에서 일어나 돌아다니며 이때 그의 인지도나 반응성 및 운동기능은 낮은 수준으로 유지되며, 표현이 줄어들고 환경에 무관심한 것처럼 행동한다. 몽유병 환자들은 침실 밖으로까지 나가기도 하며, 때로는 실제로 집밖으로 걸어나갈 수도 있어 몽유증이 발생하는 동안 다치거나 사고 당할 위험성도 적지 않다.

대부분 4~8세에 발병한다. 전체 아동의 약 1~5%에서 이 질병을 앓고 있는 것으로 생각되며 15%의 아동에서 적어도 한 번의 몽유증을 경험한다. 남녀의 비율은 큰 차이가 없는 것으로 보고되고 있다.

특징

1) 수면 중 자리에서 일어나 돌아다니는 행동이 반복된다. 대개 수면의 전반기 1/3에 나타난다.

2) 수면 중 걷고 있는 상태에서는 멍하게 쳐다보는 것 같은 표정이 있고, 대화를 하려고 한다거나 또는 깨우려는 시도에 대하여 반응을 보이지 않는다. 깨우려는 시도 자체가 아주 힘든 경우가 많다.

3) 깨어났을 때(그 당시 또는 다음 날 아침), 간밤에 일어난 일에 대하여 기억이 없다.

4) 수면 중 돌아다니다가 깨어나는 경우에는 대개 수 분 내에 정신이 돌아온다.

치료

부모에 대한 상담과 교육이 최우선된다. 몽유병이 진행되는 동안 무리하게 깨우지 않도록 하여야 한다. 무리하게 깨우는 경우에는 혼란상태가 악화될 수 있기 때문이다. 수면 중에 사고를 예방할 정도로 보호하도록 한다. 증세가 심한 경우에는 삼환계 항우울제 등 치료제를 전문의의 처방으로 시도해 볼 수 있다.

2. 하지불안증후군

다리에 핀이나 가시가 박힌듯한 불편한 감각을 느낀다. 불편함을 해소하기 위해 밤마다 반복해서 발을 찬다. 미국과 영국에서도 8~17세 아동들에게서 2% 정도의 발병율을 갖고 있는 질병이

다. 지금까지 연구는 성인을 대상으로 많이 이루어졌으나 이제 아동에게도 생각보다 흔하게 볼
수 있는 것으로 그 빈도는 당뇨와 발작보다 높다.

특징

1) 무릎과 발뒷꿈치 사이가 불유쾌하게 근질근질하고 찌릿찌릿한 기분이 든다. 활동할 때 보다
   쉴 때 많이 일어나며 밤에 다리를 움직이지 않으면 더 심해지고, 자면서 다리를 계속 움직여
   야 하기 때문에 숙면이 어렵다.
2) 원인이 없는 일차성과 철분부족, 당뇨, 비타민, 말초신경병과 동반되는 이차성 원인으로 구분
   된다.
3) 아동의 경우 유전적인 요인이 많아 하지불안증후군의 70%의 아동이 부모 두 명 중 한 명이
   이 질환을 앓고 있는 것으로 밝혀졌다.

해결책

보통 운동이나 충분한 수면으로 해결되지만 만약 문제가 계속된다면 의사의 처방을 받아 도파민
유사 약물로 치료한다.

3. 수면성무호흡

수면성무호흡증은 아이들의 학교성적과 주의력을 떨어뜨리고 행동장애와 성장장애를 일으킬 수
있는데도 제대로 진단되거나 치료되지 않고 있다. 수면성무호흡증이 있는 아이들은 잠 자다 심
하게 코를 골거나 이따금씩 숨이 막히는 소리를 내며 또 이리저리 뒹굴며 자거나 자다가 일어나
앉은 자세로 조는 경우가 있다.

특징

코를 곤다, 크게 숨을 쉬고 짧게 호흡한다. 낮 동안 졸음이 온다. 특히 아침에 두통을 느낀다.

해결책

비만이 원인일 경우 체중 감량을 하고, 편도선 또는 임파선이 부었는지 확인하자. 그 외에 베개
를 목에 대고 잠을 청해본다. 이렇게 하면 기도가 열리기 때문에 수면중 산소공급이 원활해진다.

록 해준다.

- □ **과도한 활동.** 너무 심하게 장난을 치거나 밤늦게까지 게임이나 운동을 하면
  심하게 자극되어 긴장을 풀고 휴식을 취하지 못하게 한다.

- □ **과도한 일정과 스트레스.** 스트레스가 쌓여 피곤해지면 잠들기가 힘들다. 스
  트레스 호르몬이 정상수치로 돌아가 숙면을 취하는 데 아이들은 어른의 6배
  의 시간이 걸린다.

□ 잠자리 분위기. 방이 너무 더우면 램수면을 증가시켜 수면패턴을 바꾸게 된
다. 적당한 온도와 어두운 방이 최적의 상태다.

□ 질병이나 불편함. 치아 통증, 귀의 질병, 코막힘, 축축한 이불, 교정기, 일시
적 호흡장애와 같은 수면장애, 하지불안증후군은 수면을 방해한다.

● 수면 요구사항 파악하기. 조사에 응한 90%의 부모들이 자녀가 충분한 수면
을 취하고 있다고 생각했다. 대부분 잘못 생각하고 있는 것이다. 아이의 수면
요구사항을 진단하고 결과를 기록해두자.

□ 아이의 수면일정을 기록하자. 아이가 완전히 꿈나라로 가는 정확한 시간을
일주일간 매일 기록하자. 아이들은 부모가 생각하는 것보다 잠드는 것을 힘
겨워한다. 아이가 정말로 잠들었는지를 확인해보자.

□ 수면문제의 징후 확인하기. 위에 언급된 증상이나 징후 중 아이가 겪고 있는
문제는 무엇인가? 담임선생님에게 문의하도록 하자.

□ 전문가에게 문의하기. 최고의 컨디션을 만들려면 수면시간이 어느 정도 필
요한가? 모든 아이들은 다르기 때문에 자녀에게 몇 시간의 수면시간이 필요
한지를 '연령 및 성장 단계별 가이드라인'을 참고하여 전문의에게 문의하자.

□ 졸릴 때의 행동 관찰하기. 하품, 눈 비비기, 괴팍해짐, 눕기, 멍해짐, 집착이
강해짐, 피곤하다고 말함. 이런 증상을 매일 밤 같은 시간에 보인다면 취침
시간을 그 시간으로 조정하도록 하자.

□ 수면 조건 준비하기. 숙면을 취하기 위해 필요한 것들을 알아보고 준비해주
자. 예를 들어, 방을 어둡게 하거나 수면등을 켜주거나 자장가를 틀어주는
게 도움이 되는지 보자.

□ 의학적 문제 확인하기. 의학적 원인을 무시하지 말자. 몽유병, 하지불안증후
　군, 수면성 무호흡, 야뇨증.

2단계 : 신속한 대처

자녀가 가지고 있는 고유의 기질, 신체시간과 수면 요구에 맞는 취침일과를 만들어
실행해보자. 그리고 다음의 전략들을 적용해보자.

● 규칙적인 취침시간 정하기. 아이의 수면 요구를 알았다면 취침시간을 정해서
　지키도록 하자. 정해진 시간에 잠이 들지 않으면 숙면하기가 힘들다는 연구
　결과가 있다.

● 생체시계 맞추기. 방학 동안 아이의 생체시계가 계획에 맞춰질 수 있도록 도
　와주자. 한 시간 이상이 차이가 난다면 점차적으로 적응해나가도록 도와주
　자. 여행에서 돌아왔을 때 시차를 줄이는 것처럼 매일 밤 20분씩 조절하도록
　하자. 며칠에서 몇 주까지 걸릴 수 있다.

● 취침준비를 일찍 시작하기. 불을 끄기 전 '준비'단계를 최소 20~30분 전에 시
　작하자. 단계적으로 마음을 진정시키는 시간은 아이에게 안정감을 준다. 어
　린 아이에게는 취침 준비단계를 보여주는 그림을 걸어주자. 가벼운 간식, 목
　욕, 잠옷, 양치질, 잠자리 동화, 기도, 잠자리 인사를 해보는 것도 좋다. 일상
　의 습관으로 될 때까지 꾸준히 시도하자.

● 단계별 진정 의식 만들기. 너무 많은 스트레스, 운동, 공부, 과도한 일정으로
　아이들은 불이 꺼진 후에도 잠들기를 힘들어한다. 단계적으로 마음을 진정시
　킬 시간이 필요하다면 그 시간을 취침계획에 넣도록 하자. 따뜻한 목욕, 일기
　쓰기, 샤워하기, 책 읽기, 따뜻한 우유 마시기 등은 숙면을 도와준다. 등 마

사지를 해주는 것도 좋다. 마이애미의과대학에서는 마사지를 통해 쉽게 잠들 수 있고, 숙면을 취하게 되며, 스트레스 호르몬이 감소된다고 발표했다. 중요한 것은 아이에게 맞는 방법이 무엇인지를 알아내고 아이가 긴장을 풀 수 있도록 매일 밤 마사지를 해주는 것이다.

- **긍정적인 연결고리 만들기.** 취침을 힘겨루기로 만들지 않도록 주의하자. "엄마가 말한 대로 안 하면 자러 보낼 거야." 취침과 아이의 기대를 긍정적인 연결고리로 묶어주자. "책 속으로 쏙 들어갈 시간이네." "불끄기 전에 같이 꼭 껴안고 있자." "네가 가장 좋아하는 빵 냄새를 맡기 전까지 눈뜨기 없기야."

- **잠자리 옮기지 않기.** 자신의 잠자리에서 잘 수 있도록 가르치자. 부모와 함께 자는 것에 익숙해지면 자기 자리에서 자는 걸 거부한다. 아이를 부모의 잠자리에서 재우고 난 뒤 아이의 잠자리로 옮기는 것도 아이의 수면을 방해한다. 강력하게 대응하자. "네 자리에서 자야 해." 아니면 점차적으로 시도해보자. 아이의 이부자리를 부모의 잠자리 옆에 깔아주고(같은 잠자리가 아니라) 아이가 자신의 자리에서 잠들 때까지 매일 밤 아이의 방 쪽으로 조금씩 밀어준다.

- **한 번만 대답하기.** 아이를 침대에 눕히면 아이는 이것저것 요구하기 시작할 것이다(물을 달라, 안아달라, 책을 다시 읽어달라). 수면전문가인 조디 민델(Jodi Mindell)은 아이의 요청에 단 한 번만 응해주라고 제안한다. 어린 아이에게는 좋아하는 장난감을 하나만 주자. 확고하고 일관성이 있어야 한다.

- **계획 알리기.** 아이의 취침시간에 함께 있는 사람(할머니, 베이비시터, 부모)에게 아이의 숙면을 위한 계획을 알리고 함께 실천할 수 있도록 하자. 일관성이 중요하다.

3단계 : 변화를 위한 습관

마지막 단계는 편안한 숙면을 취하게 해주는 규칙적인 일정에 따라 생체시간이 맞
춰지게 하는 것이다. 이는 집뿐만 아니라 다른 집에서 잘 때도, 여름방학 캠프나,
대학에 진학해서도 이용할 수 있다. 아이의 수면에 도움이 되는 방법들을 보자.

- **조용한 음악 듣기.** 태국대학은 일주일간의 연구를 통해 잠자리에 들기 전 부
  드러운 음악을 들으면 심장박동이 낮아져 수면비율이 26% 향상된다는 사실
  을 밝혀냈다. 이상적인 것으로는 부드럽고 템포가 느린(1분에 60~80박자) 모
  차르트의 음악이나 성가곡, 그리고 백색소음(라디오의 주파수가 맞지 않을 때 나
  오는 것과 같은 소음)이 있다. 아이에게 음악을 고를 수 있게 해주자. MP3플레
  이어에 그 음악을 다운로드받아서 집이 아닌 곳에서도 잠들기 전에 들을 수
  있도록 해주자.

- **취침일정 수정하기.** 아이가 조금 더 크면 숙면을 방해 하는 원인을 가르치고
  최고의 휴식을 취할 수 있도록 취침일정을 수정하자. "몇 시간을 자면 푹 잔
  거 같니? 그럼, 그 시간만큼 잘 수 있도록 해보자." "취침시간 30분 전에는 컴
  퓨터나 텔레비전 화면을 끄도록 하렴. 깜박이는 기계
  들의 불빛은 잠을 자는 데 방해가 되거든." "춤연습은
  학교에 다녀와서 하는 게 어떨까? 잠들기 몇 시간 전
  에 하는 운동이나 격렬한 활동은 신체를 너무 흥분하
  게 만들어 잠드는 데 방해가 되거든." "탄산음료는 지
  금 당장은 좋지만 밤에는 잠을 못 자게 만들 수 있어.
  그럼 몇 시 이후로는 콜라를 마시지 말아야 할까?"

- **마음을 가다듬는 방법 가르치기.** 많은 아이들이 한

밤중에 잠이 깬 후 다시 잠들기를 힘들어한다. 긴장을 풀어주는 운동을 가르치자. 머리에서 발끝까지 차례로 집중하는 동안 숨을 깊이 들이마시고 다시 내쉬는 동안 긴장을 풀도록 하자. 눈을 감은 채 양 100마리를 거꾸로 세는 방법도 있다.

나이별 육아법

아이들에게는 각자 다른 수면 요구가 있으며 어떤 아이들은 다른 아이들에 비해 더 많은 수면을 취해야 하기도 한다. 아이의 연령과 고유한 기질에 따른 이상적인 수면시간을 살펴보자.

3〜6세 낮잠을 포함하여 총 11~13시간이 필요하다(만 3세는 총 12시간, 만 4세는 총 11.5시간, 만 5세는 총 11시간). 일반적으로 오후에 한두 시간의 낮잠을 자며, 만 3~5세는 낮잠 자는 것을 멈춰야 한다. 아이의 상상력이 풍부할 시기이므로 밤을 두려워하거나 악몽을 꿀 수 있다. 만 3세 때 몽유병과 수면공포증이 가장 심하게 나타난다.

7〜9세 총 9~11시간(만 6~7세는 밤에 자는 시간이 총 10~11시간, 만 8~9세는 10시간에서 10시간 25분, 만 10세는 9시간 45분). 만 7~10세 아이들은 '가벼운 잠'을 자고 '렘수면상태'에 덜 있기 때문에 일반적으로 잠드는 것을 힘들어한다. 약 40%의 아이들이 수면부족으로 힘들어하고 있으며 이는 조울증, 과잉행동장애나 주의력 결핍으로 이어진다(스포츠, 학습활동, 사회현장). 이 시기 학교에서 요구하는 사항이 늘어

나면서 스트레스가 증가한다.

10~13세 총 9시간 30분(만 12~13세는 9시간 25분). 체내시계가 변하는 시기이므로 상쾌하게 일찍 일어나기를 힘들어한다. 아이들의 수면시간은 평균적으로 일 년에 15분씩 자연스럽게 줄어든다. 불면증은 조울증, 과민성, 집중력 결여로 이어지며 아이의 학습능력에 영향을 미칠 수 있다.

우리집 맞춤 처방전

아이는 저와 놀고 싶었던 거예요!

안 해본 일이 없이 다 해봤어요. 따뜻한 코코아 마시기, 목욕하기, 책 읽어주기 등. 하지만 아들을 재우기 위한 다툼은 계속되었습니다. 하루는 아이가 저에게 군인놀이를 하자고 하더군요. 어처구니가 없었습니다. 몇 분 동안 아이와 놀아주고 나서 아이를 침대에 눕혔습니다. 아이가 하루 종일 원하던 것은 저와 함께 노는 것이었고 결국 취침시간 다툼은 끝났죠. 아이가 정말 원한 것은 저와 단둘이 보내는 시간이었습니다. 진작 알았으면 얼마나 좋았을까요!

도와주세요

우리집 아이들은 옷 입는 것과 외모에 집착합니다. "난 나이키 가방이 필요해요. 다른 아이들은 다 가지고 있단 말이에요!" "셔츠에 말 로고가 꼭 있어야 해요, 아빠. 다른 남자애들은 다 그걸 입는다고요." 그러나 저는 그런 옷을 입었을 때 아이의 이미지가 걱정됩니다. 중도의 길이 있을까요?

해결책

아이들과 '스타일'에 대한 말다툼을 하며 너무 많이 신경쓰지 않도록 해주세요. 현실을 파악해볼 필요가 있다면 부모님 자신의 옛 학교사진을 한 번 보시고요. 아마도 패션에 결코 과한 것은 없으며 그건 단지 아이들이 속하고자 하는 문화의 일부분일 뿐이라 걸 깨닫게 될 것입니다. 그 대신 아이의 평판과 태도에 진정 영향을 미칠 수 있는 큰 문제들에 신경을 쓰도록 하세요. 아이들은 항상 어떤 무리에 속하고 싶어 합니다. 아이들이 어떻게 옷을 입는지는 그들의 정체성을 형성하고 자신이 어떤 무리의 아이들과 어울리고 있는지 보여줄 수 있는 방법입니다. 그래서 한 무리의 아이들이 가방부터 신발, 옷 스타일까지 거의 똑같이 하고 있는 모습을 볼 수 있는 것이지요.

문제는 요즘 아이들이 원하는 '모습'을 따라하는 데는 돈이 많이 든다는 것입니다. 우선 유행하는 유명 브랜드들은 터무니없이 비쌉니다. 그리고 요즘 시대의 옷 스타일은 심지어 아동복까지, 성적으로 자극적인 옷들이 많습니다. 아이들의 옷에 적힌 문구는 (좋게 말하면) 고상하지 못한 것들이 많습니다. 오늘날 비싸고 성적인 아이들의 패션문제에 대처하는 6가지 방법을 소개해봅니다.

1. 학교의 복장규칙을 따르게 한다.

각 학교는 허용되거나 허용되지 않는 복장에 대한 확실한 규정을 가지고 있다. 이러한 규정은 주로 학교수첩에 명시되어 있다. 교육자들은 물품, 복장, 화장을 포함한 아이들의 외모가 학습을 방해해서는 안 된다고 생각한다. 많은 학교들은 복장규정에 대한 문제를 피하기 위해 아이들에게 교복을 입히고 있다. 아이가 다니는 학교의 수첩이나 홈페이지를 통해서 아이와 함께 복장규정을 검토해보고 게임, 야외견학, 춤, 시합 등과 같은 학교 안에서나 행사 때 규칙에 맞는 옷을 입어야 한다는 걸 확실히 해두자. 만약 부모가 아이의 옷차림에 대해 동의하는 데 조금이라도 주저된다면, 아이가 학교에서 혼나거나 집으로 돌려보내지지 않도록 옷을 갈아입게 하는 편이 더 낫다.

2. 선정적인 옷차림에 대해 확고한 입장을 유지한다.

요즘 아이들의 옷은 매우 선정적이어서 '섹시룩'이라고 불리기도 한다. 어떤 디자인의 옷은 유아용까지 있다. 이런 '추잡한 의상'이 유행하고 있다. 미국에서는 만 7~12세 아이들이 끈 팬티를 구입하기 위해 1년 동안 거의 20억 원을 지출했다고 한다. 대부분 어른들은 그런 옷차림을 못마땅해하고 있으며 선정적인 옷을 입는 것은 아이의 평판에 영향을 미친다는 점에 주의하자. 또한 부모가 아이의 선정적인 옷차림을 허용한다는 메시지를 보내면 아이의 행동이나 태도에 영향을 미친다. 선정적인 옷에 대한 확실한 제한을 두기 위해 '3가지 B규칙'을 정해놓자. 이는 엉덩이(bottom), 가슴(boobs), 배꼽(belly button) 등 'B'로 시작되는 신체부위를 노출하는 옷은 입어서는 안 된다는 규칙이다. 속옷 끈이 보이지 않도록 입는 것도 포함시킬 수 있다.

3. 불쾌한 문구들을 주의한다.

티셔츠, 모자, 가방, 스웨터 등에 불쾌한 단어, 로고, 그림 등이 장식되어 있을 것이다. 그런 문구들에는 '귀엽지만 사이코', '싸가지 넘버원'과 같은 가벼운 것에서부터 '볼 수는 있지만 만져서는 안 돼요'와 같이 노골적으로 불쾌한 문구들도 있다. 무례하거나 성적인 자극이 있는 문구가 박힌 의상들은 허용되지 않음을 확실히 해두자. '드라마 전문 여왕'과 같은 문구는 귀엽고 무해해 보일 수 있지만 그 이미지가 아이와 연관되어서, 특히 다른 아이들이 자녀를 그렇게 부를 경우 자기예언적인 말이 될 수도 있다. 그 말은 아이의 평판이나 태도에 영향을 줄 것이다. 아이가 유명 스포츠팀이나 로고를 제외한 글이 쓰인 옷을 입거나 살 때는 부모의 허락을 반드시 받도록 하자.

4. 의복비 예산을 정하고 지킨다.

디자이너 의류는 이상 어른들만의 것이 아니다. 요즘에는 아기용까지 디자이너 브랜드로 나오고 있다. 요즘 아이들이 그 어느 때보다도 물질주의적임을 보여주는 많은 연구결과들이 있다. 그러므로 아이를 위해 현실적인 의복비 예산을 정하고 고수해야 한다. 그리고 돈을 빌려주어서는 안 된다. 비교하면서 쇼핑을 하고 필요한 것의 우선순위를 정하며, 세일기간 동안 쇼핑하는 방법을 가르치자. 옷에 제한을 두어야 하는데, 예를 들면 '없어서는 안 되는' 신발 한 켤레는 부모가 사줄 수 있지만, 또 다른 신발을 사려면 아이가 직접 돈을 벌도록 해야 한다. 혹은 유명 브랜드 물건에 대해서는 처음부터 원칙을 정해 지킬 필요도 있다(단, 부모가 그런 비싼 브랜드 물건을 함부로 구입하여 아이에게 혼란스런 메시지를 주지 않도록 주의해야 한다).

5. 좋은 첫인상이 어떤 것인지 알려준다.

첫인상은 정말로 중요하다. 그러므로 아이가 자기 스스로를 드러내는 방법에 대해 진지하게 관심을 갖도록 해야 한다. 옷을 고르는 방법과 다른 사람들의 관심을 끌 수 있는 이미지를 만드는 방법을 배울 필요가 있다. 옷이 드러내고 의미하는 이미지에 대해 아이가 알고 있으리라고 짐작하지 말자. 《여왕벌과 워너비》(*Queen Bees and Wannabes*)의 저자 로절린드 와이즈먼(Rosalind Wiseman)은 여자아이들이 '명성'보다는 '이미지'라는 말에 더 잘 반응함을 알게 되었다. 따라서 "네가 바지를 그렇게 내려 입으면 아무래도 너에 대한 잘못된 이미지가 생길 것 같구나"라고 말해주면 아이가 부모 말에 더 잘 반응할 것이다.

6. 다른 부모들과 함께 한다.

아이가 화장을 하게 해달라고 요구하고 있는가? 혹은 나쁜 메시지로 가득한 티셔츠를 입지 못하게 한다는 이유로 부모를 세상에서 가장 나쁜 사람으로 취급하는가? 아이 친구들의 부모들과 이야기를 나누면서 그들의 의견을 들어보자. 복장규정에 대한 생각을 함께 공유하면서 허용할 수 있는 복장에 대해 일관된 태도를 취한다면 본인만이 '그렇게 느끼는 유일한 사람'이라는 변명을 줄일 수 있을 것이다.

어느 아이든지 상황에 맞는 스타일로 깔끔하게 옷을 입을 수 있다. 첫인상이 정말로 중요하다는 걸 기억하면서 좀더 객관적으로 아이가 어떤 이미지로 보여질지 생각해 보자. 보수적인 헤어스타일, 덜 달라붙는 바지, 약간 덜 헐렁한 스타일 등으로 바꿔 줘야 할 것들이 눈에 띄면 그 부분을 조금씩 고쳐주자. 또래압력과 소비를 조장하는 사회 분위기에도 불구하고, 10대 아이들은 부모의 도움을 구한다는 사실을 기억하자. 그러므로 부모로서의 영향력을 아이의 의복규정에 행사하도록 하자.

세 살배기 여자아이도 몸무게와 외모에 대해 걱정한다는 연구결과가 나왔다. 미국 센트럴 플로리다대학교 심리학과의 스태시 탄틀레프 덤 교수 팀이 취학 전인 만 3~6세 어린 여자아이에게 자신의 외모에 대해 어떻게 생각하고 있는지 물었더니 절반가량이 자기가 뚱뚱하게 보이지 않을까 걱정하고 불안해하는 것으로 나타났다. 응답한 여아의 31%는 외모에 대한 고민을 "항상 한다"고 답했으며 18%는 "때때로 한다"고 답했다. 응답자의 1/3가량은 몸무게나 머리카락 색깔 등 마음에 들지 않는 신체조건이 바뀌었으면 좋겠다고 답했다.

이 같은 취학 전 아동의 외모 고민은 동화책이나 만화에서 예쁘고 날씬한 공주 이미지가 강조되기 때문이라는 설명이 가능하지만 탄틀레프 덤 교수는 아름다운 공주가 나오는 만화영화를 봐도 어린 여자아이가 스스로 갖는 신체 이미지가 바뀌지 않는다는 결론을 내렸다.

연구진은 아이들을 두 그룹으로 나누고 한쪽에는 전형적인 아름다운 여성상을 보여주는 디즈니 만화영화 〈미녀와 야수〉를 보여주고, 다른 그룹은 미녀가 등장하지 않는 〈도라 익스플로러〉 캐릭터를 통해 외모가 중요하지 않다는 메시지를 전달했다. 각 영상을 본 뒤 어린이들에게 자신의 신체 이미지에 대해 물어본 결과 두 그룹간 특별한 차이는 나타나지 않았다. 공주가 나오는 영화를 본다고 해서 아이들의 외모에 대한 불안이 더 나빠지지는 않았다.

탄틀레프 덤 교수는 "어릴 때 잘못된 신체 이미지를 갖게 되면 앞으로의 삶에 잠재적인 영향을 받게 된다"며 "신체 이미지에 대해 걱정하는 아이는 커서 섭식장애 등의 문제로 더 고통받을 위험이 높다"고 말했다.

도와주세요

집안일 돕기와 관련된 적신호

돕기를 거부하거나 반항한다.

시킨 일을 하지 않는다.

속이거나, 하지 않으려고 떼를 쓴다.

비협조적이고 '함께'라는 개념을 이해하지 못한다.

부모가 해야 할 일은?

가족 구성원으로서 집안일을 도우면서 책임감, 협동심, 자립심을 키울 수 있도록
도와준다.

아이들에게 집안일을 시키면 말다툼을 하게 되어 차라리 제가 쓰레기를 비

우고 침대 정리를 하는 편이 더 쉽습니다. 육아 전쟁 없이 아이들에게 집안일을 하도록 만들 방법이 있을까요?

지금 이 순간부터 다음 육아 계명을 따르도록 해보세요. "아이 스스로 할 수 있는 일을 대신 해주지 말자!" 만약 아이들이 자신의 일을 부모가 해준다는 걸 알게 되면 책임감을 배울 수 없습니다. 간단한 규칙을 만들어보세요. "할 일을 먼저 한 후에 놀기!" 그리고 가족 구성원으로서 아이들이 집안일을 도와야 한다는 점을 꼭 가르쳐야 합니다.

왜 변해야 할까?

《타임》과 CNN 방송의 여론조사를 보면 요즘 아이들 75%는 10~15년 전의 아이들보다 집안일을 하지 않는다고 한다. 그런데 이유가 무엇이든 간에 부모들은 이에 대해 변명을 늘어놓는다. "아이가 너무 바빠요." "쉴 시간이 필요해요." "제가 하는 게 더 편해요." "학교에서 열심히 공부하기 때문에 좀 쉬어야죠."

자, 현실을 보자. 때로는 집안일을 뒷전으로 미뤄두는 게 더 편하다. 집안일 말고도 할 일이 너무 많다. 하지만 아이가 집안일을 돕도록 해야 하는 데는 이유가 있다. 새로운 연구 결과에 따르면 아이들은 집안일을 도우면서 스스로를 돌보는 능력을 배우고 책임감이 강해지고 공감과 협동심, 그리고 자립심을 키우게 되어 적응력이 뛰어난 어른으로 성장한다고 한다. 게다가 집안일을 하는 아이는 어른이 되어서 약물복용을 하지 않고 학업을 잘 마치고 적성에 맞

육 아 뉴 스

미네소타대학: 새로운 연구결과에 의하면, 성공한 젊은이가 되기 위해서는 어렸을 때 집안일을 해야 한다고 한다. 참가자들의 어린 시절을 분석하고 20대 중반이 되었을 때 어떤 사람이 되었는지를 인터뷰했다. 그들은 어린 시절에 배운 책임감, 능력, 자립심 같은 가치들이 살아가는 동안 지속되었다고 한다. 집안일을 돕도록 가르친 부모의 노력으로 그들은 적응력이 뛰어난 젊은이로 성장해 있었다.

는 일을 찾으며 가족이나 친구들과 성숙한 관계를 맺게 된다고 한다. 실제로 한 연구는 자녀의 성공여부는 자녀에게 집안일을 얼마나 시키는지를 보면 가장 잘 알 수 있다고 한다. 얼마나 더 많은 증거자료가 필요한가? 아이들이 소파에서 일어나 집안일을 돕도록 만들자.

어떤 행동을 보일까?

다음은 집안일을 돕는 데서 아이들의 태도를 바꿔야 할 시기임을 알려주는 행동이다.

- **엉터리로 한다.** 집안일을 거의 마치지 않거나 대충 마친다.

- **말다툼이 일어난다.** 끊임없는 다툼이 일어나고 저항하며 돕기를 거부한다.

- **뇌물.** 집안일을 시키기 위해 뇌물을 주거나 잔소리를 해야 한다.

- **속이기.** 일을 마치지 않았는데도 마쳤다고 거짓말한다.

- **구조.** 부모가 해주기를 기대하고 결국은 그렇게 되고 만다.

- **모른다.** 잠자리를 정리하고 바닥을 청소해야 하는 생활의 기본적인 일들을 모른다.

- **비협조.** 가족 구성원이라는 개념을 모른다. '우리는 함께'라는 것을 이해하지 못한다.

- **무책임.** 스스로 해야 할 집안일을 거의 하지 않는다. 잔소리를 해야 기억해낸다.

1단계 : 초기 개입

● 원인을 찾자. 아이들이 집안일을 거부하거나 논쟁을 벌이는 데는 몇 가지 이유가 있다. 그 이유들과 간단한 해결책을 알아보도록 하자.

"너무 어려워요!"

해결책: 익숙해질 때까지 일을 작게 나누어 단순화시킨다.

"엄마아빠처럼 할 수 없어요."

해결책: 완벽을 요구하지 말고 끝마치는 것을 요구하자.

"어떻게 하는지 몰라요."

해결책: 본보기를 보여주고 아이와 함께 하자.

"왜 엄마아빠가 안 해요?"

해결책: 결코 아이 대신 해주지 말자.

"시간이 없어요!"

해결책: 아이의 시간일정을 확인하고 자유시간을 주자. 주말 아침은 모든 가족들이 일을 나누어 해야 한다고 가르치자.

"내가 왜 해야 해요?"

해결책: 집안일의 중요성을 설명해주자.

"친구를 만나야 해요."

해결책: 명확한 시간을 제시해주고 지키게 하자.

"하기 싫어요."

해결책: 집안일을 마치지 않았을 때 따라오는 결과를 설명하자. 텔레비전 시청 금지, 놀러가기 금지, 혹은 다른 권한을 제한한다.

- **일찍 시작하자.** 집안일 돕는 걸 일찍 가르칠수록 아이는 더 쉽게 도울 수 있다. 만 3세부터 간단한 집안일을 도울 수 있다. 기초적인 훈련은 언제나 이르지 않다. 빨리 시작하도록 하자.

2단계 : 신속한 대처

- **기대수준을 정하자.** 아이가 가족 구성원으로 기꺼이 도움이 되기를 원한다면 가족회의를 열어 부모의 기대수준을 제시하자.
- **과제를 구체화시키자.** 집안일을 할당하는 방법은 여러 가지가 있다. 가족에게 맞는 해결책을 찾아 적용해보자. 과제를 검토하는 짧은 회의를 주말마다 여는 것도 좋다.

☐ 3가지 간단한 일상적인 집안일과 시간이 많이 드는 주말의 일 하나.

☐ 쉽게 하는 일 하나(휴지통 비우기)와 어려운 일 하나(설거지하기).

☐ 각자의 소지품(옷, 장난감, 침실)에 대한 책임과 가족원으로서 해야 할 집안일.

☐ 한 가지 집안일은 아이가 정하고 다른 하나는 부모가 정한다.

☐ 그 주에 배우고 싶은 일 하나를 선택한다.

육아 119

하루 또는 한 주에 한 번씩 가족들이 함께 방이나 어느 한 곳을 청소하도록 일을 나누자(부모도 포함). 빗자루, 먼지떨이, 쓰레기봉투를 주자. 5분 타이머를 누른 다음 지정된 영역을 빨리 청소하도록 격려하자. 아이들은 '타이머'를 좋아한다. 그로써 집은 몇 분 이내에 깨끗해질 것이다.

- **마감시간을 정하자.** 집안일은 지금 당장 해야 한다고 말하지 말고 구체적인 시간제한을 정해주자('취침 전' 또는 '토요일 전'). 질병 또는 중요한 시험을 치러야 할 경우에는 연장해주자.

- **중요하게 여기도록 해주자.** 가족을 위해 기여하는 일을 하고 있다고 느끼게 해주자. 만 10~12세 아이들에게는 그것이 몇 년 후 자신들의 삶에 대처하는 일이라는 걸 알려주자.

- **알림표를 만들자.** 집안일의 할당량과 마친 날짜를 기록하는 차트가 도움이 된다. 아이가 글을 읽지 못한다면 그림과 사진으로 만들어준다.

- **작은 분량으로 나누자.** 스스로 무엇을 해야 하는지 알 수 있도록 작은 분량으로 나눠준다.

- **말투를 조심하자.** 조사에 응답한 부모들 중 25%가 아이들에게 방청소를 하라고 잔소리를 한다고 대답했다. 잔소리는 그만하자.

- **노력을 인정해주자.** 아이들이 정해진 시간 안에 일을 잘해놓았다면 칭찬하는 것을 잊지 말자. 아이가 새로운 일을 해냈다면 아이의 등을 쓰다듬어주자.

- **상응하는 결과를 부여하자.** 마치지 못한 일에 대해 적절한 결과를 줘야 한다.

☐ **논리적 결과.** 아이가 더러워진 옷을 바구니에 넣지 않았으면 다음번 빨래할 때까지 기다려야 한다고 가르치자.

□ 보상의 보류. 마치지 않은 일에 대한 보상은 절대로 하지 않는다.

□ 지불 결과. 만약 맡은 일을 끝내지 않았으면 그 일을 다른 사람이 하도록 한 후 아이가 받아야 할 용돈을 그 사람에게 주도록 하자.

3단계 : 변화를 위한 습관

우리가 부모로서 해야 할 중요한 일은 부모가 없이도 아이들이 잘 살 수 있도록 준비시켜주는 일이다. 그러기 위해서는 기본적인 생활습관과 기술을 습득하게 해줘야 한다. 일상적인 집안일을 하게 하는 것이 가장 좋은 방법이다. 한 번에 한 가지 일을 하게 하면 성공할 것이다. 먼저 어떻게 그 일을 하는지를 정확히 보여준 후 아이 혼자 할 수 있을 때까지 함께 해준다. 아이의 연령에 따른 적절한 집안일을 보자.

연령별로 적합한 집안일들

- 3, 4세 장난감을 상자에 넣기, 흘린 것 닦기, 탁자 정돈 돕기, 이불과 침대 정리하기, 세탁할 옷은 세탁 바구니에 담기, 애완동물 밥 주기, 양말짝 맞추기.

- 5, 6세 위에 열거된 사항과 함께 다음 집안일도 한다. 접시 치우기, 수저 놓기, 재활용 수거를 위해 신문과 잡지 쌓아놓기, 작은 휴지통 비우기, 꽃에 물 주기, 우편물 과 신문 가져오기.

- 7, 8세 위에 열거된 사항과 함께 다음 집안일도 한다. 식탁 세팅하기, 청소하기, 애완동물 산책시키기, 식기 세척기에서 빈 접시 빼기, 잔디에 물주기, 잡초 뽑기, 전화 받기, 먼지 털기, 간식 만들기, 식사 준비 돕기.

- 9, 10세 위에 열거된 사항과 함께 다음 집안일도 한다. 더러운 접시를 식기 세척기에 넣기, 청소기 돌리기, 걸레질하기, 간단한 반찬이나 후식 만들기, 애완동물 돌보기(먹이고 씻기고 집 청소하기), 잡초 뽑기, 낙엽 쓸기, 먼지 떨기,

옷장 정리, 욕실 세면대 청소하기, 전자레인지 돌리기, 단추 달기.

- 11, 12세 위에 열거된 사항과 함께 다음 집안일도 한다. 세탁기 돌리기, 빨래 개서 정돈하기, 분리수거, 간단한 요리하기(오븐이나 가스레인지를 사용할 경우 혼자 두지 말 것), 세차 돕기, 아기 돌보기(단, 어른이 집에 있는 경우).

- 13, 14세 위에 열거된 사항과 함께 다음 집안일도 한다. 진공청소기 봉투 교체하기, 창문 닦기, 전구 갈기, 욕실 청소하기, 눈 쓸기, 냉장고 청소하기, 용돈 기입장 쓰기.

하버드 심리학자이며 《너무나 좋고도 많은 것들: 응석의 시대에 필요한 자녀 양육법》(*Too Much of a Good Thing: Raising Children of Character in an Indulgent Age*)을 쓴 댄 킨드론(Dan Kindlon)의 연구결과를 보면 집안일을 돕지 않으면서 용돈을 받는 아이들은 자기중심적이 되고 우울증에 걸릴 확률이 높다고 한다. 정기적으로 집안일을 돕지 않는 10대들은 스스로를 버릇없다고 생각하고 있다. 아이들도 자신들이 대가 없이 용돈을 받고 있다는 걸 안다.

나이별 육아법

3~6세 일을 간소화하여 아이가 지치지 않도록 한다. 어떻게 하는지 가르치고 격려해준다. 조그만 빗자루와 먼지털이 같은 도구를 준다. 일을 마치면 차트에 별모양의 스티커를 붙여준다.

7~9세 좀더 협조적이다. 무슨 일을 해야 하는지 상의할 수 있고 어떤 일을 할 수 있을지 생각나는 대로 말할 수 있다.

10~13세 명령하는 목소리를 싫어하므로 아이가 독립적으로 할 수 있도록 하자.

선택할 수 있도록 해주고 어떻게 하는지를 보여주자. 예전에 했던 일이 아니면 반항하거나 논쟁을 벌이려 할 수 있지만 '태도'에 연연하지 말자. 몇 년 후면 아이들은 독립적인 삶을 살 준비가 되어 있어야 한다.

막대기에 이름을 적어 상을 줬어요!

일이 힘들어질 때마다 쉽게 그만두는 아이를 바꿔야 했습니다. 그래서 어느 날, 자를 꺼내 그 위에 검은 펜으로 '인내 상'이라고 적었습니다. 그리고 가족 모두에게 특별히 인내심을 보인 사람을 찾아보자고 했습니다. 매일 저녁 시간에 남편과 저는 집에서 누가 포기하지 않았는지를 발표하고 막대기에 그 이름을 적어 상을 받을 자격에 대해 설명해줬습니다. 아이들은 막대기에 자기 이름이 얼마나 많이 적혀 있는지 세어보는 걸 너무나 좋아했습니다. 자기 이름을 막대기에 적기 위해 아이들은 쉽게 포기하지 않게 되었습니다.

정리정돈을 못한다

도와주세요

제 아들은 다정하고 사랑스럽지만 안타깝게도 정리정돈을 못합니다. 아이가 잊어버린 알림장을 제가 항상 꺼내줘야 하고 학교 가방을 챙겨주고 일정을 알려줘야 합니다. 아이가 고등학교에 가서까지도 항상 아이를 도울 조수가 필요한 건 아닌지 걱정스럽습니다. 아이가 정리정돈을 잘할 수 있도록 하려면 어떻게 도와줘야 할까요?

해결책

아이가 정돈을 잘할 수 있도록 도와줄 방법이 있습니다. 지금 해야 할 일들을 어릴 때부터 가르쳐야 합니다. 한 번에 하나의 문제만을 다루어 정리하는 행동이 습관이 되도록 해줘야 해요. 최고의 해결법을 알아보도록 할까요.

● **구조는 이제 그만.** 첫 번째 단계는 가장 힘들지만 가장 중요한 일이다. 자녀

가 정리정돈하길 원한다면 아이의 개인비서 노릇을 당장 그만둬야 한다. 자녀에게 정리하는 기술을 가르치고 아이가 정리방법을 습득하고 나면 모든 결과에 스스로 책임을 질 수 있도록 뒤로 한 걸음 물러나자(마감일을 놓치거나 도서관 책을 잃어버리거나 운동장비를 잘못 두었거나 했을 때).

●수납장을 만든다. 다음 단계는 아이가 자기 물건들을 쉽게 찾고 보관할 수 있도록 도와줄 방법이다. 스트레스와 말다툼을 일으키는 원인을 알아낸 뒤 해결책을 찾아보도록 하자. 예를 들어보자.

문제 신발과 재킷을 찾을 수 없다.
해결책 옷장을 정리하고 아이가 정돈하기 쉽게 정리함을 구입한다.

문제 학교관련 용지나 학용품을 아무데나 둔다.
해결책 집 현관에 아이가 집에 오면 가방을 걸 수 있는 가방걸이를 달아준다. 모든 숙제는 가방 안에 넣게 한다.

문제 운동장비를 잃어버린다.
해결책 현관에 이름표를 붙인(어린 아이들에겐 그림으로 표시) 플라스틱 통들을 놓는다.

●마구잡이가 되지 않도록 주의한다. 아이들은 뒤죽박죽이 아닐 때 잘 정돈할 수 있다. 서랍장, 옷장, 장난감과 장비통을 살펴 불필요한 것이 있으면 버리자. 사용하지 않았거나 부러진 것들은 버리자.

□ **장난감 돌아가며 쓰기.** 아이들은 가지고 있는 모든 장난감을 가지고 놀지는 않는다. 장난감을 몇 주 동안 숨겼다가 다시 꺼내주자. 새 것처럼 보일 뿐 아니라 정리도 잘될 것이다. 아이들이 새로운 장난감을 꺼내면 다른 장난감은 반드시 넣어두라고 가르치자.

□ **벼룩시장 이용하기.** 아이들의 오래된 장난감, 옷, 책을 벼룩시장에서 팔아보자. 아이들에게 전단지도 만들고 팔 물건을 전시하는 일도 시키자.

□ **기부.** 아이들에게 상자를 주고 그동안 잘 사용했던 소지품을 넣으라고 한 후 자선단체에 직접 가져다주도록 한다.

□ **침대 아래 수납하기.** 상자를 구입하여 가끔씩만 사용하는 것들은 침대 아래에 놓는다. 이는 '눈에서 멀어지면 마음에서 멀어진다'는 정리정돈 전략이다. 보이지 않으면 어지르지 않고 잊어버리게 될 것이다.

● **청소 일정을 정한다.** 아이가 정리를 시작하면 그 체계를 유지하도록 한다. 가장 좋은 방법은 일주일에 한두 번 '청소정책'을 시행하는 것이다. 현실적으로 아이들의 방이 먼지 하나 없는 방이 되리라는 기대는 하지 말자. 대신 지속적인 정리가 필요한 곳이 어디인지 달력에 적어놓자. '월요일–책상, 화요일–침실, 토요일–운동기구, 일요일–가방' 이런 식으로 말이다. 그 다음 '청소하고 놀기'(또는 이메일 보내기, 친구들에게 전화하기)를 규칙으로 정하자. 내 친구 중에는 그 동네에서 정리를 가장 잘하는 아이들을 둔 엄마가 있다. 그 엄마는 일요일을 '가방 정리하는 날'로 정했다. 아이들이 학교에서 받은 용지를 검토하고 공책을 바인더에 넣고 연필을 깎는 데는 10분도 안 걸리지만 이 과정을 통해 아이들은 정리를 아주 잘하게 되었다. 또 다른 친구는 아이들에게 10분의 시간을 주고 '시간 이기기'라는 게임을 하고 있다. 아이들이 하루아침에 변할

것이란 기대는 버리고 현실적인 생각을 하자. 지속성과 인내를 가지고 자녀의 정리습관을 키워준다면 아이는 평생 동안 정리정돈 습관을 유지해나갈 것이다.

도와주세요

돈 문제가 있는 아이의 적신호

돈을 자주 빌린다, 빈털터리가 된다, 충동구매를 한다, 저축을 하지 못한다, 돈의 가치를 모른다, 돈 문제를 피하려 한다.

부모가 해야 할 일은?

돈의 가치와 기본적인 금융 용어, 그리고 긍정적인 지출 및 저축 습관을 갖도록 도와줘야 한다.

❓ 다른 엄마들은 아이들에게 용돈을 주지만 저는 아직 그렇게 못하고 있어요. 일곱 살 된 제 아이는 숫자 세는 것도 아직 못하거든요. 아이가 뺄셈과 나눗셈을 이해할 때까지 기다려야 할까요?

어릴 때부터 용돈을 주는 건 괜찮습니다. 대부분 전문가들은 가정에서 돈의 기초를 배우기 때문에 어린 아이들에게 용돈을 주는 것이 좋다고 생각합니다. 돈을 관리하는 기본 지식을 설명하며 돈에 대한 책임감을 천천히 심어줘야 합니다.

만 7세의 아이들도 점심을 사먹을 돈이나 스카우트 회비 또는 작은 사탕이나 장난감을 구입하는 데 자기가 책임지고 돈을 갖는 것에 흥분합니다. 용돈은 동전의 가치를 배우고 '저축'된 금액을 계산하면서 수학 실력도 높여주지요. 단, 아이가 용돈으로 무엇을 하는지 꼭 확인하도록 하세요.

왜 변해야 할까?

아이의 현금지급기가 된 기분이 드는가? 아이가 저축보다는 지출을 더 많이 하는가? 아이가 42세가 되어도 용돈을 줘야 할까봐 걱정이 되는가? 그렇다면 그 문제는 당신만의 고민이 아니다. 아이가 돈을 제대로 관리하지 못하면 어쩌나 하고 걱정하는 부모들이 있다.

저축하기와 돈 쓰는 법을 어릴 때 배우는 것이 미래의 성공에 큰 영향을 준다. 연구 결과를 보면, 우리는 아이들에게 돈 관리의 기초 기술을 잘 가르치고 있지 않다고 한다. 아이들의 지출습관을 살펴보도록 하자.

● 만 18~24세의 미국인 가운데 18만 명이 작년에 파산을 신청했다.

● 설문에 참여한 부모 중 만 11~14세의 아이들에게 어디에 용돈을 지출하고 있는지 묻고 예산 세우는 방법을 가르치는 부모는 절반도 되지 않

았다.

- 만 12세 아이의 1/3이 신용카드 지불이 대출의 한 형태라는 걸 모르고 있었다.
- 만 12세 어린이 10명 중 4명이 은행이 대출한 돈에 이자를 붙인다는 것을 모르고 있었다.

육아 119

아이에게 경제개념을 이해시킬 수 있는 가장 간단한 방법은 자연스러운 상황에서 돈에 관련된 용어를 사용하는 것이다. 식료품점에서는 이렇게 말해보자. "예산 한도 내에서 소비해야 하기 때문에 2만 원 이상은 지출할 수 없어." 쇼핑몰에서 이렇게 말한다. "앞으로 6개월 동안 5만 원을 저축하면 저 옷을 살 수 있어." 아이가 고등학교에 입학하기 전에 알아야 할 용어들은 다음과 같다. 동전, 지폐, 거스름돈, 현금, 절약, 지출, 차용, 예산, 잔액, 신용카드, 직불카드, 저축, 수입, 인상 등. 아이의 경제관리 수준을 증진시키는 데 목표를 두고 일상에서 본보기를 보여준다면 아이는 머지않아 작은 '경제 마법사'가 될 것이다.

아이가 만 3, 4세가 되면 돈 관리능력을 가르칠 수 있다. 사실 아이들이 일상생활에서 현금인출기 앞에 있는 부모를 볼 때, 청구서를 지불하는 모습을 볼 때, 예산을 세우는 모습을 볼 때, 지출을 결정할 때 가르치는 것이 제일 좋다.

경제교육은 인내와 끈기가 필요하지만 재정적인 지혜와 긍정적인 지출습관을 배우게 하고 자금 관리능력을 습득하는 것은 일생에서 중요한 일이다. 그래서 변해야 한다. 아이가 미래에 경제적으로 안전한 삶을 살도록 용돈을 관리하는 습관을 가르쳐야 한다.

어떤 행동을 보일까?

돈 관리를 못하는 모습은 연령에 따라 다르게 나타나지만 몇 가지 공통된 문제행동

이 보인다.

- **다 써버린다.** 돈을 보자마자 써버린다. 무엇이 필요한지 무엇을 원하는지 생각하기도 전에 충동적으로 구입한다.
- **빌린다.** 항상 돈을 빌리며 부모에게 고정적인 수입을 기대한다.
- **모으기만 한다.** 스크루지 영감처럼 용돈을 모을 뿐 예산을 세워 돈을 지출하지 않는다.
- **잃어버린다.** 주의하지 않는다. 돈을 은행, 지갑, 서랍장 같이 안전한 곳에 두지 않고 아무데나 놔둔다.
- **그냥 갖는다.** 거스름 돈이나 부모에게서 빌린 돈을 돌려주지 않는다.
- **돈을 함부로 여긴다.** 돈을 쉽게 얻기 때문에 돈이 나무에 열리는 것처럼 여긴다.
- **저축하지 않는다.** 저금통이 가득 차본 적이 없고 저축한 것도 다 써버린다.

해결책

1단계 : 초기 개입

- **양육법을 점검해보자.** 아이들의 용돈 관리능력을 어떻게 가르치고 있는지 알아보기 위해 다음 질문을 해보자. '예'라는 대답이 나오면 이는 아이의 용돈 관리능력을 길러주고 있다는 의미다. 반대로 '아니오'라는 대답이 나오면 아이의 연령에 따라 용돈관리 교육을 철저히 해야 한다는 의미다.

☐ 아이가 부모의 간섭 없이 돈을 관리한 후 그 결과를 이해하도록 했는가?

☐ 지출과 절약 계획을 세우고 있는가?

☐ 용돈을 받기 위해 집안일을 하고 있는가?

□ 부모의 재정관리가 아이에게 모범이 되고 있는가?

□ 아이는 '필요한'(필수품) 소비와 '원하는'(필요하지 않거나 사치품) 소비의 차이점을 이해하고 있는가?

□ 장기 및 단기지출 목표를 세우도록 하는가?

□ 대출이 늘 선택사항이 아님을 가르치는가?

□ 나이가 들수록 경제에 대한 책임이 늘어난다는 걸 가르치는가?

□ 돈에 대한 결정을 언제 현명하게 내려야 하는지 알려주었는가?

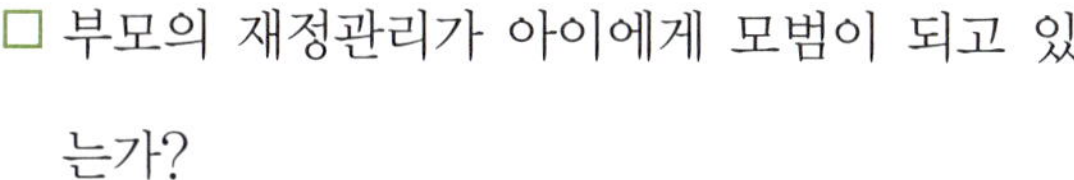

육아 119

'소비하기 전에 생각하기'로 충동구매를 막자

비싼 물건을 구매하기 전에 그 물건과 가격을 적어두고 24시간을 기다리는 걸 가족의 규칙으로 만들자. 어린 아이들은 '갖고 싶은 목록'을 그림으로 그리도록 한다. 기다리는 시간은 아이의 연령과 성숙도에 따라 한 시간, 하루, 일주일, 한 달이 될 수도 있다. 그 시간이 되기 전에 아이는 흥미를 잃고 그 물건을 더 이상 원하지 않는다고 말할 수도 있다.

- **모범을 보이자.** 아이들은 항상 부모를 따라한다. 부모가 항상 초과인출을 하면 자녀에게 예산을 세우라고 어떻게 말할 수 있겠는가? 부모가 옷을 충동구매하고 있다면 세일까지 기다리라고 딸에게 어떻게 말할 수 있는가? 돈의 가치에 대해 이야기해주지 않는다면 아이는 돈이 나무에서 열린다고 생각할 것이다. 자녀에게 좋은 모범이 되어주자. 아이들이 보고 있다.

- **텔레비전 광고를 주의하자.** 텔레비전은 아이들의 충동소비에 불을 지피는 가장 큰 영향력을 행사하고 있으며 광고는 아이들에게 가차없이 소비하라고 외쳐댄다. 텔레비전을 보는 시간과 광고에 노출되는 시간을 제한하자. 공영방송은 엄격하게 광고를 제재하지는 못하더라도 훨씬 적은 광고를 내보낼 것이다.

- **돈에 대해 설명하자.** 아이가 어렸을 때 돈에 대해 가르치자. 아이와 함께 은행에 가서 돈을 입금하고 출금해보자. 장난감 현금지급기와 가짜 돈을 가지고 놀게 해주자. 가정용품에 가격을 붙이고 각 용품을 '구입'하는 데 얼마를

지불해야 하는지 알려주자.

유아들에게는 작은 병(아기 음식 사이즈)을 주고 동전을 모으도록 격려해주며 동전이 쌓여가는 모습을 지켜보게 해주자. 아이에게 동전이 가득 차면 특별한 걸 살 수 있음을 알게 해주자. 아이가 상점에서 사탕이나 비싸지 않은 장난감을 계산해서 사도록 해주자.

● 실생활을 보여주자. 아이에게 가계부를 보여주자. 전기, 가스, 수도, 전화와 케이블 비용이 얼마인지를 보여주자. 아이에게 소득이나 저축한 돈을 알려줘야 하는 건 아니지만 실제의 돈을 이해시키기 위해서는 보여줘야 한다.

2단계 : 신속한 대처

● 빌려주지 않는다. 아이들은 시행착오를 하며 용돈관리를 배우게 된다. 그러므로 아이가 '과소비'를 한 후 그 주에 영화를 볼 돈이 필요하다고 해도 돈을 주어선 안 된다. 그대로 두자.

만약 아이에게 가불을 해준다면 이자를 붙이자. 아이는 돈을 빌리는 데는 비용이 든다는 걸 배워야 한다. 용돈을 벌 수 있는 일(예를 들어 유리창 닦기나 세차하기)을 아이에게 주자.

● 예산의 한도를 정한다. 학교 필수품을 위한 특별 용돈을 주자. 인센티브로서 만약 남은 돈이 있으면 가질 수 있다고 설명해주자. 그것을 모아 유행하는 운동화나 비싼 청바지 등 아이가 갖고 싶어 하는 것을 사는 데 쓰라고 하자. 일부를 보태줄 수 있지만 나머지는 아이가 지불하도록 하자.

● 정기적인용돈을 주자. 돈을 관리하는 법을 가르쳐줄 수 있는 가장 좋은 방법은 용돈을 준 후 예산을 세우게 하는 것이다. 어떤 전문가는 아이가 수를 셀 수 있고 돈을 삼키지 않게 되면 돈에 대한 이야기를 해주고 용돈을 주라고 한

다. 또 다른 전문가는 아이가 좀더 성숙한 학령기 아동이 되었을 때 주라고 한다. 얼마를 줘야 하는지는 아이의 소비습관과 성숙도, 그리고 아이가 편안해하는 수준에 따라 다르다.

아이에게 돈 얘기를 하고 있는가? 그렇지 않다면 지금 당장 하라

약 1,500명의 미국 고등학교 3학년 학생들에게 경제에 관한 기본적인 질문을 한 결과, 대부분 아이들이 질문에 대해 대답하지 못했다. 95%가 C를 받았다. 또 다른 조사를 보면 대학교 1학년의 80%가 부모와 경제적 관리에 대한 대화를 나눠본 적이 없다고 대답했다. 게다가 10대들 4명중 1명은 부모의 허락 없이 500달러까지 쓰는 건 괜찮다고 답했다. 아이의 소비습관을 우려한다면 당장 '돈 이야기'를 시작하자. 돈은 쉽게 모을 수 있는 것이 아니고 소비에 대한 분명한 기대와 제한이 있어야 한다는 점을 말해주자.

☐ **금액을 정하자.** 자녀의 연령에 따라 매년 용돈을 올려준다(6세는 6천원). 아니면 일정 금액으로 시작하고 매년 얼마씩 올린다. 혹은 아이의 소비액을 기준으로 용돈을 정한다. 친구들에게 물어보는 것도 좋다.

☐ **용돈을 어디에 써야 하는지 설명해주자.** 점심, 영화티켓, 문구, 친구 생일선물을 살 수 있다고 말해준다.

☐ **기념식을 해주자.** 용돈을 위한 저녁을 먹거나 기념사진을 찍어주자.

☐ **책임감을 부여하자.** 아이의 연령이 올라갈수록 개인적인 지출(옷, 간식, 영화, 회비)을 용돈으로 내도록 하자.

☐ **일관성 있는 태도를 취하자.** 같은 날, 같은 금액을 정해 정기적으로 용돈을 주자.

☐ **집안일과 용돈을 분리하자.** 아이들이 다른 소득(아르바이트)이 생기면 부모의 돈이 필요하지 않기 때문에 집안일은 하지 않으려 한다. 부모의 77%가 용돈과 집안일을 연결시키지 말아야 한다고 말한다.

☐ **구제해주지 말자.** 아이들이 어리기 때문에 액수가 너무 크지 않으면 실수하

면서 배울 수 있도록 해주자.

□ 훈계를 위해 악용하지 말자. 아이가 잘못을 한 경우에도 용돈을 주도록 하자.

● 저축을 장려한다. 연구에 따르면 물질주의적인 아이일수록 저축을 하지 않는다고 한다. 아이에게 소비충동과 싸워서 절약하는 방법을 가르쳐주자. 아이에게 맞는 최상의 방법이 무엇인지를 생각해보자.

□ 기부. 용돈의 일부를 기부하는 것이 습관화되도록 한다.

□ 돼지저금통 채우기. 소비하기 전에 정해진 금액을 저금한다. 돈이 쌓여가는 것을 볼 수 있도록 투명유리로 되어 있는 병을 선택한다.

□ 작은 단위로 주기. 만 원짜리 지폐 한 장보다는 천 원짜리 지폐 10장을 주는 것이 좋다. 또 천 원정도는 500원짜리 1개, 100원짜리 5개로 나누어 아이가 쓰기 쉽게 한다.

□ 저축통장 만들기. 아이가 실제 현실에서처럼 돈을 관리할 수 있다.

□ 인센티브. 저축을 위한 인센티브(1대 10 또는 50대 50).

□ 목표 정하기. 장기목표를 위해 저축을 권장한다(차, 컴퓨터, 휴대폰, 대학자금).

□ 4개의 항아리 전략. 아이에게 투명한 유리병 4개를 구해오도록 한다. 첫 번째는 매일 사용할 수 있는 것, 두 번째는 단기목표, 세 번째는 기부나 자선을 위한 것, 그리고 마지막은 장기저축을 위한 것으로 사용하게 하자. 그런 다음 아이에게 돈을 어떻게 나눌 건지 가르쳐준다. 나이가 아주 어린 아이들은 2개의 병으로 시작할 수 있다. 하나는 소비를 위한 것, 다른 하나는 저축을 위한 것.

- **지출표를 만든다.** 아이가 쓰고 셀 수 있는 나이가 되면 용돈기록장을 준다. 어린 아이들은 수입(명절에 받은 돈)을, 조금 더 큰 아이들은 수입과 지출을 기록할 수 있다. 아이들에게 통장을 정리하고, 저축하고, 예산을 관리하는 것을 가르쳐주자.

3단계 : 변화를 위한 습관

- **현명한 소비습관을 가르친다.** 아이가 값비싼 물건을 사기 전에 온라인으로 소비자 평가를 알아보도록 한다. 백화점으로 향하기 전에 필요한 물품이 무엇인지를 적어보게 한다. 세일하고 있는 게 있는지 확인하게 한다. 가격을 비교하여 항목 중 하나를 선택하도록 하자. 예상 비용을 정하게 하자. 소비습관을 개선하고 현실세계를 준비하도록 도와주자.
- **기업가 정신을 장려한다.** 용돈을 벌 수 있는 방법을 찾아보도록 한다. 힘든 노동을 통해 돈 버는 법을 어릴 때부터 가르치자. 아이는 기업가 정신을 배울 뿐 아니라 돈의 가치에 대해 감사하게 될 것이다.

나이별 육아법

3~6세 아이가 열까지 셀 수 있다면 돈에 대해 배울 준비가 된 것이다. 동전을 세고 돼지저금통에 저금을 하고 상품과 서비스를 돈으로 교환한다는 것과 노동의 대가가 돈이라는 걸 알게 해주자. 만 5세가 되면 대부분 아이들은 돈에 대한 신념과 가치를 확립하므로 일찍 시작하도록 하자.

7~9세 거스름돈 계산하기, 동전과 지폐의 단위 알기, 상품 교환가치 알기, 단기

간 저축하기, 이성적인 예산 안에서 소비하기가 가능하다.

10~13세 저금통장, 이자, 적자, 빌리기, 인출, 대출, 신용, 직불과 같은 개념을 가르치자. 예산 한도 내에서 소비하기, 모든 문화오락비 지불하기, 집안일과 다른 일을 통해 용돈벌기를 할 수 있다.

저축액에 대해 인센티브를 줬어요!

열두 살짜리 아이가 돈을 너무 많이 요구합니다. 마치 제가 현금인출기처럼 느껴지기 시작했습니다. 저는 한 푼도 저금한 적이 없는 아이에게 작은 미끼를 주기로 결심했습니다. 아이가 저축을 하면 그 금액의 25%를 인센티브로 주기로 했습니다. 그리고 절대로 엄마가 대출해주는 일은 없을 거라고 확실히 말했습니다. 갖고 싶은 게 있으면 열심히 일하고 저축해야 한다는 걸 알게 해주고 싶었습니다. 시간이 걸리기는 했지만 아이는 벌써 10만 원이 넘는 돈을 저축했습니다.

우리나라 어린이 경제교육 어떻게 할까?

어린이 재테크, 어떻게 시작할까? 전문가들은 어릴 때부터 경험을 통해 좋은 소비습관과 투자 마인드를 갖게 하는 게 중요하다고 입을 모은다. 그렇다고 어른도 어렵다는 경제공부를 자녀에게 강요할 수는 없다. 일상생활 속에서 손쉽게 접근할 수 있는 생활 중심의 재테크 교육을 하는 게 중요하다. 일단 '용돈'에서부터 시작하자. 연령에 맞는 일정한 금액을 주 또는 월 단위로 준 뒤 그 범위 내에서 적절하게 사용할 수 있도록 함으로써 좋은 소비 습관을 길러주는 것이다. 그러나 단순히 쓰는 데만 집중할 게 아니라 아껴서 저축할 수 있도록 해야 한다. 자녀들을 위한 미래 설계로 가장 쉬운 방법은 은행의 어린이 금융상품에 가입하는 것.

아이들이 은행과 친숙해질 수 있고 알뜰살뜰한 자산관리법도 배울 수 있다. 자신의 돈이 조금씩 모이는 것을 보며 행복해하는 아이들을 떠올리면 생각만으로도 뿌듯하다.

• 적금 들기, 체크카드 사용 유도: 금융 마인드를 키워주는 데는 적금이 제격이다. 적금에 가입하면 무엇보다 절약의 미덕을 배울 수 있기 때문이다. 자신의 용돈을 아껴서 저축하는 습관을 기를 수 있도록 가르친다면 나중에 부자가 될 수 있는 지름길을 가르쳐주는 것과 같다. 또 금리의 중요성도 배울 수 있다. 이와 함께 적금에 가입하기 전 각 은행의 상품들을 비교하거나 어떻게 하면 기본금리 외 추가 금리를 받을 수 있는지 부모와 아이가 함께 머리를 맞대고 고민한다면 교육효과는 배가 될 수 있다. 아이가 중학생이나 고등학생이라면 체크카드를 발급받아 사용하는 것도 좋다. 현금보다는 카드가 결제도구로 자리 잡고 있어 어릴 적부터 올바른 카드 사용 습관을 길러주는 게 중요하기 때문이다. 체크카드는 특히 용돈의 범위 내에서 사용할 수 있어 충동구매를 자제할 수 있고, 규칙적인 소비습관을 기를 수 있다. 또 사용내역을 매달 확인할 수 있어 용돈의 사용처 등을 부모가 확인할 수 있다는 장점이 있다.

• 인터넷 사이트 활용: 한국은행이나 금융감독원, 시중 은행에서 운영하는 어린이 경제교육 사이트를 활용하는 것도 좋은 방법이다. 한국은행 경제교육 홈페이지에는 경제에 대한 기초 개념과 기본 원리에 대한 설명이 체계적으로 제시돼 있다. 초등학생은 어린이 경제마을, 중고등학생은 청소년 경제나라로 수준에 맞게 운영하는 게 특징이다. 금융감독원은 어린이·중학생·고등학생 등 수준별로 사이버 금융을 받을 수 있는 '재미있는 금융길라잡이—금융교실'을 운영하고 있다. 또 각종 금융교육 교재를 전자책 형태로 내려받을 수도 있으며 용돈 관리프로그램도 이용할 수 있다는 장점이 있다. 사이버 금융학교에서는 평소 어렵게만 느껴지던 금융 용어를 편리하게 찾아볼 수 있으며 궁금한 점이 있을 때는 관리자에게 질문할 수도 있다. 하나은행도 어린이 경제교육 사이트 '하나시티'를 운영하고 있다. 이곳에서 가상의 하나시티통장을 발급받은 뒤 각종 교육콘텐츠 학습과 커뮤니티 활동 등을 통해 사이버머니를 얻을 수 있다. 그것을 통해 저축하거나 세금을 냄으로써 자연스럽게 저축과 생산, 소비의 개념을 배울 수 있다.

도와주세요

식성이 까다로운 아이의 적신호

좋아하던 음식을 거부한다.

먹는 것에 대해 무척 신경을 쓴다.

새로운 음식을 거부한다.

식사시간이면 항상 다투게 된다.

같은 음식만 반복해서 먹는다.

부모가 해야 할 일은?

먹는 것은 즐거운 일이며 새로운 음식을 먹어보는 건 두려워할 일이 아니란 걸 알려주고 전에 좋아하던 음식을 더 잘 먹게 하며 가족 간의 식사시간을 즐길 수 있도록 도와주자.

왜 변해야 할까?

아이에게 항상 같은 음식을 요리해줘야 하고 아이가 아주 적은 양의 음식을 먹는 일로 지쳐 있는가? 먹는 시간에는 항상 다툼이 일어나고 아이가 조금만 먹고 있어 충분한 영양을 섭취하고 있는지 걱정스러운가? 그렇다면 아이는 5명 중 1명에 속하는 까다로운 식성을 가진 아이에 속한다. 좋은 소식이 있다면 아이의 편식은 부모의 요리솜씨와는 아무런 상관이 없다는 점이다.

런던대학의 연구팀은 편식이 유전적인 문제라고 밝혔다. 수석연구원인 루시 쿡 (Lucy Cooke)이 분석한 결과 만 8~11세 약 5,400쌍의 쌍둥이 중 78%의 아이들이 유전적인 이유로 편식을 하는 것으로 나타났다. 그렇다고는 하지만 본인의 아이도 유전적인 영향을 받았다고는 단정하지 말자. 새로운 연구결과들을 보면 아이들의 까다로운 식성은 고칠 수 있으며 야채를 먹게 할 수 있는 간단한 방법도 있다고 한다. 아이들이 인스턴트 음식에 빠지거나 '음식감정가'가 되지 않게 하면서 건강한 음식을 섭취하며 식사시간을 즐길 수 있도록 해보자.

해결책

변화를 위한 5계명

1. 식사시간을 긍정적으로 만들자.

과학적 결과는 모두 똑같이 나왔다. 모든 아이들에게, 특히 편식하는 아이들에게 식사시간은 편안한 시간이어야 한다. 연구에 따르면 편식하는 아이들은 과일은 먹지 않아도 야채는 먹는 경우가 많았다. 아이들은 가족들과 함께 식사를 할 때 긍정적인 태도를 보인다. 우선 가족 식사시간을 즐겁게 만들고 아이들과의 전쟁을 일으키는 "안 돼, 안 돼"라는 말을 주의하자.

- **접시를 비우라고 강요하지 말자.** 아이에게 "더 먹어"라고 강요해봐야 소용이 없다. 음식을 더 먹으라고 억압하지 말고 '하나씩'을 가르치자(좋아하지 않아도 한 입을 시도하게 하자). 아이가 배부르다고 하면 믿어주자.

- **서두르지 말자.** 어떤 아이는(특히 어린 아이일수록) 먹는 데 시간이 걸리기 때문에 식사시간을 즐길 수 있도록 해주자. 필요하다면 아이가 더 오래 씹을 수 있도록 해주고 자기만의 속도로 먹을 수 있게 해주자.

- **즉석 요리사가 되지 말자.** "엄마가 다른 것을 만들어줄게"라고 말하면 아이는 접시에 있는 것을 꼭 먹지 않아도 된다고 생각할 것이다. 아이가 좋아할 만한 음식을 한 가지 정도 곁들여주어 즐기면서 식사할 수 있게 해주자.

- **음식을 문제삼지 말자.** 편식하는 아이들은 부모의 반응에 따라 더욱 편식을 하게 된다. 잘 먹으면 상을 주는 것은 오히려 역효과를 일으킬 수 있으며 아이가 음식을 좋아하도록 만들 수 없다. 아이 앞에서 강의를 하거나 협상, 보장, 처벌, 통보를 하지 말자. 음식에 관한 말을 줄이는 것이 좋다. 최고의 응답은 중립을 유지하며 침착히 말하는 것이다.

- **혼자 식사하지 않도록 하자.** 식사는 가족이 함께 해야 한다. 저녁식사시간 내

내 아이를 식탁에 앉혀두자. 아이들이 먹지 않고 있어도 그렇게 하자. 가족들도 아이가 다 먹지 않았을 때 아이 혼자 식탁에 앉아 먹게 하지 말자.

2. 식사일정을 지키자.

특정 시간에 간식과 식사를 주면 아이의 식욕을 높일 수 있다. 식사시간과 너무 가까이 간식을 주어선 안 된다. 아이에게 두세 가지를 선택하게 해주되 패스트푸드, 사탕, 쿠키, 과자와 유제품 등은 제한하도록 하자.

3. 식욕을 뺏는 음식을 금지하자.

아이의 식욕을 빼앗는 음식을 조심하자. 음료의 열량을 무시하지 마라. 미국소아과학회에서는 우유나 소다를 너무 많이 마시게 되면 식욕이 떨어진다는 연구결과를 발표했다. 대신 물을 주도록 하자. 아이가 주스를 너무 좋아하면 주스에 물을 섞어 설탕 섭취량을 줄일 수 있도록 해주자. 건강한 식사의 필요성을 일깨워주는 재미있는 책을 읽히자.

4. 아이들이 좋아할 음식을 선택하자.

아이들은 어른들과 다른 입맛과 기호를 갖는다. 아이들이 좋아하는 음식을 선택하자.

- **아이를 참여시키자.** 장을 보거나 식단을 짜고 음식을 나르는 일에 아이를 참여시키자. 쿠키를 만들 때 재미있는 모양을 만들도록 해주고 야채로 장식할 수 있도록 해주자. 아이들은 자기가 직접 요리한 음식을 먹고 싶어 한다.
- **작게 만들어주자.** 음식의 크기를 '줄이자'. 작은 접시에 작게 만든 음식을 담아주자.

아이들이 편식하는 것은 정상적인 일이지만 미국소아과학회의 보고에 의하면 까다로운 식습관은 엄청나게 늘었다고 한다. 10년 동안 연구한 결과, 어렸을 때 식습관 문제를 보였던 아이들이 섭식장애를 일으키고 있었다. 물론 좀더 연구를 해봐야 하겠지만 주의를 기울여야 할 6가지 증상은 다음과 같다.

1. **체중 감소** 아이가 같은 양의 음식을 섭취하는데도 체중이 줄고 있거나 아이의 나이와 키에 비해 눈에 띄게 저체중에 속한다. 만 6세부터 생기는 거식증의 발병을 간과해선 안 된다. 아이가 특정 음식을 먹고 설사, 발열, 구토를 하지 않는지 살펴야 한다.

2. **갑작스런 식욕 변화** 갑자기 음식에 까다로워지거나 먹는 것을 거부하면 스트레스, 우울증, 놀림, 섭식장애 등이 원인일 수 있다.

3. **머리카락이 가늘거나 빠진다** 아이가 영양실조이거나 빈혈, 또는 스트레스를 받고 있을 수 있다.

4. **비정상적인 행동 변화** 아이가 계속 무기력한 상태로 있으며 화를 내고 집중하지 못하며 잠을 못 잔다.

5. **식품 알레르기** 특정 음식을 먹은 후 몇 분 이내에(최대 2시간) 콧물, 피부나 눈의 가려움증, 발진, 기침, 메스꺼움, 부종, 설사, 가스, 통증, 경련, 울음, 재채기 등의 증상이 나타나는지를 봐야 한다.

6. **음식 외의 강박관념** 아이의 까다로움이 음식이 아닌 다른 것(청소, 옷 입기, 위생)에 영향을 미친다. 만약 그렇다면 의사에게 강박신경장애가 아닌지를 문의해봐야 한다.

아이의 건강이 위험에 처해 있는지 어떤지 확신이 들지 않으면 혈액을 통한 정밀검사로 빈혈이 있는지 알아보자. 매일 종합 비타민을 복용하면 된다는 간단한 처방을 받을 수도 있다

● **아이가 끌리도록 해주자.** "음식을 가지고 놀면 안 돼"라는 규칙을 조금 양보하자. 어린 아이들은 새로운 음식을 보면 만져보고 냄새 맡으며 가지고 놀고 싶어 한다.

● **질감, 모양, 색상.** 아이들은 색깔과 질감에 흥미로워한다. 아이가 좋아하는 것을 찾은 후 식단에 넣어주자. 아이에게 음식의 맛보다는 "질감이 어떠니?" "색깔이 예쁘지?" "모양이 웃기지 않니?"라고 물어보자.

● **재미있는 이름을 붙여주자.** 코넬대학의 연구결과를 보면, 야채에 엑스레이 당근, 파워 강낭콩, 공룡 브로콜리 나무와 같은 이름을 붙였을 때 아이들은 더

재미있게 음식을 먹었고 그 다음날에도 또 먹으려 하는 모습이 보였다.

5. 노력하자.

매일 5~14일 정도 새로운 음식(특히 야채)에 서서히 반복하여 노출되면 음식 혐오 감을 극복하는 데 효과적이라고 한다. 그러므로 아이가 싫어하는 음식이라도 포기하지 말자. 대신 아이에게 아주 적은 양(한 티스푼도 괜찮다)으로 한 번에 한 가지의 새로운 음식을 소개해주자.

새로운 메뉴에 익숙한 재료를 넣으면 아이도 새로운 음식의 맛을 보는 걸 좋아하게 될 것이다. 그래도 싫어한다면 야채를 죽처럼 갈아서 스파게티 소스에 넣거나 단백질 분말을 섞어 셰이크를 만들어주자. 음식에 영양가를 더하는 창의적인 방법들을 찾아볼 수 있다.

모든 아이가 모든 음식을 좋아하는 건 아니므로 인내하며 기다리자. 식습관은 하루 아침에 바뀌지 않는다. 지금의 긍정적인 경험을 통해 평생 동안 건강한 식습관을 갖도록 도와주는 것이 목표다. 목표를 달성하기 위해 모두가 즐거운 식사시간을 만들어보자.

육 아 뉴 스

분당 서울대병원 교수팀이 국내 298명의 소아 식습관 유형을 조사한 결과에 따르면 섭식 장애로 병원을 찾은 아동의 45%는 '부모 오인형'이었다. 즉 실제 신체 크기에 적합한 영양분을 섭취하고 있고 정상적 성장을 보이고 있음에도 불구, 부모가 아이의 성장에 만족하지 못해 병원을 찾은 경우였다. 부모 오인형 섭식장애는 과잉기대에서 발생한 오해일 뿐이지만 음식을 강제로 먹이는 등 부정적 대응으로 연결되면서 자녀의 신체발달을 저해할 수 있다는 점에서 주의해야 한다. 아동의 식사 거부 시 부모 대응 유형을 분석한 결과 '쫓아다니면서 먹인다'(46.3%), '먹으라고 강요한다'(43.3%) 등 강제적 대응이 89.6%로 대부분을 차지했다.

3~6세 편식은 아이들의 성별과 관계없이 아주 흔하게 나타나는 현상이다. 아이들은 만 2세가 되면 다양한 음식을 먹을 수 있게 된다. 미뢰(미각을 맡은 기관으로, 미각 세포와 지지 세포로 이루어져 있으며 주로 혀의 윗면에 분포한다―옮긴이)가 변하고 식욕이 천천히 나타난다.

반복 식사 행동은 만 4~5세 정도까지 지속된다. 아이들이 같은 음식만을 반복해서 먹고 싶어 하는 것은 정상이다. 새로운 음식을 꺼리는 것은 아이들의 성장과정에서 정상적인 일이며 이는 약 1년간 지속될 수도 있다(더 길어지기도 한다). 또한 달고 짠 음식을 좋아하고 시고 쓴 음식은 거부하게 된다. 이 시기에 우유를 너무 많이 마시면 식욕이 줄게 만들 수 있다.

7~9세 집에서 가족과 함께 과일과 채소를 먹으면 아이의 입맛이나 습관이 변하게 된다. 소다나 과일맛 음료수는 열량만 너무 높고 필요한 영양분을 공급하지 못한다.

10~13세 어린 시절의 식습관을 유지하는 아이들도 있지만 아이들 대부분은 편식을 덜하게 된다. 하지만 어떤 아이들은 편식을 심하게 하기도 하는데 이들은 비활동적이고 식욕이 없다. 교정기는 특정 음식을 씹는 데 불편을 줄 수 있다. 또한 또래압력이 강하게 나타나는 시기로, 같은 학급의 친구나 형제자매가 특정 음식을 좋아하면 그 음식을 따라서 좋아하게 된다고 밝혀졌다. 아이의 친구들을 초대해서 아이의 식성이 친구들과 비슷한지를 살펴보자. 섭식장애를 일으킬 수 있는 시기이므로, 편식이 섭식장애로 이어지지 않는지 주의해야 한다. 갑자기 체중이 줄거

나 외모에 대해 비판하거나 화를 내거나 과도한 걱정을 하고 있는 건 아닌지 살펴 보자. 또한 몸무게를 재고 칼로리를 계산하는 것에 강박관념이 있는지, 두통, 복통, 어지러움, 피로를 호소하는지도 살펴보자. 우려되는 행동이 보이면 소아청소년과 의사에게 문의하도록 하자.

 **우리집 맞춤 처방전**

아이에게 계량스푼과 요리책을 사줬어요!

제 아이는 '세상에서 가장 까다로운 식성의 소유자'였답니다. 일주일 내내 단 한 가지 음식만 먹었죠. 하루는 아이가 음식채널을 보고 있는 걸 발견했습니다. 그 순간 깨달 았죠. 저는 아이에게 계량스푼과 어린이 요리책을 사주고 아이가 직접 포도를 씻거나 간단한 디저트를 만들도록 했습니다. 자신의 요리를 시작한 아이는 새로운 음식을 먹 어보기 시작했습니다. 아이가 요리한 음식은 가족들이 맛있게 먹어줬고요.

안전
개념이
없다

도와주세요

안전과 관련된 적신호

위험한 행동을 한다.

위험한 상황이나 환경을 의식하지 못한다.

의심스러운 행동을 인지하지 못하고 도움을 청하는 방법을 모른다.

잘못된 의사결정을 내린다.

부모를 너무 많이 의존한다.

부모가 해야 할 일은?

연령에 맞는 적절한 행동을 통해 위험한 상황에서 안전하게 빠져나올 수 있도록 가르쳐야 한다.

왜 변해야 할까?

아이를 키우는 것은 두려운 일이다. 요즘은 유괴, 온라인 폭력, 학교 내 범죄, 아동 성범죄가 늘면서 우리의 가슴을 졸이게 한다. 태풍, 지진, 산불, 자동차 사고, 익사 등이 우리 아이들의 생명을 위협한다. 아이의 안전을 장담할 수 없는 상황들이 도사리고 있지만 우리 아이가 위험한 상황에 처하는 걸 막음으로써 위험을 예방할 수 있다.

유아의 경우 아이에게 '안전교육'을 해주는 것부터 시작할 수 있다. 무서운 일들을 말해주면 아이를 겁먹게 만들기는 하겠지만 말해주지 않는 것은 더 큰 잘못이다. 일상적인 이야기를 할 때처럼 편안하게 이야기를 꺼내야 한다. 한 번에 너무 많은 것을 가르치려고 하지 말자. 아이의 연령, 발달수준과 아이가 알아야 할 안전수칙을 고려하여 이야기하자. 이런 팁들은 '만약'의 경우에 아이를 지켜줄 뿐만 아니라 부모에게도 평안을 줄 것이다.

해결책

아이와 관련된 5가지 안전문제와 그에 대한 전략

1. 유괴와 약탈자

아이가 실제로 위협을 당하는 경우는 많지 않지만 부모들이 가장 걱정하는 것은 낯선 사람의 납치이다. 50만 명 중 1명이 낯선 사람에게 납치당하고 있으며 납치범들 대부분은 아이가 개인적으로 알고 있는 사람이다. 납치당한 아이 중 85%가 살아 있으며 아이들은 납치범을 낯선 사람이라고 생각하지 않는다. 그렇기 때문에 아이들에게 예방교육이 필요하다.

● **예방하자.** 아이의 옷이나 소지품에 이름을 써붙이지 말자. 아이의 최근 사진과 의료기록을 가지고 있으면서 키, 몸무게, 눈과 머리카락 색깔을 6개월에 한 번씩 업데이트하자. 아이가 길을 잃었을 경우를 대비하여 아이의 사진을 늘 지갑 속에 지니고 다니자.

● **아이가 어디에 있는지 파악해두자.** 아이의 친구와 그들의 부모들을 파악해두자. 어디에 가는지 늘 부모에게 알리는 습관을 갖게 하자. 아이에게 추적기능이 있는 저렴한 휴대전화를 구입해주는 것도 좋다.

● **만지면 안되는 곳을 가르치자.** '은밀한' 신체부위를 가르쳐주고 만져도 괜찮은 곳과 아닌 곳을 가르치자. 만약 누군가 아이를 만지려 하면 "안 돼요"라고 말하고 가능한 한 빨리 도망치라고 가르치자.

● **비밀을 만들지 말자.** 어떤 어른이 "절대 말하면 안 돼"라고 했다면 그 일을 부모에게 곧장 알려주도록 가르치자.

● **수상한 행동을 인지하게 하자.** '낯선 사람=위험한 사람'이라는 사실을 가르치자. 또한 의심스러운 상황을 인지하는 능력을 키워주자. 아이들에게 유괴범들의 행동을 알려주자.

☐ **도움 요청** "아이를 찾고 있는데 좀 도와줄래?" "강아지를 찾고 있는데 도와줄 수 있겠니?"

☐ **선물 공세** "사탕 먹을래?" "내 차에 스케이트보드가 있는데, 타볼래?"

☐ **긴박한 상황 연출** "서둘러! 너희 엄마가 사고를 당했어. 내가 병원까지 데려다줄게."

☐ **친구인 척하기** "네 아빠의 오랜 친구란다. 아빠가 날 초대했는데 집까지 안내해줄래?"

아이와 함께 상황극을 연출해보자. 상황 연습을 통해 아이는 실제상황에서 더 빨리 대응할 수 있으며 경각심을 일으킬 것이다. 대부분 납치사건은 아이들이 알고 있는 사람에 의해, 집에서, 여름에 많이 일어난다는 사실을 알아두자. 낯선 사람에게 절대로 문을 열어주지 말 것을 당부하자. 누구에게도 부모가 집에 없다는 얘기를 하지 말라고 일러두자.

- **가족 간의 암호를 만들자.** "우리 가족의 암호를 모르는 사람은 절대로 따라가선 안 돼." 가족들만 공유할 수 있는 기억하기 쉬운 말로 암호를 정하고 위급한 상황에 연락을 취할 수 있는 신뢰하는 친구와 친척들에게만 알려주자.

- **온라인에서 알게 된 사람을 만나지 않기.** 아이에게 자신(또는 부모)의, 주소, 생일이나 전화번호를 온라인으로 공개하지 말라고 일러두자. 절대 어떤 상황에서도 전화나 온라인에서 알게 된 사람을 만나지 못하도록 하자. 온라인에서는 11세라는 이가 실제로는 30세의 성추행범일 수도 있다는 사실을 설명해주자('인터넷 안전' 참조).

- **'버리고, 소리 지르고, 도망쳐라'를 가르치자.** 만약 도망쳐야 할 경우가 생기면 가지고 있던 모든 것을 던져버리며 크게 소리지르면서 도망가라고 가르치자. 가능하면 어른에게로 도망가라고 일러두자. "도와줘요. 이 사람은 제 아빠가 아니에요." 만약 잡히면 맞서싸우고, 소리를 지르고, 무언가를 붙잡으라고 하라(자전거 핸들이나 자동차 문). 그리고 스스로를 보호하기 위해 물건을 잃어버린 것은 괜찮다고 말해주자.

2. 공공장소

큰 상점이나 사람이 많은 길을 건너다 길을 잃었을 때 따라야 할 안전수칙이다.

- **도움 청하기.** "도와주세요!"라고 외치라고 가르치자. 만약 대형마트에서 길을 잃었다면 계산대로 걸어가 유니폼을 입고 있는 직원을 찾으라고 일러주자. 경찰이나 아이와 함께 있는 여자에게 도움을 청해도 좋다. 위협을 당하거나 불이 나지 않는 이상은 그 건물 밖으로 나가서는 안 된다고 가르치자.

- **멈추기.** '공개된 장소에서는 멈춘 후 둘러보고, 외치고, 기다리자'를 가르쳐야 한다. 그 자리에 멈춰서서 혹시 부모가 보이는지를 확인하고 "엄마, 아빠!"를 부르라고 하자. 외출할 때는 아이에게 밝은 색깔의 옷을 입혀 눈에 잘 띄게 하자.

- **만남의 장소 정하기.** 사람이 많은 곳에 가게 되면 만약을 대비하여 만남의 장소를 정해두자.

- **횡단보도 안전하게 건너는 법 연습하기.** 길을 건너는 안전수칙을 아이가 잘 알고 있으리라고 추측하지 말자. 국립고속도로교통안전관리기관에서는 아이들이 길을 안전하게 건너려면 적어도 만 10세가 되어야 한다고 발표했다. '정지. 좌—우—좌'를 가르치자. 또한 선회하는 차량을 주의하며 언제나 운전사가 어디를 보는지를 확인하라고 가르치자(대부분 아이들은 운전사가 자신들을 봤다고 생각해서 사고를 당한다). 유아기 아이들은 충동적이어서 서둘러 길을 건너려 한다. "네 손은 엄마 손에 붙어 있어야 해"라고 말해주자.

- **발견하기 쉽고 목소리가 들릴 수 있는 곳에 있기.** 걷거나 스케이트보드를 타거나 자전거를 탈 때 항상 사람들이 다니는 밝은 곳에 있으라고 하자. 안전한 장소는 공원, 밝은 빌딩 앞, 놀이터 중앙, 가로등 아래, 운전기사 뒷좌석 등 다른 사람들이 볼 수 있고 들을 수 있는 장소라는 것을 가르쳐주자. 반대로 공원의 코너, 어두운 곳, 건물 뒤, 주차장의 가장자리는 보이지 않고 들리지 않는 공간이라고 알려주자. 아이들이 불량배를 만나거나 납치당하는 곳이므

로 꼭 알고 있어야 한다. 항상 여러 명의 친구들과 함께 있으라고 말해주자.

- 공중화장실 사용. 화장실에 갈 때는 다른 아이와 함께 가라고 하자. 10대 초반의 아이에게는 화장실 입구와 가까운 쪽을 이용하라고 가르치자.

3. 성추행·성폭행

어린이 대상 성범죄는 특성상 직접적인 성행위보다 유사성교나 추행이 많은데, 이 경우 피해자 진술과 기억이 유일한 증거인 경우가 많아 처벌이 쉽지 않고 어린이들에 관한 한 성추행도 성폭행만큼 엄벌하는 것이 절실하다.

또한 형법상 강간 개념을 '남성의 성기가 부녀자의 몸에 삽입된 경우'로 국한하는

부모 시선 집중!

아동 성폭행 관련 기관

중앙아동보호 전문기관(http://www.korea1391.org, 02-596-1391)

아동학대 신고를 위한 24시간 핫라인을 설치해 신고·접수를 받는다. 응급 아동학대 사례의 관리를 위해 의료기관, 일시 보호시설, 상담치료기관, 기타 복지시설과 연계해 사업을 한다.

푸른아우성(http://www.9sungae.com 02-332-9978)

청소년과 학부모를 위한 성 상담을 한다. 아이와 함께하는 성교육 및 직장인 성희롱 예방교육을 실시하고 있으며, 연령 및 주제별 커뮤니티 서비스를 운영하며 성의학 정보를 수록하고 있다.

한국성폭력위기센터 (http://www.rape119.or.kr, 02-883-9284)

성폭력 상담과 의료, 법률, 심리 등 통합적인 지원과 서비스를 제공함으로써 성폭력 피해자들의 고통을 치유하고 인권 회복을 위해 노력하는 곳. 나아가 우리 사회의 건강한 성문화 형성과 정착에 기여하고 있다.

내일여성센터 (http://www.tacteen.net 02-3141-6191)

어머니, 교사, 청소년을 대상으로 성교육과 성 고민 및 성폭행 상담실을 운영한다. 청소년들의 방송 및 힙합 페스티벌이 정기적으로 열리며, 음란물 및 인터넷중독 등 자가 테스트를 제공한다.

나라는 한국과 일본 정도이며 미국과 유럽은 남녀 구분 없이 성폭행 피해자로 인정하고 삽입 개념도 훨씬 폭넓게 해석한다. 성추행과 성폭행 모두 성범죄이며 피해자에게 평생에 거쳐 씻을 수 없는 상처로 남게 된다.

●**모방범죄가 많다.** 청소년들이 또래를 상대로 저지르는 성폭력 범죄 대부분은 음란 동영상 속에 나오는 피학적인 성행위 장면을 그대로 따라 한 모방 범죄가 많다. 음란물은 여성들이 고문에 가까운 고통을 받으면서도 쾌감을 느끼는 것처럼 연출하는데, 이성적인 판단능력이 성숙하지 못한 청소년들은 이런 왜곡된 연출을 '사실'로 받아들인다.

●**음란 동영상에 너무 쉽게 노출된다.** 요즘 청소년들은 인터넷에 접속해 검색어 몇 개만 입력하면 강간·윤간·수간 등 과장되고 비현실적인 음란 동영상과 사진을 무한정 볼 수 있다. 음란물을 부모들에 들키기 쉬운 컴퓨터 하드디스크에 저장하는 대신 USB 메모리에 담아 휴대용 멀티미디어 재생기(PMP)에 숨겨두는 중고교생도 많다. 아이디와 패스워드 없이 홈페이지 주소만 치면 곧바로 접속할 수 있는 해외 음란 사이트도 숱하다. 경찰과 관계 당국이 청소년 위해 음란 사이트를 찾아내 폐쇄조치를 해도 사이트 운영자들이 주소만 바꿔 다시 열곤 한다. 우후죽순처럼 돋아나는 음란 사이트를 일일이 통제하는 데도 한계가 있다.

●**차별화된 교육이 필요하다.** 똑같은 미성년 가해자라도 각각의 특성에 따라 차별화된 교육이 필요하다. 청소년 성폭행 가해자는 별 생각 없이 또래들의 못된 짓을 따라하는 부류, 청소년기의 성적 욕망을 해소하려는 부류, 타인에 대한 지배욕구를 나타내는 사이코패스(반사회적인격장애) 초기 단계의 부류 등으로 나뉜다.

● 부모와 아이가 함께 성폭행 예방에 대한 교육   을 받는 것이 좋다. 아이들에게는 큰길로 다니도록 하고 낯선 사람의 말을 쉽게 믿지 말고 따라가지 않도록 교육하는 게 중요하다. 이 밖에 최근에는 아이들을 위한 호신용품이 많이 나와 있다. 만약의 사태를 대비해 자신을 지킬 수 있는 물건 한두 가지를 지니고 다니게 하는 것도 필요하다.

아이가 성폭행을 당했다면 아이와 부모 모두 치료를 받아야 한다!

아동이 성폭행을 당했다고 아이만 치료를 받아야 한다는 것은 잘못된 생각이다. 아이만큼 부모도 상처를 받기 때문이다. 일단, 아이들을 위해서는 약물치료와 심리치료가 병행되어야 한다. 불안감, 공포감, 우울증, 분노감, 행동조절 능력 저하 등에 대한 부분에는 약물치료가 필요하다. 또 아이들은 심리치료가 반드시 필요하다. 아이들을 위한 심리치료 프로그램은 다음과 같다.

1. **놀이치료** 아동에게 놀이는 세상을 이해하고 배울 뿐 아니라 정서적인 어려움을 표현하고 해소하며 극복하는 가장 중요한 도구다. 놀이치료를 통해 성폭력 피해의 후유증을 비롯한 정서적 어려움을 표현하고 해소하며 스스로 치유해나가는 과정을 제공한다. 특히 초등학교 저학년 이하의 아동에게 이루어진다.

2. **상담치료** 언어적 의사소통 능력이 비교적 활발한 초등학교 고학년 이상의 아동들은 대화를 통해 정서적 어려움을 극복해나갈 수 있다.

3. **인지행동치료** 불합리하거나 왜곡된 사고를 교정하고 부적응적인 행동을 수정하는 여러 가지 인지행동적 기법이 적용될 수 있으며, 특히 성폭력 피해를 입은 경우 피해 당시의 고통스러운 감정을 회피하기 위해 기억을 차단하려 노력할 때가 많다. 이런 경우 노출법이라는 행동기법을 중심으로 사건 당시의 기억과 연합된 공포감과 불안감을 감소시킬 수 있다.

4. **집단치료** 비슷한 경험과 어려움을 가진 또래 아동 2~6명을 집단으로 묶어서 놀이치료, 상담치료, 인지행동치료를 한다. 유사한 경험으로 인한 동질감과 정서적 지지, 또래의 조언 및 또래 관계 형성 등의 장점이 있으나 아동 각각의 연령이나 정서적 어려움의 정도, 치료 시기 등 여러 요인을 고려해 구성되어야 한다.

5. **부모를 위한 치료** 아이가 성폭행을 당했을 경우, 부모 역시 그 충격이 상당하다. 때문에 부모도 심리적으로나 신체적으로 불안하고 불안정한 상태가 될 수 있다. 이런 부모의 감정은 아이에게 그대로 전달되어 아이를 더 힘들게 만들 가능성이 높다. 힘들겠지만 아이를 위해서라도 부모가 자신의 어려움에 잘 대처할 수 있어야 한다.

● 아동을 위한 성폭력 예방 교육

☐ 자신과 다른 사람의 몸이 소중하다는 것을 가르친다.

☐ 아이가 좋은 접촉과 나쁜 접촉을 구별할 수 있게 가르친다.

☐ 좋지 않은 말을 하거나 나쁜 사진이나 잡지, 비디오를 보여주는 사람이 있으면 이를 부모나 교사에게 알리도록 한다.

☐ 어른이 이상한 행동을 요구할 때 단호하게 "싫어요" "안 돼요"라고 거절하도록 알려준다.

☐ 몸의 각 부분의 명칭을 정확하게 교육하고 그 기능을 말해준다.

☐ 평소 아이가 성에 대해 호기심을 보일 때 회피하지 말고 바르게 대답해준다.

4. 흉기 사건

아직까지 우리나라는 총기 소지가 법적으로 불법으로 규제하고 있어서 다른 나라보다는 학교 안이 안전할 것이라 생각할 수 있으나 총기 이외에도 칼 등 다양한 흉기가 많고 학용품으로 갖고 다니는 커터 칼, 청소도구, 운동기구 등 모든 것이 마음만 먹으면 흉기로 돌변할 수 있다. 따라서 아이들이 집이나 친구집에서 놀 때보다 학교에 있을 때 흉기에 의한 사고를 당할 확률이 높다. 또한 아이들이 뉴스를 통해 자주 접하는 무시무시한 살인사건들이나 잔인한 게임으로 인해 폭력에 무감각해지고 있다. 그래서 아무렇지 않게 칼을 휴대하고 사용하는 것에 망설임과 두려움이 없다. 최근 청소년 범죄사건은 전 세계에서 문제가 되고 있고 세계 정부가 모두 범죄예방 프로그램을 최우선적으로 개발하고 있다. 이에 따른 안전수칙을 살펴보자.

●흉기 안전에 관해 이야기하자. 부모들은 순진한 우리 아이는 절대로 다른 사람을 흉기로 위협하는 일이 없을 것이고 또 아이의 친구도 마찬가지일 것이

라 믿고 있지만 응급실 의사들의 보고를 보면 그 생각은 잘못되었다. 아이들이 우연히 손에 넣은 흉기를 가지고 다른 사람에게 부상을 입히는 경우가 늘고 있다. 그러므로 아이와 흉기에 관한 안전수칙에 대해 반드시 이야기하자. 흉기는 부모의 허락과 감독 없이는 절대로 만지지 말 것이며 다른 사람을 위협하는 것은 나이가 어려도 범죄행위라는 것을 반복적으로 가르쳐야 한다.

● 흉기를 숨겨놓자. 집에 있는 칼이나 정원 손질용 삽, 톱 등 사용상 주의가 필요한 물건들은 아이의 손에 닿지 않도록 숨겨놓고 별도의 안전한 곳에 따로 보관하자. 아이들이 찾을 수 없는 곳에 열쇠를 숨기자.

● 위협을 알리라고 하자. 아이가 장난치는 것처럼 보이더라도 위협을 심각하게 받아들이자. 아이가 위협에 대해 들었다면(폭탄 위협, 학교 총격사건, 계획된 폭력, 자살이나 싸움) 부모나 교사에게 말하도록 지도하자.

● 즉각적인 행동을 알려주자. 아이에게 만약 범죄사건을 목격하면 스스로를 보호하기 위해 무엇이든 하라고 일러주자. 소리가 나는 쪽으로부터 도망가고, 빨리 119에 신고하여 도움을 청하고, 주차장에 서 있는 자동차 뒤로 몸을 숨기라고 말해주자.

● 어머니의 말이 가장 큰 영향을 준다. 청소년 관련 많은 연구 보고서들을 살펴보면 범죄사건과 관련해서 청소년들이 가장 귀 기울이는 것이 어머니의 말이다. 어머니가 가진 영향력은 아이들에게 매우 긍정적으로 작용해 아이들이 올바른 판단을 할 수 있도록 이끌어 주기 때문에 범죄사건 예방을 위해 어머니들의 도움이 절실하다.

5. 자연재해

지난 몇 년 동안 태풍, 허리케인, 홍수, 태풍, 지진, 심한 뇌우와 번개 등 자연재해

가 많이 일어나고 있다. 도와줄 수 있는 어른과 함께 있어야 하겠지만 '만약의 경우'
를 대비해서 아이들에게 안전수칙을 가르쳐야 한다.

- **비상대책 세우기**. 비상시에 가족이 대피할 장소를 정하자. 지역에 따라 다를
  수 있다. 예를 들어, 캔자스에는 토네이도가 오고 캘리포니아에는 지진이 발생
  한다. 아이들과 대피장소로 가는 연습을 미리 해두어서 혹시라도 부모와 떨어
  졌을 때 어디로 가야 할지 알게 해주자.
- **비상연락망 만들기**. 혹시 아이들과 떨어졌을 경우 다른 지역에 살고 있는 가
  까운 친구나 친척들과 비상연락망을 만들어놓자. 아이에게 이름, 전화번호,
  주소를 외우도록 가르치자.
- **비상용품을 상비해두기**. 구급상자, 손전등과 배터리, 렌치 그리고 배터리로
  작동하는 라디오의 위치를 아이들에게 알려주자. 기본 응급처치법과 소화기
  사용법, 온수 및 가스 라인을 해제하는 방법을 가르쳐주고 비상시에는 라디
  오를 켜서 날씨정보를 듣도록 가르치자. 폭풍이 왔을 때는 코드로 연결된 전
  화기를 사용하거나 샤워나 목욕을 해서는 안 된다고 알려주자.
- **안전 대응 연습하기**. 번개가 칠 때는 금속으로 된 것은 절대로 잡지 말 것이
  며 나무 아래에 서 있지 말라고 가르치자. 태풍, 지진, 폭발이 일어날 경우 단
  단한 식탁이나 책상 아래에 숨어서 목 뒷부분을 손으로 감싸라고 가르치자.
  창문, 난로, 유리, 떨어지는 물건 주변에서 피하라고 가르치자.

6. 일반적인 안전수칙

연령별로 위급상황에서 알아야 할 일반적인 수칙이 있다. 위급상황을 위해 알려주
도록 하자.

- 떨어진 전선은 절대로 만지지 말 것.

- 길 잃은 동물을 주의할 것. 화가 난 듯이 으르렁거리는 동물에게 접근하지 말 것

- 타는 냄새가 나면 안전을 위해 바닥으로 기어갈 것. 문에 온기가 느껴지면 열지 말 것. 가능하면 목과 머리를 젖은 수건으로 감쌀 것.

- '슈웃' 하는 소리나 가스 새는 냄새가 나면 그 즉시 건물을 벗어날 것.

나이별 육아법

3~6세 아이들은 부모와 떨어지는 것을 견디지 못하면서도 항상 이리저리 돌아다닌다. 아이를 잃어버리는 경우가 있기 때문에 항상 지켜봐야 한다. 이름, 전화번호, 주소를 외우게 하고 119에 전화하는 법을 알려준다. 아이가 외우지 못한다면 응급상황 시에 연락처가 적혀 있는 팔찌를 착용하도록 한다. 길을 잃었을 때 무엇을 해야 하는지, 어떻게 도움을 청하는지를 알려주고 길을 잃은 장소를 결코 떠나서는 안 된다고 가르치자. '낯선 사람'은 우리가 모르는 사람이라는 것을 가르치고 부모가 집에 없을 때 누군가 집에 오면 대답하지 말라고 일러두자. 비상시에 도움을 청할 수 있는 사람을 찾도록 해주자. 예를 들면 가게직원(명찰이나 유니폼), 엄마아빠 친구(함께 저녁식사를 했던 사람), 또는 (아이를 데리고 있는) 아줌마가 있다.

'은밀한' 신체부위를 알려주고 접촉해도 괜찮은 곳과 아닌 곳을 설명해주자. 절대로 흉기를 만져서는 안 되며 만약 흉기를 가지고 위협하는 사람을 보면 엄마에게 연락하라고 가르치자.

7~9세 위의 안전수칙 외에도 어떤 사람이나 상황이 불편하게 느껴지면 그 감정

을 믿고 행동하라고 하고 안전하다고 느끼지 못하면 소리를 지르라고 가르치자. 부모가 아이의 행동을 지지한다는 걸 강조해주자. 아이와 함께 '만약에'라는 게임을 함께 해보자. "만약에 낯선 사람이 태워준다고 하면?" "만약에 친구가 부엌칼을 가지고 함께 놀자고 하면?" "만약에 밖에서 천둥이 치면?" 아이가 스스로 '컸다'고 생각해도 아직 정확한 판단을 내리기에는 미성숙하다.

10~13세 부모가 옆에 있을 수 있는 시간들이 줄어들면서 아이의 안전 문제에는 또래의 압력이 영향을 준다. 술, 마약, 처방약품, 흡연, 섹스, 위험한 일 도전하기 등. 아이에게 '안전하고 책임감 있는 선택'을 하는 방법을 가르치고 위험한 상황을 미리 연출해보자. 아이가 독립을 요구해도 명확한 경계와 지침을 세워주자. 아이가 어디에 있는지 항상 알아두자. 이 나이의 아이들은 약 3~6시 사이에 문제를 가장 많이 일으키며 안전하지 않은 곳에 가 있는 경우가 많다.

우리 집 맞춤 처방전

위급한 순간에 대응하는 법을 배웠어요!

이곳은 지난 몇 년 동안 태풍이 자주 오고 있습니다. 날씨가 더 악화되는 것 같아요. 아이들이 자랄수록 부모가 없을 때 위급한 순간을 맞게 된다는 걸 알게 되었습니다. 그래서 우리 가족은 함께 미국심장협회에서 주관하는 CPR 수업에 등록했습니다. 그건 아주 잘한 일이었어요. 제가 스카우트팀에 있을 때와는 내용이 많이 바뀌었더군요. 어떻게 대처해야 하는지 다시 상기시켜주는 아주 좋은 시간이었습니다. 이제 아내와 저는 아이들이 위급한 순간에 서로를 어떻게 구해야 하는지 알기 때문에 마음을 조금은 놓을 수 있습니다. 이 글을 쓰는 지금 또 다른 태풍이 우리 마을을 향하고 있습니다.

집 떠나는 것을 두려워한다

도와주세요

향수병에 걸린 아이의 적신호

집을 떠나는 것을 두려워한다.

집을 떠나면 그리워하고 항상 집으로 돌아오고 싶어 한다.

부모가 해야 할 일은?

집을 떠나 있을 때도 불안해하지 않을 수 있도록 해줘서 향수병에 걸릴 확률을 줄이고 집과 가족을 떠나 체험할 수 있는 경험들을 즐길 수 있도록 도와준다.

? 저희 아들이 처음으로 캠프를 갔는데요, 집으로 전화를 하더니 돌아오고 싶다고 합니다. 정상적인 일인가요? 아이가 얼마나 힘들어하는지를 알 수 있는 방법이 있을까요?

💬 집을 떠나 잠을 자야 하는 캠프에 참여한 95%의 아이들은 집을 그리워합니다. 좋은 소식이라면 대부분 아이들은 이틀이 지나면 그 고통이 줄어든다는 것이지요. 아이가 얼마나 잘 지내고 있는지 알고 싶으면 간단히 물어보세요. "얼마나 집에 오고 싶니?" 많은 부모들은 이렇게 하면 향수병을 더 부채질할 거라고 생각하지만, 이런 질문을 받게 되면 아이는 자기가 왜 힘들어하는지 알게 되고 자신의 감정상태를 더 나은 위치에서 생각할 수 있게 된다고 합니다. 그러면 아이를 집에 돌아오게 해야 할지, 아니면 캠프에 더 머물게 해야 할지 결정할 수 있을 것입니다.

왜 변해야 할까?

아이들이 집을 떠나게 되는 이유로는 친구집에서 자기, 여름캠프, 기숙사, 입원, 이사 등이 있다. 집을 떠난다는 것은 많은 아이들에게 큰 경험이 되며(특히 처음 경험하는 것이라면) 부모, 지금 살고 있는 곳, 뭐든 익숙한 것을 떠나 시간을 보낸다는 것에 대해 두려움을 느낄 수 있다. 부모의 마음속에도 의문이 들기 시작할 것이다. "정말 보내야 할까? 아직 어리지 않을까? 잘 잘 수 있을까? 왜 가기 싫어하지? 꼭 보내야 하는 걸까?"라고 말이다. 만약 아이가 좀더 크다면 다른 고민을 하게 될 수도 있다. "통제하는 사람이 있을까? 잠을 잘 잘까? 본드 흡입을 하거나 술을 마시지는 않을까? 친구들이랑 정말 집에서 잘까?"

집의 편안함을 그리워하는 것은 나이와 상관없는 정상적인 태도지만 정도가 심하면 심신을 약

향수병은 예방가능하다.
미시건대학교의 필립스 엑시터 아카데미 (Phillips Exeter academy)에 의해 이루어진 새로운 연구는 향수병을 극히 줄이고 심지어 예방할 수도 있다는 결정적인 증거를 찾아냈다. 핵심은 떨어져 지내게 되면 향수병을 갖게 된다는 것이 정상이라는 걸 미리 아는 것이다. 여름캠프에 참가한 90%의 아이가 일종의 향수병을 느낀다. 만약 부모가 아이들에게 향수병을 극복할 방법을 미리 알려주고 가르친다면 첫 번째 캠프의 향수병은 거의 50%로 감소할 것이다.

하게 만들 정도로 심각해질 수 있다. 부모의 도움으로 자녀의 향수병을 줄이고 집을 떠나는 경험을 즐기게 만들 수 있다는 연구결과가 있다.

어떤 행동을 보일까?

모든 사람들은 나이에 상관없이 어느 정도 향수병을 경험한다. 물론 성별도 상관없다. 증상은 경미한 정도에서 심각한 정도까지 나타날 수 있다. 다음은 향수병에 나타나는 일반적인 증상들이다.

- 가족에게 전화, 편지, 이메일을 평소보다 자주한다. 즉 연락할 이유를 찾는다.
- 활동에 참여하지 않는다.
- 두통, 메스꺼움, 식욕상실, 수면장애, 불안감 등 신체적인 이상을 겪는다.
- 지나친 울음, 뚜렷한 슬픔, 무기력, 피로 등 우울증 증세를 겪는다.
- 화를 낸다. 적대적이고 공격적이다.
- 집에 가고 싶어 하면서 친구들과의 시간을 즐기지 않는다.

자녀가 집을 떠난 후 어떤 반응을 보일지는 예측하기 어렵지만 다음과 같은 요소들은 향수병을 더욱 심하게 만들 수 있다.

- 어리고 미숙하고 불안해한다.
- 집을 떠나본 경험이 없다.
- 경험에 대한 기대감이 낮다. 캠프에 가고 싶어 하지 않아한다.
- 캠프나 기숙학교에 가는 것을 강요받는다고 느낀다.
- 도움이 필요할 때 도움을 청할 어른이 있을지 안심하지 못한다.

- 부정적인 감정을 조절하는 연습을 해본 적이 별로 없고 대처능력이 부족하다.
- 부모가 집을 떠나는 것에 대해 지나치게 걱정한다.

해결책

1단계: 초기 개입

1. 자녀가 준비되었음을 확인하자.

집을 떠날 준비가 된 나이라는 건 없다. 다음은 자녀가 도전할 준비가 되었는지 알아볼 수 있는 질문들이다.

- ☐ 잠을 잘 때 혼자 자는지, 새벽 2시쯤 부모의 침대로 오는지.
- ☐ 부모와 떨어지는 것에 문제가 있는지(학교, 놀이방에 갈 때).
- ☐ 하루를 보낼 수 있을 정도로 다른 아이들과 잘 어울리는지.
- ☐ 아이가 친구의 부모들을 편하게 대하는지.
- ☐ 정말 아이가 원하는 것인지.

위의 질문들을 해보고 진정한 답을 찾아보자.

2. 문제에 대한 해결책을 마련하자.

캠프 등의 이벤트에서 아이가 통제할 수 있는 무언가가 있으면 아이가 더 편하게 집을 떠날 수 있다는 연구결과가 있다. 자녀가 가질 수 있는 의문이나 걱정을 파악하고 브레인스토밍을 통해 해결방법을 찾을 수 있도록 도와주자. 다음은 흔히 발견되는 문제와 그에 대한 해결책이다.

문제: 깜깜한 게 무서워요.

해결책: 손전등을 챙긴다.

문제: 음식이 싫어요.

해결책: 좋아하는 음식을 가져간다.

문제: 자다가 오줌을 싸면 어떡해요?

해결책: 비닐이 깔려 있는 침낭을 가져간다.

문제: 부모님이랑 떨어져 있잖아요.

해결책: 단축번호로 연결될 수 있는 휴대폰을

준다.

자녀가 지나친 향수병을 앓고 있다는 걸 알 수 있을 때!

여름캠프 참여 아동의 90%가 어느 정도 향수병을 앓는다는 연구결과가 있다. 20%는 매우 심각한 정도인데, 그 중 7%는 치료를 받지 않으면 시간이 지나면서 그 상태가 심각해지고 우울증까지 갈 수 있다고 한다. 아이가 공격적으로 변하고 화가 나 보이고 괴로워하는 것 같아 걱정이 된다면, 혹은 우울증이나 불안한 마음 때문에 식사나 수면을 취하지 못하고 있다면, 집으로 돌아갈 시간이다. 상담가의 의견을 묻도록 하자. 부모의 본능을 믿는 것이 마지막 방법이다. 부모보다 자녀를 잘 아는 사람은 없으니 말이다.

아이를 안심시킬 수 있을 만한 물건이 있는지 생각해보자. 안전감을 느끼게 할 만한 것들을 생각해보자.

3. 어디로 가는지 보여주자.

친구집에서 잔다면 거기서 놀았던 기억이 있으므로 친구의 부모와도 편안함을 느낄 것이다. 캠프에 간다면 온라인으로 캠프장소를 보여주고 안내책자를 보여주면서 캠프에서 무엇을 하게 될지 설명해주자.

4. 걱정이 되더라도 혼자서만 하자.

부정적인 생각을 자녀에게 표현하지 말자. 아이가 잘할 수 있을지 걱정하는 부모의 말을 들으면 아이는 자신감을 잃을 것이다.

5. 자녀의 성향과 강점에 맞는 캠프를 선택하자.

이웃집 아이가 어떤 캠프에 가는지는 상관없는 일이다. 우편물을 통해 오는 책자로 결정하지 말자. 자녀에게 맞는 캠프를 찾는 것이 가장 좋은 방법이다. 아이의 관심사가 무엇인지, 캠프 기간 동안 잘 지낼 수 있을지, 캠프를 통해 아이가 얻기를 바라는 것이 무엇인지에 대한 확신이 없으면 담임선생님을 찾아가 물어보는 것도 좋은 방법이다. 아이에게 캠프가 재미있고 긍정적인 경험이 되길 바란다는 것을 잊지 말자.

6. 캠프 선생님이나 학부모를 만나자.

아이가 몇 살이든 캠프 지도자를 실제로 만나보도록 하자. 성인이 캠프를 감독하고 통제하는지 확인하자. 만약 문제가 생기면 연락을 해달라고 하고 그들이 부모의 연락처를 가지고 있는지 확인하자.

7. 약물치료를 잊지 말자.

아이가 약물치료(천식, 꽃가루 알레르기, 야뇨증, 주의력 결핍) 중이라면 복용하는 약을 챙겨주자. 집을 떠난다고 해서 치료방법이 달라지면 안 된다. 캠프의 양호선생님이나 친구의 부모에게 알려주고 만약 아이가 친구들이 알기를 꺼려한다면 집에 들러 약을 복용할 방법을 찾아보자.

8. 연습을 하자!

집을 떠나는 연습을 해보자. 전화통화를 하지 않고 문자나 이메일로만 연락을 하면서 친한 친구의 집이나 친척 집에서 2~3일 정도 머무르게 해보자. 캠프에 가는 연습을 해보는 것은 좋은 방법이다.

2단계 : 신속한 대처

- **즐겁게 배웅하자.** 짐을 싸고 집을 떠날 준비를 할 때 밝고 긍정적인 태도를 보여주도록 하자. 자녀가 안정된 모습을 보일 때까지 기다려주자. 떠날 때 안 아주고 더 이상 오래 머무르지는 말자.

- **언제 데리러 올 것인지를 확실히 하자.** "내일 저녁 10시에 정확히 올게" "2주 후 11시에 여기서 널 기다리고 있을 거야"라고 말해주자.

- **어떤 활동을 할 수 있는지 알려주자.** 향수병을 이기게 해줄 수 있는 방법으로는 같이 어울릴 친구를 찾는 것과 적극적으로 활동(테니스, 수영, 공예 등)에 참여하는 것이다. 만약 아이가 캠프활동을 기대하게 되면 집을 떠난 후에도 좀더 편안하게 느낄 것이다. 캠프활동에 수영이 있는데, 만약 아이가 수영을 하지 못한다면 몇 주 전부터 수영을 배워 캠프에 갈 수 있도록 해주자.

- **거래하지 말자.** 싫다면 당장 데리러 오겠다는 약속을 아이에게 하는 것은 집을 떠나는 경험을 성공적으로 마칠 가능성을 줄인다. 이는 자녀에 대한 확신

육아 119

자녀의 안정감에 도움을 주는 6가지 질문

이 질문들에 대한 답을 찾는다면 다른 사람의 집에서 밤을 보내거나 몇 주간의 캠프에 참가하더라도 아이는 편안함을 느낄 것이다. 앞으로의 일을 미리 예상보면 아이의 안정감은 높아지고 향수병의 위험은 낮아질 것이다.

- **시간** 언제 몇 시에 도착하고 떠나는지?
- **가져가야 할 물품** 무엇을 가져가야 하는지? 특별한 옷이나 가방이 필요한지?
- **다른 아이들** 누가 함께 머무는지? 어른이 있는지?
- **활동** 무엇을 할 것인지? 계획이 있는지?
- **먹는 것** 무엇을 언제 먹는지? 미리 먹어야 하는지?
- **특별한 걱정** 애완동물이 있는지? 강아지는 어디에서 자는지? 나는 어디에서 자는지? 채식주의자가 있는지? 밥을 먹기 전에 기도를 하는지? 샤워를 하지 않아도 괜찮은지?

이 없다는 느낌을 주고 언제든 탈출할 수 있다는 기대를 갖도록 만든다.

● **향수병에 걸릴 가능성을 말해주자.** 아이가 "만약 집에 오고 싶으면요?" "향수병에 걸리면 어떻게 해요?"라고 물으면 그럴 수 있다고 인정하고 집에 오고 싶어 하는 마음이 생기는 건 정상이라고 말해주자. "집에 오고 싶은 마음이 들기도 할 거야. 하지만 향수병이 널 괴롭힐 때 우리가 연습한 것들이 널 도와줄 거야. 캠프 선생님들이 옆에서 널 도와줄 거고 같이 이야기도 해줄 거야."

● **너무 자주 전화하지 말자.** 전화를 자주하거나 문자메시지를 보내는 것은 짧은 캠프 일정에서도 향수병을 더 크게 만들 수 있다. 편지나 소포가 의사소통에 더 좋은 방법이다.

● **빠른 결정을 삼가자.** 아이가 전화를 걸어 집에 오고 싶다고 조른다면 조용히 아이의 말을 들어주자. 집으로 데려오고 싶은 충동을 참아야 한다. 아이가 어리다면 1시간 뒤에 다시 전화해서 확인하겠다고 하고(정확한 시간을 말해야 한다) 다시 전화를 하자. 아이가 정말 하고 싶어 하는 것이 무엇인지를 결정하라고 말하자. 아이의 마음이 바뀌었을 수도 있다. 캠프 선생님에게 (자녀 몰래) 전화를 걸어 상황을 알려주자. 아이가 버틸 수 있다고 생각되면 캠프에 머물게 한 것에 대한 죄책감을 느끼지 말자. 캠프에 계속 남는다면 하루이틀 후면 아이의 향수병은 사라질 것이다.

● **즐겁게 데리러 가자.** 장기적으로 볼 때 긍정적으로 말하는 것이 좋다. "잠잘 시간보다 2시간이나 더 있었네. 지난번보다 훨씬 오래 있었구나." "큰 일이 아니야. 친구집에서 잘 수 있는 기회가 훨씬 많을 거야." 무엇을 하든 "돈과 시간을 낭비했구나"라는 말은 하지 않도록 하자. 아이에게 캠프에 남으라고 애원하지 않는 것도 중요하다. 대신 다른 기회가 있을 거라는 말로 안심시키자.

3단계 : 변화를 위한 습관

다음은 집을 떠나 있는 시간에 대처하기 위해 준비할 수 있는 방법들이다.

- 혼자 시간을 보낼 수 있도록 하자. 혼자 놀 수 있는 방법을 찾도록 도와주자
  (예를 들어 독서, 그림 그리기, 퍼즐놀이). 혼자 있는 시간에 할 수 있는 활동을 찾
  도록 해주자. 집이 그리워지면 할 수 있는 혼자 하는 놀이를 배낭에 챙겨주자.

- 긍정적으로 생각하자. 밝은 쪽으로만 생각할 수 있도록 격려하자(친구들, 활동,
  재미있는 이벤트).

- 날짜 세기. 벽에 달력을 붙여놓고 날짜를 지워나가면 시간이 금방 지나간다
  는 걸 볼 수 있다. 이는 캠프기간이 영원히 먼 게 아니란 걸 아이가 느끼도록
  해준다.

- 대화 시작 방법을 가르치자. "네가 좋아할 만한 CD가 있는데" "나중에 수영하
  러 갈래?"와 같은 말들을 연습하게 하자. 혼자라고 느낄 때 더 향수병에 걸린
  다는 연구결과가 있다.

- 연락할 방법을 가르치자. 전화 거는 방법, 수신자부담 전화 걸기, 전화카드
  사용방법, 이메일 쓰기, 편지 보내기 등의 방법을 알려주자.

- 스스로 할 수 있는 긍정적인 말을 가르치자. 집이 너무 그리워질 때마다 머릿
  속으로 말할 수 있는 긍정적인 말을 가르치자. "이겨낼 수 있어." "며칠 안 남
  았어." "난 할 수 있어!"

나이별 육아법

3∼6세 향수병에 걸리기 쉬운 나이다. 부모와 떨어져 있는 것과 깜깜한 것이 두려

움의 원인이 된다. 전문가들은 유아기의 자녀는 집에서 나와 밤을 보내는 것에 대한 준비가 덜 되어 있다는 데 의견을 같이한다. 할머니 댁이 아니라면 말이다.

7~9세 만 6세는 집 이외의 다른 곳에서 밤을 보낼 수 있을 만한(친구들을 아주 잘 알고 있을 때) 가장 어린 나이이다. 만 7세는 대부분 엄마들이 캠프에 갈 준비가 되었다고 생각하는 나이다. 만 8세는 보통 처음으로 친구집으로 초대를 받는 나이고 캠프 선생님들이 캠프하기에 적합하다고 생각하는 나이다. 이 시기의 아이들이 겪는 향수병의 가장 큰 원인은 "잘 모르거나 싫어하는 아이들과 함께 있는 것"이다. 아이들은 야뇨증, 어둠에 대한 두려움, 개, 소리지르는 어른들과 같은 이유로 집에 돌아가고 싶어 한다. 아이가 어떤 영화를 볼지, 폭력적인 비디오게임은 없는지를 확인하도록 하자.

10~13세 10대는 향수병에 걸리기에 너무 컸다고 생각해선 안 된다. 대학생과 성인들도 심각한 향수병에 걸릴 수 있다. 영화등급이나, 컴퓨터 사용시간, 밖으로 몰래 외출하지 않기와 같은 규칙을 확실히 해두자. 또래압력이 가장 높은 시기이고 금지된 일(특히 술과 담배)을 시도하는 경우도 많다(주의: 보통 첫 번째 음주는 친구의 집이나 자신의 집에서 일어난다!).

우리집 맞춤 처방전

캠프 친구를 만들어줬어요!

우리 아이는 캠프에 가고 싶어 했는데 친구가 있을지 걱정했어요. 캠프 선생님한테 전화해서 같은 또래 아이의 연락처를 부탁했습니다. 두 아이는 이메일을 주고받기 시작했고 전화도 했어요. 캠프가 시작되면서 둘은 정말 친해졌습니다.

도와주세요

태도가 나쁜 아이들의 적신호

무례하고 건방지며 존중하는 마음이라곤 전혀 찾아볼 수 없다.

부모는 아이에게 바르게 행동하라는 말을 수없이 해야 한다.

사회성이 부족하다.

예절의 필요성을 이해하지 못한다.

우리가 해야 일은?

아이가 제 나이에 적합한 예의범절과 공손함을 배우고, 일러주지 않더라도 항상 일상생활에서 상대를 존중하며 예의바르게 행동을 할 수 있도록 도와준다.

우리 '사랑스런' 아들은 예의를 다시 배워야 할 것 같습니다. 다가오는 여름

에 저희 식구는 가족모임에 갈 예정인데, 혹시라도 아이의 행동 때문에 창피를 당하지 않을까 걱정이 됩니다. 아이를 변화시키기엔 너무 늦은 걸까요?

올바른 태도와 예의를 가르치는 데는 결코 늦는 법이 없습니다. 실제로 많은 기업에서는 성인 직원들에게 예의범절과 관련된 강연을 듣게 하지요. 아이에게 예의를 가르칠 때는 한 번에 한두 가지 예절을 가르치는 게 가장 좋은 방법입니다. 그리고 집에서 그런 태도를 연습할 시간을 주어 부모가 일러주지 않아도 아이 스스로 습득할 수 있도록 해줘야 합니다. 이런 예절교육을 가능한 한 빨리 시작한다면 어머니의 아들은 예의바르고 착한 아들로서 가족모임에 가게 될 것입니다. 물론 어머니는 가족들 앞에서 아들을 자랑스럽게 느낄 수 있을 것이고요.

왜 변해야 할까?

《유에스뉴스앤월드리포트》가 실시한 설문조사 결과에 따르면, 미국인 10명 중 9명이 시민성의 붕괴가 문제라고 느끼고 있으며, 그 절반은 이 문제가 매우 심각하다고 생각하고 있다. 설문조사에 응한 미국인 중 90%는 예의범절과 사회적 품위가 지난 10년간 상당히 무너졌으며 앞으로 상황은 계속 나빠질 것이라고 말했다. 그리고 성인 중 93%는 무례한 태도의 주요 원인은 부모들이 자식에게 존경심을 가르치는 데 실패했기 때문이라고 대답했다. 또한 그로 인해 우리는 아이들을 모질게 다루게 되었다.

많은 연구들은 예의바른 아이가 학교에서 인기가 많고 학업성취도도 높다고 보고한다. 선생님들은 예의바른 아이들을 칭찬하고 부모들은 자신의 아이가 거기에 속하기를 바란다. 예의바른 아이들은 확실히 더 훌륭해 보인다. 그런 아이들은 다른 사람의 생각과 감정을 헤아리고 이기적으로 자신의 욕심을 채우려하기보다 다른 사람을 배려하기 때문이다. 또한 예의바른 아이들은 훗날 그들의 인생에서도 더 유리한 위치에 오른다. 기업 면접관들이 신입사원을 채용할 때 훌륭한 사회적 품위를 갖춘 이들을 먼저 뽑는 것은 당연하다. 아이에게 집중적으로 예의범절 교육을 해야 하는가? 또한 단기간 내에 태도를 교정해야 하는가? 아이들에게 예절을 가르치고 가정에서 배려와 존중을 우선순위로 삼을 수 있는 해결책을 참고하도록 하자.

어떤 행동을 보일까?

아이들은 때로 나쁜 태도를 보이기도 하지만, 그 태도를 확실히 교정해야 할 필요성이 있는 시기에 있음을 보여주는 신호들이 있다.

- 아이에게 뭔가 질문을 했을 때 공손하지 않은 (비꼬거나 퉁명스러운) 말투와 (눈을 굴리거나 히죽거리거나 어깨를 들썩이는) 태도를 보인다.
- 예의 없는 행동이 더 빈번해지면서 점차 습관이 되고 있다.
- 이미 가르쳤다고 생각하는 중요한 예절을 늘 알려줘야 한다.
- 아이의 무례함이 부모를 비롯해 가족관계를 나쁘게 만든다.
- 사교성 부족으로 또래와의 상호작용이나 사회적 경험(생일파티, 저녁 초대 등)에 제대로 참여하지 못한다.
- 친구, 부모, 교사, 친척, 가족 사이에서 무례한 아이로 지목된다.
- 아이의 무례함과 잘못된 태도가 늘어나며 도덕적 지능이 떨어지는 것으로 보인다.

1단계: 초기 개입

- **예절을 우선시한다.** 아이가 예의바르기를 원한다면, 가장 중요한 첫 단계는 예의바른 아이로 기르는 데 전념하는 것이다. 자녀가 예의바른 태도를 보이는 것은 우연히 되는 일이 아니다. 이런 자녀를 둔 부모들은 예의바르고 올바른 태도를 의식하고 이를 위해 노력을 쏟는다. 우선 예의와 올바른 태도의 중요성을 각인시킬 수 있는 일상의 순간들을 찾도록 하자. 그로써 아이들은 자신이 예의바르게 행동하기를 부모가 간절히 기대하고 있음을 알게 된다.

- **예의바른 모습을 보여주자.** 아이가 좋은 태도를 배우는 가장 쉬운 방법은 다른 사람을 따라하는 것이다. 그러므로 아이에게 무언가를 요청할 때 "부탁해"라는 말을 덧붙이고 아이가 그에 따라주면 "고마워"라는 말도 잊지 말자. 항상 아이를 예의와 존중으로 대하면 아이는 그런 태도가 다른 이를 대하는 올바른 태도임을 배우게 된다.

- **예의의 가치를 알려주자.** 예의의 가치와 예의바르게 행동해야 하는 이유에 대해 함께 이야기해보자. "예의바르게 행동하면 학교에서 친구들과 선생님들에게 존중을 받게 될 거야." 새로운 예절을 가르쳐줄 때는 이렇게 설명해주자. "새로운 친구를 만날 때 악수를 하고 너를 소개하는 게 가장 좋은 방법이란다." "네가 예의바르게 행동하면 할머니가 무척 좋아하시더라." 좋은 예절이 다른 사람에게 긍정적인 영향을 미친다는 사실을 이해하면 아이는 일상에서 늘 예절을 지키려고 할 것이다.

- **다른 사람들의 도움을 받는다.** 예의바른 아이로 키우기 위해 노력하는 과정에서 다른 어른들의 도움을 구하는 것도 좋은 방법이다. 베이비시터, 보육시

설 교사, 아이의 조부모, 당신의 형제자매들에게 부모의 노력을 지지해달라고 요청하자. "우리 아이가 '감사합니다'라고 말할 수 있게 해주세요" "이번주엔 '실례합니다'를 연습하고 있어요. 아이가 그 말을 확실히 기억할 수 있도록 해주세요"라고 부탁하자.

● **무례한 태도의 근본적인 원인을 찾아보자.** 아이가 심각할 정도로 무례하게 군다면 그 이유에 대해 더 깊이 생각하고 반드시 원인을 찾아내야 한다. 아이의 행동이 무례해지는 일반적인 이유는 다음과 같다. 아래 내용 중 자녀나 상황에 맞는 것이 있는지 점검해보자.

- [ ] 가정에서 예의가 중요한 가치로 인식되지 않을 뿐만 아니라 그에 대한 적합한 본보기도 없다.
- [ ] 아이가 특정한 예의범절에 대해 교육받은 적이 없다.
- [ ] 예의 없는 친구나 어른을 흉내낸다.
- [ ] 아이가 피로감을 쉽게 느끼거나 스트레스를 받거나 아픈 상태이다.
- [ ] 무례함을 부추기는 음악, 영화, 텔레비전 프로그램이 영향을 주고 있다.
- [ ] 부모가 아이의 무례한 태도를 묵인한다.
- [ ] 아이가 어디까지 가능한지 한계를 시험하고 있다.

2단계 : 신속한 대처

● **고쳐야 할 태도를 지적한다.** 부모가 따라야 할 첫 단계는 뒤쪽에 실린 '아이에게 가르쳐야 할 85가지 중요한 예절'을 살핀 다음, 현재 아이에게 부족한 태도라고 판단되는 것이 있으면 그에 대해 지적하고 필요한 내용을 가르쳐야 한다. 사회적인 면에서도 아이를 더 세심하게 살피면서 고쳐야 할 태도를 찾

아보자. 그 목록이 길어져도 괜찮다. 단, 한 주에 한두 가지 예절을 선택해서 가르치도록 한다.

● **새로운 태도의 본보기를 보이자.** 아이들이 뭔가를 배울 때는 듣는 것보다 보는 것이 더 효과적이다. 따라서 아이에게 가르쳐야 하는 태도를 부모가 직접 본보기를 보이는 것이 좋다. 예를 들어 사람을 처음 만났을 때 소개하는 방법을 가르친다고 해보자. "엄마랑 너랑 처음 만난 사람들이라고 해보자. 그럼 이렇게 인사하면 돼. 안녕, 난 서준이야. 네 이름은 뭐니? 이곳에 사니?" 그러면 아이가 부모를 따라하게 됨으로써 아이의 예의바른 태도를 기대를 할 수 있을 것이다.

● **생활 속에서 예절을 관찰하게 하자.** 예의바른 사람들에 대한 이야기를 들려주자. 그로써 아이는 언제 어떻게 예의바르게 행동해야 하는지를 알게 된다. "저녁식사를 하러 갔을 때 사람들이 어떻게 젓가락으로 반찬을 집는지 볼까?" "오늘 할머니 댁에 갈 거야. 할머니가 문 앞에서 우리를 어떻게 맞아주시는지 보도록 하자." 이런 식으로 제안해보면 어떨까? (단, 그 상황에 접했을 때 아이가 스스로 '예의범절 탐험'을 할 수 있도록 해줘야 한다. 또한 많은 사람들이 있는 앞에서 다른 사람한테서 찾아낸 예의바른 태도에 대해 외치는 일이 없도록 주의시켜야 한다.)

● **예의바른 행동을 지적하고 칭찬해주자.** 아이가 예의바른 행동을 하면 칭찬해줘서 그러한 태도를 적극 지지해주라. "와, 정말 좋은 태도구나! 네가 할머니께 '잘 먹었습니다'라고 말씀드릴 때 할머니께서 활짝 웃으시는 거 봤니?" "식사를 하기 전에 다른 사람들이 다 앉도록 기다린 건 예의바른 행동이었단다." 아이의 예의바른 행동을 정확히 지적해서 말해주면 아이는 그런 행동을 계속 반복할 것이다.

- 일관성을 유지한다. 좋은 태도는 쉽게 길러지는 것이 아니다. 상당한 노력과 인내심, 그리고 꾸준한 교육의 결과이다. 그 외에 다른 방도는 없다. 아이의 노력을 계속 북돋아주고 또한 새로운 예절을 가르쳐야 한다.

- 반복적으로 보이는 무례한 태도에 대해 적절한 벌칙을 정한다. 예절교육에도 불구하고 아이가 여전히 잘못된 태도를 보인다면 이제는 그에 맞는 조치를 취할 단계다. 아이의 나이와 무례한 정도에 따라 벌을 줘야 하는데, 그 장소에서 즉시 올바른 행동을 10번 반복하도록 시키거나 잘못에 대해 진심으로 사과를 하거나 사과문을 쓰도록 시키자. 혹은 일정기간 동안 사회적 모임에 참여하지 못하도록 금할 수도 있다. 이는 부모가 아이에게 예의바른 행동을 기대하고 있다는 메시지를 분명하게 전달해주는 조치다.

> **육아 119**
>
> 모든 아이들이 반드시 배워야 하는 가장 간단하면서도 필수적인 예절은 세계 공통의 인사방식인 악수다. 악수 예절은 아이가 만 3세일 때부터 가르쳐야 한다. 올바른 악수 방법을 가르치는 데서 중요한 것은 두 가지다. 상대의 눈을 응시하고 손을 단단히 잡는 것. 아이가 일상생활에서 올바른 악수 예절을 실천하는 데 자신감이 생길 때까지 함께 연습해주자. 악수 예절 교육은 아이에게 성공을 가져다줄 것이다. 한 설문조사가 보여주듯, 고용주들이 중요시하는 첫 번째 요소는 바로 악수법이다.

3단계 : 변화를 위한 습관

아이들은 반복을 통해 바람직한 방법들을 배워나간다. 그러므로 아이에게 새로운 예절을 실천할 수 있는 기회를 많이 줘야 한다. 그로써 아이는 실제상황에서 자신 있게 새로운 예절을 실천할 수 있다. 이를 위한 몇 가지 방법을 살펴보자.

- 한 주에 한 가지 예절을 습득하는 것을 목표로 삼는다. 어떤 가족은 매주 하나씩 새로운 예절을 연습한다고 한다. 메모지에 이번 주에 배울 새로운 예절을 적어놓는다(예를 들면 후루룩 소리를 내지 않고 먹기, 초대한 사람이 식사 자리

에 앉을 때까지 먹지 않고 기다리기). 냉장고와 같이 눈에 잘 띄는 곳에 그 메모지를 붙여놓고 모든 가족이 함께 그 예절을 연습한다.

● **식사시간을 중요한 예절교육 시간으로 만든다.** 저녁식사시간은 대화 예절이나 식탁에서의 올바른 태도를 연습할 수 있는 가장 좋은 시간이다. 저녁식사 동안 입을 다문 채 소리나지 않게 음식물 씹기, 숟가락과 젓가락을 적절히 사용하기 등과 같은 연습을 해볼 수 있다. 식사시간을 잘 활용해보자. "감사합니다. 제가……해도 될까요? 실례합니다. 다시 한 번 말씀해주시겠어요? 죄송합니다. 먼저 하도록 하세요. 오늘 하루는 어떠셨나요? 어떻게 도와드릴까요? 그것을 좀 건네주시겠어요?" 등의 표현을 연습해보도록 하자.

● **손님을 접대하는 좋은 태도를 연습하자.** 아이의 친구가 놀러왔다면 아이가 집주인으로서 친구를 잘 접대하는 방법을 배우도록 해주자. 다음과 같은 손님 접대의 기초를 알려주자. 문 앞에서 손님을 맞이하고, 손님에게 무엇을 하고 싶은지 물어보고, 다과를 준비하고, 손님이 떠날 때는 두고 가는 것이 없는지를 잘 챙겨주고, 현관까지 배웅하고, 와줘서 고맙다는 인사와 잘 가라는 인사를 해야 한다.

● **재치 있게 초대를 거절하는 방법을 가르쳐준다.** 예의바른 아이들의 특징은 '사려가 깊다'는 점이다. 그래서 종종 초대를 거절하는게 어려운 일이 된다. 다른 사람의 감정을 상하게 하거나 무례하게 보이고 싶지 않기 때문이다. 이런 곤란한 상황을 벗어날 수 있는 방법을 아이에게 가르쳐주라. 이렇게 말해주면 된다. "이런, 난 정말 가고 싶은데, 먼저 부모님께 허락을 받아야 할 것 같아." "나도 정말 그러고 싶지만 우선 날짜를 확인해본 다음 다시 연락해줄게." 아이는 무례하게 보이지 않도록 어떤 말을 해야 하는지 깊이 생각해서 재치 있게 초대를 거절할 수 있을 것이다.

●**파티를 계획하자.** 가족파티를 계획하는 일을 돕는 것과 같은 월별행사를 시작해보자. 아이들은 테이블을 준비하고, 직접 사온 꽃을 테이블에 놓아두고, '멋진 옷'을 입고 자리에 앉을 것이다. 파티를 하면서 아이가 세련된 테이블 매너를 연습할 수 있도록 도와주고, 또한 올바른 식사 태도를 갖출 수 있도록 알려준다. 그렇게 해서 아이는 집 밖에서 하는 식사를 편안하게 느끼고 많은 사람들로부터 '예의바른 아이'로 칭찬받을 것이다.

나이별 육아법

아래 내용은 저명한 에티켓앤리더십연구소(Etiquette and Leadership Institute)에서 인용한 것으로, 각 발달단계에 적합한 예절을 설명해준다.

3~6세 이 시기의 아이들은 예의바른 행동과 그렇지 못한 행동의 차이를 이해할 수 있다. 일상생활에서 올바른 예절을 보일 수 있도록 이끌어줄 사람이 필요하다. 아이들에게 조금씩 가르쳐줄 수 있는 예절은 다음과 같다. '안녕' '잘 가' '죄송해요' '감사합니다' '실례합니다' 등과 같은 표현 사용하기, 손 씻기, 실내에서 조용히 이야기하기, 바른 자세로 앉기, 친구들이 집에 놀러 오거나 떠날 때 적절히 접대하기 등을 가르쳐줄 수 있다.

7~9세 이 시기 아이들은 일상생활 예절을 집중적으로 배울 수 있다. 전화 받는 법, 올바른 악수법, 인사하는 법, 선생님께 인사하는 법, 올바른 식사 태도, 집에 놀러온 친구를 접대하는 방법, 다른 사람을 배려하는 방법, 그리고 더 나아가 대부분

의 기본예절을 다시 일러주지 않아도 잘 지킬 수 있도록 가르칠 수 있다. 특히 학교, 집, 그 밖의 활동을 할 때 필요한 예절을 가르쳐줄 수 있다. 이런 예절을 다시 알려줘야 할 때도 있지만 어쨌든 이를 실천하도록 도와줄 수 있다.

10~13세 이 연령의 아이들은 다른 사람들이 필요로 하는 기본 에티켓을 생각할 수 있다. 예를 들면 식사시간에 쩝쩝 소리를 내면 안 된다거나, 다른 사람에게 방해가 된다면 집이나 학교, 공공장소에서 휴대전화를 사용하지 말아야 한다는 점을 안다. 또한 손님을 맞이할 때 손님에게 인사를 잘 하고, 모인 사람들 모두가 서로를 잘 아는지를 확인하고, 손님들이 떠날 때는 배웅인사를 할 수도 있다. 고급 식당이나 사회 모임에서 어떻게 행동하는 것이 적절한지 알고 다른 사람을 배려하며 예의 있는 행동을 할 수 있다.

우리집 맞춤 처방전

식사예절을 반복 연습시켰어요!

제 딸이 최근 가족파티에서 식사예절이 엉망이라 아주 창피했습니다. 그래서 모두가 간 후, 아이를 식탁에 앉게 해서 올바른 식사태도를 연습시켰습니다. 숟가락과 젓가락을 올바르게 사용하는 방법을 알고 있다는 걸 저에게 확인시켜줄 때까지 계속 연습시켰죠. 예절교육은 매우 성공적이었고 반복 교육은 더 이상 할 필요가 없었습니다.

아이에게 가르쳐야 할 85가지 중요한 예절

예절 전문가들이 말하는 '아이에게 가르쳐야 할 85가지 중요한 예절'이 있다.
다음에 나오는 예절 가운데서 자녀가 이미 실천하고 있는 것을 점검해보자.
또한 그렇지 않은 항목들은 앞으로 천천히 배워나갈 수 있도록 도와주자.

- **예절에 꼭 필요한 말들**
  감사합니다
  실례합니다
  죄송합니다
  제가……해도 될까요?
  다시 한 번 말씀해주시겠어요?
  천만에요

- **만남과 인사 예절**
  미소를 지으며 상대방 눈을 응시하기
  고개 숙여 정중히 인사하기
  "안녕하세요"라고 말하기
  자기 소개하기
  다른 사람 소개하기

- **대화 예절**
  대화 시작하기
  끼어들지 않고 경청하기
  말하는 사람의 눈을 응시하기
  즐거운 어조를 유지하기
  상대의 이야기에 흥미를 나타내기
  대화를 끝내는 법 알기
  대화를 지속하는 법 알기

- **식사 예절**
  제 시간에 식사하러 가기
  식탁 차리는 법 알기
  바르게 앉기
  모자 벗기
  식사하면서 책 등을 읽지 않기
  음식에 대해 긍정적인 평가만 하기
  초대자가 자리에 앉은 후 식사를 시작하기
  개인 접시에 음식을 적당히 덜어 먹기

자신의 개인 접시만 사용해서 먹기
국물 있는 음식을 소리내지 않고 먹기
자기가 좋아하는 음식만 먹지 않기
멀리 있는 음식을 원할 때는 건네달라고 정중히 부탁하기
음식을 집으려고 다른 사람을 넘어서지 않기
숟가락과 젓가락을 올바르게 사용하는 방법 알기
팔꿈치를 식탁에 올리지 않기
입을 다문 채 소리내지 않고 씹기
음식이 입에 있을 때는 말하지 않기
식사를 마치면 숟가락과 젓가락을 옆에 나란히 놓기
먼저 식탁을 떠날 때는 양해를 구하기
초대한 사람에게 도와주겠다고 말하기
떠나기 전에 초대자에게 감사 인사 전하기

● **손님맞이 예절**
현관문에서 손님 맞이하기
손님에게 먹을 것 권하기
손님과 함께 있어주기
손님에게 하고 싶은 것이 무엇인지 물어보기
손님과 함께 공감하고 공유하기
손님이 떠날 때 현관까지 배웅하며 인사하기

● **항상 지켜야 할 예절**
재채기를 할 때는 입을 가리고 하기
욕하지 않기
트림하지 않기
험담하지 않기
여성이나 연장자를 위해 문 잡아주기

● **방문 예절**
초대해준 친구의 부모님께 인사하기
잠을 자고 간다면 방과 침구류를 올바르게 사용하기
초대해준 친구의 부모님께 도와드리겠다고 말하기
초대해준 친구와 그 부모님께 감사 인사 전하기

● **연장자에 대한 예절**
연장자가 방에 들어오면 자리에서 일어서기
외투를 받아주기
연장자가 떠날 때 문을 열고 잡아주기
자리가 없다면 자리를 양보하기

연장자의 청력이나 시력 등을 고려하기
자동차 문을 잡아주고 필요하다면 올라탈 때 도와주기
언제든지 도와주고 배려하기
주름살, 청력 저하, 지팡이 등 연장자에게 실례가 될 부분에 대해 언급하
지 않기

● <u>스포츠 예절</u>
규칙을 준수하기
운동 도구 및 장비 함께 사용하기
팀원들 격려하기
자만하거나 허풍을 떨지 않기
남의 실수에 환호하지 않기
야유하지 않기
심판과 말씨름 하지 않기
상대의 승리를 축하해주기
변명이나 불평하지 않기
경기가 끝나면 멈추기
협동하기

● <u>전화 예절</u>
먼저 인사한 후 자신의 이름 말하기
통화하고 싶은 사람을 바꿔달라고 정중하게 부탁하기
분명하고 즐거운 목소리로 대답하기
전화 건 상대에게 누구인지 묻기
만약 상대를 안다면 이름을 말하고 인사하기
통화 상대가 받을 때까지 "끊지 말고 기다리세요"라고 말하기
메시지를 받아 적고 전해주기
정중하게 대화 마치기
극장, 콘서트장 등 공공장소에서는 휴대전화를 꺼놓거나 진동으로 해놓기
공공장소에서 휴대전화를 사용해야 할 경우 조용히 양해를 구하고 다른
사람을 방해하지 않기

도와주세요

의존하는 아이의 적신호

부모 없이는 아무것도 적극적으로 하려고 하지 않는다.

부모와 떨어지지 않으려고 한다.

부모가 해야 할 일은?

자신감 있는 태도를 통해 자녀가 자립심 있는 생활을 할 수 있도록 도와준다.

열 살이 된 우리 아이는 문제가 생길 때마다 저에게 도움을 청합니다. 아이의 의욕이 꺾이지 않도록 도와주기는 하지만 아이는 이제 제가 자기 일을 해결해주는 걸 당연하다는 듯 여깁니다. 어떻게 해야 할까요?

아이가 부모에게 덜 의존하도록 만드는 가장 쉬운 방법은 도와주지 않는 것입니다. 선생님에게 대신 해주던 변명을 멈추도록 해보세요. 만약 아이가 해야 할 집안일을 안 하고 사라졌다면 그 일도 대신 해주어선 안됩니다. 연체된 도서관 책을 대신 반납해주는 일도, 연체료를 대신 내주는 일도 해서는 안되고요. 아이에게 "네가 책임감 있고 독립적인 사람이 되길 바란단다"라는 기대와 믿음을 보여줘야 합니다. 아이도 더 이상 부모의 구조가 필요없다는 점을 알게 될 것입니다.

왜 변해야 할까?

아이를 사랑하기 때문에 아이의 실패를 보고 싶어 하지 않는 부모의 마음은 당연한 것이다. 그리고 아이가 부모에게 조언을 구하러 오길 바랄 것이다. 언젠가 아이가 자라 부모를 떠나서 자기만의 인생을 살게 된다는 것은 상상하기도 싫다는 점도 안다. 하지만 부모로서 해야 할 가장 중요한 임무는 아이가 자신의 미래를 스스로 헤쳐 나갈 수 있도록 만들어주는 일이다. 만약 자녀가 너무 의존적이거나 모든 문제를 부모가 해결해주기를 바란다면, 그 아이는 사회에 나갔을 때 힘든 시간을 보내게 될 것이다. 서서히 아이가 부모를 덜 의존하도록 준비해야 한다.

첫 번째로 해야 할 일은 부모의 도움 없이도 아이 스스로 일을 해결할 수 있도록 하는 습관을 들이는 것이다. 이는 아이를 좀더 독립적이고 다재다능하며 부모 없이도 일을 잘해낼 수 있는 사람으로 만드는 가장 좋은 방법이다. 나바호족 속담에는 이

육 아 뉴 스

우리는 의존적인 세대를 키우고 있는가?

2002년 통계에 따르면 20대에게서 볼 수 있는 명확한 트렌드가 있다. 많은 20대들은 대학을 졸업한 후 다시 집으로 돌아갈 계획을 갖고 있었다. 60%가 졸업 후에도 부모 집에서 거주할 계획이라고 대답했다. 21%는 1년 이상을 부모 집에서 머물 계획이라고 대답했다. 부모는 아이를 의존적으로 키우지 않으려면 어떻게 해야 하는지 심각하게 생각해볼 필요가 있다. 그렇지 않으면 우리는 집구조를 바꿔야 할지도 모른다!

런 말이 있다. "아이들이 우리를 떠날 수 있도록 키워야 한다." 이 말을 기억하면서 아이에게 독립심을 키워줄 많은 기회들을 매일 찾아보도록 하자.

어떤 행동을 보일까?

지나치게 의존적인 아이들에게서 볼 수 있는 일반적인 모습은 다음과 같다.

- 내성적이고 순종적이다.

- 경계하고 머뭇거리고 불안해한다. 내성적인 성격이다.

- 모험을 두려워하고 부모가 없으면 불안해한다.

- 목적이나 의지가 부족하다. 일을 시작할 때 도움을 줘야 한다.

- 기회를 잡거나 도전하지 않는다. 안전하고 제한적인 일만 한다.

- 어리광을 부리며 도움을 받는다.

- 새로운 임무나 책임에 대해 "나는 못해"라는 태도로 피한다.

- 종종 새로운 사람들이나 상황을 너무 신중히, 의심스럽게 대한다.

- 책임을 지지 않으려고 한다. 다른 사람이 먼저 일을 시작하길 기다린다.

만약 아이가 부모나 가족 앞에서만 이런 태도를 보인다면 이는 아이의 문제라기보다는 가족관계의 문제일 수 있다. 아이가 다른 사람들과 어떻게 상호작용하는지 잘 지켜보도록 하자. 만약 다른 사람들과의 관계에서는 자신감이 있고 독립적인 모습을 보인다면 변화가 필요한 사람은 아이가 아니라 부모라고 할 수 있다.

1단계 : 초기 개입

1. 근본적인 이유를 찾는다.

첫 번째 단계는 왜 아이가 지나치게 부모를 의존하는지 원인을 찾는 것이다. 다음은 지나치게 의존적인 태도를 갖게 되는 원인들이다. 자녀에게 해당되는 것이 있는지 확인해보자.

- 정신적으로나 발달적으로나 지체되어 있다. 또래 아이들과 같은 수준의 성취를 이루지 못한다.
- 부모를 실망시키거나 임무를 성공하지 못하면 어쩌나 하고 두려움이 크다. 완벽주의 성향을 가졌다.
- 부모의 이혼, 죽음, 이사, 질병, 사고 등과 같은 외상후스트레스장애를 초래하는 사건으로 늘 불안하다.
- 부모와 떨어져 있는 상황을 불안해한다. 정신적 혹은 육체적으로 부모를 잃게 될까봐 두려워한다.
- 책임을 져본 적이 없다. 능력에 비해 사람들이 기대하는 수준이 매우 낮다.
- 너무 충동적이다. 쉽게 화를 낸다. 임무를 끝까지 수행하기에는 너무 조급한 성격이다.
- 항상 다른 사람의 도움을 받는다.
- 모든 사람이 아이를 위해 기꺼이 일을 대신 해준다.

어쩌면 자녀를 놓아주길 두려워하는 부모에게 문제가 있을 수도 있다. 만약 당신이 그렇다면 다음 팁을 참고하자.

2. 현재의 육아법을 점검하자.

다음 중 당신을 설명해주는 것이 있는가? 가족들도 그렇게 생각하는지 확인해보자.

□ 도우미 엄마 "그게 얼마나 어려울지 엄마도 알아. 엄마가 도와줄게."

□ 구조자 엄마 "책을 못 찾으면 정말 큰일인데. 선생님한텐 엄마가 잃어버렸다고 할게."

□ 참을성 없는 엄마 "늦었어. 그냥 엄마가 해줄게."

□ 보호자 엄마 "엄마가 영현이 엄마한테 전화해서 네가 얼마나 미안해하는지 설명할게."

□ 죄책감 엄마 "집안일은 걱정하지 마. 엄마가 네 일까지 다 할게."

□ 경쟁적인 엄마 "수철이는 수행평가를 정말 잘해올 텐데. 우리 자료를 더 추

 **육아 119**

새로운 습관을 들이는 4단계

아이의 연령에 맞으면서도 성취가능한 일을 하나 생각해보자. 자녀가 4단계 방법에 익숙해졌고 독립심이 길러졌다는 생각이 들 때까지 이 방법을 사용해보자. 예를 들어 세탁기 사용 방법을 가르친다고 해보자.

1. 보여주기 아이가 지켜보는 가운데, 세탁기에 빨래를 넣는 방법을 보여준다. 과정마다 설명을 해주는 것이 중요하다

2. 안내하기 아이가 과정을 다 지켜보았다면 일을 돕도록 하자. 아이 혼자 이 일을 할 수 있겠다는 생각이 들 때까지 충분히 각 단계에 대해 설명하자.

3. 확인하기 아이가 일하는 것을 몇 번 더 지켜본 후 혼자 할 수 있는지를 확인하자. 틀린 부분은 고쳐주고 아이의 의견도 물어보자. 그리고 노력에 대한 칭찬을 꼭 해주도록 하자.

4. 물러서기 아이가 그 일을 익숙해하면 더 이상 도와주거나 지켜보지 말자. 아이 스스로 해결하도록 기대하자.

자녀의 수준에 맞는 일을 찾는 것과, 일을 작은 부분으로 쪼개고 혼자서 일을 처리했을 때 성취감을 느끼도록 해주는 것이 중요하다.

가하자.”

- ☐ 편집증 엄마 “15분마다 전화해. 그래야 네가 안전한지 알지.”
- ☐ 자기중심적인 엄마 “지금 말고. 시간 없어.”
- ☐ 완벽주의자 엄마 “엄마가 다시 과학숙제를 해줄게. 네가 한 건 어설퍼 보이는구나.”

자신이 평소에 어떻게 행동하는지 생각해보자. 자녀의 독립심을 키워주고 있는지, 아니면 잃게 만드는지 말이다. 아이 스스로 해야 할 일을 빼앗고 있지는 않는가? 태도를 바꿔야 한다면 지금 당장 변하도록 하자!

3. 변명하기 없기' 규칙을 세우자.

아이를 위해 변명을 하거나 대신 책임을 진 경험이 있는가? “우리 아들이 피곤해하네. 엄마가 대신 해줄게” “우리 딸이 바쁘구나. 엄마가 대신 네가 맡은 집안일을 해줄게”라고 말해선 안 된다. 이렇게 말하라. “우리 새로운 규칙을 만들자. 변명하지 않기 규칙. 이젠 네 일은 네가 책임을 지는 거야.” 그리고 규칙을 만들었다면 꼭 지키도록 하자!

4. 적극성을 키워주자.

자녀가 더 적극적이길 원한다면 변명을 해주거나(“우리 애가 낯을 가려서. 얘가 뭘 말하려고 하냐면요……”) 아이의 상황에 관해 대신해서 자세히 설명을 해주고 싶은(아 그러니까 우리 아들이 말하려고 하는 것이 뭐냐면요……) 충동을 꾹 참고 아이 스스로 말할 수 있도록 격려해주자. 이 방법은 빨리 시작할수록 좋다.

5. 미래에 대해 말하기.

현재만을 보는 것이 아니라 더 멀리 생각할 수 있도록 지도하자. 캠프 참여하기, 전학 가기, 대학 가기, 혼자 자취하기, 진로 선택하기 등을 생각해보게 하자. 저녁식사시간에 자녀의 미래에 대해 같이 토론해보자. 아이 스스로 자신의 미래에 대해 생각해보고 언젠가는 부모 없이 살게 될 거라는 점을 깨닫는 것이 중요하다.

2단계 : 신속한 대처

- **새로운 양육 목표를 세워라.** '네가 원한다면 뭐든지 다 해줄게'가 아니라 '아이 스스로 할 수 있는 일이라면 절대로 대신 해주지 않기'를 새로운 양육 목표로 삼자.

- **조금씩 물러서라.** 부모의 도움 없이도 스스로 해결할 수 있는 일에는 무엇이 있을까? 치과 예약하기, 침대 정리하기, 세탁기 돌리기, 점심 차려먹기 등 스스로 할 수 있는 일을 배워야 할 때가 왔다. 물론 자녀의 성숙도와 연령에 따라 배울 수 있는 일이 다르다. 아이가 부담을 느끼고 겁먹을 목표가 아니라 아이 연령에서 쉽게 해낼 수 있는 새로운 임무를 하나씩 소개해보자.

- **아이의 발달상황을 확인하라.** 딸아이가 울면서 학교에 가기 싫다고 매달리는 상황을 가정해보자. 그럴 경우 목표는 당연히 아이가 안심하고 혼자 학교에 갈 수 있게 만드는 것이지만 변화는 쉽게 이루어지지 않을 것이다. 목표를 계속 고수하면서 매일 작은 노트에 변화를 적어놓자. 기록 없이는 아이 행동에 변화가 왔는지, 아니면 부모의 태도에 변화가 필요한지를 알 수 없다. 기록은 예를 들면 이런 식으로 하면 된다. "첫날: 30분 동안 울었다. 멈출 때까지 기다렸다." "화요일: 29분 동안 울었다." "목요일: 27분 동안 울었다. 하지만 매달리는 건 줄었다." 새로운 습관을 들이는 데는 적어도 21일이 필요하다. 인

내심을 갖고 기다려야 한다. "30일째: 세라가 드디어 울지 않고 혼자서 학교에 갔다!"

● **인내하라.** 의존적인 아이에게 독립심을 키워주는 데는 시간이 필요하다. 현실적이 되자. 다른 아이들이 무엇을 하고 있는지는 잊어버려라. 부모의 기대는 오로지 자기 아이에게만 맞춰져야 한다. 아이의 현재 수준이 아니라 아이가 해내길 바라는 것으로 기대를 옮겨놓자. 크든 작든 아이가 노력해서 하는 일들은 점점 자신을 믿고 하는 일들이다.

3단계 : 변화를 위한 습관

육아 목표는 자녀의 수준에 맞는 독립심과 자립심을 길러주는 것이다. 다음은 부모에게 지나치게 의존하는 아이에게 필요한 능력이다.

● **'브레인스토밍' 하기.** 자녀가 문제에 부딪혔을 때 곧장 해결방법을 알려줘서는 안 된다. 그 대신 브레인스토밍을 제안하라. "지금 너한테 문제가 되는 게 뭐지?" "바자회에 뭘 가져가야 할지 모르겠어요……." 이때 부모는 아이 스스로 생각해낼 수 있을 거라는 믿음을 표현해야 한다. "바자회에 뭘 가져가야 할지 좋은 아이디어를 떠올릴 수 있을 거야." 브레인스토밍을 할 수 있는 몇 가지 아이디어를 제시하라. "네 의견이 이상하면 어쩌나 하고 걱정하지 마. 그냥 말해봐. 더 좋은 생각이 날 수도 있어." 이런 방법에는 '해결놀이'라는 이름을 붙여도 좋다. 아이에게 문제가 생길 때마다 이 방법을 사용할 수 있다는 사실을 기억하자. 충분히 연습하면 어떤 문제가 생기든 브레인스토밍을 통해 해결할 수 있다.

● **정리하는 능력 키우기.** 도서관에서 빌려온 책을 잃어버렸다. 체육복을 찾을

수 없다. 알림장을 또 잃어버렸다. 정리하는 능력이 부족한 아이들은 쉽게 부모를 의지하곤 한다. 정리능력은 인생에서 정말 중요한 능력이다. 시간이 지나면서 아이가 부모를 덜 의지할 수 있도록 만드는 것이 부모의 목표다. 다음은 흔히 발생하는 의존적인 문제와 그에 대한 해결책이다.

문제: 부모는 아이의 달력이다. 숙제, 일정표 모두 부모가 알려준다.

해결책: 방에 큰 달력을 걸어놓고 책 반납일을 표시해두자(예를 들어, 도서관 책은 매주 수요일마다 갖다주기). 화이트보드에 매주 있는 피아노 레슨, 축구 연습, 소풍, 받아쓰기 시험 등을 써놓자. 어린 아이라면 그림으로 대신 표시해둘 수도 있다.

문제: 아이가 물건을 잃어버리면 부모가 찾아준다.

해결책: 반복해서 잃어버리는 물건들(가방, 체육복, 벙어리장갑)은 지정된 곳(현관문, 컴퓨터 책상 앞, 문고리)에 둔다. 잠자리에 들기 전에 미리 챙겨둘 수 있다.

문제: 부모가 코디네이터다. 바쁜 아침 시간에 항상 아이가 무엇을 입어야 할

육아 119

자녀가 독립할 준비가 되었는지 확인할 수 있는 5가지 질문

혼자 어떤 일(친구집에서 잠자기, 혼자 집에 있기, 길 건너기)을 하는 데 정해진 나이는 없다. 하지만 발달상, 안정상의 문제를 고려할 수 있다. 아이가 자유를 좀더 누릴 준비가 되어 있는지, 아니면 독립성을 요구하기엔 다소 이른 감이 있는지 측정할 수 있는 질문들이다.

1. 일을 하는 데 필요한 능력을 갖추고 있으며 성숙하다.
2. 안전과 비상사태에 대해 "……하면 어쩌지?"라는 질문에 대답할 수 있다. 식기세척기의 예를 들면 "식기세척기에서 물과 거품이 넘쳐흐르면 어떻게 할래?"라고 물어볼 수 있다.
3. 약속을 지키고 신뢰할 수 있다.
4. 일을 처리하는 것을 몇 번 지켜보았고 혼자서 할 수 있을 것이란 확신이 든다.
5. 본능적으로 자녀가 준비되었음을 느낀다.

지 알려준다.

해결책: 내일 아침 입을 옷을 오늘 저녁에 미리 준비해둔다.

문제: 부모가 알람시계다. 아침마다 항상 아이를 깨워줘야 한다.

해결책: 아이가 알람시계를 맞춰놓고 자도록 하면 아침마다 일어나라고 소리를 지르지 않아도 된다.

나이별 육아법

3~6세 유아들은 길을 혼자 걷는다든지 슈퍼를 혼자 다니는 등 혼자 뭔가를 하기에는 너무 산만하고 충동적이다. 하지만 단순한 일은 할 수 있다. 위험을 무릅쓰고 모험하듯 해낼 수도 있지만 곧 부모가 있는 곳으로 돌아올 수도 있다. 만 3~4세가 되면 혼자 옷을 입을 수 있고(버튼, 지퍼, 운동화 끈매기는 어렵지만), 2~3가지의 선택 사항 가운데 하나를 골라 결정을 내릴 수 있다(빨간 옷을 입을지 녹색을 입을지). 그리고 쉬운 집안일(나무에 물주기, 쓰레기통 비우기)을 할 수 있다.

7~9세 관심의 폭이 넓어지고 자신감과 협동심이 증가하는 나이다. 규칙과 권한을 가진 사람의 말을 따라야 한다는 것을 배우는 나이기도 하다. 간단한 지시를 따르고, 쉬운 집안일을 끝내고, 자기 물건을 간수하고, 스스로 행동할 수 있다. 6세가 되면 혼자서 양치질을 할 수 있고 샤워도 할 수 있다. "실례지만 누구세요?"라는 말로 전화를 받을 수도 있다. 만 7세가 되면 친한 친구의 집에서 잠을 자는 것도 해볼 만한 일이다. 만 8세가 되면 전화메모를 정확히 받아적을 수 있고 혼자서 점심 샌드위치를 만들어 먹을 수도 있고 엄마를 도와 집안일을 할 수도 있다('집안일을 거부

하다' 참조).

10~13세 안전의 중요성과 결과를 잘 알게 되는 시기다. 만 12세가 되면 날카로운 칼과 도구를 이용할 수 있고 어린 초등학교 동생을 돌봐줄 수 있다. 만 13세가 되면 베이비시터를 할 수 있는 나이라고 전문가들은 말한다.

우리집 맞춤 처방전

역할놀이를 통해 독립적인 아이가 되었어요!

우리 딸은 제가 옆에 없으면 새로운 걸 시도하는 데 항상 망설입니다. 저는 역할놀이를 통해 딸아이가 절 덜 의존하도록 연습했습니다. 처음으로 친구집에 자러 간 날, 집에서 몇 번이나 연습을 하고 갔습니다. 나중엔 같은 반 아이가 자신을 놀렸을 때도 그 아이를 저지할 수 있게 되었답니다. 역할놀이가 딸아이의 의존성을 낮추고 독립적인 아이로 만들어줬습니다.

도와주세요

❓ 우리 딸은 곧 학교를 가게 돼요. 항상 저한테 붙어 있는 아이가 학교를 잘 다니게 할 방법이 있을까요?

❗ 처음으로 부모한테서 자녀를 떨어뜨려놓으려면(학교, 놀이방, 친구집에 놀러 가기, 캠프 등) 힘들 수 있습니다. 그러나 탯줄은 이미 끊어졌고 아이는 크고 있다는 걸 알아야 합니다. 헤어지는 것은 자녀에게도 두려운 순간이지요. 거기엔 큰 적응력이 필요하거든요.

화장실이 어디에 있는지 확인하고 다른 아이들과 잘 지내고 다른 사람의 규칙을 따르고 하는 등의 일을 해야 하는 것입니다. 아이가 약간의 불안을 느끼는 건 당연합니다. 아이와 쉽게 떨어질 수 있는 방법을 소개해봅니다.

● 헤어질 준비를 하자. 자녀를 보내기 몇 주 전에 친구나 할머니 댁에 좀더 머

무르도록 해보자. 부모와 아이만의 헤어지는 방법을 연습하고(뽀뽀나 악수) 떠날 준비를 하도록 도와주자. 정말 부모와 헤어져야 할 때 이 방법은 도움을 줄 수 있다. 부모의 사진이 담긴 작은 조약돌이나 열쇠고리를 만들어서 부모가 어디에 있든 아이가 그걸 만지면 엄마가 아이를 생각한다는 뜻이라고 알려주자(회의나 출장을 가야 할 때도 좋은 방법이다).

● **새로운 환경을 점검하자.** 그날이 오기 일주일 또는 며칠 전에 새로운 환경을 볼 수 있도록 아이와 함께 학교를 방문해보자. 중요한 장소들(교실, 정수기, 화장실 등)에도 함께 가자. 아이가 실망할 수 있으니 지나치게 기대하게 만들지는 말자. 같은 반이 될 다른 친구를 만나게 하는 것도 좋은 방법이다. 학교 근처의 놀이터나 공원에서 같이 놀게 하거나 같은 반이 되는 아이가 있는지 알아보자. 가능하다면 선생님에게 같은 반이 될 아이의 연락처를 얻을 수 있는지 물어보자.

● **지체하지 말자.** 자녀를 보내는 날, 긍정적이고 차분한 태도를 보여주자. 아이는 부모가 긴장한 것을 알고서 거기에 반응할 것이다. 퍼즐이나 레고 같이 아이가 좋아할 만한 활동을 찾자. 아이가 할 수 있는 것을 안내하자. 헤어지는 인사는 짧게 하고 둘만의 인사를 한 후 더 머물지는 말자. 그건 불안을 증가시킬 뿐이다. 불안한 아이에게 부모가 데리러 올 정확한 시간을 알려주는 시계를 갖고 있게 하는 방법도 있다.

● **정확한 시간에 데리러 가자.** 아이에게 데리러 갈 거라고 정한 시간에 가는 것이 중요하다. 만약 아이가 울면 인사라고 생각하자. 아이는 부모를 만나 반가운 것이다. 학교를 싫어해서가 아니다.

분리불안이 계속되면 다른 제안을 해줄 수 있는 전문가와 상의하도록 해보세요. 적응하는 데는 며칠에서부터 몇 주까지 시간이 걸릴 수 있습니다. 인내심을 가지셔야 합니다. 부모와 헤어질 수 있는 것은 성장과정의 하나이고 부모 없이 자신감 있게 인생을 살아가는 방법을 배우는 것입니다.

도와주세요

이사와 관련된 적신호

매달리기, 엄지 빨기, 이불에 오줌 싸기, 복통, 과도한 걱정, 반대로 행동하기, 공격성을 보인다.

부모가 해야 할 일은?

아이들은 계속해서 새로운 환경에 적응하고 새로운 친구를 사귀게 된다. 그러므로 아이가 잘 적응하도록 해주고 새로운 친구를 사귀며 변화에 잘 대응하도록 도와줘야 한다.

우리 가족은 다음 달에 이사를 합니다. 아들은 실망이 커서, 저에게 자기 인생을 망친다고 말하고 있습니다. 이사 결정을 내린 것이 잘못인지 걱정스럽습니다. 이사가 아이에게 어떤 영향을 미칠까요?

아이들도 이사로 인한 스트레스를 받습니다. 이사를 어떻게 받아들이고 '정착'하느냐는 아이의 연령, 기질, 성격, 부모의 태도와 이사하는 배경에 따라 차이가 있어 어떤 아이들은 이사를 모험으로 생각하는가 하면 어떤 아이들은 마치 종신형을 받은 것처럼 행동하고 적응하는 데도 오랜 시간이 걸립니다. 아이가 어떻게 반응할지 예측하기는 어렵지만 아이에게는 만감이 교차하는 게 당연합니다. 아이에게 이사는 상실과 같은 것이어서 슬픔을 느끼지요. 모든 것을 뒤로 남겨둔 채 떠나는 것은 어렵지만 죄책감을 느끼지는 마세요. 대신 그 과정을 쉽게 넘길 수 있는 방법을 익혀 이사를 좀더 쉽게, 그리고 아이가 이 시기를 잘 넘길 수 있도록 해주세요. 마음의 고통은 곧 사라지기도 하지만 새로운 환경에 적응하며 그곳을 '즐거운 나의 집'으로 느끼기까지는 몇 달이 걸릴 수도 있습니다.

왜 변해야 할까?

"이사를 가다니 무슨 말이에요?" "여기가 우리집이고 난 여기가 좋단 말이에요." "친구들을 어떻게 사귀란 말이에요? 거기에는 날 좋아해주는 사람이 아무도 없을 거예요." "엄마가 내 인생을 망쳤어요!"

바로 옆집으로 이사를 가든 새로운 나라로 이민을 가든, 변화란 누구에게나 힘든 일이다. 이사는 매년 5가구 중 1가구에게 일어나는 흔한 일이며 뿌리째 뽑혀 큰 변화를 경험해야 한다는 것은 아이에게 불안감뿐 아니라 두려움까지 주게 된다. 이사는 전학을 가서 새로운 친구들을 사귀고 새로운 팀에 합류하며 홀로 적응하고 함께 놀 누군가를 찾아다녀야 하며 식당에 함께 앉을 친구를 찾아야 함을 의미한다. 부모들이 아이들이 이사에 대해 얼마나 낙

육 아 뉴 스

이사를 한 번도 다니지 않은 아이들의 12%가 유급을 했고 이사를 자주 다니는 아이들의 23%가 유급을 한 것으로 나타났다. 이사 후 처음 몇 주 간은 아이의 선생님과 가깝게 연락을 취하도록 하자. 아이가 "다 괜찮아요, 엄마!"라고 말해도 주의깊게 살펴보자.

심하는지 알지 못하는 것은 큰 문제다. 아이들에게는 스트레스뿐 아니라 충격일 것이다. 아이가 이사 경험을 좀더 긍정적인 전환기로 받아들일 수 있도록 도와줄 방법이 있다. 이 해결책은 이사를 긍정적인 경험으로 만들어주며 아이의 자신감과 사회성, 변화에 적응하는 능력을 키워줄 것이다. 이 말을 기억하자. '마음이 있는 곳이 집이다.' 중요한 것은 어디로 왜 이사를 가는지가 아니라 사랑을 나누는 곳이 집이 된다는 점이다.

부모 시선 집중!

이사를 꼭 해야 하는 상황에서는 그 시기가 언제든 아이의 인생에는 상당한 도전이 된다. 이사의 스트레스를 높이며 부정적인 영향을 미치는 5가지 요소가 있다.

1. **시기** 학기 중(특히 학기 중간)은 가장 어려운 시간이다. 여름방학이나 긴 휴가기간 중에 이사하는 것이 바람직하다. 학기가 시작되기 전에 적응을 할 수 있으며 새로운 친구를 사귈 시간이 있기 때문이다.
2. **자녀의 연령** 유아기 아동과 청소년이 가장 어려운 시기다. 유아기 아이들은 한 번도 힘든 변화에 대처해본 적이 없기 때문에 이사와 관련된 스트레스에 대처하는 데 약하다. 중학교 아이들은 정체성이 또래의 수용 정도와 밀접하게 연관되어 있기 때문에 우정관계를 떠난다는 것이 힘든 일이다.
3. **성별** 중학교 3학년 때 이사를 하면 여자아이들보다 남자아이들이 더 힘들어한다.
4. **이사 전의 충격.** 자연재해(태풍, 화재, 토네이도), 가족, 경제문제, 이혼, 부모의 사망, 이 모든 것들이 이사를 힘들게 만든다.
5. **부모의 자세** 이사에 대한 부모의 부정적인 태도는 이사 스트레스와 우울증의 확률을 상당히 높인다. 길을 건너가는 이사보다 국경을 넘는 이민을 아이들이 더 힘들어할 거라고 생각하지 말자. 연구에 의하면 다른 도시나 다른 지역으로 이사 가는 것보다 같은 도시, 같은 학군에서 전학 가는 것이 아이들에게는 더 힘들다고 한다. 사우스캐롤라이나대학의 심리학 교수인 프레드릭 메드웨이(Fredric Medway) 박사는 '작은' 이사에 대한 아이들의 스트레스를 인식하지 못하는 부모는 아이가 적응하는 것을 제대로 도와주지 못한다고 밝혔다. 아이들이 순조롭게 적응할 수 있도록 도와준다면 크게 달라질 것이다.

어떤 행동을 보일까?

아주 잘 적응하는 아이도 이사를 힘겨워할 수 있다. 이사로 인한 스트레스와 변화된 현실로 인한 스트레스가 고조에 이르는 이사 가기 2주 전과 이사 후 2주 동안을 잘 살펴보자.

- **신체적 신호** 식욕상실, 불면증, 악몽, 복통, 두통이 나타난다.
- **매달리기와 의존하기** 집을 나서기를 꺼려하거나 가족들에게서 떨어지지 않을려고 한다.
- **퇴행** 아기처럼 말한다. 손가락을 빤다. 관심 끄는 행동을 한다. 자다가 오줌을 싼다.
- **눈물과 분노** 울화, 칭얼거림, 과민반응, 공격성, 좌절, 롤러코스터 같은 감정 기복을 보인다.
- **스트레스** 숙면을 취하지 못한다. 주기적으로 악몽을 꾼다. 집중하지 못한다. 성적이 떨어진다.
- **비정상적인 동작** 위험한 일을 한다. 거짓말, 도둑질, 반항을 한다.

연구자들에 따르면 아이들이 완전히 적응하기까지는 약 16주가 필요하지만 아이의 불안한 증상이 2주 이상 지속되거나 강도가 세어지고 걱정스런 행동을 보이면 전문가에게 도움을 요청해야 한다.

맹모삼천지교(孟母三遷之敎)가 아이에게는 극심한 스트레스
아이의 교육을 위해 이사를 생각하는 부모가 적지 않지만 아이가 이사로 받는 스트레스는
자살률을 높일 만큼 심각한 것으로 나타나 주목됐다.
덴마크 오르후스대 핑 친 박사팀은 자살로 사망한 아이 79명을 포함해 자살 시도로 병원
에 온 11~17세 아이 4,160명과 자살을 시도한 적 없는 청소년 12만4800명을 비교, 이
사와 자살의 관련성을 조사했다. 그 결과 3번 이상 이사한 집안의 10대는 이사를 한 적이
없는 10대보다 자살 시도가 2배 더 많은 것으로 조사됐다. 특히 10번 이상 이사를 다닌
아이는 이사한 적 없는 아이에 비해 자살 시도율이 4배 더 높은 것으로 나타났다.
친 박사는 "동요하기 쉬운 청소년기에 이사를 가면 정신적 쇼크를 더 받을 수 있다"며 "거
주지 변화는 종종 친구들과의 관계를 끊는 결과를 초래하고 새로운 환경에 대한 걱정과
스트레스를 불러온다"고 말했다. 부모가 이사 문제를 해결하느라 자녀가 받은 충격을 알
아차리지 못하면 상황은 더 악화될 수 있다. "이때 아이들은 무시됐다는 느낌과 주위에 이
야기를 나눌 친구가 전혀 없다고 느낄 수 있다"고 친 박사는 말한다.
따라서 이사를 할 때 부모는 아이의 심리상태에 대해 특히 관심을 가져야 하며 아이가 뿌
루퉁해 있거나 외롭게 두지 말아야 한다. 미국 뉴욕 프레스비테리언병원 정신과 의사 앨
런 마네비츠는 "아이에게 우울증 증세나 어떤 행동 변화가 나타나는지 주의깊게 살펴야
한다"며 "죽음에 대한 말은 절대 무심코 넘겨서는 안 된다"고 조언했다.
그는 이사로 인한 아이의 충격을 덜기 위한 방법으로 "이전 동네의 친구와 이메일이나 화
상통화로 연락할 수 있도록 도와주거나 예전 동네의 친구를 새 집으로 초대하라"고 조언
했다.
미국 일리노이대 패트릭 톨런 교수는 "이사를 계획할 때 아이와 함께 논의하고 이사하기
전에 새로운 집과 이웃을 볼 수 있는 기회를 주는 것도 이사로 인한 충격을 덜어 줄 수 있
다"고 말했다.

해결책

이사 '가기 전' '이사 중' '이사 간 후'의 시기가 있다. 아이들과 가족들이 각 시기마다
잘 적응할 수 있도록 도와줄 구체적인 해결책들이 있다.

1단계 : 초기 개입

이사 가기 전에 아이들과 이사에 대한 준비를 할 수 있는 방법이다.

- **아이들이 걱정하는 것이 무엇인지 예측하자.** 아이들이 이사를 할 때 가장 걱정하게 되는 것은 다음과 같은 문제들이다.

  □ 새로 이사 간 집, 이웃, 동네를 좋아하지 않으면 어쩌지?

  □ 이사 중에 내 물건들을 잃어버리면 어쩌지?

  □ 새로운 친구를 사귀지 못하거나 그곳의 아이들과 어울리지 못하면 어쩌지?

  □ 현재의 운동이나 취미를 계속할 수 없으면 어쩌지?

  □ 현재의 친구들과 연락이 끊기면 어쩌지?

  □ 경제적인 변화나 타격이 있으면 어쩌지?

  □ 새로운 학교 또는 학급의 수준과 맞지 않으면(너무 낮거나 혹은 너무 높으면) 어쩌지?

  □ 예전과 같은 사회적 문제(안 좋은 평판, 놀림, 거부)를 다시 겪게 되면 어쩌지?

- **낙관하고 진정하자.** 걱정이 되어도 겉으로 드러내지 말고 가능한 긍정적으로 받아들이자. 아이들은 부모의 기분을 알아챌 것이고 크게 영향을 받는다.

- **장점을 강조하자.** 아이가 긍정적인 전망을 할 수 있도록 이사의 이점을 설명해주자. "네가 늘 원했듯이 하키를 할 수 있어." "더 큰 집에서 살게 되는 거야." "할머니랑 가까이에서 살게 되는 거야."

- **시간 여유를 갖자.** 아이의 발달수준에 맞게 이사를 단계별로 설명해주자. 어린 아이들의 집중력 주기는 짧기 때문에 한 번에 너무 많은 세부정보를 주지 말자. 좀더 큰 아이들은 구체적인 정보를 원한다. "어디로 이사 가나요? 거기까지 어떻게 이동하나요? 언제 이사 가나요? 새로운 집은 어떻게 생겼나요?

학교는 언제 시작하나요?" 세부적인 내용을 아이에게 말해주자.

- **걱정을 예측하자.** 아이가 저항하거나 눈 밖에 나는 행동을 할 것에 대비하자. 인내하면서 질문에 대해 침착하게 대답해주자.

- **새로 이사하는 곳을 알아두자.** 부동산업자에게 그곳의 사진과 새 집의 설계 도면을 보내달라고 요청하자. 그 지역의 정보를 검색하여 미리 도움을 받자. 아이들을 위해 학교나 시의 사이트를 방문하여 정보를 찾아두자.

- **필요한 서류를 준비하자.** 새 학교, 어린이집, 스포츠클럽, 소아청소년과 의사, 치과 의사, 동사무소에 연락을 하자. 등록하기 위해서는 어떤 서류들이 필요한지 알아보자. 자녀의 현재 학업 및 예방접종 기록을 준비하자. 또 현재의 교사와 코치에게 전학에 필요한 구체적인 사항들이 있는지 물어보자.

- **이사 과정에 아이를 포함시키자.** "어떤 이불을 원하니?" "놀이집을 어디에 놓을까?" "방은 어떤 색깔로 하고 싶니?" 큰 아이에게는 새집의 평면도를(특히 아이의 방을) 보여주자. 그래서 이사하기 전에 가구를 어떻게 배치할 건지 그려보도록 해준다. 아이의 선택을 존중해줌으로써 이사 과정에 자신도 함께 참여한다는 느낌을 갖도록 해주자.

2단계 : 신속한 대처

이사 도중에 아이에게 어떻게 반응해야 하는지를 알아보자.

- **아이를 다른 곳에 보내자.** 이삿날은 스트레스가 많은 날이므로, 아이가 다른 곳에서 시간을 보내는 것도 좋다. 보모를 고용하거나 아이를 이웃에게 보내거나 친한 친구에게 하루 동안(하룻밤) 아이를 봐달라고 부탁하자.

- **이사 작업을 나누자.** 자기 소지품이 들어 있는 상자에 스티커를 붙이거나 펜으로 적어서 표시를 해두도록 시키자. 아이의 상자들이 트럭에서 처음으로

내려질 것이라고 안심시키고 이삿짐 직원들에게도 그렇게 부탁하자. 베개, 담요, 인형, 스케치북과 연필, 스크랩북과 같이 아이가 가장 아끼는 물품들은 작은 가방에 넣어 직접 가져갈 수 있도록 해주자.

● **필수품은 갖고 있자.** 잊어버리거나 뒤섞이지 않았으면 하는 물건들은 다른 상자에 싸놓자. 예를 들면 휴대전화, 약, 기저귀와 물티슈, 마킹펜, 주소록, 간식, 물병, 젖꼭지, 용기 또는 컵 등이 있다. 그리고 아이가 시간을 보낼 수 있도록 해주는, '만약'을 위한 몇 가지 물품도 챙기자. 예를 들면 색칠공부, 단어찾기 책, 휴대용 DVD, 영화플레이어, 음악, 스토리테이프, 책 등.

육아 119

새로운 친구를 만들기 위해 자기소개를 어떻게 해야 하는지 알려주자

1. **친구 고르기** "다정해 보이고 무언가를 하고 있거나 누군가와 함께 있어서 바쁘게 보이지 않는 아이, 취미와 관심사를 공유할 수 있는 아이를 선택해. 그리고 그 아이에게 자신감 있게 다가가는 거야."
2. **친구의 눈 바라보기** "고개를 들고 똑바로 서서 웃어줘. 만약 그 아이가 널 보지 않으면 너에게 관심이 없다는 뜻일 수도 있어. 그러면 다른 아이를 찾아보면 돼."
3. **친절하고 확고한 목소리로 소개하기.** "'안녕, 내 이름은 영규야.' 악수를 청해도 좋아. 만약 그 아이가 이름을 말하지 않으면 '네 이름은 뭐니?'라고 물어보렴."
4. **친절하게 물어보거나 이야기 나누기** "'만나서 반가워.' '여기 근처에 사니?' '여기서 자주 스케이트를 타니?' 그리고 너에 대해서도 이야기해주렴. '나는 새로 이사 왔어.' '나는 저기 노란 집에 살아.' '나도 스케이트보드 타는 걸 좋아해'라고 말하면 돼."
5. **친구의 이름** 전화번호, 이메일 적기. "주머니나 가방에 쪽지와 연필을 가지고 다니렴. 만약 그 아이와 사귀게 되면 나중에 전화를 해서 다시 만나서 놀자고 얘기하렴."

3단계 : 변화를 위한 습관

이사를 마쳤으면 이제는 정착할 시간이므로 아이들이 새로운 집과 집 주변에 익숙해질 수 있도록 해주자.

- **집을 둘러본 후 새로운 시작을 축하하자.** 새로운 집과 이사를 기념하기 위한 특별한 방법을 찾아보자. 새로운 시작을 위한 나무를 심자. 친구들에게 보내기 위한 가족사진을 찍자. 가족들의 건강과 행복을 위한 축배를 들며 특별한 저녁식사를 한다.

- **주변을 둘러보자.** 정리가 되면 친구들을 빨리 사귈 수 있도록 해주자. 지역 도서관, 공원, 학교, 소년소녀클럽, 청소년센터, 축구클럽, 수영장으로 데리고 가자. 아이와 함께 새로운 학교를 미리 방문해보자.

- **연속성을 제공하자.** 이사 후 며칠간은 가족들이 늘 하던 일을 하자. 좋아하는 저녁식사, 텔레비전쇼, 잠들기 전 이야기해주기. 집은 바뀌었지만 가족들의 일상은 변하지 않았다는 걸 알려주자.

- **조화를 이루게 해주자.** 의상, 헤어스타일, 신발, 액세서리는 아이들이 친구를 사귀고 그 지역의 문화를 공유하도록 하는 데 중요한 역할을 한다. 아이들의 학교를 찾아가 아이들의 외모를 살펴보자. 그 속에 녹아들 수 있는 복장을 하도록 도와주자.

- **감정을 공유하자.** 아이가 감정을 공유하려하지 않는다면 아이에게 이사에 대한 감정을 이야기해보자. "외롭고 친구들이 보고 싶을 거야." "걱정하고 있구나." "아무도 모르는데 새로운 팀에 들어가려니 힘들지." 그런 감정을 느끼는 것이 정상이라는 걸 아이가 알도록 해주자. 아이가 말하지 않더라도 계속해서 이야기를 해주자. "네가 편안해질 수 있도록 엄마가 할 수 있는 일이 뭐가 있을까?" "엄마가 선생님을 찾아가서 얘기해볼까?" 인내하고 이해하자. 아이들이 적응하는 데는 시간이 걸린다. 아이에게 이사에 대한 느낌을 적어보라고 권하거나 그 종이를 유리병에 넣어보라고 말하자. 또는 그것을 타임캡슐에 넣어 뒤뜰에 묻고 1년이나 2년이 지난 뒤 꺼내보고 걱정했던 모든 것이 정

말로 다 해결되었다는 사실을 느끼도록 해주자.

- **다른 부모들과 친해지자.** 할 수 있다면 카풀도 하고 코치로 지원하거나 교회에 등록하거나 학부모회의와 학교모임에 참여하자. 이웃에게 자신을 소개하자. 직장동료 중 아이가 있는 사람을 찾자. 아이에게 새로운 친구를 소개시켜줄 수도 있고 아이들이 할 수 있는 활동이 무엇인지 알 수도 있다.

- **친구를 찾을 수 있는 곳을 안내해주자.** 자녀가 다른 아이들을 만날 수 있는 곳이라면 어디든 찾아가보자. 예를 들면 스카우트, 공원, 레크리에이션 프로그램, YMCA, 청소년클럽, 교회모임, 스포츠팀, 도서관 프로그램, 방과후프로그램, 청소년단체 등이 있다. 병원 소아청소년과와 도서관은 아이들을 위한 이벤트의 일정을 얻기에 좋은 곳이다. 아이가 새로운 친구를 만날 수 있는 기회를 주는 것이 부모의 일이고 친구를 사귀는 것은 아이가 해야 할 일이다.

나이별 육아법

3~6세 이 시기의 아이들은 자신의 개인 소지품들(침대, 담요, 그네, 장난감)에 밀착되어 있으므로 짐 싸는 과정을 불안해할 수 있다. 특히 소지품들이 눈앞에서 사라지기 시작하면 아이와 함께 상자들을 이용해서 새 집과 헌 집 놀이를 해보자. 트럭이 멈추면 아이의 물건들을 가지고 새로운 집으로 옮기는 것을 재현해보자. 아이의 스트레스를 줄여주기 위해 아이의 침대를 가장 마지막에 싸자. 아이들은 미래에 대한 걱정을 표현할 수 없기 때문에 불확실성에 대해 화를 내거나 울어버린다. 유아기 아이들은 보통 이사하기 전에 불안한 시기를 거치며 일반적으로 호흡기 감염이 되기도 하며 불면증에 시달린다.

7~9세 이 시기에는 좀더 구체적으로 이사에 대해 걱정한다. "우리 짐을 어떻게 그곳으로 옮기지?" "이삿짐을 옮겨주는 사람들은 언제 오지?" "왜 이사를 가야 하지?" 이에 대해 참을성 있게 대답해주자. 아이들은 일반적으로 학교와 학업, 스포츠, 좋아하는 활동과 새로운 친구들에 잘 적응할 수 있을지 걱정한다. 이사 가기 전에 아이가 좋아하는 활동이나 스포츠팀에 등록할 수 있는지 알아보고 아이와 상의해보자. 거기에 소속된 다른 아이들과 비슷한 능력을 갖췄는지도 확인해봐야 한다.

10~13세 자녀가 화를 내거나 슬퍼한다고 해서 놀라지 말자. 이 시기의 아이들은 이사 때문에 가장 힘든 시기를 보내고 가장 많이 저항할 것이다. 가깝게 지내던 소중한 친구들을 떠나는 것을 무서워하며 새로운 사회 속에 잘 어울릴 수 있을까 걱정한다. 아이의 새로운 학교를 찾는 일을 도와주자. 핸드북을 받고 온라인으로 확인하자. 교과과정, 도서목록, 활동 일정을 확인해주고 다른 학생들의 옷 입는 스타일을 볼 수 있도록 사진을 구해주자.

 **우리집 맞춤 처방전**

비슷한 옷차림을 하게 해줬어요!

제 아들은 이사 간 후에 새로운 아이들과 잘 지낼 수 있을지 걱정했어요. 그래서 아이를 전학시키기 이틀 전에 새 학교 밖에 주차를 하고 그 학교 아이들의 옷차림을 관찰했습니다. 아들은 아이들의 가방, 재킷, 신발에 집중하더군요. 우리는 그와 비슷한 물건들을 아이에게 사줬고 아들은 그 아이들과 비슷한 '옷차림'을 했죠. 이건 아이가 새 학교를 편안하게 느끼도록 해주는 데 큰 도움이 되었답니다.

도와주세요

제 아들은 한 운동선수를 우상시하는데, 그와 관련된 스테로이드 사용 의혹이 걱정이 됩니다. 또한 제 딸은 한 여배우를 너무 좋아하지만 저는 그 여배우가 스캔들이 많다는 이미지를 지울 수가 없습니다. 아이가 적절한 역할모델을 찾을 수 있도록 어떻게 도와줄 수 있을까요? 그리고 도덕적으로 문제가 있고 잘못된 인생관을 가진, 이른바 유명스타처럼 행동하지 않게 하려면 어떻게 설득해야 할까요?

요즘 시대의 아이들은 나쁜 이미지의 '영웅'들을 수없이 가지고 있습니다. 아이들은 그들을 우상화하고 그들의 삶을 동경하지만, 부모들은 그들을 '부자이고 유명하다'는 것 외의 사항들, 즉 약물 남용, 10대 임신, 불안정한 정신상태, 자살 시도, 스테로이드 사용 등과 연관짓지요. 많은 사람들이 연예인, 스캔들이 많은 유명

인, 스테로이드를 복용하는 운동선수들이 아이에게 너무 많은 영향을 끼치고 있다고 생각한다는 건 놀라운 사실이 아닙니다. 많은 연구들이 부모들이 두려워하고 있는 바를 보여줍니다. 즉 미디어가 내보내는 문란하고 성적인 메시지가 아이들에게, 특히 여자아이들에게 큰 영향을 미치고 있으며 아이들의 섭식장애, 낮은 자존감, 우울증과도 연관이 있는 것입니다. 또한 스테로이드의 사용이 남자아이들 사이에서 증가하고 있고요. 약 60%의 10대 아이들이 자신이 존경하는 운동선수가 스테로이드의 사용을 인정한 것이 약물 사용에 대한 본인의 결정에 영향을 끼쳤다고 대답했습니다. 그러나 절망하지는 마세요. 그런 문란한 아이콘들에 맞서 아이들이 존경할 수 있고 모방할 수 있는 건전한 모범들을 찾도록 도와주는 양육 해결책이 있으니 말입니다.

- **부모의 영향력을 인식한다.** 1만 3,000명의 아이들을 대상으로 한 조사에서 대부분 아이들은 부모를 최고 영웅으로 꼽았다. 그리고 그중에서도 엄마가 우위를 차지했다. 청소년들의 3/4 이상이 부모와 있는 것이 친구들과 있는 것보다 더 즐겁다고 대답했다.

- **취약한 요소를 조심한다.** 바람직하지 않은 역할모델들에게 영향을 받기 쉬운지 아닌지는 다음의 4가지 요소에 달려 있다. 아이가 이 요소들을 많이 가지고 있을수록 부모는 관심을 기울여 아이에게 도움을 줘야 한다.

1. 발달상의 문제. 10대 초반 아이들은 미디어의 공세에 가장 쉽게 영향을 받으므로 이 시기 아이들의 감정적, 사회적 발달과정을 알아두도록 한다.

2. 정체성. 정체성이 불분명한 아이들에게 파티, 돈, 외모는 매력적인 것으로 다가올 수 있다. 인기, 외모, 명성이 대단한 것이 아니란 점을 확인시켜 본인

의 가치에 대해 배울 수 있도록 해준다.

3. 취미. 특별한 관심이 없는 경우 팝문화를 우상시할 가능성이 크다. 그러므로 아이가 자신감과 확고한 정체성을 가지고 건전한 방법으로 에너지를 분출할 수 있도록 자신만의 강점을 키우게 해준다.

4. 부모와의 연대감. 부모와의 연대가 약한 아이일수록 나쁜 역할모델을 가지기 쉽다. 아이와 가까워지고 연결될 수 있도록 노력한다.

● 영웅에 대해 가르친다. 아이가 '영웅'에 담긴 의미를 알고 있으리라고 추측하지 말자. 먼저 이 말을 이해한 후 올바른 역할모델을 찾아볼 수 있도록 도와주자. 사전에서 '영웅'의 정의를 찾아보고 그 의미에 대해 이야기하면서 '영웅이란 존경할 수 있는 사람' '더 좋은 세상을 만들기 위해 노력하는 사람' 등 스스로의 정의를 만들도록 해주자. 영웅이 부자이거나 유명하지 않아도 된다는 점을 깨닫게 해주자. 로자 팍스, 마틴 루터 킹과 같은 진정한 영웅들의 전기를 아이와 함께 읽는다. 간디, 달라이 라마와 관련된 비디오를 보고 그들의 행동에 대해 아이와 함께 이야기해본다. 혹은 뉴스에 나오는 오늘날의 진정한 영웅들의 이야기를 찾아본다.

● 이유를 설명한다. 만약 아이가 존경하는 '영웅'이 달갑지 않다면 아이에게 그 영웅에 대한 부모의 걱정을 설명해준다. "그 사람은 사회에 공헌한 것이 거의 없어." "그 여자는 음주운전으로 감옥에 다녀온 적이 있어." "그는 가족보다는 자신을 홍보하는 데 관심이 더 쏠려 있는 것 같아." 서치연구소(Search Institute)의 2002년 설문조사를 보면 아이들의 25%만이 자신의 개인적인 가치에 대해 어른과 이야기해본 적이 있다고 한다. 그러므로 영웅에 대한 부모의 가치관을 설명하고 왜 특정한 '아이돌'에 호의적일 수 없는지 설명해주자.

그러고 나서 아이에게 부모가 존경하는 사람이 누구인지 그 이유가 무엇인지 알려주자(주의: 너무 비판적으로 들리지 않게 말해주자).

● **긍정적인 역할모델을 찾는다.** 더 매력적으로 보이기 위해 술, 약물, 성형수술, 다이어트, 명품 등에 기대지 않는 긍정적인 역할모델을 찾아본다. 실제로 그런 사람들이 있다. 여자아이들을 위해서 해리 포터 작가인 JK 롤링, 안젤리나 졸리, 에린 브로코비치, 혹은 옆집에 사는 이웃을 추천해도 된다. 남자아이들에게는 브래드 피트, 빌 게이츠, 버락 오바마 같은 인물들을 소개할 수 있다. 아이들이 진정성과 자신감을 가진 여성과 남성을 접하도록 해주고 부모가 왜 그들을 존경하는지 설명해준다. 또한 아이가 흥미있어 하는 것을 알아내어서 그런 관심을 대변하는 긍정적인 역할모델을 갖도록 이끌어준다. 만약 딸아이가 골프를 좋아한다면 박세리는 어떨까? 그리고 남자아이가 하키를 좋아한다면 웨인 그레츠키는 어떨까 싶다.

● **아이에게 영향을 미칠 수 있도록 아이와의 관계를 유지한다.** 우리에게 위안을 주는 한 연구결과가 있다. 2만 7,000명의 아이들을 대상으로 미국 걸스카우트가 실시한 조사를 보면 만 8세와 만 9세 여자아이들의 91%가 제일 먼저 엄마에게 조언을 구한다고 한다. 만 10세에서 만 12세가 되면 아이들은 점점 부모를 멀리하기 시작하며 엄마에게 조언을 구하는 비율만큼 (때로는 더 많이) 친구에게 조언을 구하게 된다. 10대 아이들에게 엄마는 여전히 중요한 친구라는 것이 요점이다. 핵심은 아이(특히 10대가 된 아이들일수록)와 가까운 관계를 유지할 방법을 찾아 부모가 계속해서 아이의 역할모델이 되어야 한다는 점이다. 아이의 나이가 많아지면 아이와 가까운 관계를 유지하기 위해 어느 정도의 창의성을 발휘해야 할 수도 있다. 다음과 같은 몇 가지 아이디어를 제시해본다.

☐ **다른 엄마들과 함께 모인다.** 모녀 독서클럽, 요가, 요리수업, 영화보기, 산책하기 등을 함께 할 수 있다. 아이의 친구와 그 어머니와 함께 해보도록 하자.

☐ **아이의 세상에 뛰어든다.** 딸이 좋아하는 드라마나 영화를 같이 본다. 남자아이와는 함께 비디오게임을 한다. 아이가 좋아하는 해리 포터를 읽고 함께 이야기를 나눈다. 아이에게 음악을 다운로드받는 법을 가르쳐달라고 한다. 또는 아이들이 보는 잡지를 읽고 아이와 함께 이야기를 나눌 수 있다.

☐ **공통의 연관성을 찾는다.** 아주 사소한 것이라도 아이와 함께 즐길 수 있는 것이 있는지 찾아본다. 요가, 독서, 뜨개질, 달리기, 자선활동, 자전거 타기, 야구, 운동클럽, 무엇이든 좋다. 한 가지 연결고리를 찾아 대화를 하고 아이와 가까운 사이를 유지하면서 부모의 영향력을 키울 수 있는 기회로 이용한다.

☐ **아이의 열정을 장려한다.** 아이가 선천적으로 흥미를 갖고 있거나 잘하는 것을 찾아내서 아이의 활동을 응원해준다. 이런 긍정적인 활동들은 부모가 아이의 재능과 관심에 더 집중할 수 있도록 도와주며 부모가 아이의 외모나 건강함이 아닌, 아이의 장점을 가치있게 여긴다는 점을 깨닫게 도와준다. 또한 아이는 잡지 속에 나오는 젊고 돈 많은 연예인들이 아니라 자신의 열정을 바탕으로 강한 정체성을 기를 수 있다. 또한 아이만의 강점과 관심사를 장려하는 것은 내적인 힘을 길러 아이의 영웅숭배가 자아존중감을 대신하는 것이 되지 않도록 해줄 것이다.

긍정적인 역할모델을 가진 아이들에게는 엄청난 이점들이 있습니다. 그러나 한 연구에 의하면, 아이가 역할모델을 개인적으로 알고 있으면 더 높은 자부심과 성적을 갖게 될 가능성이 높다고 합니다. 가족 구성원, 친구, 선생님에게 조언과 도움을 구

하는 아이는 약물 사용, 흡연, 성적 행위와 같은 위험한 행동을 보일 가능성이 훨씬 적다고 하고요. 부모의 영향력을 키우고 아이가 조언을 구할 수 있는 역할모델이 되어주어야 합니다. 아이에 대한 부정적인 영향을 줄이는 가장 좋은 방법은 부모가 아이와 가까운 사이를 유지하며 참여하는 것임을 기억하세요.

 3-14

도와주세요

아들이 강아지를 갖고 싶다고 애원하고 있습니다. 그렇지만 조금 주저하게 되네요. 애완동물을 키울 만큼 아이가 컸다는 걸 어떻게 알 수 있을까요? 아이에게 반려동물이 좋다는 연구결과들이 있나요?

반려동물을 키우는 것이 확실히 아이들에게 좋다는 연구자료들은 분명 있습니다. 아이들은 반려동물을 기르면서 생명과 죽음을 알게 되고, 책임감도 키우며, 동물의 감정을 읽으면서 공감하는 법도 배울 수 있지요. 반려동물을 키우는 아이들은 사회성과 의사소통 능력에서 더 뛰어나다고 밝혀졌습니다(우리 막내아들은 집에서 키우는 자이언트 슈나우저 종의 강아지와 얘기를 하면서 말하는 법을 배웠습니다). 반려동물은 또 때로 좋은 심리치료사가 되기도 합니다. 약 40%의 아이들은 우울할 때 애완동물에게서 안정을 찾습니다. 하지만 아이의 연령과 기질을 고려해서 반려동물로 맞이해야 합니다.

부모가 해야할 일은?

1단계 : 자녀와 진지하게 이야기 나누며 왜 반려동물을 키우고 싶은지 속마음을 파악해야 합니다.

옆집이 키우니까, 심심해서, 동생이 없어서, 괴롭히고 싶어서 등등 이유가 많을 것입니다. 그런데 만약 옆집이 키우니까 샘이 난다는 이유이거나, 심심하다는 이유라면 다른 장난감이나 다른 놀이 기구를 찾아주는 것이 좋습니다. 집에 동물을 키우는 것은 분명 새로운 가족을 들이는 중요한 결정으로 길게는 10년 이상 책임질 대상이라는 것을 분명히 알려주어야 합니다. 그리고 해야 할 일들, 배변훈련 및 뒷정리, 먹이주기, 동물 돌보기 등 아이를 키우는 것과 마찬가지인 일과를 설명하며 동물이 인형이 아니라는 것을 직시하도록 해야 합니다.

그러나 무엇보다 우선되어야 하는 것은 부모의 마음 준비가 먼저 되어야 합니다. 아이의 충동적인 마음 때문에 반려동물을 받아들인다고 했을 때 모든 책임은 부모 몫입니다. 자녀와 반려동물의 관계를 감독하고 자녀는 기저귀를 떼고 혼자 화장실을 가고, 목 마르면 물을 가져다 마시고, 간단한 먹을 거리도 찾아 먹을 수 있도록 성장하지만, 반려동물은 언제나 사람이 돌보고 치워주고 항상 보호해 주어야 한다는 것입니다. 그렇게 돌볼 시간과 여유, 그리고 애정이 있는가를 결정해야 합니다. 그리고 앞으로 쭉 몇 년 이상 그렇게 할 수 있는가?

또 자녀가 10대 후반이 아닌 이상 반려동물을 키우는 것은 결국 부모의 몫이며 반려동물은 아이에게 예쁜 친구일 뿐이라는 것을 기억해야 합니다.

2단계 : 사람보다 동물을 좋아하지는 않습니까?

자녀의 발달 과정에서 부모와의 애착관계에 이상은 없는 지에 대하여 알아보는 것이 중요합니다. 가까운 사람들과의 관계에서 충분한 사랑을 받지 못한 경우, 이런 행동으로 표현될 수도 있습니다. 이런 경우, 동물이 죽으면 슬픔에 빠져서 우울증 증세로 진행되기도 하는데 대개는 1~2개월이 지나면 정상 상태로 회복될 수 있습니다. 그러나 이 기간이 지났는데에도 슬퍼하는 마음으로 정상적인 생활에 지장이 초래되는 경우에는 전문의에 도움이 필요합니다. 슬픈 감정을 충분히 말이나 놀이로 표현하도록 어른들이 공감하고 이해하는 진지한 태도가 절실하게 필요합니다. 이렇게 아이가 동물을 키우는 것은 죽음이나 고통, 이별을 맞이하는 첫 경험이 될 수 있다는 것도 부모님은 깊이 고려할 사항입니다.

사람과의 관계에 문제가 없고, 자녀가 동물을 키우다가 그 동물의 죽음으로 이별을 했을 때 똑같은 동물을 아이가 키우기를 원한다면 다시 분양받아 키우는 것도 방법

육 아 뉴 스

반려동물 키울 때 주의사항

개를 키울 때는 광견병, 피부사상균증(백선), 옴(개선증), 개회충 및 심장사상충, 렙토스피라증을 비롯해 드물게는 브루셀라증, 코로나장염, 전염성 기관지염, 헬리코박터 감염증 등에도 감염될 수 있습니다. 고양이가 할퀸 상처로 바르토넬라증, 고양이 긁힘병에 걸릴 수도 있습니다. 고양이 변으로부터 감염되는 톡소플라스마증은 유사산, 태아기형의 위험성을 높이므로 각별히 주의해야 합니다.

이 밖에 야생토끼병(토끼), 앵무새병(앵무새), 살모넬라병(파충류) 등도 있습니다. 진성준 강남세브란스병원 감염내과 교수는 "반려동물과의 접촉 전후 손씻기, 뽀뽀하지 않기 등이 질병 감염을 줄이기 위해 가장 중요하다"며 "하지만 반려동물을 통해 사람이 얻게 되는 다양한 혜택을 잊어서는 안 된다"고 말합니다.

반려동물이 옮기는 질병들은 상당 부분 애완동물 관리수칙만 잘 지켜도 예방이 가능합니다. 일주일에 한번 목욕, 애완동물 접촉 전후 손씻기, 뽀뽀 등의 신체접촉 지양, 예방접종 및 한달 한번 구충제 구제, 수시 실내 청소 및 환기, 배설물 즉시 처리, 카펫 및 천소파 없애기 등이 그런 것들입니다. 병에 걸려도 대부분 항생제나 진균제로 치료되므로 크게 염려할 필요는 없습니다. 오히려 최근에는 어릴 때부터 반려동물을 키우면 면역력을 높여 천식, 상기도 감염 등 호흡기 질환 발병 가능성을 줄여준다는 연구 결과도 있습니다.

이 될 수 있습니다. 그러나 이런 경우에도 이별하자마자 새 가족을 맞이하는 것이 아니라 아이의 인지적인 발달의 상태에 따라 조금 시간을 두고 결정하고, 모든 생명체는 한 번 태어나면 죽는다는 인식을 갖고 너무 깊은 충격을 받는 것을 줄일 수 있도록 교육시켜야 합니다.

3단계. 동물을 괴롭히고자 하는 마음은 아닙니까?

동물에게 뿐만 아니라 다른 아이 또는 어른에게도 괴롭히거나 공격적인 행동이 있는지 없는지를 살펴보아야 합니다. 이런 경우에는 행동장애인 경우가 많은데 이는 부모님이 도움줄 수 있는 범위를 넘어서는 상당히 심각한 상태로 전문가의 철저한 평가와 도움이 절실합니다. 행동장애는 소아 또는 청소년기에서 가장 흔히 관찰되는 질환들 중의 하나로서 지속적으로 다른 사람들의 권리를 침범하며, 자신의 나이에서 지켜야 할 사회적인 약속을 어기는 행동을 특징적으로 나타냅니다. 이러한 행동으로 사회적, 학습적, 또는 직업적인 영역에서 기능의 손상을 초래합니다. 인지적인 기능이 떨어지는 경우도 많고 충동적이거나 지루함을 찾지 못하고 계속해서 자극을 찾으려는 특징이 있습니다.

이렇게 심각하지는 않더라도 가끔 뉴스에서 볼 수 있듯이 단순히 재미로 동물을 학대하고 괴롭히는 아동들도 있습니다. 이런 경우에는 적절한 통제가 중요합니다. 그러한 행동을 하지 못하도록 분명히 통제하고 경고해야 하며 만약 2번 이상 반복되면 동물을 키우지 못한다는 경고를 하고 그럼에도 멈추지 못하는 경우에는 반려동물에게 접근을 하지 못하게 차단시켜야 합니다. 동물이 장난감이 아닌 생명체라는 인식을 분명히 할 수 있도록 가족 모두 동물을 대하는 태도를 일관적으로 유지해, 소중히 해야 하고, 아이에게 놀이의 방향을 바꾸어 주는 방법도 효과적입니다.

아이의 속마음을 잘 읽어서 왜 아이가 공격성을 갖게 되었는지 알고, 그 화나고 억

늘린 공격성을 표현할 수 있도록 운동이나 놀이기구를 마련해서 제공하는 것도 효과적인 방법입니다.

3~6세 이 시기의 아이들은 쉽게 불만을 드러내기 때문에 반려동물과 함께 있는 동안 항상 그들 곁을 지켜야 합니다. 예전에는 강아지와 고양이 때문에 생기는 개털이나 배설물 때문에 알레르기나 천식을 유발한다고 아이 키우는 집에서 못키우게 했으나 요즘 새롭게 발표되는 연구에 따르면 아이가 만 1세때 집에서 2마리 이상의 고양이나 강아지를 키우면 알레르기나 천식이 유발될 가능성이 반대로 낮아진다고 합니다. 그러므로 그런 건강 상의 문제들보다 자녀의 도덕의식이나 문제의식이 낮을 때 동물을 괴롭히고 장난감으로 여겨 함부로 대할 가능성이 높기에 항상 옆에서 감독해야 하는 것입니다.

그러나 만약 두 돌 미만의 영·유아가 호흡기 질환을 앓고 있다면 집 안에서 반려동물을 기르는 것은 절대 삼가야 합니다. 또 동물을 만진 손이나 아니면 동물의 털까지도 입으로 가져가는 구강기 아동이 있는 가정에서는 세심한 주의가 필요합니다.

7~9세 만 10세 이하의 어린이는 강아지나 고양이를 혼자서 돌보지 못하므로 관상용 물고기나 햄스터 등을 맞이하는 것도 방법입니다. 햄스터는 가장 돌보기 쉽기도 하고, 물고기는 만질 수가 없으므로 안전성이 보장되기도 합니다. 일단 반려동물을 키우기로 결정했다면 건강과 안전에 관한 중요한 팁을 가르쳐야 합니다. 즉 반려동물을 만진 다음에는 꼭 비누로 손을 씻어야 하고, 애완동물을 괴롭히지 말고, 부드럽게 만져주고, 동물의 신체언어도 배워야 합니다(동물이 으르렁거리고,

털을 세우고, 도망가며, 꼬리를 흔드는 이유를 파악해야 합니다).

10~13세 이제 아이에게 동물에 대한 책임감과 보살펴야 하는 보호자로서의 역할을 부여해야 합니다. 동물도 사람과 똑같이 아프고 다칠 수 있는 약한 존재라는 것을 알리고 보살피고 함께 병원에 데리고 가서 치료받는 것을 보여주어야 합니다. 그리고 배변 처리도 돕게 하고, 먹이 주는 것과 동물의 집 청소도 함께 할 수 있도록 하나 하나 알려주어 자녀에게 사랑과 배려 등의 성품을 갖출 수 있도록 합니다.

가족관계에 힘겨워할 때

❓ 저는 아이가 셋인데, 아들인 첫째가 항상 이런 불평을 합니다. "왜 동생들이 나한테만 기대려고 하는지 모르겠어요. 엄마는 왜 나한테 더 엄격한 거예요? 멍청한 동생들을 돌보는 게 지겨워요." 큰아이의 이런 불평은 동생들은 물론 부모인 저희도 힘들게 합니다. 어떻게 하면 첫째로 태어나서 좋은 점을 알게 해줄 수 있을까요?

❗ 미국의 역대 대통령들은 대부분 장남이었거나 첫째아들이었다는 사실을 알고 있나요? 최초로 우주에 갔던 비행사 가운데서 2명을 제외하곤 모두가 첫째였는데, 게다가 그 둘은 외동이었습니다. 첫째들은 자신감이 넘치고 똑똑할 뿐만 아니라 결단력이 있지요. 다시 말해 리더의 자질을 갖추고 있습니다. 기업의 최고경영자나 노벨상 수상자, 그리고 경제적·학문적으로 성공한 인물 대부분이 첫째였어요. 첫째로 태어났기에 많은 이점을 가질 수 있습니다. 적어도 동생이 태어나기 전까지

첫째는 부모의 사랑과 관심을 독차지한 유일한 아이였고 이 사실은 아이가 성장하는 데 큰 영향을 줍니다.

노르웨이에서 25만 명의 남성들을 대상으로 IQ 실험을 했는데, 첫째의 IQ 평균이 다른 아이들보다 2.3점이 더 높게 나왔어요. 수치상의 차이가 작은 것처럼 보이지만 이는 수많은 시험을 치러야 하는 현대사회에서 B+를 받느냐 A를 받느냐, 의무교육만을 받느냐 대학까지 진학하느냐를 결정하는 차이라고 할 수 있습니다. 한편 첫째가 사망한 경우 둘째의 IQ가 가장 높게 나온다는 연구결과가 있어요. 이는 태어난 순서뿐만 아니라 첫째를 대하는 부모의 태도도 영향을 미친다는 것을 의미합니다. 요컨대 첫째가 더 똑똑하다는 사실은 부모가 만들어낸 결과라고 할 수 있어요.

이 같은 긍정적인 면에도 불구하고, 첫째가 된다는 건 왜 그토록 힘든 일일까요? 첫째의 입장에서 생각해볼까요. 첫째이기에 갖는 단점이 있을 것입니다. 부모라고 해서 아이들의 출생순위를 바꿀 순 없지요. 지금부터 첫째가 자신의 역할을 잘하며 첫째로서의 삶을 즐길 수 있는 방법을 알아보도록 합시다.

해결책

- **다른 형제에게 관심을 쏟자.** 부모 입장에서는 인정하고 싶지 않겠지만 부모에겐 특별히 총애하는 아이가 있고 그 아이는 대체로 첫째란 사실을 밝힌 연구결과가 있다. 부모에게 첫째는 인생의 커다란 변화이자 잊지 못할 경험이 되어준다. 이런 사실은 첫째의 자존감을 높여주지만 동시에 형제 간의 경쟁을 부추기는 요인이 된다. 첫째가 갖는 질투심은 쉽게 사라지지 않으며 이는 다른 형제와의 사이를 멀어지게 하는 위험요소가 된다. 따라서 부모는 아이들을 대할 때 항상 주의를 기울여야 한다. 당신의 아이들은 엄마아빠가 자신을 가장 사랑한다고 느끼고 있을까? 이에 대해 생각해보길 바란다.

● 첫째에게 주어진 책임을 주시하라. 보통 첫째에게 더 많은 책임을 지우게 되고 아이의 나이에 비해 훨씬 더 많은 것들을 기대하게 된다. "엄마(아빠)가 돌아올 때까지 네가 이 집을 책임지고 있어야 돼" "네가 장남이니까 더 많은 기대를 하는 거야"라는 말을 첫째들은 싫어한다. 첫째아이에게 너무 많은 책임을 지우는 건 아닌지, 아이를 너무 어른스럽게 대하고 있는 건 아닌지 반문해보자.

● 한걸음 물러서서 열까지 세어보자. 동생이 태어나기 전까지 부모의 관심과 사랑을 독차지하는 것이 좋을 수도 있지만 어쩌면 아이에게 스트레스가 될 수도 있다. 부모들은 첫째에겐 더 엄격한 반면 동생들에겐 좀더 느긋해진다. 또한 첫째에게 더 많은 것을 기대하기도 한다. 첫째를 양육하는 건 부모로서의 첫 경험이기 때문에, 부모는 아이에게 불안과 걱정 같은 반응을 보일 수도 있다. 하지만 부모의 이런 기대, 관심, 걱정은 첫째에게 불안감을 안겨줄 수 있다. 첫째에게 반응하기 전에 우선 숨을 크게 쉬어보라(아이는 부모의 반응에 숨겨진 의미를 기가 막히게 알아차린다. 아이는 부모의 걱정까지도 먹고 자란다는 사실을 기억하자). 그러면 아이에 대한 지나친 기대도 조금씩 줄어들 것이다.

● 아이가 하고 싶은 것을 할 수 있도록 응원해주자. 출생순위는 아이의 행동과 변화에 아주 흥미로운 역할을 한다. 부모는 첫째에게 더 많은 기대를 하고 첫째는 부모가 이끌어주는 대로 따르면서 위험을 감수하려 하지 않는다. 첫째에게는 인식적, 분석적 분야에 흥미를 갖도록 장려하는 경우가 많은데, 이런 흥미는 의사나 변호사 같은 명망 있는 직업으로 이어진다는 연구결과가 있다. 한편 부모는 둘째아이 밑으로는 예술적, 창조적 분야에 흥미를 가지는 것에 대해 관대한 태도를 취하기 때문에, 이 아이들은 시인, 화가, 디자이너 같은 개성을 살린 직업을 많이 택한다. 부모는 첫째아이 또한 자신의 고유한 개성과 장점을 찾아 꿈을 실현할 수 있는 직업을 갖도록 해줘야 한다. 전형적인

'기준'의 틀에서 벗어나 다른 형제들처럼 모험과 탐험을 해볼 수 있도록 격려해줘야 한다.

● 동생들을 가르칠 수 있는 기회를 주자. 첫째아이의 장점은 동생들을 도울 수 있다는 것이다. 첫째에게 "동생에게 읽기를 가르쳐줄래?" "동생한테 컴퓨터 켜는 방법을 보여줄래?" 하고 물어보자. 누군가를 가르친다는 것은 가르침을 받는 사람뿐만 아니라 가르치는 사람에게도 큰 도움이 된다. 첫째는 동생을 가르치며 많은 걸 얻게 된다(지능 발달). 첫째가 동생을 가르칠 의지와 여유를 가지고 있다면 동생을 돌보고 가르치도록 격려해주자.

● 알레르기에 주의하자. 첫째는 다른 아이들보다 꽃가루 알레르기나 습진 같은 알레르기성 질병에 잘 걸린다고 한다. 이는 과보호로 병원균이나 박테리아에 덜 노출되어 면역력을 키우지 못했기 때문일 수도 있다. 첫째가 걸리는 감기의 대부분은 알레르기에 의한 것이라는 보고가 있다.

부모는 아이의 IQ에 집착해선 안 됩니다. 사실 성공하는 데서 IQ는 그리 큰 역할을 하지 못하는 것으로 나타납니다. 부모는 첫째아이가 꽃향기를 맡으며 자신의 인생을 즐길 수 있도록 도와줘야 합니다. 이것이 중요합니다.

동생의 탄생

제 아내는 현재 임신 9개월입니다. 그런데 일곱 살 난 딸이 이 사실을 달갑지 않게 여긴다는 걸 알게 되었습니다. "내가 있는데 왜 또 다른 아이를 원하는 거야? 동생이 생겨도 나랑 놀아줄 수 있는 거야? 내 물건을 동생에게 양보해야 돼? 왜 아기만 새 선물을 받는 거야? 냄새나는 아기가 있으면 친구들이 우리집에 놀러오지 않을 거야"라는 말을 합니다. 딸아이가 동생에게 익숙해질 수 있도록 하려면 어떻게 해야 할까요?

부모는 새로운 아기의 출생에 매우 흥분해 있을지도 모르지만 큰아이에게 동생이 생긴다는 건 그리 달가운 일만은 아닐 것입니다. 자기만의 물건을 가질 수 없다는 것과, 특히 더 이상 엄마아빠에게 가장 특별한 존재가 자기만이 아니라는 사실을 깨닫게 되거든요. 그래서 아이에게 언니 혹은 형이 되는 것은 그리 쉬운 일은 아닙니다. 질투나 분노를 느낄 수도 있어요. 따라서 아이에게 동생이 태어나더라도 엄마아빠에게 충분한 사랑을 받을 수 있다는 사실을 알게 해줘야 합니다.

해결책

- **변하지 않는 것을 알려주자.** 아이는 곧 닥쳐올 변화에 대해서만 귀를 기울일 것이다. 따라서 아이에게 변하지 않는 것이 무엇인지 자주 알려주는 게 좋다. 이는 아이가 변화에 잘 적응하는 데 도움이 된다.

- **아이가 결정에 참여하도록 하자.** 아기의 이름을 지을 때 큰아이의 의견을 들어주자. 아기 방의 색깔, 침대 위치, 동생을 위한 인형 등을 정할 수 있게 해주자.

- **언니 혹은 형으로서의 역할을 중요하게 여길 수 있도록 해주자.** "동생에게 야구를 가르쳐줄 수 있겠구나" "동생에게 책을 읽어주면 정말 좋아할 거야"라고 말해주면서 좋은 언니 혹은 형이 되는 방법을 알려주자. 단, 동생이 새로운 놀이상대가 될 거라는 잘못된 희망은 주지 않도록 주의하자. 아기는 먹고 자고 울기만 하는 존재란 걸 깨닫는 순간 실망을 하게 될 것이다.

- **아기가 있어도 일상의 패턴을 유지하자.** 물론 어느 정도의 변화는 생길 것이다. 하지만 가능한 한 일상의 패턴을 지키고자 노력한다면 아이는 동생이 자신의 삶을 방해하는 존재라고 생각하지 않을 것이다.

- **기쁨을 절제하자.** 물론 아기의 존재가 더없이 기쁘겠지만 큰아이 앞에선 이를 절제하는 편이 좋다. 다시 말해 부모의 모든 관심이 아기에게 쏠려 있고 자신은 외톨이라는 생각을 갖지 않도록 해야 한다. 아기에게만 관심을 집중시키면 큰아이는 분노를 느끼게 된다. 집에 오는 손님들에게도 큰아이에게 여전히 관심을 가져주길 부탁하자.

- **아기 돌보는 일을 돕도록 하자.** 큰아이에게 동생을 돌보는 일을 도와달라고 권해보자. 아이가 어리다고 해도 유모차를 함께 밀어주거나 기저귀를 정리하

는 일 등은 할 수 있을 것이다. 또한 자장가를 불러줄 수도 있고 아기를 위한 그림을 그려줄 수도 있다. 좀더 큰 아이라면 책을 읽어주거나 기저귀 가는 일을 돕거나 옷을 갈아입혀주는 일을 도울 수 있다. "아기가 곰돌이 인형을 좋아할까, 아니면 토끼 인형을 더 좋아할까?" "아기에게 어떤 색깔의 옷이 더 잘 어울릴까" 등의 조언을 구하는 것도 좋은 방법이다.

● **일대일의 시간을 갖자.** 큰아이가 어렸을 때 어땠는지를 이야기해주자. 어떤 책을 좋아했는지, 어떻게 안아주면 좋아했는지, 엄마 품에 안겨 있을 때 얼마나 행복해했는지를 말해주자. 아기가 자고 있다면 큰아이와 함께 시간을 보내자! 아기에게 젖을 먹이면서 큰아이를 옆에 앉혀두고 책을 읽어주거나 노래를 불러주거나 이야기를 나누는 것도 좋다. 부모의 마음에 자신의 자리를 대신할 수 있는 것은 아무것도 없다는 사실을 느끼도록 해주자.

도와주세요

우리집은 아이가 셋입니다. 세 살 난 여자아이, 여섯 살 난 남자아이, 그리고 열 살인 큰아들이 있습니다. 둘째아이는 항상 "나는 가운데 끼어 있는 게 싫어. 동생이 하는 건 하고 싶지 않아! 형에게 물려받은 물건 말고 나만의 물건을 갖고 싶어. 선생님이 왜 형처럼 잘할 수 없냐고 말씀하셔"라고 불평합니다. 어떻게 하면 둘째아이의 '샌드위치' 불만을 해소해줄 수 있을까요?

둘째아이는 사실 부당한 대우를 받게 되는 경우가 많습니다. 하지만 그 아이는 특수한 위치 덕분에 특별한 능력과 관점을 배울 수 있지요. 유명한 심리학자 알프레트 아들러(Alfred Adler)는 출생순위에 대한 연구를 했는데, 둘째아이는 첫째와 막내 사이에서 자신을 돋보이게 하기 위해 노력함으로써 창의성과 유연한 성격을 갖추게 된다고 합니다. 둘째는 느긋할 뿐만 아니라 독립적이고 뛰어난 외교적 수완을 지니고 있어서 다른 형제자매에 비해 더 균형감 있고 온화한 성격을 갖추게 된

다는 것입니다. 둘째아이의 방식으로 아이의 길을 찾게 해준다면 아이는 탁월한 대인관계 기술을 갖추고 뛰어난 협상가가 될 것입니다.

● **편애하지 않도록 주의하자.** 부모들은 공정하게 아이들을 대한다고 생각할지 모르지만 반대의 결과를 보여주는 조사들이 있다. 60%의 어머니와 70%의 아버지가 첫째아이를 편애하고 있다는 결과가 있다. 둘째아이는 부모가 누구를 편애하고 있는지를 아주 잘 알아낸다. 그러므로 아이들을 대할 때는 누구를 더 좋아한다는 식의 표현은 삼가야 한다. "너는 엄마(아빠)의 외교관이구나." "넌 언제나 엄마(아빠)의 귀여운 포옹쟁이가 될 거야"와 같이 각각의 아이가 가진 특별하거나 사랑스러운 점에 대해 표현하는 것이 좋다.

● **둘째아이의 '처음'을 특별한 것으로 만들자.** 첫 옹알이, 첫 걸음마 등 모든 중요한 '첫 번째' 행동은 첫째아이가 차지하고 있다. 또 막내는 '마지막'이기 때문에 그 행동이 특별하게 여겨진다. 하지만 둘째아이의 '첫 번째'는 평범하게 여겨지는 경우가 많다. 둘째아이의 이가 처음 빠진 날, 처음으로 상을 받아온 날 등을 특별하게 만들어주자. 그래서 자신도 부모를 행복하게 해준다는 걸 알게 해주자. 둘째아이는 자존감에 대해 스스로 질문을 던지고 첫째아이에 비해 낮은 자존감을 가지고 있다는 연구결과가 있다는 점을 명심해야 한다.

● **비교를 멈추자.** 둘째아이의 가장 큰 불만은 형제와 비교당하는 것이다. "형은 세 살 때 이런 것도 했어" "동생이 얼마나 열심히 연습하는지 좀 봐"와 같은 말들을 해서는 안 된다. 비교하지 않는 것, 이는 부모가 명심해둬야 할 가장 중요한 기본원칙이다.

● **자신의 생각을 표현할 수 있도록 격려해주자.** 첫째아이는 동생이 태어나기

전에 부모와 함께 보내는 시간을 독차지해서인지 아주 수다스러운 경우가 많다(실제로 첫째아이의 IQ가 동생들보다 좀더 높은 편인데 이는 부모와의 일대일 시간이 많았기 때문이라는 연구결과가 있다).

하지만 둘째아이는 말도 별로 없고 자신의 생각도 제대로 표현하지 않을 때가 많다. 둘째가 자신을 좀더 드러낼 수 있도록 격려해주자. 저녁식사시간에 둘째아이에게 시간을 좀더 할애해서 말할 수 있는 기회를 만들어주는 건 어떨까? 아이에게 엄마아빠가 자신의 생각을 듣고 싶어 한다는 것과, 아이를 결코 무시하지 않는다는 사실을 알도록 해주자. 그리고 손위형제에게 동생이 어떤 생각을 가지고 있는지 귀를 기울이라고 당부해두자.

● **'이용당하지' 않도록 하자.** 둘째아이는 갈등을 싫어하기 때문에 가정 안에서 '외교관' 역할을 하며 갈등을 완화시킨다. 또한 평화를 유지하기 위해 자신의 것을 다른 형제에게 양보하기도 한다. 하지만 이는 아이에게 스트레스로 작용할 수 있으므로 불공평한 일이 일어나지 않도록 부모는 주의를 기울여야 한다.

● **'물려받기'에 주의하라.** 가끔은 괜찮지만 둘째아이가 항상 첫째아이의 물건을 물려받게 해서는 안 된다. "이 옷은 아직 멀쩡하니까" "이 인형은 첫째가 몇 번 가지고 놀지도 않았어"라는 생각으로 말이다. 사실 둘째아이는 물려받는 걸 아주 싫어한다.

● **개인적인 성향을 인정하자.** 둘째아이는 창의적이고 개인주의적이라는 연구결과들이 있다. 첫째아이는 야심이 있기는 하지만 순응적인 태도로 부모의 관심을 얻으려는 반면 둘째아이는 자신만의 독특한 정체성을 만들려고 노력한다. 둘째아이가 자신만의 개성과 재능을 펼칠 수 있도록 기회를 주자. 둘째아이가 반드시 첫째아이의 길을 따라갈 필요는 없다.

도와주세요

❓ 남편과 저는 외동딸을 형제자매도 없이 늘 바쁘게 지내는 어른 둘만 있는 환경에서 자라게 하는 게 미안할 때가 많아요. 집 분위기가 어른 중심이라 신나는 기분이나 활기찬 에너지가 부족한 거 같아요. 하지만 또 어떨 땐 아이에게 지나친 관심과 신경을 쓰고 있는 건 아닌지 걱정이 되기도 해요. 저희 딸이 예의바르게 자라고 또 아이답게 즐거운 어린 시절을 보낼 수 있게 하려면 어떻게 해야 하죠?

❗ 외동아이를 설명할 때 버릇없다, 거만하다, 이기적이다, 적응을 못한다, 외로워한다 등과 같은 말들이 주로 등장합니다. 이런 설명이 사실이라면 외동아이는 정말로 불행한 성격을 타고나는 걸까요? 최근 연구들은 외동아이에 대한 부정적인 고정관념들과 미신들에 대해 반박합니다. 그리고 외동아이의 긍정적인 면을 말해주는 연구들도 있습니다.

외동아이는 지능과 성공에서 큰 이점이 있습니다. 20년 동안 진행된 한 연구는 외동아이의 교육수준, 학업성적, 성취도가 더 높다는 결과를 밝히고 있습니다. 대부분 경우, 외동아이는 부모와 더욱 친밀한 관계를 맺고 있으며 부적응, 외로움, 이기적인 성격의 정도는 형제가 있는 아이들과 별로 다르지 않은 것으로 나타납니다. 많은 연구들이 외동아이와 형제가 있는 아이들과의 비교에서 차이를 발견하지 못했다는 결과를 말해주지요. 혹 외동아이에게 특수한 문제가 나타난다 하더라도 그 문제들을 해결할 수 있는 방법이 여기에 있습니다.

해결책

- **왕좌에서 물러나게 하자.** 외동아이는 부모의 사랑과 관심을 독차지하고 있어서 자존감이 높은 것으로 나타난다. 하지만 이로 인해 남들 앞에서 잘난 척을 해서 친구들과의 관계가 나빠질 수도 있다. 비록 부모의 눈에는 그렇게 보일지라도 아이를 모든 것의 중심에 둬서는 안 된다. 또한 아이로 하여금 세상이 자신을 중심으로 돌아가고 있다는 인상을 갖지 않게 해야 한다.

- **다른 사람에 대한 배려를 키우도록 해주자.** 외동아이는 대부분 시간을 혼자 보내거나 어른들하고만 보내기 때문에, 어떠한 일에서든 '내가 우선, 내가 최고'란 태도를 가질 수 있다. 아이가 다른 사람을 배려할 수 있도록 가르쳐주자. 애완동물을 돌보며 책임감 키우기, 외로운 이웃에게 과자를 만들어 선물하기, 동네에서 어린 동생들을 가르치기 등 봉사활동을 할 수 있도록 해주자. 이런 경험을 통해 아이는 봉사의 기쁨을 배울 수 있다. 외동아이는 또한 상대가 자신의 말을 들어줄 때까지 기다리지 않고 언제든지 말할 수 있는 '호사'를 누린다. 따라서 아이가 인내심을 갖고 상대의 말을 경청할 수 있도록 지도해야 한다.

- **기대를 한 단계 낮추자.** 모든 아이들은 부모님을 기쁘게 해드리고 싶어 한다.

특히 외동아이는 자신이 부모에게 '하나뿐인' 존재라는 사실을 알기 때문에
더더욱 그렇다. 하지만 이는 아이에게 큰 부담이 될 수도 있음을 명심하자.
외동아이는 또한 성취욕이 강하고 완벽주의의 기질을 갖고 있기 때문에 성공
할 확률이 높다. 외동아이의 학교 적응도와 학업 수행 점수가 높다는 연구결
과도 있다. 아이에 대한 기대수준을 수시로 점검해보자. 아이는 뭐든 잘 해낼
수 있다. 그러니 욕심을 버리자. 아이에 대해 지나치게 간섭해서는 안 된다는
말이다. 외동아이는 자신에게 부여된 지나친 압박감을 이겨내는 방법을 배워
야 한다. 만약 스스로에게 가하는 압력에 부모의 압력까지 더해진다면 아이
에게 큰 독이 될 것이다.

- **사교성을 키워주자.** 약 2만 명의 유치원생을 대상으로 실시한 연구의 결과를
  보면, 외동아이보다 형제가 있는 아이들이 친구를 더 잘 사귀고 잘 어울리며,
  다른 아이들에게 도움을 주고, 자신의 감정을 긍정적으로 표현하고, 감성적
  인 면을 보이는 것으로 나타났다. 그렇다고 해서 아이의 사교성을 위해 둘째
  를 꼭 가질 필요는 없다. 외동아이에게 다른 아이들과 어울리며 친구를 사귀
  는 방법을 배울 수 있는 기회를 만들어주면 된다. 그 기회란 예컨대 놀이 모
  임, 스카우트 활동, 교회 모임, 친척 모임, 친구들과 보내는 휴일, 이웃집 아
  이들, 여름 캠프, 친구집에서 자기 등이 있다.

- **갈등을 해소하는 방법을 가르쳐주자.** 외동아이는 함께 부딪히며 배우고 자랄
  형제자매가 없기 때문에 갈등이나 놀림을 해결하는 데 서툴고 협상이나 타협
  에 어려움을 겪는다. 따라서 부모는 아이를 온실 속의 화초처럼 키우지 않도
  록 늘 주의를 기울여야 한다. 아이에게 논쟁 상황에서 갈등을 해결하고 협상
  하는 기술을 가르치고 이를 실생활에서 활용할 수 있도록 해주자. 의도적으
  로 (물론 장난치듯이) 아이를 놀리면서 아이가 심각해지기보단 웃을 수 있도록

훈련시키자. 또한 "아이 앞에서 절대로 싸우지 말라"는 통념에 너무 얽매이지 말자. 물론 아이 앞에서 엄청난 부부싸움을 하라는 말은 아니다. 부모가 본이 되어 의견이 다를 때 어떻게 우호적인 관계를 유지해나갈 수 있는지를 배울 수 있게 해주자.

● **자신의 길을 걸을 수 있게 하자.** 하나밖에 없는 자식이기 때문에 그 아이가 부모의 기대를 완벽히 충족시켜줄 거란 기대를 해선 안 된다. 아이의 독특한 재능과 흥미, 열정, 개성, 성격을 곰곰이 생각하면서 현재 아이가 어떤 활동과 취미를 가지고 있는지 살펴보자. 그것이 아이의 적성에 맞는지, 아이의 재능과 능력을 펼칠 수 있는 일인지, 아니면 부모의 기대, 부모의 재능, 부모의 능력과 추억에 따른 것인지를 살펴보라는 말이다. 아이를 다른 누구로 만들어서도 안 되며 오로지 자기 자신답게 자랄 수 있도록 해줘야 한다.

도와주세요

저희집엔 아이가 셋입니다. 그런데 막내는 항상 마지막에 남는 것만 얻게 되는 거 같아요. 저와 남편은 첫째아이가 태어났을 때만큼 집에 있지를 못하고 큰 아이들은 더 많은 시간과 에너지를 요구하기 때문에 예전만큼 아이를 키우는 일을 즐기지 못하고 있습니다. 혹시라도 막내를 너무 소홀히 다루고 뭐든 스스로 하도록 너무 내버려두는 건 아닌지 걱정이 됩니다. 아이에게 필요한 걸 충족시켜주려면 어떻게 해야 하나요?

유명한 심리학자 알프레트 아들러는 출생순위를 연구했습니다. 그는 출생순위와 양육태도가 아이의 인생이나 지능, 성격에 큰 영향을 준다는 사실을 발견했지요. 물론 아이들 각자는 서로 다른 존재입니다. 막내는 태어난 순서와 부모의 태도로 말미암아 특징지어집니다. 막내는 장난스럽고, 창조적이며, 충동적이고, 사회성이 강하고, 외향적이고, 느긋하며, 태평한 기질을 갖습니다. 또한 언니 혹은 형보다 교육수준이 낮고, 덜 똑똑하고, 경제적인 성공도 덜 성취하는 경향이 있다고 합니다. 하지만 막내만의 장점이 분명 존재합니다.

8,000명 이상을 대상으로 한 연구에서 막내들은 과체중의 가능성이 적다고 나왔습니다. 또 다른 연구에서 따르면 막내가 알레르기나 천식에 걸릴 가능성이 낮다고 합니다. 막내는 더욱 창의적이고 자유로운 태도를 지닐 가능성이 크고, 협동심이 강하며, 다른 사람의 관점을 더 잘 이해한다고 하네요(로널드 레이건, 찰스 다윈, 코페르니쿠스, 에드워드 케네디, 데카르트, 모차르트, 역사에 큰 흔적을 남긴 이들은 모두 막내였습니다). 물론 막내들은 부모의 밤잠을 설치게도 하는데, 이들은 '가족의 반항아'가 될 수도 있고 언니 혹은 형보다 위험한 일을 더 많이 벌이며 가족의 권위에 더 많은 물음표를 던집니다.

또 다른 연구에서는 막내가 사춘기를 더 빨리 겪고 이성 친구를 가장 많이 사귄다고 합니다. 이런 이유로 더 이상 아이를 낳지 않겠다고 결심할 수도 있겠지만 한 가지 분명한 사실은 막내는 손위형제보다 더 발랄하고 느긋하고 건강한 아이로 자랄 것이며 동시에 약간의 문제를 안겨줄 수도 있다는 것입니다. 막내는 많은 사랑을 받게 됩니다. 막내라는 특수한 위치에서 잘 성장하도록 도울 수 있는 방법으로 어떤 것이 있을까요?

해결책

●**이야기하고 이야기하고 또 이야기하자.** 앞서도 말했듯이 첫째아이의 IQ가 동생들보다 2.3 정도 더 높다는 연구결과가 있다. 이는 오늘날처럼 시험 중심의 교육제도 아래서는 커다란 이점으로 작용한다. IQ 차이는 유전적 영향이라기보다는 부모가 첫째아이와 보내는 일대일의 시간이 더 많기 때문이다. 아

이의 언어를 발달시키는 최고의 방법은 부모와의 대화이다. 하지만 불행히도 막내는 이 시간을 온전히 얻지 못한다. IQ에 영향을 주는 것은 어떤 말을 하느냐가 아니라 이야기를 나눈다는 그 자체이다. 브리검영대학의 경제학과 조지프 프라이스(Joseph Price) 교수는 2만 1,000명의 데이터를 분석한 결과, 첫째아이는 동생들보다 3,000시간 이상 부모와의 일대일 시간이 많다는 사실을 알아냈다. 이는 하루로 치면 약 20분에서 30분 정도의 시간이 된다. 첫째는 부모와 대화하는 시간이 더 많기 때문에 결과적으로 높은 IQ, 교육수준, 수입을 얻게 된다고 한다. 그렇다면 막내는 어떨까? 막내는 부모와 가질 수 있는 일대일의 시간이 가장 적다(물론 만 4세에서 만 13세의 막내는 손위형제들보다 많은 시간을 부모와 함께 보내기는 하지만 이 시간의 대부분은 TV를 보는 데 사용되고 있다). 부모는 막내와의 대화 시간을 엉뚱한 곳에 사용하지 않도록 주의를 기울여야 한다.

●어린 시절의 자료를 모아주자. 부모는 첫째아이를 위한 책, 앨범, 스크랩북을 만드는 데 많은 공을 들일 것이다. 하지만 막내도 잊어서는 안 된다. 막내가 앨범을 펼쳤을 때 자신의 삶을 보여주는 흔적이 많지 않다면 그 실망감은 이루 말할 수 없을 것이다. 물론 자료 만들기는 시간이 많이 드는 일이다. 이 일에 막내를 직접 참여시키는 건 어떨까? 막내와 일대일의 시간을 가지면서 엄마아빠가 아이와 함께한 시간을 얼마나 소중히 여기고 있는지를 말해주자.

●아이 마음대로 행동하게 내버려두지 말자. 첫째들의 불평대로 막내는 책임을 회피하고 덜 혼난다는 사실이 연구결과로 드러났다. 메릴랜드대학, 듀크대학, 존스홉킨스대학의 연구자들은 청소년에 대한 연구를 위해 1만 1,000명 이상의 피실험자들을 전국적으로 분석했다. 막내는 덜 혼나기 때문에 위험한 짓을 자주 벌이며, 반항적이고, 혼전 성관계가 잦으며, 학교를 중퇴하는 비율

도 높고, 어른이 되어서도 규칙을 어기는 경향을 더 많이 보였다. 부모는 막내에 대한 손위형제의 말을 귀담아 듣고 막내를 허술하게 훈육하지 않도록 주의해야 한다.

● **관심을 끌기 위한 장난은 아닌지 살펴보자.** 막내를 대하는 부모의 태도는 좀 느슨한 편이다. 그래서 막내의 모든 행동을 눈여겨보지 않는 경우가 많다. 때문에 일반적으로 막내는 스트레스를 덜 받고 여유로워지고 가족들에게 웃음을 주며 주목을 받으려고 한다. 유머감각이 장점이 되기는 하지만 아이가 부적절하게 유머를 사용하지 않도록 지도하자. 부모는 이 어린 코미디언의 농담과 웃음이 상황에 적절한지를 생각할 수 있도록 해줘야 한다. 막내와 특별한 신호를 정해, 장난스러운 행동을 보일 때가 아니란 걸 알려주도록 하자.

● **막내도 유능하다는 사실을 유념하자.** 부모는 첫째아이에게 더 많은 책임감을 부여한다. 첫째의 나이가 어릴지라도 많은 기대를 하게 된다. 부모의 기대는 자기실현적인 예언이 된다고 볼 수 있다. 첫째 중에 CEO나 대통령이 나올 가능성이 높고, 변호사나 의사와 같은 명망 있는 직업을 가지고 높은 연봉을 받는 이들이 많다. 앞서도 말했듯이 초기 우주비행사 대부분이 첫째였다. 이처럼 부모의 기대는 아이의 미래에 큰 영향을 미친다. 그렇다면 막내를 과소평가하며 그들의 미래에 제한적인 기대를 두어서도 안 된다. 막내에게도 "네가 원하는 건 무엇이든 될 수 있어"라는 긍정의 메시지를 전해주자.

● **기대를 높이자.** 경제적인 이유로 막내의 고등교육률이 낮다는 보고가 있다. 그런데 막내에게 학업적인 성공을 강조하는 경향도 낮다고 한다. "네가 대학을 졸업하면"이라는 식으로 막내에게도 교육에 관한 '긍정적 말'을 해주자. "네 꿈을 달성하면"이라고 말해주면서 아이가 미래의 목표들을 이룰 수 있도록 격려하자. 부모의 낮은 기대로 아이의 가능성을 줄이는 일은 결코 없어야 한다.

● **책임감을 부여하자.** 막내도 손위형제들처럼 공평하게 집안일을 나눠서 하고 스스로 자기 쓰레기통을 비울 수 있도록 해야 한다. 이런 일은 아이의 성취감을 높여줄 뿐만 아니라 책임감을 배울 수 있도록 해준다.

● **어린 아이를 가르칠 수 있는 기회를 주자.** 부모는 손위형제가 동생을 가르치도록 하는데, 이런 작은 '가르침'도 큰 장점이 있다. 첫째아이의 IQ가 높게 나오는 것은 부모와의 일대일 시간이 많기 때문이기도 하지만 이 특별한 '과외' 덕분이기도 하다. 그렇다면 막내에게도 자기보다 어린 동생을 가르칠 수 있는 기회를 주자. 이웃 동생이나 어린 사촌을 돌보거나 강아지를 돌봐도 좋다. 누구에게 무엇을 가르치느냐가 중요한 게 아니라 가르칠 수 있는 기회를 얻는다는 것 그 자체가 중요하다.

● **아기처럼 다루지 말자.** 부모뿐만 아니라 손위형제도 막내를 아기처럼 다룬다. 애지중지하게 키우는 건 좋지만 너무 지나치면 막내가 '아기' 역할에 갇혀 다른 사람에게 지나치게 의존할 수도 있다는 문제가 생긴다. 다시 말해 자기 자신에 대한 기대를 낮출 수도 있다. 따라서 막내를 '우리 아기'라고 부르는 일은 이제 그만두자. 귀여운 막내의 이미지에 갇히고 길들여져 자신의 일을 남에게 의지하도록 만들어선 안 된다. 가정에서 책임감이 형성되지 않으면 아이는 사회에 나와서도 많은 어려움을 겪게 된다는 연구결과들이 있다.

도와주세요

우리 부부는 곧 쌍둥이를 출산할 예정입니다. 의사 선생님은 세쌍둥이일 가능성도 있다고 합니다. 비싼 인공수정을 하며 오랫동안 아이를 기다려왔기 때문에 아주 행복합니다. 우리 부부 주변에는 쌍둥이를 키우는 사람이 없습니다. 우리가 알아야 할 특별한 육아법이 있는지 궁금합니다. 어떤 조언이라도 저희에겐 큰 도움이 될 겁니다. 그리고 세쌍둥이가 요즘에는 얼마나 흔한지도 알고 싶습니다. 세쌍둥이라고 하면 금세 뉴스거리가 되는 것 같아서요.

현재 미국에서는 250번의 출산 중 한 번꼴로 쌍둥이, 세쌍둥이, 혹은 그 이상의 쌍둥이가 태어납니다. 지난 30년간 쌍둥이 출산이 약 65% 증가했지요. 그 원인은 인공수정 기술의 발달과 결혼 연령의 증가에 있습니다(여성의 나이가 많을수록 쌍둥이를 출산할 가능성은 2배가 되는데, 많은 여성들이 첫째아이를 갖는 시기를 늦추고 있습니다). 출산의 기쁨에도 불구하고 쌍둥이를 키우면서 특별한 시련을 겪게 되지요(아

마 더 지치게 되고 경제적으로도 빠듯해질 것입니다). 쌍둥이를 키우다보면 다음과 같은 고민들을 하게 될 것입니다. 어떻게 하면 아이 각자의 개성을 살리게 할 수 있을까? 같은 교실에서 공부하게 해야 하나? 같은 친구를 사귀어야 할까? 쌍둥이는 언어습득이 늦다고 하는데 어떻게 해야 할까.

해결책

- **지식을 쌓자.** 기본적인 양육지식은 모든 아이들에게 적용될 수 있지만 쌍둥이를 기르는 데는 몇 가지 특별한 문제들이 존재한다. 그러므로 앞으로 부딪힐 문제들에 대한 해결책을 미리 알아두자.

- **개성을 키워주자.** 대부분 경우 쌍둥이들은 똑같이 보고 행동하며 심지어 생각도 똑같이 한다. 관심사, 교실, 스카우트 활동, 친구들, 심지어 생일까지 똑같기 때문에 서로를 '하나'로 보는 경향이 강하다. 아이들은 많은 공통점을 가지고 있기 때문에 서로를 끊임없이 비교하게 되는데, 이는 그들 사이의 경쟁을 부추기며 정서발달에 영향을 준다. 아이들은 각자가 서로 다른 유일한 존재이며 개개의 인격체로 대접받아야 한다. 아래에 아이들 간의 경쟁을 줄이고 개성을 키워줄 수 있는 6가지 요소를 살펴보자.

- 다른 외모. 쌍둥이가 동성일 경우 그 둘은 매우 닮아서 잘 못 알아보게 되는 경우가 있는데, 그러면 아이들은 화를 낼 것이다. 다른 사람들이 쉽게 구분할 수 있도록 아이들의 헤어스타일, 구두나 가방 색 등을 다르게 해주자.

- 부모와의 일대일 시간. 짧은 시간 동안이라도 아이들 각자가 부모와 '둘만'의 시간을 보낼 수 있도록 해주자. 예를 들어 잠자기 전에 아이들 각자의 이야기를 1분 정도 들어준다거나 저녁시간을 이용해서 각자 하루 동안의 이야기

를 함께 나눌 수도 있으며 일대일 점심 데이트나 공놀이 등을 할 수 있을 것이다.

☐ **떨어져 지내기.** 쌍둥이들은 너무 많은 시간을 함께 지내기 때문에 마찰이 생길 수 있다. 아이들이 서로와 잠시라도 떨어져 지낼 수 있는 방법을 찾아보자. 예를 들면 쌍둥이 외의 다른 형제자매와 산책하기, 할머니와 시간 보내기, 여름방학 캠프에 참여하기 등이 있다.

☐ **다른 활동하기.** 쌍둥이에게 같은 활동을 하게 하거나 같은 스포츠팀에 넣는 경우가 많은데, 이렇게 되면 서로를 경쟁상대로 여기게 된다. 쌍둥이 각자가 적어도 다른 활동 한 가지 이상을 하도록 해주자. 물론 아이들을 데려다주고 데려오는 일이 복잡해질 수 있지만 그 효과는 매우 클 것이다.

☐ **자신만의 재능 키우기.** 노래, 태권도, 기타 연주, 재즈댄스 등 각자의 재능과 능력을 찾을 기회를 줌으로써 자신만의 특별한 능력을 깨닫도록 해주자.

영국 일간지 《더타임스》 인터넷판에 따르면 영국 잉글랜드 소재 버밍엄 대학의 스티븐 맥케이 교수가 1만 8,500 가구를 추적 조사한 결과 쌍둥이나 세쌍둥이를 둔 부부는 쌍둥이가 아닌 자녀 여럿을 둔 부부에 비해 이혼할 확률이 17% 높은 것으로 나타났다.

이는 쌍둥이 자녀를 양육하는 데 비용이 한꺼번에 들어가면서 재정적 부담이 상대적으로 늘어나 이혼 위험을 끌어올렸기 때문인 것으로 풀이됐다. 실제로 쌍둥이를 낳은 뒤 양육비 부담 등으로 가정 재정상황이 심각하게 악화됐다고 답한 부부가 2/3에 달해, 일반 부모 가운데 재정난에 빠졌다고 답한 비율 40% 보다 높은 것으로 나타났다. 쌍둥이 자녀를 낳은 여성이 산후 직장으로 복귀할 확률도 자녀 한 명을 낳은 여성에 비해 20% 낮은 것으로 조사돼 양육비 부담을 키우는 요인으로 지목됐다. 특히 쌍둥이 자녀를 낳은 부부가 상대적으로 나이가 많고 경제적으로도 넉넉해 결혼생활을 유지하는 데 비교적 유리한 조건을 갖췄는데도 오히려 이혼율이 높은 것은 양육비 부담이 큰 영향을 미친다는 것으로 해석됐다. 맥케이 교수는 "가정이 경제적 부담 같은 압박을 받을 때 이혼 위험이 높아지는 경향을 보인다" 면서 쌍둥이 자녀를 둔 가정에 출산보조금 같은 지원책을 늘려야 한다고 주장했다.

☐ **다른 친구 사귀기.** 쌍둥이는 친구들이 같다. 하지만 그렇게 되면 한 아이가 친구를 독점하여 다른 쌍둥이를 따돌릴 수 있다는 위험이 있다. 적어도 한 명 이상의 다른 친구를 사귀도록 해주고 혼자서 다른 친구의 생일파티나 놀이에 참여하도록 해주자.

● **'똑같이'가 아니라 '공정히' 대하자.** 쌍둥이를 양육할 때 그들을 똑같이 대해서 만사를 '똑같이' 처리하려들지 말자. 이건 불가능한 일이다! 대신 '공정히' 대하도록 하자. 다시 말해 부모의 기준과 기대수준을 각자의 개성과 필요에 맞춰 대하라는 것이다. 예를 들어 똑같은 규칙을 부여하되, 각각의 아이는 개별적인 훈육을 하는 것이다. 한 아이가 잘못을 했을 때 쌍둥이를 하나로 묶어 같이 혼내지 않아야 한다. 컴퓨터 사용 시간을 똑같이 정해주되, 한 아이가 숙제를 하기 위해 컴퓨터를 더 오래 사용해야 한다면 다른 아이에게 학교 일이 우선이라는 걸 알게 해주자. 샤워 시간을 구분하되, 급한 일이 생기면 순서를 바꿀 수 있도록 해주자. 함께 사용하는 장난감 외에도 자기만의 물건을 갖게 해주고 그 소유를 확실하게 해준다. 이는 책이나 옷에도 적용할 수 있다.

● **대화하는 시간을 가져라.** 쌍둥이들은 서로와 많은 시간을 보내기 때문에 자신들만의 언어를 만들어낸다. 서로를 상당히 의지하고 있어서 부모와 대화하는 시간이 상대적으로 적어진다. 하지만 이는 언어발달을 지연시킬 뿐만 아니라 지적능력과 학업능력에도 부정적인 영향을 줄 수 있다. 아이가 어릴수록 부모와의 대화는 언어발달에 큰 영향을 준다. 따라서 쌍둥이와 자주 이야기할 방법을 찾아야 한다. 그날의 계획표, 저녁식사 메뉴, 할아버지와 할머니를 방문할 계획 등과 관련한 엄마아빠의 생각을 아이들에게 말해주자. 혹은 친구나 친척들을 초대함으로써 아이들이 많은 어른들 속에서 말을 배울 수

있도록 해주자.

● **학교생활에서 최선의 선택을 하자**. 아이들 각자의 개성을 키우며 다른 경험을 하도록 부모가 노력한다고 해도 학교생활은 또 다른 문제다. 쌍둥이를 대상으로 지난 20년간 이루어진 연구를 보면 유치원이나 초등학교 저학년 시절을 함께 보낸 쌍둥이가, 인위적으로 떨어져 생활한 쌍둥이에 비해 학업성취도와 사회성이 더 높은 것으로 나타났다. 학교생활에 적응하고 학년이 올라가면서 쌍둥이들은 자연스럽게 떨어져 지내게 된다. 아이들의 효과적인 학교생활을 위해 부모로서 가장 좋다고 생각하는 방법을 선택해야 할 것이다. 다음은 학업성취도 면에서 고려해야 할 문제들이다.

□ **습득장애**. 쌍둥이 가운데서도 남자 쌍둥이가 습득장애의 가능성이 높다는 연구들이 있다. 남자 쌍둥이가 습득장애를 가질 가능성은 40%이고 일란성일 경우에는 68%까지 높아진다. 만약 쌍둥이 가운데 하나 혹은 모두가 학업적인 어려움을 겪는다면 습득장애 검사를 해보는 게 좋다.

□ **구별**. 어떤 경우에라도 한 아이에 대해서만 '타고났다' '똑똑이' 등의 말을 하지 않도록 조심해야 한다.

□ **경쟁**. 학업에서 서로를 상대로 경쟁하거나 한 아이가 다른 아이보다 더 잘한다는 사실을 알았다면 다른 교실이나 팀으로 갈 수 있게 해주자.

□ **아이들의 선택**. 중학교 진학 후에도 같은 교실에 배정되었다면 이때야말로 다른 교실로 쌍둥이를 보내야 한다. 이 시기에는 또래 간의 경쟁과 영향력이 크기 때문에 아이들의 자존감을 위해서라도 반드시 한 명을 다른 교실로 배정해야 한다. 아이들에게 물어서 스스로 선택하게 해주자.

● **부모 자신을 관리하라.** 쌍둥이는 부모에게 2배의 기쁨을 줄 수도 있지만 그만큼의 스트레스를 줄 수도 있다. 한 번에 여러 아이를 챙겨야 하는 스트레스가 부모 자신뿐 아니라 결혼생활 전반에도 긴장과 피로를 주게 된다는 연구결과들이 있다. 이런 긴장을 완화할 수 있는 방법에는 무엇이 있을까?

☐ **'쌍둥이 엄마 모임'에 가입하자.** 온라인 모임이나 지역사회에서 쌍둥이 부모들을 만나 조언을 구하자. 네이버, 다음, 야후, 싸이월드 등에 '쌍둥이 카페' 검색하면 다양한 목록을 볼 수 있을 것이다. 회원수가 많고 활동이 활발한 곳으로 선택하자 .

☐ **'부부'의 시간을 만들자.** 아이들과 떨어져 배우자와 둘만의 시간을 가져야 한다. 잠시 산책을 하거나 아이들을 돌봐줄 사람을 구한 뒤 부부만의 시간을 따로 가져 함께 영화 보기, 운동하기, 자전거 타기 등을 해보자. 돈이 드는 활동이 아니어도 좋다.

☐ **긴장을 풀 수 있는 방법을 찾자.** 생활의 균형과 안정을 유지할 수 있는 방법들을 찾아보자. 반신욕, 모차르트 음악 듣기, 친구와 수다 떨기, 혹은 간단한 운동을 할 수도 있을 것이다. 가능하면 일상생활에서 이런 활동을 습관화하자. 단 10분이라도 하루 가운데 자기만의 시간을 갖는 게 좋다. 그 짧은 시간이 쌍둥이를 키우는 힘든 일을 이겨내게 해줄 테니까 말이다.

미숙아로 태어나 인큐베이터에서 따로 자란 쌍둥이의 이야기가 널리 회자된 적이 있습니다. 태어난 지 얼마 지나지 않아 한 아이의 생명이 위험했고 어떤 치료방법도 효과가 없었지요. 그런데 간호사가 쌍둥이를 하나의 인큐베이터에 함께 두었더니 건강한 아이가 아픈 자매를 감싸주었다고 합니다. 얼마 지나지 않아 병약했던 아이의 혈중 산소 비율이 안정되더니 아이는 금세 회복되었고요. 이 이야기는 다른 어떤 이야기보다 쌍둥이들의 특별한 유대감을 잘 설명해줍니다. 쌍둥이를 키우는 데 복잡하고 특별한 문제가 존재하는 것은 사실이지만 그럼에도 가장 특별한 관계를 맺고 있는 아이들을 키우고 있다는 사실을 잊지 마세요. 그리고 그것을 즐겨보세요!

도와주세요

경쟁하는 자녀들의 적신호

형제자매간에 싸우며 내뱉는 거친 말과 행동

분노와 경쟁심

항상 혹은 가끔씩 일어나는 마찰과 상처들

끊임없는 다툼에서 생기는 가족 간의 불화

부모가 해야 할 일은?

공통의 관심사를 갖고, 갈등을 평화롭게 해결하는 방법을 배우고, 싸움을 줄이고
화목하게 지낼 수 있도록 도와줘야 한다.

? 우리집 아이들은 끊임없이 싸워요. 제가 문제를 해결하려 들면 아이들은 저
에게 공평하지 않다고 불평하며 다른 형제를 편애한다고 따집니다. 도저히 아

이들을 이겨낼 수가 없어요! 아이들이 서로 우애 있게 지내도록 하려면 어떻게 해야 할까요?

아이들의 모든 일을 '공평하게' 만들려고 애쓰다가 지쳐 쓰러지지 않길 바랍니다. 그 모든 걸 공평하게 만들기란 사실 불가능한 일이지요! 또한 아이들 사이에 평화가 지속될 것이란 비현실적인 기대도 하지 마세요. 분노의 감정은 필연적으로 발생하기 마련입니다. 아이들이 서로 무조건 좋아할 수도 없고 하루 종일 잘 지낼 수도 없습니다. 이건 진실이지요. 부모가 해야 할 일은 아이들이 서로의 감정을 공감하며 존중해주고 또한 서로 배려할 수 있도록 가르치는 것입니다. 부모가 이런 원칙을 강조하면 아이들은 우애 있게 지내고자 노력할 것입니다(결국 끈끈한 관계를 만들어주는 것은 '공감'과 '존중'입니다).

왜 변해야 할까?

"엄마! 승유가 날 때렸어!" "세경이를 딴 데로 보내면 안 돼?" "나는 형이 정말 싫어!" "은비는 친구도 없어?"

육 아 뉴 스

캘리포니아대학 데이비스 캠퍼스: 이 대학의 가정사회학자 캐서린 콩거(Katherine Conger)는 384명의 청소년을 대상으로 3년간 3번의 가정방문을 통해 가족관계에 대한 연구를 했다. 표본으로 제시된 갈등을 가족 내에서 해결하는 방법을 녹화했는데, 65%의 어머니와 75%의 아버지가 한 아이를 편애하고 있었다. 대부분의 경우 그 대상은 첫째였다. 중요한 사실은 아이들이 편애의 대상이 누구인지 연구조사자 앞에서 정확히 분별해냈다는 점이다. 편애의 대상이 아닌 아이들은 이런 사실을 별것 아닌 것처럼 여기려고 애써 노력했지만 실은 그 사실에 대해 슬퍼했으며 자신의 존재를 덜 중요하게 여기고 있었다. 아이들은 부모의 감정과 선호를 정확히 파악해낼 수 있다는 점을 명심하자. 한 자녀에 대한 편애는 아이의 마음에 평생의 분노로 남을 수 있다.

이런 말들은 아이들이 형제자매와 잘 지내기 위해 싸우고 있다는 좋은 소식이다. 부모들 대부분은 자녀들이 서로의 가장 좋은 친구가 되어주길 소망한다. 그런데 한 지붕 아래 사는 아이들은 당연히 싸우며 클 수밖에 없다. 자녀의 나이 차가 적을수록 싸움은 더 많이 일어난다. 어느 연구결과에 따르면 아이들은 1/3 이상의 시간을 형제자매와 보낸다고 한다. 이는 부모나 교사, 혹은 친구들과 보내는 시간보다 훨씬 많다. 부모가 억지로 아이들이 서로를 좋아하도록 만들 순 없지만 아이들의 싸움을 줄일 수 있는 방법은 있다. 상대에 대한 질투를 줄이고 서로를 이해한다면 훨씬 우애 있는 형제자매가 될 것이다.

어떤 행동을 보일까?

모든 아이들은 형제자매와 말다툼을 벌이기 마련이다. 하지만 그것이 도를 넘어 다른 사람의 도움이 필요한 수준에까지 이르렀음을 알려주는 행동들이 있다.

- **다툼이 격해진다.** 욕하기, 소리 지르기, 주먹질 등의 공격적인 행동이 격화되어서 아이들을 함께 둘 수 없는 지경이다.
- **적대감이 커진다.** 아이들이 서로의 물건을 망가뜨리면서 관계가 깨진다.
- **정신건강.** 하나 혹은 모든 자녀들이 자기는 사랑을 덜 받고 있다고 느낀다. 이 때문에 자존감이나 가족에 대한 소속감이 낮아진다.
- **가족 간의 불협화음.** 부모의 노력에도 불구하고 아이들의 관계가 개선되지 않거나 경쟁이 더 심해진다. 이런 갈등은 가족의 행복과 안정에 치명적이다.

1단계 초기 개입

● **원인을 찾아내자.** 아이들이 경쟁하고 다투게 되는 원인들을 살펴보자. 자신의 가족에게 해당되는 것이 있는지 점검해보고 해결법을 생각해보도록 하자.

- ☐ 아이들의 성향, 성격, 능력, 취향이 판이하게 다르다
- ☐ 아이들의 부모가 다르다. 즉 재혼 등에 의한 혼합가족이다.
- ☐ 함께 모여 각자의 불만에 대해 이야기할 기회가 없어서 적대감이 더 커지고 있다.
- ☐ 개인적인 관심사를 탐구하거나 사생활이 허용되지 않는다. 관계를 발전시키기 위한 '혼자만의 시간'이 없다.
- ☐ 경제적인 어려움, 부부 간의 갈등, 질병이나 후유증이 가족관계를 힘들게 만든다.
- ☐ 문제를 해결하거나 고민을 공유할 수 있는 수준의 언어 혹은 기술적인 능력이 부족하다.
- ☐ 어른의 행동을 따라한다(부모 중 누군가가 배우자, 형제자매, 어머니, 직장상사와 싸우고 있다).
- ☐ 특별한 관심을 필요로 하는 아이가 있거나 심각하게 공격적이고 충동적인 아이가 있다.

● **왜 싸움이 일어났는지 그 발단을 찾자.** 아이들이 눈치채지 못하는 범위에서 갈등을 관찰하고 싸움이 시작되기 전에 어떤 행동이 나오는지를 살펴봐야 한다.

☐ 누군가의 행동이 악화된 상황(모욕주기, 때리기, 욕하기, 깨물기)을 야기하는가?

☐ 주로 무엇 때문에(같은 물건을 가지고 놀고 싶어 한다든지, 같은 시간에 컴퓨터를 사용하려 한다든지, 서로 다른 텔레비전 프로그램을 시청하려고 한다든지) 싸우는가?

☐ 문제를 방지하거나 최소화할 수 있는 방법(같은 장난감 사주기, 컴퓨터 사용 시간 정하기, 싸움이 심각해지기 전에 갈등을 해소할 수 있는 기술을 가르쳐주기)이 있는가?

☐ 싸움이 시작된 후 부모의 반응과 아이들의 대응은 어떠한가? 부모의 반응이 갈등을 더 심화시켰는가, 줄였는가, 갈등을 끝나게 했는가?

☐ 같은 문제의 싸움이 일어나지 않도록 할 방법은 없는가?

● **현실을 파악하자.** 혹시 한 아이만을 편애하거나 한 아이에게 너무 많은 부담

육아 119

싸움을 줄일 수 있는 가족 내 5가지 간단한 규칙

각 규칙으로 좋은 결과를 이루려면 이 규칙들을 꾸준히 지켜야 한다.

1. **고함치지 않기** 차분한 목소리로 이야기하자. 고함은 절대 금물. 만약 대화가 가열된다면 누구든지 '타임아웃'을 표하는 뜻으로 손을 들어서 잠시 감정을 진정시키도록 할 수 있다.

2. **허락 없이 사용하지 않기** 물건을 빌리거나 사용하기 전에는 반드시 주인의 허락을 받아야 한다고 정하자. 허락 없이 물건을 사용하는 것은 10대 초반 아이들이 싸우게 되는 주된 원인이다.

3. **상처주지 않기** 때리기, 험담하기, 마음에 상처를 줄 수 있는 행동은 절대 하지 않는다. 아이들이 이를 어길 때는 반드시 벌을 받게 한다.

4. **증거 없이 개입하지 않기** 아이들의 싸움을 직접 봤을 때만 개입하자. 만약 아무런 증거도 없는 상황에서 부모의 도움을 청한다면 가위바위보를 시키자. 이를 통해 부모는 중립적인 위치를 지킬 수 있으며 아이들은 스스로 자신들만의 해결책을 찾게 될 것이다.

5. **고자질하지 않기** 이 방법은 어린 아이들의 분노를 누그러뜨리는 데 효과가 있다. 아이에게 "동생에게 상처가 되거나 곤란하게 만드는 말을 한다면 엄마(아빠)는 듣지 않을 거야"라고 말하자.

을 주고 있지는 않은가? 다음 질문에 정직하게 대답해보자.

□ 한 아이에게 더 많은 것을 기대하고 있는가?

□ 한 아이에게 더 많은 관심을 쏟고 있는가?

□ 한 아이의 편만 드는가?

□ 한 아이의 말만을 귀담아 듣거나 그 아이는 항상 옳다고 단정을 짓는가?

□ 아이들 앞에서 한 아이를 다른 아이와 비교하는가?

□ 학업성적, 스포츠, 인기도 등을 놓고 한 아이를 다른 아이보다 더 많이 인정
　 함으로써 아이들의 경쟁을 부추기고 있는가?

□ 아이들 각자의 취미, 친구, 학교생활, 관심사 등에 똑같은 주의를 기울이는가?

□ 심부름, 보상, 여러 가지 기회 등을 공평하게 주고 있는가?

□ 아이들 각자에 똑같은 수준의 주의를 기울이는가?

아이들 각자를 놓고 가장 마음에 드는 점, 가장 마음에 들지 않는 점을 찾아 열거
해보자. 만약 그 목록이 어느 한 아이에게 쏠려 있다면 부모에게 문제가 있을지
도 모른다. 부모로서 아이에 대한 반응을 개선해야 하는 것은 아닌지 살펴보자.

● **자녀간의 경쟁을 줄이자.** 서로를 경쟁자로 여기는 상황을 만들지 말아야 한
　 다. 이는 아이들의 분노를 유발할 수 있으므로 반드시 피해야 할 일이다.

● **절대로 비교하지 말자.** "왜 형처럼 야구를 잘 하지 못해?" "너 나이 때 언니는
　 항상 수를 받았어"라는 식의 말은 해선 안 된다. 아이는 '엄마아빠의 눈에는
　 내가 다른 형제자매보다 못나게 보이나봐'라고 생각할 것이다.

● **별명에 주의하자.** 아이를 존중하거나 아이의 기를 살릴 수 있는 별명이 아니

라면 사용하지 말아야 한다. '얼뜨기' '굼벵이' '돼지' 같은 별명은 자기예언이
될 수도 있다. 이런 별명은 아이의 자존감에 상처를 줄 뿐만 아니라 어른이
되어서도 그 별명이 계속 붙어다닐 수도 있다.

●**팀워크를 키워주자.** 서로 경쟁하도록 만드는 시합을 그만두도록 한다("누가
더 빨리 입나 보자" "누가 양치질을 제일 많이 했지?"와 같은 말들). 승자와 패자를
나누는 것이 아니라 서로가 협력할 수 있는 게임을 만들어보자. 경쟁 대신 협
력을 통해 공동과제를 정해진 시간 안에 마칠 수 있도록 도와주자.

●**아이들의 고유한 장점과 차이점을 키워주자.** 자신의 정체성을 위해 벌이는
경쟁은 형제자매 간의 경쟁을 악화시킨다. 다른 형제와 구별되는 각자의 특
별한 재능을 인정하고 격려해주자. 예를 들어 한 아이가 미술에 뛰어난 소질
을 가지고 있다면 그 아이에게는 색연필과 스케치북을 선물하고 미술학원에
다닐 수 있도록 해주자. 각자 타고난 능력을 키우며 자신을 뽐낼 수 있는 기
회를 만들어주라는 말이다. 그러면 아이들은 부모에게서 똑같은 인정을 받기
위해 싸우지 않아도 된다는 사실을 알게 된다.

●**약간의 사생활을 보장해주자.** 함께 지내는 시간이 지나치게 많다면(그 시간이
자신들의 선택에 의해서가 아니라면), 아이들에게 잠시나마 자기만의 공간을 가질
수 있도록 해줘야 한다. 형제자매가 방을 같이 쓰고 있다면 옷장은 따로 쓰게
해주거나 공간을 반으로 나눠서 사용하게 해도 좋다. 혼자 사용할 수 있는 책
상, 책꽂이, 옷, 정리함, 인형상자 등을 마련해주는 것도 좋은 방법이다. 가능하
면 (부모가 지치지 않는 범위에서) 서로의 놀이 시간이나 수영 시간 등이 겹치지 않
도록 아이들의 일과를 다르게 구성해주자. 아이가 '혼자만의 시간'을 보낼 수 있
는 또 다른 방법들을 찾아보자.

●**협력하는 모습을 칭찬해주자.** 아이가 형제자매와 협력하고 문제를 평화롭게

해결하고 함께 나눠 갖는 모습을 보인다면 엄마아빠가 이를 자랑스럽게 여긴다는 사실을 알려주자. 엄마아빠가 자신의 노력을 인정해주면 아이는 그 행동을 더 많이 반복할 것이다. "너희 둘이 문제를 차분히 해결하는 걸 보니 엄마는 너무 기쁘구나. 참 착하다" "어떻게 하면 DVD를 잘 정리할 수 있을지 서로 도우며 노력하는 걸 봤단다. 참 잘했어"라고 말해주자.

 **육아 119**

'공정하게 싸우는 규칙'을 가르치자

미시간의대: 갈등을 해결하는 방법을 모르는 아이들이 더 자주 싸운다. 아이들에게 '공정하게 싸우는 4가지 규칙'을 알려줌으로써 갈등을 '공정하게(FAIR)' 해결할 수 있도록 도와주자.

F 사실에 주목한다(Focus on Fact). 형제자매의 어떤 행동이 자신의 기분을 상하게 하는지 말하게 하자. 사실에만 주목하게 하고 다른 형제자매를 무시하거나 상처주지 않도록 한다.

A 공정한 대안에 동의한다(Agree on a fair alternative). 한 아이가 다쳤거나 문제가 너무 커서 아이들 스스로 해결할 수 없는 경우를 제외하고는 부모에게 도움을 요청하지 않도록 지도하자. 단, 모두에게 공정한 해결책을 찾아 동의할 때까지 함께 고민해줘야 한다.

I 'I 메시지'를 사용한다(Use an 'I' message). '나'로 시작하는 문장을 말하도록 해주자. 예를 들어 "나는 누나가 묻지도 않고 내 물건을 쓸 때 화가 나"라는 식으로 말할 수 있도록 지도하자.

R 서로를 존중한다(Remain respectful). 서로에게 욕하지 않고 서로를 무시하지 않도록 해야 한다. 다른 사람의 말을 방해하지 않고 예의 바르게 순서를 지키며 서로의 이야기를 듣고 문제를 공정히 해결해나갈 수 있도록 해주자.

2단계 신속한 대처

● **중립을 유지하자.** 아이들의 말싸움에 부모가 개입할수록 경쟁은 더 치열해진다는 연구결과가 있다. 아이들은 스스로 문제를 해결할 수 있는 방법을 배워야 한다. 아이들이 말싸움을 하기 전에 개입하는 것이 좋지만 일단 싸움이 격해지면 중립을 유지해야 한다. 또한 아이들이 해결책을 찾지 못할 때 조언을 해주자.

- **아이들 각자와 일대일의 시간을 갖도록 하자.** 각각의 아이에게 온전한 관심을 줄 수 있는 시간을 따로 배분해놓자. 다른 형제가 밖에 있을 때 함께 시간을 보내든지, 순서를 정해 돌아가며 한 아이와 특별한 곳으로 외출을 할 수도 있고, 영화를 보러 가거나, 아이스크림을 사먹으러 나갈 수도 있다.

- **아이들의 이야기에 귀를 기울이자.** 싸움이 일어나면 아이들 각자가 차례로 어떤 일이 있었는지를 설명하도록 하자. 이는 엄마아빠가 자신의 말을 경청하고 있다는 느낌을 갖게 해준다(특히 어린 아이거나 말이 없는 아이의 경우). 한 아이가 말을 할 때 다른 아이는 그 말을 집중해서 듣도록 일러두자. 아이의 말을 방해해서는 안 되며 모든 아이에게 말할 기회를 줘야 한다. 타이머를 준비해서 공평하게 말할 수 있는 시간을 갖도록 해야 한다. 아이의 말이 끝나면 부모는 아이의 관점을 정리해줌으로써 아이에게 부모가 자신의 말을 이해했음을 확인시켜준다. 그런 다음에 "어떻게 하면 이 문제를 해결할 수 있을까?"라고 물을 수 있다(힌트: "무슨 일이니?" "누가 시작했니?"라고 물어서는 안 된다. 그러면 오직 한 아이의 말만을 듣게 되고 이는 싸움을 더욱 악화시킬 것이다).

- **주의를 딴 데로 돌리자.** 아이들의 인내심이 한계에 달하고 너무 흥분했다면 주의를 딴 데로 돌리는 것이 좋다. "이 게임은 이제 그만하자" "같이 아이스크림 먹을까?" "둘 다 5분 정도 쉬면 어떨까?"라고 말해보자.

3단계 변화를 위한 습관

- **친구를 사귀게 하자.** 각각의 아이들은 자기만의 친구집단이 필요하다. 친구가 집으로 놀러 왔다면 다른 형제가 그들을 방해하거나 화나게 만들지 않도록 주의를 주자. 특히 10대 초반의 아이를 둔 부모는 이를 더욱 명심해야 한다.

- **다른 관점에서 생각하게 하자.** 자신이 불공평한 대우를 받고 있다는 생각에

사로잡힌 아이는 다른 형제의 기분은 안중에도 없다. 그런 아이에게 "다른 관점에서 생각해보자. 동생의 기분은 어떨까?" "언니라면 이 상황을 어떻게 이야기할까?"라고 물어볼 수 있다. 싸움에 대해 다른 형제의 관점에서 설명하는 글을 쓰게 하고 서로 비교해보게 하는 것도 좋은 방법이다.

● **가족회의를 시작하자.** 아이들이 서로에게 적대감을 쌓지 않도록 해야 한다. 이는 더 많은 싸움과 더 큰 적대감을 만들 뿐이다. 자신의 감정과 걱정을 표현할 수 있게 해주고 불공평하다고 여기는 문제를 해결할 수 있는 기회를 주자. 가족회의를 통해 서로 다르게 느끼고 있는 부분과 문제를 이야기해볼 수 있다. 가족회의를 즐겁게 시작하려면 우선 서로의 장점에 대해 말하도록 한다. 물론 처음에는 어렵겠지만 계속 해나가다보면 아이들은 가족회의 전에 미리 서로의 장점을 생각해볼 것이다. '고민상자'를 만들어 부모가 함께 문제를 해결해가는 방법도 있다.

나이별 육아법

아이들의 나이 차이가 적고 같은 성별일 때 갈등이 많아진다. 다음은 게젤 연구소(Gesell Institute)에서 발표한 단계적 변화이다.

3~6세 이 시기 아이들은 자기중심적이고 충동적이며 문제를 해결할 만큼 성숙해 있지 않기 때문에 형제자매 간의 갈등이 최고조에 이른다. 부모의 지도 아래 각자의 해결책을 내놓고 그 가운데서 최선책을 찾아가는 브레인스토밍 기법을 활용할 수 있다. 만 2~4세의 아이들은 형제자매와 10분에 한 번꼴로 싸운다. 그리고 만 3~10세에는 한 시간에 약 3.5번의 충돌을 일으킨다고 한다.

7~9세 아이들 간의 질투심이 최고조에 이르는 나이는 만 5~11세이다. 만 5세가 되면 덜 으스대면서 동생을 엄마처럼 보살필 수 있다. 그리고 차례를 지키며 나눠 갖는 것을 잘하게 된다. 하지만 만 6세가 되면 동생을 지배하려들고 형제와 타협하는 데 어려움을 겪는다. 이 나이의 아이들은 모든 형제와 충돌하는 경향을 보인다. 아이들은 매우 경쟁적이 되고 지는 것을 못 참으며 불공평한 대우에 불만을 표하기도 한다. 만 7세가 되면 공격성과 경쟁심은 줄어든다. 어린 동생을 보호하려는 모습을 보이지만 나이 차이가 적다면 자주 다투게 된다. 만 8세 아동은 형제와의 말싸움이 잦아진다. 다른 형제의 실수를 용서하거나 눈감아주지 않으려고 하기 때문이다. 자신을 거부하는 형이나 누나를 따라다니고 싶어 하면서도 어린 동생이 자기를 따라다니는 건 매우 귀찮아한다.

10~13세 이들에게는 또래들 사이에서의 인정과 독립성이 중요한 문제가 된다. 자신만의 친구와 자신만의 취미가 필요하기 때문에 어린 동생이 자기 주변을 서성이는 걸 용납하지 않는다. 만 9세가 되면 아이들의 관계가 개선되기 시작한다. 어린 동생을 보호하려 하고 동생은 언니나 형을 자랑스럽게 여긴다. 어떤 일에서든 '누가 먼저 시작했느냐' 하는 것에 집착하기도 한다. 만 10세가 되면 형제자매 관계가 눈에 띄게 발전한다. 만 11세가 되면 신경질적이 될 수도 있는데, 이때는 말싸움과 놀림이 잦아진다. 만 12세가 되면 형제자매의 관계가 개선되는데, 이는 이해의 정도가 성숙해지기 때문이다. 만 13세가 되면 나이 차이가 적은 형제자매에 대해 진정한 우애가 형성되기 시작한다.

우리집 맞춤 처방전

한걸음 물러났더니 아이들 스스로 해결했어요!

우리집 아이들은 여덟 살과 여섯 살인데, 끊임없이 싸운답니다. 중재하기, 떼어놓기, 선물주기, 벌주기 등 모든 걸 다 시도해봤지만 아무런 소용이 없었어요. 아이들이 계속해서 서로를 공격해댔죠. 그러던 어느 날, 아이들 싸움에 내가 너무 많이 끼어드는 게 아닌가 하는 생각을 하게 되었습니다. 아이들을 달래려던 게 오히려 싸움을 부추긴 셈이었지요. 그래서 한걸음 물러나 아이들이 스스로 문제를 해결할 수 있도록 했습니다. 놀랍게도 그 후로는 아이들의 싸움이 줄어들었습니다.

도와주세요

이혼가정 자녀의 적신호

분노, 배신감, 죄책감, 버려진 느낌, 큰 슬픔.

부모가 해야 할 일은?

아이가 느끼는 감정이 자연스러운 것임을 알게 해주고 이혼이 그들의 삶에 어떻게 영향을 미칠 것인지에 대해 이해시켜준다. 또한 가족에게 일어날 새로운 변화에 대응하는 능력을 키우도록 도와줘야 한다.

네 살, 여덟 살, 열두 살의 세 아이를 둔 이혼 남성입니다. 아이들을 주말에만 만날 수 있습니다. 하지만 만나지 않는 날에도 아이들과 가깝게 지내고 싶습니다. 아이들의 삶에서 멀어지고 싶지 않습니다. 어떻게 해야 할까요?

💬 이혼 후에도 아이들과 계속해서 적극적으로 교류한다면 아이들이 부모의 이혼 사실에 적응하는 데 효과적인 도움을 줄 수 있습니다. 아버지가 지속적으로 아이들의 숙제를 도와주거나 정신적인 지지와 관심을 보내는 이혼가정의 아이들은 학업성취도가 높고 문제행동을 일으킬 가능성도 적은 것으로 나타납니다.

왜 변해야 할까?

아이들에게 부모의 이혼은 부모의 죽음 다음으로 가장 큰 스트레스를 주는 소식이다. 《페어런팅 매거진》(*Parenting Magazine*)의 조사에 따르면, 81%의 부모가 결혼생활이 행복하지 않다면 아이들이 크기 전에 이혼할 수 있다고 대답했다. 이혼가정의 아이들 중 40%는 만 18세 이전에 부모의 이혼을 경험했다. 부모의 이혼이 아이에게 미치는 영향은 여러 가지 요인에 따라 다르게 나타난다. 그 요인이란, 예를 들면 아이들의 나이와 성별(가장 심각한 영향을 받는 것은 청소년기의 남자아이들이다), 학교나 집에서 일어나는 변화, 아이들이 느꼈던 갈등의 정도, 아이들이 부모 각자와 맺은 관계의 질, 아이들의 개인적인 성격, 이혼 전후 부모의 갈등 정도 등이다. 여기서 하고자 하는 말은 이혼을 해야 한다 혹은 하지 말아야 한다는 것이 아니다. 그것은 당사자인 부모들이 신중히 결정할 문제이다. 우리의 관심사는 오로지 아이들이 부모가 이혼하는 상황에 대해 어떻게 대처할 것인가 하는 점이며, 이는 부모가 가장 신경을 써야 하는 문제로 남는다. 부모의 이혼은 분명 아이들이 받아들이기에 힘든 일이다. 하지만 부모가 헤어지기 전부터, 그리고 헤어진 후에도 아이들에게 어떤 말을 해주느냐에 따라 아이의 현재와 미래는 판이하게 달라진다.

어떤 행동을 보일까?

아이들에 따라 반응이 다르지만 공통적으로 나타나는 몇몇 행동들이 있다.

- ●**분노.** 반항적이고 비협조적이며 거부하는 행동, 성급하고 충동적인 행동.

- ●**수치심.** 부모가 이혼한 것을 부끄러운 일로 여기고 또한 이혼한 부모와 함께 있는 모습을 창피해한다.

- ●**불안감.** 스트레스, 긴장, 수면장애, 악몽.

- ●**친구들과의 관계 변화.** 또래와 멀어지고 충돌이 잦아진다.

- ●**자기 관리.** 옷차림이나 방이 엉망이 되고 위생상태도 나빠진다.

- ●**의존.** 매달림, 부모와 떨어지는 것을 거부한다.

- ●**학업성취문제.** 학교에서 문제를 일으킨다. 학업성취도가 떨어진다.

- ●**부모와의 갈등.** 부모 중 한 명을 비난한다. 부모와의 관계가 나빠진다.

- ●**삶에 대한 관점.** 삶에 대한 불만, 배신감과 거부감을 느끼고 결혼에 대해 부정적으로 생각하게 된다.

- ●**자존감 저하.** 자신이 가치 없는 존재라고 인식하며 자신에 대해 부정적인 말을 자주 한다.

- ●**슬픔.** 심각한 상실감, 잦은 울음, 우울증.

해결책

1단계: 초기 개입

- ●**먼저 부모의 삶을 관리하자.** 아이들이 이혼 스트레스를 극복할 수 있느냐 없느냐는 부모의 스트레스 관리 능력에 달려 있다. 부모가 힘든 상황을 극복해가는 모습을 보여주면 아이들은 그런 태도를 배우게 된다. 영양을 갖춘 균형 있는 식사를 하고 스트레스를 다스릴 수 있는 운동을 하자. 외부의 도움이 필요하다면 주변 사람들이나 전문의에게 도움을 요청하는 것도 좋다. 부모가

자신을 잘 관리할수록 아이들도 잘 자라게 된다.

- **현실을 파악하자.** 부모의 이혼과 관련된 연구들은 매우 다양한 결과를 보인다. 따라서 아이가 어떻게 반응할 것인지에 대해선 추측이 불가능하다고 볼 수 있다. 하지만 가족의 분산이 아이에게 정신적인 충격을 주리라는 점은 분명한 사실이며 부모는 이를 명심해야 한다. 전문가에게 도움을 요청하자. 아이들이 장단기적으로 받게 될 부정적인 영향을 견딜 수 있도록 도움을 줄 수 있을 것이다.

- **그 무엇보다도 아이에게 집중하자.** 아이들 앞에서는 다투지 말아야 한다. 아이들이 이혼을 힘들어하는 가장 큰 까닭은 부모의 갈등과 다툼 때문이다. 아이 앞에서 배우자의 험담을 하지 말자. 배우자에 대한 평가는 잠시 미루고 아이에게는 있는 그대로의 사실만을 이야기해야 한다. 또한 아이를 통해 헤어진 배우자에게 경제적인 걱정이나 어려움을 전달해서는 안 된다. 전 배우자를 어떻게 생각하든지 간에 그는 여전히 아이의 아빠 혹은 엄마라는 사실을 명심해야 한다.

- **아이에게 이혼을 알릴 시기와 장소를 정하자.** 별거나 이혼을 결정했다면 아이들이 변화를 눈치채기 전에 미리 알려주자. 이혼 서류에 도장을 찍을 때까지 기다려서는 안 된다. 아이에게 어떻게 말할 것인지 배우자와 함께 의논하자. 이혼 소식은 자녀가 많든 적든지 간에 모두가 있는 자리에서 부모가 함께 전해야 한다.

- **아이의 걱정거리를 예상해보자.** 가족의 변화로 인해 아이들이 걱정할 문제들을 예상해보자. 이혼 소식을 전할 때 아이가 묻게 될 사소한 걱정거리에 대해서도 대답해줄 수 있도록 준비를 하자. 그로써 아이들의 불안을 덜어줄 수 있다. 보통 아이들이 갖는 걱정들은 다음과 같다.

□ 주거문제. 나는 어디에서 살까? 이제 엄마 집, 아빠 집, 둘을 갖게 되는 걸까? 우리 모두 이사를 가야 하나? 엄마와 아빠 중 한쪽 편에서만 살아야 하나? 법원에 가야 하나? 아빠랑 만날 수 있을까? 엄마랑 앞으로 이야기해도 괜찮은 걸까?

□ 형제자매문제. 함께 지낼 수 있을까? 새엄마가 생기면 새로운 오빠나 언니, 동생이 생기는 걸까?

□ 휴일문제. 생일이나 휴일에는 누구랑 지내게 될까? 누구 집으로 가야 하나?

□ 학교문제. 전학을 가게 될까? 언제 가는 걸까? 성적표 확인은 누가해주나? 학부모 모임에는 누가 올까?

□ 애완동물문제. 강아지를 계속 기를 수 있을까? 강아지는 어디에서 살까? 강아지를 매일 볼 수 있을까?

□ 보살핌문제. 내가 아플 땐 누가 돌봐줄까? 누가 식사와 간식을 챙겨주고 옷을 입혀줄까?

□ 과외활동문제. 계속 축구팀에서 축구를 할 수 있을까? 학원에는 누가 데려다줄까?

□ 친구문제. 친구들을 계속 만날 수 있을까? 친구들에게는 뭐라고 이야기해야 하나? 친구들이 여전히 날 받아들여줄까?

□ 새로운 부모 문제. 새아빠가 생기는 걸까? 저 아줌마가 우리집으로 들어오는 건가?

● 아이의 조부모와 관계를 유지하자. 25년 동안 진행된 유명한 연구의 결과에 따르면, 조부모의 조부모와의 안정적인 관계는 아이들이 부모의 이혼을 잘 이겨낼 수 있게 하는 주요요인이라고 한다. 아이의 조부모에게 최근의 일들을 항

상 알려드리자. 아이들을 위해 그들의 도움은 꼭 필요하다.

● 누구의 집에서 살지, 어떤 방을 쓸지 명확히 알려주자. 안전함과 안락함을 느낄 수 있는 방을 준비해주는 것은 매우 중요한 일이다. 양쪽 집 모두 아이가 머물 방을 비슷하게 꾸미고(비슷한 가구와 벽지) 아이가 좋아하는 인형과 베개를 준비함으로써 아이가 양쪽 집 모두에서 편안함을 느낄 수 있도록 해준다. 양쪽 집 모두에 아이가 숙제와 취미활동을 하고 교재를 보관해둘 수 있는 공간을 마련해주자.

공동양육하는 아이가 더 잘 자란다
미국심리학회: 메릴랜드의 보건위생과 소속 심리학자 로버트 보서먼(Robert Ba-userman)은 약 3,000가구를 대상으로 33개의 연구를 실시하여 그 결과를 분석했다. 그를 통해 이혼 부모가 공동으로 양육하는 아이는 온전한 가정에서 자란 아이만큼 적응력이 좋다는 사실을 발견했다. 그런데 부모가 항상 공동으로 아이를 양육해야만 아이의 적응력이 더 높아지는 것은 아니라고 한다. 한 부모 아래에서 자라더라도 법적인 면에서 공동양육권이 보장되어 있다면 똑같은 효과를 얻을 수 있다고 한다. 중요한 것은 부모와 함께 지내는 시간의 양이다. 법적인 공동양육권 아래 양쪽 부모와 잦은 교류를 하게 되면 아이는 부모의 이혼 후에도 잘 지낼 수 있다. 그러므로 아이가 부모 모두와 연락을 유지할 수 있는 방법을 찾아야 한다.

2단계: 신속한 대처

● 부모의 결정을 차분히 알려주자. 가족 모두가 모일 수 있는 시간을 정하고 모임에 방해가 되는 휴대전화 등은 치워둔다. 아이들이 이해할 수 있는 수준에 맞춰 부모의 별거와 이혼 사실을 차분히 알려주자. 다음은 아이의 연령에 따라 어떻게 대화해야 하는지 예를 든 것이다.

유아기: "엄마와 아빠는 각자 다른 집에서 살게 될 거야. 그렇지만 우린 여전

히 널 너무 사랑한단다. 그리고 네가 이 과정을 잘 이겨낼 수 있도록 최선을 다할 거야."

학령기 아동: "엄마와 아빠는 우리 가족을 위한 최선의 길이 무엇인지를 오랫동안 생각해왔단다. 우린 이 결혼을 더 이상 지속할 수 없다는 결론을 내렸단다."

10대 초반: "너도 알다시피 아빠와 난 그동안 잘 지내지 못했잖니. 함께 있어도 행복하지 않았단다. 이 문제를 극복하려고 상담도 받아봤지만 결국 잘 안 됐어. 그래서 우린 이혼하고 따로 살기로 했단다."

아이들에게 경제적 상황이나 법적인 문제, 혹은 다른 상대와의 관계 등을 아주 자세히 알려줄 필요는 없다. 우연이라도, 예컨대 이런 상황과 관련해서 전화로 통화하는 것도 아이들이 듣지 않도록 주의를 기울여야 한다.

- **배우자와 함께 해결하자.** 가능하다면 부모가 일치된 모습으로 이야기하는 것이 좋다. 아이에게 여전히 '우리'를 강조해주자. "우린 너에게 할 말이 있어." "우린 널 너무 사랑한단다." "우리가 비록 한 집에 살지는 않더라도 우리가 가족이라는 사실엔 변함이 없어." 이런 말은 부모의 사랑이 변하지 않을 것이고 언제나 아이의 부모로서 존재한다는 사실을 확인시켜준다. 만약 아이가 화를 낸다면 함께 달래주도록 하자. 아이는 부모의 무조건적인 사랑이 계속되리란 확신을 얻고 싶어 할 것이다.

- **꼭 필요한 내용은 알려주도록 하자.** 단, 아이에게 너무 많은 정보를 줘서 아이가 감당할 수 없게 만들어선 안 된다. 아이는 앞으로 어떤 일이 일어날지, 그리고 어떤 변화들을 예상하고 있어야 할지 궁금해한다. 아이의 이해수준에 맞춰 대답을 해주자. 아이와 대화할 때 다음 내용을 정확히 알려줘야 한다.

☐ 부모가 왜 이런 결정을 했으며, 왜 이를 최선의 결정이라고 생각했는지(힌트: 아이가 "왜요?"라고 묻는 것은 "왜 이런 일이 나한테 일어나는 건가요?"라고 묻는 것이다).

☐ 별거, 이사, 혹은 이혼이 언제 이루어질지.

☐ 가족 모두 어디에 살게 될지, 특히 이사를 하는 부모는 어디에 살게 될지.

☐ 자신은 누구와 살게 될지, 누가 자기를 챙겨주는지.

☐ 어떻게, 어떤 상황에서 엄마 혹은 아빠와 연락을 하고 만날 수 있는지.

● 이들의 걱정과 불안이 무엇인지 물어보자. 아무리 사소한 질문일지라도 아이가 물으면 차분히 대답해줘야 한다. 아이는 같은 질문을 반복해서 물을 수도 있고 질문을 전혀 하지 않을 수도 있다. 아이에게 "네가 슬퍼한다는 걸 잘 알아. 하지만 우린 이 상황을 함께 헤쳐나갈 수 있을 거야"라고 말해주자. 아이에게 부모가 자신의 감정을 진지하게 받아들이고 이해하고 있다는 사실을 알려주자.

● 아이의 잘못이 아니란 걸 확실히 말해주자. 아이들은 부모가 이혼하는 것에 대해 "만약 내가 더 좋은 성적을 받았다면 엄마아빠는 더 행복했을 거야" "만약 동생이 얌전히 굴었다면 부모님이 싸우지 않았을 텐데"라는 식으로 자기 자신이나 형제자매를 탓할 수도 있다. 따라서 아이들에게 이혼은 결코 그들의 책임이 아니며 이 사태를 '바꾸기' 위해 아이들이 뭔가를 해야 하는 것도 아니란 점을 분명히 알려줘야 한다.

● 어떠한 반응에도 차분히 대응하자. 부모의 이혼 소식을 싸움의 끝으로 생각하는 아이도 있을 것이고, 가족을 지키기 위해 무슨 일이든 하려는 아이도 있을 것이다. 이혼은 부모에게도 슬픈 일이며 이에 대해 아이가 어떻게 느끼고

있을지 이해한다는 말도 해주자. 열심히 노력했지만 헤어지는 것 외에는 다른 방법이 없다는 이야기도 해줘야 한다. 필요하다면 아이에게 시간을 줘서 침착해지도록 하자. 아이가 화를 낸다면 함께 큰 소리를 치지 말고 차분히 대응하도록 하자.

- **별거와 이혼의 차이를 설명해주자.** 별거를 결정했다면 엄마아빠가 잠시 떨어져서 생각할 시간을 갖기로 했다고 설명해준다. 이혼이 확실해지기 전까지는 '이혼'이라는 단어를 사용하지 말자. 어떻게 할 것인지 아직 결정하지 않았지만 어떤 결정을 내리든 아이에게 바로 알려주겠다고 이야기하자. 만약 이혼을 결정했다면 사실에 입각해서 차분한 말투로 이혼이 최종결정이며 다시 예전으로 돌아갈 수 없다는 사실을 설명해준다.

- **적응할 시간을 주자.** 변화로 인한 문제에 대해 함께 의논하기 위해 앞으로도 한 가족으로 계속 모일 것이라는 점을 설명해주자. 걱정이 있거나 물어볼 일이 생기면 언제든지 엄마아빠를 찾아올 수 있다는 점을 알려주자. 아이에게 많은 관심을 두고 변화에 잘 적응하고 있는지 관찰하자.

- **아이들의 교사에게 알리자.** 담임선생님 혹은 운동코치 등 아이를 맡고 있는 선생님을 만나 아이의 변화를 잘 설명해둔다. 가족의 변화 후 몇 주간은 아이에게 가장 힘든 시간이 될 것이다. 그들이 아이를 잘 관찰하고 도울 수 있도록 부탁하자.

3단계: 변화를 위한 습관

- **'변하지 않는 것'을 강조하자.** 가족이 헤어지면 많은 변화가 생길 것이다. 이사를 가거나 전학을 갈 수도 있다. 아이에게 비록 가족 모두가 함께 살지는 않더라도 일상생활들은 변하지 않는다는 점을 알려주자. 식사시간, 숙제시

간, 잠자는 시간을 예전처럼 유지하자. 아이가 친구들과 계속 만날 수 있도록 도와주고 아이가 좋아하는 방과후활동이나 취미생활도 계속할 수 있도록 해주자. 매주 일요일 할머니 댁을 방문하여 함께 점심식사를 한다든지, 생일에 외식을 한다든지, 가족 간의 특별한 행사가 있다면 이를 계속 유지하도록 하자. 그로써 아이는 변화로 인한 혼란은 잠시뿐이며 일상은 계속 이어진다는 사실을 알게 될 것이다.

3주가 지나도록 아이가 극심한 슬픔이나 분노에서 벗어나지 못한다면 그런 감정들로 학교생활이나 친구 혹은 가족과의 관계가 영향을 받고 있는 것은 아닌지 살펴봐야 한다. 잠을 자거나 먹는 문제로 힘들어하거나 이유 없이 불안해하거나 강박적인 행동을 보이거나 우울해하거나 위험한 행동을 보인다면 전문가에게 도움을 요청해야 한다. 이 시기는 가족 모두에게 힘든 시기이므로 이를 극복하려면 전문가의 도움을 청하는 것이 좋다.

● **아이에게 선택권을 주자.** 부모의 이혼 혹은 별거는 아이에게 무력감을 줄 수 있다. 아이가 중요하게 생각하는 것이 무엇인지 주의깊게 듣고 허용할 수 있는 범위 안에서 선택권을 주자. 엄마 혹은 아빠를 만나는 날이나 침대시트 색을 고르는 것 등에 대해선 아이에게 선택권을 주자.

● **계속 연락하자.** 지정된 날에만 아이를 볼 수 있더라도 다음 방법을 통해 아이와의 관계를 유지하자.

☐ 주머니에 넣고 다닐 수 있는 것을 선물하자. 아이는 평소 그 물건을 만지며 부모를 생각할 수 있다.

☐ 평소에 책을 읽어주었다면 아이가 가장 좋아하는 책을 읽어 녹음해주자. 매일 밤 아이는 잠자기 전 아빠 혹은 엄마의 목소리를 들을 수 있을 것이다.

☐ 아이의 가방에 힘내라는 메시지를 담은 쪽지를 넣어주자. 날짜를 적은 봉투에 쪽지를 넣고 날짜에 맞춰 아이가 하나씩 열어보도록 하자.

□ 휴대전화에 음성메시지나 문자를 남기자.

□ 비디오카메라를 선물하고 사용법을 알려주자. 학교의 특별행사 등을 녹화하
여 부모와 함께 공유할 수 있을 것이다.

□ 혹시 어려운 숙제가 있다면 팩스나 스캐너, 이메일을 이용해보라고 권하고
사용법을 알려주자. 웹카메라를 설치하거나 휴대폰으로 얼굴을 보며 대화할
수도 있다.

● **새 가족과의 긍정적인 추억을 만들자.** 가족이 함께 즐기는 시간을 정기적으
로 정하자. 이는 아이가 새로운 환경에 적응하고 긴장을 해소하며 새로운 추
억을 만들 수 있도록 해준다. 영화를 볼 것인지 박물관에 갈 것인지에 대해
가족 간에 의견을 내고 다수결로 정해보자. 혹은 가족 간에 순서를 정해 돌아
가면서 어떤 일을 할지 정할 수도 있다. 이혼가정의 아이들은 과거에 대해 즐
거웠던 기억보다는 슬프거나 외로웠던 부정적인 기억들을 떠올리게 된다. 따
라서 아이에게 즐거운 추억을 만들어줄 수 있도록 노력해야 한다.

● **차분히 감정을 정리할 수 있도록 도와주자.** 이혼가정의 아이들은 이혼을 '어
린 시절의 가장 끔찍한 일'로 생각하며 이혼으로 인한 슬픔, 혼란, 분노 등 가
슴아픈 감정들을 느낀다고 한다. 이런 감정들은 가족 간의 대화를 싸움으로
바꾸고 가족관계를 파괴해버린다. 이러한 부정적인 감정들을 해소할 수 있는
건전한 방법들을 찾도록 도와주자. 아이가 화를 낼 수도 있다는 사실을 받아
들이고 부모에게 그들의 감정을 솔직히 말할 수 있도록 해주자. 아이의 말을
주의깊게 들어주며 평가를 내리지 말자. 그런데 말할 수 있는 한계를 정하는 것
도 중요하다. 만약 분위기가 너무 심각해지면 '타임아웃'을 정해 잠시 이야기를
멈추고 차분히 감정을 정리한 후 다시 이야기를 시작하도록 하자. 아이를 차분

히 만들려면 부모 먼저 차분한 태도를 유지해야 한다.

- **문학 작품을 활용하자.** 누군가 자신과 비슷한 고통과 경험을 겪고 있다는 이야기를 듣게 되면 자신의 감정과 걱정을 잘 표현할 수 있게 된다. 아이의 연령에 따라 활용할 수 있는 이혼에 관한 책들이 있다.

- **대화를 유지할 수 있는 대안을 연구하자.** 아이들이 반항하면서 부모를 비난하며 대화를 거부한다 하더라도 대화를 이어나갈 방법을 계속 찾아야 한다. 딸과의 관계를 회복할 때까지 일기를 써서 주고받았다는 한 엄마의 사례를 참고해보는 건 어떨까? 아이의 휴대전화에 문자를 남기거나 가방에 쪽지를 넣어주는 방법도 괜찮다. 만약 관계가 심각하게 악화되었다면 전문가를 찾아가자.

- **안정적인 가족환경을 만들자.** 오랜 기간 진행된 한 연구 결과에 따르면, 안정적인 가정환경은 이혼으로 인한 부정적인 영향을 완전히 없애지는 못하지만 아이가 변화된 환경에 적응하는 데 큰 역할을 한다. 이혼이나 별거 전에 어떤 일이 있었든지 현재의 가정은 안정적이고 따뜻하며 일관된 곳임을 알게 해주자. 문제를 쉽게 해결하겠다는 생각으로 아이가 제멋대로 행동하게 내버려둬서는 안 된다. 혹은 죄책감으로, 아이의 기분을 좋게 해주겠다는 생각에서 선물을 준다면 이는 오히려 역효과를 일으킨다. 중요한 것은 관심과 사랑을 계속해서 주는 일이다. 예전과 똑같은 규칙을 유지하면서 아이가 그것을 지키도록 해주자. 헤어진 배우자도 같은 태도를 취하도록 부탁하자. 미국 심리학회의 연구결과에 따르면 권위 있는 훈육이 아이의 건전한 적응을 돕는 요인이라고 한다.

- **아빠 혹은 엄마 집을 쉽게 방문할 수 있도록 해주자.** 부모를 방문하는 것이 편하고 쉬울수록 아이도 쉽게 적응한다. 양쪽 부모 모두는 아이의 담임선생님이나 담당의사 등 필요한 연락처를 알고 있어야 하며 아이의 숙제가 무엇

인지, 어떤 학교행사들이 있는지, 병원을 가야 할 때가 언제인지를 알고 있어야 한다. 아이가 아빠 혹은 엄마의 집을 방문할 때마다 매번 짐을 싸야 하는 스트레스가 없도록 양쪽 부모 집 모두에 똑같은 인형과 옷 등을 준비해두자. 함께 살지 않는 엄마 혹은 아빠를 만나는 시간과 장소를 미리 정해두고 아이가 언제든지 수시로 연락할 수 있도록 해준다.

3~6세 이 시기의 아이들은 이혼을 이해하고 자신의 걱정을 표현하기가 어렵다. 때문에 불안해하고 당황스러워할 수 있다. 현실과 믿음 사이의 구분이 명확하지 않아서 부모가 다시 함께 살 것이라는 환상을 가질 수도 있다. 또한 부모가 헤어진 것이 자기 때문이라고 생각할 수도 있는데, 자신이 행동을 '잘'하거나 '나쁜 짓'을 그만두면 예전 상태로 돌아갈 것이라고 믿는다. 부모는 아이가 악몽에 시달리기, 엄지빨기, 매달리기, 칭얼대기, 오줌싸기 등 퇴행을 보이지는 않는지 살펴야 한다. 부모에게 화를 내거나 반항적인 태도를 보일 수도 있다.

7~9세 이 시기 아이들은 부모의 결혼생활이 끝났다는 걸 확실히 알게 되어 슬픔이나 우울한 감정을 느낀다. 자신이 고통받고 있다는 걸 알고는 있지만 어떻게 극복해야 하는지는 알지 못한다. 부모의 관계변화가 자신의 현재와 미래에 어떤 영향을 미칠 것인지에 대해 걱정한다. 슬픔, 부끄러움, 위축감, 분노의 감정을 느끼게 된다. 퇴행적 행동, 매달리기, 불안, 관심을 끌려는 행동 등을 보일 수 있다. 집을 떠나는 엄마 혹은 아빠에게서 버림받았다고 느끼거나 그들에게서 자신이 '이혼당했다'고 느낄 수도 있다.

10~13세 이 시기 아이들은 이혼의 원인을 만든 엄마 혹은 아빠를 비난하고 대항하며 다른 쪽 편을 들기도 한다. 혹은 엄마와 아빠 중 한쪽을 '선택해야 한다'는 압력을 느끼며 이혼의 원인을 만든 엄마 혹은 아빠와는 어떤 관계를 유지해야 하는지를 놓고 고민한다. 아이가 친구와 멀어진다거나 위험한 행동을 하고 있는 건 아닌지 잘 살펴야 한다. 아이는 불안, 분노, 공포, 외로움, 우울증, 죄책감을 느낄 수 있으며 집을 떠나는 엄마 혹은 아빠에게서 버림받았다는 느낌을 받는다. 어른의 책임을 자신의 책임으로 삼지 않도록 해야 하고 경제적인 문제, 어린 동생에 대한 문제로 걱정하지 않도록 해줘야 한다.

우리집 맞춤 처방전

아이에게 매일매일 쪽지를 썼어요!

아들의 양육권은 저에게 있습니다. 이혼을 한 까닭은 아이의 엄마가 바람을 피워 떠났기 때문인데, 그런데도 아이는 그 원인을 저에게로 돌립니다. 저는 아들에게 사실을 알려 아들이 갖고 있는 엄마의 이미지를 깨진 않겠다는 다짐을 했습니다. 아이는 몇 주 동안 저와의 대화를 거부했습니다. 하지만 저는 아이에게 매일매일 사랑한다는 쪽지를 적어 베개 위에 올려놓았습니다. 어느 날, 아이가 작은 상자를 무릎 위에 올려놓은 채 바닥에 주저앉아 울고 있었습니다. 상자에 모아둔 저의 쪽지를 모두 읽고 있었지요. 아이가 제 쪽지를 읽으리라곤 생각지 않았습니다. 저는 아들을 꼭 껴안아주었고 우리는 함께 앉아 울었습니다. 아이는 자기 때문에 엄마가 떠난 것이고 이혼을 하게 된 거라고 말했습니다. 물론 저는 결코 그렇지 않다고 말해줬지요. 아이에게 계속해서 쪽지를 쓴 건 정말 잘한 일이라는 생각을 했습니다. 저는 이혼을 경험한 사람들을 만날 때마다 아이와의 관계를 유지할 수 있는 일은 무엇이든 하라고, 그리고 절대 그 일을 포기하지 말라고 이야기합니다.

도와주세요

입양 자녀의 적신호

친부모를 잃었거나 그들에게서 버려졌다는 상실감.

자신의 출생이나 어린 시절에 대해 모른다는 사실에서 비롯되는 수치심과 공허감.

입양된 가족, 친척, 소속집단에 대한 잘못된 인식.

입양된 가족 가운데 형제나 또래 친척에 대한 경쟁심 혹은 그들에게 뒤처진다는 패배감.

입양된 가족에게서 버려질지도 모른다는 두려움.

부모가 해야 할 일은?

입양부모는 아이가 새로운 가정에서 안정감과 사랑을 느낄 수 있도록 도와줘야 한다. 아이는 언젠가 자신의 출생에 대해 궁금해하겠지만 그렇다고 해도 여전히 입양부모의 가정에 남을 것이다.

왜 변해야 할까?

미국에서는 해마다 약 12만 명의 아이들이 입양된다. 최근에는 미국 내에서 입양되는 아이들 수가 줄어든 대신에 국외의 100여 개국에서 약 4만 명이 입양되고 있다. 최근 뉴스들은 그들 대부분이 새로운 가정에서 잘 적응해가고 있다는 좋은 소식을 전해주었다. 어떻게 이런 일이 가능할까? 그 까닭은 아이를 입양하는 부모들이 '특별한 사람들'이기 때문이다. 이와 관련된 연구들의 결과를 보면 입양부모들 대부분은 일반 부모들보다 입양이나 양육에 대한 강한 동기의식을 가지고 있다. 또한 높은 교육수준과 안정된 경제력을 갖춘 것으로 밝혀졌다. 그들은 입양자녀가 행동장애를 보이면 정신건강 분야의 전문가에게 적극적으로 도움을 구한다.

물론 아이를 입양하고 키우면서 그들 역시 문제를 겪는다. 그런데 심각한 문제들 대부분은 입양 후가 아니라 입양 전에 이미 존재했던 요인에서 비롯된 것이다. 예를 들면 유전적 요인이나 친부모의 건강상태와 습관, 그리고 아이가 과거에 겪은 충격적인 경험 등이다. 이러한 것들은 아이의 정신건강에 큰 영향을 끼친다. 따라서 입양부모는 많은 정보를 얻고 만반의 준비를 해야 한다. 그래야만 어떤 문제에 부딪히더라도 올바른 결정을 내릴 수 있다. 비록 피붙이는 아니라고 해도 입양자녀는 양부모의 사랑과 노력을 통해 건강하게 자라게 된다.

부모 시선 집중!

미네소타대학 : 심리학자 마거릿 키즈(Margaret Keyes)는 2세 이전에 입양된 청소년 692명을 대상으로 심층심리 인터뷰를 했다. 입양아 대부분이 일반 청소년들과 마찬가지로 정신적으로 건강하고 안정된 생활을 한다는 결과가 나왔다. 또한 이 연구는 입양아들이 일반적인 아이들에 비해 주의력 결핍이나 과잉행동장애를 보일 가능성이 조금 높기는 하지만 우울증, 불안, 폭력, 비행 등에서는 오히려 그 가능성이 낮은 것으로 보고하고 있다.

변화를 위한 7계명

1. 입양 관련 법규를 숙지하자.

입양절차는 무척 까다롭다. 따라서 입양과정에서 골치아픈 일을 겪지 않으려면 그와 관련된 법률과 규제를 잘 알아둬야 한다. 이는 아이의 성별, 건강상태, 나이, 태어난 장소 등에 따라, 혹은 입양방법에 따라 다르게 적용된다. 이와 더불어 입양 가이드라인은 무엇인지, 필수적으로 습득해야 할 것은 무엇인지, 소요시간과 비용은 어떻게 되는지 등 많은 정보를 알아두는 게 좋다.

2. 아이의 과거에 대한 정보를 최대한 수집하자.

아이의 과거에 대해 잘 알고 있는 입양부모는 훗날 아이의 잠재적 행동, 교육, 건강 등의 문제에서 훨씬 더 유연하게 대처할 수 있다. 아이에 관한 자료가 개략적인 수준이거나 분실되었을지도 모른다는 사실을 염두에 두고서 다음 세부사항을 알아두자.

- 아이가 겪었던 경험. 학대 혹은 상처를 받았던 일, 아이가 머물렀던 모든 장소의 연락처, 사회적·발달적 기록, 행동평가와 학업기록, 의료기록.

- 아이가 머물렀던 장소. 아이를 맡았던 사람이나 장소의 이름과 주소, 아이의 기질, 취미, 활동, 고민, 무서워하는 것, 아이를 안정시키는 법 등의 정보를 최대한 많이 얻는다.

- 아이의 친부모. 알코올중독, 마약중독, 성적 질병, 유전적으로 걸리기 쉬운 질병 등과 같은 병력. 문화, 종교, 유전, 사회적 배경 등 아이가 언젠가는 알고 싶어 하리라고 생각되는 모든 사항.

3. 아이에게 입양 사실을 알려주자.

보통은 아이에게 자신이 입양되었다는 사실을 알려주는 편이 좋다. 이때 다음 몇 가지 원칙들을 지키도록 하자.

- **일찍 말해주자.** 아이가 아장아장 걷기 시작할 때부터 '입양'이라는 단어를 사용하라. 입양을 고려하는 친구의 이야기, 입양에 관한 책이나 텔레비전 프로그램 혹은 영화 등을 소재로 삼아 자연스럽게 입양을 화제로 대화를 나누는 게 좋다. 부모가 입양아에 대한 사랑과 헌신 같은 긍정적인 이야기를 하는 것은 아이에게 중요한 영향을 미친다.

- **대화의 문을 활짝 열자.** 입양 연구의 권위자 피터 벤슨(Peter L. Benson)은 입양부모와 '차분하고 자유로운 대화'를 나누는 아이는 자신의 입양 사실을 문제없이 받아들인다고 보고했다. 자신이 어떻게 입양되었는지를 언제든 자유롭게 물어볼 수 있는 환경을 만들어주자.

- **정직해야 한다.** 결코 입양 사실을 숨겨서는 안 된다. 아이의 '어두운 과거'에 대해서도 감추지 말아야 한다. 그런 것들을 자꾸 감추다보면 결국 부모자식 간의 신뢰에 큰 문제가 생길 수 있다.

- **질문에만 대답해주자.** 정직하게 말하되 아이가 꼭 알아야 할 것에 대해서만 알려주자. 불필요한 것까지 다 알게 되면 아이는 현실을 감당할 수 없게 된다. 아이의 연령을 고려하여 특정 사실은 알려주지 않아도 괜찮다. 아이의 연령과 이해력에 적합한 어휘를 사용하는 것이 중요하다.

- **문학 작품을 활용하자.** 책은 입양에 관해 아이와 대화를 나눌 수 있는 좋은 방법이다.

- **확신을 주자.** 입양자녀들은 혹 자신이 다시 버려지면 어쩌나 하는 큰 두려움

을 가질 수도 있다. 따라서 아이에게 현재뿐만 아니라 앞으로도 영원히 부모 자녀의 관계가 지속될 것이라는 확신을 주는 게 중요하다. 또한 아이의 궁금 증과 불안감을 해소해주기 위해 부모가 늘 노력할 것이란 사실도 알려주는 게 좋다. 아이가 자신의 과거를 알고 싶어 하며 그에 관해 질문을 하는 건 자연스러운 일이다.

● **항상 대화하자.** 시간이 지나면서 아이들은 입양에 대한 개념을 단계적으로 이해한다. 그에 관해 아이가 매번 처음 물어보는 것처럼 질문하더라도 인내심을 갖고 하나씩 차분히 답해 줘야 한다.

4. 애착문제에 주의하자.

부모자녀 간의 강한 정서적 유대감은 건강한 심리발달에 결정적인 역할을 한다. 입양자녀의 경우에는 더욱 그렇다고 할 수 있다. 보통은 조기입양, 특히 생후 6개월 이내의 아이를 입양하는 것이 양육하는 데 한결 수월하다고 한다. 최근 새로운 연구에서는 영아와 양육자 간의 상호작용이 아이의 두뇌 발달과 훗날의 정신, 신체, 정서, 행동, 인지, 사회적 발달에 영향을 미친다는 결과가 나왔다. 입양한 아이가 어쩌면 과거에 어떤 충격을 받아 건강한 애착관계를 위축시키는 외상후스트레스장애를 가지고 있을지도 모른다. 만약 아이와의 유대감 형성에 문제가 있다면, 즉시 전문가의 도움을 청하자. 전문가는 가장 적절한 조언을 해줄 것이다.

5. 비밀을 지키자.

아이가 고통스러운 과거를 가지고 있다면 이를 비밀로 지켜줘야 한다. 예를 들면 신체적 학대, 성적 학대, 친부모의 전과나 알코올중독, 마약중독 등이 있다. 그 사실을 입양부모와, 아이의 주치의 혹은 정신상담가만 알고 있도록 하자. 만약 누군가가 그런 일들에 대해 묻는다면 이렇게 대답하자. "우리 아이가 충분히 자라면 자신의 과거에 대해 알고 싶어 할 수도 있겠죠. 그때 아이가 묻는다면 이야기해줄 생각입니다." 이렇게만 말한 후 더 이상 언급하지 말고 아이를 보호해줘야 한다. 아이가 그 문제를 이해하기에 충분히 자라지 않았다면 굳이 이야기할 필요는 없다.

6. 아이들은 다 똑같다는 사실을 기억하자.

모든 아이는 보호와 사랑, 인정을 받으려는 기본적인 욕구를 가지고 있다. 그렇다면 아이들이 가장 싫어하는 것은 무엇일까? 그건 '자신은 여느 아이들과는 다르다'라는 느낌이다. 따라서 다른 사람에게 아이를 소개할 때 "얘가 입양한 우리 아이에요" "우리가 선택한 아이에요" "얘는 특별한 아이에요"라는 식으로 말하지 않도록 주의하자. 이렇게 말하면 아이는 자신을 가족에게 속하지 않은 존재로 느끼게 된다. 또한 자신은 부모의 기대에 항상 부응해야 한다고 생각하게 된다.

7. 아이가 감정적인 문제를 해결할 수 있도록 도와주자.

입양자녀는 친부모가 자신을 포기하고 버렸다는 생각을 하거나 그런 친부모에 대해 분노를 가질 수 있다. 혹은 자신이 버려진 것이 자기 탓이라는 잘못된 죄책감을 가질 수도 있다. 입양부모의 사랑에도 불구하고, 이런 부정적인 감정들은 아이가 자신이 입양된 날이나 어떤 특별한 상황에 부딪히면 되살아날 수도 있다. 언젠가는 아이가 자신의 친부모에 대해 물어볼 것이라는 점을 늘 염두에 둬야 한다. 10대 입양아를 대상으로 연구한 결과, 여자아이의 70%와 남자아이의 57%가 친부모를 만나보고 싶다고 응답했다(하지만 대부분은 "친부모와 같이 살고 싶지는 않다"고 대답했다). 입양부모는 아이가 친부모를 만나보고 싶어 하는 욕구를 감정적으로 받아들여서는 안 된다. 이 욕구가 입양부모를 사랑하지 않는다거나 입양부모와 더 이상 살고 싶지 않다는 뜻이 결코 아니니 말이다. 아이는 자신의 정체성을 찾고 싶어 한다. 따라서 그런 아이에게 공감을 표하고 사랑과 지지를 보내야 한다. 입양아가 느끼는 상실감은 반드시 해결되어야 하는 심각한 문제이다. 만약 아이가 이런 문제를 겪고 있다면 전문가의 도움을 받도록 하자.

나이별 육아법

미국 뉴저지 러트거스대학에서 행해진 한 연구를 보면 입양아들이 각 성장단계에서 점차 입양에 대한 이해의 폭을 넓혀간다는 사실을 알 수 있다.

3~6세 취학 전 아이들은 아직 '입양'이나 '혈연'이란 개념을 이해하지 못한다. 때때로 이 시기의 아이들은 입양에 대해 잘 이해하고 있는 것처럼 보이기도 한다. 자신이 어떻게 입양가정의 가족이 되었는지에 대해 설명하는 걸 들어보면 말이다. 하지만 그건 단지 입양부모에게서 들었던 설명을 자신의 말로 바꿔 이야기하는 것일 뿐이다.

7~9세 이 시기 아이들은 자신이 어떻게 입양가정의 가족이 되었는지 그 개념을 알기 시작한다. 그리고 천천히 입양에 대해 이해하게 된다. 만 6세 정도가 되면 아이들 대부분은 부모에게서 태어난 것과 입양된 것의 차이를 구분하고, 만 8세가 되면 '혈연'이란 개념을 알게 되며 입양이 무엇인지를 구체적으로 이해하게 된다. 물

론 입양과 관련된 법에 대해선 이해하지 못한다. 그래서 언젠가 자신의 친부모가 자기를 다시 찾으러 올지도 모른다고 생각한다.

10~13세 이 시기 아이들의 가장 큰 고민거리는 친구들의 시선이다. 그들은 자신이 또래들과 '다르다'고 생각하고 친구들이 자신을 어떻게 볼까 전전긍긍한다. 만 9~11세가 되면 부모를 잃게 될까봐 걱정한다. 이미 한 번 버림받은 기억을 가지고 있기 때문에 또 그런 일이 일어나면 어쩌나 걱정한다. 또한 이 시기에는 그리 심각한 수준은 아니지만 '슬픔'이란 감정을 경험하기도 한다. 만 10~11세 아이들은 자신과 입양부모의 관계를 보장하는 법에 대해 이해하기 시작한다.

Part 4 가족 문제

우 리 집 맞 춤 처 방 전

아이의 과거를 알수록 아이를 더 사랑하게 됐어요!

우리가 태수를 입양했을 때 아이는 열한 살이었어요. 우리가 입양하기 전까지 태수는 위탁가정을 다섯 군데나 거쳤죠. 태수는 예전 가족들에 대한 기억이 별로 없었어요. 그래서 태수의 과거를 찾는 일은 쉽지가 않았습니다. 그렇지만 우린 아이의 과거와, 아이가 겪은 정신적 충격들을 알아내야만 했어요. 그건 아이를 잘 이해하기 위해 가장 중요한 일이었으니까요. 그래서 우린 주요 사건들을 앨범에 기록하기 시작했습니다. 태수의 사진, 머리카락, 성적표, 티켓 같은 기념품 등을 모았죠. 예전 가족들의 사진이 없을 경우에는 아이가 살았던 집을 지도에 표시하거나 그 가족들의 모습을 그림으로 그렸어요. 우리는 무척 진지했어요. 그 모습을 가만히 지켜보던 태수도 어느 날부터는 잃어버린 어린 시절의 조각들을 함께 채워나가기 시작했습니다. 우린 태수의 힘들었던 과거를 알면 알수록 그 아이를 더 사랑하게 됐어요. 태수에겐 아픈 기억들을 떠올리는 게 무척 어려운 일이었지만 그 과정을 통해 마침내 자신을 진정으로 사랑하는 가족을 만났다는 걸 깨닫게 되었죠.

학교생활에 문제 행동 일으킬 때

숙제

도와주세요

숙제와 관련된 적신호

숙제 때문에 싸우거나 운다.

공부기술과 체계성이 부족하다.

숙제해야 할 내용을 잘 적어오지 못한다.

독자적인 학습능력이 없다.

숙제 끝내는 것을 어려워한다.

부모가 해야 할 일은?

아이가 일의 체계를 잡는 법과 공부기술을 배워 학습에 성공하도록 해준다. 스스로 숙제를 끝낼 수 있도록 도와준다.

❓ 7시는 아이가 숙제할 시간입니다. 하지만 저희 집에서는 울음과 애원이 시

작되는 시간이 됩니다. 아이는 저희가 함께 앉아 모든 숙제를 해주기를 원합니다. 숙제를 해주는 게 아이의 울부짖는 소리를 듣는 것보다는 훨씬 쉬운 일입니다. 소란 없이 아이가 스스로 숙제를 하도록 할 비법이 있을까요?

숙제와 관련된 부모의 역할은 '숙제를 대신해주는 사람'이 아닙니다. 숙제에 대한 책임은 아이들에게 있지 부모에게 있지 않아요. 물론 아이들이 학습개념을 이해하고 있어서 숙제를 할 수 있는 능력이 있는지 먼저 확인해야 합니다. 부모가 숙제를 대신해주는 걸 아이가 기대하기 시작하면 그 유혹을 멈출 수 없습니다. 새로운 주문을 외쳐보세요. "아이 스스로 할 수 있는 일은 절대로 대신해주지 않는다." 여기에는 적응기간이 필요합니다. 아이가 학습에 스스로 동기를 부여하도록 만들겠다는 목표를 달성할 때까지 일관된 행동을 보이세요. 그 때쯤이면 더 이상 아이들과 씨름할 필요가 없어질 것입니다.

왜 변해야 할까?

"지난주에는 도와주셨잖아요." "제가 아프다고 쪽지를 적어주시면 안 될까요?" "숙제가 있다고 말 안 해줬잖아요."

이런 말에 익숙한가? 이는 비단 당신만의 고민은 아닐 것이다. 비영리 조사기구인 퍼블릭어젠더의 조사를 보면 학령기 아동의 절반 이상의 부모들이 숙제와 관련해서 아이들과 소리치며 울음 섞인 전쟁을 하고 있다고 한다. 1/3의 부모들은 숙제로 인한 재앙이 반복적으로 벌어지고 있

육 아 뉴 스

듀크대학교: 듀크 대학교 교육학장인 해리스 쿠퍼(Harris Cooper)는 60개의 연구를 검토하면서 숙제의 가장 큰 이점들은 고등학교 수준에서 나타나며, 특히 아이들이 적어도 일주일에 5시간에서 10시간 동안 숙제를 할 때 나타난다는 점을 밝혀냈다. 그보다 덜한 숙제는 학습효과를 낼 수 없다고 한다. 중학교에서는 매일 저녁 최대 90분의 숙제를 할 때 실력이 높아진다고 한다. 초등학교 때에는 숙제가 학업성취에 상대적으로 영향을 많이 끼치지 않지만 인내심, 근면, 만족 지연 등 학습에서 중요한 자질을 키울 수 있다. 학년이 올라갈수록 그런 자질들은 성공에 중요한 요인들이 된다.

다고 대답했다.

최근 숙제와 관련된 몇 가지 논쟁들이 있었다. 숙제는 불필요한 것으로 학교가 진지한 교육을 하고 있다는 걸 부모들에게 보여주려는 행정적인 정책이라는 의견과, 숙제는 정형화된 시험을 통과하도록 만드는 도구일 뿐이라는 주장이 있다. 하지만 올바른 숙제는 학교와 사회에서 성공하게 해주는 기술 습득의 과정이라는 주장도 있다. 숙제를 통해 계획성, 문제해결능력, 내적 동기부여, 집중력, 기억력, 목표 설정, 인내심 등을 배울 수 있다. 잊지 말아야 할 점은 숙제를 통해 아이들은 무엇인가를 배우고 있다는 것이다.

어떤 행동을 보일까?

숙제를 즐기는 아이들은 흔치 않다. 대부분 아이들은 뛰어다니며 즐겁게 시간을 보내고 싶어 한다. 숙제와 관련된 문제에 해결책이 필요하다는 걸 보여주는 행동들이 있다.

- **끊임없는 싸움.** 숙제 때문에 눈물, 논쟁, 짜증, 고성이 오간다. 매일 밤 부모와의 관계가 괴로운 싸움으로 변한다.
- **속이기.** 숙제가 없다고 말하거나 끝냈다고 거짓말한다.
- **숙제가 너무 쉽다.** 숙제가 단순히 시간을 뺏는 일이다. 숙제가 너무 지루하거나 아이의 능력 이하의 과제다.
- **숙제가 너무 어렵다.** 숙제가 너무 어렵고 아이의 능력 밖의 것들이다. 배우는 것이 어렵다.
- **의존.** 다른 누군가가 아이의 숙제를 시작해주거나 끝내줘야 한다. 스스로 시작하거나 독자적으로 공부하는 일이 없다.

1단계: 초기 개입

● **잠재적인 문제점을 제거한다.** 부모의 첫 번째 과제는 문제의 원인을 찾는 것이다. 다음의 목록은 숙제와 관련된 일반적인 원인들이다. 자녀에게 해당되는 것이 있는지 확인해보자.

☐ 과제가 아이의 능력을 벗어나거나 아이의 능력 이하의 것인가?

☐ 수업, 학습과정이 너무 어렵거나 상위 수준인가?

☐ 과제를 따라잡기 위해 과외가 필요한가?

☐ 너무 쉽게 주의가 산만해지는가? 주의력 결핍 문제('주의력 결핍을 보이는 아이' 참조)가 있는가? 성공하기 위해 계획하는 기술이나 공부기술을 가지고 있는가?

☐ 눈을 문지르거나 또는 과도하게 눈을 깜빡이거나 찡그리는가? 아이에게 시력진단이 필요한가?

☐ 학습 혹은 정서장애를 겪고 있어서 심리검사가 필요한가(선생님에게 조언을 구한다)?

☐ 스트레스나 과도한 일과계획이 아이의 집중력을 흐트러뜨리는가?

☐ 숙제를 회피하기 위해 문제를 일으키는가? 그런 아이의 전략이 성공해왔는가?

만약 그 원인이 시력장애, 집중 혹은 기억과 관련된 특별한 종류의 문제라면 전문가를 찾아가 해결책을 찾아야 한다.

● **숙제를 선택사항으로 만들지 않는다.** 처음부터 숙제에 관해 확고하고 진지한 태도를 취한다. 숙제에 대한 반박이나 조건이 있을 수 없고 숙제는 무조건 끝내야 하는 것이다. '놀기 전에 숙제하기' 규칙을 정한다(한편 아이가 숙제를 할 때는 텔레비전을 끄도록 한다. 아이가 숙제로 고생하고 있을 때 텔레비전이나 게임기의 소리가 나는 건 불공평한 일이다. 신문이나 책을 읽도록 하자).

● **일주일간의 숙제를 상기시킨다.** 숙제 계획을 짜서 일간 또는 주간별로 상기할 수 있도록 해주자. 화이트보드나 칠판은 지웠다 다시 쓸 수 있기 때문에 좋은 도구가 된다. 요일이나 달을 표시하여 매일 해야 하거나 주별로 해야 하는 규칙적인 숙제를 적어놓는다. 연습 날짜, 학원가는 날 등도 표시해둔다. 자녀가 여럿이라면 각각의 아이를 나타내는 다른 색의 펜을 사용하자. 시간 계획표를 잘 보이는 곳에 놓고 모두가 참고할 수 있도록 하자.

● **선생님의 기대를 파악한다.** 선생님과의 관계가 좋을수록 아이는 학교에 대해 긍정적인 경험을 할 수 있다. 부모의 목표는 선생님과 협력적인 관계를 구축하는 일이다. 방문수업의 날이나 회의 등에 적극적으로 참여한다. 선생님이 적어준 노트를 읽는다. 선생님의 기대와 숙제 관련 규칙을 확실히 알아두어 부모, 선생님, 아이 모두가 합심할 수 있도록 하자. 선생님이 숙제를 온라인이나 이메일을 통해 공지하는지, 숙제가 성적에 어느 정도의 영향을 미치는지, 얼마나 자주 숙제가 있는지, 아이의 진행정도나 문제점에 대해 어떻게 공지를 받을 건지, 평균적으로 숙제를 하는 데는 어느 정도의 시간이 드는지 알아야 한다. 그리고 자녀를 응원해줄 것이라고 알려주자. 만약 중학생 자녀라면 아이를 담당하는 선생님들이 여러 명이 될 수 있으므로, 각각의 선생님들에게 똑같은 질문을 하자.

2단계 : 신속한 대처

- **부모의 역할을 파악한다.** 아이와의 전쟁에 부모는 어떻게 반응하는가? 예를 들어 애원하거나, 싸우거나 혹은 강요하는지, 혹은 가만히 내버려두거나, 과잉보호를 해주는지, 변명을 해주거나, 무조건 서명을 해주거나 뇌물을 주는지, 부모의 기대가 현실적이며 아이의 수준에 맞는지, 일관된 기대를 보이고 있는지 생각해보자. 아이와의 관계를 해치지 않으면서 숙제를 끝내게 할 수 있는 부모의 대응법 중 바꿔볼 만한 것이 있는지 살펴보자.

- **특별한 숙제 장소를 만든다.** 숙제의 중요성을 알게 하려면 공부를 위한 특별한 장소를 만들어야 한다. 이 공간을 정하는 데 아이를 참여시킨다. 채광이 좋고 조용한 곳이라면 어디라도 좋다. 나이가 어린 아이라면 부모와 가까운 곳을 정하는 것이 좋다. 예를 들어 저녁을 준비하는 동안 아이가 식탁에서 공부할 수 있을 것이다. 그리고 펜, 연필, 종이, 가위, 계산기, 사전 등과 같이 필요한 물건들을 갖다놓게 하자. 만약 책상이 없다면 박스 등에 물건을 보관해둔다. 컴퓨터가 있다면 인터넷으로 아이가 무얼 하는지 볼 수 있는 장소를 선택한다.

- **처음부터 일상의 일부가 되게 한다.** 숙제를 하기에 가장 좋은 시간을 선택한다. 방과 후나 저녁식사 전이나 후로 정하고 그 시간을 유지한다. 아이의 의사를 물어 시간계획에 반영하도록 한다. 만약 방과 후가 숙제하는 시간이라면 항상 간식을 먼저 먹게 해서 바쁜 하루 가운데 아이가 잠시 쉴 수 있게 해주자. 시간계획을 정해놓으면 아이와의 싸움이 줄어들고 숙제하는 습관이 길러질 것이다. 시간표를 그려 표시해두는 것이 어린 아이들에게 도움이 된다.

- **긍정적인 태도를 유지한다.** 아이가 숙제를 하거나 숙제를 적거나 스스로 숙제를 시작하는 때를 놓치지 않고 그러한 노력들을 칭찬해준다. 아이의 잘못

을 고쳐주려 하거나 실수에 초점을 두려는 충동은 억제한다.

3단계: 변화를 위한 습관

- **계획하는 기술을 배운다.** 우선순위에 따라 해야 할 일의 목록을 어떻게 정하는지 보여준다. 그리고 끝낸 숙제는 하나씩 지워나가게 한다. 어린 아이에게는 각각의 종이에 어려운 숙제를 적어두고 아이가 끝내기로 계획한 순서대로 정리하여 모아둔다. 남아 있는 종이가 없어질 때까지 숙제를 끝낼 때마다 종이를 뜯어내게 한다.

- **숙제를 작은 부분으로 나눈다.** 숙제를 작은 단위로 나누는 것은 집중하지 못하거나 숙제를 부담스러워하는 아이들에게 도움이 된다. 한 번에 한 부분씩만 끝내라고 말해준다. 아이의 자신감이 커지면 점점 '부분'의 크기를 늘려간다. 만약 집중하는 데 어려움을 겪고 있다면 20분 단위로 공부를 하고 쉬는 시간을 짧게 갖도록 하자.

- **가장 어려운 것을 처음에 하게 한다.** 가장 힘든 숙제를 먼저 하도록 가르친다. 그 숙제는 가장 많은 집중력을 요할 것이며(보통 공부를 시작하는 처음 시간대에 집중력이 가장 높다), 가장 오랜 시간이 걸릴 것이다. 시험을 위해 외워야 할 것들이나 다시 봐야 할 정보가 있다면 마지막까지 미루지 않게 한다. 정신이 가장 맑을 때 미리 보게 해야 하며, 이상적인 것은 숙제를 여러 부분으로 나누어 한 주 동안 진행하는 것이다. 그리고 학교 가기 전에 한 번 더 훑어볼 수 있도록 해주자.

- **숙제가 끝나면 부모의 확인을 받는다.** 선생님들은 끝낸 숙제에 부모가 서명을 해주도록 요구한다. 그러므로 숙제를 끝내면 부모에게 보여달라고 하자. 어떤 숙제라도(특히 컴퓨터를 이용해 자료수집을 한 것이라면) 부모에게 보여줄

것을 요구하자. 과제 내용에 대해 구체적인 질문을 하고, 만약 아이가 대답하지 못하면 그것은 아이가 인용 표시를 하지 않은 채 다른 자료를 그대로 잘라 붙였다는 신호다. 만약 숙제에 실수가 보인다면 바로 알려주지 말고 "첫 번째 줄에 2개의 실수가 있구나"라고 말하자. 숙제를 마치면 가방에 넣어 문 앞에 두는 걸 습관이 되도록 하자.

● **끝내지 못한 것에 대한 책임을 지게 한다.** 만약 숙제를 다 못 끝냈다거나 숙제의 질이 만족스럽지 못하다면 그에 따른 책임을 지게 한다. 아이는 숙제를 마치는 것이 선택의 문제가 아니란 걸 알아야 한다. 예를 들어 미리 정해진 시간 안에 숙제를 마치지 못하면 그날 밤이나 다음날 아이가 원하는 특권을 잃게 될 거라고 말하자. 혹은 '숙제를 마친 후 놀기'와 같은 규칙을 만든다. 아이가 혼자서도 부모의 기대에 맞춰 숙제를 마친 일이 있었을 때만 방에서 혼자 숙제를 하도록 허락한다.

부모 시선 집중!

아이에게 숙제가 너무 많은 건 아닐까?

전국교육협회와 학부모회(PTA)는 학년별로 하루 최대 10분간의 숙제를 추천하고 있다. 하지만 이 조언은 많은 집들에 적용되고 있는 것 같지는 않다. 미시건대학교의 연구를 보면 많은 아이들이 3배에 해당하는 시간 동안 숙제를 하고 있었다. 만약 과도한 숙제로 아이가 고생을 하고 있다면 일주일 동안 숙제에 들이는 시간을 기록해서 총시간을 합산해본다. 그리고 선생님에게 과도한 시간을 요구하거나 고생스럽게 하는 숙제가 어떤 것인지 알린다. "이 숙제는 2시간이 걸리더라고요. 이 정도의 시간이 걸린다는 걸 생각하셨나요?" 만약 과도한 숙제가 계속되면 선생님과의 면담을 통해 부모가 걱정하는 바를 알리자. 선생님의 기대가 비현실적이라는 생각이 들면 다른 부모와 이야기를 해본다. 과제가 너무 어렵거나 너무 쉽거나 적당하다고 생각하는지, 그들의 의견을 들어보자. 또한 그들의 아이들은 어떻게 숙제를 하고 있는지 들어보자. 과제가 너무 지나치다는 생각이 들면(다른 많은 부모들도 동의한다면) 교장선생님, 교사들, 학부모협회 혹은 학교이사회와 이야기를 해보자.

3~6세 가장 좋은 '숙제'는 매일 밤 재미있고 편안한 방식으로 아이에게 글을 읽어 주는 것이다. 매일 정해진 곳에 책가방과 숙제를 놓아두는 것을 시작으로 계획하는 기술을 가르치기 시작한다. 만 3세 정도에 시력검사를 받는 것이 바람직하다. 만 6세 미만 아이의 70%의 부모가 아이의 시력검사를 하지 않는 것으로 나타난다.

7~9세 매일 저녁 똑같은 시간과 장소에서 숙제를 하는 것을 일상의 규칙으로 삼기 시작하기에 가장 좋은 때다. 노트에 해야 할 일들을 적고 숙제를 가방에 넣고, 만약 숙제에 대해 잘 모르면 집에 오기 전에 선생님에게 확실히 물어보고 오라고 가르친다. 만 5세는 매일 10분의 숙제가 적당하고 만 7세는 30분이 적당하다. 만 9세 아이들은 매일 45분에서 60분 동안 숙제를 할 수도 있지만, 많은 전문가들은 하루에 40분 이상을 넘기지 않는 것이 좋다고 말한다.

10~13세 숙제의 양이 많아지기 때문에 스스로 숙제를 하는 습관과 자신의 속도를 맞추는 기술이 중요해진다. 과목 수와 담당 선생님들이 많아지므로 숙제를 적고 정리하는 것이 성공의 필수조건이다. 이 시기의 여자아이들은 숙제를 위해 하루에 1.4시간을 투자하는 반면 남자아이들은 1.1시간을 쓴다. 숙제와 관련된 부담이 급격히 늘어나므로 스트레스와 부담감에 주의해야 한다.

아이에게 과외가 필요할까?

숙제와의 씨름이 너무 심해지는 때가 오면 아이에게 과외가 필요한지 생각하게 된다. 요즘 과외시장은 엄청난 규모의 사업이며 그 가격은 시간당 만 원에서 25만 원까지 다양하다. 동네에서 가장 인기 있거나 가장 비싼 선생님이 항상 최고의 선생님은 아니다. 퇴직한 선생님이나 영어를 잘하는 고등학생 혹은 아이가 좋아하는 12세의 옆집 아이가 과외교사가 될 수 있다. 가장 좋은 과외교사를 구해서 과외를 통해 최대의 효과를 이끌어낼 수 있게 해주는 4가지 해결책이 있다.

1. 선생님에게 조언을 구하며 다음 질문을 한다.

아이에게 과외가 필요하다고 생각하시나요?

도움이 필요한 구체적인 과목이나 기술들이 무엇인가요?

과외를 통해 배운 것을 검토할 수 있도록 하는 시험계획이 있나요?

과외교사의 지도 경력을 봐야 하나요?

추천할 만한 과외선생님이 있나요?

아이의 집중시간과 학습능력에 가장 맞는 과외 시간계획은 어떤 것일까요?

2. 아이의 학습스타일에 맞는 과외를 해야 한다.

과외 선택시 다음 3가지를 고려하자.

- 시간계획. 아이에게 가장 좋은 과외 시간계획은 어떤 것일까? 일주일에 한 번일까, 두 번일까? 30분 수업일까, 2시간 수업일까? 개인과외가 좋을까, 그룹과외가 좋을까? 아이가 방해받지 않고 얼마나 오랫동안 숙제를 할 수 있을까?

- 성격. 어떤 성격의 교사와 아이가 가장 잘 맞을까? 과외교사는 아이가 편안하게 느끼는 사람이어야 한다. 과외교사와 아이의 성격을 맞춰보자.

- 학습스타일. 아이가 어떤(시각적, 청각적 혹은 감각운동적) 학습스타일을 가졌는지 진단하자(만약 모르겠다면 선생님에게 물어본다). 아이가 과외를 받으면서

도 여전히 힘겨워한다면 학습에 대한 접근방법이 효과적이지 않은 것이다. 아이의 학습적인 필요에 맞는 좀더 창의적인 과외교사가 필요하다.

과외교사들과 면담을 한 후 아이의 기질, 성격, 학습스타일에 맞는 사람을 선택한다. 얼마나 돈을 지불할 수 있는지, 누가 경험이 제일 많은지는 주관적인 문제다.

3. 구체적인 과외계획을 짠다.

다음으로는 가능하다면 아이와 함께 앉아서 아이를 돕기 위한 과외계획을 짠다. 학습진도가 어떻게 평가될 건지, 학교 숙제와 시험이 과외 중에 어떻게 다루어질 건지, 아이의 발전상태에 대해 부모가 어떻게 알 수 있을지 고려한다. 그러고 나서 수업이 어떻게 진행되고 있는지 몇 주에 한 번씩은 간단히 점검해본다. 지불하는 돈뿐만 아니라 과외 시간계획도 처음부터 확실히 정해둬야 한다.

4. 과외를 우선시한다.

과외가 우선시되어야 한다는 걸 아이가 알아야 한다. 과외수업이 축구 연습이나 바이올린 레슨만큼 중요하다는 걸 알 필요가 있다. 사실 아이의 일과가 과해지지 않도록 무언가를 그만두어야 할 수도 있다. 또한 아이의 일과시간 중에 가장 좋은 시간에 과외를 하도록 해서 아이가 그 시간에 집중할 수 있도록 해주자.
과외가 기적적인 해결책이 될 수는 없으므로 발전하는 모습을 보기까지는 시간이 걸릴 수 있다. 부모와 아이 모두에게 힘든 일이 될 수 있으므로, 배우려는 아이의 노력을 계속 독려해줘야 한다.

5-2

도와주세요

저희 아이는 열심히 공부하고, 숙제도 모두 하고, 시험도 보지만 갑자기 엄청난 두려움에 떨게 됩니다. 아이의 몸이 굳어지고 손은 땀으로 축축해집니다. 안절부절못하며 아이의 머릿속은 '낙제하고 말 거야' '나는 멍청해'와 같은 부정적인 생각들로 가득 차게 됩니다. 그런 뒤, 아이의 머릿속은 완전히 텅 비고 맙니다. 어떻게 하면 시험에 대한 불안을 없애줄 수 있을까요?

10대 아이들의 20%가 시험에 대한 불안을 경험하고 있는데, 오늘날에는 시험의 중요성이 매우 커져서 그 증상이 아주 어린 아이들에게도 나타나고 있습니다. 시험에 대한 이런 불안은 아이의 학업적, 사회적, 정서적 면에서 큰 값을 치르게 할 것입니다. 반복되는 불안은 학업적으로 고통을 받게 해서 여러 가지 활동을 잘해내지 못하게 하고 자존감이 낮아지게 하며 학교에 대한 두려움을 줄 수 있어요. 이런 상황을 빠르게 개선할 방법은 없지만 아이의 시험점수를 높이고 시험에 대한 불안의 정도와 빈도를 줄여줄 수 있는 방법들을 살펴보도록 할까요.

해결책

시험 전

- ● **아이의 반응을 지켜본다.** 시험에 초조해하는 것은 정상이지만 성적에 대한 걱정이 심해질 때 '시험에 대해 불안해한다'고 할 수 있다. 다음은 주의해야 할 증상들이다.

  - ☐ **신체적 증상.** 안절부절못하며 손이 땀으로 젖거나 차가워진다. 두통, 메스꺼움이 일어나고 심장 박동이 빨라진다. 식은땀을 흘리고 입술이 건조해진다. 어지러움을 느끼거나 덥거나 춥다고 느낀다.
  - ☐ **정서적 증상.** 무기력하고 비관적으로 느낀다. 울고 싶어 한다. 실패를 두려워한다.
  - ☐ **인지적 증상.** 배운 것을 잊어버린다. 평소보다 시험에 대해 생각하거나 집중하는 것을 어려워한다. 시험결과에 대한 부정적인 생각들에 사로잡힌다.

- ● **침착함을 유지하고 수용한다.** 침착한 태도로 앞으로 다가올 시험에 대해 편안하고 가벼운 태도를 보이며 이야기한다. 아이는 편안함을 느낄 때 시험에 대한 걱정을 부모에게 말하기 시작할 것이다. 큰 아이들의 걱정은 "부모님을 실망시키고 싶지 않은 것"이므로 시험점수에 상관없는 부모의 무조건적인 사랑을 확인시켜줘야 한다. 한 조사에 의하면 현실적인 기대를 가진 따뜻하고 수용적인 양육스타일이 아이들의 시험 불안감을 줄여준다고 한다.

- ● **성공을 위한 계획을 세운다.** 아이의 현재 공부습관을 파악하는 데서부터 시

작한다. 그런 다음 시험을 치르는 기술을 발전시킬 수 있는 간단한 해결책을 생각해본다.

- [ ] 플래시카드에 단어를 적어 오빠의 축구경기 시간 동안 복습할 수 있게 한다.
- [ ] 필요하다면 과외교사를 구한다.
- [ ] 선생님과 연락을 하여 시험일정을 파악하고 먼저 준비할 수 있도록 한다. 또한 교사의 관점이나 공부기술에 대한 아이디어를 물어본다.
- [ ] 만약 아이가 하는 일이 너무 많다고 생각되면 활동이나 책임지는 일을 줄인다.
- [ ] 만약 아이가 압도당하고 있는 듯해 보이면 공부할 수 있는 더 조용한 장소를 만들어준다('주의력 결핍을 보이는 아이'와 '숙제' 참조).

● **부정적인 생각들을 재구성한다.** 불안을 느끼는 아이들은 자신의 성과에 대한 부정적인 생각을 가지는 경우가 있으며 이것은 시험 치르는 것 자체에 영향을 미칠 수 있다. 그러므로 아이의 걱정이 항상 사실이 아니라는 증거를 찾아 부정적인 생각들에 도전하도록 가르친다. 여기 2가지 예가 있다.

아이: "나는 항상 시험 성적이 나빠."

부모: "플래시카드로 공부했더니 지난 금요일 받아쓰기에선 점수가 올랐잖니."

아이: "분명 아무것도 기억하지 못할 거야."

부모: "아침밥을 잘 먹었더니 지난 수학시험에서 기억하는 데 도움이 되었잖아."

● **시험 치르는 전략들을 가르친다.** 시험에 대한 불안을 없앨 뿐 아니라 시험성적도 향상시킬 수 있게 해주는 간단한 기술들이 있다.

□ 질문하기. 만약 문제에 대해 확실하지 않은 점이 있으면 손을 들고 확인을 받는다.

□ 시험지 쭉 훑어보기. 문제들의 종류와 시험 길이에 대한 감각을 얻는다.

□ 아는 것 먼저 풀기. 아는 것을 먼저 풀어 나중에 잊어버리지 않도록 한다.

□ 답 확인하기. 지나친 문제가 없는지 확인하기 전에는 답안지를 제출하지 않는다. 시간이 있다면 항상 답을 검토해본다.

● 벼락치기를 하지 않는다. 시험을 두려워하는 아이들은 공부하는 것을 미루고 마지막 순간에 벼락치기를 하면 걱정이 줄어들 거라고 생각한다. 하지만 이 방법은 오히려 불안을 증가시킬 뿐이다. 아이는 과목 내용에 대해 잘 모를 뿐 아니라 자신이 준비가 되지 않았다는 걸 인식하게 된다. 그러므로 시험 보기 며칠 전부터 공부계획을 세우도록 한다.

● 현실적인 공부시간을 정한다. 공부시간과 휴식시간은 여유로워야 되며 아이의 집중시간에 맞춰야 한다. 다음은 연령별 평균적인 공부시간이다.

만 6~8세: 15분

만 9~10세: 20분

만 11~12세: 30분

만 13세: 30~40분

● 시험을 연습한다. 시험 치르는 과정에 익숙할수록 시험에 대한 공포감도 줄어든다. 그러므로 선생님에게 연습시험을 부탁해본다. 아이의 자신감을 높이기 위해 연습시험을 하며 불안 해소법과 새롭게 배운 시험전략들을 적용할 수 있도록 도와준다.

시험 당일

- ● **충분히 잠을 잔다.** 수많은 연구들은 아이들의 수면과 시험성적의 중요한 관련성을 찾아냈다. 아이에게 충분한 잠이 필요하다는 걸 확인시켜주는 몇 가지 연구결과들이 있다.

> **텔아비브대학교** 평균적으로 매일 31분을 덜 자는 4학년과 6학년 아이들이 눈에 띌 정도로 시험에서 나쁜 성적을 받았다.
>
> **버지니아대학교** 초등학생들은 잠이 부족할 경우 단어 시험 성적이 평균 7점 내려간다.
>
> **미네소타대학교** 1만 7,000명의 고등학생들을 대상으로 한 실험에서 "A점수를 받는 10대 아이들은 B를 받는 아이들보다 평균 15분을 더 자고 있으며 B를 받는 아이들의 수면시간은 C를 받는 아이들보다 11분이 더 많았고 C를 받는 아이들은 D를 받는 아이들보다 10분을 더 자고 있었다"고 밝혔다.

- ● **뇌를 활성화시키는 아침식사를 한다.** 아침을 거르지 않도록 한다. 많은 연구결과에 의하면 달걀과 같은 기름기가 적은 단백질과 통밀시리얼로 아침식사를 하는 경우 에너지를 유지하게 되고 시험을 치르는 동안 더 깨어 있도록 해준다고 한다.

- ● **불안 해소법을 이용한다.** 한 연구는 긴장 해소법을 사용하는 것이 시험에 대한 불안을 줄이는 데 도움이 된다고 밝혔다. 큰 시험을 치르기 몇 주 전부터 가르칠 수 있는 3가지 방법이 있다.

□ 혼잣말하기. 조용히 긴장을 풀어주는 말을 반복한다. "시험은 시험일 뿐이야." "완벽할 필요는 없어." "걱정은 나중에 하고 지금은 시험에만 집중하자."

□ 심호흡. 셋을 세는 동안 천천히 숨을 들이마시고 셋을 세며 천천히 숨을 내쉰다. 적어도 3번의 심호흡을 반복한다.

□ 차분한 장면을 떠올리기. 눈을 감고 자신이 가본 곳 가운데 얼굴에 웃음을 짓게 만드는 차분하고 평화로운 장소를 떠올린다.

친구집에서 자고 오거나 가족모임 등의 스트레스 상황에서도 이 전략을 적용하도록 한다. 음식이 잘 만들어지지 않거나 컴퓨터가 켜지지 않는 상황 등 아이가 주변에 있을 때 행동모델이 되어준다. 가족 모두와 함께 해도 좋다. "잠자기 전에 심호흡 연습을 해보자." 실생활에서 연습을 해두면 시험전략의 성공가능성이 높아진다. 게다가 실생활에서 이런 전략이 효과가 있다는 걸 많이 '볼수록' 아이는 이 방법을 더 자주 사용하려 할 것이다.

시험 후

●시험본 것을 검토한다. 편안한 시간에 아이가 자신의 시험결과를 평가할 수 있도록 해준다. 그리고 다음과 같은 질문들을 할 수 있다.

"이번에는 달라진 것을 느꼈니?"

"심호흡을 3번 하는 것이 효과가 있었니?"

"시험의 어떤 부분이 가장 쉬웠고 가장 어려웠니?"

"다음 시험 때까지 기억해서 사용하고 싶은 도움법이 무엇이니?"

여기에 핵심은 어떤 방법이 효과가 있었는지 아이 스스로 인식하게 해주어 다음 시험에서 똑같은 전략들을 사용하도록 하는 것이다. 또한 어떤 점을 고칠 필요가 있는지, 어떻게 하면 더 나은 시험전략을 만들 수 있는지 결정하게 한다.

● 상황을 관찰한다. 시험 전에 긴장되는 것이 정상적이기는 하지만 그 불안감이 지속되거나 증가하거나 아이의 학교생활 혹은 삶에 방해가 된다면 도움을 구해야 한다. 아이의 선생님과 상담을 하며 아이의 진전상황에 대해 의논하고 학업적으로 올바른 위치에 있는지를 확인한다. 그리고 과외를 추천하는지에 대해서도 물어본다. 만약 불안이 증가하거나 계속 힘들어한다면 정신건강 전문의의 상담을 받아보도록 하자.

얼마나 준비가 되어 있고 능력이 있는지에 상관없이 점수에 대한 지나친 걱정은 최선의 시험결과를 내는 데 필요한 집중력을 감소시킨다. 높아진 시험 비중, 높은 기준에 대한 압력, 그리고 앞으로 다가올 고등학교에서의 치열한 시험들을 고려해볼 때 아이들은 성공적으로 시험을 치르고 이겨내는 전략을 일찍부터 배워 시험에 대한 불안을 없애야 한다.

도와주세요

할 일을 자꾸만 미루는 아이의 적신호

일을 마지막 순간까지 미루거나 꾸물거린다.

다른 사람들이 도와주기를, 혹은 일을 시작할 수 있도록 도와줄 때까지 기다린다.

시간 감각이 부족하다.

부모가 해야 할 일은?

시간을 좀더 효과적으로 이용하는 법을 배우고, 현실적인 기한을 정하며, 다시 상
기시켜주지 않아도 프로젝트와 과제를 시작하도록 도와주자.

왜 변해야 할까?

"엄마는 결코 충분한 시간을 주지 않아요." "내일까지 끝내겠다고 했잖아요." "그만
재촉하세요!"

이런 소리들이 익숙한가? 그렇다면 이건 당신의 아이가 '어린 게으름뱅이'라는 뜻이다. 아이 마음속에는 다른 시간대로 맞춰진 시계가 있는 것 같다. 학년이 올라가면서 숙제, 기대, 활동의 수준이 높아지는데, 미루는 습관은 사회뿐 아니라 학습에서도 성공하는 데 큰 장애가 될 수 있다. 어떤 선생님, 운동코치, 친구도 늦는 걸 달가워하지 않을 것이다. 미루는 습관을 위한 마법적인 해결책은 없지만 시간관리법과 정리기술을 배워 일을 빨리 시작하고 미루지 않도록 해주는 조언들이 있다. 미루는 행동은 생물학적인 문제가 아니라 고쳐져야 하는 나쁜 버릇이다.

해결책

변화를 위한 6계명

1. 이유를 알아내라.

첫 번째 단계는 아이의 만성적인 지각과 미루는 행동의 원인을 찾는 것이다. 이유를 찾고 나면 해결책을 더 잘 적용할 수 있다. 예를 들어 "과학 숙제를 전날까지 미루더구나. 왜 그렇게 늦게까지 기다리니? 숙제를 더 빨리 시작하도록 어떻게 도와주면 될까?"라고 차분히 물어보자(아이의 대답은 생각보다 더 간단할 수 있다. 숙제가 있던 날 아팠다거나 숙제를 시작하기에 적합한 장비가 없었다고 대답할 수 있다). 만약 아이가 이유를 말하지 못하면 다음 중에 아이에게 해당되는 것이 있는지 보도록 하자.

- **누군가를 따라하고 있다.** 기한을 지키지 않거나 마지막 순간까지 기다리는 다른 사람들(부모)을 보고 따라한다.
- **항상 도움을 받는다.** 심부름, 활동, 숙제를 시작하도록 도와주거나 끝내주는 누군가가 있다.

- ●주의력 결핍증이다. 학습장애, 짧은 집중시간, 집중력 부족을 겪고 있다. 아이가 충동적이다.
- ●기질이 '느리다'. 아이가 느긋하고 여유로운 성격이다. '자신만의 달콤한 시간을 즐긴다.'
- ●시계를 사용하지 않는다. 시간을 읽을 줄 모르거나 시계가 없다.
- ●권력게임을 하고 있다. 부모를 자극하여 일을 피하려고 한다. 아이가 독립적인 지위를 행사하려고 한다.
- ●압도되어 있다. 언제 어떻게 시작해야 할지를 모르거나 스트레스를 받고 있거나 아프거나 우울증을 겪고 있다.
- ●공부기술이 부족하다. 항목을 잘못 배치하거나 물건을 찾을 수 없거나 공부기술이 부족하다.
- ●가정환경이 정신없다. 공부할 장소가 없다. 환경이 너무 방해가 된다. 형제자매가 아이의 일을 망쳐놓는다.
- ●게으르다. 일이 '너무 많다'고 여기거나 인내심이 없으며 놀고 싶어 한다.
- ●책임이 주어지지 않는다. 늦는 것에 대한 책임을 물지 않거나 훈계받지 않는다.
- ●실패를 두려워한다. 완벽주의자이거나 실패하고 싶지 않기 때문에 시작 자체를 두려워한다.
- ●비현실적인 기대를 받고 있다. 과제가 발달단계상 부적절하거나 너무 어렵다.

2. 시간관리법을 보여주자.

일을 바로 시작해서 정해진 시간 안에 끝내는 예를 아이에게 얼마나 보여주고 있는가? 1에서 10까지 범위 중 어디쯤에 해당될까? 예를 들어, 아이에게 "내일 할게"

"언제든 다음 기회가 있으니까" 혹은 "다른 할 일이 있어"라고 말한 적이 있는가? 아이의 나쁜 습관을 바꿔주고 싶다면 부모 자신의 습관부터 고치자. 만약 주방 달력이나 리스트와 같이 앞으로 해야 할 일과 활동들을 적어두고 있다면 아이와 공유하도록 하자.

3. 숙제를 작은 부분으로 나눈 뒤 날짜를 정해두자.

만약 아이가 일이 부담스러워 미루고 있다면, 숙제를 나누거나 큰 일을 작은 부분들로 나누도록 가르친다. 화요일에는 옷을 치우고 수요일에는 옷장을 정리하게 한다. 일주일간 매일 10장씩 나누어 읽은 뒤, 토요일에 보고서를 쓰기 시작하여 일요일에 끝내게 한다. 과학 프로젝트나 독서감상문 같이 장기적인 과제를 작은 부분으로 나누는 방법을 알려준다. 그리고 각각의 작은 부분에 기한을 부여한다. 과제를 끝낼 때마다 컴퓨터 하는 시간을 1시간씩 연장해주는 것과 같은 보상이 도움이 될 수 있다. 단, 아이가 보상에 너무 집착하지 않도록 주의해야 한다('보상을 요구한다' 참조).

세인트로렌스대학교: 심리학과 부교수인 파멜라 대처(Pamela Thacher)는 학생들의 공부습관을 분석하였는데, 숙제를 미루거나 벼락치기를 하는 학생들의 시험점수는 그렇지 않은 학생들보다 훨씬 낮다는 사실을 밝혀냈다. 이는 미루는 습관을 바꿔 공부기술을 개선시켜야 함을 의미한다. 마지막 순간까지 일을 미루는 것은 성적을 올리는 데 도움이 되지 않는다.

4. 규칙과 일상의 일을 만들자.

느림보들은 '나중에 할게요' 모드를 작동시키고 있다. 또한 그들은 시간을 낭비하며 항상 느릿느릿 행동하면서 일을 미루는 전술들을 익혀왔다. 일을 미루는 습관을 고칠 수 있는 전략들은 다음과 같다.

- **'중요한 것 먼저'라는 규칙을 세운다.** 아이가 항상 제쳐두고 있는 중요한 문제들을 파악한 후 '중요한 것 먼저'라는 규칙을 만든다. 예를 들면 '숙제하고 나서 텔레비전 시청하기' '심부름 후에 놀기' 등이 있다.

- **시간계획을 확실히 한다.** 일을 미루는 아이들은 정해진 규칙을 따를 때 일을 시작하고 끝낼 가능성이 높아진다. 부모와 아이 모두에게 현실적인 시간계획을 짜는 데서부터 시작해보자. 예를 들면 숙제는 평일 저녁 7시에서 8시에 하고, 심부름은 토요일에 축구를 하기 전인 아침 10시에서 11시 사이에 한다. 하루일과를 미리 검토하고 아이에게 알려주는 것이 좋다.

- **계획안을 제공한다.** 간단한 계획표나 공책을 준비하여 하루의 일과와 숙제, 앞으로 해야 할 과제의 날짜와 시간을 기록하는 방법을 알려준다.

- **달력을 걸어둔다.** 매주 큰 달력에 숙제나 해야 할 일을 적는 임무를 아이에게 준다. 하루가 지나면 사선을 그어 프로젝트가 다가오고 있다는 것과 숙제를 더 이상 미룰 수 없다는 걸 알도록 해준다.

- **알림표 사용하기.** 화장실 거울이나 컴퓨터에 다가오는 기한을 떠올리도록 쪽지를 붙이도록 한다.

5.시간관리 전략을 활용하자.

일을 미루는 사람은 현재, 지금 이 순간을 살고 있을 뿐이다. 그렇기 때문에 아이들은 일을 나중으로 미루게 된다. 아이가 시간 감각을 가질 수 있도록 다음의 팁을 사용해보자.

- **경고를 준다.** 아이에게 사전경고를 줄 수 있다. "준비를 시작하렴. 삼촌이 널 데리러 10분 안에 도착할 거야." "축구 연습이 30분 후에 있단다. 준비할 시

간을 충분히 둬서 이번에는 연습을 놓치지 않도록 하렴.”

● 시계를 이용한다. 중요한 행사의 시간에 스티커를 붙여둔다. 아이에게 알람 시계를 사주거나 아이의 휴대전화 알람 기능을 이용한다. 시계를 그려서 과제와 시간을 적고 진짜 시계 옆에 놓아둔다. 아이에게 모래시계, 오븐 타이머, 어떤 것이든 시간을 볼 수 있도록 해준다. 타이머를 작동시켜놓고 그것이 울릴 때까지 계속 집중하게 한다.

● 추가의 시간을 준비한다. 만약 아이가 일을 시작하는 데 평생이 걸린다면(그리고 그로 인해 문제가 생기거나 가족 전체가 늦게 된다면) 추가의 시간을 준비한다.

문제점: 아이가 준비하는 데 시간이 너무 오래 걸려서 버스를 놓친다.

해결책: 아이를 30분 더 일찍 깨운다. 잠자기 전에 옷을 준비해둔다.

● ‘시계 이기기’ 놀이를 한다. 시간 내에 할 수 있는 게임을 한다. “얼마나 빨리 장난감을 정리할 수 있는지 볼까? 준비, 시작!” 그리고 점차 아이가 자기 시간을 단축하도록 한다. “어제는 20분 안에 다섯 문제를 풀었지. 그 시간을 깰

캘거리대학교: 산업심리학의 피어스 스틸(Piers Steel) 박사는 10년 동안의 연구를 통해 ‘마지막까지 일을 미루는’ 아이들이 덜 부유하고 덜 건강하며 그러한 습관이 점점 더 커지고 있다고 발표했다. 1978년에는 미국인의 5%가 만성적으로 일을 미루는 경향이 있다고 자신을 평가했지만 현재는 그 수가 26%에 이른다. 대학생 4명 중 3명은 자신이 일을 미루는 경향이 있다고 생각하고 있다. 이렇게 그 비율이 증가한 원인은 무엇일까? 휴대전화, 텔레비전, 온라인 비디오, 인터넷 검색, 아이패드, 비디오게임과 같은 유혹 때문이다. 그러므로 이런 유혹들을 없애야 한다. 아이가 쓰레기를 버리고 온 다음 휴대전화를 사용할 수 있게 하고 숙제를 한 후에 텔레비전을 볼 수 있게 해야 한다.

수 있을 것 같니?"

6. 책임지게 하자.

목표는 부모의 도움 없이도 일을 시작하게 만드는 것이므로, 차근차근 단계를 거쳐 미루는 습관을 없애도록 하자.

1단계 아이가 과제나 심부름을 시작할 수 있도록 약간의 지도를 해준다.

2단계 일을 어떻게 시작하는지를 아이가 알고 있다는 확신이 들면 일을 시작한 순간부터는 물러선다.

3단계 아이가 충분한 기술을 가지고 있으며 스스로 일을 시작하고 끝낼 수 있다는 걸 알게 되었다면 도와주는 것을 그만둔다. 그리고 아이가 제 시간에 끝내지 못했을 경우 그 책임을 지도록 한다. 물론 아이가 연습에 늦으면 운동코치에게 혼이 날 것이다. 만약 숙제를 늦게 제출한다면 성적을 잘 받지 못할 것이다.

나이별 육아법

3~6세 이 시기의 아이들은 추상적인 시간 개념을 이해하기 시작할 뿐, 시간 개념에 대한 이해와 시계를 읽는 걸 어려워할 수 있다. 시계를 보고 몇 시인지는 읽을 수 있지만 분이나 초는 읽을 수 없다. 일을 시작하기 위해 어른의 도움이 필요하다.

7~9세 시계 읽기가 수학 교육과정에 포함되어 있다. 만 6~7세 아이들은 분을 읽을 수 있다. 또한 이 시기의 아이들은 시간관리기술을 배울 준비가 되어 있기는 하지만 여전히 현재를 중심으로 살고 있으므로 일을 미루는 것의 결과를 알지 못한

다. 이 시기 아이들이 일을 미루는 것은 정상이기는 하지만 습관화되기 전에 개입해야 한다. 4학년이 되어 해야 할 일의 양이 증가하면, 게으름이 학업에서나 사회에서 성공하는 데 커다란 방해물로 작용할 수 있다.

10~13세 잠이 부족하여 주로 아침에 게으름을 피우는 행동이 나타난다. 10대 초반 아이들의 내적 시간은 호르몬과 심리적 변화 때문에 끊임없이 변한다. 완벽하게 시간을 읽을 수 있다. 그러므로 제 시간에 도착할 수 있도록 스스로 알람시계를 맞춰놓고 하루일과를 따르도록 기대해야 한다. 이 시기의 아이들은 일의 양이 늘어나고 기대치가 높아지기 때문에 미루는 습관을 없애줘야 한다.

우리집 맞춤 처방전

아이를 잠옷 바람으로 학교에 데려다줬어요!

제 아들이 항상 게으름을 피워서 저는 회사에 지각을 하게 됩니다. 아이에게 애원하고 뇌물도 주고 아이를 더 일찍 깨우려고 노력도 했지만 다 허사였습니다. 한계에 다다랐을 때, 만약 옷을 입지 않으면 그 상태로 학교에 보내겠다고 경고했습니다. 저는 학교 선생님에게 미리 이야기를 해 두었고 선생님은 저를 100% 지지해주겠다고 약속했습니다. 그리고 다음날 8시가 되었는데도 아이는 여전히 잠옷 바람이었습니다. 저는 아이를 그대로 차에 태워 학교로 향했습니다. 학교에 도착했을 때 선생님이 앞에서 기다리고 계셨고(아이는 이 모든 것이 계획된 일임을 깨닫고는 매우 놀랐습니다) 아이를 교실 안으로 데리고 가셨습니다. 극단적인 행동이기는 했지만 제 아이의 게으름은 확실히 사라졌습니다.

❓ "엄마, 너무 지루해요." 이 말에 대부분 부모들은 어쩔 줄을 몰라할 겁니다. 예나 지금이나 아이들은 투덜대지만 요즘은 더 심한 것 같습니다. 아이들의 지루하다는 불평에 어떻게 대처해야 하나요?

❗ '지루함'에는 2가지 이유가 있다고 봅니다. 첫째, 대부분 아이들은 어른의 지시 아래에 있기 때문입니다. 놀이터, 학교, 스포츠, 레슨(교사, 코치, 보모, 부모가 아이에게 신호를 보내 감독을 하거나 프로그램을 짜놓은 것이다)에서도 그렇고요. 따라서 아이들은 지속적인 지시를 원하며 지시 없이는 무엇을 해야 할지를 몰라합니다.

둘째, 부모들의 믿음 때문입니다. 부모들은 아이가 깨어 있는 모든 시간을 양질의 시간으로 채워줘야 한다고 믿고 있지요. 아무것도 하지 않으면 아이의 지능에 돌이킬 수 없는 손상을 줄 거라고 생각하는 것입니다. 하지만 연구결과를 보면 아이들에겐 지속적인 자극제가 계속적으로는 필요하지 않다고 합니다(사실입니다!). 과학자들은 정기적으로 '체계화되지 않은 시간'을 갖게 되면 뇌의 다른 부분을 움직이게 하여 창의성을 개발할 수 있다고 말합니다.

'아무것도 하지 않는 것'을 찬양하는 또 다른 이유가 있습니다. 우리의 아이들은 지금까지의 세대 중 가장 똑똑할지는 몰라도 역사상 가장 많은 스트레스를 받는 세대이지요. 어린이건강여론조사(Kids Health Poll)에 따르면 41%의 아이들이 할 일이 너무 많기 때문에 대부분 시간을 스트레스 속에 있다고 대답했습니다. 아이에게 주변을 돌아보게 해주고 구름을 바라보게 해주세요. 발가락 사이에 잔디를 느끼게 해주고 무당벌레를 관찰하게 해주세요. 혹은 명상의 시간을 갖도록 해주세요. 지루함에는 검증된 이점이 있습니다. '지루함'을 즐길 줄 아는 사람들이 일과 교육에서 더 우수하며 자부심도 높다고 합니다. 계획되지 않은 시간을 어떻게 보내야 할지에 대한 몇 가지 도움말을 제시해봅니다.

- 죄책감을 버리자. 계획되지 않은 시간 동안 아이들은 창의적인 생각이나 문제해결능력 등 삶에서 필요한 것들을 배우며 재충전하게 된다. 몽상을 하는 동안 창의성을 높여주는 뇌파가 생성된다고 한다. 부모는 아이에게 매순간 지적인 자극제와 활동 프로그램을 주지 않으면 안 된다는 죄책감을 버려야 한다.

- 목표를 정하자. 부모의 임무는 감독하는 일이 아니다. 그러므로 아이의 모든 순간을 채워줘야 한다는 생각을 버리자. 아이가 즐겁게 무엇인가를 하면서 배울 수 있도록 목표를 정하자. 만약 누군가가 항상 아이에게 '보여주고 말하고 해결해주었다면' 이젠 달라져야 한다. 아이의 나이와 성숙도를 고려하여 계획되지 않은 시간 동안 혼자 보낼 수 있는 시간을 주자. 아이 혼자서 놀 수 있는 능력이 생기면 자유시간을 늘려나가자.

● **진짜 문제를 알아내자.** 아이들은 자신을 괴롭히는 문제가 뭔지 알 수 없을 때도 "지루해요"라고 말한다. "지루해요"라는 말의 의미를 알아내야 한다. 다음은 지루함을 일으키는 원인들이다.

☐ **과도한 시간일정.** 할 일이 너무 많고 어른의 감독 아래 있는 시간이 많아서 잠시라도 시간일정이 비면 그 시간 동안 무엇을 해야 할지 모른다.

☐ **전자중독.** 텔레비전, 컴퓨터, 비디오게임 등 수동적인 놀이에 의존도가 높아져서 아날로그 세계에서는 어떻게 반응해야 하는지 모른다.

☐ **외부활동에 관심이 없다.** 어떤 것도 아이의 열정을 불러일으키지 못한다. 취미가 없다.

☐ **과제의 회피.** 너무 어렵거나 낙담해서 지루하다는 변명을 한다.

☐ **부모의 구원.** 부모가 즐겁게 해주거나 대안을 제시해주는 데 익숙해져 있다.

☐ **무시당한다고 느낀다.** 관심받길 바라며 주위를 맴돈다.

☐ **이해 부족.** 지시를 따르지 못하거나 자료를 이해하지 못한다.

☐ **해볼 만한 일로 여겨지지 않는다.** 주어진 일이 너무 뻔하고 쉽게 느껴져 시시하다고 생각한다.

해결책

● **'지루함 퇴치법'을 제시하자.** 아이 스스로 지루함을 해결하는 방법을 찾아내도록 하는 것이 목적이지만, 만약 늘 누군가가 아이를 즐겁게 해주는 데 익숙해져 있다면 약간의 충격요법이 필요할 수 있다. 아래의 방법을 따르다보면 부모에 대한 의존 정도가 낮아질 것이다.

□ '지루함 퇴치 상자' 만들기. 퍼즐, 그림 그리기, 독서를 종이에 써서 신발상자
에 넣어두자. 아이들이 할 일이 없다고 불평할 때마다 퇴치방법들을 꺼내서
읽어보게 하자.

□ 장난감 및 게임 바꾸기. 아이가 같은 게임이나 장난감을 '지루해'한다면 숨겨
두었다가 몇 주가 지난 후 다시 꺼내주자. 새 것처럼 보일 것이다. 다른 부모
들과 서로 교환하여 사용해도 좋다.

□ 독서하기. 아이에게 잡지를 구독하게 해주거나 도서관에서 책을 빌려주거나
오디오북을 이용하거나 요리책을 사주자.

● '지루함의 한계'를 높이자. 오늘날 아이들은 인스턴트 문화, 끊임없는 자극과
활동의 문화 속에서 자라고 있다. 그래서 기다리는 시간이나 아무것도 하지
않는 시간이 되면 흥분상태가 된다. 아이들이 지루함을 견딜 수 있도록 도와
주자. 아이들에게 기다리는 법을 가르치자. 잠깐 동안 앉아 있는 것보다 훨씬
오랜 시간을 앉아서 할 수 있는 활동을 권하자. 처음에는 퍼즐 25개 조각, 그
다음은 100개 조각 그리고 마지막으로는 1,000개 조각을 맞출 수 있게 하자.
만약 아이가 그림 그리기를 좋아한다면 아이에게 한두 장의 그림 대신 여러
장을 그릴 수 있는 스케치북을 사주자. 박물관 강좌시간이나 종교 예배시간
동안 앉아 있게 하자. 그리고 한 가지 활동이 끝난 후 바로 다른 활동을 시작
하지 말라고 하자. 주기적으로 계획 없는 시간을 짜서 아이들이 그 시간을 잘
보낼 수 있도록 해주자.

● 전자제품을 멀리하자. 텔레비전과 비디오게임은 무엇을 해야 할지 모르는 아
이들에게 해방구가 된다. 하지만 그런 것들은 아이들의 풍부한 창의력을 없
애버린다. 전자기기 사용을 제한하거나 텔레비전 시청시간을 종이에 기록하

게 하거나 텔레비전 리모컨에 하루 동안 허용된 시청시간을 타이머로 설정해 놓자('텔레비전 중독'이나 '게임' 참조).

● **창의력을 키워주자.** 학교에서 배우는 것들은 아이들의 인지능력이나 학습능력을 증진시켜주기는 하지만 아이는 상자 밖으로 나와 풍부한 지력을 키우는 활동을 따로 해야 한다. "할 일이 아무것도 없어"라는 아이의 불평을 없애주면서 창의력을 높여줄 수 있는 방법들이 있다.

□ **박스와 종이.** 종이, 상자, 의자, 침대 등을 가지고 아이들은 마을을 만들 수도 있고 요새를 만들 수도 있다. 조명을 켜주고 손전등을 달아주자.

□ **무대의상.** 낡은 옷, 모자, 목욕수건(망토나 스커트 의상을 위해)을 이용하여 아이가 직접 연극을 만들어 가족과 이웃들에게 공연하도록 하자. 재료들을 이용한 재미있는 옷을 만들어 입도록 해주자.

□ **예술과 공예.** 재활용 가능한 물품들로 무언가를 만들거나 분필로 그림을 그릴 수 있다.

● **열정을 찾아주자.** 일반적으로 아이들이 할 일이 많은데도 "할 게 없어"라고 불평을 하면 부모는 실망하게 된다. 지루함은 할 일이 없어서 생기는 것이 아니라 특별한 일에 착수하는 능력이 부족하기 때문에 생긴다. 아이에게 취미가 없다면 지금이 기회다. 기타, 목공, 뜨개질, 요가, 사진, 요리 등 할 수 있는 일은 많다. 혹은 돌, 꽃, 곤충, 동전이나 우표 등을 수집해보는 것도 좋다. 아이에게 이런 취미활동을 권해보자. 아이들이 "할 일이 없어"라고 말하는 순간 부모는 아이가 타고난 열정을 불러일으킬 수 있는 무언가를 찾도록 해줘야 한다. 그리고 열정을 지원하는 도구와 기술을 제공해주라.

●들어주되 해결해주지는 말자. 아이가 "지루해요"라고 말할 때는 그에 대해 동의해주지. "나도 가끔은 그렇단다" 혹은 "이해한단다"라고 말해주되 해결해줘야 한다고는 생각하지 말자. "음" "아" "오" "아하"와 같은 말로 부모가 아이의 지루함을 해결해주지는 않을 것이라는 힌트를 주자. 아이가 계속 부모의 생각을 묻는다면 "무엇을 할 수 있을까?"라고 물어보자. 아이가 풍부한 상상력을 통해 혼자서도 무언가를 할 수 있도록 해주는 것이 목표이다.

이 모든 것을 시도해보세요. 한 가지를 시도하여 아이가 '지루한 시간'을 참는 시간이 길어질 때까지 계속해보세요. 그래도 자녀가 "지루해"라고 말하면 완벽한 해결책을 주도록 하시고요. 냉장고에 적힌 집안일 목록을 주는 겁니다. 그러면 아이가 당장 시작할 수 있는 일을 줄 수 있을 것입니다.

쉽게 포기한다

쉽게 포기하는 아이들의 적신호

일이 쉽게 풀리지 않을 때 그만두거나 아예 포기해버린다.

다른 사람이 도와줄 것을 기대하거나 기다린다.

쉽게 좌절한다.

실수를 개인의 실패로 본다.

부모가 해야 할 일은?

성공이란 열심히 일한 결과란 걸 알게 해주고 실수는 인생의 일부일 뿐이라고 알려주자. 성공할 때까지 인내하도록 도와주는 기술들을 가르쳐준다.

"수학 숙제는 악몽이야!" 제 딸은 숙제를 보자마자 기껏 몇 문제를 풀고 나서는 울면서 숙제를 그만둡니다. 선생님은 문제를 풀 만한 충분한 능력이 아이에게 있다고 말씀해주시지만 조금만 어려운 문제가 나오면 금방 포기해버립니다. 쉽게 포기하지 않는 아이로 만들려면 어떻게 해야 할까요?

아이가 포기하지 않도록 도와줄 몇 가지 방법들이 있습니다.

1. 새로운 규칙을 정한다. "집에서 일단 일을 시작했으면 끝내야 한다." 숙제를 할 수 있는 능력이 아이에게 충분히 있다면 숙제를 끝낼 때까지 '텔레비전 시청 금지, 전화사용 금지'와 같은 규칙을 적용한다.

2. 타이머를 10분간 맞춰둔다. (혹은 아이의 집중력에 맞춰) 벨이 울릴 때까지 집중해야 한다고 아이에게 설명해주자. 10분이 지나면 휴식시간을 갖게 한 뒤 타이머를 다시 맞춘다.

3. 각 시간별로 끝낸 문제의 수를 세어본다. 벨이 울리기까지 얼마나 많은 문제를 풀 수 있는지 시합하게 해서 자신이 성공하는 모습을 보도록 해준다. 새로운 숙제 습관을 기르는 데는 며칠이 걸릴 수도 있지만 한 주가 지나고 나면 아이는

미시건대학교: 심리학과 교수인 해럴드 스티븐슨(Harold Stevenson) 박사는 "왜 아시아 아이들이 미국의 아이들보다 학업성적이 뛰어날까?"에 대한 답을 찾으려 했다. 그의 연구팀은 미국, 중국, 대만, 일본 학생들의 성취도를 조사하는 5개의 집중연구를 통해 다음과 같은 결과를 내놓았다. 가장 중요한 열쇠는 '아이들의 학습에서 부모가 무엇을 강조하는가'였다. 아시아계 부모들은 임무에 대한 인내와 노력을 강조했다("열심히 하면 성공할 수 있어"). 아시아계 아이들은 성공의 여부가 본인의 노력에 달려 있다는 걸 알기 때문에 미국 아이들보다 더 오래 열심히 공부했다. 하지만 미국 부모들은 아이가 과정에 쏟는 노력을 성적이나 점수와 같은 결과보다 중요하게 보지 않았다. 그러니 결과가 아닌 노력을 강조하자. "무엇을 얻었니?"란 질문을 "얼마나 열심히 노력했니?"로 바꾸는 것이 아이의 성공을 좌우한다. 자신이 해야 할 일에 더 오랫동안 집중하게 해주자.

부모의 도움 없이도 10분 동안 집중하게 될 것이다. 타이머의 시간을 점점 늘려 나가자.

4. 시간의 주기를 짧게 정한다. 약속한 시간 동안 성공하고 있는 자신의 모습을 보게 된다면 아이는 인내력과 자신감을 기를 수 있다. 아이의 노력에 칭찬을 해주자.

왜 변해야 할까?

성공을 위한 가장 중요한 가르침은 '끈기'다. 경쟁적인 세상에서 살아남아 성공하려면 그만두지 않는 법을 배워야 한다. 인내심 혹은 포기하지 않는 능력은 성공과 실패라는 큰 차이를 만들어낸다. 끝까지 해내려는 내적인 힘이 아이에게 있는지 아니면 최선을 다하지 않은 채 눈앞의 성공을 포기하고 있는지 보자.

인내는 다시 일어서는 법과 장애물에 물러서지 않는 법을 가르쳐주기 때문에 잠재적인 성공가능성을 높여준다. 이 기술이야말로 아이들에게 미래의 성공과 실패에 대처할 수 있게 해주는 필수적인 기술이다. 아이의 끈기를 키워줄 수 있을 양육 전략들을 배워보자.

어떤 행동을 보일까?

- 실패하거나 실수하게 될 거라는 걱정이 앞서 새로운 과제를 시도하지 않는다.
- 장애물이나 어려움을 만나면 쉽게 낙담한다.
- 힘든 과제를 끝내려면 다른 사람의 격려나 보상에 대한 약속이 필요하다.
- 실수를 저지르면 방어적이 되거나 다른 사람을 비난한다.
- 임무에 성공하지 못하면 다시 시도하려 하지 않는다.
- 더 열심히 하면 발전한다는 걸 깨닫지 못한다. 성공은 운이라고 생각한다.

- 성공하지 못하면 자신에 대해 부정적으로 말한다.

- 성공하지 못하거나 최고 점수를 받지 못하면 절망한다.

- 일이 어려워지면 극도로 좌절하거나 화를 낸다.

해결책

1단계 : 초기 개입

- 깊이 조사한다. 첫 번째 단계는 왜 아이가 그만두는지 원인을 파악하는 것이다. 원인이 밝혀지면 해결책을 찾아 아이의 끈기를 키워줄 수 있을 것이다. 다음은 아이들이 쉽게 포기하게 되는 이유들이다. 자녀에게 해당되는 것이 있는지 확인해보자.

☐ 실패를 두려워한다. 성공, 성적, 상장, 보상을 너무 강조한다.

☐ 비현실적인 기대를 갖고 있다. 임무가 너무 어렵거나 수준이 높다.

☐ 부모의 실망을 두려워한다. 부모의 사랑이 조건적이며 성공여부에 따라 달라진다고 느낀다.

☐ 도움을 기대한다. 다른 누군가가 항상 과제, 심부름, 숙제 등을 마무리해준다.

☐ 완벽주의자다. 자신의 기대를 맞추는 것보다 포기하는 것이 더 쉽다.

☐ 학습장애 혹은 정서적 장애를 갖고 있다. 학습, 신경적 혹은 정서적 장애로 끈기 있게 일을 마치기가 어렵다.

☐ 집중시간이 짧다. 집중하는 데 어려움이 있거나 주의력 결핍 및 과잉행동장애가 있다.

☐ **스트레스를 받고 있다.** 최근의 외상후스트레스장애, 가족 문제 혹은 질병 등이 집중을 방해한다.

☐ **창피당하는 것을 두려워한다.** 또래나 다른 사람들 앞에서 창피당하는 것을 두려워한다.

● **인내의 정의를 내린다.** 인내란 '포기하지 않는 것' 혹은 '시작한 일을 끝낼 때까지 멈추지 않는 것'이라고 설명해준다. 인내의 중요성을 아이가 알 수 있도록 인내란 단어를 사용할 수 있는 자연스러운 상황을 찾는다. 아이가 끈기 있게 과제를 하고 있으면 "그것이 바로 인내란다. 힘들었지만 끝까지 해냈구나"라고 말해주자.

● **노력하는 모습을 보여준다.** 일이 어렵더라도 포기하지 않는 모습을 보여준다. 새로운 과제를 시작하기 전에 "성공할 때까지 노력할거야"라는 말을 아이에게 해준다. 행동으로 보여주는 것이 가장 좋은 가르침이다. 일상생활에서 인내하는 모습을 보여주도록 하자.

● **'절대 포기하지 않는다'라는 좌우명을 만든다.** 아직 시작하지 않았다면 '성공하

육아 119

지능이 아닌 노력을 강조하자

콜롬비아대학교: 새로운 연구에 의하면 아이에게 어떤 단어를 사용하느냐가 아이의 성적과 점수를 달라지게 하고 인내심을 가지고 시작한 일을 끝까지 마무리하도록 만든다고 한다. 연구자들은 중학교 수학 수업에서 100명의 중학생들을 대상으로 실험을 했다. 지능은 개발될 수 있다고 믿는 아이들은 지능은 이미 주어진 것이라고 믿는 아이들보다 공부를 훨씬 잘하는 것으로 나타났다. 그리고 2년 동안 그들의 수학 성적의 차이는 점점 더 벌어졌다.

이 연구는 '지능은 스스로의 노력으로 좋아질 수 있다'고 믿을 때 더 열심히 공부하게 되며 쉽게 포기하지 않게 된다는 점을 밝혀냈다. 그러므로 아이에게 "넌 똑똑해" "너는 타고났어" 혹은 "선생님께서 넌 정말 똑똑하다고 말씀하셨단다"라고 말하지 말자. 대신 성취와 발전은 노력의 결과라는 점을 말해주자.

기 전까지는 그만두지 않는다'라는 좌우명을 사용하자. 한 아버지는 이 메시지를 아이들에게 전하는 것이 매우 중요하다고 여겨 오후 시간 내내 가족들과 함께 인내와 관련된 좌우명을 만들어서 종이에 적어 아이들 방에 붙였다고 한다. 절대 포기하지 않은 것이 가족의 행동규칙임을 알려주도록 하자.

2단계 : 신속한 대처

- ●기대를 평가해본다. 아이가 포기하는 이유는 비현실적인 기대의 짐을 지고 있기 때문이다. 기대는 아이의 능력을 조금씩 키워줘야 하는 것으로, 자신감의 손상 없이 잠재력을 넓히는 것이어야 한다. 부모의 기대에 대해 스스로에 물어볼 4가지 질문이 있다.

- □ 발달과정상 적합한가. 부모의 요구가 아이의 발달과 맞는 것인가? 혹은 아이의 능력 이상의 것을 요구하는 것인가? 아이의 연령에 적합한 것이 무엇인지를 알아야겠지만 그 지침이 모든 아이에게 똑같이 적용되는 것은 아니라는 점을 기억해야 한다. 지금 아이가 있는 위치에서부터 시작하자.

실수를 실수라고 부르지 말자

많은 연구들은 성취도가 높은 아이들의 행동에서 공통점을 발견했다. 그들은 실수에 흔들리지 않기 때문에 포기하는 경향이 적었다. 그 아이들은 실수를 다른 이름으로 부르며 배우는 중에 스스로 좌절하지 않도록 하고 있었다. 아이가 실수를 저지를 때마다 머릿속으로 다른 말을 떠올려 외칠 수 있게 해주자. 어떤 말이라도 괜찮다. 실제로 실수를 했을 때 떠올려 말할 수 있도록 반복해서 연습시키자. 어느 선생님은 학생들이 실수를 하면 '기회'라고 부르도록 가르쳤다. 선생님의 가르침을 받은 그날, 한 아이가 실수를 저질렀고 곧바로 그 옆에 있던 아이가 그 아이에게 속삭였다. "기억해, 이건 기회라는 걸." 그때 아이가 보여줬던 웃음은 선생님의 가르침이 효과적이란 걸 보여주는 증거다.

☐ **현실적인가.** 부모의 기대가 공정하고 합리적인가 아니면 너무 많은 것을 기대하고 있는가? 현실적인 기대는 아이의 능력 이상으로 무리하게 밀어붙이지 않으면서 더 높은 목표를 갖게 하는 것이다. 너무 어려운 상황은 아이로 하여금 실패하게 해서 자신감을 잃게 만들 수 있다.

☐ **아이에게 맞춰져 있는가.** 부모의 기대가 아이가 원하는 것인가 아니면 부모가 원하는 것인가? 모든 부모는 자녀의 성공을 바랄 것이다. 하지만 아이의 희망이 아닌 부모의 희망에 기반을 두고 목표를 정하지 않도록 항상 주의해야 한다.

☐ **성공에 맞춰져 있는가.** 아이의 책임감과 가치를 믿는 기대를 정하고 있는가? 효과적인 기대는 최선을 다하도록 아이를 장려하고 스스로에 대한 확고한 믿음을 기르게 해준다.

만약 부모의 기대가 비현실적임이 밝혀진다면 선행학습 교실, 축구 리그나 기타 모임 등에서 벗어나게 할 때다. 아이의 자존감이 더 중요한 문제다. 계속 비현실적인 기대를 하다보면 아이에게 절망과 열패감을 주게 되어 포기하게 만들 뿐이다.

● **집중시간을 늘린다.** 쉽게 포기하는 아이의 모습을 주의깊게 관찰하자. 아이가 눈치채지 못하도록 아이가 포기하기까지의 시간을 재어서 평균 시간을 계산해본다. 그 결과를 아이에게 알려준 후 1분간을 더 노력해보자고 말한다(혹은 현재의 '포기 시간'보다 조금 더 길게 노력할 수 있는 합리적인 시간을 정한다). 그 시간을 타이머에 맞춰두고 그 시간까지는 하는 일을 멈춰서는 안 된다고 약속하자. 아이의 집중시간을 2배로 늘리는 것이 목표이다. 시간을 늘리는 과정은 오래 걸릴 수 있으므로 현실적인 기대를 갖고 있는지 다시 확인하여 아

이의 노력을 강화시켜야 한다는 점에 주의하자.

- ● '실패는 나쁘다'라는 인식을 지운다. 실패에 대처하는 법을 배우지 않는 한, 인내를 배울 수 없다. 실수를 통해 아이는 많은 걸 배우게 된다. 성공은 끝까지 노력하며 장애에 부딪히더라도 물러서지 않을 때 온다. 실수는 치명적인 결과가 아니다. 오히려 다시 시작할 수 있는 기회가 된다. 다음의 4가지 방법을 자녀에게 적용해보자.

- ☐ "실수해도 괜찮다"고 말해준다. 아이들은 부모를 기쁘게 해주고 싶기 때문에 잘해야 한다는 부담감을 갖고 있다. 아이에게 '실패하도록 허락'해주자. 실수가 긍정적인 배움의 경험이라는 걸 아이가 깨닫도록 해주자.

- ☐ 부모 스스로 잘못을 인정한다. 스스로의 실패를 인정하자. 아이는 부모의 모습을 보면서 모든 사람은 실수할 수 있다는 점을 깨닫게 될 것이다.

- ☐ 관용을 보여준다. '실수는 치명적인 잘못'이란 생각을 없앨 수 있는 가장 빠른 방법은 실수에 대한 부모의 허용적인 반응을 느끼게 해주는 것이다.

- ☐ 다시 제자리로 돌아오는 법을 보여준다. 부모 자신이 실수를 하면 아이에게 어떤 걸 실수했는지 그리고 실수를 통해 무엇을 배웠는지 설명해준다. "달걀을 넣기 전에 전체 조리법을 다시 읽어봐야 한다는 교훈을 얻었단다." "오늘 열쇠를 찾을 수 없어서 지각을 했단다. 그래서 열쇠를 매일 같은 장소에 두어야 한다는 걸 배웠단다."

3단계 : 변화를 위한 습관

- ● 포기하지 않는 사람에 대한 이야기를 해준다. 역경을 물리치고 성공한 유명한 사람들의 이야기를 들려준다. 그들의 이야기는 희망이 될 것이다. 엄청난

장애로 고난을 겪었지만 절망하거나 피하지 않았던 사람들은 이 세상에 많다. 그들은 문제를 기회로 삼았고 성공할 때까지 꿈을 잃지 않았다. 다음은 아이들에게 좋은 예가 될 수 있는 인내심이 강한 사람들이다.

토머스 에디슨. 전구를 발명한 그는 뭔가를 배우기에는 너무나 멍청하다는 소리를 들었다.

찰스 다윈. 유명한 박물학자이자 진화론을 출생시킨 이 사람의 어린 시절 성적은 매우 나빴으며 의과대학 진학에도 실패한 적이 있다.

우드로 윌슨. 영국 옥스퍼드대학교의 로즈 장학생이자 미국 대통령이었던 그는 만 8세 때까지 알파벳을 익히지 못했다. 만 11세가 되어서도 글을 읽지 못했다.

알버트 아인슈타인. 만 4세까지 말을 할 줄 몰랐으며 만 9세가 되어서야 글을

그만둬야 할 때는 언제인가?

아이가 첼로 연습에 최선을 다했지만 이제는 하기 싫다고 말한다. 운동코치가 자기에게 항상 소리를 질러서 운동을 그만두고 싶다고 말한다. 수학이 너무 어렵기 때문에 수준이 더 낮은 더 낮은 학급에서 수업을 듣고 싶다고 말한다. 이런 상황이 되면 아이를 그만두게 해야 할지를 결정해야 한다. 다음은 그 결정을 도와줄 수 있는 5가지 요소다.

1. **스트레스** 그 활동과 연관지을 수 있는 뚜렷한 변화가 있다(수면장애, 짜증, 식욕부진, 두통이나 복통 등과 같은 스트레스 증상을 보인다).
2. **즐겁지 않다** 아이가 노력하고 있음에도 불구하고 예전에는 너무나 좋아했던 스포츠나 활동에서 만족감이나 즐거움을 찾지 못한다.
3. **능력 부족** 아이의 노력에도 불구하고 그 활동이 아이의 현재 능력에 비해 너무 어렵다.
4. **코치의 문제** 운동코치나 선생님이 아이에게 충분한 시간을 주지 않는다. 자주 소리를 지르거나 너무 경쟁적이다. 무슨 일이 있어도 이겨야 한다고 강요한다. 아이를 불공평하게 대한다.
5. **최선을 다한다** 정말로 열심히 했음에도 실력이 늘지 않는다. 아이는 좌절감을 느끼며 그만두고 싶다는 마음을 계속 갖고 있다.

만약 아이가 위의 상황에 있다면 이제는 새로 시작하는 것이 좋을 수 있다. 하지만 아이의 노력을 부모가 인정하고 있다는 점을 꼭 알게 해주자.

읽을 수 있었다. 대부분의 고등학교 수업에서 나쁜 성적을 받았으며 대학입학시험에도 떨어졌다.

에이브러햄 링컨. 블랙호크 전쟁에 장군으로 참여했지만 전쟁이 끝났을 때는 이등병으로 강등되었다.

베토벤. 음악선생님은 그에게 작곡가로서의 자질이 없다고 말했다.

마이클 조던. 고등학교 농구팀에서 제외된 적이 있었다.

월트 디즈니. 좋은 아이디어가 없다는 이유로 신문 편집장에게 해고당했다. 그는 파산을 했고 정서장애를 겪었으며 "장래성이 없는 쥐에 대해서는 잊어버려라"는 말을 끊임없이 들었다.

● "다시 일어설 수 있게 하는" 문장을 가르친다. 인내하는 법을 배우게 해주는 방법으로 고난을 극복하도록 돕는 간단한 문장을 되뇌는 것이 있다. 머릿속으로 그 문장을 외치면 어려운 과제 앞에서 포기하는 대신 인내심을 발휘하게 될 것이다. 부모와 함께 몇 가지 문장들을 생각해보고 아이가 가장 편하게 느끼는 문장을 고르게 한 뒤 기억할 때까지 큰 소리로 반복하게 하자. "완벽하지 않아도 돼." "실수를 통해 배운다." "실수는 실수일 뿐." "노력하지 않는 한 더 나아질 수 없다."

나이별 육아법

3~6세 부모를 기쁘게 해주려는 욕구가 강하므로 부모의 기대가 합리적이면서도 현실적인지 확인해본다. 유아기의 아이들, 특히 남자아이들은 집중시간이 짧다. 그러므로 아이의 능력에 맞춘 임무를 주고 지도해줘야 한다. 성공의 경험을 위해 아이의 학습스타일과 맞는 양육 프로그램과 유치원을 선택해야 한다. 경쟁적인 스포

츠를 조심해야 한다. 즐거움을 강조하고 기본적인 기술을 배우는 것에 중점을 둔다. 그렇지 않으면 아이들은 좌절감을 느끼고 그만두고 싶어 할 것이다.

7~9세 스포츠, 활동, 시합 등의 경쟁이 증가하고 기대가 수준에 맞지 않으면 자신감에 상처를 입게 된다. 아이의 일과계획에 무리가 없는지 확인하자. 너무 많은 활동들은 스트레스를 불러일으키고 쉽게 포기하도록 만든다. 이 시기의 아이들은 좌절감을 표현할 언어능력이 부족해서 자신감이 없을 때는 팀이나 활동을 그만두고 싶다고 할 것이다. 성적이나 점수를 강조하게 되어 완벽주의 성향이 생기기도 한다. 아이는 부모의 사랑은 무조건적인 것으로, 결과에 따라 달라지는 게 아니란 걸 알아야 한다. 주어진 임무가 너무 어렵다고 느끼면 목적을 위해 남의 것을 베끼는 행동을 할 수도 있다.

10~13세 소속감을 느끼고 인정받고 싶어 하는 욕구가 증가한다. 발표 중에 말이 나오지 않는 등의 행동으로 친구들에게 창피를 당할까봐 쉽게 그만두려 한다. 숙제, 성적에 관한 스트레스가 과도하게 증가하면 심신을 허약하게 만들 수 있다. 또한 스포츠가 너무 경쟁적이거나 더 이상 즐길 수 없게 되어 팀을 그만두는 경우가 많다.

우리집 맞춤 처방전

인내상을 줬더니 너무 좋아했어요!

일이 힘들어질 때마다 쉽게 그만두는 아이를 바꿔야 했습니다. 그래서 어느 날, 자를 꺼내 그 위에 검은 펜으로 '인내 상'이라고 적었습니다. 그리고 가족 모두에게 특별히 인내심을 보인 사람을 찾아보자고 했습니다. 매일 저녁 시간에 남편과 저는 집에서 누가 포기하지 않았는지를 발표하고 막대기에 그 이름을 적어 상을 받을 자격에 대해 설명해줬습니다. 아이들은 막대기에 자기 이름이 얼마나 많이 적혀 있는지 세어보는 걸 너무나 좋아했습니다. 자기 이름을 막대기에 적기 위해 아이들은 쉽게 포기하지 않게 되었습니다.

스포츠 정신이 잘못되었다

잘못된 스포츠정신을 가진 아이들의 적신호

패배를 받아들이지 못한다.

다른 사람을 탓하고 변명거리를 만든다.

평점심을 잃고 울면서 다른 사람을 비난한다.

부모가 해야 할 일은?

아이가 훌륭한 스포츠정신을 갖게 해주는 방법을 배우고 이기는 게 전부가 아니라는 중요한 교훈을 얻을 수 있도록 도와준다.

여덟 살 난 저의 아이는 리그에서 가장 훌륭한 야구선수입니다. 그런데 아이는 자신의 팀이 지게 되면 자신을 제외한 나머지 선수들을 비난하곤 합니다. 다른 모든 선수들이 우리 아이를 스포츠정신이 없다고 기억하게 될지도 모릅니

다. 아이를 위해서 무엇을 해야 할까요?

패자도 멋있을 수 있다는 것을 지적해주는 데서부터 시작할 수 있습니다. 올림픽이나 퀴즈, 텔레비전 프로그램을 보면서 "저 게임에는 1명만 우승하게 될 거야, 그러면 진 사람이 어떻게 하는지 살펴보자." "저것 보렴, 게임에서 진 사람들도 상대와 악수를 나누고 있잖니." "게임에서 진 사람이 어떻게 행동하는지 알겠니? 그들은 그 경기가 공정하지 못하다고 불평하고 있어, 저런 행동은 올바른 스포츠정신을 갖고 있지 못해서 그런 거야." 골프나 농구, 테니스 경기에서 마이클 조던, 타이거 우즈 같은 이들이 보여주는 멋진 패자의 모습을 보여주세요. 그러고 난 후 경기에서 진 것을 다른 사람 탓으로 돌리거나 불평을 하기보다는 패배를 받아들이고 훌륭한 스포츠정신을 보일 수 있도록 해주세요. 만약 그러지 못하면 경기를 다시 못하게 제한해보시고요.

왜 변해야 할까?

"심판이 정말 바보 같아." "코치는 나한테 기회를 한 번 더 줬어야 하는데." "왜 내가 상대편과 악수를 해야 돼?" "그들은 패자야." 이런 말들이 익숙하게 들리는가? 가장 중요한 육아법 가운데 하나는 아이가 잘못된 스포츠정신에서 나오는 말과 행동을 하지 않는지 살피는 것이다. 수영장에서 최고의 수영선수, 트랙에서 가장 빨리 달리는 선수라도 언쟁을 벌이고, 부정행위를 하고, 자기 자신에게 유리하게 규칙을 바꾼다면 그 순간 그의 능력은 더 이상 중요한 게 아니게 된다. 선수의 인간성이 드러나기 때문이다.

스포츠 경기는 아이들의 교육적·사회적 발달에서 중요하다. 스포츠는 실제 사회를 살아가기 전에 하는 예행연습과도 같다. 우리는 힘을 모아 경쟁하기 위해 일시적으로 동맹을 맺어야 한다. 이기거나 지거나 상관없이 최선을 다하고 때로 팀을 위해 희생할 수도 있다. 다른 사람들과 함께 잘해낼 수 있도록 노력해야 한다. 우리는 행복감, 좌절, 성공, 실패, 승리, 패배 등 폭넓은 감정들을 경험한다. 따라서 아이가 스포츠에서 문제를 겪는 것은 정상적인 일일 수 있다. 때때로 혹은 지속적으로 스포츠정신과 관련해서 문제를 겪을 수 있다. 종종 그런 문제들은 아이 자신, 부모, 친구들에게 큰 문제가 되기도 한다. 잘못된 승패의식을 변화시키고 바람직한 스포츠정신을 갖는 것이 아이의 인생에도 긍정적인 영향을 미친다.

어떤 행동을 보일까?

- 자신이 승리했을 때 만족해하고 상대팀의 패배를 고소해한다.
- 경기에서 지면 변명거리를 만들고 다른 사람 탓으로 돌린다.
- 부정행위를 하거나 무슨 수를 써서라도 이기려 한다.
- 경기가 끝나기 전에 그만두거나 포기한다.
- 샐쭉해하거나 입을 삐쭉 내미는 등의 부정적인 태도를 보인다.
- 중간에 규칙을 바꾼다.
- 운동장비를 나눠 쓰지 않는다.
- 비난하거나 욕을 하거나 다른 선수를 놀린다.
- 으스대거나 자랑한다.
- 코치나 팀 동료 또는 다른 팀과 언쟁을 벌인다.
- 다른 선수의 승리를 축하해주지 못하거나 하더라도 진지하지 않다.

1단계: 초기 개입

● 아이의 스포츠정신이 부족한 원인을 파악하자. 아이가 그런 행동을 보이는 데는 많은 이유가 있을 수 있다. 다음 항목들은 몇 가지 예상되는 원인들을 담고 있다. 가장 주된 원인이 무엇이라고 생각하는가? 아이나 상황에 적용되는 항목들을 확인해보자. 일단 답을 알게 되면 간단한 해결책을 찾을 수 있을 것이다.

> **부모 시선 집중!**
>
> 미국체육협회의 관계자들은 부모 혹은 관중에게 모욕을 당한 심판의 전화를 일주일에 2~3번 정도 받는다고 한다. 163개 도시의 유년 스포츠 프로그램은 부모의 잘못된 스포츠정신을 고려하여 부모들이 아이의 경기를 참관하는 동안 올바른 행동을 보이도록 요구하고 있다. 스포츠 경기를 보는 부모의 행동이 어떠한지 생각해보자.

☐ 잘못된 본보기.

☐ 경기 그 자체를 즐기지 못한다.

☐ 운동선수로서 필요한 기술이나 능력이 부족하다.

☐ 비현실적인 기대를 갖고 그것을 달성하려고 한다.

☐ 승리와 개인적인 성과만을 지나치게 강조한다.

☐ 코치가 부정적이고 경쟁적이다.

☐ 팀원들이 과도하게 경쟁적이고 상황 중심적이다.

☐ 낮은 자존감 때문에 다른 사람의 인정이 필요하다.

☐ 또래에게 거절당하는 것을 두려워한다.

☐ 다른 사람들에게 강한 인상을 남기고자 한다.

☐ 패배나 실수에 대한 두려움을 가지고 있다.

☐ 미성숙하다.

- **부모 자신의 행동에 주의를 기울이자.** 부모가 자신의 잘못에 대해 변명을 하고 있지는 않은가? 일이 잘못되었을 때 팀 동료들을 비난하지는 않은가? 아이의 코치에게 소리를 지르거나 팀원들을 비난하거나 상대편이 다쳤을 때 응원을 보내는 등의 행동을 보여서는 안 된다. 아이는 이런 행동들을 따라할 수 있다. 부모 먼저 올바른 스포츠정신을 갖고 아이가 따라할 수 있는 공정한 경기의 본보기를 보일 수 있도록 하자.

- **부모의 기대치를 조정하자.** 아이가 스포츠를 즐기기에 충분한 발달적인 성숙을 이루었는가? 아이가 게임을 하거나 어떤 활동을 할 수 있는 능력을 가지고 있는가? 아이가 정말로 하길 원하는 활동인가? 아니면 부모가 아이에게 바라는 것인가? 이런 활동이 아이의 자존감과 경기에 대한 애정을 높여주는가? 그렇지 않다면 아이의 재능과 흥미에 적합한 활동을 다시 찾아보자.

- **잘못된 코치에 대해 주의를 기울이자.** 아이에 대한 부모의 영향력이 막대하지만 선생님이나 코치, 멘토들 또한 큰 영향력을 지닌다. 코치에 따라 경기에 대한 아이의 태도와 스포츠정신이 크게 달라진다. 따라서 부모가 아이의 지도교사를 정할 수 있는 위치에 있다면 까다롭게 따져보자. 유년 스포츠 경기에 대한 최근 연구들을 보면, 운동선수의 10% 이상이 부정행위를 했다고 인정하는데 코치가 그러도록 부추겼기 때문이라고 한다. 만약 코치를 선택할 수 없다면 코치와 경쟁방법에 대해 이야기를 나눠보자.

- **과도한 경쟁심을 줄이자.** 가족구성원 모두가 '이기는 걸' 강조하는가? 혹은 아이의 코치가 아이에게 어떤 대가를 치르더라도 이기라고 말하는가? 아이에게 경쟁이나 승리를 강조하기보다는 아이가 경기 자체를 즐길 수 있게 도와주자.

2단계: 신속한 대처

- **스포츠정신의 정의를 내리자.** 좋은 스포츠 선수가 된다는 것이 어떤 의미인지를 설명해줘서 아이가 부모가 무엇을 기대하는지 알게 하자. 예를 들어 주면서 좋은 태도를 갖는 것에 대해 함께 이야기를 나누자. 멋진 패자가 되고 명예로운 승자가 되는 것에 대해 이야기를 나누자. 심판의 최종판결을 존중해야 한다는 점을 알려주자. 상대편과 악수를 하거나 팀 동료들과 하이파이브를 하면서 서로를 격려하고 더 좋은 득점 위치에 있는 다른 사람에게 공을 넘겨주는 것 등 좋은 스포츠정신을 보일 수 있는 여러 방법들을 강조해주자. 경기에서 졌을 때 승리를 거둔 상대 팀을 축하해주는 건 쉬운 일이 아니다. 이런 부분을 핵심적으로 설명해주어야 한다.

- **항상 아이가 승리하도록 만들지 말자.** 아이는 경기에서 지는 경험도 해봐야 한다. 이를 통해 경기에서 졌을 때 어떻게 품위 있는 행동을 할 수 있는지 연습할 수 있다.

- **아이의 잘못된 견해를 지적해주자.** 아이가 다른 사람을 비난하거나 승패의 결과를 다른 사람 탓으로 돌린다면 사실의 관점에서 아이의 의견을 지적해주자. 그래서 경기에서 진 것이 다른 사람의 잘못이 아닌 본인의 잘못임을 깨닫게 해주자. 책임감 있고 더 성숙한 태도로 다시 경기를 시작할 수 있도록 도와주자.

- **경기의 결과가 아닌 개인적인 노력을 강조해주자.** "너 이겼니?"라고 묻거나 "득점을 얼마나 했니?"라고 묻는 것은 좋지 않다. 그런 질문들을 받게 되면 아이는 경기를 통해 자기가 어떻게 경기에 임했는지 혹은 경기를 통해 무엇을 배웠는지보다는 경기의 결과가 더 중요하다는 생각을 갖게 된다. 대신 다음과 같은 질문을 통해 아이가 자신의 능력발달과 개인적인 노력에 대해 생

각해볼 수 있도록 지도하자.

"경기에서 어떻게 했니?"

"경기 후에 어떤 느낌이 들었니?"

"네가 할 수 있는 최선을 다했니?"

"그렇게 하면서 어떤 생각이 들었니?"

"오늘 배운 것 가운데 뭐가 가장 중요한 것 같니?"

"네가 다르게 행동했으면 좋았을 텐데 하고 생각하는 부분이 있니?"

"다음번에는 어떻게 달리 행동할 거니?"

"다른 아이들 때문에 골치 앓지 마. 네가 그 아이들이 경기를 더 잘하게 할 순 없어. 너만 잘하면 돼."

● 비신사적이고 공격적인 행동에 대해 적절한 벌을 주자. 아이의 공격적이고 모욕적이며 무례한 행동이 선을 넘으면 아이가 부모의 말에 따라 그 경기에서 가능한 빨리 빠지도록 하자. 만약 아이의 잘못된 행동이 도를 넘으면 코치에게 경기에서 아이를 빼달라고 하자. 코치에게 지지를 부탁하고 아이에게 퇴장경고를 주도록 하자.

● 아이가 잘못된 스포츠정신을 보이자마자 '파울'을 선언하자. 아이가 잘못된 행동을 보일 때마다 즉시 아이의 행동을 고쳐주도록 하자. 부모가 걱정하는 아이의 행동에 대해 정확히 지적해주자. "네 잘못을 두고 다른 사람을 탓하는 걸 들었다." "심판과 싸우고 있구나." "다른 팀원들에게 기회를 주지 않는구나." 아이가 자신의 행동을 고치는 방법을 알 수 있게 해주자.

3단계 : 변화를 위한 습관

● 아이와 함께 경기를 하고 패배를 깨끗하게 받아들이자. 보드게임과 같은 간

단한 게임을 통해 아이에게 지는 경험을 하게 해주자. 또는 공원에 배드민턴 라켓을 준비해 가서 가족이 함께 경기를 해보자. 경기를 함께 해보는 것은 훌륭한 스포츠정신의 규칙을 배울 수 있는 좋은 기회가 된다. 바람직한 운동경기를 위한 규칙을 제시해주고 함께 그 규칙에 따라 경기를 해보자. 경기에 대해 변명거리를 만들지 말고 비난을 하지 말자. 경기가 끝날 때까지 함께하며 다 함께 승자를 축하해주자. 만약 부모가 진다면 결과를 깨끗이 받아들이는 방법을 몸소 보여주도록 하자.

● **패자로서의 잘못된 대처방법을 알려주자.** 아이가 잘못된 스포츠정신을 보여주는 어떤 행동을 하는가? 예를 들어 자제력을 잃는가? 혹은 다른 선수를 욕하는가? 코치와 언쟁을 벌이는가? 자신에게 유리하게 경기 도중에 규칙을 바꾸는가? 울거나 불만을 제기하는가? 중간에 그만두는가? 아이의 행동을 정확히 파악했다면 아이에게 그 행동을 지적한 후 어떻게 개선해야 할지를 말해주자. "만약 네가 경기를 시작했다면 반드시 끝까지 해야 한다." "네가 동의했던 규칙은 끝까지 지켜야 해." "심판과 언쟁하지 말아야 한다." 그 후 졌을 때 보이는 그릇된 행동을 개선하는 데 초점을 두자.

● **변화가 필요한 태도를 평가하자.** 좋은 스포츠정신을 키워주기 위한 다음 단계는 변화가 필요한 행동을 평가하는 것이다. 스포츠정신을 위한 중요한 이론들이 평가를 도와줄 것이다. 아이는 스포츠정신에 근거한 행동을 얼마나 보여주는가? 아이에게 해당되는 것을 찾아보자.

☐ 진지하게 경기에 임한다.

☐ 경기 장비를 나눠 쓴다.

☐ 자기 순서를 기다린다.

☐ 비판을 받아들인다.

☐ 친구의 잘못이나 능력에 대해 비판하기보다는 격려한다.

☐ 거만하게 굴지 않고 겸손한 태도를 보인다.

☐ 긍정적인 태도를 유지하고 다른 사람의 실수에 대해 환호하지 않는다.

☐ 심판, 코치 그리고 다른 선수들과의 언쟁을 피한다.

☐ 상대편에게 축하인사를 해준다.

☐ 규칙을 지킨다. 중간에 규칙을 바꾸지 않고 부정행위를 하지 않는다.

☐ 경기 중간에 그만두거나 재미없다고 혹은 지쳤거나 화가 났다고 그만두지 않는다.

☐ 패배를 겸허히 받아들이고 울지 않고 불평하지 않고 변명을 하지 않는다.

☐ 자신의 능력을 개선하기 위한 노력을 한다.

위의 목록 가운데 훌륭한 스포츠정신 하나를 택하자. 그리고 아이에게 그런 태도를 가질 수 있는 방법을 스스로 설명해보도록 하자. 집에서 연습을 해본

육아 119

패배를 깨끗하게 받아들이는 방법

아이들은 승리를 받아들이는 것도 배워야 하지만 패배를 깨끗하게 인정하는 법도 배워야 한다. 침착하게 패배를 인정하는 4가지 단계가 있다.

1. **차분하게 평정심을 유지한다.** 화난 표정을 보이지 말고 바람직한 스포츠정신에 근거하여 평정심을 가지고 차분하게 행동한다.
2. **승자를 축하해준다.** 자세를 바르게 하고 웃으면서 승자에게 걸어간다. 그리고 진지하게 "좋은 경기였어" "축하해" "정말 인상적인 경기였어"라고 말한다.
3. **악수를 한다.** 악수를 청하고 하이파이브를 하거나 팀 동료들의 어깨를 토닥이며 서로를 격려한다.
4. **고개를 든 채 경기장을 나간다.** 속으로 혹은 소리내어 상대에 대해 부정적인 비판을 하지 않는다. 울거나 입을 삐죽거리는 행동을 하지 않는다.

후 운동경기에서 아이가 직접 그런 태도를 보일 수 있도록 기회를 만들어주자. 실제 경기에서 그렇게 해본 후 어떤 일이 있었는지 보도록 하자. "다른 친구들의 반응이 어땠니?" "다음에는 어떻게 행동할 거니?" 아이에게 계속해서 새로운 원칙들을 가르치자.

● 잘못된 행동에 대한 대가를 정하자. 아이에게 잘못된 스포츠정신은 더 이상 용인되지 않는다는 사실을 알려주자. 만약 아이가 잘못된 태도를 보인다면 즉시 자신의 행동에 사과를 하게 하거나 경기에서 빠지게 하자. 만약 그런 행동이 반복된다면 한 주 또는 한 달 동안 경기에서 빠지도록 하자. 협동하고, 상대를 존중하고, 열린 마음으로 상대의 감정을 고려해야 한다는 걸 알게 해주자.

나이별 육아법

3~6세 이 시기의 아이들은 자기중심적이기 때문에 자신의 요구를 충족하는 것을 공정한 것으로 보는 경우가 많다. 이 때문에 만 3~4세 아이들은 자신들이 경기에서 지면 잘못된 태도를 보인다. 만 4~5세의 아이들은 어른들이 그렇게 하라고 하니까 공정하게 경기를 하기도 한다. "코치님이 그렇게 하라고 했으니까, 난 영수한테 공을 줄 거야." 이런 점에서 아이들에게는 이기는 건 중요한 게 아니다. 서로 즐겁게 경기하는 것이 즐거운 일이 된다.

7~9세 이 연령대의 아이들은 스포츠정신은 자신이 되돌려 받아야 하는 어떤 것이라고 생각한다. "만약 그 아이가 올바른 경기 태도를 보인다면 나도 그렇게 할 거야." 저학년 아이들은 평등에 대해 민감하고 모든 것이 똑같아야 한다고 생각한다.

만 8~9세의 아이들은 동료의 욕구와 감정을 고려하기 시작한다. 상대편까지도 말이다. 경쟁적인 스포츠가 많아지면 아이들은 승리에 더욱 집착하게 된다. 만 9세가 되기 전에는 대부분 아이들이 노력과 능력 사이의 차이를 구분하지 못한다. 명심하자. 경쟁은 아이들에게 큰 스트레스가 된다. 친구들 앞에서 진다는 것이 아이에게는 스트레스가 될 수 있다.

10~13세 정의감이 나타나기 시작하지만 경쟁은 더욱 심해진다. 스트레스와 또래압력이 심해지며 불공정한 심판이나 판결에 곧잘 흥분한다. 보상을 기대하지 않고 자신의 팀 동료에게 호의를 표하기도 한다. 명심하자. 만 13세가 되면 스포츠 리그에 참가하는 70%의 아이들이 더 이상 재미를 느끼지 않아 그 운동을 다시 하지 않는다고 한다.

 우리집 맞춤 처방전

오븐의 타이머로 경기시간을 정해두었답니다!

제 아들은 항상 경기가 끝나기 전에 그만두곤 합니다. 축구나 볼링 등 어떤 경기이든 상관없이 종종 중간에 그만둡니다. 아이의 집중력 주기가 짧은 건 사실이긴 하지만 그만두는 행동 때문에 아이의 평판이 나빠지고 있습니다. 그래서 저는 어떤 경기를 시작하기 전에 오븐의 타이머로 경기시간을 정해놓았습니다. 점차 그 시간의 길이를 늘려나갔죠. 저는 아이에게 알람이 울릴 때까지 경기를 계속해야 한다고 말해주었습니다. 그렇게 했더니 중간에 그만두는 일이 없어졌고 아이의 스포츠정신에 중대한 변화가 일어났습니다.

도와주세요

부정행위를 하는 아이의 적신호

시험문제의 답을 베낀다.

문자메시지를 통해 답을 주고받는다.

숙제를 할 때 인터넷이나 다른 자료를 부분 혹은 전체 표절한다.

시험문제의 답을 MP3 플레이어에 다운로드 받아 그걸 들으면서 시험을 본다.

자신의 숙제를 친구에게 주거나 판다.

부모가 해야 할 일은?

아이가 정직과 노력의 가치를 이해하고 일상에서 그 가치들을 실천해나갈 수 있도록 해준다.

 열두 살 아들이 수학시험에서 A를 받았어요. 저는 그걸 보고 열심히 공부

한 아들이 정말 자랑스러웠죠. 하지만 얼마 안 돼서 아이가 답안을 베껴서 가지고 있었던 사실을 알게 되었습니다. 이에 대해 아들에게 물으니, 아이는 자기 말고도 다른 애들 모두 그랬다면서 별일 아니니까 신경쓰지 말라고 대답했습니다. 그러나 그건 아주 중요한 문제였어요. 제 아이가 시험에서 부정행위를 저질렀다니! 이제 어떻게 해야 할까요?

아이의 부정행위에 대해 부모에게 제시하는 가장 강력한 조언이 있는데, 사실 그것은 부모들이 실천하기 어려워하는 것이기도 합니다. 아이의 부정행위를 발견하면 아이가 이를 통해 좋은 점수를 얻도록 내버려둬서는 안 되고, 또한 이에 대해 학교 탓을 하거나 자기뿐만 아니라 모든 아이들이 다 그랬다는 등의 변명을 하게 해서도 안 된다는 게 바로 그것이지요. 선생님에게 부정행위 사실을 알리고 아이 스스로 자기 잘못의 대가를 치르도록 해야 합니다. 이런 단기적인 고통은 장기적으로 볼 때 아이의 인격형성에 도움이 됩니다. 이때 얻은 교훈은 다른 온갖 훈계와 처벌보다도 훨씬 더 기억에 남아 강력한 효과를 발휘할 것입니다. 부모가 얼마나 단호하게 정직함을 강조하는지 아이로 하여금 인식할 수 있게 하고 또한 행동을 통해 이를 보여주어야 합니다.

왜 변해야 할까?

아이의 부정행위를 걱정하는 사람은 당신뿐만이 아니다. 많은 조사결과들이 부정행위가 날로 늘고 있음을 보여준다. 1969년 이후 시험 중 부정행위를 했다고 인정하는 고등학생의 비율이 34%에서 68%로 증가했다. 2002년 미국 청소년의 도덕관을 알아보기 위한 설문조사에서 고등학생 4명 중 3명이 그전 해에 적어도 한 번은 시험에서 부정행위를 했고 37%는 좋은 직업을 갖기 위해서라면 고용주에게도 거짓말을 할 것이라는 대답을 했다. 학교에서의 부정행위는 아주 새롭고 정교한 경지에 이르고 있다. 빽빽이 적은 커닝페이퍼를 바지 안에 숨기거나 기침을 하는 식의 암호를 친구에게 보내는 것은 다 옛날이야기다. 요즘은 커닝페이퍼가 발각될까봐 걱정하는 일 없이 무선호출기나 휴대전화의 문자메시지를 통해 시험답안을 바로바로 보낸다. 또한 인터넷을 통한 표절 문제가 만연한 탓에, 많은 교사들은 학생들이 숙제를 직접 했는지 확인하기 위해 특별히 고안된 웹사이트에 의존해야 한다.

부정행위는 아이의 진실성과 인격형성에 치명적인 타격을 입히는 것으로 반드시 주의를 기울여야 할 문제다. 부정행위를 하는 아이는 자신의 행동이 공정한 것인지, 혹은 다른 학생들에게 어떤 영향을 미칠 것인지에 대해서는 전혀 생각하지 않는다. 그 아이들이 가장 불안해하는 점은 자신의 부정행위가 걸리지 않을까 하는 것이다. 부정행위를 한다는 것은 쉬운 방법을 선호하고 지름길을 택한다는 의미다. 다행인 점은 아이가 정직의 덕목을 배우는 데 부모가 중요한 역할을 한다는 사실이다. 부모는 그 역할을 현명하게 감당해야 한다. 아이들이 부정행위를 버리고 정직한 사람으로 성장할 수 있도록 지도해야 한다.

어떤 행동을 보일까?

다음은 부정행위를 하는 아이들에게서 볼 수 있는 행동이다. 물론 이런 행동들에 대해 또 다른 설명을 할 수도 있을 것이다. 다음 행동의 예를 본 다음 자녀를 주의 깊게 살펴보도록 하자.

- 시험에 대해 말하지 않는다. 어떤 문제가 시험에 나왔는지를 부모에게 말하지 않는다.
- 숙제와 시험 성적 사이에 차이가 있다. 공부를 별로 하지 않았는데도 좋은 점

수를 받는다. 수업시간 중의 과제는 잘 못하는데 집에서 해간 숙제에서는 좋은 점수를 받아온다.

●숙제에 대해 설명하지 못한다. 모든 숙제를 인터넷에 의존해서 작성한다.

●숙제를 도와달라고 요청한 적이 한 번도 없다. 아이가 집으로 숙제를 거의 가지고 오지 않거나 이미 숙제를 다 끝냈거나 선생님이 숙제를 내주지 않았다고 말한다. 숙제를 다른 데서 베꼈거나, 아니면 아예 하지 않았을지도 모른다 (아이가 정말로 똑똑하거나 실제로 숙제가 너무 쉬워서 그런 것일 수도 있으므로 사실을 정확히 파악해야 한다).

●선생님이 아이의 부정행위 사실을 알려준다. 선생님의 충고를 쉽게 간과해서는 안 된다.

●숙제 내용을 설명하지 못한다. 숙제를 자신이 한 것이 아니므로 그에 대해 알지 못한다.

●숙제의 글쓰기 방식이 아이의 글쓰기 방식과는 다르다. 보통 아이들은 잘 모르는 단어를 사용하거나 아이의 글쓰기 방식과 큰 차이가 나면, 그 숙제는 아이가 한 것이 아닐 수도 있다.

●자기가 이용한 자료들에 대해 이야기하지 못한다. 숙제에 쓰인 자료들을 설명하거나 찾아내지 못한다.

●숙제 보여주기를 꺼린다. 숙제를 숨기거나 부모가 자신의 숙제를 보는 걸 싫어한다.

1단계 : 초기 개입

- **원인을 찾는다.** 아이가 왜 부정행위를 하게 되었는지를 곰곰이 생각해보면 가장 좋은 해결책을 찾을 수 있다. 부정행위의 주된 원인들은 다음과 같다. 자녀에게 해당되는 것이 있는지 확인해보자.

☐ 너무 많은 일정 때문에 아이가 공부할 시간이 충분하지 않다.

☐ 실패에 대한 두려움이 있다. 완벽주의 성향이 있다. 자신의 능력에 대해 불안감이 있다. 지는 것을 싫어하고 패자가 되거나 다른 사람들 앞에서 실패하는 것을 두려워한다.

☐ 과제수행능력이 떨어지거나 과제를 계속해나가는 데 어려움을 겪는다. 학습장애를 보인다. 학업 기대치가 너무 높게 설정되어 있다.

☐ 두려움이 문제가 되거나 나쁜 성적 때문에 벌을 받은 적이 있다.

☐ 부모에게 실망감을 줄까봐 걱정한다. 부정행위를 해서라도 좋은 성적을 받아 부모를 기쁘게 해주고 싶어 한다.

☐ 쉬운 방법을 택하려 한다. 노력을 하지 않고 결과를 얻으려 한다.

☐ 다른 아이들도 다 하니까 괜찮다'라는 태도를 가지고 있다. 부정행위가 만연해 있어서 아이가 부정행위를 하지 않으면 오히려 불이익을 받는다.

☐ 숙제나 답을 제공하도록 친구들에게서 괴롭힘을 당하거나 압력을 받고 있다.

☐ 부정행위가 잘못된 것임을 알지 못한다. 아이에게 정직의 중요성을 강조해준 적이 없다.

☐ 학습방법이나 과제 하는 방법을 모른다.

아이가 부정행위를 하도록 만든 이유는 무엇이라고 생각되는가? 아이의 행동을 변화시킬 수 있는 해결책은 무엇일까?

● **현실을 간과해서는 안 된다.** 러트거스대학의 돈 매케이브(Don McCabe) 교수는 20년 동안 부정행위에 대한 연구를 해왔다. 만 12~13세 아이들 중 64%는 혼자 해야 하는 과제를 다른 친구들과 '함께' 했고, 48%는 다른 친구의 과제를 베끼고 있으며, 87%는 친구가 자신의 과제를 베끼도록 놔둔다는 사실을 밝혀냈다.

● **'내 아이는 아닐 거야'라는 태도를 버려라.** 부정행위가 만연해 있다는 사실을 인정해야 한다. 아이와 대화를 나누며 아이가 받는 압박감을 알아야 한다. "네가 성적에 대해 걱정하고 있는 걸 잘 알아. 그걸 해소하지 못하면 부정행위의 유혹에 빠지기 쉽단다. 그건 절대 올바른 행동이 아니야." 아이에게 부모가 자신의 스트레스에 대해 알고 있다는 사실을 알려주고, 그렇다고 해도 부정행위를 해서는 안 된다는 점을 명확하게 전달해야 한다. 또한 부모는 아이가 너무 큰 스트레스에 시달려서 이를 해소해줘야 하는 것은 아닌지 살펴봐야 한다. 아이가 참여하고 있는 활동 가운데서 꼭 하지 않아도 되는 것은 줄여서 부담감을 덜어주는 것도 한 가지 방법이다.

● **본보기가 되자.** 모든 사람이 부정행위의 유혹을 받고 있다는 점, 그렇지만 정직과 노력을 선택하는 것이 마땅한 일이라는 점을 가르쳐줘야 한다. 부모가 세금신고를 잘못하거나 테니스 경기에서 부정행위를 저질렀다는 사실을 아이에게 말하지 말자. 또한 자신의 경력에 대해서도 부풀려 말하지 말자. 그에 대해 고스란히 이야기해주면 아이는 부정행위를 해도 괜찮다고 해석할 것이다. 부모는 아이가 배웠으면 하는 가치를 강조해서 보여줄 수 있는 올바른 태

도를 취해야 한다.

●**아이의 숙제에서 손을 떼라.** 퍼블릭어젠더(Public Agenda)에서 실시한 연구를 보면, 성인 5명 중 1명이 아이의 숙제를 도와준 적이 있고 그것은 나쁜 일이 아니라고 생각한다고 대답했다. 하지만 아이의 숙제를 대신 해주는 일은 그만두어야 한다. 일상에서 행해지는 이런 사소한 행동이 아이에게 어떤 도덕적 메시지를 전달하게 될지 다시 한 번 곰곰이 생각해보길 바란다.

●**노력을 강조하자.** 아이들이 부정행위를 하는 가장 큰 이유는 좋은 성적을 얻기 위해서다. 아이가 좋은 성적을 받았을 때 상을 주기보다는 숙제에 대해 노력이 중요하다는 사실을 강조하는 방향으로 태도를 바꿔야 한다. 그러면 아이는 열심히 노력하게 되고 좋은 학습습관을 갖출 수 있을 것이다. 노력에 대한 보상이야말로 장기적으로 이로운 일이다. 아이는 성공이란 정직과 노력의 결과임을 이해하고 배움의 과정 그 자체가 즐거운 일이라는 사실을 깨닫게 될 것이다.

●**인터넷을 이해하자.** 거의 모든 주제에 대한 과제물을 무료로 제공하는 웹사이트들이 있으며 간혹 유료로 제공하는 곳도 있다. 거의 절반에 해당하는 학생들이 인터넷에서 자료를 복사하여 붙여넣는 식으로 표절을 하고 있으며, 대부분 부모들은 그 사실을 전혀 모르고 있다는 연구보고가 있다. 아이가 인터넷을 어떻게 사용하는지 주의깊게 살펴보자. 컴퓨터를 거실에 놓고 아이가 방문하는 사이트를 추적할 필요가 있다. 혹은 부모의 신용카드가 잘 모르는 웹사이트에서 사용되고 있지 않은지도 살펴봐야 한다. 또한 아이가 숙제를 하고 있다면 반드시 읽어보도록 하자. 숙제에 쓰인 어휘들이 아이들 수준에 맞지 않다면 이는 적신호다. 아이에게 그 말의 뜻을 물어보고 숙제하는 데 사용한 자료를 보여달라고 하자. 만약 아이가 자료들을 보여주지 못하거나 숙제한 걸 보지 않고서는

숙제를 설명하지 못한다면 그것은 아이가 직접 한 것이 아닐 수 있다.

● **부정행위의 결과에 대해 이야기하자.** 34%의 부모는 자신의 아이는 절대로 부정행위를 하지 않을 것이라고 믿기 때문에 아이들과 부정행위에 대해 이야기해본 적이 없다고 한다. 이런 실수를 하지 말길 바란다. 다음에 제시하는 몇 가지 중요한 점을 포함해서, 아이에게 부정행위의 결과가 어떤지 말해주도록 하자.

☐ 부정행위는 심각한 문제를 만든다. 근신, 정학, 제적, 또는 벌금이나 법적인 처벌까지도 받을 수 있어.

☐ 사람들이 너를 신뢰하지 않게 되고 너는 부정행위를 하는 나쁜 학생이라는 이미지를 갖게 될 거야. 그렇게 되면 아무도 너와 친구가 되려 하지 않을 테고 어떤 일도 너와 함께 하려 하지 않을 거야.

육 아 뉴 스

단체스포츠 활동을 조심하라!

부모는 아이들이 스포츠팀 활동을 통해 좀더 나은 사람으로 자라길 원한다. 하지만 그 활동이 기대와 다른 우려를 낳을 수도 있다. LA에 있는 조지프슨 윤리학 연구소(Josephson Institute of Ethics)는 5,279개 고등학교의 선수들을 2년간 연구하며 놀라운 결과를 밝혀냈다. 고교 운동선수들 가운데 2/3가 지난해 테스트에서 적어도 한 번은 부정행위를 했다고 인정했고, 남자아이들은 더 많은 부정행위를 한 것으로 나타났다. 특히 축구선수들의 경우가 가장 심각한 것으로 나타났다. 선수들 대부분은 코치가 부정행위나 속임수를 가르쳐줘서 심판이 자신들의 규칙위반을 발견하지 못해 본인의 팀이 이긴다면 나쁠 게 없다고 대답했다. 또 다른 연구는 하키팀 코치들이 경기 중 공격적이고 비열한 행동을 하라고 선수들에게 가르치고 있으며, 그들이 지고 있을 때는 심판의 눈을 피해 부정행위를 할 수 있는 방법을 가르친다는 점을 밝혀냈다. 여기서 주목할 교훈은 코치가 강조하는 게 무엇인지 확인도 해보지 않은 채 당신의 아이를 운동팀에 둬서는 안 된다는 것이다. 아이에게 정직, 공정, 팀의 협동 등이 부정행위에 의한 승리보다 훨씬 더 가치 있고 중요하다는 사실을 강조해줘야 한다.

☐ 부정행위는 습관이 될 수 있어. 그러면 넌 부정행위 없이는 아무것도 할 수 없는 상태가 될 거야.

☐ 부정행위는 다른 사람들에게 피해를 주고 정당하게 규칙을 준수하는 학생들에게 공정하지 못한 일이야.

☐ 만약 지금 혼자 힘으로 시험을 보고 보고서를 쓰는 법을 배우지 못하면 다음 학년에서는 더 큰 어려움을 겪게 될 거야.

이런 심각한 주제에 대해 단지 한 번 이야기하는 것으로 아이에게 정직이 가장 중요한 덕목임을 납득시켰다고 생각하지 말자. 아이에게 반복해서 이야기해줘야 한다. 부정행위가 왜 나쁜지 아이 스스로 다시 생각해볼 수 있도록 도와줄 수 있는 일상의 순간들을 잘 활용해보자.

2단계 : 신속한 대처

대부분 아이들은 시험을 보거나 숙제를 하면서 부정행위를 한다. 아이들이 부정행위를 계속할지 여부는 부모의 반응에 따라 갈린다. 아래에 제시하는 예들을 살펴보자. 부정행위를 저지른 아이가 정직의 덕목을 배울 수 있도록 도와줄 수 있을 것이다.

● **평상심을 유지하고 과한 반응을 보이지 말라.** 이는 물론 어려울 것이다. 그러나 이것이 가장 좋은 반응이다. 부모의 실망감을 아이에게 알리고 부모 자신이 보고 들은 것을 말해주자. "방금 네가 공을 움직이는 걸 봤어, 그건 반칙이야." "네가 한 숙제를 다시 읽어봤는데, 대부분 내용을 인터넷에서 베꼈더구나." 화를 내기보다는 본 것을 사실에 근거하여 간략히 언급하도록 하자.

- **개인적으로 이야기하자.** 아이의 부정행위를 지적할 때는 일대일 상황에서 조용히 말한다. 다른 사람들과 함께 있는 데서 아이의 잘못을 지적해선 안 된다.

- **아이에게 '부정행위자'라는 이미지를 부여해서는 안 된다.** 이는 결코 도움이 되지 않으며 효과도 없다. 아이의 성격이 아닌 행동에만 집중하라. "공을 움직이는 건 반칙이야." "친구의 답을 베끼는 건 부정행위이야."

- **부모가 무엇을 기대하는지 알려주자.** 부정행위를 통해 좋은 성적을 얻거나 경기에서 이기는 것은 결코 바라지 않는다는 점, 매사에 공정하게 행동하길 바란다는 점을 아이에게 확실히 알려주자. "네가 숙제를 할 때 친구들의 것을 베끼지 않고 스스로 하길 바란단다."

- **아이의 말에 귀를 기울이자.** 아이가 왜 친구의 것을 베끼는지 그 이유를 찾고자 노력하면 그 과정에서 해결책을 찾을 수 있을 것이다. 혹시 아이가 공부할 시간이 없을 정도로 많은 일정 때문에 힘들어하고 있는 것은 아닌가? 그렇다

부모 시선 집중!

자녀의 부정행위 걱정할 때

부모들은 아이가 항상 정직하길 바라지만 사실 부정행위는 아이들에게 흔한 행동이다. 아이들 대부분은 규칙을 어기고 있다. 따라서 부모의 역할은 아이에게 정직이 가장 중요한 덕목임을 인식하도록 해주고 부정행위가 습관이 되지 않도록 해주는 것이다. 그런데 아이를 위해 정신과 전문의 혹은 아동행동 지도 클리닉에 도움을 청해야 할 때도 있다. 그들을 통해 아이가 부정행위를 하는 원인이 무엇인지 정확히 파악할 수 있다.

- 습관적인 부정행위. 부모의 노력에도 불구하고 아이의 부정행위가 만성화되었다.
- 아이의 평판이 위험하다. 친구, 교사, 친구의 부모들이 당신의 아이를 정직하지 않은 아이로 여긴다.
- 다른 행동 문제들. 물건을 훔치거나 거짓말을 하거나 불을 내거나 다른 친구들을 괴롭히거나 동물 혹은 친구들에게 공격적이고 무신경한 행동을 보이는 등의 문제행동들을 보인다.
- 죄책감이나 후회가 없다. 아이의 부정행위를 보여주는 증거가 있는데도 아이는 여전히 잘못을 덮으려고만 하고 자신의 잘못을 깨닫지 못한다. 부끄러움이나 죄책감을 보이지 않는다.

면 한 가지 활동을 줄여주자. 혹은 아이가 수업을 따라가지 못하고 있는 것은
아닌가? 이에 대해 아이의 선생님과 상담을 해보자.

● **아이의 도덕의식을 평가해보자.** 아이가 죄책감을 전혀 느끼지 않는가? 사과
를 하거나 그런 일이 다시는 일어나지 않도록 하겠다는 이야기를 하는가? 선
생님 혹은 친구들을 비난하고 자신의 책임은 느끼지 못하는가? 부정행위는
모든 아이들이 하고 있으므로 큰일이 아니라고 말하는가? 이는 부모가 아이
의 행동뿐만 아니라 도덕성 발달정도를 주의깊게 봐야 한다는 신호다. 어쩌
면 아이는 좀더 집중적으로 도덕교육을 받아야 하는지도 모른다. 시간이 걸
리더라도 목표를 잊어선 안 된다.

● **반복적인 부정행위에 대한 처벌을 정하자.** 부모의 노력에도 불구하고 아이가
여전히 부정행위를 한다면 이제는 그에 대한 처벌을 정할 때다. 나이가 어린
경우 아이가 운동경기에서 반칙을 했다면 경기를 중단시키자. "너는 또 반칙
을 했구나. 공정하게 경기를 하지 않으면 재미가 없어. 그러니까 이제 그만하
고 다음에 다시 하도록 하자." 조금 더 높은 연령의 아이에게는 시험에서 부
정행위를 하거나 숙제를 할 때 표절을 한다면 그때마다 다시 하도록 해야 한
다. 《레드북》(Redbook)이라는 잡지에서 실시한 설문조사를 보면 부모 중 65%
가 아이의 부정행위를 선생님에게 알렸다고 답했고 35%는 아이를 보호하기
위해 말하지 않았다고 나왔다. 아이의 부정행위를 발견했다면 선생님에게 알
려 아이가 그에 따른 대가를 치르도록 해야 한다.

● **선생님과 직접 만나서 이야기하자.** 실제로 어떤 일이 벌어지고 있는지를 알
아봐야 한다. 아이가 수업을 따라갈 수 있는 수준인지, 잘 따라가지 못해 개
인교사의 도움이 필요한지, 과거의 문제가 영향을 주고 있는지, 아이가 단순
히 쉬운 방법을 택하고 있는 것은 아닌지 알아봐야 한다.

- ●**문제가 계속된다면 도움을 청하자.** 부정행위가 여전히 계속된다면 이를 그만 두게 할 방법이 무엇인지 아이와 진지하게 이야기하고 또한 앞으로는 그러지 않겠다는 약속을 받아야 한다.

만성적인 부정행위는 감정적인 문제, 친구들과의 문제, 학습능력의 부족, 혹은 심각하게는 반사회적 행동의 하나일 수 있다. 아이의 부정행위가 지속되거나 더 심해진다면 정신상담 전문가의 조언을 구하는 것이 좋다.

3단계 : 변화를 위한 습관

- ●**부족한 기술을 가르치면 아이는 부정행위를 하지 않는다.** 아이가 숙제를 어떻게 해야 할지 모르기 때문에 부정행위를 하는 것은 아닐까? 자신의 부족함을 인정할 줄 모르고 실패를 어떻게 받아들여야 하는지 모르기 때문에 부정행위를 하는 건 아닐까? 스스로 할 수 있는 능력이 없기 때문에 친구의 숙제를 베끼는 건 아닐까? 자신의 부족함을 인정하고 때로는 실패할 수도 있다는 사실을 아이에게 어떻게 가르쳐야 하는지를 선생님께 조언을 구하자. 혹은 개인교사의 도움도 고려해볼 수 있다.

- ●**정직한 행동을 하려는 아이의 노력을 인정해주자.** 부모는 아이에게 공정함과 정직이 중요한 덕목이라는 점을 분명히 말해줘야 한다. 그리고 아이들이 정직한 행동을 할 때마다 그에 대해 부모로서 얼마나 기뻐하며 감사하고 있는지 알려줘야 한다. 정직한 행동을 하려는 아이의 노력을 인정하고 격려해줘야 한다. "너의 정직한 행동을 보니까 정말 기쁘구나." "나는 네가 진실을 말할 것이라고 기대하고 있단다." 특히 아이가 친구들의 압력을 잘 이겨냈을 때 격려해줘야 한다. "친구에게 싫다고 말하는 게 얼마나 어려웠을지 알 것 같구

나, 그런데도 네가 친구에게 당당하게 맞서 친구의 숙제를 베끼면 안 된다고 말한 것이 정말 자랑스럽단다."

● **부정행위의 유혹을 뿌리치는 방법을 가르쳐야 한다.** 학령기 아동의 경우 친구들과 잘 어울리기 위해 자신의 숙제나 시험답안을 친구들에게 보여주고 싶은 충동을 느끼곤 한다. 아이들 사이의 따돌림은 최근 굉장히 흔하게 일어나고 있다. 아이가 친구에게서 부정행위를 하도록 강요받고 있는 것은 아닌지 확인해볼 필요가 있다. 특히 10~14세 사이의 아이들은 더욱 그렇고, 그 외에도 어떤 연령대든 친구의 부탁을 거절하는 것은 어려운 일이다. 따라서 아이들과 함께 친구의 압력에 저항하는 방법을 이야기해보고 몇 가지 방법을 알려주도록 하자. 그리고 아이가 그 방법을 반복적으로 연습하여 혼자서도 자신 있게 부정행위의 유혹을 이겨낼 수 있도록 도와주자.

□ **설득당하지 말고 단호하게 싫다고 말하라.** 친구에게 친근하지만 단호한 목소리로 거절해야 돼.

□ **네 결정을 반복해서 말하라.** 네가 결정한 것을 여러 번 반복해서 말하렴. "싫어, 그건 옳지 않아." "싫어, 그건 옳지 않다니까." 이렇게 말하면 네 결정이 단호하다는 걸 상대에게 알릴 수 있단다.

□ **결정에 대한 이유를 말하라.** 거절하는 이유를 친구에게 설명해줘서 친구의 요청을 따르지 않을 거라는 네 신념을 확실하게 전달하렴. "내가 정말 열심히 숙제를 했기 때문에 이걸 네게 보여줄 순 없어." "이건 정직하지 못한 행동이야."

나이별 육아법

3~6세 매우 어린 아이들은 부정행위의 의미를 알지 못하고 규칙을 지켜야 하는 이유도 모른다. 그래서 자기에게 이로운 방향으로 규칙을 변형시켜 적용하는 경향이 있다. 만약 아이의 부정행위를 발견하면 그 사실을 당신이 알고 있다는 점을 전달한 후 체벌보다는 차분한 말로써 아이를 가르쳐야 한다. 이때 아이에게 "넌 정직하지 않은 아이야"라는 인상을 심어줘서는 안 되고 부정행위를 하지 않는 것이 왜 중요한지 그 이유를 강조해서 말해줘야 한다.

7~9세 이 시기의 아이들은 부정행위를 시작한다. 경기에서 이기기 위해 규칙을 어기는 등, 이 연령대에서는 부정행위를 할 기회가 훨씬 많아진다. 남자아이들은 여자아이들보다 더 많은 부정행위를 한다. 옳고 그름의 차이를 이해하기 시작하고 공정한 것과 공정하지 못한 것의 차이를 인식한다. 하지만 아직까지는 왜 부정행위가 잘못인지를 실은 이해하지 못한다. 또한 아이들은 일에 따라 부정행위가 받아들여질 수도 있다고 느낄지도 모른다. 부정행위가 빈번하지 않더라도 빨리 조치를 취해 습관화되지 않도록 해야 한다. 고학년 아이들은 교과 외 활동이나 숙제에 부담을 느끼기 시작한다. 그래서 이 아이들은 부정행위가 문제해결의 지름길 혹은 쉬운 방법이라고 생각할 수도 있다. 만약 부정행위가 빈번해지면 부모가 더 신경을 써줘야 할 스트레스가 있다거나 다른 감정적인 문제가 있을 수도 있다.

10~13세 이 시기의 아이들은 성적이나 시험점수를 중요하게 생각하기 때문에 부정행위를 하는 경우가 많다. 중학교 학생의 2/3가 시험에서 부정행위를 해본 적이 있다고, 90%는 숙제를 베낀 경험이 있다고 응답했다. 부정행위는 종종 모두가

하고 있으므로 해도 괜찮은 일로 여겨진다. 이 시기 아이들은 친구들에게 따돌림을 당하지 않기 위해 부정행위를 하기도 한다. 인터넷과 관련된 부정행위와 표절행위는 숙제를 하는 빠른 방법으로 여겨지고, 시험을 보는 동안 문자메시지로 답을 보내거나 MP3 플레이어에 답을 다운로드 받아 들으면서 문제를 풀기도 한다. 중학교 학생의 절반 이상이 지난해 시험에서 부정행위를 해본 적이 있다고 응답했다.

우리집 맞춤 처방전

다른 부모들과 부정행위에 대해 문제를 제기했어요!

부정행위가 제 아들의 학교에서 만연해 있었습니다. 선생님은 상대평가로 성적을 매기고 대다수의 학생들은 서로 시험과 숙제를 베꼈습니다. 제 아이는 부정행위를 하지 않아 오히려 불이익을 받게 되었습니다. 그래서 저는 몇몇 다른 부모들과 함께 학교의 부정행위에 대해 문제를 제기했습니다. 우리는 교장선생님의 저항을 예상했지만 선생님들은 많은 부모들이 아이 숙제를 대신 해준다는 사실에 좌절하고 있었습니다. 시간을 투자해야 하는 문제였지만, 학교는 인성교육 프로그램을 채택해서 정직과 청렴함의 문제를 상기시키며 정직에 관한 규칙을 만들었습니다. 그이후 부정행위는 실제로 줄어들게 되었습니다.

도와주세요

? 우리 딸은 너무나 다른 사람을 따릅니다. 항상 한 무리의 아이들과 같이 다니거나 다른 아이가 하라고 시키는 일만 합니다. 어떻게 하면 아이에게 독립심과 자신감, 그리고 리더십을 심어줄 수 있을까요?

! 아이가 리더가 되길 원하지 않는 부모가 있을까요? 반장, 토론팀 주장, 신문편집국장, 학생회장 등 무엇이든 높은 위치는 성공의 척도로 여겨집니다. 그런 아이들은 어른들의 갈채와 또래의 부러움을 받는 존재이지요. 아이들은 리더의 위치에서 자신의 팀을 이끄는 자신감을 키우게 됩니다.

각 리더십은 성공을 위한 계단이 되어서 대학입학, 구직에서 유리하게 작용합니다. 하지만 무엇보다 리더라는 위치를 통해 자신의 성격과 자신감을 형성할 수 있다는 게 가장 좋은 점입니다.

현명한 아이지만 자신감이 부족해서 리더의 위치에 관심이 없다면 어떻게 해야 할까요? 긍정적인 리더의 기질은 어릴 때 배우면 좋지만 어느 나이에서든 배울 수 있다. 다음은 아이의 리더십을 키워줄 수 있는 방법들입니다.

● **예를 보여준다.** 나이, 성별, 지역, 수입에 상관없이 아이들은 가족과 친척들, 그 중에서도 엄마를 가장 존경하는 사람으로 꼽는다. 당신의 아이는 부모의 리더십을 어떻게 보고 있을까? 부모 자신이 집이나 여러 사람들 앞에서 자신의 의견을 말하고 있는가? 가족과 함께 의견을 나누는가? 지금 어떤 일이 세상에서 일어나고 있는지 잘 파악하여 아이들과 그에 대해 이야기를 나누는가? 정치적인 견해를 말하고 있는가? 투표를 하는가? 부모가 기획한 자선행사에 아이들을 데리고 가는가? 부모가 지닌 힘을 과소평가하지 말자! 아이들은 부모의 행동을 보고 따라한다.

● **다양한 스타일의 리더십을 배운다.** 적극적인 리더, 반응하는 리더, 지원하는 리더 등 다양한 리더십이 있다는 걸 알아야 한다. 책, 잡지, 비디오, 신문에 나오는 유명한 지도자들을 보여줄 수 있다. 지도자는 긍정적인 영향뿐 아니라 부정적인 영향(레닌, 스탈린, 히틀러)도 미칠 수 있다는 걸 말해주자. 간디, 넬슨 만델라, 달라이 라마와 같은 조용하고 자애로운 리더십이 있다면 빌 워시, 피트 캐럴과 같이 팀을 지원하여 만들어나가는 리더십도 있다는 걸 알려줘서 아이가 자신만의 스타일을 찾도록 도와준다. 리더가 되기 위해 강한 모습을 보이거나 강요적일 필요는 없다는 걸 말해주자. 중요한 건 자기만의 독특한 장점과 재능으로 리더십을 만드는 것이다. 그리고 때로는 남을 따르는 이가 되는 것도 괜찮다고 말해주자.

● **자신의 목소리를 낼 수 있도록 지지해준다.** 리더의 역할에서 장애가 되는 건

많은 사람들 앞에서 말해야 한다는 두려움이라고 아이들은 말한다. 만약 자녀가 이런 두려움을 가지고 있다면 자신의 목소리를 내는 것에 자신감을 키울 수 있도록 해주자.

□ **통역하지 않는다.** 만약 아이가 자신의 목소리를 내길 원한다면 아이를 내버려두자! 아이의 통역자가 되어선 안 된다("이 아이가 하려는 말은……"). 부끄러워하거나 언어적 장애가 있다면 지켜봐주자. 어린 아이라면 말을 잘 못할 수도 있다. 아이가 말을 할 수 있도록 기다리며 들어주자.

□ **아이의 의견을 묻는다.** 아주 어릴 때부터 아이의 생각을 물어봐주고 아이의 말에 귀를 기울여 주자. 아이의 의견에 동의할 필요는 없지만 부모가 아이의 말을 관심 있게 듣고 있다는 걸 알게 해주자.

□ **가족 포럼을 만든다.** 아이가 가족들에게 자신의 의견을 전달할 수 있도록 해서 친구들 앞에서도 자신 있게 말할 수 있게 해주자. 논쟁거리를 다룬 기사를 오려 가족토론을 열어보자. 혹은 가족회의나 저녁식사시간에 정치, 지구온난화, 학교행사 등에 대해 이야기하자.

□ **자신감을 키워준다.** 연극, 토론, 합창단 혹은 웅변수업 등은 아이의 자신감을 키워줄 수 있다. 아이를 위한 장소들을 찾아보자!

□ **대중 연사를 자주 접하게 한다.** 아이를 정치연설 장소에 데리고 가거나 텔레비전 앞에 함께 앉아 토론 프로그램을 시청하며 그들의 연설 스타일을 평가해본다.

□ **딸에게 신경을 쓴다.** 여자아이들은 남자아이들이 있으면 말하는 걸 두려워한다는 연구결과가 있다. 딸아이가 자신의 목소리를 내고 자신감을 키울 수 있도록 보호된 환경을 제공하여 안정감을 느끼게 해주자. 그런 다음 점차 이

성의 아이들을 초대하여 이야기를 할 수 있는 기회를 만들어주자.

● 아이에게 역할을 준다. 많은 연구결과들은 첫째들이 CEO가 되고, 노벨상을 타고, 미국의 대통령이 될 가능성이 높음을 보여준다. 첫째들이 리더가 되는 이유는 유전자 때문이 아니다. 첫째에게는 어릴 때부터 부모가 더 많은 책임감을 부여하고 그로 인해 첫째들은 책임감을 배울 수 있기 때문이다. 그러므로 첫째 외의 자녀에게서 리더십의 가능성을 빼앗지 말자. 집안일과 가족의 의무를 부여해서 리더십의 씨앗을 심어주자. 아이는 더 많은 책임감을 갖게 되어 미래의 인생을 준비할 수 있을 것이다. 식사 준비 돕기, 빨래하기, 동물원에 놀러가는 계획 정하기 등을 맡길 수 있다. 물론 부모의 기대는 아이의 능력과 나이에 맞아야 한다('집안일을 거부한다' 참조).

● 가족회의를 연다. 리더십의 기술과 팀워크, 의견 말하기, 문제해결하기, 민주주의의 기능을 배우는 가장 좋은 방법은 가족회의를 여는 것이다. 가족회의의 주제는 형제자매 간의 갈등 풀기, 심부름이나 용돈 정하기, 정치적 문제 논하기 혹은 서로의 이야기 상대가 되어주기 등 다양하다. 아이에게 민주주의의 원칙과 리더십을 배울 수 있게 하는 규칙들이 있다. 가족의 필요에 맞춰 적용해보자.

□ 민주적으로 행동하기. 부모의 판단을 자제하고 아이들이 목소리를 내어 의견을 말할 수 있도록 격려한다. 누구든 자신의 의견을 말할 수 있고 각각의 의견은 똑같이 중요하게 다루어져야 한다. 문제점이나 우려사항에 대해서도 누구든지 말할 수 있다.

□ 결정하기. 만장일치를 통해 동의가 이루어져야 한다는 의견도 있지만 대부분 결정들은 다수결 원칙으로 투표에 의해 이루어진다.

☐ 정기적인 모임. 적어도 일주일에 한 번 모임을 갖는다. 어린 아이들이 있다면 20분에서 30분 정도, 큰 아이들이 있다면 약간 더 오랫동안 모임을 열 수 있다. 모든 사람들의 참석을 의무화한다. 만약 이사, 전학과 같은 중대한 문제가 생긴다면 모임을 더 자주 가져야 할 것이다.

☐ 역할 나누기. 리더의 역할을 배울 수 있는 방법은 일주일 단위로 다른 역할들을 해보는 것이다. 의장이 되어 모임을 시작하고 끝내거나 모든 사람들이 안건에 집중할 수 있도록 하고, 또는 의원이 되어 규칙이 지켜지는지를 확인할 수도 있고, 모임 날짜와 시간을 알리는 사람이나 회의 내용을 기록하는 서기관이 될 수도 있다. 어린 아이들을 위해 레코더를 이용하여 모임을 기록할 수도 있다.

● 리더십을 배울 수 있는 기회를 찾는다. 리더십은 읽기나 듣기를 통해서가 아니라 직접 리더의 위치에 서서 그 특성을 배우는 게 좋다. 그러므로 아이가 책임을 맡을 수 있는 것들을 찾아 자신감을 키우고 리더십의 중요한 기술들을 연습하게 해주자. 학급회장이나 팀주장과 같이 선출되는 지위만이 리더가 아니다. 예를 들면 아이 돌보기, 이웃집 아이 가르치기 등과 같은 것도 리더십이 될 수 있다. 모임의 크기는 중요하지 않다. 중요한 것은 남을 이끄는 경험이다. 아이를 감시하는 어른들이 많거나 구조화된 활동에 참여시키지 말자. 만약 아이들을 이끄는 누군가가 있다면 결코 남을 이끄는 연습을 할 수 없다.

● 변화를 만들어나갈 수 있도록 해준다. 어떤 리더도 목표 없이는 남을 이끌 수 없다. 아이의 관심이나 걱정을 알아내서 그 문제에 관한 지식을 늘리도록 해준다. 신문기사를 오리거나 도서관에서 책을 빌리거나 인터넷 검색을 통해

이해도를 높일 수 있다. 여성쉼터에 의류를 전달하는 역할을 맡거나 홍수 피해자를 위한 성금을 모금하거나 학교에 만연하는 따돌림을 막기 위한 활동 등에 참여하도록 해주자. 비슷한 생각을 가진 아이들과 연결해주어 목소리를 내어 그들의 생각을 말하게 하자. 집단의 크기에 상관없이 한 집단을 이끌어보면서 긍정적인 리더십을 통해 변화를 만들어나갈 수 있도록 격려해주자.

아이들 중 70%는 다른 사람들을 돕는 리더가 되고 싶다고 말했고 절반 이상은 세상을 변화시키고 싶다고 대답했습니다. 아이들이 존경하는 리더로는 사회의 불평등에 맞서싸우며 남을 돕고 자신의 믿음을 지키는 사람들이 있습니다. 우리 아이들은 다음 세대를 대변하는 이들입니다. 아이들이 좋은 리더가 될 수 있도록 준비시켜주세요. 그리고 부모가 먼저 민주주의에 참여하고 모든 선거에 투표해서 미래에 우리 아이들이 그 전통을 따를 수 있도록 해주세요.

독서를 안한다

제 아들은 정말로 활발합니다. 하지만 책을 읽지 않는다면 다른 재능 있는 아이들과 어떻게 경쟁할 수 있을까요? 아이가 자리에 앉아 재미를 갖고 책을 읽게 만들 수 있을까요? 아이가 책을 통해 많은 것을 배우며 삶 속에서 경험을 넓혀가길 바라요. 독서가 지식의 창고이며 아이를 더 건강하게 만들어주고 부유하고 현명하게 해줄 거라고 어떻게 설득할 수 있을까요?

아이가 학교에서 잘 지내고, 좋은 성적을 받으며, 대학에 진학하여 좋은 직업을 갖고, 더 나아가 좋은 시민이 되기를 원하세요? 그렇다면 독서를 사랑하는 마음을 아이에게 심어줘야 합니다. 많은 연구들이 독서가 학업성공의 열쇠라고 말하고 있으며, 부모들의 3/4이 아이가 성장하는 데 가장 중요한 기술로 독서를 꼽고 있습니다. 그렇기 때문에 최근의 보고서들은 교육자들과 부모들을 떨게 만들 수밖에 없습니다. 문제는 현재의 우리에게 있는 듯합니다. 재미있어서 독서를 하는 아이들

의 비율이 아주 낮거든요. 오직 4명 중 1명의 아이들이 재미를 위해 매일 책을 읽고 있으며 22%의 아이들은 책을 거의 읽지 않는다고 합니다. 독서량의 감소는 만 8세부터 시작되어 계속 하향하다가 결국에는 다시는 책을 읽지 않게 되어버립니다. 만 13세 아이 중 1/3 미만이 매일 책을 읽고 있습니다. 만 17세 아이들 중 책을 읽지 않는 비율은 20년 사이에 2배가 되었습니다. 요즘 아이들의 읽기 실력이 지난 20년간 감소해왔다는 건 놀랄 일이 아닙니다. 그렇다면 왜 요즘 아이들은 책을 읽지 않는 걸까요? 가장 큰 이유는 '너무 바쁘거나' '시간이 없거나' 혹은 단지 '너무 피곤하기' 때문입니다.

해결책

아이들의 독서 위기는 실제적인 문제이며 그로 인한 영향은 천문학적으로 나타납니다. 그리고 부모들은 이런 문제를 인식하고 있어요. 82%의 부모는 아이들이 재미있어서 책을 읽기를 바라지만 그 방법을 모르고 있지요. 아이들이 책을 읽고 그것을 즐기도록 도와줄 방법들을 소개해봅니다.

- **책에 대한 정보를 얻는다.** 부모와 아이 모두에게 가장 큰 문제는 즐길 수 있는 책을 찾는 것이라고 한다. 그러므로 아이들이 가장 많이 고르는 책 목록을 구한다.

- **책 외의 것들을 생각해본다.** 중요한 것은 아이의 읽기 수준과 자료에 관심을 맞추는 일이다. 읽기를 시작하게 만든다면 만화, 신문 스포츠면, 야구카드, 인터넷 잡지 등 어떤 읽을거리라도 괜찮다. 인쇄된 종이에 관심을 갖도록 만들어주는 게 무엇인지 파악되었다면 꾸준히 제공해준다. 만화소설이나 영화

리뷰, 자동차 경주에 관련된 기사를 오려줄 수도 있다. 이런 것들의 문학적 장점은 작을 것이다. 하지만 아이가 읽는 것을 편하게 느끼도록 만들어준다는 것이 중요하다.

● **독서 시간을 따로 정해둔다.** 독서를 하지 않는 가장 큰 이유는 시간이 충분하지 않기 때문이라고 아이들은 말한다. 그러므로 하루 중 몇 분간의 시간이라도 찾아본다. 아이의 빡빡한 일과 가운데 텔레비전쇼 하나를 시청하는 시간을 빼면 적어도 일주일에 30분의 시간이 생긴다. 욕실, 차 안, 주방 혹은 아이의 가방 안에 책을 두어 책 읽는 시간을 보충할 수 있다. 매일 저녁 똑같은 시간에 10분 정도를 정해 독서 시간으로 만든다. 만약 시간을 따로 만들 수 없다면 독서 정도는 과거의 수준에 머물 뿐이다.

● **책이 많은 집으로 만든다.** 많은 조사들을 보면 집에 책이 많을수록 독서가가 될 확률이 높다고 한다. 그러므로 도서관 카드를 찾아보거나 학교에서 열리는 도서박람회에 참석해보자. 서점에 가거나 잡지를 구독한다. 파산할 정도로 그럴 필요는 없지만 읽을거리를 항상 구할 수 있도록 한다.

● **독서클럽을 만든다.** 10대 초반의 아이들은 책을 읽으면 인기 있는 아이들로부터 미움을 받을 거라고 걱정한다. 아이들이 또래압력에서 벗어날 수 있도록 친구들의 엄마들과 함께 모여 책을 읽자.

● **영화비평가가 된다.** 책을 읽고 그 내용을 기반으로 만든 영화를 본다. 〈찰리와 초콜릿 공장〉〈프린세스 브라이드〉〈윈 딕시 때문에〉와 같은 작품들이 있다. 아이들은 영화비평가가 되어 책이 나은지 영화가 나은지를 논쟁하는 걸 좋아할 것이다. 혹은 오랫동안 차를 타야 하거나 휴가를 가는 동안이라면 오디오북을 들은 후 책을 읽어볼 수도 있다.

● **큰 소리로 읽어준다.** 재미로 책을 읽는 것이 줄어드는 시점은 만 8세부터라고

한다. 이 나이는 대부분 부모들이 아이에게 책을 읽어주는 걸 그만두는 시기다. 그러므로 그만두지 말자! 책을 찾아(아이가 책을 고르게 한다) 큰 소리로 읽어주거나 문단별로 아이와 돌아가면서 읽어보자.

- **필수 도서목록을 확인한다.** 아이의 가방 깊은 곳까지 살펴 학교에서 나눠준 필수 도서목록이 있는지 찾아보자. 그리고 그 항목에 나온 책 중에서 2권을 구입하자. 하나는 아이의 책, 다른 하나는 부모의 책이다. 각자 혼자서 책을 읽을 수 있지만 그 후에는 꼭 책에 대해 논의해본다. 아이와 대화를 시작하기에 좋은 방법이다.

- **모범이 되어준다.** 많은 연구결과들은 부모가 책 읽는 모습을 보게 되면 아이들 스스로도 책을 읽을 가능성이 높다는 걸 증명해준다. 책 읽기를 중요하게 여기고 있다는 걸 알게 하고 독서하는 모습을 자주 보여주자. 오프라의 도서목록에 나오는 책을 읽거나, 독서클럽에 가입하거나, 항상 책을 가지고 다니자. 혹은 주변 사람들에게 책을 읽도록 권하자.

- **도움을 얻는다.** 만약 아이가 책을 읽는 것에 어려움이 있다면 전문가의 조언을 얻도록 하자. 시력 문제가 있는 건 아닌지를 확인하자. 아이의 선생님과 상담해서 책 읽는 것에 관심이 없는 것이 학습장애 때문은 아닌지를 확인한다.

해리 포터의 작가는 올바른 책이 주어지면 아이들은 정말로 책을 읽게 되고 독서를 좋아하게 된다는 걸 증명해주었습니다. 만 11세에서 만 13세의 4명 중 3명의 아이가 해리포터 시리즈를 한 권 이상 읽었습니다. 책을 더 많이 읽을수록 아이는 인쇄물을 보는 데 편안함을 느끼며 독서를 평생의 습관으로 만들 것입니다. 그러니 읽고 읽고 더 많이 읽도록 해주세요! 아이에게 남길 수 있는 최고의 유산은 책에 대한 사랑을 심어주는 것입니다.

친구 관계가 어긋날 때

도와주세요

또래집단에서 소외되는 아이의 적신호

아이가 항상 변두리에 있거나 아웃사이더다.

무리 '안에' 있거나 포함되는 일이 없다.

소외되고 제외되고 있다고 느낀다.

소문과 질투의 희생양이 되고 있다.

부모가 해야 할 일은?

단지 인기의 문제가 아니라 자기와 비슷한 가치관이나 흥미를 가진 모임을 찾아 사회라는 정글을 헤쳐나갈 수 있는 방법들을 자녀가 배우도록 해준다. 그리고 무리에서 거절당할 때 대처할 수 있는 방법들도 알게 해준다.

? 딸아이가 속해 있는 무리에는 제 딸을 제외시키겠다고 항상 위협하는 애들이 있어서 우리 아이는 눈물 속에서 지내고 있습니다. 저는 그 아이들의 엄마들에게 전화를 걸어 제 생각을 전하고 싶은데요, 그렇게 해도 될까요?"

! 전화를 걸어 부모들을 비난하는 것은 권하고 싶지 않습니다. 그 방법이 역효과를 가져오리라는 것은 확실하니까요. 더 나은 대처방법은 아이가 경험을 통해 배울 수 있도록 도와주는 것입니다. 우선 그 무리가 아이에게 정말 맞는지 봐야 합니다. 부모님의 친구들과 이야기를 해보세요. 〈브링 잇 온〉(Bring It On), 〈미스틱 피자〉(Mystic Pizza), 〈프리티 인 핑크〉(Pretty in Pink) 같은 영화를 보고 더 많은 공통점을 갖고 있는 친구들을 만나게 해주세요. 진정한 친구는 서로에게 충실하며 함께 있으면 즐거운 존재란 걸 아이가 깨닫기까지는 오랜 시간이 걸릴 수 있습니다. 하지만 일단 그 진리를 깨닫고 나면 아이는 더욱 행복해질 것입니다. 이것은 아이 스스로 배울 수밖에 없는 문제입니다.

왜 변해야 할까?

파벌은 거의 자기들끼리만 함께 노는 긴밀하게 뭉친 무리를 의미한다. 하지만 그런 모든 무리를 항상 나쁘다고 생각해서는 안 된다. 아이의 안전망이 될 수 있는 무리도 있다. 아이들은 함께 비밀을 공유하고 놀고 시간을 보내는 걸 즐길 것이다. 하지만 그들이 극심한 배타성을 보일 때, 특히 무리의 리더가 배척을 통한 잔인함을 보일 때

부모 시선 집중!

크리스 고웬(Kris Gowen) 박사는 만 10세와 만 13세 여아 157명을 대상으로 연구를 실시했다. 사회적으로 놀림을 당하거나 파벌로부터 소외당한 여자아이들은 특히 자신의 신체에 대해 부정적인 이미지를 갖고 있으며 자존감이 낮을 위험이 있다고 발표했다. 아이들은 더 예쁘거나 날씬하다면 다른 아이들에게 놀림을 받지 않거나 무리에 포함될 수 있을 거라는 잘못된 믿음을 가지고 있었다. 아이들이 가진 생각은 섭식장애를 일으킬 위험이 다분했다. 특히 자녀의 연령이 12세라면 자신의 신체와 몸무게에 대해 어떻게 생각하는지 이야기해봐야 한다.

그 무리는 위험한 파벌이 된다. 파벌은 어린 나이에서부터 시작되며 연령이 올라갈수록 점점 더 심술궂고 잔인한 모임으로 변한다. 소외당하거나 반복적으로 거부당하거나 자신에 대한 잔인한 소문이 돌면 그로 인한 고통은 참을 수 없는 수준일 것이다. 다행히도 고통스러운 사회적 상황에 대처해서 특정 무리에 들어가거나 무리를 옮기는 데 대한 판단을 부모들이 도울 수 있다. 아이들은 학교생활과 미래를 위해 이런 것들을 배울 필요가 있다. 파벌은 졸업과 동시에 없어지는 것이 아니라 평생 동안 따라다니는 문제다. 그렇기 때문에 지금 새로운 습관들을 배운다면 이후의 삶이 좀더 수월해질 것이다.

어떤 행동을 보일까?

거의 모든 아이들이 파벌문제를 겪고 있기는 하지만 아래의 행동이 나타나거나 그 행동들이 몇 주 이상 지속되면 아이에게 좀더 주의를 기울여야 한다.

- 특정한 친구들의 이름을 꺼낼 때마다 화를 내거나 방어적인 태도를 취한다.
- 아이와 관련된 증거 없는 소문이나 불쾌한 이야기들을 아이를 통해 혹은 직접 듣게 된다.
- 친구들이 전화하거나 집에 놀러오는 일이 없어진다. 집에 놀러오던 아이들이 더 이상 오지 않는다.
- 예전에는 참여했던 행사들에서 계속해서 제외된다.
- 친구들과 자주 들르던 장소들을 피하고 싶어 한다. 학교 가기를 거부한다. 예전에 즐기던 팀, 스카우트, 동아리 등을 그만두고 싶어 한다.
- 친구였던 아이들에 대해 험담을 한다. 혹은 특정한 아이들에 대한 이야기를 하고 싶어 하지 않는다.

- 활발하던 아이가 갑자기 소심해지거나 반항하거나 우울해진다. 친구들의 전화가 오지 않기 시작한 때와 비슷한 시기에 식욕을 잃고 쉽게 울거나 학교에 대한 관심을 잃고 수면장애를 겪는다. 아이가 학교나 모임에서 돌아온 후 혼자 있을 때보다 훨씬 화가 나 있거나 우울해 보인다.

해결책

1단계: 초기 개입

- **좋은 행동의 모범이 되어준다.** 부모 자신이 친구들에 대한 뒷말을 하는가? 모임에서 다른 누군가를 제외시키고 있는가? 주의하도록 하자. 아이는 부모를 보면서 배운다. 아이가 보여주기를 바라는 행동을 아이에게 보여주자.

- **실용적인 지식을 쌓는다.** 파벌이라는 것이 오래전부터 있어왔지만 오늘날의 파벌은 예전의 모습과는 많이 다르다. 아이들은 더 심술궂어졌고 신체적으로 더 공격적으로 변했다. 부모가 사회에 대해 잘 알수록 자녀에게 사회라는 정글을 헤쳐나가는 데 더 많은 도움을 줄 수 있다.

- **아이의 삶에 관여한다.** 아이의 파벌 참여를 막는 건 거의 불가능한 일이다. 그러므로 애초부터 시도하지 말자. 아이가 신체적으로 가족을 멀리하려고 할지라도 정신적으로는 여전히 부모를 필요로 한다. 아이와 연결될 수 있는 방법들을 찾아보자. 아이 친구들의 엄마들과 관

육아 119

자녀가 파벌문제로 힘들어하고 소외당한 것에 슬퍼하고 있다면, 다음과 같은 도움을 줄 수 있다. '나쁘고 아픈 날들'에 대처할 수 있는 방법들을 더 많이 가지고 있을수록 아이는 더 잘 견딜 수 있다.

- 시간계획을 바꾼다. 상담선생님과 이야기해서 수업시간을 바꿀 수 있는지 물어본다.
- 상담선생님, 사서, 선생님 혹은 운동코치 등 이야기를 나눌 수 있는 어른을 찾는다.
- 도서관, 친구의 집과 같은 안전한 곳을 찾는다.
- 새로운 무리를 만든다. 새로운 팀, 스카우트, 학교 동아리, 운동부, 혹은 북클럽에 가입하거나 음악밴드를 시작할 수 있다. 동네를 둘러보고 새로운 친구를 찾는다.
- 기분을 좋게 만들어주는 일을 한다. 방과 후 다른 학생 돕기, 봉사활동, 교회활동, 지역을 위한 프로젝트 등에 참여한다.
- 새로운 취미를 시작한다. 할머니에게 뜨개질을 배운다. 혹은 컴퓨터 교실에 다닌다.

계를 맺을 수 있을 것이다. 무리의 멤버들과 그들의 엄마와 함께 '모녀 북클럽'을 만들어보자(혹은 아이를 현재의 무리에서 멀어지게 하고 새로운 무리를 찾게 해줄 수도 있다). 아이와(혹은 아이의 친구들과) 함께 요가를 배우거나 아이가 좋아하는 텔레비전쇼를 함께 볼 수도 있다.

2단계: 신속한 대처

●무슨 일이 일어나고 있는지 파악한다. 만약 아이가 끊임없이 혹은 일시적으로 자신이 정말로 속하고 싶은 무리에서 소외되고 있다면 왜 그런 일이 일어나는지를 파악해야 한다. 아이들은 왜 자신이 거부당하고 있는지 말하려 하지 않으며 자기 스스로도 답을 찾지 못했을 것이다. 일단 그런 조짐이 발견되면 아이에게 이제는 다른 무리를 찾을 때가 왔다고 조언해줄 수 있다. 다음은 따돌림을 당하게 되는 이유들이다. 자녀에게 해당되는 것이 있는지 살펴보자.

□ 인종, 종교, 문화, 혹은 사회적 배경이 다르다는 이유로 혼자 떨어져 있다. '뛰어난 재능'을 가지고 있거나 '배우는 데 문제를 겪고 있다'고 구별된다. '다르게' 생겼거나 이야기하는 것이나 행동하는 것이 남들과는 다르다.

□ 다른 아이들을 질리게 만드는 행동을 한다. 너무 강요적이거나 너무 온순하거나 너무 시끄럽거나 너무 화려하거나 너무 지루한 성격이거나 위생상태가 나쁘거나 촌스러운 옷을 입고 다닌다.

□ 새로 그곳에 왔거나 너무 잘 조직된 무리에 들어가려 노력한다.

□ 아이나 가족의 평판이 나쁘다.

□ 파벌 멤버들이 반대하는 다른 친구를 사귀고 있다.

□ 무리 멤버들이 좋아하는 스포츠, 남자친구의 유무, 인지능력, 민족, 과거의

경험 등이 아이의 경험과는 달라 공통된 유대감을 나누지 못한다.

☐ 아이가 열망하기에는 너무나 인기가 높은 무리거나 다른 아이를 끼워주려고 하지 않는 못된 아이들로 이루어진 무리에 들어가려 한다.

☐ 무리에 들어갈 수 있는 사교기술이 부족하다. 어떤 무리에도 속해본 적이 없다.

☐ 아이가 참여하고 싶지 않은 무리에 속하도록 부모가 강요하고 있다.

● **아이의 감정을 인정한다.** 소외당한다는 것은 끔찍한 일이다. 아이의 걱정을 줄이려 하지 말자. 아이의 자부심에 상처를 남길 뿐이다. 부모에게 모든 세부사항들을 알리도록 너무 강요하지도 말자. 자신이 거부당했다는 걸 고백하는 것은 수치스러운 일이다. 지금은 아이 곁에서 걱정의 심각성을 인정해주자. 부모의 지지가 필요할 때다.

● **잔인한 행동을 용납하지 않는다.** 만약 아이가 파벌 내에서 '못된 아이'가 되고 있다는 것을 알면 즉시 개입해야 한다. '황금률'(내가 대접받고 싶은 만큼 다른

육아 119

'가장 위험한 장소'를 위한 해결책

점심시간의 학교 식당은 아이들이 가장 많이 소외되는 곳이다. 또 다른 '위험한 장소'는 운동장, 버스, 대강당, 그리고 화장실이다. 《파벌: 당신의 아이가 사회라는 정글에서 살아남게 할 8가지 단계》(*Cliques: 8 Steps to Help Your Child Survive the Social Jungle*)의 저자인 셜린 지어네티(*Charlene Giannetti*)와 마거릿 사가레즈(*Mcvwvarese*)는 자녀에게 이런 문제가 벌어지고 있지 않은지 알아보기 위해 '어디에 앉는지' 지도를 그리게 해보라고 제안한다. "너는 어디에 앉니? 네 옆에 누군가가 앉아 있니? 혼자 앉는 애가 있니? 다른 아이들은 어디에 앉니?"라고 물어본다. 만약 아이와 함께 앉는 친구가 없다면 아이의 고통은 심각할 것이다. 그러므로 아이가 가장 외롭다고 느끼는 시간과 장소를 위한 계획을 세우도록 도와줘야 한다. 예를 들어, 학교 식당에서 함께 앉을 다른 친구 찾기, 새로운 친구 찾기, 점심시간에 만나는 동아리 가입하기 등의 계획을 세울 수 있다. 만약 상황이 심각하다면 점심시간에 상담 선생님을 찾아가거나 도서관에 가게 할 수도 있다.

사람을 대접하라)을 집 안팎 모두에서 실천하도록 해야 한다. 파벌에 소속되는 것보다 아이의 성격형성을 우선시해야 한다.

●다른 아이들을 무시하지 않는다. 무리의 멤버들이 아이를 소외시키고 있을 수 있지만 그 아이들을 비난하는 건 도움이 안 된다. 아이는 그들의 우정을 원하므로 "왜 그런 아이들과 친구가 되고 싶은 거니?"라고 묻지 않도록 하자. 대신 "그 아이들에게는 그들만의 행동방식이 있단다. 우리는 네가 들어갈 수 있는 방법을 찾아야겠구나"라고 말해주자.

●넓은 시각을 제공한다. 사실은 모두가 가끔은 소외되거나 거부당하고 있다. 그러므로 아이의 고통이 혼자만의 일이 아니란 걸 알게 해주자. 파벌이라는 것이 중학교에서 가장 심하게 나타나며 상황은 점점 나아질 것이라고 알려주자. 부모가 자라면서 겪었던 무리 및 파벌의 문제가 있었다면 말해주도록 하자. 파벌로 인한 걱정을 다룬 영화나 책을 찾아보는 것도 좋은 방법이다.

●자신에게 맞는 무리를 찾도록 도와준다. 파벌은 어딘가에 속하는 수단이 될 수 있지만 그 무리는 아이에게 잘 맞는 것이어야 한다. 아이가 파벌의 성격을 인식하고 그 무리가 자기에게 맞는 것인지를 평가할 수 있어야 한다. 아이에게 이렇게 물어보자. "왜 그 무리의 일원이 되고 싶니?" "그 아이들이 다른 사람들을 어떻게 대하니?" "그곳에 속하려면 어떤 타협이 필요하니?" "그 아이들과 함께 있으면 편안하니?" "그 아이들이 이야기하는 게 네가 관심 있어 하는 것들이니?" "누가 속해 있고 누가 속해 있지 않니?" "누가 무리를 이끌고 있니?" "만약 리더가 네가 하고 싶지 않은 일을 시킨다면 어떻게 할 거니?" 이런 질문들은 아이가 정말로 그 무리와 관계를 유지하고 싶은지 생각하고 결정하는 데 도움이 된다(힌트: '파벌'이라는 말에 아이들이 거부감을 느낄 수 있다. 이 말 대신 '무리'라는 말을 사용하자. 아이들은 '파벌'이라는 말 때문에 마음의 문을 닫고 대화를 멈출 수 있다).

3단계 : 변화를 위한 습관

- **동지를 찾는다.** 한 명의 친구가 파벌에 들어가는 입장카드가 될 수 있다. 처음부터 무리 전체를 목표로 두지 말고 이미 그 무리에 속한 누군가와 일대일의 관계를 시작하도록 해주자. 영화를 보러 간다든지 같이 뭔가를 하며 시간을 보내자고 상대를 초청하라고 제안해주자. 그 친구가 학교 밖에서는 자기와는 잘 지내지만 학교로 돌아가면 다시 무리로 돌아가버릴 수 있으므로 자녀는 실망을 느낄 수도 있다.

- **학교 밖의 친구관계를 만든다.** 만약 아이가 학교 내에서 건전한 관계를 찾지 못하면 다른 곳에서 친구를 찾도록 해주자. 미술수업, 무술, 기타, 하키 등 아이가 참여할 수 있는 단체활동을 다른 사회의 단체에서 해보도록 해주자.

- **가장 뜨는 관심거리를 이야기할 수 있게 해준다.** 만약 아이가 특정한 무리에 들어가기를 원한다면 그 무리의 대화에서 주를 이루는 주제들(패션, 연예인, 농구 등)에 대한 지식을 갖고 있어야 한다(힌트: 여자아이들은 주로 학교에 대한 이야기를 많이 하며 남자아이들은 스포츠에 대한 이야기를 많이 한다). 다른 아이들이 관심을

육 · 아 · 뉴 · 스

못된 여자아이들의 파벌이 더 못돼지고 있다!

청소년 폭력 전문가이자 《슈가 앤 스파이스 앤 노 롱거 나이스》(*Sugar and Spice and No Longer Nice*)의 저자인 데보라 프로스로스티스(Deborah Prothrow-Stith)와 하워드 스피백(Howard R. Spivak)은 여자아이들이 점점 더 심술궂어지고 있으며 신체적인 공격을 많이 하고 있다고 지적한다. 그들의 조사결과에 따르면, 만13~15세 아이들 가운데 가중범죄로 체포된 아이의 4명 중 1명이 여자아이였다. 남자아이들의 숫자는 줄어드는 반면 체포되는 여자아이들의 숫자는 경고 수준까지 올라가고 있다.

게다가 어린 여자아이들 사이에서 가장 심한 정도의 공격성이 증가하고 있으며 대부분 폭력은 다른 여자아이를 상대로 이루어진다. 법무부의 새로운 연구결과는 이런 경향과는 반대되는 모습을 보여주지만 대부분 중학교와 고등학교 선생님들은 오늘날의 '여자아이들의 모습'이 훨씬 심술궂어졌다는 데 의견을 모은다. 조사결과의 차이와는 무관하게, 이것은 결코 좋은 현상이 아니며 부모들은 눈을 크게 뜨고 지켜볼 필요가 있는 것이다.

가지지 않는 주제(전쟁, 1940년대 음악)에 대해 흥미를 가진 아이라면 또래에게 거부당하기 쉽다. 자신의 흥미를 알리려는 노력 대신 다른 아이들의 관심에 흥미를 보인다면 더 많은 친구를 사귀게 될 것이다. 만약 자신만의 특별한 관심사에 열정을 보인다면 다른 무리의 친구들을 찾아보도록 도와주자.

●또래압력과 무리의 성격을 알려준다. 무리 안에서 하고 싶지 않은 일을 어떻게 시키고 있는지 알아야 한다. 중요한 것은 또래에게서, 특히 무리의 리더에게서 자신을 옹호하는 방법을 배워야 한다는 점이다. '만약 그 아이가……을 시키면……'이라는 시나리오를 아이에게 주며 효과적인 대안을 찾도록 도와주자. 예를 들면 이렇게 물어볼 수 있다. "만약 그 아이가 네 마음을 불편하게 만들 일을 하게 시키면 어떻게 할래?" "다른 아이에 대한 헛소문을 퍼뜨리라고 하면 어떻게 할래?" "무리에 속하기 위해 머리를 짧게 자르라고 하면 어떻게 할래?" 만약 멤버들의 행동에 동의하지 않는다면 자신의 입장을 분명히 말하라고 지지해주자. 그리고 무리의 아이들과 맞서기 위한 대응책들을 생각해보도록 도와주자. "난 하기 싫어." "그건 내 스타일이 아니야." "하고 싶은데 오늘은 사양할게."

●다른 어른들과 상의한다. 매일 아이를 보는 선생님, 운동코치, 상담사들과 이야기를 하며 아이의 학교 내 파벌상황을 평가해본다. 문제의 심각성이 어느 정도인지를 알아볼 수 있을 것이다. 만약 파벌의 상황이 심각하다면 학교의 문화를 바꿀 방법들을 생각해보자. 몇몇 학교에서는 선생님들이 점심시간에 새로운 친구들과 함께 식사를 하며 새로운 친구를 사귈 수 있도록 학생들을 '섞는' 시간을 갖기도 한다.

3~6세 이 시기의 아이들은 짝을 지어 다니며 누군가를 제외시키기 시작한다. 만 5세 아이들은 인기 있는 아이와 인기 없는 아이를 가려낼 수 있다. 파벌 행동이 이렇게 어린 시기에 형성되기는 하지만 이 시기에 그것은 어른들이 아이가 소외될 만한 환경을 만들어내기 때문이다.

7~9세 만 8세 정도가 되면 무리에 대한 구별이 가능해진다. 자신과 흥미를 공유하는 친구들과 어울리기 시작한다. 성별 내에서 파벌이 생겨나기 시작하고 학교가 클수록 파벌의 종류는 다양해지고 그 수도 많아진다.

10~13세 파벌은 6학년에서 중학교 사이에 극에 이르다가 고등학교로 올라가면 감소한다. 아이들은 무리 내에서 자신의 위치가 어디인지를 확인하고 싶어 한다. 10대 초반의 아이들은 파벌에서 거부당하고 소외당하는 것에 큰 영향을 받는다. 성별의 구분없이 파벌을 형성하지만 여자아이들은 무리 외부의 사람들을 다루는 방법이 더 은밀해지고 다른 사람에게 호감을 얻는 것을 걱정하게 된다. 남자아이들은 운동, 강인함, 위험 감수, 유머 등을 통해 사회적인 자아의 모습을 형성해나간다.

우리집 맞춤 처방전

아이에게 역할연기를 해보게 했어요!

제 딸에게 6학년은 악몽과도 같은 시기였습니다. 아이는 거의 매일을 울면서 집으로 돌아오고 여자친구들이 자기를 따돌린다고 했습니다. 저는 아이에게 항상 스스로를 옹호하라는 말만 했습니다. 그러던 어느 날, 아이가 어떻게 대처해야 하는지 그 방법을 모르고 있다는 걸 알게 되었습니다. 그래서 우리는 아이의 상황들을 놓고 역할연기를 해보면서 해결책들을 생각해보았습니다. 이 방법은 아이가 더 나은 새로운 친구들을 찾을 때까지 못된 아이들에게 맞설 수 있는 자신감을 키워주었습니다.

도와주세요

또래압력을 받는 아이의 적신호

대중을 따라가고 복종적이며 쉽게 휩쓸린다.

친구가 부추기면 위험한 행동에 가담한다.

다른 아이에게 맞서지 못한다.

자신의 목소리를 내고 의견을 주장하는 것을 어려워한다.

부모가 해야 할 일은?

아이가 "싫어"라고 말하는 법을 배우고 또래의 압력에 맞설 수 있는 적극성을 기를
수 있도록 해준다. 긍정적인 선택을 하고 위험한 행동에 가담하는 것을 피할 수 있
도록 도와준다.

제 딸은 다른 아이를 따라다니는 아이입니다. 항상 아이를 대신해 제가 관여해왔기 때문에 그 사실을 알고 있습니다. 아이가 좀더 자신에 찬 모습으로 다른 아이가 시키는 일을 하지 않도록 도와줄 방법이 있을까요?

만약 자녀가 자신의 믿음을 주장할 수 있도록 도와주고 싶다면 부모의 대응 방식을 바꿔야 합니다. 부모가 아이를 대신해서 사과하고 설명하고 아이를 위해 일까지 대신해주었다면, 이제는 그런 행동을 그만두어야 합니다. 더 이상 아이를 구해주거나 아이를 대신해 말하지 않도록 하세요. 그렇게 하면 아이는 스스로 행동하는 법을 결코 배울 수 없습니다. 그래서 평생 부모를 의지하며 살 것입니다. 따라서 아이가 자신감 있는 태도를 기를 수 있도록 도와주세요. "통금시간 때문에 빨리 집에 가야 한다고 친구에게 말하는 게 힘들다는 거 알아. 영화 보러 가고 싶지 않다고 친구에게 말할 수 있게 되다니, 네가 자랑스럽구나." 자신감을 빨리 길러줄수록 아이는 또래압력으로부터 빨리 벗어날 수 있습니다.

왜 변해야 할까?

사람들 사이에서 벗어나기는 쉬운 일은 아니다. 하지만 아이의 자신감, 독립심, 미래의 성공을 위해서는 또래에 맞서면서도 남에게 강요하지 않는 법을 배우는 것이 중요하다. 많은 연구들은 오늘날의 아이들이 음주, 담배, 절도, 문란한 성생활과 같은 위험한 행동을 더 어린 나이에 하고 있는데, 또래의 압력이 그 주요한 원인임을 보여준다. 한 설문조사에 따르면, 또래의 압력이 아

또래압력은 부모의 생각보다 크다
만 9세에서 만 14세까지 991명의 아이를 대상으로 한 타임/니켈로데온(Time/Nickelodeon) 조사에 의하면, 36%의 아이들이 또래로부터 마리화나를 피우라는 압력을 받았고, 40%는 섹스, 36%는 절도, 그리고 10명 중 1명은 술을 마시라는 압력을 받았다. 그리고 이런 압력은 어린 나이에도 존재했다. 4학년의 7%, 5학년의 8%, 그리고 6학년의 13%가 지난해에 술을 마셨다고 대답했다. 아이가 이런 또래압력에 맞설 '거절의 기술'을 가르쳐야 할 때가 온 것이다.

이들의 가장 큰 걱정거리 중 하나이며 또래의 압력에서 벗어나게 해줄 방법을 부모가 가르쳐주길 바라고 있다. 거절하는 방법은 현실을 잘 견디고 안전하게 지낼 수 있도록 해줄 수 있으므로 부모가 꼭 가르쳐야 한다. 부정적인 또래압력과 불편한 선택의 문제에 대처하며 문제상황에서 벗어날 수 있는 현명한 의사결정을 하도록 도와야 한다. 이런 태도는 리더십의 중요한 자질인 당당함과 자신감을 키워준다.

어떤 행동을 보일까?

아이가 또래압력으로 인해 부정적인 영향을 받고 있다면 당당함과 거절하는 방법을 가르칠 때가 온 것이다. 다음의 태도들이 자녀에게서 보이는지 살펴보자.

- 다른 아이들이 시켰기 때문에 원치 않은 일을 했다고 말한다.
- 다른 아이들이 가진 물건을 가지기 위해 과도한 요구를 한다.
- 다른 아이에 의해 쉽게 휩쓸린다. 그 아이들에게 이야기하는 것을 주저한다.
- 부모의 규칙과 가치관을 무시하고 친구들이 원하는 대로 행동한다.
- 자신의 행방에 대해 부모에게 거짓말을 한다. 자신이 어디에 있었는지, 친구들과 무엇을 하고 있는지를 비밀로 한다. 자신의 행동이나 계획을 공유하거나 이야기하는 것을 거부한다. 새로운 '비밀'장소가 있다.
- 절도, 약물남용 등과 같은 위험한 행동을 한다.
- 친구들을 따라 자신에게 맞지 않는 복장이나 행동을 한다.

1단계: 초기 개입

● **이유를 알아낸다.** 만약 아이가 또래의 압력에 덜 휩쓸리거나 그로부터 벗어나기를 바란다면, 그 문제에 더욱 관심을 기울여야 한다. 부모의 첫 번째 임무는 왜 아이가 쉽게 휩쓸리고 자신의 의견을 말하는 걸 주저하게 되는지 알아낸 후 그 문제를 놓고 고민하는 것이다. 다음에서 자녀에게 해당되는 것이 있는지 확인해보자.

☐ **자신감이 없는 행동을 보고 자랐다.** 아이는 자신이 본 것을 따라할 뿐이다.

☐ **자부심이나 자기인식이 부족하다.** 다른 아이들보다 덜 성숙하다.

☐ **사회적 위치에 대한 인식이 없다.** '다른 아이들 중의 하나'가 되고 싶어 한다. 다른 아이들이 원하는 걸 따르지 않으면 거부당할지도 모른다는 두려움이 있다.

☐ **언어장애가 있다.** 혀 짧은 소리, 말 더듬기, 느리게 말하기, 어휘의 부족, 청각장애와 같은 문제가 있다. 자신의 의견은 중요하지 않다고 생각한다.

☐ **부모, 형제자매, 친구 등 다른 사람을 의존한다.** 자신의 문제를 해결해주고 자기를 대신해주는 어른들에게 과도한 보호를 받고 있다.

☐ **당당하게 주장하는 것을 장려받지 못했다.** "조용히 있어"라는 말을 들어왔다.

☐ **수줍음이 많거나 예민한 성격을 가지고 있다.** 이야기하는 것이 아이에게는 어려운 일이다.

☐ **조숙하다**. 선배나 또래보다 어른스런 아이들과 어울린다.

☐ **또래 아이들에게 괴롭힘을 당한다.** 학대를 당하고 있다. 아이들의 위협을 두

려워한다.

□ 결정을 내리지 못한다. 거절하는 기술이 부족하다.

□ 감독을 받지 않는다. 부모가 허용적이고 위험한 행동을 용인한다.

●아이와의 관계를 돈독히 한다. 부모와 강한 정서적 관계를 맺은 아이들은 위험한 행동에 가담할 가능성이 낮다는 연구결과가 있다. 그러므로 아이와 긴밀한 유대감을 형성하고 개방적이고 정직한 관계를 만들어나감으로써 아이가 문제상황에 부딪치면 자신의 고민을 부모에게 말할 수 있도록 해야 한다.

●부모의 믿음을 공유한다. 자녀가 친구들에게 "안 돼"라는 말을 하기를 바란다면 부모가 지지하는 믿음이 무엇인지 아이에게 알려주어 친구들과도 공유할 수 있게 해주자. 부모의 가치관을 함께 나누고 부모의 규칙들을 반복하여 말해준다. "우리 가족은 폭력적인 영화를 보지 않으니까 친구들에게 갈수 없다고 말하렴." "다음번에 친구들이 담배를 피우라고 하면 그냥 오렴. 네가 옳다고 생각하는 것을 지킬 필요가 있단다."

●한계를 정한다. 아이에게 규칙들을 확인시켜주고 그런 규칙들을 어겼을 때는 그에 따르는 책임을 져야 한다는 걸 말해준다. 아이가 누구와 어디에 있는지 항상 알고 있어야 한다. 어떤 장소가 '선을 넘어서는' 장소인지 확실히 해둔다. 만약 아이가 있다고 말한 장소에 없으면 그에 따르는 책임을 지게 한다. 부모가 규칙을 확실히 실행한다는 걸 아이는 알아야 한다. 부모를 핑계로 위험에서 빠져나오게 하자. "우리 아빠가 평생 동안 외출을 금지하는 벌을 주실 거야."

●역사적 인물과 실생활의 예를 보여준다. 자신의 믿음을 지키고 남을 따르지 않았던 인물들의 예를 보여준다. 에이브러햄 링컨, 간디, 로자 팍스, 마틴 루

터 킹 등의 인물들이 있다. 동네나 뉴스에 나오는 용기 있는 사람들의 예를 찾아도 된다. 그리고 자신의 의견이 다른 사람들의 인기를 얻지는 못하지만 자신이 옳다고 믿으면 다른 사람들을 따르지 않는 사람이 훌륭한 사람이라는 걸 말해주자.

● 아이의 친구와 부모들을 알고 지낸다. 아이들은 어른의 감독 아래 비슷한 가치관을 공유하는 친구들과 함께 할 때 위험한 행동을 할 가능성이 적어진다. 아이의 친구들 및 부모들과 알고 지내도록 하자. 휴대전화 번호를 교환하고 그들의 규칙이나 영화시청 규칙, 통금시간 등을 알아둬서 서로 지지해주자. 자녀에게 친구의 부모들 또한 아이의 행동을 지켜볼 거라는 사실을 알려주자.

● 자부심을 키운다. 자부심이 높은 아이들은 자신의 가치에 대한 자신감이 있기 때문에 또래에게 쉽게 휩쓸리지 않는다. 그러므로 아이의 능력을 활용할 수 있는 활동에 아이를 참여시키고 아이의 능력과 재능을 강조하는 칭찬을 해주며 자신감을 기를 수 있는 기회를 제공해주자. 또래에 맞설 힘은 내적인 자신감에서 나온다.

2단계: 신속한 대처

또래에 맞서는 일은 쉽지 않지만 당당한 태도의 아이들은 또래의 압력에서 쉽게 벗어날 수 있다고 한다. 다음은 자신의 주장을 확실히 말하고 의사를 표현하게 도와줄 방법들이다.

● 당당한 태도의 예를 보여준다. 만약 자녀가 자신

> **육아 119**
>
> **자신감 있는 아이를 원한다면 아이 주위를 맴돌지 말자!**
>
> 연구자들은 멀리서 아이의 사회화 노력들을 장려하는 부모들이 자신감 있는 아이를 기르는 데 더 성공적임을 밝혔다. 사실 아이의 사회적 삶에 관여하는 부모들은 아이의 친구관계를 방해하는 것이다. 아이가 친구들과 있다면 한걸음 물러서서 멀리서 아이를 감독하도록 하자. 그것이 아이의 자신감을 키워주고 다른 아이들에게 맞서 자신을 옹호할 능력을 갖게 해주는 방법이다.

감 있게 당당히 행동하고 자신의 믿음을 지키는 행동을 하길 원한다면 부모가 먼저 보여줘야 한다. 아이들은 본 것을 따라한다.

●목소리를 낼 수 있도록 한다. 확고한 태도를 갖도록 가르치는 가장 좋은 방법은 아이에게 말할 기회를 주는 것이다. 아이의 말을 더 잘 들어주고 부모의 말은 줄이도록 하자. 문제에 대해 아이가 어떻게 생각하고 느끼는지 물어보자. 시간이 좀 걸릴 수도 있지만 점차 아이는 부모가 자신의 의견을 듣고 싶어 한다는 걸 알게 될 것이다. 그렇게 되면 아이는 다른 사람 앞에서도 자신의 목소리를 잘 낼 수 있다.

●부모가 염려하는 사항을 알려준다. 아이가 더 당당해지려면 무엇을 바꾸어야 하는지를 알려주자. "지난번 운동장에서 덕규가 모래를 던지라고 하니까 네가 그대로 행동하는 걸 봤어. 난 네가 더 똑똑한 아이라는 걸 알고 있어. 그때 왜 그렇게 행동했는지 말해줄 수 있니?" "미경이 집에는 규칙이 없는 걸 알면서도 넌 그 아이들과 계속 놀고 있구나. 너는 친구들한테 맞서서 네가 옳다고 생각하는 걸 행동하는 법을 배워야겠다."

●가족토론을 한다. 자신의 목소리를 내는 법을 배울 수 있는 가장 좋은 장소는 집이다. 매주 '가족토론'을 해보자. 모든 사람의 이야기를 잘 들어야 하고 모두에게 말할 기회가 주어져야 한다. 반대의견을 보이는 사람도 있겠지만 그럴 때는 예의를 갖춰서 들어야 하고 다른 사람을 무시해서는 안 된다는 기본적인 규칙들을 만든다. 주제로는 가족의 규칙, 형제자매 간의 다툼, 용돈, 심부름, 통금시간, 이라크 전쟁과 같이 세계, 학교, 혹은 집에서 일어나는 쟁

점들을 다룰 수 있다. 주제가 무엇이든 자신의 의견을 내기를 주저하는 아이가 소리내어 말하도록 격려해주고 아이의 말에 귀를 기울여주자.

● **덜 권위적인 친구를 찾는다.** 아이가 항상 권위적인 성격의 친구나 형제자매에게 둘러싸여 있는 건 아닐까? 만약 그렇다면 아이는 자신의 의견을 말하거나 스스로를 옹호할 기회를 절대 갖지 못할 것이다. 말이 좀 없거나 어린 아이 혹은 덜 성숙한 아이들을 초대하여 아이가 리더의 역할을 할 수 있도록 해주자. 새로운 친구들이 현재의 친구들을 대신할 필요는 없다. 하지만 이 아이들은 자녀를 덜 이끌며 자녀가 자기주장을 펼칠 수 있게 해줄 것이다. 그리고 권위적인 형제자매에게는 집에서는 모두가 평등하다는 걸 알려주도록 하자.

● **'만약'의 상황을 연기해본다.** 초등학교 6학년 1,000명을 대상으로 한 연구에서 올바른 판단을 할 수 있는 아이가 또래의 위험한 행동에 덜 관여한다는 사실을 밝혀냈다. '만약'의 상황을 아이에게 제시해서 난감한 상황의 결과를 예측할 수 있도록 해주자. 예를 들면 "만약 친구가 시험의 답을 알려달라고 하면 어떻게 할래? 주차장에서 담배를 피우자고 하면 어떻게 할래? 가게에서 물건을 훔치자고 하면 어떻게 할래?" 요점은 아이가 가능한 모든 결과들을 생각해보고 그 선택들을 고려하여 최선의 결정을 내리도록 해주는 것이다.

● **변명을 용납하지 않는다.** 아이에게 여러 기술들을 가르쳐주고 있지만 여전히 그 무리의 아이들과 어울리며 잘못된 행동임을 알면서도 계속 이끌려가고 있을 수 있다. 아이가 무리와 함께 하는 걸 봐주지 말자. 행동에 대한 결과를 정하고 아이의 행동을 더 가까이에서 관찰하자. 그리고 부모의 신뢰를 얻을 필요가 있다는 걸 아이에게 알려주자. 부모의 역할은 아이가 안전하고 올바른 일을 하도록 확인하는 것이고 아이가 할 일은 규칙을 지키는 것이다.

3단계: 변화를 위한 습관

- **거절하는 기술과 당당한 태도를 가르친다.** 또래의 압력을 거절하는 7가지 전략(ASSERTS)이 있다. 아이에게 제일 효과가 있는 것을 찾아서 그 기술을 또래에게 실제로 사용할 수 있을 때까지 아이와 연습해보도록 하자.

A – 의견을 말한다(Assert yourself). 자신의 주장을 말하고 옳지 않다고 생각하는 일은 하지 않아도 된다고 아이에게 말해주자. 아이는 자신의 의견을 강하고 단호한 목소리로 전달하여 본인의 생각이 진지하다는 걸 표현할 수 있어야 한다.

S – "싫어"라고 말한다(Say "No"). 거절하는 방법을 브레인스토밍해본다. "싫어. 그건 내 방식이 아니야." "아니, 별로 하고 싶지 않아." "안 돼. 너한테 내 돈을 줄 수는 없어." 가끔은 강한 말투로 "고맙지만 괜찮아"라는 말만으로도 거절할 수 있다.

S – 반복해서 말한다(Sound like a broken record). 하고 싶지 않다는 걸 다른 아이들이 알 때까지 똑같은 거절을 반복하도록 가르친다. "싫어"라고 더 많이 말할수록 아이의 목소리는 더욱 자신 있게 되고 확신을 얻게 될 것이다. 아이가 할 일은 친구의 마음을 바꾸는 것이 아니라 자신의 신념을 지키는 일이라는 걸 강조해준다.

E – 자리를 빠져나오거나 피한다(Exit the scene or avoid it altogether). 문제가 있을 것 같다는 느낌이 들면 절대로 따라하지 말고 한다. 종종 가장 좋은 선

육아 119

당당한 태도를 가르치자

호락호락해 보이는 아이들은 주로 고개를 숙이고 어깨를 떨어뜨리며 팔과 무릎을 떨면서 눈을 내리뜬 상태로 있곤 한다. 아이가 "싫어"라고 말해도 아이의 몸짓은 다른 메시지를 전달할 수 있어서 말의 신뢰도가 떨어진다. 그러므로 또래에게 맞서기 위해 당당한 자세를 취하는 방법을 가르쳐야 한다. 머리를 꼿꼿이 세우고 어깨를 약간 뒤로 젖히며 친구의 눈을 쳐다보는 태도와 자신감 있고 확고한 말투를 사용하도록 아이를 연습시키자.

택은 그 자리를 떠나는 것이다. "나는 갈 거야. 네가 원하면 같이 가자." "좋은 생각이 아닌 것 같아. 나는 집에 갈래." "그럼 난 다른친구랑 놀래." 발을 떼어 그 자리를 벗어나라고 가르치자.

R-이유나 변명을 말한다(Give a reason or an excuse). 한 가지 좋은 방법은 왜 함께 하고 싶지 않은지 그 이유를 말하는 것이다. "나는 문제상황에 빠지고 싶지 않아." "그건 바보 같은 생각이야." "난 집에 가서 숙제를 해야 해." "안 돼, 집에 가서 강아지를 돌보기로 했어." 부모를 이유로 삼아도 괜찮다고 아이에게 말해준다. "부모님이 평생 외출금지 명령을 내릴 거야."

T-화제를 돌리도록 한다(Talk about something else). 생각할 시간을 벌기 위해 화제를 바꾸려 노력한다. "정말 좋은 영화였지?" "재석이가 미영이하고 헤어졌다는 게 믿기니?" "숙제는 시작했니?"

S-대안을 제시한다(Suggest an alternative). 다른 선택안을 제시한다. "다른 친구집에 놀러가고 싶어." "우리집으로 갈래?"

● **역할놀이의 기회를 준다.** 자신 있게 거절할 때까지는 시간이 걸린다. 역할놀이를 통해 기술을 배워 이웃의 어린 아이들이나 사촌, 거울, 형제자매, 부모 앞에서 실제로 해볼 수 있도록 해주자. 연습을 많이 할수록 실생활에서는 더욱 성공적으로 사용할 수 있다.

3~6세 유아기의 아이들은 어른들의 규칙을 따르므로 이 또래의 아이에게는 또래의 압력이 큰 문제가 아니다. 하지만 아이가 다른 아이의 행동을 따라하기 시작했다면 아이의 행동에 부정적인 영향을 미칠 수 있는 공격적이고 충동적인 또래들을 주시해야 한다.

7~9세 이 시기가 바로 또래압력에 대해 이야기할 때다. 음주, 절도와 같은 위험한 행동들이 나타나기 시작한다.

10~13세 만 11세에서 만 14세까지의 아이들이 또래압력에 가장 굴복하기 쉽다. 10대 초반의 아이들은 나이가 많은 아이들보다 또래에 의한 영향을 많이 받는다. 무리에 들어가 인정받는 것이 중요해지는 나이다. 또한 이 시기의 아이들은 하고 싶지 않거나 불법적인 행동이라도 다수가 하면 따라하게 된다.

 우리집 맞춤 처방전

실생활에서 직접 보게 해줬어요!

딸아이에게 당당히 행동하는 법을 가르치려고 했지만 아이의 태도는 나아지지 않았습니다. 그러던 어느 날, 강의를 통해서가 아니라 실생활에서 직접 보는 것이 더 효과적이라는 사실이 떠올랐습니다. 우리는 쇼핑몰, 놀이터, 레스토랑 등 가는 곳마다 당당한 태도를 취하는 사람들을 찾기 시작했습니다. 아이는 '자신감 있는 모습'을 직접 보고는 제 말이 무슨 뜻인지를 깨닫기 시작했습니다. 이제 아이는 스스로 그런 모습으로 행동하고 있습니다.

도와주세요

나쁜 친구들과 어울리는 아이의 적신호

아이의 행동에 부정적인 영향을 미치는 가치관을 가지고 있거나 부적절한 행동을 하는 친구들을 사귄다.

부모가 해야 할 일은?

좋은 친구의 특성이 무엇인지를 이해하게 해주고 그런 특성들에 기반하여 친구를 사귈 수 있도록 해준다. 또한 또래에게서 부정적인 영향을 받게 되었을 때 그것을 거절하여 벗어나는 전략이나 태도를 가질 수 있도록 도와준다.

❓ 딸아이의 새로운 '친구'는 스물다섯 살처럼 행동하는 열두 살짜리 아이입니다. 그 친구는 화장을 하고 딱 붙는 청바지를 입어요. 배꼽에는 피어싱까지 했지요. 그 아이가 딸에게 나쁜 영향을 줄 것 같아 걱정이 됩니다. 이건 걱정할 일

이 맞는 거죠?

"왜 내 딸은 이 아이와 친구가 되길 원하는 걸까?"고 물어보세요. 그러고 나서 그 친구가 아이의 가치관과 취미에 정말로 맞는 아이인지 생각해볼 수 있게 해주시고요. 더 나은 친구를 선택할 수 있도록 도와줘야 합니다. 아이의 성격, 평판, 건강에 나쁜 영향을 줄 수 있는 친구라면 그 어떤 관계든 막아야 합니다.

왜 변해야 할까?

"왜 내 친구의 피어싱을 마음에 안 들어 하는 거예요?" "영재가 질질 끌리는 바지를 입는 게 어때서요? 그렇다고 그 아이가 나쁜 아이는 아니잖아요." "왜 절 못 믿는 거예요? 영진이는 나쁜 아이가 아니에요." "흥분을 가라앉히세요. 그 친구가 본드 흡입을 하거나 하는 건 아니잖아요."

나쁜 친구들은 모든 부모들에게 악몽과도 같은 존재다. 이에 대해 부모들은 가장 나쁜 것만 상상할 것이다. 약물, 담배, 섹스, 범법행위들. 만약 자녀가 본인의 가치관과 맞지 않는 친구들과 어울려 다니는 걸 알게 되었다면 부모로서 어떻게 해야 할까? 특정 친구와 놀러다니는 것을 금지해야 할 적절한 타이밍이 있을까? 그렇다. 그런 때가 있다. 하지만 성급한 결론은 내리지 말자. 아이가 다양한 친구들과 어울리는 것은 좋은 일이다. 부모는 아이에게 그런 친구관계를 장려해야 한다. 다양한 세계에 노출시키면 아이의 시야는 넓어진다. 또한 아이는 인내심과 동정심을 기르고, 새로운 습관을 배우고, 새로운 관점을 발전시켜 다른 사람들과 어울리는 법을 배우게 될 것이다. 하지만 아이의 친구가 가진 가치관이나 생활습관이 정말로 무모하거나 자기파괴적이고 부적절하다면 그 친구는 자녀의 성격, 평판, 건강에 해를 끼칠 수 있다. 단지 다른 아이에 의해 '나쁘게 변하는' 게 아니라 우리 아이가 선택해서 함께 놀고 있는 아이에 의해 문제가 생긴다. 다음은 친구에게 부정적인 영향을 받고 있다는 사실을 보여주는 모습이다.

- **숨기려는 경향.** 아이가 무엇인가를 숨기려 하거나 자기 방의 문을 잠그고 하고 있는 일을 감추려 한다.
- **외모 변화.** 야한 옷을 입기 시작하며 비싸거나 유명한 브랜드의 옷만 입으려 한다. 헤어스타일을 완전히 바꾸거나 '예전 같으면 아이가 할 만한 것이 아닌' 장신구들을 하기 시작한다.
- **학교에서의 문제.** 성적이 떨어진다. 학교에 대한 관심을 잃거나 방과후학교에 남는 벌칙을 받거나 지각을 한다. 숙제를 하지 않는다. 선생님에게서 아이에 관한 걱정스런 쪽지나 전화를 받는다.
- **활동 변화.** 과거의 친구들과 멀어진다. 한 아이만 만나거나 '옛' 친구를 부정적으로 대한다. 혹은 항상 좋아하던 스포츠나 다른 활동들을 그만둔다.
- **성격 변화.** 아이 본래의 모습과 가족의 가치관, 문화 혹은 종교적인 믿음이 영향을 받고 있다. 아이가 위축되거나 우울해지고 슬퍼한다.

육 아 뉴 스

오하이오주립대학교: 아이들이 또래집단으로부터 영향을 받기는 하지만 여전히 부모는 아이의 삶에서 가장 큰 영향을 미치는 존재란 걸 확인해주는 연구결과가 있다. 오하이오주립대학교 사회학과 조교수인 크리스 노스터(Chris Knoester) 박사는 1만 1,483명의 학생들과 그들의 부모를 대상으로 연구를 실시했다. 그의 팀은 사춘기에 들어선 후에도 아이의 친구 선택에서 부모가 건축가와 같은 역할을 하고 있다는 확실한 증거를 찾아냈다. 부모와 따뜻하고 긍정적인 관계를 맺는 아이일수록 (싸우지 않고 장차 진학할 계획을 가지고 있는) 좋은 친구들을 가질 가능성이 높았다. 부모가 아이들을 관찰하고 감독하며 아이들의 친구와 가깝게 지내면 아이의 친구 선택에 간접적으로 영향력을 행사할 수 있었다. 그러므로 부모 스스로의 능력을 과소평가하지 말자. 부모가 자녀의 친구 선택 과정을 형성하고 아이의 행동에 간접적인 영향을 줄 수 있음을 이 연구는 보여주고 있다.

- ●**신뢰 상실.** 부모가 더 이상 아이의 말을 믿지 못한다. 아이가 거짓말을 하거나 약속을 지키지 않는다. 현재 어디에 있는지 거짓말을 하거나 통금시간을 어기고 몰래 빠져나간다.

- ●**평판이 나빠진다.** 아이의 이미지가 부정적으로 변한다. 선생님, 운동코치, 다른 부모들 혹은 친구들이 아이를 멀리하거나 '변했다고'(좋은 의미의 변화가 아니다) 말한다.

- ●**긴장된 가족관계.** 부모와 아이가 자주 논쟁을 벌이며 긴장된 관계가 형성된다.

- ●**폭력.** 아이의 그림, 글, 어휘, 행동이 폭력적으로 변한다.

자녀가 위에 기술된 특징을 보인다고 해도 그 원인이 친구문제가 아닐 수도 있다. 그러므로 자녀와 그 새로운 친구에게 더욱 큰 관심을 갖도록 하자. 새로운 친구가 생겼기 때문에 나타나는 증상은 얼마나 되는지, 친구가 확실히 부정적인 영향을 미치고 있는지 혹은 그 반대가 아닌지 살펴보자.

해결책

1단계: 초기 개입

- ●**이유를 찾는다.** 만약 그 친구가 마음에 들지는 않지만 아이의 행동에 어떤 부정적인 변화도 일으키지 않았다면, 이때 가장 안전하고 확실한 훈육법은 침착하게 이유를 찾아보는 것이다.   다음 사항은 '나쁜' 친구들과 어울리게 되는 이유다. 아이에게 해당되는 것이 있는지 확인해보자('나쁜' 친구를 성급히 비난하지 않는다. 대신 자녀가 왜 그 아이와 어울리려고 하는지 이유를 알아내는 데 집중하자).

□ 정서적 욕구. 아이의 자부심이 낮다. 집안에 갈등이 있다.

□ 우정. 그 친구가 놀 수 있는 장소를 제공하고 있다.

□ 보호. 아이가 따돌림이나 희롱을 당한다. 혹은 안전하다고 느끼지 않는다. 그 아이가 보호장치가 되어준다.

□ 즐거움. 그 친구는 끊임없이 새로운 일을 시도하기 때문에 함께 있으면 즐겁다.

□ 또래의 승인. 아이가 집단에 끼는 데 어려움을 겪고 있다.

□ 비슷한 관심사. 음악, 운동 혹은 학업 과목에 공통된 관심을 갖고 있다.

□ 도움. 체육이나 숙제를 하는 데 도움이 필요한데, 그 친구가 도와줄 수 있다.

육아 119

'만약'이라는 질문을 사용하자

문제를 일으키는 친구를 아이가 잘 다룰 수 있는지 평가해보려면 '만약'이라는 질문을 던지보면 된다. 가상의 상황을 정하고 어떻게 반응할 것인지 아이의 대답을 들어보자. "만약……네가 생일파티에 갔는데 부모님들께서 한 분도 안 계신다면 어떻게 할래? 친구들이 몰래 남자아이들을 만나고 싶어 한다면 어떻게 할래? 친구가 버려져 있는 집에 갈 수 있겠냐고 너를 자극하면 어떻게 할래?" 아이의 대답은 또래 간의 문제들과 그 해결 방법의 발판이 되어줄 것이고 아이가 가진 생각과 능력이 어떤지 보여줄 것이다.

● **간단한 해결책을 찾는다.** 그 친구와 어울리고자 하는 모든 이유들을 생각해낸다. 그리고 '왜 그 아이에게 매력을 느끼는가?'를 생각해보자. 일단 그 이유를 알게 되면 이 문제를 풀 수 있는 간단한 해결책을 생각해볼 수 있다.

문제: 따돌림으로부터 보호가 필요하다.

해결책: 학교 관계자들과의 상담과 회의를 통해 안전계획을 세우고 아이가 의지할 수 있는 다른 어른과 친구들을 찾도록 도와준다. 또한 따돌림이 주로 어디서 일어나는지를 파악하여 그 장소를 피하도록 해서 자녀가 그 아이에게 기대지 않도록 해준다. 자신감을 키울 수 있는 무술을 가르치는 것도 좋은 방

주의깊은 관심을 가져야 할 때

방과후시간은 아이가 위험한 행동을 할 수 있는 시간이다. 방과 후 아이에게 더욱 많은 주의를 기울이며 관리자가 있는 방과후수업이나 운동을 하게 하고, 안전하게 놀 수 있도록 집을 개방하는 다른 부모들의 도움을 받자. 학교수업이 끝나면 곧바로 전화를 하게 해서 아이가 어디에 있는지 항상 파악해야 한다. 방과 후 갈 수 있는 곳과 가면 안 되는 곳을 확실히 정하고 규칙으로 만들어둬야 한다.

법이다.

문제: 이사한 지 얼마 되지 않기 때문에 문제의 아이가 유일한 친구이다.

해결책: 새로운 친구들을 사귈 수 있도록 스카우트나 방과후활동에 참여시킨다. 선생님에게 '친구에 관한 의견'을 물어본다. 학부모 모임 등에 참여하여 다른 부모들과 친해져서 사회적 네트워크를 구축한다. 아이에게 새로운 친구 사귀는 법을 가르친다.

- **그 친구가 왜 좋은지 알아낸다.** 왜 아이가 그 친구를 좋아하는지 알아내는 것은 어려운 일이다. 그냥 단순하게 물어보도록 하자. "석영이의 어떤 점이 좋니?" "그 친구가 정말 좋은가보구나. 뭐가 그렇게 좋니?" "그 친구랑 같이 무엇을 하는 게 좋니?" "다른 친구와 비교해서 그 친구의 어떤 점이 좋니?"

- **기대를 말해준다.** 아이와 함께 가족의 규칙과 기대되는 행동들을 검토하자. 아이가 할 수 있는 일과 할 수 없는 일이 무엇인지, 선을 넘는 행동을 할 경우에는 어떤 벌칙을 받을 것인지 확실히 해두자. 의심의 여지를 남기지 않도록 이런 규칙을 눈에 띄는 곳에 붙여두자.

- **그 아이를 알아둔다.** 집에서 아이가 놀 수 있는 분위기를 만든 다음 그 친구를 파악해보자. 자녀가 어디에 있는지 알고 있기 때문에 마음이 편해질 뿐만 아니라 그 친구를 사귀는 것이 정말 걱정해야 할 일인지 관찰을 통해 알아볼 수 있다. 아이와 그 친구를 모임이나 행사에 태워주겠다고 먼저 말해보자. 그

친구를 가장 잘 알아볼 수 있는 것은 당신의 차에 함께 타고 있을 때다. 백미러를 통해 잘 관찰해보자.

●**좋은 우정에 대해 말해준다.** 아이는 부모가 자신의 친구를 비난하면 등을 돌리기 마련이다(혹은 반항심으로 그 친구와 더 많은 시간을 보내려 할 수도 있다). 좋은 방법은 현재의 친구관계에서 얻고 있는 것이 무엇인지 아이 스스로 파악해볼 수 있게 하는 것이다. 다시 말해 진정한 우정이 무엇인지 알려줌으로써 아이 스스로 결론내릴 수 있도록 만드는 것이다. "다른 사람에게 어떻게 보이고 싶니? 지금 그 친구가 부정적인 이미지를 만드는 걸 막고 있니, 아니면 돕고 있니?" 아이가 자신의 현재를 평가할 수 있도록 질문해보자. 모든 친구관계가 완벽할 수는 없지만 만약 대부분의 문항에 '네'라는 대답을 하지 못한다면 이제는 '그 친구와 헤어져야 할' 때가 온 것이다.

□ 친구는 다른 아이가 나에 대해 말할 때 내편을 들어준다. 친구와 함께 있으면 즐겁다.

□ 좋은 일이 생기든 나쁜 일이 생기든 그것을 그 친구와 공유하고 싶다. 나와 친구는 서로 의견이 맞지 않으면 대화를 통해 해결한다.

□ 친구와 나는 서로를 보살핀다.

□ 친구와 나는 비밀을 공유할 수 있다.

□ 친구와 나는 서로의 모든 것을 알며 서로를 똑같이 좋아한다. 내가 슬플 때 내 친구는 내 기분을 좋게 만들어준다.

□ 친구는 옳은 일을 하도록 나를 이끈다. 친구는 내가 나 자신을 좋은 사람이라고 느끼도록 만들어준다.

- **거울을 본다.** 현재의 걱정이 적절한 것인가? 아니면 그 친구가 단지 부모의 기대에 미치지 못하는 아이인가? 아이의 모든 친구들이 부모가 선호하는 타입일 수는 없다. 그러므로 아이의 친구 모두를 좋아하게 될 거라는 기대는 버리도록 하자.

2단계: 신속한 대처

만약 성적이 떨어지거나 통금을 어기는 등의 부정적인 행동들이 나타난다면, 그리고 그런 변화가 새로운 친구의 등장 시기와 일치한다면 부모는 적극 나서서 이 문제를 해결해야 한다.

- **그 친구가 아이에게 미치는 영향을 파악한다.** 그 친구가 정말로 아이에게 부적절한 상대인지, 그동안 의심하고 두려워했던 부정적인 영향들이 나타나고 있는지를 확인한다. 그 친구와 함께 있을 때의 아이 모습을 주시한다. 특히 아이에게 어떤 변화가 발견되는지, 그 친구와 함께 있을 때 공격적으로 변하거나 규칙을 어기는 등의 다른 행동이 나타나지는 않는지 의심스러운 것을 확인해본다.

- **다른 어른들의 조언을 구한다.** 아이를 알고 있는 선생님, 운동코치 혹은 다른 부모에게 물어보도록 하자. 그들은 새로운 시각을 제공할 수도 있다. 걱정을 공유하거나 조언을 해주며 새로운 의견과 증거를 말해줄 것이다.

- **부모의 걱정을 아이와 나눈다.** 아이의 친구를 비난하는(이는 대화를 방해하는 확실한 방법이다) 대신 구체적인 걱정들을 아이에게 말해준다. "성적이 심하게 떨어졌구나." "요즘 들어 욕을 하더구나." "너의 예전 친구들에게 못되게 굴더구나." 적절한 질문을 통해 아이는 자신의 친구가 정말로 좋은 친구인지

를 생각하게 될 것이다.

- **친구의 부모를 만난다.** 그 친구의 부모를 만나거나 혹은 전화를 해서 자신을 소개한다. "우리 아이들이 서로 자주 어울려 다니고 있어서 그냥 인사드리고 싶었어요." 친구의 부모를 통해 걱정하고 있는 것들이 근거 있는 염려인지 파악할 수 있다. 새로운 친구를 사귀면 친구의 부모와 연락하여 부모 자신을 소개하는 걸 가족의 규칙으로 정해둔다.

- **친구와 노는 시간을 제한한다.** 그 친구가 부정적인 영향을 끼치고 있다는 게 확실해지면 그 관계를 단절하고 새롭고 건전한 관계를 만들어나가도록 도와줘야 한다.

☐ **아이의 시간을 다른 활동들로 채운다.** 바람직하지 않은 친구와 보내는 시간을 제한하는 최선의 방법은 건전한 대안을 찾는 것이다. 아이가 즐길 수 있는 활동들을 준비해서 그 친구와 어울려 놀 시간에 다른 사회활동을 할 수 있도록 해준다.

☐ **주의깊게 관찰한다.** 아이가 어디에 있는지 항상 알고 있어야 한다. 주변에 부모가 없을 때 부모를 대신하여 아이를 감독하고 방과 후에 아이를 집으로 데려다줄 사람을 준비해두자. 부모가 정한 곳에 아이가 있기를 기대한다고 아이에게 확실히 말해두자. 변명의 기회는 없으며 약속을 어길 경우에는 벌이 따를 것이라고 알려주자. 아이가 있어야 할 곳에 있는지 확인하기 위해

다른 집에 전화를 걸거나 찾아가는 걸 부끄럽게 여기지 말자.

- □ **권한을 제한한다.** 확실한 규칙을 세우고 그것을 몇 번이고 검토한다. 그 친구와의 모든 연락을 제한한다. 전화, 문자메시지, 이메일 등을 금지한다. 컴퓨터의 전원을 뽑거나 휴대전화를 관리한다. 아이의 휴대전화와 전기세를 지불하는 사람은 부모라는 걸 잊지 말자.

- □ **활동 혹은 수업을 바꾼다.** 그 친구와 함께 하는 방과후활동을 그만두게 한다. 선생님에게 아이들이 가까이 앉지 못하도록 자리를 배열해달라고 부탁해도 된다.

- ● **학교를 바꾼다.** 가장 극단적인 경우는 전학을 가거나, 방학 동안 아이를 다른 곳에 보내거나, 이사를 가는 것이다. 물론 이런 조치들은 가혹하다. 하지만 부모의 목표는 비극이 일어나는 걸 막는 데 있다.

3단계: 변화를 위한 습관

일단 그 친구가 나쁜 영향을 주고 그 관계가 지속되고 있으며 아이의 안전과 가치관이 위험해지고 있다면 그 관계를 막고 새로운 친구들을 만나도록 해주자.

- ● **친구 사귀는 기술을 알려준다.** 새로운 친구를 만드는 법을 알지 못하기 때문에 그 친구와 계속 놀고 있는 것일 수도 있다. 만약 그렇다면 새로 만나는 친구에게 자신을 소개하고 간단한 대화를 이끌어가며 상대의 말을 주의깊게 듣는 방법을 아이에게 가르치자. 친구를 사귀는 기술은 배울 수 있는 것이며, 이런 기술을 가르치는 가장 쉬운 방법은 그런 모습을 직접 보여주고 연습하도록 해주는 것이다.

- ● **거절하는 방법을 배운다.** 문제아인 친구와 어울리건 그렇지 않건 아이는 어색하거나 위험한 사회적 상황에서 벗어나는 전략을 배워야 한다. 문제를 일

으키는 아이에게 맞설 수 있는 기술들이 필요하다. 아이가 가장 편하게 느끼는 사람을 선택하게 한 후 거절하는 기술들을 연습해보도록 하자.

☐ **부모탓으로 돌리게 한다.** 언제나 부모에게 화살을 돌릴 수 있다고 말해준다. "부모님께서 허락하지 않으셔." "아버지께서 벌을 주실 거야." "부모님들이 정한 말도 안 되는 규칙이지만 어쩔 수 없어."

☐ **대안을 제시한다.** "학표네 가는 건 어때?" "대신 우리 이걸 하자."

☐ **집으로 전화를 건다.** 힘든 상황에 처해 도움이 필요할 때 사용할 수 있는 암호를 만든다. "엄마, 저 감기에 걸린 것 같아요." 만약 아이가 전화로 암호를 말하면 만사를 제쳐두고 아이를 데리러 가자. 그리고 아이가 집을 나갈 때는 잔돈, 전화카드, 휴대전화 등을 챙겨주어 도움이 필요할 때 언제든 전화를 걸 수 있도록 해주자.

☐ **다른 아이들을 찾는다.** 사람들이 많은 곳이 안전한 장소일 수 있다. 그러므로 자녀에게 다른 아이들이 있는 곳이나 어른이 있는 쪽으로 가거나 함께 어울릴 수 있는 다른 아이들을 찾으라고 말해준다.

☐ **확고한 태도를 보인다.** 힘들겠지만 상대 아이가 눈치를 챌 때까지 "싫어"라는 말을 끊임없이 반복하라고 말해주자. 아이의 목표는 친구의 마음을 바꾸거나 그 아이의 행동을 변화시키는 것이 아니라 스스로 생각하기에 옳은 일을 고수하는 것이라고 강조해준다. 또한 "만약 올바르지 않다고 느낀다면 분명 너의 느낌이 옳은 거야"라는 말을 해주자.

나이별 육아법

3~6세 이 시기의 아이들은 편리함을 기준으로 친구를 선택한다. "그 아이는 가까

운 곳에 살고 있고 좋은 장난감을 가지고 있어." 아이들은 놀이상대를 정해두며 함께 즐길 수 있는 상대를 찾는다. 아이에게 좋은 친구의 특성에 대해 말해줄 수 있다. 이 시기에 배운 친구 사귀는 기술과 가치관이 친구 선택에서 큰 역할을 한다.

7~9세 아이들은 특별한 특징이나 공통된 관심사로 친구를 선택한다. 아이의 흥미에 맞는 활동을 하게 하여 공통의 관심을 갖고 있는 친구들을 만나게 해주자. 문제해결기술을 가르쳐 문제상황에 부딪치면 어떻게 행동해야 하는지를 알도록 해주자.

10~13세 또래 아이 속에 포함되려는 성향은 보통 중학교 1학년에서 3학년 사이에 가장 크게 나타난다. 파벌, 또래의 압력, 사회적 거부는 중요한 문제이므로, 이에 맞설 수 있는 방법들을 가르쳐야 한다. 아이가 파벌의 부정적인 충격을 줄일 수 있도록 학교 밖의 활동들을 찾도록 해줄 수 있다. 다른 부모들과 관계를 맺고 집안을 아이들에게 친근한 분위기로 만들어준다. 이 시기의 아이들은 독립을 추구하며 부모로부터 멀어지기 시작하므로, 아이의 세계에 계속 연관을 맺고 있어야 한다. 그리고 아이가 어디에 있는지 꼭 알고 있어야 한다.

우리집 맞춤 처방전

아이에게 기타를 사줬어요!

열두 살 난 제 아이는 이마에 '문제아'라는 문신이 새겨 있을 법한 아이와 친하게 지냈습니다. 만약 그 아이들을 계속 어울리게 두면 큰 문제를 일으켜 경찰서에 드나들 것이 분명했습니다. 저는 소중한 제 아이에게 어떤 방향을 제시해야 할지 고민했습니다. 예준이는 항상 기타를 원했기에 저는 아이에게 중고 기타를 사준 후 방과후교실에 등록해주었습니다. 아이는 음악적 열정을 공유할 수 있는 두 친구를 만나게 되었고 그들은 밴드를 결성했습니다. 그렇게 되자 문제의 친구는 아이의 삶과 이미 멀어져 있었습니다.

6-4

자랑이 심하다

자랑하는 아이의 적신호

뭐든 다 아는 것처럼 행동한다.

잘난 척하고 자랑한다.

자신이 어떤 일을 했는지 항상 말하고 다닌다.

자신의 물건이나 성과를 가지고 다른 사람과 비교한다.

자랑하는 행동이 다른 사람의 기분을 상하게 한다는 사실을 모른다.

부모가 해야 할 일은?

자랑하는 행동이 적합할 때와 부적합할 때를 가르쳐준다.

뽐내는 행동에 대해 다른 사람들이 어떤 반응을 보이는지 알게 해주고 아이가 다른 사람보다 더 월등하고 싶어 하는 욕구를 조절하고 진정한 자부심을 키울 수 있도록 도와준다.

"엄마, 난 너무 예쁜 것 같아. 난 미스코리아가 될 거야."

"난 다섯 살 때부터 그걸 이미 알고 있었어."

"정신 차려. 똑똑한 사람은 바로 나야."

아이가 어리다면 자신이 한 일을 놓고 자랑하는 것을 귀엽게 봐줄 수 있다. 하지만 이는 조심해야 할 행동이다. 일찍부터 뽐내는 행동을 바로 잡아주지 않으면 아이는 뭐든지 다 안다는 식으로 행동하는 거만한 사람으로 자라게 된다. 여기서 하고자 하는 말은 아이의 지능, 미모, 재능을 의심하라거나 부모로서 자녀에게 갖고 있는 자부심을 의심하라는 것이 아니다. 아이는 물론 미래의 아인슈타인, 미스코리아, 피카소가 될 수 있다. 아이는 자신의 장점에 대해 인정받을 충분한 가치가 있는 존재다. 하지만 자랑하는 행동은 아이의 재능과는 별개 문제이다. 자랑하는 아이는 자신이 다른 사람보다 뛰어나다는 점을 확인하려는 데만 몰두한다. 이는 요령 없는 행동이며 상대방의 기분을 상하게 만들 수 있다. 어떤 선생님도, 어떤 운동코치나 다른 부모들도 항상 자기 자랑만 늘어놓는 아이를 좋게 보지는 않을 것이다. 게다가 항상 자기 자랑만 하면서 다른 사람을 깔보는 아이와 놀고 싶어 할 친구도 없을 것이다. 가장 큰 자부심은 내면에 존재하는 것이다. 아이는 자신이 즐겁게 성취

육 아 뉴 스

성인을 대상으로 한 어느 조사에 따르면, 10명 중 9명이 어릴 적에 부모의 사랑을 얻기 위해 자신의 기술, 재능, 특별한 능력을 보여줬다고 대답했다. 당신은 아이는 어떤가? 만약 당신의 아이도 그렇다면 그것이 아이가 잘난 척을 하는 이유일 수도 있다. 어렸을 때 자신의 능력을 입증해야 한다고 느꼈던 성향은 어른이 되어서도 남게 된다. 이는 중요한 사실이다. 그런데 어른의 경우 사랑하는 사람의 동의와 칭찬을 얻기 위한 수단으로 자신의 직업을 활용한다. 자신의 장점에 대해 내적 자부심을 느끼기보다는 다른 사람의 인정을 받기 위해 자신을 요란하게 드러내는 어른들도 있다. 그런 사람들은 불안감이 크고 자존감은 낮으며 실망에 대한 두려움이 있다. 부모는 아이들 그 자체를 사랑하는 것이지, 아이들이 성적을 잘 받았거나 상을 받았다고 해서 사랑하는 것은 아님을 확실히 알려줘야 한다.

한 일에 대해 자부심을 느껴야 하지만 그 자부심을 세상 모든 사람과 나눌 필요는 없다. "나를 봐주세요!"라는 아이의 외침을 다스리면서 아이가 겸손과 감사를 통해 행복하고 바른 사람이 될 수 있도록 돕는 방법을 살펴보자.

해결책

변화를 위한 6계명

1. 이유를 찾아라.

변화를 위한 첫 단계는 아이가 왜 잘난 척을 하고 싶어 하는지 그 이유를 찾는 일이다. 이유를 알게 되면 해결책을 적용할 수 있다. 자랑하는 아이로 만드는 일반적인 이유를 살펴보자. 본인에게 해당되는 것이 있는지 점검해보라.

- ☐ **'아이 중심적' 양육.** 부모가 친구 혹은 친척들에게 아이의 재능을 지나치게 자랑하는 모습을 보여준 것은 아닌가?

- ☐ **질투.** 한 아이를 더 예뻐해서 아이로 하여금 차별받고 있다는 느낌이 들게 한 것은 아닌가?

- ☐ **낮은 사회적 지위.** 친구를 사귀려면 그들에게 강한 인상을 줘야 한다고 생각하는 건 아닌가? 자기 자신을 그대로 인정해주는 친구를 사귈 수 있는 사회적 기술이 부족한가?

- ☐ **불안.** 부모의 허락이나 시간을 얻어내기 위한 방법으로서 자랑을 하는 건 아닌가?

- ☐ **성취와 승리에 대한 강조.** 부모가 성적이나 상 등과 관련해서 "뭘 받았니?"라고 강조하여 말하고 있지는 않은가? 혹은 아이의 행동에 대해 돈이나 특권

등으로 보상하고 있지는 않은가?

☐ **다른 사람들 위에 있다는 느낌.** 아이에게 가족의 경제적, 사회적, 교육적, 직
업적 지위가 남들보다 높다고 말하는가?

☐ **이기주의.** 아이를 자기중심적으로 키우고 있는 건 아닌가? 다른 아이들보다
더 똑똑하고 뛰어난 재능을 갖췄다고 느끼도록 만들고 있는 것은 아닌가? 혹
시 아이가 버릇없이 자라고 있지는 않은가?

☐ **부족하다는 느낌.** 아이가 자신에 대해 만족하지 못하고 자부심이 부족하기
때문에 자신의 능력을 증명하고자 노력하고 있는 건 아닌가?

☐ **완벽주의.** 집안이 경쟁에서 '최고'가 되는 것을 중시하는 분위기인가? 또한
아이들은 부모의 기대에 부응하기 위해 노력하고 있음을 증명하려 하는 건
아닌가?

2. 뽐내기를 멈추게 한다.

아이를 모든 관심의 중심에 두고 아이가 자신이 가진 것을 마음껏 뽐내도록 내버려
두지는 않았는가? 이는 반드시 개선해야 할 점이다. 아이가 골대에 공을 차 넣었을
때, 웃기는 농담을 했을 때, 혼자 운동화 끈을 묶었을 때, 혼자 코를 풀 때마다 끊임
없이 칭찬을 해줬다면 이젠 멈춰야 한다. 또한 가족의 지위, 명성, 부에 대해 큰 소
리로 떠들어왔다면 이제부터 그만두자. 그리고 아이 미래를 위해 새로운 육아 계획
을 세우고 친척과 친구들에게 알려서 그들도 그 계획에 따라 아이를 대할 수 있도
록 한다. 또한 아이가 겸손을 배울 수 있도록 해줘야 한다.

3. '적절하게' 자랑하는 법을 알려준다.

잘난 척하는 것을 꾸짖으면 아이는 창피해하고 이후로는 자신이 성취한 것에 대해

부모에게 말하려고 하지 않을 수도 있다. 아이의 자랑스러운 순간들에 대해 듣는 것은 늘 기쁜 일일 것이다. 하지만 그에 대해서 부모에게만 개인적으로 이야기하도록 가르쳐야 한다. 물론 왜 그래야 하는지, 그 이유도 설명해줘야 한다. "친구들 앞에서 자랑하면 자신은 너만큼 잘하지 못한다는 느낌을 가질 수 있단다." 또한 귀를 접는 식으로 둘만의 신호를 정해서, 혹시 아이가 '부모에게 개인적으로 말하기' 규칙을 잊어버리고 공개적으로 자랑을 하고 있다면 신호를 보내 멈추게 한다. 아이에게 가르쳐야 할 또 다른 규칙은 다른 사람이 아이의 성과에 대해 먼저 이야기를 꺼냈다면 그에 대해 인정하고 자랑스럽게 말하는 것이다. 또한 칭찬을 해준 상대방에게 감사하는 마음을 표현해야 한다는 점도 알려주자.

4. 다른 사람의 반응을 알려준다.

자랑하는 아이들은 그 습관을 오랫동안 가져왔기 때문에, 그것이 다른 사람의 기분을 상하게 하고 친구나 어른들에게서 좋은 평가를 받지 못한다는 사실을 알지 못한다. 따라서 부모는 아이가 자랑을 하는 것에 대해 다른 사람들이 어떻게 반응하는지 알려줘야 한다.

- 질문을 한다. "넌 종종 원현이보다 네가 컴퓨터를 훨씬 더 잘한다고 말했어. 그 얘기를 듣고 원현이는 어떻게 생각했을까? 네가 만약 원현이라면 우리집에 다시 와서 너랑 함께 놀고 싶은 마음이 생길 거 같아?

- 몸짓을 통한 반응을 알려준다. "네가 기운이에게 트로피를 보여줬을 때 기운이가 인상을 찌푸리는 걸 봤니?" "네가 성적에 대해 자랑할 때 태환이가 곁눈질하는 걸 봤니?"

- 상대의 입장을 경험해보게 한다. "네가 영훈이에게 성적표를 보여주면서 개

보다 네가 더 수학을 잘한다고 말하는 걸 들었단다. 그때 영훈이가 너랑 계속 말하고 싶어 했을까?”

5. 칭찬의 말을 하도록 격려한다.

아이의 자랑과 허풍을 줄이는 좋은 방법은 자신의 장점에만 집중하지 말고 다른 사람의 성취도 볼 수 있게 해주는 것이다.

- **다른 사람의 의욕을 북돋아주는 방법을 알려주라.** 아이에게 “잘하는걸!” “최고야” “대단해” “좋은 경기였어”와 같이 다른 사람의 의욕을 북돋아주는 말을 가르쳐준다. 그리고 나서 아이가 그 말들을 적절하게 사용할 수 있도록 격려해주자.

- **다른 사람의 장점을 찾을 수 있게 해주라.** 아이가 진심으로 다른 사람을 격려할 줄 안다면 이번에는 다른 사람의 장점에 대해 칭찬하고 그에 대한 자신의 의견을 말할 수 있는 방법도 가르쳐주라. 칭찬해야 하는 행동이 무엇인지를 가르쳐줘야 할 수도 있다. “민용이가 얼마나 대단한 타자인지 눈치 챘니? 민용이한테 그 사실을 말해주렴.” “엄마는 영선이가 그렇게 예술감각이 뛰어난 줄 몰랐단다. 영선이에게 그 얘길 해주렴.”

- **‘두 번 칭찬하기’ 규칙을 가르치자.** 마지막 방법은 아이가 매일 다른 사람에게 적어도 두 번 이상 진심이 담긴 칭찬을 하도록 격려하는 것이다. 가족이나 친구, 혹은 모르는 사람 등 자신이 아닌 다른 사람을 칭찬하는 기술을 연습하도록 해주자. 또한 하루 일과를 마쳤을 때 누구를 칭찬했는지, 그때 상대방의 반응은 어땠는지를 물어보자. 가족 모두가 협력해서 ‘두 번 칭찬하기’ 규칙을 활용하면 아이는 배움을 얻을 수 있는 예들을 더 많이 경험하게 된다.

6. 겸손을 강조한다.

진정한 자부심은 조용한 내적 만족임을 기억하자. 겸손을 배운 아이는 자신의 성취를 다른 사람에게 알리고 싶은 충동을 느끼지 않으며 다른 사람과 비교하거나 다른 사람을 무시하려는 생각도 하지 않는다. 아이가 겸손한 행동을 보였을 때 이를 인정해주자. "태희야, 네가 하키시합을 얼마나 자랑스럽게 여기는지 안단다. 엄마는 네가 열심히 연습한 게 정말 자랑스러워. 그리고 엄마아빠에게만 얘기하고 이번엔 모든 친구들에게 전화를 걸어 자랑하지 않은 네 행동도 높이 평가한단다."

나이별 육아법

3~6세 이 시기의 아이들은 자기중심적이다. 그러므로 자신을 뽐내고 자신의 성과를 다른 사람에게 알리는 행동을 자연스럽게 여길 수 있다. 자랑하는 것이 다른 사람의 기분을 상하게 한다는 점을 아직 모르고 사회적 기술도 부족한 시기이다. 하지만 시간이 지나면 아이들은 자신이 또래와 어떻게 다른지 알아채기 시작하고 자기의 한계도 느끼기 시작한다. 유아기의 아이들은 현실과 환상을 구별하는 능력이 부족해서 때때로 자신의 성과를 과장하거나 포장하기도 한다. 이를 거짓말로 여기기보다는 아이의 희망사항이라고 이해하자. 유치원을 다니기 시작하면서 아이는 친구들이 많은 일을 자기보다 더 잘할 수 있다는 사실을 깨닫게 되고 그로써 '자랑 단계'에서 벗어나게 된다.

7~9세 또래와 함께 지내는 것은 아이에게 현실감을 주고 또한 자신의 재능을 균형감을 가지고 바라볼 수 있게 해준다. 아이는 상을 받으면 자신의 성과를 친구들과 비교한다. 또한 더 경쟁적으로 운동하게 되고 친구들을 분류해서 누가 '최고'이

고 '최악'인지를 구분한다. 부모는 이기고 지는 문제를 떠나서 아이가 팀워크와 공정성을 키울 수 있도록 지도해야 한다. 이를 위해서는 아이의 활동에 균형을 잡아줘야 한다. 이 시기에 새롭게 발달된 공감능력을 활용하여("친구가 어떻게 느끼겠니?"라고 물어볼 수 있다) 자기 자랑을 다른 사람의 관점에서 볼 수 있도록 해주자. 이 시기는 또한 물질주의적인 생각을 할 수 있게 되는데, 아이가 자신의 소유물을 자랑하거나 남들과 비교하고 있지는 않은지 지켜봐야 한다. 만약 그렇게 행동하고 있다면 감사의 표현과 자선활동을 하도록 격려하자.

10~13세 친구들과 어울리는 것을 중시하고 진정한 상호이해와 애정을 바탕으로 친구관계를 형성하는 시기이다. 자랑하는 아이들은 오로지 자신의 강점, 필요, 감정만을 생각한다. 그래서 자랑하기는 다른 사람의 감정을 상하게 만드는 원인이 된다. 그런 아이의 친구는 우정이 한쪽으로 치우쳐 있다고 느낄 것이고 그로써 관계가 깨질 수도 있다. 아이가 학업에서 경쟁심이 최고조에 이르고 친구들을 분류할 수도 있다.

우리집 맞춤 처방전

아이가 자기 실력을 현실적으로 볼 수 있게 했어요!

우리 아들은 자기 야구실력을 동네방네 뽐내고 다닌답니다. 게다가 자기 실력을 과장하기까지 하죠. 우리 아이가 훌륭한 야구선수이긴 하지만 스스로 평가하는 만큼 월등하게 잘하는 건 아니랍니다. 아이의 자신감에 상처를 내지 않으면서 아이의 과장된 행동을 고치는 건 정말 어려운 일이었어요. 하지만 아이가 자신의 실력을 좀더 현실적으로 볼 필요가 있다고 생각했죠. 그래서 아이가 과장할 때마다 우린 '최상급' 표현은 제외하고 아이의 실력을 인정해줬어요. 그리고 다른 친구들의 능력에 대해서도 언급했어요. "넌 좋은 선수란다. 그리고 은수도 좋은 타자인 거 같아." 시간은 좀 걸렸지만 아이는 비로소 자신의 운동실력을 좀더 현실적인 시각으로 볼 수 있게 되었고 다른 사람의 장점도 인정하기 시작했답니다.

도와주세요

명령하는 아이의 적신호

독재적이고 사려깊지 못한 태도로 모든 사람에게 뭘 하라고 명령한다.

남을 통제하려는 경향이 매우 강하다.

다른 사람의 요구에 귀를 기울이거나 관심을 두지 않는다.

부모가 해야 할 일은?

남을 조정하려는 성격을 바꿀 수 있는 습관을 갖도록 해준다.

다른 사람의 요구를 고려할 수 있도록, 또한 자신의 고집을 효과적인 리더십으로

전환할 수 있도록 도와준다.

? 인정하기는 싫지만 우리 딸은 남을 지배하려는 성격을 갖고 있습니다. 아

이는 친구들에게 명령을 하고 모든 것을 자기 방식대로 처리하려고 해요. 아이

의 '지나친 독단주의 성격'을 지금 고치지 않는다면 친구를 모두 잃어버릴 것 같습니다. 우리 아이는 항상 주도적인 성격을 보입니다. 어떻게 하면 아이를 변화시켜 다른 사람들과 잘 어울리게 할 수 있을까요?

부모가 자녀의 기질을 바꿀 순 없지만 아이의 독재적인 성격을 다스리고 다른 사람의 감정을 고려하는 습관을 가르쳐줄 순 있습니다. 변화를 위한 시동은 무엇일까요? 그것은 아이가 자기 생각을 다른 사람에게 강요하기 전에 허락을 구하도록 만드는 일입니다. 예를 들어볼까요. "나는 이 게임을 할 거야. 넌 어떻게 생각하니?" "난 앞자리에 앉고 싶어. 그래도 괜찮겠어?" 이런 식으로 상대에게 물어보도록 합니다. 이런 기술을 배우면 아이는 자기 생각을 밀어붙이기보다는 다른 사람이 무엇을 원하는지 생각해봐야 한다는 점을 깨닫게 됩니다.

왜 변해야 할까?

명령하는 아이들은 스스로 책임을 맡는다. 그래서 자기가 규칙, 행동, 행동방침을 정한다. 친구나 형제자매의 의견에 귀를 기울이는 것은 아주 드문 일이다. 이런 독재적인 성격을 가진 아이가 훗날 강력한 지도자나 CEO가 될 수도 있지만 현재 아이의 방식은 친구들에게 거부감을 줄 뿐이다. 물론 부모로서는 아이의 자신감이나 책임감, 일을 맡아서 하려는 의지를 살려주고 싶을 것이다. 하지만 우선은 아이의 독재적인 방식을 개선시켜 다른 사람을 배려하고 그들의 감정이나 바람을 존중하도록 가르쳐야 한다. 부모는 아이가 타고난 리더라고 생각할 수 있으며, 아이는 일을 맡아 책임지고 해내고 싶어 할 수도 있다. 그런데 진정한 리더란 다른 사람의 필요를 고려하고 또한 그 필요가 어디에서 비롯된 것인지 살피고 자기만이 아닌 모든 사람이 혜택을 누릴 수 있는 일을 찾겠다는 긍정적인 목표를 가진 사람이다. 이를 명심하고 아이를 훈육하는 것이 확실한 육아법이다.

어떤 행동을 보일까?

명령하는 태도가 아이의 정서와 사회성 발달에 영향을 준다는 증거가 있다. 정확하게 진단하려면 다양한 상황에서(유치원, 경기장, 스카우트 모임에서 혹은 이웃들 사이에서) 아이가 다른 아이들과 어떻게 지내는지 관찰하고 혹 다음과 같은 행동을 하고 있지는 않은지 점검해보자.

지배적인 스타일의 아이들은 인기가 없으며 거부당할 가능성이 높다

일리노이주립대학교 얼바나 캠퍼스: 자녀의 지배적인 행동방식을 바꿔야 할 강력한 이유를 원한다면 바로 이것이다. 조사에 의하면 또래에게 거부당할 가능성이 높은 5가지 이유 중 하나가 바로 지배적인 태도로 나타난다. 한마디로, 아이들은 협동적이지 않고 도움이 되지 않으며 상대를 배려하지 않는 친구를 좋아하지 않는다. 따라서 아이의 지배적인 태도를 없애는 것이 자녀의 사회적 성공과 행복을 돕는 일이 된다.

- 다른 아이에게 어떻게 행동하도록 지시하고, 놀이 계획을 세우고 기획한다.
- 아이가 부모의 윗사람 노릇을 하며 무엇을 할지 시킨다.
- 모든 일이 자기 방식대로 이루어져야 직성이 풀린다. 오로지 자신의 규칙에 따라 행동한다.
- 협상하지 않고 자신의 희망사항을 바꿔 다른 사람의 의견과 절충하려는 생각이 전혀 없다. 아이의 사전에 타협은 없다.
- 친구들이 아이에게 다시 전화를 걸거나 집으로 초대하는 일이 없다. 아이의 친구들은 아이가 자기집에 놀러오는 것을 싫어한다.
- 부모, 운동코치, 선생님이 아이에 대해 '명령적' 혹은 '주도적'이라고 말한다.
- 자신의 행동으로 다른 사람이 압력을 느끼거나 무시당한다는 느낌을 갖는다는 걸 알지 못한다.

1단계 : 초기 개입

● 첫 단계는 아이가 왜 '어린 독재자'처럼 행동하는지 이유를 알아내는 것이다. 부모는 아이의 행동을 조절하고 아이가 다른 사람과 어울릴 수 있는 능력을 키울 수 있도록 최선의 방법을 찾아야 한다. 아래 사항 가운데 아이에게 해당되는 것이 있는지 점검해보자.

☐ 따라하기. 명령을 받는 것에 익숙한 아이는 그 경험에 따라 친구들에게 명령한다.

☐ 주변의 반응. 누군가가 의도적으로 혹은 실수로 아이의 행동에 대해 '자신감이 있다, 사교적이다, 리더십이 있다'라고 말해줌으로써 아이의 독단적인 행동이 강화되었다.

☐ 주위의 기대. 다른 아이들을 돌보는 책임을 맡고 있는 것으로 여겨진다. 어쩌면 아이는 지도력이 부족하거나 관리해줄 사람이 필요한 아이들과 어울리고 있을지도 모른다.

☐ 불안. 아이는 불안, 낮은 자존감, 완벽주의를 감추려 하고 있다.

☐ 권력 추구. 가족이나 또래 사이에서 자신의 낮은 서열을 보상받기 위해 권력을 필요로 한다.

☐ 괴롭힘. 종종 다른 아이의 주도 아래에 있으며 이를 상쇄하려고 한다.

☐ 사회 경험이 부족하다. 자신의 의견을 우호적인 방법으로 전달하는 방법을 알지 못한다.

☐ 무시. 아이의 의견, 감정, 욕구가 종종 무시를 당한다.

□ 동정심 부족. 발달상에서 자기중심적 단계에 머물러 있거나 다른 사람의 관점을 생각하는 능력이 부족하다.

아이에 대해 잘 아는 사람들과 대화를 나누면서 의견을 물어보자. 그로써 아이에게 왜 독재적인 성격이 형성되었는지 생각해보자. 아이의 변화를 위해 부모가 할 수 있는 일은 무엇일까?

● 다른 사람의 동의를 강조한다. 독재자는 민주주의에 대해 배워야 한다. 부모는 가정 내에서 그것을 강조해야 한다. 휴가지나 외식 장소 결정, DVD 빌리기, TV 채널 선택하기, 함께할 게임 정하기 등을 할 때 가족 구성원 모두의 의견이 반영되도록 새로운 규칙을 정하자. 아이들은 행동을 통해 민주주의를 배우고 친구들 사이에서도 그 방법을 적용할 수 있게 된다.

● 협동하는 태도를 기대한다. 한 연구결과를 보면 아이들이 나누기, 차례 지키기, 다른 친구의 요청을 고려하기와 같은 협동적인 행동을 보이는 까닭은 부모의 기대와 강조 때문인 것으로 나타났다. 아이에게 나누고 협력하는 기본 규칙을 충분히 말해주자. 그리고 나서 아이가 그 규칙을 사용하도록 기대하자. 명령하는 식의 행동이 왜 좋게 받아들여지지 않는지, 사람들과 멀어지게 만드는지 그 이유를 강조해서 말해줘야 한다.

2단계 : 신속한 대처

- ●**명령하는 태도를 즉시 지적하자.** 아이가 친구나 형제자매, 혹은 부모에게 명령하는 듯한 태도를 취하면 즉시 아이를 따로 불러 그 행동을 지적해준다. 단, 아이를 비난해서는 안 된다.

- ●**침착함을 유지하자.** 남을 지배하려는 아이들은 고집이 세고 자기의지가 강할 수 있다. 그런데 부모 또한 고집을 부리면 부모자녀 간에 큰 싸움이 벌어질 수 있다. 꼭 필요하다면 싸워야겠지만 아이에게 연설하듯 말하지 않고 나직이 잘못된 행동을 지적해주며 아이를 존중하는 태도를 유지해야 한다. 그렇게 하면 아이와 불필요한 갈등을 겪지 않을 것이다.

  그와 달리 부모가 순순히 포기하는 타입이라고 해도 결코 아이가 부모를 조종하려는 행동을 허락해선 안 된다. 부모로서 아이에게 어떻게 대응하고 있는지 점검해보자. 그리고 아이가 독재적인 행동을 개선할 수 있도록 도와줄 최선의 방법을 찾아보자.

- ●**독단성을 개선할 수 있는 간단한 방법을 가르치자.** 부모는 아이의 지배적인 성향을 어떻게 바꿀 수 있는지 잘 안다고 단정해선 안 된다. 아이의 독단성을 개선하는 데 더 효과적인 새로운 방법들이 있다. 이를 찾아 아이에게 알려주자.

문제점 나누지 않는다.

해결책 아이에게 순서대로 사용하는 법을 설명하고 왜 그것이 중요한지를 알려준다. 부모가 아이에게 무엇을 기대하는지 말해준다. "기억하렴. 엄마(아빠)는 네가 물건을 다른 사람과 함께 나누어 쓰길 바란단다. 만약 정말 함께 쓰고 싶지 않은 물건이 있으면 친구가 오기 전에 치워두는 게 어떨까? 아니면 친구와 함께 순서대로 돌아가며 가지고 노는 것도 좋겠지?"

문제점 독단적으로 놀이계획을 세우고 친구들에게 지시한다.

해결책 "손님이 첫 번째 놀이를 정한다"라는 새로운 규칙을 정한다.

지배적인 아이들은 자신의 일을 최우선으로 둔다. 그렇기 때문에, 아이가 친구들과 어울릴 때 '너'라는 말을 더 많이 사용할 수 있도록 하자. "너는 어떻게 생각해?" "너는 무슨 게임을 하고 싶니?" "너는 뭐가 제일 먼저 하고 싶니?" 이러한 작은 변화가 다른 사람의 욕구나 기분을 고려하도록 만들 수 있다.

문제점 자신이 명령적인 어투를 사용하고 있음을 깨닫지 못한다.

해결책 명령적인 말투를 전략적인 말투로 바꾸는 방법을 알려준다. "우리는 농구를 할 거야" "어떤 게임을 하고 싶니?" "우리는 내 방식대로 할 거야." "내 방식을 한 번 시도해보는 게 어떨까?"

문제점 친구들에게 명령적인 태도를 취한다는 사실을 깨닫지 못한다.

해결책 부모가 귀를 접는다든지 코를 만진다든지 하는 식으로 신호를 정한 다음, 아이가 명령적인 태도를 보일 때마다 신호를 보내 이를 개선할 수 있도록 한다.

문제점 다른 사람의 관점을 고려하지 않는다.

해결책 경험의 순간을 배움의 순간으로 만든다. "영재에게는 전혀 순서가 돌아가지 않았어. 영재가 어떻게 느꼈을까?" "넌 서준이가 뭘 원하는지 전혀 물어보지 않았더구나. 서준이가 어떻게 생각했을 것 같니?" "친구가 자신의 의견을 말할 수 있도록 다음부터는 어떻게 행동하는 게 좋을까?" "용재가 다음에 더 즐거운 시간을 가질 수 있도록 하려면 어떻게 해야 할까?"

- ●**명령하는 행동이 계속되면 그에 따른 결과를 정하자.** 아이는 자신의 명령하는 태도를 고치기 위해 부모가 애쓰고 있다는 사실을 알아야 한다. 부모의 노력에도 불구하고 아이가 또래 사이에서 계속 독재자처럼 행동한다면 그에 따른 결과를 정해야 한다. "네가 남을 지배하려는 태도를 고치지 않으면 민규를 우리집에 놀러오지 못하게 할 거야. 친구를 공정하게 대하는 방법을 함께 찾아보자꾸나."

3단계 : 변화를 위한 습관

- ●**지배적이지 않은 전략을 가르치자.** 다른 사람에게 명령하는 아이들은 친구들이 무엇을 원하는지에 대해 생각하지 않는다. 다른 사람의 요구를 고려하는 방법을 가르치고 친구들과 함께 있을 때 아이가 그 방법대로 실천할 수 있을 때까지 연습하도록 도와주자.

- ●**'결정 도우미'를 활용하게 한다.** '결정 도우미'는 두 아이가 어떤 규칙에 따라 놀 것인지, 누가 무엇을 할지 혹은 누가 먼저 시작할지를 정하지 못할 때 활용할 수 있다. 예를 들면 사다리 타기, 번호 뽑기, 동전 던지기, 가위바위보 등이 있다. 이는 진부해 보이지만 공평하게 문제를 해결하도록 돕는 좋은 방법이다.

- ●**'할머니의 규칙'을 활용하게 한다.** 아주 간단한 이 규칙은 문제를 공평하게 해결해주는 마법 같은 방법이다. "네가 케이크를 자르면 다른 사람이 어떤 조각을 먹을지 고르는 거야." 이 규칙은 다른 상황에도 적용될 수 있다. 예를 들어 한 아이가 게임을 고르면 다른 아이가 먼저 시작하고 한 아이가 음료수를 따르면 다른 아이가 자신의 잔을 먼저 고르게 할 수 있다.

- ●**시간을 정하도록 한다.** 아이들이 일정한 시간 내에서만(주로 몇 분 정도만) 물

건을 사용하도록 한다. 이때 사용할 수 있는 좋은 기구로는 오븐 타이머나 모래시계 등이 있다. 아이의 연령이 높으면 자신의 시계 혹은 스톱워치를 사용하게 한다. 정해진 시간이 다 되면 다른 사람에게 물건을 주도록 한다.

● **타협하게 한다.** 연령이 높은 아이에게 타협이 무엇인지를 설명해주자. "타협이란 네가 원하는 걸 조금 포기하고 상대방도 자기가 원하는 걸 조금 포기하는 거야. 이렇게 하면 모든 사람이 적어도 자신이 원하는 일부를 가질 수 있단다." 아이에게 모든 사람은 자신의 의사를 표현할 수 있는 기회가 있고 자신의 의견 또한 다른 사람들이 들을 것이라는 점을 이해시켜야 한다. 아이는 모든 사람이 더 큰 만족감을 느낄 수 있는 방법을 알아야 한다. 실생활에서 타협하기를 연습할 수 있는 기회를 만들어주자.

● **협상하게 한다.** 아이가 연령이 높으면 가족 공용 컴퓨터를 사용하는 데서 모두가 자신의 목표와 이익을 달성하기 위해 사용시간을 어떻게 정하면 좋을지 함께 모색해보자. "가족 모두에게 공평하면서도 모두가 만족할 수 있는 시간표를 짜보는 거야. 이게 바로 협상이란다."

● **협동을 강조한다.** 변화는 항상 쉽지 않다. 점점 나아지기 위한 아이의 노력을 인정해주자. 부모가 아이의 어떤 행동을 인정하고 있는지 정확히 말해준다면 아이는 그 행동을 반복할 것이다. "네가 친구의 의견을 듣기 위해 기다리는 걸 봤단다. 미영이가 말하는 동안 넌 전혀 방해를 안 했잖니? 그래서 미영이는 자신의 생각을 제대로 말할 수 있었단다." "난 네가 경화한테 어떤 게임을 하고 싶은지 물어보는 걸 봤단다. 정말 사려깊은 행동이었어."

3~6세 이 시기의 아이들은 세상이 자기를 중심으로 돌아간다고 생각한다. 그래서 주로 사용하는 어휘도 '나' '나는 원한다' '내 차례' 같은 것들이다. 자신의 지배적인 행동이 버릇없고 다른 사람에게 상처를 주는 것임을 인식하는 데는 한계가 있다. 따라서 아이들을 부드럽게 다뤄야 한다. 아이들의 지배적인 성격을 꼬집어 훈육할 것이 아니라 어떻게 행동해야 하는지 모범을 보이는 게 좋다. 5세가 되면 아이들은 좀더 자기반성을 할 수 있게 되고 동시에 남을 주도하는 것에 대해 관심을 덜 기울인다. 그렇다면 아이가 다른 사람의 감정을 고려할 수 있도록 격려해줘야 한다.

7~9세 이 시기의 아이들은 지배적인 성격이 나쁜 결과를 가져온다는 사실을 깨닫기 시작한다. 친구들이 무엇을 하도록 지시받는 것을 싫어한다는 사실을 안다. 지배적인 성격의 아이들은 또래에게 거부당하기 쉽다. 아이들에게 단체스포츠는 일상생활에서 큰 부분을 차지하는데, 이 경우에도 아이들은 자신의 운동능력이 어떻든지 간에 친구에게 지배당하기를 원치 않는다.

10~13세 이때쯤이면 아이들은 충분한 시간 동안 어른들로부터 지도와 명령을 받아왔기 때문에, 부모가 더 이상 자신에게 이것저것 시키는 것에 화를 낼 수도 있다. 그러나 아이의 그런 행동을 허용해서는 안 된다. 부모를 존중하는 태도로 대해야 한다는 점을 주의시킨다. 또래나 형제자매에게 지시받는 것에 대해 지나치게 예민한 아이들도 있는데, 이들이 즐겨하는 말은 "넌 내 상관이 아니야"다. '협력적이고 함께 나누며 다른 사람을 보살필 줄 아는' 아이가 친구관계에서 더 많은 행복을

느끼고 또한 인기 있는 아이가 된다. 한편 지배적인 성향의 여자아이들은 또래집단
에 끼지 못할 가능성이 높다.

 **우리집 맞춤 처방전**

모든 사람의 의견이 중요하다는 걸 보여줬어요!

잔소리도 해보고 타임아웃도 해봤지만 우리 아들의 지배적인 성격은 변하지가 않았습니다. 결국 아들의 나쁜 버릇을 고칠 수 있는 유일한 방법은 실천을 통해서라는 걸 깨달았습니다. 그래서 아내와 저는 매일 의무적으로 참가해야 하는 '15분간의 저녁 가족회의'를 만들었습니다. 가족 모두가 반드시 참가해야 하고, 모든 구성원은 말할 수 있는 기회를 가지며, 누군가가 말할 때는 경청해주고, 모든 아이디어는 똑같이 중요하게 여기도록 했습니다. 오래 걸리기는 했지만 몇 주 후부터 변화가 보이기 시작했습니다. 우리 아들은 자기가 지배권을 가질 수 없다는 걸 깨닫자 다른 사람의 말을 듣고 배려하기 시작했습니다.

도와주세요

다투는 아이의 적신호

끊임없는 다툰다

무례한 태도를 보이며 친구나 가족들과 사이가 멀어진다

혼자서 문제를 해결하지 못한다

부모가 해야 할 일은?

아이가 싸우지 않고도 자신의 의견이나 고민을 표현하고 모든 사람이 만족할 수 있는 방향으로 갈등을 해결할 수 있도록 도와줘야 한다.

우리집 아들은 이웃집 아이들과 허구한 날 다툽니다. 아이의 문제에 부모가 심판처럼 개입하지 않고 아이 스스로 문제를 해결할 수 있도록 도울 방법이 없을까요? 지금도 우리 아이는 저에게 무작정 달려와 자신의 문제를 해결해달라고 합니다.

아이의 문제에 뛰어들어 중개자 역할을 하고 싶겠지만 아이가 싸움을 멈추고 자신의 문제를 스스로 해결하게 해주고 싶다면 반드시 한걸음 뒤로 물러서야 합니다. 아이에게 갈등을 해결하는 방법(예를 들어 소리지르지 않기, 경청하기, '나'라는 낱말 사용하기 등)을 가르쳐주세요. 그 후로 아이가 달려와 도움을 청하면 "다시 돌아가서 네 친구와의 싸움을 해결하고 오렴. 엄마(아빠) 도움 없이도 네가 문제를 해결할 수 있다는 걸 알아"라고 말해주세요.

왜 변해야 할까?

싸우기, 말다툼하기, 소리지르기, 문 걷어차기, 울기, 감정 상하게 하기 등. 싸움은 다른 사람과 잘 어울리지 못하게 만드는 요인이다. 물론 갈등이 삶의 일부이기는 하지만 모든 일을 순조롭게 해결해나가는 아이들도 있다. 그 아이들은 다른 사람과 갈등을 해결하고 다른 사람들과 잘 지낼 수 있는 방법을 배웠기 때문이다. 아이가 어릴 때부터 갈등을 해결하는 법을 가르쳐야 한다. 이런 기술은 또래와의 다툼과 말싸움을 줄여줄 뿐만 아니라 아이 인생 전반에도 도움이 된다. 무엇보다도 아이는 가정에서 가족들과 화합하며 지낼 수 있을 것이다.

어떤 행동을 보일까?

모든 아이는 싸운다는 사실을 기억하자. 그런데 싸움이 너무 잦으면 아이의 일상생활은 문제의 수렁에 빠지게 된다. 이를 증명해주는 행동을 점검해보자.

☐ 언제나 부모에게 문제를 해결해달라고 한다.

☐ 자신의 주장을 표현하기 위해 공격적인 행동을 한다(깨물기, 차기, 싸우기, 밀기).

☐ 자신의 관점으로만 이야기를 들으려고 하며 자신의 요구가 받아들여지기만 을 원한다.

☐ 자신의 의견을 알리기 위해 소리를 지른다.

☐ 다른 사람의 의견은 무시한다.

☐ 자신의 관점을 설명하려 할 때 자주 흥분하거나 화를 낸다.

☐ 다른 사람이 왜 그렇게 생각하는지에 대해 듣지 않고 들으려는 시도조차 하지 않는다.

☐ 모든 일을 감정적으로 받아들인다. 지나치게 예민하다.

☐ 자신의 요구가 받아들여지지 않으면 그에 대한 앙갚음을 해야 한다고 생각한다.

☐ 문제의 원인으로 다른 사람들을 탓한다.

☐ 문제가 무엇인지, 갈등의 원인이 무엇인지를 알지도 설명하지도 못한다.

☐ 해결점이나 대안을 생각하지 못하고 문제가 어떤 결과로 이어질지 판단하지 못한다.

해결책

1단계 : 초기 개입

● 문제의 진짜 이유를 알아내기 위해 깊은 곳까지 살핀다. 실제로 어떤 이유 때문에 싸움이 일어난 것일까? 예를 들어 그런 행동을 보인 것이 처음이라면 최근 아이의 생활에 어떠한 변화가 일어났는지를 봐야 한다. 아이가 모든 사람들과 다투는지, 아니면 특정한 친구나 가족과만 다투는지 살펴야 하고, 아이의 싸움이 일주일의 특정한 날이나 특정한 시간에 일어나는지도 점검해야 한

다(배고플 때, 스트레스를 받을 때, 피곤할 때). 아이가 끊임없이 다투는 이유를 알아낼 때까지 친구들, 선생님, 운동코치 등 아이를 잘 아는 사람들에게 그에 대해서 묻고 조언을 구해야 한다. 이유를 알았다면 이를 개선함으로써 상황을 회복시키는 데 최선을 다하자. 아래 가운데 아이가 항상 싸우게 되는 이유로 생각되는 것이 있는지 점검해보자.

미국정신의학협회는 아이가 다음에 열거된 행동들 가운데 4가지 이상을 6개월 이상 지속하고 있다면 소아청소년정신과 전문의의 도움을 구하라고 말한다.

- 화를 참지 못한다.
- 어른들과 말다툼을 한다.
- 어른들의 요청이나 규칙을 거부하거나 심각하게 저항한다.
- 의도적으로 다른 사람들을 화나게 한다.
- 자신의 잘못을 다른 사람의 탓으로 돌린다.
- 과민하게 행동하고 다른 사람의 행동에 쉽게 화를 낸다.
- 분노를 느낀다.
- 악의를 품고 있다.

☐ 갈등을 해결하는 능력이나 기술이 부족하다.

☐ 다른 사람들을 질투하거나 다른 사람에게 분한 마음을 갖는다.

☐ 불공평한 대우를 받고 있다. 혹은 부당한 대우를 받거나 이용당하고 있다. 그래서 아이는 항상 자신을 방어하고자 한다.

☐ 가족끼리 싸우고 고함을 지른다. 아이가 그 모습을 따라한다.

☐ 이기적이고 물질주의적이다. 다른 사람이 가진 것은 다 자기도 가지고 싶어 한다.

☐ 성질이 급하고 쉽게 불만을 느끼며 스트레스를 받는다.

☐ 극히 민감하고 쉽게 화를 낸다.

☐ 지나치게 경쟁적이고 지는 것을 두려워한다. 완벽주의자이거나 또는 지는 것을 정신적으로 견디지 못한다. 아이가 경쟁할 때 주로 싸움이 난다.

☐ 지나치게 의존적이다. 항상 부모나 다른 사람이 문제를 해결해주길 바란다.

□ 다른 사람에 대해 군림하려고 하거나 권위적이다. 주도권, 관심, 힘을 얻는 것에 집착한다.

□ 놀림을 받거나 따돌림을 당한다. 그래서 자신을 방어하려고 한다.

● 올바르게 논쟁하는 것을 보고 배우도록 해주자. 두 사람이 차분한 태도로 서로를 존중하고 서로의 의견에 반대의견을 말할 수 있다는 점을 아이가 보고 경험할 수 있게 해준다. 사랑하는 사람들이 '올바르게 싸우는 것'을 직접 보게 하는 것이 가장 좋은 방법이다. 따라서 부모가 갈등을 해소하는 자신의 기술을 다듬고 적절한 때에 아이에게 갈등을 해결할 수 있는 '멋진' 방법이 있다는 것을 보여주라(힌트: 만약 부모 자신이 다른 가족, 친구, 직장 동료들과 심각한 싸움을 하고 있다면 아이를 가르치기에 앞서 자신의 문제해결능력을 다듬는 일부터 시작해야 한다).

● '소리지르지 않기' 규칙을 만들자. 만약 싸움이 너무 가열되어 누구의 소리가 더 큰가의 문제로 변질되고 있다면 가족끼리 '소리지르지 않겠다는 서약'을 해보자. 이 약속을 글로 적고 가족들의 서명을 받아 벽에 붙여둔 후 이 규칙을 존중하자! 누군가의 목소리가 점점 커지고 있다면 가족들은 마치 심판처럼 '타임아웃'의 손짓을 하여 그 사람이 차분한 목소리로 말할 수 있도록 알려준다.

● 아이의 말을 경청하자. 아이가 싸우게 되는 가장 큰 이유는 자신의 이야기를 들어주길 바라지만 아무도 그렇게 해주지 않기 때문이다! 당신의 자녀가 이런 경우든 아니든, 아이에게 차분한 태도로 다른 가족들이 이야기하는 것을 듣고 또한 자신의 의견을 차분하게 표현할 수 있는 경험을 하게 해줘야 한다. 가족들이 자신의 의견을 표현하고 또한 그 의견에 대해 싸움을 걸지 않고도 반대할 수 있는 방법을 찾아보자. 가족회의 혹은 저녁식사시

간을 이용하거나 매주 일요일에 자신의 한 주는 어땠는지를 간단히 말할 수 있도록 30분 정도의 시간을 정해보자.

- **'너'가 아닌 '나'로 바꾸자.** 부정적인 말들은 주로 '너'로 시작된다(넌 멍청해. 넌 내가 무슨 말을 하는지 몰라. 넌 내 말을 안 들어……). 아이에게 다른 사람을 비난하지 않으면서도 자신의 의견을 관철시키는 방법을 알려주고 싶다면 '너'를 '나'로 바꿔 말하면서 다른 사람의 부적절한 행동을 어떻게 느꼈는지 설명하게 하면 된다. "나는 네가 내 물건을 허락없이 사용하면 정말 화가 나." "나는 맞고 싶지 않아. 너무 아프단 말이야." 이 방법을 활용하면 아이는 듣는 사람을 비난하지 않으면서도 자신이 못마땅하게 여기는 행동에 집중할 수 있다. 아이에게 사람이 아닌 문제를 공격해야 한다는 점을 알려줘야 한다.

- **다른 시각에서 볼 수 있게 해주자.** 아이들은 자신만의 관점에 사로잡혀 다른 사람들은 어떻게 생각하고 있는지를 무시하는 경우가 많다. 그러므로 "동생은 어떻게 생각할까?" "동생이 뭐라고 하는지 들어봤니?" "언니는 어떤 게 공정하다고 생각할까?"라는 식으로 물어보자.

- **'타임아웃'을 하자.** 단 몇 초의 타임아웃도 큰 싸움을 멈출 수 있는 충분한 시간이다. 따라서 아이들이 '폭발'하기 직전 싸움에서 잠시 물러날 수 있는 방법을 생각해보자. 이렇게 조언해보는 건 어떨까? "동생이 싸움을 시작할 것 같으면 잠시 머리를 식히도록 노력해보렴. 동생한테 '난 지금 이야기하기엔 너무 화가 나 있어. 그러니까 잠시 진정할 시간을 줘. 산책 좀 하고 올게. 아니면 잠깐 농구나 하고 오자'라고 말해보렴."

2단계 : 신속한 대처

- **이해하자.** 싸움은 누구에게나 힘든 일이다. 특히 아이에게는 더욱 그렇다. 싸

움을 거는 아이나 당하는 아이, 혹은 두 아이 모두 상처를 받는 경우가 많다. 부모의 목표는 문제를 해결하는 것이 아님을 기억하자. 그건 아이들의 임무다. 대신 부모는 아이들이 상처받을 것임을 알아야 한다. "왜 화가 났는지 알겠구나, 싸움은 결코 재미있는 일이 아니야. 싸움은 모두에게 상처를 준단다"라고 이야기해주자.

- **'왜'가 아닌 '무엇'을 물어보자.** 적절한 질문을 함으로써 싸움의 원인이 무엇인지, 어떻게 하면 싸움이 일어나는 걸 막을 수 있을지에 대해 아이가 생각할 수 있도록 해줄 수 있다. "왜 싸웠니?" "왜 다른 아이들과 사이좋게 지낼 수 없는 거니?"라는 "왜"라는 질문은 아이에게 혼란을 준다. 또한 "나도 몰라요"라는 대답만 불러올 뿐이다. 대신 "무엇 때문에 싸우게 되었니?" "친구가 뭐라고 말했니?" "너는 무엇을 했니?" "이제 무엇을 하면 좋을까?"라는 식으로 묻는 편이 효과적이다.

- **아이 스스로 해결할 수 있도록 도와주자.** 싸움을 한 아이에게 '자신'의 문제를 해결하기 위해 어떤 계획을 가지고 있는지를 물어보자. 실제의 체험이 가장 큰 배움이 될 수 있다. "난 너희 둘이 이 문제를 해결할 수 있다는 걸 잘 알아. 엄마가 필요할 경우를 대비해서 옆방에 있을게. 하지만 이 문제를 해결하기 전에는 이 책상 앞을 떠나지 말거라." 혹은 "3분 동안 너희 둘이 차분히 문제를 해결할 수 있는지 보자. 너희는 오랜 친구니까 문제를 잘 해결할 수 있을 거야"라고 격려해주자.

- **필요하다면 개입하자.** 싸움이 시작되었다는 걸 알았다면 아이들이 불렀을 때 곧장 달려갈 수 있는 거리에서 지켜보도록 하자. 그리고 감정이 극에 달아 싸움이 심각해지기 전에만 개입하자. 귀를 잡아당기는 등의 약속된 신호로 아이들에게 부드럽게 주의를 줄 수도 있다. 더 어린 아이에게는 이렇게 말해줄

수도 있다. "화가 난 두 아이가 좀 쉴 필요가 있는 것 같구나. 서로 차분히 이야기해서 문제를 해결할 수 있을 때까지 한 명은 방으로 가고 다른 한 명은 주방으로 가렴."

● **먼저 사과하도록 이끌어주자.** 만약 아이들 감정이 상해 있고 내 아이가 그 원인이 되었다면 먼저 자신의 행동에 사과하도록 해주자. 친구에게 전화를 걸어 사과를 하거나 직접 미안하다고 말하거나 두 사람이 어떻게 하면 이 문제를 해결하고 다시 친구 사이를 회복할 수 있을지 제안해보도록 한다.

● **타협을 제안하자.** 싸움을 줄일 수 있는 가장 좋은 방법은 타협이다. 먼저 타협이 무엇인지를 아이에게 설명해주자. "타협이란 네가 원하는 것을 조금 포기하고 다른 사람도 똑같이 자신이 원하는 걸 조금 포기하는 거야. 그러면 모두가 적어도 자기가 원하는 것의 일부는 얻을 수 있겠지? 그리고 그전보다는 더 만족하게 되니까 문제를 공평하게 해결할 수 있는 거야." 아이들은 항상 자신의 의견을 다른 사람에게 말할 기회가 있다는 점과, 그런 경우 "난 축구 연습을 해야 해. 토요일에 시합이 있어"라는 식으로 이야기하면 수용된다는 점을 이해해야 한다.

3단계 : 변화를 위한 습관

아래에 제시된 5가지 새로운 습관, STAND법칙은 아이들의 싸움을 줄여주고 아이들 모두가 만족할 수 있는 방법으로 갈등을 해결하는 데 도움이 된다. 각각의 습관들을 따로 가르치자(예를 들어 갈등을 해결하기 위해 우선 멈추고 진정하는 법을 배울 필요가 있다). 그리고 아이의 발달정도에 따라 가르침을 조정하자. 그러고 나서 부모의 지도 없이도 각각을 습관적으로 사용할 수 있을 때까지 연습을 시켜라. 아이들이 문제를 해결하는 5가지 방법을 다 배웠을 때쯤이면 자신을 스스로 대변하며 갈등을 해결해나갈 수 있을 것이다.

S. 일단 멈추고 진정하기(Stop and Calm Down)

갈등해결을 위한 첫 단계는 마음을 진정시키는 것이다. 그 이유는 간단하다. 화가 난 상태에서는 문제를 어떻게 해결할지에 대해 생각하는 것이 불가능하기 때문이다. 일단 감정을 가라앉히고 나면 왜 화가 났는지 이성적으로 이해할 수 있고, 그 딜레마에 대한 해답을 찾을 수 있다. 따라서 싸움이 심각해질 것 같다 싶으면 안정을 되찾기 위해 숨을 깊이, 그리고 천천히 들이마셔야 한다고 아이에게 알려주자. 만약 사람들 간의 긴장이 팽팽해지면 아이가 '타임아웃'을 요청하거나, 모두가 진정하고 물을 마시게 하거나, 잠깐 밖에 나갔다 오게 하는 등의 제안을 할 수 있다는 것도 알려주자. 모든 사람이 마음을 진정시켜야만 자신을 화나게 만든 요인이 무엇인지 제대로 말할 수 있다.

T. 순서를 정해 무엇이 문제인지를 말하기(Take Turns What the Problem Is)

이 방법의 비책은 다음 규칙들을 꼭 지키는 것이다. 상대를 무시하거나 험담하지 않으며, 다른 사람이 말할 때는 예의를 갖춰 듣고, 상대의 말을 방해해서는 안 된다. 모든 사람들이 돌아가면서 말할 기회를 가져야 한다. 부모는 아이에게 무슨 일이 일어났는지를 말하도록 한 다음 각자의 말을 정리한 후 "어떻게 하면 이 문제를 해결할 수 있을까"라고 물어봐야 한다. 아이들이 정말로 곤란에 처해 있을 때만 의견을 제시해주자. 아이들이 '너'가 아닌 '나'로 시작하는 문장으로 자신의 의견을 말하도록 지도하자. 그 다음 문제가 무엇인지, 어떤 방향으로 해결하고 싶은지에 대한 의견을 묻는다. 이 방법은 아이들이 상대를 무시하지 않으면

서 갈등상황에만 집중하도록 도와준다. 아이들이 너무 흥분해 있다면 서로에게 말을 하는 대신 글이나 그림으로 자신의 감정을 표현하도록 할 수도 있다. 이 방법은 특히 어리거나 말이 적은 아이들에게 도움이 된다. 아이들이 상대의 입장에서 생각할 수 있도록 도와주는 것이 목표다. 또 다른 방법으로는 다른 아이가 자신에게 했던 말을 자신의 말로 바꿔 말하도록 시켜보는 것이다.

A. 해결방법의 대안 목록 만들기(List the Alternatives for Resolving It)

다음으로 할 수 있는 일은 아이들에게 문제를 해결할 수 있는 대안을 생각하도록 하는 것이다. 유아든 청소년이든 해결방법을 생각해내는 규칙은 똑같다. (1)머리에 떠오르는 첫 번째 방법을 이야기한다. (2)다른 사람의 의견을 무시하지 않는다. (3)다른 사람의 의견을 바꾸거나 새로운 의견을 더해본다. (4)양쪽을 만족시킬 방법을 생각한다. 아이들이 정말로 곤란해하고 있는 경우를 제외하고 부모는 결코 도움을 줘서는 안 된다. 아이가 문제해결에 집중하도록 하고 부모가 돌아오기 전까지 적어

도 5가지의 해결책을 생각할 수 있게 하자. 그리고 부모는 몇 분 동안 자리를 떠나면 된다. 물론 아이의 연령이나 문제해결능력에 따라 시간을 조절할 수 있다.

N. 선택가능한 범위 줄이기(Narrow the Choices)

이제 여러 선택지들을 몇 가지로 줄여보자. 아이들이 문제해결에 좀더 가까이 다가갈 수 있도록 도와줄 방법이 있다. (1)한 명의 아이라도 만족하지 않는 사항은 해결책에서 제외한다. (2)안전하지 않거나 현명하지 않은 해결책은 제외한다.

D. 가장 좋은 방법을 선택하고 실행하기!(Decide on the Best Choice and Do It!)

문제해결의 가장 마지막 단계는 아이들이 자신의 선택이 가져올 결과를 생각하게 하고 그로써 가장 좋은 해결방법을 선택하도록 도와주는 것이다. 남아 있는 해결책들이 어떤 영향을 미칠지 생각해볼 수 있는 질문을 던져보는 건 어떨까? "그 방법을 시도한다면 어떤 일이 일어날 수 있을까?" 선택가능한 대안의 장점과 단점을 아이 스스로 따져보게 함으로써 가장 좋은 방법을 선택하도록 해줄 수 있다. "너희들이 그걸 선택한다면 좋은 점은 무엇이고 나쁜 점은 무엇일까?" "너희 둘 모두에게 더 좋은 결과를 얻으려면 마지막으로 무엇을 바꿔야 할까?" 일단 아이들이 결정을 했다면 아이들이 말과 행동으로 '동의한다'는 것을 보이도록 한다.

나이별 육아법

3~6세 이 시기의 아이들은 언어능력이 점점 발달하고는 있지만 여전히 문제상황을 말로 설명하려면 부모의 도움이 필요할 때가 있다. 감정 조절이 어려운 나이고 특히 남자아이는 신체적인 방법으로 문제를 해결하려는 경향이 있다. 화를 내면 서로에게 상처를 줄 수 있으므로 말로써 문제를 풀 수 있도록 해줘야 한다. 아이들의

싸움은 대부분 자신이 필요한 것, 원하는 것 때문에 일어나며 다른 사람의 관점을 이해하는 것을 어려워한다.

7~9세 언어능력이 발달하며 갈등을 해결하는 게 한결 쉬워진다. "문제가 뭐니?"라는 간단한 질문으로도 아이들은 문제를 파악할 수 있지만 결정에 따른 결과를 파악하는 데는 부모의 도움이 필요하다. 이 시기 아이들은 다툼으로 어떤 일이 일어나는지, 다른 사람의 감정과 관점은 어떤지를 이해하게 된다(주의: 4~6학년 아이들은 의견차를 해결하기 위해 그 어느 때보다 공격적인 방법을 사용할 가능성이 높다).

10~13세 미국의 전국 설문조사에 따르면, 10대 초반 아이들 43%가 하루에 적어도 한두 번은 다른 아이와 다툰다고 대답했다. 또 80% 아이들은 친구들이 싸우는 걸 본다고 대답했다. 남자아이들이 싸우는 주된 이유는 누가 옳고 그른지, 누가 학교에서 혹은 운동을 할 때 뛰어난지를 따지기 때문이다. 또한 허세, 게임규칙, 모욕 혹은 험담 등도 싸우는 이유에 속한다. 여자아이들은 소문, 비밀 누설, 남자친구, 질투, 따돌림, 뒤에서 험담하기 등으로 인해 싸우는 경우가 많다.

방해 없이 말할 수 있게 했어요!

우리집 막내는 언변이 뛰어난 누나에게 자신의 목소리를 크게 내본 경험이 거의 없습니다. 아이들이 싸우면서 울어대면 굉장히 힘들어요. 아이에게 타이머를 선물하고 알람이 울릴 때까지 3분 동안은 반드시 한 아이가 다른 사람의 방해 없이 말할 수 있다는 규칙을 만들었어요. 며칠 동안 타이머를 가지고 다니며 생활해야 했지만 그 효과는 확실했답니다. 막내의 울음이 멈추었을 뿐만 아니라 이제 자기 의견을 누나에게 확실히 말할 수 있게 되었습니다.

나누지
못한다

도와주세요

나누지 못하는 아이의 적신호

장난감과 소유물을 혼자 독차지하려 한다.

물건이나 시간을 나눠 쓰거나 돌아가며 사용하지 못한다.

다른 사람의 욕구와 감정에 신경쓰지 않는다.

자기중심적이다.

부모가 해야 할 일은?

다른 사람의 욕구와 감정을 고려하는 법을 배우고 관련된 다른 사람들과 함께 나누며 순서를 돌아가며 사용하고 공평하게 행동하는 걸 배우도록 도와준다.

❓ 인정하기 부끄럽지만, 다섯 살짜리 우리 아이는 다른 사람들과 나누려 하지

않습니다. 아이가 순서를 돌아가며 사용하는 법을 배우며 사람들과 함께 지낼 수 있도록 도와줄 방법이 있을까요?

아이에게 '잘 행동하라'고 말하는 것으로 행동을 변화시킬 순 없습니다. 부모는 아이에게 어떻게 나누며 왜 그런 행동이 중요한지를 이해시켜야 합니다. 함께 나누고 순서를 돌아가며 사용하는 것은 우연히 일어나는 것이 아닌 학습되는 행동입니다. 예를 들어, 가족들이 돌아가며 텔레비전 프로그램, 후식, 게임의 종류를 정하는 것과 같이 일상생활 속에서 나누기, 돌려가며 사용하기, 타협하기를 보여줄 수 있는 기회를 찾아 이런 행동들이 삶의 중요한 한 부분이라는 걸 깨닫게 해줘야 합니다.

왜 변해야 할까?

"내 꺼야. 내가 먼저 했어. 내 차례야. 넌 내 물건을 쓸 수 없어. 넌 이미 했잖아."
이런 말들이 익숙하게 들린다 하더라도, 이런 문제를 고민하는 건 당신 혼자만이 아니다. 나누지 않는 것은 아이들의 가장 흔한 문제행동 중 하나다. 아이가 공정하게 행동하는 법을 배우지 않았을 때 울기, 다툼, 감정적 상처, 싸움 등과 같은 결과들이 생긴다. 주고받는 법을 배우는 것이 항상 쉽지는 않다. 어린 아이들에게는 특히 어려운데, 그것은 아이가 자신만의 고집을 부리는 발달단계에 있기 때문이다. 자신의 욕구가 강할 때 다른 사람들에 대해 생각하는 것은 어렵다. 하지만 나이가 많은 아이들 또한 어려운 시기를 겪게 된다. 자신을 먼저 생각하게 만드는 "내 물건이 네 물건보다 훨씬 멋져"라는 치열한 물질주의적인 경쟁을 또래들과 하다보면 공평한 정신이 사라지게 된다.

나누기는 아이가 배워야 할 필수적인 습관이다. 운전을 하거나, 줄을 서거나, 대화

를 하거나, 게임을 하거나, 식당에서 주문을 하거나, 기다림이 필요할 때 등 우리의 일상생활에 가장 큰 영향을 주는 가장 중요한 기술 가운데 하나다. 또한 나누는 행동은 관용, 정중함, 존중, 우정, 갈등해결, 중재, 동정심을 기초로 한다. 그렇기 때문에 아이에게 나누기와 차례 지키는 법을 가르치는 것은 매우 중요한 일이다. 이런 습관들은 아이가 다른 사람들과 함께 있게 될 때면 언제나 사용하게 되는 기술들이다. 하버드 의과대학 소아과 명예교수이자 세계적으로 유명한 소아과 의사인 베리 브래즐튼(T. Berry Brazelton) 박사는 적어도 만 2세에서 만 3세에 가능한 빨리 아이가 나누는 법을 배울 수 있도록 해주라고 한다. 다른 사람들과 공평히 잘 지낼 수 있도록 도와줄 해결책들을 제시해본다.

어떤 행동을 보일까?

어린 아이들은 자기중심적인 성격 때문에 나누는 데 문제를 겪을 수 있다. 아이들에게는 "순서를 돌아가며 사용하라"는 부드러운 조언이 필요하다. 나누는 능력이 부족하다는 걸 보여주는 증상들은 다음과 같다.

- **이기적인 행동들이 증가한다.** 자신의 욕구를 다른 사람의 욕구보다 우선시한다. 자기 이외의 다른 사람은 신경쓰지 않는다.
- **싸움을 일으킨다.** 논쟁, 말다툼, 감정 상하기 등의 결과가 생긴다.
- **자신의 물건과 다른 사람의 물건을 비교한다.** "내 것이 더 좋아."
- **물건을 독점한다.** 항상 자기가 더 많이 가질 수 있도록 물건을 모은다.
- **다른 아이들이 멀리한다.** 아이의 자랑과 불공평한 행동으로 아이들이 멀리하게 된다.
- **혼자 논다.** 다른 아이들이 있음에도 혼자 놀려고 한다.

1단계: 초기 개입

●원인을 알아낸다. 다음은 아이가 왜 나누거나 돌아가며 사용하려 하지 않는 지에 대한 몇 가지 이유들이다. 아이에게 일상적으로 나타나는 것들을 점검 해본다. 부모의 목표는 간단한 해결책을 생각해낼 수 있도록 그 원인을 찾아 내는 것이다. 다음 가운데 자녀에게 해당되는 것이 있는지 확인해보자.

□ 자기중심적 발달단계에 있는 어린 아이다.

□ 자기중심적이다. 다른 사람의 욕구를 고려하지 않는다.

□ 나누거나 다른 사람의 욕구를 고려하도록 요구받은 적이 없다.

□ 다른 아이들과 함께 나누거나 친구를 사귈 수 있는 기회가 적었다.

□ 장난감이나 물건을 많이 가지고 있지 않다. 그래서 그것들을 남과 나누려 하지 않는다. 소유물이 나누기에는 너무 소중하다.

□ 부모가 자기 물건 돌보기와 지키기를 심하게 강조하여 아이가 나누는 결과에 대해 두려워한다.

□ 자신은 나누지만 친구들은 그렇지 않다. 나누는 것이 상호적이지 않다.

□ 자신의 물건이 열등하거나 나누기에 충분히 좋지 않다고 느낀다.

왜 아이가 나누려 하지 않는지 추측가능한 이유는 무엇인가? 아이에게 시도 해볼 수 있는 간단한 해결방법이 있을까?

●나누는 것을 우선시한다. 만약 아이가 나누기를 원하지 않는다면 '공평함'을 집안의 규칙으로 삼는다. "기억하렴. 우리는 모든 사람들의 생각에 귀를 기울

여야 한단다."

- **나누는 가치를 강조한다.** 나누는 효과를 지적하여 말해주면 아이는 그 행동을 반복할 것이다. "네가 장난감을 함께 사용했을 때 미진이의 미소를 봤니? 네가 그 아이를 행복하게 만들었단다." "저 선수가 공을 독차지하지 않고 패스하는 걸 봤니? 분명 그애 동료들이 자기 차례를 가질 수 있어서 고마워할 거야."

- **나누는 방법을 가르친다.** 캔자스대학교의 연구에 의하면 아이에게 나누는 행동을 가르치는 가장 좋은 방법은 나누는 행동이 무엇인지를 보여주는 것이라고 한다. 그런 후에 아이가 친사회적인 행동을 보이고 나누게 되는 때를 찾아서 그때마다 칭찬해주라고 한다. 연령에 따라 함께 나누고 보답할 수 있는 방법을 제시해본다.

☐ **예를 통해 가르친다.** 부모가 나누는 모습을 보여주며 아이가 그 행동을 따라할 수 있도록 한다. 아이에게 파이의 가장 큰 부분을 주거나 아이도 알고 있는 부모의 아끼는 모자를 함께 쓰거나 혹은 나누는 행동이 남들을 기쁘게 만들어 행복하다는 표현을 아이 앞에서 한다.

☐ **'내 차례, 네 차례'를 반복한다.** 나이가 어린 아이와 바닥에 앉아 고무공을 앞뒤로 부드럽게 굴린다. 그러면서 "내 차례……자, 이제는 네 차례란다. 엄마에게 다시 공을 굴려주렴"이라고 말한다. 아이는 나누는 것이 차례대로 돌아가는 것이라는 걸 깨닫기 시작할 것이며 게임 속 단어들을 스스로 반복하여 말할 수 있다.

☐ **손님이 도착하기 전에 확실한 기준을 세운다.** 일단 아이가 부모의 규칙들을 인식하면 아이가 나누는 것을 실행하도록 기대해보자. 친구가 도착하

기 전에 그것을 되새겨줄 필요가 있는 아이들도 있다. "재희가 오고 있으니까 그 아이가 좋아할 만한 장난감들을 꺼내놓도록 하자." "철승이가 여기에 있을 때 우리의 나누는 규칙을 기억하렴." 친구가 오기 전에 아이가 나누고 싶어 하지 않는 장난감을 치워두면 실제로는 나누는 행동을 불러올 수 있다. 아이에게는 매우 소중한 물건이 있을 것이다. 친구가 오기 전에 그런 물건들을 치워놓으면 싸움의 가능성을 줄일 수 있다. 그리고 아이에게 '남겨두는 물건들은 친구와 함께 나누어야 하는 물건이다'라는 점을 상기시킨다(힌트: 아이에게 특별한 이불, 인형 혹은 안정감을 주는 물건들은 다른 아이와 나누지 않게 해도 된다).

☐ **'교환' 연습을 한다.** 아이와 아이의 친구 사이에 앉아 서로의 장난감을 건네준다. 그리고 서로가 장난감을 주는 게임을 하게 한다. 매번 "네 친구 차례란다. 장난감을 바꾸도록 하자"라고 말해준다. 교환을 구조화하는 것은 아이가 차례를 번갈아가며 하는 방법을 배우게 해준다.

☐ **보드게임과 카드게임을 이용한다.** 게임은 번갈아가며 하는 방법을 배울 수 있는 완벽한 방법이다. 차례의 규칙을 적용하고 순서를 지키도록 해서 모든 사람이 차례를 얻을 수 있다는 걸 이해하도록 해준다.

☐ **차례대로 돌아가는 것에 집중한다.** 텔레비전쇼, 비디오 빌리기, 후식, 심부름 혹은 컴퓨터 시간을 정하는 것 등 특권을 돌아가며 사용하는 방법을 찾아본다. 가족 구성원의 이름이나 사진이 있는 카드를 사용하는 것은 어린 아이들이 순서를 기억하고 자신의 차례가 정말로 오고 있다는

걸 확인시켜줄 수 있는 방법이다. 카드를 순서대로 쌓아 보관한다. 한 사람의 차례가 오면 그 사람의 사진이나 이름이 카드의 맨 마지막으로 가게 해서 모든 사람의 순서가 지나면 다시 반복한다.

2단계: 신속한 대처

- 나누지 않을 경우의 책임을 정한다. 부모의 모든 노력에도 불구하고 아이가 독점하며 나누기를 거부한다면 그에 해당하는 벌칙을 만들 때다. 나이별로 적용할 수 있는 벌칙들의 예를 소개해본다.

- 만약 아이가 '나누기를 잊어버렸을' 경우 그 상황을 그 자리에서 재연하여 아이가 차례를 빼앗긴 아이에 대해 생각하게 만든다. "동생에게서 인형을 빼앗는 일 없이 차례대로 놀기를 원한다고 말해주렴." "친구가 비눗방울 장난감을 사용할 차례를 갖도록 다시 해보렴."

- 만약 어린 자녀가 공유하기를 거부한다면 잠깐의 시간 동안 특정 장난감에 대한 '타임아웃'을 정한다. '타임아웃'이 끝나면 공유하기를 거부당한 아이가 장난감에 대한 첫 번째 선택권을 갖도록 한다.

- 나이가 많은 아이들의 경우에는 '나누지 않으면 다른 사람이 연속적으로 두 번의 기회를 가진다'라는 게임규칙을 적용한다.

- 아이에게 다른 아이의 입장이 되어 생각하도록 한다. "네가 하루 종일 비디오 게임을 하는 모습을 보면 친구가 너에게 어떤 말을 할 것 같니?" 혹은 연령이 높은 아이들에게는 친구의 입장에 서 보게 한 후 친구가 어떻게 느끼며 이야

기할지를 말하도록 한다. "재영이가 컴퓨터를 사용하지 못하게 했지. 그 아이가 어떻게 느꼈을까?" 나이가 어린 아이에게는 인형을 친구로 생각하게 해볼 수 있다. "홍대가 뭐라고 말하겠니?"

- 연령이 높은 아이가 물건 나누기를 계속 거부한다면 친구와 놀 수 있는 권리를 빼앗는다. '나누지 않으면 놀지 못한다'는 규칙을 정한 부모들도 있다.

3단계: 변화를 위한 습관

나누기는 자연스럽게 생겨나는 기술이 아니다. 배워야 하는 기술이며 많은 연습이 필요하다. 아이에게 가르칠 수 있는 나누기 기술과 순서대로 사용하기의 중요한 기술들을 소개해보자.

- 나누는 문구를 사용한다. '공정함'을 말할 수 있는 예의바른 방법을 가르친다. "누가 먼저 하고 싶니?" "네가 먼저 게임을 정하면 다음에는 내가 고를게." "순서를 돌아가면서 하도록 하자." "다음은 내 순서야." "만약 똑같은 상태로 나에게 돌려주겠다고 약속하면 이걸 사용할 수 있게 해줄게."

- 싸움을 줄이고 공평성을 보장하기 위한 방법들을 사용한다. 나누기, 돌아가며 사용하기 등 친구들과 공평히 지낼 좋은 방법들이 있다. 누가 먼저 사용할지 정하고 갈등을 줄이며 모든 사람들이 똑같은 시간 동안 장난감이나 물건을 사용하도록 할 수 있는 방법들이다. 이들을 가족 중 누가 아침 텔레비전 프로그램을 정하고 케이크의 첫 번째 조각을 가져가는지와 같은 일상적인 다툼을 피하기 위한 규칙으로 이용해보자.

☐ '할머니의 규칙' 사용하기. 기본적인 규칙은 이렇다. '네가 케이크를 자르면

다른 사람이 어떤 조각을 가질지 결정한다.' 이 규칙은 많은 상황에 적용될 수 있다. 예를 들면, 한 아이가 게임을 고르면 다른 아이가 먼저 시작하게 한다든지, 한 아이가 음료수를 따르면 다른 아이가 자신의 잔을 먼저 고르게 할 수 있다.

□ 동전 던지기. 이 방법은 두 아이가 규칙이나 누가 먼저 시작할지, 무엇을 할지를 결정하지 못할 때 사용하기 좋은 방법이다. 동전을 던지는 아이가 다른 아이에게 '앞'이나 '뒤'를 부르게 한다. 그것이 나온 동전 면과 일치하면 그 아이가 이긴다. 일치하지 않으면 동전을 던진 아이가 이긴다.

□ 타이머. 어린 아이들이 일정한 시간 동안(대개 몇 분 정도)만 물건을 사용하도록 가르칠 수 있다. 타이머를 맞춘 뒤 천천히 100까지 세거나 가나다라를 외거나 〈생일축하곡〉을 5번 부를 수 있다. 시간이 지나면 그 물건은 다음 차례의 아이에게 넘겨진다.

□ 가위바위보. 동시에 가위바위보를 내민다. 바위는 가위를 이기고 보는 바위를 이긴다. 그리고 가위는 보를 이긴다. 그 가운데 살아남는 사람이 승자가 된다. 아이들이 배울 만한 다른 방법들로는 1에서 20 사이의 숫자 고르기, 막대 뽑기 등이 있다.

● 눈앞에 보이는 것은 공유한다. "만약 네 물건이 눈에 띄는 장소에 있다면 너는 그것을 다른 사람과 공유해야 한다" 혹은 "만약 나누기를 원하지 않는 물건이 있으면 친구가 오기 전에 치워야 한다"라는 규칙을 정한다.

● 장난감들을 집 밖으로 내보내지 않는다. 자기가 가장 좋아하는 장난감을 돌려받지 못할 것이 두려워 나누기를 주저하는 아이도 있다. 나누어 사용하는 것이 그 장난감을 영원히 잃어버리는 것이 아니란 걸 확인시켜줘야 한다. "네

친구는 집으로 돌아가겠지만 네 장난감은 여기 그대로 있을 거란다"라고 설명해주자. 그리고 다른 아이가 가족의 규칙을 따라줄 것을 확실히 해두자.

● **사용하기 전에 물어본다.** 자신의 소유가 아닌 어떤 물건을 사용하고 싶다면 먼저 물어봐야 한다고 가르치자. 그 규칙은 집에서도 적용된다. "우리집에서는 다른 사람의 물건을 가지고 놀고 싶으면 그 전에 물어봐야 한다." "그 물건은 아버지 거야. 우리는 그걸 사용하기 전 아버지께 여쭤봐야 한단다." 이 방법은 친구가 다가와 장난감을 갖고 놀고 싶어 할 때 자기가 노는 것을 방해받는다고 여겨서는 안 된다는 생각을 하도록 도와준다.

● **오직 자신에게 속한 물건만을 나눈다.** 그렇지 않은 것은 주인의 허락을 받아야 한다는 가족의 규율을 확실히 해둔다. "저건 내 형 거야. 그래서 그걸 내가 나눠줄 순 없어."

● **다른 사람의 물건을 소중히 다룬다.** 우리가 자신의 물건에 대해 소유욕을 가지고 있듯이 다른 사람의 소유물을 존중하는 법도 배워야 한다. "다른 사람이 네 물건을 다뤄주길 원하는 방법으로 친구들의 물건을 다뤄야 한단다."

● **가정 일을 돕는다.** 모든 아이들은 차례를 돌아가며 가정 일을 돕도록 해야 한다. 식사준비를 돕는 것과 쓰레기를 갖다버리는 것에서부터 나이가 어린 동생을 도와주고 강아지를 산책시키는 것과 같이 서로를 위해 자신의 공정한 몫을 할 수 있는 방법들을 목록화한다. 그리고 아이들에게 그것을 하도록 요청하자.

● **지역사회에 기여한다.** 봉사활동단체를 통해 이웃 노인들에게 음식을 배달한다. 군인들에게 감사하다는 위문편지를 쓴다. 자신의 일부분을 남에게 줄 수 있도록 아이를 이끌어주며 나누는 것이 가족을 넘어 세계로 확장될 수 있도록 해주자. 아이는 점점 나누는 것이 중요하다는 걸 배우게 된다.

3~6세 만 2세 반 정도의 나이가 되면 아이들은 물건을 돌아가며 사용하고 간단한 사회적 교류를 할 수 있지만 여전히 어른들이 자주 알려줘야 한다. 만 3세 아이들은 자신의 욕구에 초점을 두므로 나누는 것을 최우선 순위에 두지 않는다. 나누는 행동은 만 4세나 만 5세가 되면 더 쉬워지고 특히 친한 친구들 사이에서는 더욱 그렇다. 하지만 여전히 아이들은 자신의 소유물에 대해 집착할 것이다. 아이들은 나누기를 원하지는 않지만 어른이 그렇게 하라고 격려를 하면 놀랄 정도로 관대해질 수 있다.

7~9세 자아중심적인 단계는 끝이 나므로 아이들은 주의를 주지 않아도 나누는 행동을 할 수 있다. 다른 사람의 관점을 이해하는 것은 아직 발달 중에 있으며 시간이 지나면서 계속될 것이지만 다른 사람의 욕구와 감정을 고려하기 시작한다.

10~13세 이 또래의 아이들은 타협이나 중재와 같은 높은 단계의 나누는 기술을 사용할 수 있다. 특히 비싼 물건에 대한 소유욕이 있으며 옷, 전자제품, DVD와 같은 물건들을 나누는 걸 꺼려할 수 있다(이런 행동은 이해가능하며 권유할 만한 행동일 수도 있다).

우리집 맞춤 처방전

편하게 즐길 수 있는 저렴한 장난감을 사주었어요!

우리집에서 아이 친구들이 노는 것은 재앙과 같은 일이었습니다. 네 살짜리 우리 아이는 모든 규칙과 회유에도 불구하고 자기 물건을 공유하지 않았습니다. 그러던 어느 날 제가 집에서 자기 물건을 돌보는 일을 너무 강조해왔다는 점을 깨닫게 되었습니다. 아마도 장난감들이 너무 좋은 것들이었기 때문에 고장나는 것이 두려웠기 때문이었을 겁니다.

저는 좀더 '중립적인 공간'인 공원에서 다음 놀이모임을 열고 두 아이 모두가 몇 가지 장난감을 가지고 오도록 했습니다. 그리고 확실히, 우리 아이는 다른 친구를 보자마자 자기 물건을 나눠 쓰지 못해 안달일 정도가 되었습니다. 아이가 단순히 즐길 수 있도록 덜 비싼 장난감을 사주기 시작하면서 우리의 나누기 문제는 사라지게 되었습니다.

도와주세요

놀림받는 아이들의 적신호

친구들이 놀리는 것을 참지 못한다.

놀리는 말에 극도로 민감하다.

장난스러운 농담에 과도한 반응을 보이며 괴롭힘을 당하는 것처럼 느낀다.

부모가 해야 할 일은?

장난스러운 놀림과 상처를 주는 놀림 사이의 차이를 구분하는 법과 놀림에 대처하는 방법을 배우고 자신감을 길러 괴롭힘을 당하지 않는 태도를 기르도록 도와준다.

? 모든 아이들이 놀림을 받는다는 건 알고 있지만 제 아들은 너무 민감해서 모든 걸 개인적으로 받아들입니다. 어떻게 하면 아이가 놀림에 좀더 잘 대처해서 화를 내지 않고 잘 넘어가도록 도와 줄 수 있을까요?

아이가 놀림에 잘 대처하도록 도와줄 수 있는 가장 좋은 방법은 상황에 대한 역할극을 해보는 것입니다. 부모가 놀리는 아이 역할을 하면서 자녀가 가장 효과적인 방법을 찾을 때까지 새로운 대응방법들을 연습하게 해주세요. 민감한 아이라면 화난 얼굴을 감추는 연습을 하게 하고 상대와 계속 눈을 맞추도록 지도해야 합니다. 이 두 가지는 아이를 희생자로 보이지 않게 하며 감정을 잘 조절하고 있는 것처럼 보이게 해줍니다.

워윅대학교: "말은 상처를 줄 수 없다"라는 기존의 의견에 반박하는 연구결과들이 나오고 있다. 청소년들을 대상으로 한 연구들은 기존의 믿음과는 달리 언어적인 공격이 신체적인 공격이나 물건에 대한 공격(물건 훔치기 혹은 망가뜨리기)보다 희생자의 자존감에 더 큰 영향을 미친다고 밝히고 있다. 언어적인 놀림을 반복적으로 당하는 희생자는 자존감이 낮아지고 외상후스트레스장애로 고통받을 가능성이 크다고 한다.

왜 변해야 할까?

놀림은 인생의 일부이며 성장과정의 큰 부분을 차지한다. 놀림이 아이에게 항상 해로운 것만은 아니다. 장난스러운 놀림은 유머감각을 기르고 스스로를 너무 심각한 상황으로 몰고 가지 않게 하며 삶을 헤쳐나가는 데 필요한 사회적인 기술들을 배우게 해줄 수도 있다.

하지만 오늘날에는 모든 놀림이 즐거운 게임이거나 유용한 것은 아니다. 어린 시절의 놀림이 더 심해지고 상처를 주고 있으며 그 정도가 점점 증가하고 있다는 연구결과가 있다. 매일 16만 명의 아이들이 놀림을 당하고 괴롭힘을 당하는 것이 두려워 등교를 거부하고 있다. 중학교에 올라가면 놀리는 행동이 가장 많이 증가하며 잔인하고 악의적인 형태로 나타난다. 조롱하거나 모욕을 주거나 고의로 다른 아이를 괴롭히기 위해 가시 돋친 말을 사용한다.

억울하게 놀림을 당하거나 욕을 듣는 아이가 있다는 게 사실이다. 물론 부모들은 아이들에게 대수롭지 않게 너무 심각하지 않게 받아들이라고 말하지만 그렇게 대

응할 수 없는 아이들이 있다. 가시 돋친 말들은 상처를 준다. 부모가 그런 놀림에서 자녀를 보호해줄 수는 없지만 놀림을 효과적으로 극복하고 놀림을 덜 받도록 하는 방법들을 가르쳐줄 수는 있다. 반복적으로 놀림을 당하는 아이들은 자존감이 낮고 불안감이나 우울증으로 고생할 가능성이 크다는 걸 알아야 한다. 아이들은 우호적이거나 비우호적인 놀림, 두 경우 모두에 사용할 수 있는 전략들을 배워야 한다.

어떤 행동을 보일까?

물론 놀림이 흔한 일이기는 하지만 더 자주 괴롭힘을 당하고 놀림의 대상이 되는 아이들이 있다. 다음은 비우호적인 놀림의 대상이 될 가능성을 알려주는 모습들이다.

- 신체적으로 약하다. 키나 몸집이 작다. 연약하게 보인다.
- 놀리거나 괴롭히는 아이의 요구에 쉽게 순응한다.
- 울고, 화내고, 스트레스를 받는 모습 등을 보여 놀리는 아이가 재미를 느낀다.
- 유머감각이 부족하다. 풍자를 이해하지 못한다.
- 친구의 수가 적다.
- '다르거나' 사회적으로 불안하거나 어색한 모습을 보인다.
- 사교기술이 부족하거나 무리에 끼기 위한 사교기술을 사용하지 못한다.

해결책

1단계: 초기 개입

- 근본적인 이유를 찾는다. 모든 아이들은 놀림을 받지만 몇몇 아이들은 '과도하게'

행동한다는 이유로 다른 아이들보다 더 많은 놀림을 받는다. 아이를 좀더 주의깊게 살펴보고 아이가 놀림을 당할 때 어떻게 반응하는지 살펴보자. 다른 아이들이 멀리할 행동이나 놀림의 대상이 될 행동들을 보이는가? 다음 가운데 자녀에게 해당되는 것이 있는지 확인해보자.

☐ **사회경험이 적다.** 집에서 우호적인 농담들을 접한 적이 없다.

☐ **너무 민감하다.** 우호적인 농담조차 심각하게 받아들인다.

☐ **반응이 심하다.** 울거나 어른에게 이르겠다고 반응한다.

☐ **자기주장이 없다.** 온순한 태도, 중얼거리는 말투, 속삭이는 말투 등으로 피해자처럼 보이는 행동을 한다.

☐ **성숙하지 못하다.** 다른 아이들보다 더 어리게 행동한다.

☐ **다른 아이들과 너무 다르다.** 외모나 행동이 너무 눈에 띈다.

☐ **거슬리는 행동을 한다.** 또래 속에 포함되기 위해 주의를 끄는 행동들을 한다.

☐ **너무 착한 학생이다.** 선생님의 말씀을 너무 잘 들으며 모든 상을 휩쓴다. 다른 아이에게 관심이 집중되면 화를 낸다.

☐ **주류에서 벗어나 있다.** 혼자 있거나 또래로부터 보호받지 못하기 때문에 소외당하거나 놀림의 대상이 된다.

☐ **너무 충동적이다.** 너무 활동적이거나 생각 없이 말을 내뱉는다. 너무 우스운 아이로 보인다.

● **두 종류의 놀림에 대해 설명해준다.** 모든 아이가 놀림을 받는다는 것을 말해주고 두 가지 종류의 놀림을 설명해준다. 우호적인 놀림이란 장난의 일부로

서 상처를 주거나 슬프게 하려는 의도가 없는 것이지만 비우호적인 놀림은 말투, 몸무게, 안경 낀 모습 등을 조롱하며 놀리는 사람이 상대가 슬퍼하거나 울어도 신경쓰지 않는 걸 뜻한다고 알려주자. 아이가 그 둘을 구별하려면 많은 대화가 필요하다. 그 둘의 차이에 대해 자주 말해주자. 고학년 아동들을 대상으로 한 연구를 보면 80%의 아이들이 상대에게 비참함을 주기 위해 비우호적인 놀림을 한 적이 있다고 인정했고 20%만이 우호적인 의도로 놀렸다고 대답했다.

2단계: 신속한 대처

- **이야기를 먼저 꺼낸다.** 아이가 놀리는 문제로 부모의 도움을 먼저 청하는 일은 거의 없을 것이다. 그러므로 부모가 먼저 관심을 가지고 "무척이나 화가 난 것 같구나. 누가 너를 놀렸니?"라고 물어보자. 놀림의 정도와 고의성이 강해져서 아이의 고통을 줄여줄 수는 없더라도, 혼자가 아니라는 걸 알려주는 건 자녀에게 큰 도움이 된다.

- **정보를 수집한다.** 놀림이 우호적인 것인지, 상처를 주는 것인지를 알아내고 그 놀림이 성희롱인지 괴롭힘인지를 파악해야 한다(만약 그렇다면 '괴롭힘을 당하는 아이'를 참조한다). 다음의 질문을 자녀에게 해보자.

"무슨 일이 일어났니?"

"전에도 이런 일이 있었니?"

"항상 같은 아이가 놀리니?"

"무엇 때문에 놀리게 되니?"

"어떻게 대응했니? 효과가 있었니?"

"다르게 행동할 수 있었니?"

- **아이의 감정을 이해한다.** 놀림을 당하는 건 상처가 된다. 그러므로 아이의 감정을 이해해줘야 한다. 악의적인 놀림을 반복적으로 당한다면 아이의 상처는 클 것이다. 뇌 스캔을 이용한 최근의 연구를 보면 우리의 뇌는 놀림이나 거부 당하는 것에 신체적인 고통과 똑같은 방식으로 반응한다고 한다. 놀리는 말은 아이에게 큰 상처가 된다. "민주가 정말로 너한테 상처를 준 것 같구나"라는 말로 아이의 감정을 이해해주자.

- **구원자가 되지 않는다.** 아이에게 걱정하지 말라고 말해주고 싶은 욕구를 억눌러야 한다. "내가 책임질게"라는 식의 태도를 취하지 않도록 한다. 아이의 잘못에 초점을 두지 말고 이 힘든 상황을 해결하기 위한 아이의 노력을 인정해주자.

- **놀리는 이유를 찾아본다.** 초등학생과 중학생들이 상대를 놀리는 이유는 다음과 같다.

□ 웃음을 유발하기 위해.

□ 스스로를 우월시하고 남을 무시해서.

□ 주위의 관심을 끌기 위해.

□ 겉으로는 농담이라고는 하지만 사실은 고의적인 의도로.

□ 되갚아주기 위해.

□ 함께 노는 아이들이 똑같이 행동하며 그 속에 포함되고 싶어서.

- **'놀림'을 다룬 책을 읽는다.** 상담가들은 놀림에

관한 책을 읽는 것이 아이의 고민해결에 도움이 된다고 말한다.

3단계 : 변화를 위한 습관

놀림에 대응할 수 있는 방법은 여러 가지가 있지만 아이들은 그 방법을 모르고 있을 수 있다. 다음의 효과적인 대응전략들을 알려주고 실제로 활용할 수 있을 때까지 연습시킨다.

- 질문하기. "왜 그런 말을 하는 거야?" "왜 내가 뚱뚱하다고 말해서 상처를 주려는 거야?"
- "~해줬으면 좋겠어"라는 강한 메시지를 보낸다. "나를 혼자 내버려뒀으면 좋겠어" 혹은 "나를 그만 놀렸으면 좋겠어"와 같은 말을 하게 한다. 확고한 목소리로 말해서 자신 없어 보이지 않게 한다.
- 칭찬으로 돌린다. "그런 말 해줘서 고마워." "그걸 알아주다니 고마운 걸." "칭찬해줘서 고마워."
- 동의한다. "네가 옳아." "빙고, 네가 이겼어." "그런 말 많이 들어."
- 냉소적으로 대한다. "내가 신경쓰는 것처럼 보이지?" "시간을 좀 줘." "오, 대단한 걸." 단, 행동이 말과 일치해야 한다. 곁눈질을 하거나 비켜 지나가는 행동을 할 수 있다. 냉소적인 의미를 이해할 수 있는 연령에 적합하다.
- 무시한다. 놀리는 아이에게 눈길조차 주지 않고 무시하며 걸어간다. 놀리는 아이가 눈에 안 보이는 것처럼 행동하거나 다른 것을 쳐다보며 웃거나 완전히 무

신경한 표정을 짓거나 못들은 체한다. 이 방법은 적절한 말대꾸를 하지 못할 때 가장 효과가 있다. 또한 공원이나 운동장과 같이 아이가 놀리는 아이를 피할 수 있는 장소가 있을 때 효과가 있다. 식당 테이블과 같은 좁은 공간에서는 효과가 없다.

- **놀라는 체한다.** "정말로? 난 몰랐는걸." "말해줘서 고마워." 정말 그런 것처럼 말하는 게 비법이다.

- **불만을 표시한다.** "네가 날 그렇게 놀리면 정말 화가 나." 혹은 "네가 다른 아이들 앞에서 날 놀리는 게 정말 싫어. 넌 재미있겠지만 난 그렇지 않아." 아이에게 고통을 주는 것이 아이의 친구인 경우에는 아이가 자신의 불만을 표현할 수 있도록 가르친다.

나이별 육아법

3~6세 고의적으로 상처를 주려는 건 아니지만 놀리기와 욕하기가 흔히 일어난다. 이 또래의 아이들은 선택하여 말하는 법을 배우지 않았기 때문에 느끼는 그대로를 말한다. 다른 사람을 비웃거나 우스운 것을 말하거나 다른 사람의 새롭거나 다른 점을 고의성 없이 말하며 남을 놀리는 경우가 많다.

7~9세 또래로부터 인정받는 것이 점점 더 중요해지기 때문에 아이들은 자신의 힘을 과시하거나 다른 아이들과의 연관을 보여주기 위해 남을 놀릴 수 있다. 언어 능력이 증가하며 어른에게 들리지 않도록 교묘히 남을 놀리거나 상처주는 법을 알게 된다. 그런 행동이 지적되더라도 자신의 행동을 부인한다. 주로 외모, 몸무게, 행동, 능력, 옷차림이 놀림의 대상이 된다.

10~13세 이 시기에는 또래로부터 인정을 받기 위해 누군가를 조롱하거나 곤란하게 만든다. 그렇기 때문에 놀림을 받게 되면 더 큰 상처를 받는다. 이 시기에는 언어적인 괴롭힘이 증가하는데, 다른 아이의 약점을 찾아내어 놀리는 일이 많다. 외모, 능력, 성별, 종교, 행동, 가족환경, 소유 물건, 의견, 이름, 감정, 친구들이 놀림의 대상이 된다. 남자아이들은 여자아이의 신체적 변화를 가지고 놀리며 성적인 언어를 사용할 수 있다.

우리집 맞춤 처방전

남편과 저는 일부러 아이를 조금씩 놀려줬어요!

일곱 살인 우리 아이는 거의 매일 울면서 집으로 돌아와 다른 아이들이 자신을 놀린다고 말합니다. 그동안 아이를 너무 보호해와서 놀림에 대응하는 법을 아이가 알지 못한다는 걸 알게 되었습니다. 다음날, 남편과 저는 고의적으로 아이를 조금씩 놀리기 시작했습니다. 아이가 처음에는 울더군요. 아이에게 모든 사람들이, 심지어 친구 사이에도 놀림을 당할 수 있다는 걸 알려주었습니다. 남편과 저는 서로를 놀려가며 놀리는 건 괜찮은 일이며 큰일이 아니란 걸 아이에게 보여주었습니다. 몇 주가 지난 후 2명의 아이가 우리 아이를 우호적으로 놀렸을 때 아이는 큰 웃음을 지으며 저에게 속삭였습니다. "괜찮아요, 엄마. 저 아이들이 그냥 놀려고 그러는 걸 알고 있어요."

도와주세요

괴롭히는 아이의 적신호

다른 사람의 감정을 고려하거나 동정심을 느끼지 못한다.

오직 자신만의 관점으로 모든 것을 보고 다른 사람을 괴롭히거나 공격적인 행동을 보인다.

잔인한 행동이 미치는 영향을 알지 못하거나 그에 대해 책임지지 않는다.

부모가 해야 할 일은?

다른 사람의 감정에 더욱 민감해지는 법을 배우게 해주고 공격적인 행동이 문제를 해결하는 방법이 아니라는 걸 깨닫게 해주며 상처를 입은 사람에 대한 책임감을 갖고 잘못을 뉘우칠 수 있도록 지도한다.

 아이가 잔인한 말을 하거나 일부러 때리는 등 같은 반 친구를 괴롭히고 있

다는 이야기를 담임선생님께 들었습니다. 아이는 자신의 의도를 부인하면서 그 아이가 겁쟁이이고 그렇기 때문에 그런 대우를 받을 만하다고 말했습니다. 남편은 아이의 이런 행동이 하나의 성장단계일 뿐이라며 '남자아이들이 하는 일반적인 행동'이라고 말합니다. 남편과 선생님의 말 중 누구의 말을 믿어야 하나요?

남을 괴롭히는 행동은 무조건 잔인한 행동으로 다음의 4가지 요소를 항상 포함하고 있습니다.

1. 주로 반복되는 공격적인 행동이다.
2. 괴롭히는 아이가 자기 스스로를 방어하지 못하는 피해 아동보다 힘, 지위, 크기 등에서 더 우세하다.
3. 상처를 입히는 행동은 사고가 아니라 고의적인 행동이다. 괴롭히는 아이는 피해 아이가 고통 받는 것을 보며 즐기는 것처럼 보인다.
4. 괴롭히는 아이는 자신의 행동에 책임지려 하지 않으며 자주 피해를 입은 아이가 그런 대우를 받을 만하다고 말한다.

그러므로 선생님과 함께 아이가 괴롭히는 행동을 즉시 멈출 수 있도록 본격적인 계획을 세워야 합니다. 따돌리는 행동을 '하나의 성장단계' 혹은 '남자아이들이 하는 일반적인 행동'으로 가볍게 여겨서는 안 됩니다. 잔인한 행동에 대한 변명은 결코 있을 수 없습니다.

왜 변해야 할까?

괴롭힘은 다른 사람을 보고 학습되는 행동으로 점점 심해진다. 오늘날은 과거에 비해 괴롭히는 정도가 훨씬 심하며 더 자주 발생하며, 더 어린 아이들부터 나타나고 있다. 최근의 한 연구결과를 보면 중학생의 80%가 지난 30일 동안 남을 괴롭힌 적이 있다고 인정했다.

또 다른 연구에서는 만 9~13세 사이의 아이들 가운데 40%가 괴롭히는 행동을 했다고 말했다. 괴롭힘은 심각한 문제가 되고 있으며 7~9세 피해자의 일부는 심한 구타 혹은 자살로 목숨을 잃고 있다.

오늘날의 괴롭힘은 기존의 '나쁜 아이들'의 이미지와는 거리가 멀다. 남자아이나 여자아이, 유아나 10대, 가난하거나 부자인 아이, 도시 아이나 시골 아이, 누구나 따돌리는 아이가 될 수 있다. 다양한 배경을 가진 4학년에서 6학년까지의 452명을 조사한 연구에서는 매우 명석하고 사교적이며 자신감이 높은 아이들이 주로 남을 괴롭히고 있으며, 이런 아이들은 반에서 '가장 인기 있는' 아이(혹은 파괴적이며 지나치게 활동적인 아이)로 평가되는 경우가 많다고 한다.

나이, 성별, 종교 혹은 민족에 상관없이 다른 아이를 괴롭히는 아이에 대해서는 누구든 즉시 그 행동에 개입해야 할 필요가 있다. 지나가는 하나의 성장과정이라거나 남자아이들 간의 의식적인 행동으로 보는 실수를 범하면 안 된다. 중학교 시절에 끊임없이 남을 괴롭히는 아이로 분류된 남자들의 약 60%가 만 24세가 될 때까지 적어도 한 번의 범죄전과를 갖는 것으로 나타났다. 괴롭히는 행동을 그대로 두는 것은 아이의 성격이나 양심에 재앙과 같은 결과를 가져온다.

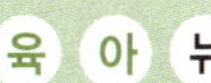

괴롭힘을 부추기는 부모의 문제

노르웨이대학교: 괴롭히는 행동을 연구하고 있는 단 올베우스(Dan Olweus) 박사는 괴롭히는 행동을 하게 만드는 4가지 요소를 찾아냈다.

- 부모의 따뜻한 관심과 참여의 부족.
- 학대적인 행동에 대한 허용적이고 관용적인 태도. 따돌리는 행동에 대한 확실한 제재가 없음.
- 신체적 처벌을 이용하거나 감정을 폭발시키며 아이를 훈육함.
- 공격적이고 충동적이며 쉽게 화를 내는 등 아이의 선천적 기질과 맞지 않는 육아법.

- [ ] 언어적 · 감정적 · 신체적으로 나타나는 반복적이고 고의적인 공격패턴이 있다.
- [ ] 다른 아이를 제외시키거나 소외시킨다.
- [ ] 남을 조롱하거나 겁을 주거나 괴롭힌다.
- [ ] 말 혹은 전자매체를 통해 다른 사람의 명성을 해치고 상처를 주는 악의적인 소문을 퍼뜨린다.
- [ ] 때리거나 주먹질을 하거나 목을 조르는 등 신체적인 공격을 하며 힘을 사용하거나 공포감을 조성해서 겁을 준다.
- [ ] 다른 아이의 물건이나 옷을 망가뜨린다.
- [ ] 다른 아이(혹은 동물)가 고통받는 것을 보며 기뻐한다.
- [ ] 다른 사람이 화가 나 있는 것에 무관심하다. 다른 사람의 관점에서 상황을 보는 것을 어려워한다.
- [ ] 책임지는 것을 거부하거나 잘못된 행동에 대한 증거를 보이면 자신의 행동을 부인한다.
- [ ] 피해자를 비난하거나 그 아이는 '그런 대우를 받을 만하다'고 말한다.
- [ ] 더 어리거나 연약한 아이 혹은 동물을 겨냥한다.

해결책

1단계: 초기 개입

● **원인을 알아낸다.** 첫 번째 단계는 왜 아이가 그런 행동을 하는지 이유를 알아내는 것이다. 2만 명의 아이들을 대상으로 한 연구에서 만 8~12세의 아이들이 남을 괴롭히는 가장 큰 이유는 '짜증나게 해서' '똑같이 갚아주기 위해서'였

다. 다음은 남을 괴롭히게 되는 이유로 나타나는 것들이다. 아이의 상황에 해당되는 것이 있는지 확인해보자.

□ **허용적인 부모.** '남자애들은 그런 행동을 할 수 있어'라는 이유로 따돌리는 행동이 용서된다. 아이가 자신의 행동에 제약이 적거나 없다는 것, 그래서 자기 마음대로 행동할 수 있다는 걸 알고 있다. 어른들이 아이의 행동을 눈감아준다.

□ **권위적인 부모.** 아이가 지나치게 심한 훈육을 받고 있다. 양육관이 지나치게 엄격하다. 부모가 오직 '조건적인' 사랑만을 준다.

□ **자부심 부족.** 관심과 존경을 받으려는 아이의 욕구가 지나치다.

□ **무기력함.** 관심이나 힘을 얻거나 '강함'을 보여주기 위해 공격적인 행동을 한다.

□ **동정심 부족.** 가정에서 동정심이 장려되지 않는다. 아이에게 동정심의 발달을 막는 외상후스트레스장애나 우울증이 있다.

□ **재미.** 괴롭히는 것을 '게임'으로 여긴다. 지루할 때 남을 화나게 하며 즐거움을 찾는다.

□ **공격적인 친구.** 잔인한 것이 '멋지'다고 생각하는 아이들과 어울려 다닌다.

□ **친구를 갖고 싶은 욕구.** 사교성이 부족하거나 남에게 거부당하고 있거나 친구들 사이에서 소외당하고 있다고 느낀다. 무리 안에 끼려고 노력한다.

□ **대처능력의 부족.** 아이가 충동적이며 화를 조절하는 능력이 부족하다. 그리고 그것을 '행동으로 표현'하려는 경향이 있다.

□ **복수.** 아이가 다른 아이들에게 괴롭힘을 당하고 있다.

□ **미디어 노출.** 아이가 공격적이고 잔인한 행동을 미화하는 영화, 게임 등에

노출되어 있으며 그것이 아이의 행동과 태도에 영향을 미치고 있다.

무엇이 아이의 행동을 유발한다고 보는가? 이 문제를 해결하기 위해 당장 취할 수 있는 행동이 있을까?

● **아이에 대한 부정적인 이야기들을 진지하게 받아들인다.** 아이에 대한 부정적인 이야기를 듣는 것은 쉽지 않은 일이다. 하지만 자녀가 다른 아이를 괴롭히고 있다는 이야기를 들으면 무시하지 말자. 학교에서 가장 인기가 있는 아이들, 그리고 심지어 리더 역할을 맡고 있는 아이 중에서도 반사회적인 행동을 보이는 아이들이 있다. 아이의 공격적인 행동을 빨리 발견하는 것이 최고의 방법이다. 그러므로 구체적인 상황을 위해 자료를 요청하자. 아이를 조금 더 주의깊게 관찰하자. 남을 따돌리고 있다는 증거를 찾아보고 들은 이야기들이 사실이라는 생각이 들면 즉시 행동하자. 미시건대학교의 심리학자인 리오나드 에론(Leonard Eron) 교수는 40년간 만 8세 아동 800명의 성장과정을 추적하여 자주 남을 괴롭히는 행동을 보인 25%의 아이들을 따로 추려내었다. 만 30세가 되었을 때 비공격적인 아이들은 5%만이 체포된 경력을 가지고 있었던 데 비해 공격적인 아이들은 4명에 1명꼴로 체포된 경력을 가지고 있는 것으로 나타났다.

● **미디어 시청을 감독한다.** 미국소아과학회와 5개의 다른 주요한 의학단체들은 "흥미 위주의 폭력물 시청은 아이들에게 공격적인 태도, 가치관, 공격성을 증가시킬 수 있다"라고 발표했다. 미국심리학회는 "40년 이상 이루어진 연구의 결과는 텔레비전 속 폭력이 아이들과 어른들의 공격적인 행동에 큰 영향을 미친다는 걸 밝혀냈다"고 경고한다. 미디어의 폭력성에 노출되는 것은 적대감, 공격적인 생각, 다른 사람의 행동에 대한 의심을 증가시키며 갈등을 해소

하는 방법으로 폭력을 사용하게 만든다. 그러므로 아이의 행동에 주의를 기울이자. 아이가 폭력을 허용하는 것으로 보이는 특정한 비디오게임을 한 후나 특정한 영화나 텔레비전을 시청한 후에 더 공격적인 행동을 보이지는 않는지 살피자. 만약 그렇다면 아이의 시청 습관을 확실히 제한해야 한다.

● **동정심을 보인다.** 아이가 따라할 수 있도록 의식적으로 더 친절하고 부드러운 모습의 모범을 보이자. 그리고 아이가 어울리는 친구들이 그런 행동을 하는 사람이어야 한다는 걸 확실히 해두자. 많은 연구결과들은 다른 사람들을 보면서 공격적인 행동을 배우게 된다는 걸 보여준다. 또한 부모가 동정심을 가지고 있으면 아이들 또한 동정심을 보이게 된다고 한다. 이는 부모의 행동이 본보기가 되기 때문이다.

● **아버지가 참여한다.** 아이가 만 5세일 때 아버지가 적극적으로 양육에 참여한 가정의 아이들은 아버지의 참여가 없었던 아이들보다 30년 후에 더 많은 동정심을 가진 민감한 어른으로 성장해 있었다. 아버지의 적극적인 양육참여는 아이가 동정심 있는 아이로 자라나는 가장 큰 요인이 된다. 그리고 괴롭히는 아이들은 자신의 아버지를 공격적인 사람으로 묘사했고 자신은 무신경한 가정에서 자랐다고 보고한다. 만약 바람직한 아버지의 모델이 없다면 삼촌, 사촌, 또는 양아버지 등을 통해 아이를 돌볼 수 있는 강력한 아버지의 역할모델을 찾아야 한다.

2단계 : 신속한 대처

처음으로 남을 괴롭혔을 때의 대처방법

● **가능한 한 빨리 개입한다.** 아이가 남을 괴롭히는 행동에 관여하는 걸 보거나 듣게 되면 즉시 개입하도록 하자. 상황을 확대하지 않도록 침착함을 유지해

야 한다. 아이를 즉시 그 상황에서 멀어지게 한다. 그러고 나서 아이와 함께 앉아 심각하고 확고한 목소리로 그런 행동이 어떤 것인지를 이야기하고 왜 잘못된 행동인지를 설명해주자.

- **부모의 기대를 확인시킨다.** 아이의 행동에 대한 부모의 강한 반대입장을 알리자. 5,548명의 학생을 대상으로 한 설문조사에서 '무엇이 괴롭히는 행동을 그만두게 만드는가'라는 질문에 대해 '자신이 다른 사람을 괴롭히고 있다는 걸 부모님이 알게 되었을 때 자신에 대해 어떻게 생각할지를 알게 될 때'가 가장 많이 나왔다. 일반적으로, 아이들은 또래의 평가만큼이나 부모의 평가도 중요하게 여긴다. 수치스러운 감정이 행동을 유도하는 원인이 될 수 있다. 그러므로 부모의 규칙들을 자녀에게 확실히 알려주자. "우리집에서는 항상 남에게 친절해야 한다. 다른 사람을 잔인하게 대해서는 안 된다."

- **아이의 말에 귀를 기울인다.** 이제 아이에게 상황을 맡긴다. 부모의 역할은 아이의 신경을 거슬리게 만들어 공격성을 유발하는 것이 무엇인지 찾아 아이를 도와주는 것이다. 그러므로 아이의 말을 유심히 듣고 사실들을 모아보자. 예를 들어, 아이가 억울하게 비난을 받고 있는지 혹은 아이 스스로 괴롭힘의 희생자일 수 있는지, 아이가 스스로를 보호하려 했는지, 아이가 친구를 만드는 방법으로서 유일하게 알고 있는 것이 이것인지, 이런 문제들을 깊이 파고들어보자. 언제 어디서 괴롭힘이 일어나고 있는지, 무엇이 괴롭힘을 시작하게 만드는지, 어떤 아이들과 관련되어 있는지, 얼마나 자주 이런 행동이 일어나는지, 증인으로 어른들이 있는지와 같은 세부사항들을 살펴 재발을 막아야 한다. 또한 괴롭히는 아이들은 자신의 행동을 부인하거나 다른 아이들을 비난한다는 사실을 염두에 두어야 한다. 정확한 상황파악을 위해 증인들이 필요할 수도 있다.

● **긍정적인 해결책을 만든다.** 공격적인 행동을 야기한 것이 무엇인지 파악했다면 다음 단계는 해결책을 만드는 것이다. 아이가 혐의에서 벗어나게 하는 것이 아니라 괴롭히는 행동이 다시는 나타나지 않도록 대안을 발전시키는 것이 목표다. 두 가지 예를 보도록 하자.

문제: 힘을 얻어 친구를 만들려 한다.

해결책: 새로운 친구를 사귀는 사회적인 기술들을 알려준다. 사교능력을 키울 수 있도록 친구 사귀는 방법을 가르친다.

문제: 화를 조절할 수 없기 때문에 남을 괴롭힌다.

해결책: 구체적인 분노조절 기술을 가르친다('화를 잘낸다' 참조).

● **행동에 대한 책임을 지게 한다.** 폭력적인 행동을 해도 괜찮다고 생각하도록 아이를 내버려두어서는 안 된다. 공격적인 행동이나 상처를 주는 행동에는 책임을 져야 한다는 걸 강조해주자. 만약 아이가 책임에 대한 합리적인 제안을 하지 못하면 부모가 '죄에 합당한' 것을 정할 수 있다. 만약 친구에게 잔인한 말이 담긴 문자메시지를 보냈다면 휴대폰을 사용하지 못하게 할 수 있다. 만약 다른 아이들과 함께 반 친구를 괴롭힌다면 새로운 친구를 찾도록 해야 한다. 책임을 지는 행동이 어떤 것이든 처벌을 면하게 해서는 안 된다. 폭력적인 괴롭힘에 대해 신체적인 처벌을 해서는 안된다. 폭력이 다른 사람을 대하는 방법이라는 인식을 아이에게 강화시킬 뿐이다.

● **보상하게 한다.** 자신이 준 상처에 대해 보상하도록 요구해야 한다. 비록 피해아동의 고통을 없앨 수는 없겠지만 자신의 행동을 보상하기 위해 무언가를 해야 한다는 걸 깨달을 수 있을 것이다. 진심이 담긴 사과를 하거나 신체적

손상에 대해 치료비를 내고, 혹은 고장난 물건을 고쳐주거나 새 물건으로 보상할 수 있다. 먼저 아이의 보상계획을 물어보자. 그리고 피해 아동의 부모에게 상황을 설명하고 당신의 아이가 사과하고 싶어 한다는 걸 설명하자. 피해 아동의 집을 방문하게 되면 아이와 함께 가는 것이 가장 좋다. 괴롭힘을 당한 아이는 정신적인 두려움을 갖게 되어 직접적으로 괴롭힌 아이와 마주하는 걸 겁낼 수 있다. 괴롭힘이 두 아이 간의 단순한 '말싸움'이나 '피해 아이의 문제'가 아니란 걸 기억해야 한다. 괴롭힘에는 항상 피해 아동에게 불리한 힘의 불균형 문제가 있다. 특히 정도가 심한 폭력적 괴롭힘이라면 당사자 둘이 만나는 건 긴장감을 일으킬 것이다. 그러므로 직접 만나 사과하기, 전화하기, 편지 보내기 등 가장 좋은 사과방법을 정하도록 하자.

● **부모의 기대를 반복적으로 확인시킨다.** 단 한 번의 가르침으로 아이의 행동이 영원히 변하리라는 기대는 하지 말자. 집에서나 밖에서나 남을 괴롭히는 행동은 용인되지 않을 거라는 부모의 투철한 교육관을 계속 확인시키자. 친구를 만나기 전에 이 사실을 다시 되새겨주자. "용수가 놀러 오고 있어. 네가 친절히 행동하기를 바란다. 그렇지 않으면 네가 놀 수 없다고 용수한테 말할 수밖에 없단다"라고 말하자.

더 심각해지고 반복되는 괴롭힘에 대한 대처방법

● **아이를 더욱 주의깊게 관찰한다.** 다른 아이들과 함께 집에 있을 때나 밖에 있을 때도 아이의 행동을 확인할 것이라고 알려주자. 만약 특정한 아이만을 괴롭히고 있다면 '한계'의 규칙을 정하도록 하자. 피해 아이에게 일정한 거리 안에는 다가가지 못하게 한다(어린 아이의 경우에는 방의 크기 등 시각적인 방법을 이용한다). 어떤 변명도 허락하지 않는다. 친구들에게 친절히 대해야 한다는

걸 이해할 때까지 친구와 노는 것을 금지시킨다. 만약 다른 아이가 자녀를 감시하게 해야 한다면 그렇게 하도록 하자.

- **육아 파트너들과 상의한다.** 모든 사람들이 똑같은 계획을 따를 수 있도록 선생님, 베이비시터, 운동코치 등 관련된 보육자들과 이야기를 할 거라고 아이에게 설명해준다. 그러고 나서 며칠 이내에 약속을 잡아 아이와 함께 회의에 참가하여 모두가 똑같이 행동할 수 있도록 하자. 선생님의 의견을 잘 듣고 아이의 관점도 주의깊게 들어주자. 그러고 나서 공격적인 행동을 없앨 계획을 세우며 긍정적인 대안들을 찾아보자.

- **전문가의 도움을 받는다.** 만약 아이의 괴롭히는 행동이 개선되지 않거나 증가한다면 좀더 철저한 행동심리적 분석을 위해 상담교사에게 면담을 신청하자. 만약 학교에서 이런 도움을 받을 수 없다면 정신건강 전문의를 찾아가자. 소아청소년정신과 의사는 관련 정보들을 가지고 있을 것이다. 부모의 목표는 아이의 공격적인 행동이 멈출 수 있도록 행동계획을 짜주고 변화를 위한 새로운 습관을 기르도록 도와줄 이를 찾는 것이다.

3단계 : 변화를 위한 습관

아이를 변화시킬 수 있는 방법은 왜 친구를 괴롭히는지 그 이유를 찾아내고 잘못된 행동들을 대신할 새로운 습관들을 가르치는 것이다. 다음의 사항들을 아이에게 지도하자(단, 아이의 상황에 해당되는 것들을 고른다).

- **친구 사귀는 기술을 가르친다.** 만약 아이가 친구를 사귀거나 친구관계를 유지하는 법을 몰라 친구를 괴롭히고 있다는 생각이 들면 (아이가 눈치채지 못하게) 아이를 좀더 주의깊게 관찰하면서 아이가 배울 필요가 있는 특정한 사교

기술들을 찾아보자. 예를 들면, 대화를 시작하는 방법, 우아하게 지는 방법, 허락을 얻는 방법, 평화롭게 문제를 해결하는 방법 등이 있을 것이다('다툼이 잦다' 참조). 그리고 아이에게 새로운 전략을 보여주고 혼자서도 그 기술들을 사용할 수 있을 때까지 연습을 시키자. 한 번에 새로운 기술 하나만을 가르치자.

● **공격적인 '친구들'을 점검한다.** 다른 아이들의 행동을 따라하면서 공격성을 배우고 있지는 않은지 살피자. 괴롭힘은 학습되는 것이므로 어떤 친구들과 어울리고 있는지 주시하자. 또한 보육기관, 스포츠팀, 혹은 아이가 참가하고 있는 방과후교실 등을 확인한다. 만약 신체적·정신적 힘을 과시하는 아이들과 함께 있다면 그들과 분리시켜 새로운 친구들을 찾도록 해줘야 한다. 아이가 전화나 컴퓨터로 그들과 연락하는 것을 금지한다. 아이의 일정을 바꾸거나 선생님에게 아이의 자리를 옮겨달라는 부탁을 하거나, 반을 바꾸거나, 혹은 가장 최악의 상황에서는 전학을 가거나 이사를 가야 할 수도 있다. 친구를 학대하는 아이들과 어울리지 못하게 해야 한다. 그리고 새로운 친구들을 만들 수 있는 활동, 스카우트, 스포츠팀과 같은 사회적인 장소들을 제공해주자('나쁜 친구들' 참조).

● **동정심을 키운다.** 만약 자신의 행동이 피해 아동에게 고통을 준다는 걸 인식하지 못하거나 신경 쓰지 않는다면 아이의 동정심을 발달시켜줘야 한다('무신경하다' 참조). 다음과 같은 방법들을 활용해볼 수 있다.

☐ **역할극을 해본다.** '입장을 바꿔' 피해자인 것처럼 행동하도록 요구하자. 그리고 "만약 다른 사람이 너에 대해 그렇게 말한다면 어떻겠니?"라고 물어보자. 어린 아이라면 인형을 활용해 다른 사람의 역할을 하며 관점을 이해할 수 있게 해주자.

□ **이야기를 활용한다.** 피해를 당한 아이에 관한 이야기를 읽어주거나 전해주자. 이야기를 만들 수도 있고 뉴스에서 실제 예들을 찾을 수도 있다. "이 이야기에서 누가 너와 비슷하니?"라고 물어보자.

□ **더 어린 아이를 가르치게 한다.** (사촌, 이웃집 아이, 부모 친구의 아이 등) 어린 동생들에게 본인이 잘하는 과목이나 기술 등을 가르치게 해보자.

□ **아동 문학 혹은 영화들을 이용한다.** 동정심에 관한 이야기를 다룬 책이나 영화를 접하게 한다.

□ **감정에 대해 이야기한다.** 감정에 대해 이야기하며 고통받고 있는 사람들의 감정이 어떨지를 말해보게 한다.

□ **남을 돌보는 행동을 장려한다.** 아이의 친절한 행동들을 칭찬해서 그 행동을 반복하게 만든다.

□ **'좋은 일'을 할 수 있는 방법들을 찾는다.** 가족 모두 지역 봉사활동을 하는 것을 고려해보자. 노숙자 쉼터에서 음식 배급하기, 공원의 쓰레기 줍기, 아프고 나이 많은 이들에게 음식 배달하기 등이 있을 수 있다.

● **분노를 다스리는 건전한 방법들을 찾는다.** 아이가 넘치는 기운을 이기지 못해 행동으로 내뿜는 건 아닐까? 그렇다면 무술, 복싱, 수영, 축구와 같이 아이의 분노를 표출할 만한 긍정적인 대안을 찾아보자. 힘의 방향을 돌리고 자신의 노력에 칭찬받을 수 있는 신체활동을 찾도록 하자. 그리고 분노를 절제하는 방법들을 배우게 하자('화를 잘낸다' 참조).

3~6세 이 나이에는 괴롭힘이 때리기, 물기, 꼬집기, 찌르기와 같이 신체적인 공격으로 나올 것이다. 이 시기의 괴롭힘이 고의적인 것은 아니라고 하지만 계속 내버려두면 습관이 될 수 있다. 유아기는 자기중심적인 시기이므로 다른 사람들의 감정과 욕구를 고려하는 게 어렵다.

7~9세 학교에 다닐 나이가 되면 괴롭힘이 증가한다. 언어적인 모욕과 비방이 만연해진다. 4학년 정도가 되면 다른 아이를 소외시키는 행동이 문제로 나타난다.

10~13세 만 11~12세가 괴롭히는 행동에서 가장 극에 달하는 시기이며, 그 방법은 더욱 은밀해진다. 이 또래의 아이들은 피해 아이들을 비난하는 경향이 있다. 여자아이들은 고의적으로 한 아이를 제외시키거나 피하거나 혹은 악의적인 소문을 퍼뜨린다.

 우리집 맞춤 처방전

아이의 못된 행동을 용인하지 않았어요!

제 아이가 남을 괴롭히고 있다는 사실을 인정하기까지는 오랜 시간이 걸렸습니다. 아이 자신이 준 상처에 대해 책임지지 않으려 한다는 걸 깨달았을 때가 저의 한계였습니다. 괴롭힌 아이에게 진심이 담긴 사과를 하라고 했습니다. 그리고 직접 만나 사과를 하거나 전화를 걸어 미안하다고 말하거나 자신의 행동을 보상할 무언가를 제공하도록 했습니다. 아이는 못된 행동이 계속되는 걸 엄마가 허락하지 않을 거라는 걸 깨닫자 행동이 달라지기 시작했고 자기 행동에 대한 책임을 지기 시작했습니다.

도와주세요

괴롭힘을 당하는 아이의 적신호

언어적 · 신체적 학대를 당한다.

반복적으로 악의적인 희롱을 당한다.

자신을 변론하거나 보호할 능력이 없다.

부모가 해야 할 일은?

아이가 스스로를 방어하며 자신의 신변안전을 확보하고 자신감을 얻는 법을 배울
수 있도록 해준다. 아이가 따돌림의 대상이 되지 않도록 도와준다.

? 제 아들을 끊임없이 괴롭히는 이웃집 아이가 있습니다. 우리 아들이 괴롭
힘을 당하지 않도록 하려면 제가 어떻게 도와줘야 할까요?

무자비한 아이들로부터 아이를 보호해줄 수는 없지만 희생양이 될 가능성을 줄여줄 수 있습니다. 아이에게 아주 중요한 비밀을 가르쳐주세요. 괴롭히는 아이들은 힘을 행사하고 싶어서 다른 아이들이 걸려들기를 기다리고 있다는 사실을 말입니다. 만약 괴롭힘에 반발해서 화를 내면 괴롭히는 아이가 이기게 되는 거라고 알려주세요. 그리고 괴롭힘에 반응하면 괴롭히는 아이는 그런 행동을 반복하게 되리라는 것도 알려주세요. 자신을 괴롭히는 아이에게 냉정한 표정을 지을 수 있도록 자녀를 연습시켜주시고요.

왜 변해야 할까?

만약 자녀가 괴롭힘을 당하고 있다면 아이는 내적인 상처를 받고 있을 것이다. 여러 보고서들은 예전과 비교하여 따돌림 현상이 더 어린 나이에 시작되고, 더 자주, 더 공격적인 형태를 보인다고 전한다. 그리고 괴롭힘을 당하거나 혹은 당했던 아이들은 폭력적인 행동에 관여할 가능성이 훨씬 높음을 보여준다. 괴롭히는 행동은 피해자가 되든 가해자가 되든 매우 심각하게 다뤄져야 할 문제다('친구를 괴롭힌다' 참조).

괴롭히는 아이는 언어로(소문 퍼뜨리기, 잔인하거나 성적인 말 혹은 제스처 하기), 육체

괴롭히는 아이의 부모와 연락을 해야 할까?
전국학부모조사(National PTA Survey)에 의하면 부모들 가운데 1/4만이 괴롭힘을 해결하기 위해 다른 부모들과 연락을 한다. 괴롭히는 아이의 부모들은 주로 자기 아이에게 잘못이 있다는 걸 부인하거나 상대 아이를 비난하며 상대가 자신의 육아법을 비난하는 것처럼 느낀다. 그러므로 중재를 위해 교장선생님이나 담당자와 같은 객관적인 외부인이 필요할 수도 있다. 외교적인 접근방법으로 "아이들의 관계가 걱정이 되어서요"라고 말문을 트는 것이 최고의 방법일 것이다. 만약 아이를 비난하는 전화를 받게 되면 잘 들어보자. 부모가 생각하는 것만큼 아이에게 잘못이 없지 않을 수도 있다.

적으로(때리기), 감정적으로(소외시키기, 모욕주기, 협박하기, 강요하기, 못살게 굴기) 혹은 도구들을 통해(휴대전화, 문자, 이메일, 인터넷 등) 자녀를 괴롭힐 수 있다. 괴롭히는 비율은 연구결과나 출처에 따라 다르지만 미국 학생의 1/3이 괴롭힘을 당하거나 괴롭히는 입장에 있다고 보고한 연구가 있다. 또 다른 조사에서는 4명 가운데 1명이 학교에서 괴롭힘을 당할 것이라고 예측한다. 하루 16만 명의 아이들이 괴롭힘이 무서워 학교에 가지 않는다고 한다. 한 가지 분명한 사실은, 괴롭힘은 계속 진행 중인 문제이고 우리의 아이 또한 괴롭힘을 당할 수 있다는 점이다. 이런 잔인하고 폭력적인 습관들은 학습되며 절대로 용납되어서는 안 된다. 괴롭힘은 학교의 문제들 가운데서도 최상위를 차지하며 많은 학생들은 부모와 괴롭힘에 대해 이야기하는 것이 스트레스를 줄여주지 않는다고 대답했다. 부모가 항상 자녀의 일에 관여하며 아이를 보호해줄 수는 없지만 처음부터 아이가 희생양이 되는 건 막을 수 있다.

어떤 행동을 보일까?

아이가 괴롭힘을 당하고 있으며 부모의 도움을 필요로 한다는 걸 보여주는 신호들이 있다. 만약 아이가 다른 또래들에게 조롱을 당하거나 괴롭힘을 당한다고 불평하면 아이의 말을 심각하게 받아들이자. 그러나 불행히도 부모에게 괴롭힘을 받는다는 사실을 말하지 않는 경우가 많으므로 아이의 행동변화를 잘 관찰해야 한다.

- 몸에 난 상처, 멍, 긁힌 자국 혹은 찢어진 옷에 대해 설명하지 못한다.
- 장난감, 학교 물품, 옷, 돈을 잃어버린 것 등을 설명하지 못한다.
- 혼자 남겨지는 것을 두려워한다. 학교에 가지 않으려 한다. 스쿨버스에 타는 것을 두려워한다. 갑자기 부모에게 매달린다.
- 갑자기 우울해지거나 위축되거나 회피한다. 외로움을 느낀다는 말을 한다.

□ 평소의 행동이나 성격이 눈에 띄게 변했다.

□ 두통, 복통과 같은 신체적인 고통을 호소한다. 학교의 양호실을 자주 찾는다.

□ 불면증을 겪거나 악몽을 꾼다. 잠들기 전에 운다. 침대에 오줌을 싼다.

□ 형제자매 혹은 어린 아이들을 괴롭히기 시작한다.

□ 화장실 가는 것을 집에 올 때까지 참는다.

□ (점심 사먹을 돈이나 점심을 빼앗겨서) 집에 오면 허겁지겁 폭식을 한다.

□ 갑자기 성적이 눈에 띄게 떨어진다. 집중하는 걸 어려워한다.

부모 시선 집중!

괴롭힘이 증가하고 심각해질 때 해야 할 8가지 일

오늘날 괴롭힘이 점점 증가하고 있으며 점점 더 공격적이 되고 무기가 사용되기도 한다. 괴롭힘이 심해질 때 해야 할 일들은 다음과 같다.

1. 도움을 줄 준비를 한다. 만약 아이가 다칠 가능성이 있다면 부모가 직접 개입해야 한다.

2. 기관 및 당국에 알리고 도움을 청한다. 아이에 대한 책임을 맡고 있는 관계자들에게 알린다. 아이와 관련된 모든 어른들이 다양한 방향에서 접근하면서 해결책을 찾아야 한다. 학교 양호선생님과 이야기를 하자. 피해 아이는 도망칠 방법으로 아프다면서 양호실을 자주 찾아갈 것이다.

3. 기록을 남긴다. 증거가 필요할 수 있으므로 찢어진 옷, 협박 메일, 증인들의 이름, 전화번호와 그 외 세부사항 등을 증거로 확보한다.

4. 비밀보장을 요구한다. 보복행위가 일어나지 않도록 문제에 대해 이야기할 사람의 수를 최소한으로 줄인다.

5. 보호할 준비를 한다. '내 아이의 안전을 보장하기 위해 무엇을 할 것인지'를 명확히 한다. 주변의 도움을 받지 못한다면 한 단계 더 올라가자. 교장, 책임자, 학교 이사회 혹은 경찰에 알리도록 하자.

6. 면전에 만나는 일이 없도록 확실히 한다. 아이를 교실, 점심시간, 버스, 운동팀 등에서 괴롭히는 아이로부터 멀리 있게 한다. 괴롭히는 아이가 일정한 거리 이내에 다가오지 못하게 하는 것이 좋다.

7. 저항에 대비한다. 아이를 '강하게 만들라'는 말을 듣게 되더라도 놀라지 않는다.

8. 조금도 방심하지 않는다. 아이를 보호하기 위해 아이의 반이나 팀을 바꾸거나 학교를 옮길 수도 있다.

1단계: 초기 개입

- **지금 당장 이야기를 시작하자!** 괴롭힘을 당하는 걸 부끄러워하거나 수치스럽게 여기는 아이들은 부모나 선생님에게 말하는 걸 꺼려할 수 있으며 일반적으로 침묵 속에서 고통을 겪으며 학교를 멀리하려고 한다. 그러므로 괴롭힘을 당하는 일이 일어나기 전에 아이와 괴롭힘에 대해 이야기를 나누어야 한다. 부모가 항상 곁에 있을 것이며 괴롭힘을 당하는 것을 심각한 문제로 받아들일 것임을 알려준다. 아이가 아는 친구가 괴롭힘을 당한다는 이야기를 듣거나 TV에서 그런 얘기가 나오면 대화의 주제로 삼아 이야기를 시작해본다.

- **도와주기를 그만둔다.** 만약 아이 스스로 문제를 해결하길 원한다면 아이의 문제에 너무 빨리 개입하거나 아이를 대변해주어서는 안 된다. 아이가 자신의 목소리를 주장하며 괴롭힘에 맞설 준비를 하게 해야 한다. 부모가 항상 도움을 주면 아이는 더 큰 괴롭힘의 희생양이 될 수 있다.

- **괴롭힘이 자주 일어나는 장소들을 피하게 한다.** 괴롭힘은 주로 복도, 계단, 운동장(나무 아래나 구석), 공원, 화장실 등 감독되지 않는 곳에서 일어난다. 전국적으로 실시한 한 조사에서는 아이들의 43%가 괴롭힘이 두려워 학교 화장실 사용을 꺼린다고 대답했다. 괴롭힘이 자주 일어나는 장소들을 아이에게 알려주고 그런 장소들을 피하라고 일러주자.

- **도움을 줄 수 있는 친구를 찾도록 하자.** 아이에게 때로는 사람수가 많은 것이 안전할 수 있다고 말해주자. 비밀을 털어놓을 수 있는 친구가 1명이라도 있는 아이는 혼자인 아이보다 괴롭힘에 훨씬 더 잘 맞설 수 있다. 아이와 짝지어 다닐 수 있는 친구들이 있는지 확인해보자.

2단계 : 신속한 대처

●**아이의 말을 진지하게 받아들인다.** 육아에서 가장 큰 문제는 아이가 괴롭힘에 대해 말할 때 진지하게 들어주지 않는 것이다. 그러므로 아이의 말을 믿고 부모에게 말해준 것을 고맙게 생각한다고 말해주자. 그리고 안전하게 지낼 방법을 찾아주겠다고 하자. 49%의 아이들이 학기 중에 적어도 한두 번 괴롭힘을 당했다고 부모에게 말했지만 37%의 부모만이 아이들의 말을 믿었다는 결과가 나왔다. 또 다른 조사에서는 부모에게 괴롭힘을 당하고 있다고 말한 만 8세에서 만 11세 사이의 아이들은 그 일에 대해 자주 대화를 나누고 있지 않으며 기억나지도 않는다고 대답했다. (74%의 아이가 학교에서 괴롭힘과 놀림을 받는다고 대답했음에도 불구하고) 아이들 가운데 절반은 그 대화의 내용을 전혀 기억하지 못하겠다고 대답했다.

●**괴롭힘인지 확인한다.** 괴롭힘은 항상 고의적이고 악의적이다. 한 번만 일어나는 일이 아니며 항상 불균등한 힘의 논리가 작용하는 문제이다. 피해자는 꿋꿋하게 자신을 방어할 수 없을 것이다. 괴롭힘은 놀리는 것과는 전혀 다

육아 119

아이가 괴롭힘을 당하지 않을 수 있는 'PLAN' 법칙을 알 수 있도록 도와준다.
다음의 네 가지 사항을 아이에게 알려줘서 괴롭힘을 당하거나 다치지 않도록 해주자.
P(Pal Up) **뭉쳐다닌다.** 큰 무리와 어울려 다닌다. 친구와 함께 있거나 아이를 도와줄 수 있는 나이 많은 친구를 찾는다.
L(Let an Adult Know) **어른에게 알린다.** 아이가 신뢰하는 어른에게 이야기하고 안전하지 않다고 느끼면 그 사람을 찾아가라고 한다.
A(Avoid Hot Spots) **위험한 장소를 피한다.** 화장실, 운동장 구석, 계단 밑과 같이 괴롭힘이 자주 일어나는 장소를 멀리하라고 한다.
N(Notice Your Surroundings) **주위를 살핀다.** 문제가 생길 것 같다는 생각이 들면 그 자리를 떠난다. 다른 길을 택하되 혼자 가지 않는다.

른 문제다. 더 높은 단계의 협박과 학대를 포함하고 있다. 우선 아이가 정말
로 괴롭힘을 당하는지 확인하고 적절한 대응법을 알려주어야 한다. "사고였
니, 아니면 그 아이가 일부러 널 다치게 한 거니?" "네가 그 아이를 화나게 만
들 만한 말이나 행동을 먼저 했니?" "그 아이가 이런 행동을 한 번 이상 했
니?" "자기가 널 다치게 한다는 걸 그 아이는 알고 있었니?" "네가 화가 났거
나 슬프다는 걸 그 아이는 신경 썼니?" "그 아이에게 그만하라고 말했니? 그
아이가 네 말을 들었니?"라는 질문들을 아이에게 해보자. 만약 아이가 괴롭힘
을 당하는 건지 어떤지 확신이 서지 않으면 다른 목격자들과 이야기해보도록
하자.

● 의심스런 모든 것을 끝까지 파헤친다. 아이들은 괴롭힘을 당하고 있다는 걸
어른들에게 말하려 하지 않는다. 그러므로 부모가 염려하는 사항을 아이에
게 먼저 말해야 할 수도 있다. 위에서 말한 괴롭힘의 증상들을 다시 한 번 살
펴보고 아이에게 직접 물어보자. "항상 배가 고픈 것 같구나. 점심은 먹고 있
니?" "CD들이 사라졌구나. 누군가 가져갔니?" "옷이 찢어졌더구나. 누가 너

육 아 뉴 스

미네소타대학교: 아이에게 좀더 관심을 쏟자. 끊임없는 괴롭힘은 심각한 정신적 고통을 줄
뿐 아니라 자부심에도 손상을 준다. 남자아이와 여자아이는 다른 방법으로 괴롭힘을 당한
다. 여자아이들이 주로 정신적·언어적 괴롭힘의 피해를 입는 반면 남자아이들은 주로 신체
적 가해나 위험을 당하고 있다. 괴롭힘이 언어적이든 신체적이든 관계상의 문제이든 간에
장기적인 결과는 똑같이 해롭다. 남자아이와 여자아이 모두 높은 수준의 정신적인 고통과
외로움, 자신감 상실, 불안, 우울의 증세를 보이게 된다.

워릭대학교: 최근 연구를 보면 만 6세에 따돌림의 피해자가 되었던 여자아이들은 만 10세
가 되어서도 여전히 따돌림의 피해자일 가능성이 높다고 나타난다.

두 연구결과 모두 자녀에게 관심을 두고 따돌림을 심각한 문제로 받아들일 것을 경고한다.

에게 그렇게 한 거니?"

- **관련된 사실들을 모은다.** 괴롭힘에서 벗어날 계획을 세우려면 관련된 모든 사실들을 알아야 한다. "무슨 일이 일어났니? 누가 그렇게 했니? 그때 넌 어디에 있었니? 거기에 누가 있었니? 혼자 있었니? 이런 일이 전에도 일어났니? 얼마나 자주 일어났니? 어떻게 괴롭힘이 시작된 거니? 너는 어떤 행동을 했니? 그 아이가 다시 괴롭힐 것 같니? 누군가 너를 도와주었니? 어른이 그 사건을 보았니? 그 어른이 도와주었니?"와 같은 질문을 하자.

- **행동계획에 대한 구체적인 조언을 한다.** 대부분 아이는 스스로 괴롭힘을 해결할 수 없으며 부모의 도움을 필요로 한다. 그러므로 구체적인 계획을 제시해야 한다. 예를 들어, 만약 버스 안에서 괴롭힘이 일어난다면 운전기사 바로 뒤에 앉으라고 하자(가장 나쁜 자리는 오른쪽 맨 뒤 운전기사가 거울로 학생들을 볼 수 없는 곳이다). 또는 나이가 많은 아이에게 자녀를 보살펴달라고 부탁하거나 학교까지 아이를 데려다주고 데려올 수도 있다.

- **믿을 수 있는 어른을 찾는다.** 부모가 없을 때 아이를 도와줄 수 있는 어른을 찾는다. 이 문제를 진지하게 받아들이고 아이를 보호해줄 수 있고 필요하다면 이 문제를 비밀로 지켜줄 수 있는 사람이어야 한다. 선생님, 이웃, 양호선생님, 스쿨버스 기사 혹은 수위 아저씨 등 아이가 믿을 수 있는 사람이면 누구든 될 수 있다. 10~13세 아이들은 도움을 구하려 하지 않는다. 또한 이 시기는 괴롭힘의 정도가 훨씬 심해지기 때문에 피해를 입는 아이들은 고립되어 갇혀 있는 기분을 느낄 것이다.

- **약속을 하지 않는다.** 아이를 지켜야 할 때가 올 수 있으므로 아이와의 대화를 비밀로 하겠다는 약속은 하지 않는다. "네가 다치지 않도록 해야 하기 때문에 다른 사람에게 말하지 않겠다는 장담을 할 수는 없구나. 이런 일이 다시는 일

어나지 않도록 무엇을 할 수 있는지 함께 찾아보자."

3단계 : 변화를 위한 습관

마지막 단계는 아이에게 새로운 습관들을 가르쳐서 아이 스스로 자신의 신변을 보호하고 괴롭힘의 대상이 되지 않도록 하는 것이다. 아이들이 알아야 할 '괴롭힘 방지' 전략들을 소개해본다.

- **피해자처럼 행동하지 않는다.** 당당한 태도의 아이들은 괴롭힘의 대상이 되기 어렵다. 아이에게 당당히 어깨를 펴고 고개를 드는 자세를 보여 자신감 있고 약하지 않게 보이라고 조언해준다.

- **차분함을 유지하고 반응하지 않는다.** 괴롭히는 아이들은 힘을 행사하고 싶어서 다른 아이들의 반응을 유도하려 한다. 그러므로 아이에게 차분함을 유지해서 괴롭히는 아이가 자기를 화나게 만들었다는 걸 알지 못하게 하라고 말해준다. 어린 아이에게는 '괴롭힘 방지 조끼'를 입고 있는 것처럼 행동하라고 하면서 무서워하고 있는 것처럼 보이지 않도록 하라고 알려주자.

- **단호한 목소리로 "싫어"라고 말한다.** 만약 아이가 반응할 필요가 있다면 단호하고 강한 목소리로 간략하고 직접적으로 말하라고 하자. "싫어. 그만둬. 그만해. 물러서." 그리고 어깨를 당당히 펴고 그 자리를 떠나라고 하자. "제발 그만해"라고 애원하거나 "네가 그렇게 하면 나는 정말 화가 나"와 같은 감정적인 메시지는 거의 효과가 없다. 일단 자녀가 이 전략에 동의하면 혼자서도 말할 수 있도록 반드시 연습을 시켜야 한다.

- **무표정한 얼굴로 바라본다.** 자신을 괴롭히는 아이를 향해 똑바로 무심한 눈빛으로 쳐다보라고 하자. 감정의 동요가 없고 관심이 없다는 걸 보여줄 수 있

도록 연습해야 한다.

- **그 장소를 떠난다.** 그 장소를 가능한 한 빨리 떠나라고 말해준다. 다른 아이나 어른이 있는 장소로 이동하는 것이 좋다. 뒤돌아보지 말라고 하며 필요하다면 도움을 청하고 자신을 방어할 필요가 있다면 오직 최후의 수단으로 싸움을 할 수도 있다고 일러준다.

- **자신감을 키운다.** 괴롭힘에 대한 최고의 방어는 자신감을 키우는 일이다. 자신감이 없는 아이들은 희생양이 되기 쉽다. 무술, 복싱, 역도 등을 통해 자신감을 키울 수 있도록 하자. 취미, 관심, 스포츠, 재능과 연관해서 아이가 즐길 수 있고 잘할 수 있는 것들을 찾아주자. 그리고 아이가 자신의 문제를 해결하고 옹호할 기회들을 만들어주자.

나이별 육아법

3~6세 이 시기에 나타나는 괴롭힘은 자기 마음대로 행동하기 위한 수단이다. 괴롭힘은 주로 깨물기, 차기, 밀기와 같은 신체적인 가해로 나타나며 고의성은 없다. 공격성은 충동 혹은 감정조절능력이 부족하기 때문에 일어난다. 공격적인 행동이나 잔인한 행동을 허락해서는 안 된다.

7~9세 초등학생이 되면 직접적인 괴롭힘이 늘어나며 언어적인 괴롭힘이 주를 이룬다. 신체적인 괴롭힘은 나이가 어린 아이들에게서 계속 나타난다. 4학년이 되면 특정 아이를 무리에서 제외시키면서 상처를 준다. 성별을 넘어서는 따돌림(특히 인기가 없는 남자아이들이 인기 있는 여자 아이들을 놀리는 것)이 4학년에서 6학년 사이에 일어난다는 것이 새로운 연구를 통해 밝혀졌다.

10~13세 괴롭힘 문제가 최고조에 이르는 시기로, 6학년에서 중학생 사이에 가장 많이 일어난다. 평균적으로 중학생 아이들은 하루에 적어도 한 번은 언어적인 괴롭힘을 당하고 있다. 관계형 공격, 소문 퍼뜨리기, 정신적 괴롭힘이 여자아이들 사이에서 흔히 일어난다. 문자, 종이, 휴대전화, 웹사이트, 친목네트워크 사이트, 이메일 등을 통한 괴롭힘이 시작되며 성희롱도 일어난다. 초등학교 5학년에서 중학생까지 아이들 가운데 40%가 또래(주로 남자아이들)에 의한 성희롱을 경험했다고 대답했다.

우리집 맞춤 처방전

괴롭힘을 없애기 위해 부모들이 함께 행동했어요!

아들이 괴롭힘을 당하고 있다는 걸 알게 된 후로 저는 다른 부모들과 이야기를 하기 시작했습니다. 괴롭힘이 학교에서만이 아니라 동네에서도 빈번히 일어난다는 걸 알게 되었습니다. 다른 부모들과 함께 '지역 감시단'을 만들고 아이들이 방과 후에 갈 수 있는 '안전한 집'을 만들었습니다. 그리고 학부모 단체를 만들어 우리의 걱정을 교육 담당자들과 논의하고 학부모회의 도움을 요청했습니다. 괴롭힘을 없애기 위해 부모들이 함께 행동했고 우리는 우리의 임무를 성공적으로 수행했습니다.

도와주세요

고자질하는 아이들의 적신호

상처를 주려고, 책임감을 피하려고, 동정심이나 관심을 얻으려고 남의 행동이나 계획에 대해 험담을 하거나, 불평을 하거나 혹은 그에 대한 이야기를 한다.

문제를 어떻게 해결해야 할지 모르기 때문에 고자질을 해서 다른 사람이 중재자가 되게 하거나 문제를 해결하도록 한다.

부모가 해야 할 일은?

책임감 있게 적합한 말을 할 때가 언제인지를 배우고 자신이 무엇을 말해야 하는지를 판단할 수 있도록 도와준다. 또한 자신의 문제를 해결하는 능력을 발전시키도록 해준다.

왜 변해야 할까?

"엄마! 재희가 과자를 훔쳐 먹었어요!" "영철이가 나를 꼬집었어요!" "내가 아빠에게 이르면 넌 이제 큰일날 거야." "선생님께 네가 방금한 일을 말할 테야!"

현실을 보자. 고자질은 진정한 친구관계를 방해할 수 있다. 누가 자신이 한 나쁜 일에 대해 곧바로 윗사람에게 밀고하는 사람과 친구가 되고 싶겠는가? 고자질은 학습된 습관이며 일반적으로 유아기 때 시작되는데, 악의적인 뒷말이라 불리는 이 행동은 어느 나이에서나 나타날 수 있는 문제행동의 첫 단계다. 만약 친구들을 계속 고자질하고 있다면 아무도 그 아이와 함께 있지 않을 것이다. 어떤 아이가 자기에 대해 항상 고자질하는 사람과 놀고 싶겠는가? 이런 행동에는 그것을 보상해줄 만한 장점이 없다. 오직 고자질한 아이와 고자질 당한 아이 사이에 나쁜 감정이 생길 뿐이고, 많은 경우에는 분노나 친구관계의 단절이 이어진다. 고자질쟁이는 신뢰할 수 없는 사람이거나 착한 척하는 아부쟁이가 되고 싶어 하는 사람으로 보일 것이다. 또한 고자질쟁이는 어른들 사이에서도 평판이 나빠질 수 있다. 자녀가 항상 불평과 사소한 문제로 자신을 괴롭히는 아이와 친구가 되기를 바라는 부모는 없을 것이다. 하지만 고자질을 하는 행동은 변화시킬 수 있으며 이를 위한 간단한 해결책들을 제시해본다.

해결책

변화를 위한 5가지 전략

1. 이유를 알아낸다.

무엇이 고자질을 유발하는지부터 질문해보자. 가능성이 될 만한 원인들은 다음과 같다. 아이에게 적용되는 것이 있는지 확인해보자.

□ 아이가 부모의 관심을 얻기를 갈망하는가?

□ 아이가 주도권을 얻고자 하는가? 형제자매나 친구를 문제상황에 처하게 만들 수 있다는 점에서 고자질은 꽤 강력한 힘을 발휘한다.

□ 자기에게 상처를 준 아이에게 복수하려 하는가? 이것이 아이의 보복방식인가?

□ 아이가 어떻게 문제를 해결해야 하는지 모르는 상태에 빠져 있고, 그래서 어른이 개입하여 모든 것을 해결해주기를 바라는가?

□ 부모와 함께 있을 시간이 부족하여 고자질을 해서라도 자신의 삶에 어떤 일이 일어나고 있는지를 부모에게 알리려고 하는가?

□ 충동조절력이 부족해서 자기 마음속에 이야기들을 담아둘 수 없는가?

□ 또래 아이들 속에 소속될 수 없기 때문에 어른들의 세계에 들어가려 하는가?

□ 심한 정도의 양심을 가지고 있는 아이인가? 극도로 강한 도덕적인 가치관은 아이를 친구들을 제쳐두는 독선으로 이끌 수 있다.

□ 자기주장을 펼치는 기술이 부족하고 스스로를 변호하는 능력이 부족한가? 부모를 통해 자신의 욕구가 다른 아이들에게 전해지기를 바라는가?

아이들의 '고자질'이 필요할 때

한 조사에 의하면 미국 아이들의 81%가 '침묵의 법칙'을 깨고 학교안전을 위협하는 학생들에 대해 알릴 마음이 강해졌다고 한다. 끔찍한 교내 총격사건이 줄지어 일어나기 전, 나이가 많은 아이들은 '고자질'한다는 생각에 위협에 대해 알리기를 꺼렸다. 아이들에게 그런 보고는 고자질이나 악의적인 소문이 아니라는 점을 알게 해줘야 한다. 아이들은 '적극적'인 학생이 되어야 한다. 위협을 받거나 다치거나 위험에 처해 있을 때 어떤 어른에게 가는 것이 안전하고 편안하다고 느끼는지 이야기해보자. 학교안전에 관한 것이라면 아이들이야말로 최고의 탐지기가 될 것이다. 살인, 자살 혹은 교내총격을 저지른 청소년들의 2/3가 자신이 무슨 일을 할 건지에 대해 또래와 이야기를 나눴다고 한다. 아이들에게 위협이 있을 경우 어른에게 알리면 진지하게 받아들여지리라는 확신을 주고 근거 있는 우려를 어른에게 말하는 것이 중요하다고 강조해야 한다.

□ 자신이 부모에게 도움을 주고 있다고 생각하는가? 혹은 부모가 이런 관계를 강화하고 있는가? "말해줘서 고맙구나." "글쎄, 그런 친구들과는 어울리지 않는 게 좋겠구나." 아이의 모든 작은 불만사항에 긍정적으로 반응함으로써 무심코 아이의 고자질을 장려하고 있는 건 아닌가?

아이가 고자질을 하는 이유가 무엇이라고 생각되는가? 아이의 방식을 바꾸기 위해 부모가 할 수 있는 작은 일은 무엇일까?

2. '고자질'과 '알리기'의 차이점을 설명한다.

만약 아이가 반복적으로 고자질을 한다면 가르침이 필요하다. 고자질이 허용되는 때와 허용되지 않는 때가 언제인지 알아야 한다.

"고자질은 친구를 문제상황에 빠뜨리고 싶을 때 하는 거란다. 그리고 알리기는 친구를 문제에서 벗어나게 해주거나 도움을 줘서 그 아이가 다치지 않도록 하기 위한 보고란다." 부모는 아이(혹은 아이의 친구)가 겁에 질려 있거나, 불쾌한 방법으로 추행을 당하거나, 안전하지 못하거나 위험하다고 느끼거나, 무엇인가가 걱정이 될 때 부모에게 말해주기를 원한다. 그러나 그 목적이 오직 주의를 끌거나 다른 사람을 곤란에 빠뜨리기 위한 것이라면 듣고 싶지 않을 것이다. 그러므로 그 둘의 차이점을 확실히 알게 해주자.

3. 새로운 규칙을 알려준다.

아이가 고자질과 알리기의 차이를 이해하게 하되 부모의 새로운 규칙을 설명한다. "이제부터 친구나 가족 누군가에 대해 고자질하는 것은 듣지 않을 거다." 아이는 부모의 태도가 진지하다는 걸 알 필요가 있으므로, 진지한 목소리로 새로운 규칙을

알리도록 하자.

4. 새로운 고자질 규칙에 차분히 대응한다.

이제부터 고자질이 효과가 없으리라는 사실을 깨달을 때까지 아이의 고자질을 무시하는 태도를 보인다. 고자질 문제에 대처하도록 도와주는 해결책은 다음과 같다.

- 만약 나이가 어린 아이가 규칙을 기억하는 걸 어려워한다면 다음의 질문을 던져본다. "이게 그 아이에게 도움이 되는 거니, 아니면 상처를 주는 거니?" 이제는 오직 도움이 되는 이야기만을 듣겠다고 말해준다.

- 만약 친구가 가족의 규칙을 어기는 걸 보고만 있어야 하는 상황이 되면 그때의 아이 감정을 이해해준다. "불공평하다고 생각한다는 거 알아. 그러면 친구가 너의 감정을 알도록 이야기하렴."

- 만약 고자질한 아이의 이야기가 사실이라면(그리고 그 사건이 일어나는 것을 목격했다면) 침착함을 유지한다. "엄마가 해결할게"라는 간단한 한마디면 된다. 그리고 문제를 일으킨 아이와 대화를 하되 고자질한 아이가 듣지 못하는 장소에서 한다.

- 만약 아이가 자신의 문제를 해결하기 위해 부모에게 계속 의존해왔다면 중재자 역할을 그만둔다. 한 걸음 물러나서 아이 스스로 문제를 해결하길 원한다는 부모의 기대를 알게 해준다.

- 만약 고자질이 관계에 영향을 미치고 있다면 자신의 행동이 친구의 감정에 어떤 영향을 미쳤는지 알도록 해준다. "넌 민희가 우리집에 올 때마다 그 아이에 대해 고자질을 하잖아. 그때 그 친구가 어떻게 느끼겠니?"

- 만약 과거의 고자질로 인해 형제자매들이 화가 난 다면 다음의 규칙을 사용

한다. "만약 내가 직접 보거나 듣지 않은 거라면 혼내지 않을 거야." 물론 증
거를 찾아서 상황을 맞추어볼 수도 있지만 대부분 경우에는 이 규칙에 따라
목격하지 못한 행동에 대해서는 처벌하지 않는다.

● 만약 아이가 지나치게 양심적이어서 규칙을 어기는 경우는 모두 알려야 한다
고 생각한다면 다음의 방법을 사용해본다. "네가 가족의 규칙을 잘 지키고 장
난감도 잘 치우는 건 보기좋지만 네 친구가 우리집안의 규칙을 따르지 않는
다는 걸 엄마가 알 필요는 없단다. 그건 그 아이의 부모님들이 걱정해야 할
문제야." 그리고 다른 아이가 자녀를 향해 '고자질쟁이'라고 부르지 못하도록
한다.

5. 일관성을 유지한다.

만약 변화를 원한다면 아이가 고자질하는 모든 경우에 부모의 원칙을 일관성 있게
적용한다. 부모의 계획을 할머니, 선생님, 베이비시터, 아빠, 아이 친구의 엄마들에
게도 알려서 아이의 고자질에 똑같은 방식으로 대응할 수 있게 한다. 부모가 진지
한 태도로 임하고 있음을 아이가 깨닫기까지는 시간이 걸리겠지만 부모와 다른 사
람들 모두 새 규칙을 고수한다면 아이는 부모의 진심을 알게 될 것이다.

고자질을 막기 위한 다섯 손가락 방법

어떤 아이들(특히 어린 아이들)은 문제를 해결하는 방법을 알지 못하기 때문에 고자질을 한다. 아이가 자신의 문제를 부모가 해결해주길 기대한다면 다섯 손가락을 이용하여 다른 대안들을 찾도록 해주자.

부모 엄지를 들고 문제점을 이야기하렴.

아이 (엄지를 들면서) 희영이가 내 인형을 빼앗아갔어요.

부모 이제 문제를 해결할 수 있는 3가지 방법을 말해보렴. 해결책을 하나씩 말하면서 손가락을 하나씩 드는 거야.

아이 (검지를 들고) 저에게 새 인형을 사주실 수 있어요.

아이 (중지를 들고) 그 아이에게서 다시 가져올 수 있어요.

아이 (약지를 들고) 서로 돌아가면서 사용할 수 있어요.

부모 (새끼손가락을 들고) 이제 손가락이 하나 남았구나. 네 새끼손가락을 들어서 그 중에서 문제를 해결하기 위한 가장 좋은 방법이 뭔지 말해봐.

아이 서로 순서를 돌아가면서 노는 방법이요.

아이가 손가락을 사용하지 않고도 스스로 문제를 해결할 수 있을 때까지 연습을 반복해보자. 물론 나이가 많은 아이들과는 손가락을 사용하지 않고도 이 문제해결기술을 연습할 수 있을 것이다. 아이 스스로 해결방법을 생각해내도록 가르치는 것이 비결이다.

 ## 나이별 육아법

3~6세 유아기는 도덕성 발달단계에 있기 때문에 좀더 과도하게 양심적이고 독선적이며 옳고 그름에 대해 관심을 갖게 된다. 만 4~5세의 아이들은 어른의 규칙을 따르는 데 특히 민감하고 그것을 조금이라도 어기면 어른에게 알리는 것이 자신의 의무라고 느낀다. 특히 자신이 지키도록 요구받았고 지키지 않으면 벌을 받을 규칙을 다른 아이가 어기면 화를 낸다. 어린 아이의 양심은 엄마와 아빠의 규칙을 따르는 것이다.

7~9세 만 5~7세의 아이들은 특히 어린 동생들이 자신의 권리나 자신에게 이익

이 되는 것을 어기는 걸 참지 못한다. 경쟁이 증가하므로, 다른 아이를 밀어낼 방법으로 고자질이 사용되는 경우에 주의해야 한다.

10~13세 이 시기에는 고자질의 수준이 악의적인 험담으로 바뀌고 직접 말하는 것뿐 아니라 휴대전화, 이메일, 문자 등을 통해 전달되기도 한다. 또한 어른에게 고자질하기보다는 또래 내의 사회적 순위와 지위를 높이는 방법으로 서로를 고자질하기도 한다. 이런 형태의 '고자질'은 남자아이들보다 여자아이들 사이에서 더 자주 일어난다.

우리집 맞춤 처방전

역할놀이로 문제를 해결하게 했어요!

제 아들은 끊임없이 고자질을 하면서 사소한 모든 시험들과 난관들을 제가 해결해주길 바랐습니다. 그래서 "네 동생이 넘어져서 일어나지 못해" "네 누나가 나무 사이에 끼어 있어"와 같은 작은 시나리오를 만들었습니다. 그러고 나서 그 문제들을 해결할 방법에 대해 역할놀이를 했습니다. 아이는 장면들을 연기하는 걸 너무 좋아할 뿐 아니라 고자질하지 않고도 자신의 문제를 해결하는 방법을 배우게 되었습니다.

❓ 아직 중학생인 딸아이가 벌써 같은 반 남자아이와 '만나기' 시작했습니다. 남자아이는 둘의 관계가 너무 심각하다고 생각했는지, 축구에 관심을 더 두게 되었습니다. 하지만 제 딸은 매우 힘들어하며 그 아이를 사랑한다고 말합니다. 그렇게 어린 아이들이 정말로 사랑에 빠질 수 있을까요? 그리고 아이의 마음을 치유하기 위해 저는 어떤 일을 해야 할까요?

💡 아이들은 빠르면 5학년이 되면, 주로 만 12세에서 만 13세쯤 첫사랑에 빠져 '짝을 지어' 좀더 친밀한 관계를 맺게 됩니다. 첫사랑은 호르몬 분비와 사춘기의 시작과 함께 일어나지요. 자녀가 처음으로 사랑에 빠지는 상황은 부모의 신경을 몹시 거슬리게 만듭니다. 부모들은 가장 최악의 상황(즉, 섹스)만을 생각하기 때문이지요. 하지만 대부분의 관계는 플라토닉한 관계입니다. 좀더 진지하고 오래가는 연애관계가 형성되는 것은 청소년기 후반이라는 연구결과가 있습니다. 만 7세에서 만 12세의 남자아이들은 한계를 시험하는 시기이지만 여자아이들은 연애관계에 더 초

점을 맞추게 됩니다. 처음의 관계가 계속되는지와는 상관없이(대부분은 그렇지 않지만) 처음 느끼는 깊은 감정은 진짜이며, 그렇기 때문에 헤어짐은 남자아이와 여자아이 모두에게 고통스러운 일입니다. 이는 감정적인 고통이며, 만 12세에 상대한테서 차이는 고통은 만 40세에 차이는 것보다 훨씬 더 큰 감정적인 충격을 받는다는 연구결과가 있습니다. 아이들에게는 비통한 상황을 헤쳐나갈 수 있는 내면의 힘이나 대처방법이 없기 때문입니다. 전에는 결코 일어난 적이 없었던 일이 일어난 것이지요. 첫사랑이 가져다주는 이점도 있습니다. 첫사랑은 나중의 친밀감 형성을 위한 실제 리허설이며 동정심, 존경심, 대화술, 타협, 감수성, 나누는 습관과 같은 삶의 중요한 기술들을 배우고 정신적인 성장에 도움이 되는 경험입니다. 물론 아이가 그 기술들을 완전히 습득하려면 더 많은 연애와 성숙의 과정이 필요하지만 말이지요. 이 힘든 기간을 이겨낼 수 있도록 도와줄 몇 가지 양육법을 소개해봅니다.

- **아이의 고통을 무시하지 않는다.** 아이들의 가슴속 고통은 진짜이며, 어린 나이에도 불구하고 분명 상처를 입게 된다. 그러므로 "안 됐구나. 많이 상처 받았겠구나"라고 공감해주는 것이 훨씬 좋은 양육법이다.

- **가르치려고 하지 않는다.** 아이가 물어볼 때만 질문을 하고 조언해준다. 왜 그 아이가 '너에게 딱 맞는 아이'가 아니었는지에 대한 설명은 나중으로 미루자. 부모의 이런 설교는 상황을 더 어렵게 만들 수 있다. 과거의 남자친구나 여자친구에 대한 나쁜 말을 하지 않는 것이 최선의 방법이다. 그들이 다시 사귀게 될지 어떨지는 아무도 모르는 일이다. "곧 잊을 수 있을 거야"라는 말도 삼가도록 하자. 물론 아이가 새로운 사랑을 찾아 나아갈 거라는 걸 알지만 그것은 지금 당장 아이가 듣고 싶어 하는 말도, 들을 필요가 있는 말도 아니다.

- **아이에게 도움을 준다.** 아이와 공감하고 아이를 지지한다는 걸 표현해주자. 아이스크림을 사먹으러 가자고 하고 친구들과 하룻밤 자면서 놀 수 있도록 친구들을 초대해줄 수도 있다. 아이의 오래된 친구들과 연결될 수 있도록 해주자.

아이는 울면서 불면증을 겪을 수도 있다(아이에게서 눈을 떼지 말고 아이가 점차 일상생활로 돌아오는 걸 확인하자). 아이에게는 상실의 고통이기에 이별을 비통해하는 증세를 보이기도 한다. 딸아이가 어리기는 해도 어른의 감정을 느끼고 있으며, 그렇기 때문에 부모는 아이와 섹스에 대해 이야기할 필요가 있다. 지금까지 성에 대한 이야기를 하지 않았다면 지금보다 더 좋은 기회는 없다('성' 참조).

도와주세요

거부당하는 아이의 적신호

친구의 수가 적다.

지속적으로 소외당하고 또래에 의해 공개적인 놀림을 받는다.

같은 나이의 친구들 사이에서 환영받지 못하고 있다는 느낌을 끊임없이 받는다.

부모가 해야 할 일은?

사교기술을 배워 또래에 의해 거부당하는 일이 적어지고 거부당하더라도 빠르고 적절하게 본래의 모습을 되찾을 수 있도록 도와줘야 한다.

❓ 우리 아이는 울면서 집으로 오고 친구들이 자기하고 놀아주지 않는다고 합니다. 그러면 부모인 저의 가슴은 아파옵니다. 아이는 다른 사람이 자신을 거부할 때마다 화를 내고 울고불고 합니다. 아이의 기분을 풀어주기 위해 밖으로 데

리고 나가 선물을 사주지만 다음날이 되면 또 다른 아이들이 자신을 거부했다
며 울면서 돌아옵니다. 어떻게 해야 할까요?

다른 아이들이 자녀를 거부하고 있다는 걸 알게 되었다면 부모로서 속상할
것입니다. 아이를 도와주고 싶다면 응원자가 아닌 더 강한 역할을 하는 사람이
되어야 합니다. 부모가 할 일은 첫째, 상황을 파악하는 일입니다. 다른 아이들
이 자녀를 멀리하게 만드는 행동을 자녀가 하고 있을 수도 있거든요. 그러므로
아이가 다른 아이들과 노는 것을 관찰해보세요. 다음으로 밀거나 울며 떼쓰거
나 거칠게 구는 것과 같이 고쳐야 할 행동을 찾아보세요. 마지막으로, 그 문제
에서 아이의 어떤 행동을 고칠 수 있는지를 지도해주시고요. "공을 차지하기 위
해 친구를 밀면 그 아이는 정말 화가 날 거야. 밀거나 잡는 일 없이 뭔가를 요청
하는 법을 연습해보자." 심술궂고 거칠고 시끄럽게 남을 놀리는 행동을 하는 아
이든, 우울하고 조용하며 의기소침한 모습을 보이는 아이든, 상황에 맞는 자신
의 역할이 무엇인지를 알 필요가 있습니다. 또한 자신의 사회적 지위를 개선하
려면 어떤 행동을 취해야 하는지 알아야 하지요. 아이가 혼자서도 그런 기술들
을 사용할 수 있을 때까지 연습시켜주세요.

왜 변해야 할까?

초대 명단에서 빠져 있거나 좋아하는 이성친구한테서 거절을 당했거나 혹은 새로
운 헤어스타일 때문에 놀림을 받았다면 아이는 상처를 받았겠지만 이는 하나의 성
장과정이다. 아이는 잘 살아갈 것이다. 믿어도 좋다! 하지만 끊임없이 아이들이 자
녀를 거부한다면 문제는 생각보다 심각할 수 있다. 그것은 아이의 행복을 빼앗는
문제다. 한 조사에 의하면, 반복적으로 거부당하는 아이는 자존감이 낮고 심각한

불안증세, 우울증 그리고 다른 정서적인 문제들을 갖게 된다고 한다. 더 깊이 들어가보면, 거부당한다는 것은 정신건강 문제와도 깊은 연관이 있다. 많은 연구들은 '거부당하는 것'이 일시적인 문제가 아님을 보여준다. 만약 아이가 소외당하거나 미움을 받거나 끊임없이 무시를 당한다면, 새로운 사교기술을 배우지 않는 한 계속 또래와의 사이에 문제를 가지고 있게 될 것이다. 항상 기피당하고 소외되는 것은 정말로 고통스러우며 치욕스러운 일이다. 어떤 아이도 그런 고통을 겪어서는 안 된다. 아이들 사이에 잘 융화되고 덜 거부당하는 방법을 배우도록 도와줄 해결책들을 소개해본다.

어떤 행동을 보일까?

모든 아이들은 거부당할 때가 있지만 만약 반복적으로 거부당하는 양상을 보이거나 다음에 나오는 증상들을 2주 이상 보인다면 소아청소년정신과 전문의를 찾도록 하자.

- ☐ 아이의 기본적인 기질이나 성격에 변화가 일어나고 있다.
- ☐ 더 많이 우울해하거나 슬퍼하거나 화난 모습을 보인다.
- ☐ 끊임없이 친구를 폄하하고 모욕한다.
- ☐ 더 매달린다. 부모가 자신의 시야에서 벗어나는 걸 원치 않는다.
- ☐ 학교, 친구들, 다른 활동 등에 흥미를 잃는다.
- ☐ 자신만의 세계에 빠져 있다. 외로워한다.
- ☐ 컴퓨터, 텔레비전, 비디오게임이 자신의 친구인 듯 빠져 있다.
- ☐ 학교나 집에서 친구와의 교류가 없다.
- ☐ 갑자기 '나쁜' 친구들과 어울린다.

1단계 : 초기 개입

●**아이의 우정지수를 진단한다.** 아이가 또래와 함께 있을 때를 주의깊게 관찰한다. 부모의 관찰을 눈치채지 않게 자연스러운 상황에서 아이를 주시하자. 다른 아이들이 피할 만한 행동을 자녀가 하고 있는 건 아닐까? 이를 알아내기 위해서는 여러 번의 관찰이 필요하다. 아이에게 부족하거나 거부의 원인이 되는 행동을 계속 찾아보자. 다음은 끊임없이 거부당하는 아이들이 보이는 특징이다. 자녀에게 해당되는 것이 있는지 확인해보자.

☐ 친구 사귀는 기술이 부족하다.

☐ 너무 성화를 부린다. 거절을 받아들이지 못한다.

☐ 너무 독단적이거나 비판적이거나 남을 지배하려한다. 이런 성격 때문에 다른 아이들이 멀리한다.

☐ 심하게 공격적이거나 충동적이고 파괴적이다. 시선을 끌기 위해 성숙하지 못한 행동을 한다. 남과는 '다르게' 보이거나 옷을 입거나 행동을 한다.

☐ 무단결석, 폭력적 행동, 욕, 절도, 싸움, 거짓말, 중독물질의 사용과 같은 비행을 저지른다.

☐ 단정하지 못하고 깨끗하지 못하다. 개인위생 상태가 나쁘다.

☐ 극도로 민감하다. 자주 울거나 칭얼거린다.

☐ 믿음을 얻지 못한다. 거짓말을 한다. 충실한 모습이 없다.

☐ 뽐내거나 자랑하거나 과장한다. 혹은 이야기를 지어낸다.

☐ 감정적인 단서들을 읽어내지 못한다.

☐ 어떤 것에 대한 흥미, 취미, 열정이 부족하다.

☐ 무리와 공통점이 없다.

☐ 거만하거나 다른 아이들보다 자신이 낫다는 듯이 행동한다.

아이의 위생상태가 나쁘다면 아이가 매일 아침 샤워를 하게 하자. 혹은 아이가 너무 권위적이라면 아이가 이용할 수 있는 외교적 기술들을 가르칠 수 있다.

● **아이에게 힘을 준다.** 어번대학교의 연구자들은 만약 부모가 자녀에게 또래의 문제에 대해 구체적인 이야기를 하고 새로운 전략들을 가르쳐주면 아이의 사회적 역량이 커질 수 있다고 말한다. 그 조사는 아이들을 지도할 때 아이가 무엇을 해야 할지를 생각하도록 자극하는 것이 더 중요하다고 말한다. '부모 시선집중'에는 부모가 거부당하는 아이에게 가르쳐줄 수 있는 필요한 구체적인 기술들이 나와 있다.

● **공통된 관심을 가진 친구를 찾는다.** 많은 친구보다는 같이 놀 수 있는 한 명의 친구를 찾도록 하자. 물론 아이가 어릴 때는 부모가 친구선택에 많은 영향력을 끼칠 수 있다. 나이가 많은 아이에게도 함께 있으면 좋은 친구들을 찾도록 도와줄 수 있다. 아이들은 자라면서 자신과 비슷한 가치관이나 관심사를 가진 친구들을 선택하려는 경향이 강해진다. 심리학자들은 이것을 '공통성의 규칙'이라고 한다. 그러므로 아이가 좋아하는 활동이나 관심에 대해 생각해보고 그 열정을 지지해줄 클럽, 팀, 단체수업 등을 찾아보자. 함께 놀면서 즐거운 시간을 보낼 한 명의 친구를 찾도록 도와주자. 그런 경험은 아이의 자존감을 높일 뿐 아니라 사회라는 정글을 헤쳐나가면서 거부당할 가능성을 줄여주는 사교기술을 연습할 기회가 되어줄 것이다.

특히 거부당하는 아이들이 다른 아이들과 잘 지내기 위해 필요한 31가지 사교기술

항상 거부당하거나 다른 아이에게 미움을 받는 아이들은 다른 아이들이 자신을 멀리하게 만드는 행동을 한다. 아이가 자기가 무엇을 잘못하고 있는지, 자기에게 필요한 기술이 무엇인지 알고 있으리라고 짐작하면 큰 실수다. 다른 아이들과 잘 지내기 위해 필요한 가장 중요한 사교기술들을 소개해본다. 한 번에 한 가지 기술만을 가르치고 아이 스스로 사용할 수 있을 때까지 연습할 수 있도록 해주자('스포츠정신이 잘못되었다' 참조).

협력기술

1. 차례를 지키며 나누기 2. 함께 놀 수 있거나 번갈아가며 놀 수 있는지 물어보기
3. 비밀 지키기 4. 용서하기 5. 사과하기 6. 함께 할 수 있는 즐거운 일들을 생각해내기
7. 다른 사람에게 관심 갖기

대화기술

8. 이야기할 때 다른 사람을 보거나 눈 마주치기 9. 다른 사람이 이야기할 때 잘 들어주기
10. 다른 사람에게 조언이나 도움 주기 11. 대화를 시작하고 끝내는 방법 알기
12. 도움을 요청하거나 제안하기 13. 자신을 소개하거나 작별인사하는 법 알기
14. 대화 주제에 대한 레퍼토리 개발하기 15. 유머를 사용하고 적절한 농담하기

인정기술

16. 미소 짓기 17. 친구 옹호하기 18. 다른 사람이 잘할 때 칭찬하거나 환호해주기
19. 승리를 축하하기 20. 다른 사람이 우울해할 때 격려해주기
21. 다른 사람을 위로해주기 22. 다른 사람의 감정을 알아주기

자기조절기술

23. 침착함을 유지하고 화를 조절하기 24. 논쟁이 있을 경우 대안을 제안하기
25. 문제해결하기 26. 놀림에 잘 대응하기 27. 목소리를 차분하고 조용하게 유지하기
28. 거부당하는 것에 올바르게 대응하기 29. 조용히 떠나기 30. 스스로를 옹호하기
31. 위험한 상황을 피하고 도전을 거부하기

2단계 : 신속한 대처

- **공감한다.** 거부당하는 것은 고통스러운 일이다. 그러므로 아이에게 공감하는 모습을 보여줘야 한다. "너는 극복할거야" "강해져야 해" "아이들한테 어떻게 했기에 그 아이들이 널 멀리하는 거니?"라는 말은 하지 말자. 소외당하거나 미움을 받는 대부분 아이들은 자신의 어떤 행동이 퇴짜를 맞게 했는지 정말 알지 못한다. 대신 아이의 고통을 이해해주는 말을 해주자. "상처 입었겠구나." "오늘 나쁜 하루를 보냈다니 유감이구나."

- **긍정적인 태도를 보인다.** 아이가 최근 거부당한 일로 부모를 찾아오면 아이가 새로운 기술을 배우는 데는 시간이 걸리겠지만 결과적으로는 제자리를 찾고 다시 시도할 수 있을 거라는 확신을 심어주자. 친구에 의한 거부는 항상 일어나는 일이며 부모에게도 그런 일이 일어났다는 걸 아이에게 알려주자. 또래로부터 거부당했던 일이 있었다면 아이에게 말해주자. 아이에게 전달해야 하는 중요한 메시지는 상황이 호전되리라는 희망을 주는 것이다.

- **비언어적인 신호를 가르친다.** 혹시 자녀가 다른 아이의 비언어적인 신호를 읽지 못하고 자기가 아이들을 멀리하게 만들고 있다는 걸 깨닫지 못하고 있지는 않을까? 그렇다면 한 번에 한 가지씩만 부드럽게 지적해주자. 이 방법은 아이에게 너무 큰 부담을 주지 않으면서 다시 시도할 용기를 줄 수 있다. "네가 먼저 하지 못하면 네가 항상 뿌루퉁해지는 걸 봤어. 그때 아이들이 너한테 던지는 시선들을 봤니? 네가 뿌루퉁해지면 아이들이 널 멀리하게 된단다. 네 차례를 얻지 못했을 때 너무 화가 난 것처럼 보이지 않을 방법을 찾아보도록 하자." 에머리 대학교의 스티븐 노위키(Stephen Nowicki) 박사와 마셜 듀크(Marshall Duke) 박사는 거부당하는 아이들에게서 보이는 비언어적 기술의 부족을 '사회적 장님'(dyssemia)이라는 말로 설명한다.

● **무리에 들어가는 방법을 가르친다.** 만약 아이가 무리에 껴달라고 구걸하거나 울거나 애원하면 그 무리에서 오히려 멀어질 가능성이 크다. 멀리 떨어져서 함께 놀기를 권할 때까지 기다리는 것 또한 도움이 되지 않는다. 그러므로 아이가 어떻게 무리 속에 들어갈 수 있는지를 보여주어 거부당할 가능성을 줄여주자.

☐ **무리에 들어갈 실마리를 찾기 위해 거리를 조금 두고 무리를 관찰한다.** 자신을 인정해달라고 아이들에게 가까이 다가가되 무리에 속해 있지 않음을 알릴 만큼의 거리를 유지한다. 관찰한 후 다음의 질문을 해보자. "그 아이들이 폐쇄적으로 보이는지 아니면 수용적으로 보이는지? 막 시작했거나 거의 끝난 게임이 있는지? 그 게임의 규칙을 아는지? 그 게임을 할 수 있는지?"

☐ **상대 아이 또는 무리를 향해 걸어간다.** 고개를 들고 어깨를 당당히 펴고서 자신감 있는 모습을 보여준다.

☐ **무리 속의 한 아이를 찾는다.** 친절해 보이는 아이인지? 그 아이가 자신을 아는 체하는지? 그 아이가 웃고 있는지? 만약 질문에 대한 대답이 "안 돼"면 지나간다. 자신이 참여하는 것을 그 아이가 원하지 않을 가능성이 있다. 만약 "그래"라면 다음 단계로 넘어간다.

☐ **인사를 하거나 칭찬을 한다.** "안녕" "멋진 슛인걸" "재미있어 보인다"라고 말해준다.

☐ **한 아이와 눈을 마주치며 미소를 짓는다.** 만약 누군가가 자신을 보며 함께 웃는 등의 관

심을 보인다면 함께 해도 되는지 물어본다. "내가 껴도 될까? 또 다른 선수가 필요하니?"

☐ 만약 거절을 할 경우에는 넘어간다. 애원하거나 울지 않는다. 그냥 걸어가면서 다른 무리를 찾는다.

● 구제적인 질문을 던진다. 현실을 진단해보며 일상적인 무시와 지속되는 거부의 차이점을 이해해 본다. 아이가 얼마나 자주 소외되는지를 알아본다. 단 한 명의 아이가 거부하는지 아니면 모든 아이가 거부하고 있는지를 살펴보자. "똑같은 일이 전에도 일어났니?" "일주일에 몇 번 이런 일이 일어나니?" "누구와 같이 밥을 먹고 운동장에서 같이 노니?" 나이가 많은 아이들에게는 이

육아 119

거부당할 때 대처하는 방법

거부당할 때 칭얼대거나 뿌루퉁해지거나 울거나 고자질하는 행동은 다른 아이들이 멀리가게 만든다. 물론 아이는 상처를 입게 될 것이고. 하지만 아이들은 본래 모습을 되찾는 방법을 배워야 한다.

- **동요되지 않는다.** 동요되지 않는다는 것은 평정을 유지하고 자신을 통제한다는 의미다. 자신에게 "싫어"라고 말하는 아이를 쳐다본다. 싫어하는 표정을 짓거나 찌푸린 얼굴을 하지 않도록 노력한다.
- **침착함을 유지한다.** 감정적으로 무너지는 것은 다른 아이들이 멀리가게 만든다. 그러므로 거부당하더라도 마음을 진정시키려는 노력을 해야 한다. 화가 나기 시작하면 심호흡을 하거나 다른 것을 생각하도록 한다.
- **"좋아"라고 이야기한 후 대답을 받아들인다.** 가능한 한 강하고 확고한 목소리로 "좋아, 그럼 다음에 놀자"라고 말한다. 따지거나 애원하지 않는다. 그런 건 효과가 없다. 만약 동의하지 않는다면 다른 시간에 말을 꺼낸다. "왜 안 돼?"라고 말하지 않는다. 그러면 아이들은 불평꾼라고 생각할 것이다.
- **다른 데로 이동한다.** 괴롭지만 머리를 꼿꼿이 세우고 걸어가야 한다.
  아이가 어떻게 하면 적절한 모습으로 걸어갈 수 있는지 스스로 그 기술을 사용하는 연습을 하도록 도와주자.

렇게 묻는다. "왜 효영이가 널 생일파티에 초대하지 않았는지 이유를 알 수 있니? 민준이가 널 무시하고 소외시키는 다른 이유가 있을까?"

- **다른 사람의 의견을 구한다.** 선생님, 학교상담사, 코치 등과 같이 사회적 상황에서 아이를 지켜보는 다른 어른들에게 의견을 물어본다.

- **솔직하고 구체적인 대응을 한다.** 일리노이대학교에서 400명의 아이들을 대상으로 한 종단연구를 보면 또래에 의해 자주 거부당하거나 미움을 받는 아이들은 왜 그들이 자기와 놀아주지 않는지 그 이유를 알지 못하고 있었다. 연구자들은 실제 또래 간의 갈등상황을 이용하여 자신의 어떤 행동이 아이들로 하여금 자신을 멀리하게 만드는지 보라고 조언한다. "네가 맨 처음에 하지 못하면 칭얼거리는 모습이 보이더라. 그때 다른 아이들의 표정을 봤니? 네가 그런 목소리를 내면 아이들이 함께 놀고 싶을까?" "줄에 서려고 다른 아이를 밀더구나. 다른 아이들은 그런 행동을 어떻게 느낄까? 그런 행동을 하면 친구들이 함께 놀고 싶을까?" 자신의 행동이 다른 아이에게 영향을 준다는 걸 깨달은 후에야 행동에 변화가 생긴다는 사실을 알게 될 것이다. 그러므로 아이에게 재치 있고 솔직한 태도를 취해 부담을 느끼지 않고서 새로운 행동을 시도할 수 있도록 한 가지만을 집중하여 지도하자.

3단계 : 변화를 위한 습관

- **대화를 시작하는 방법을 알려준다.** 아동발달 연구자들은 또래들 사이에 받아들여지거나 거부당하는 아이들에게 그들이 선택한 주제에 대해 이야기하도록 하고서 그것을 녹화했다. 연구자들은 이를 통해 받아들여지는 아이들의 듣기 능력은 훨씬 더 좋았을 뿐 아니라 다른 아이들이 더 오랜 시간 참여할 수 있는 주제에 대한 이야기한다는 사실을 발견했다. 학교, 스포츠, 패션, 영

화와 같이 또래들이 관심을 갖는 주제에 대한 레퍼토리를 가질 수 있도록 해주자. 이야기를 할 때 클래식 피아니스트나 전쟁 무기와 같이 아이 자신만의 흥미거리이거나 너무 폭이 좁은 주제를 다루지 않도록 해주자. 그리고 대화를 시작하고 계속 이어나가는 연습을 함께 해주자.

● **감정파악능력을 키워준다.** 조지아대학교의 연구자들은 또래 사이에 쉽게 융화하는 아이들은 쉽게 거부당하는 아이들보다 다른 사람들의 감정을 훨씬 더 잘 파악할 수 있다는 사실을 알아냈다. 아이의 감성지능을 높여주도록 하자. 감정을 나타내는 단어들을 사용해서 말해주자. "오늘 슬퍼 보이는구나. 입술이 삐죽 나왔네." "무슨 일이 있었니? 네가 눈을 부릅뜨고 있어서 얼굴에 화난 표정이 드러나는구나." 잡지와 책, 텔레비전에서 표정들을 찾아보자. 운동장, 공원 혹은 쇼핑몰에서 다른 아이들의 표현과 몸짓을 살펴보고 그들의 감정상태를 추측해보는 게임을 하자. "아이의 얼굴이 어때 보이니?" "저 아이는 팔짱을 끼고 서 있구나. 그 아이가 지금 어떤 기분일 것 같니?"

● **일대일 관계를 늘린다.** 무리보다는 한 아이와 친구관계를 발전시키는 것이 더 쉬울 수 있다. 더 큰 무리에 들어가는 것은 끊임없이 거부당하는 아이에게 불안감을 줄 수 있다. 친구를 개별적으로 초대하는 것을 제안해보자.

● **또래의 관심을 끌 수 있는 학교 밖 장소를 찾는다.** 만약 아이가 학교에서 거부당하고 있다면 학교 밖에서 소속감을 가질 수 있도록 도와주자. 스카우트 활동, 공원, 레크리에이션 프로그램, YMCA, 종교 단체, 스포츠팀, 방과후활동 등에서 아이들을 만날 기회를 갖게 한다. 소아청소년과 병원이나 도서관에서 아이들을 위한 행사계획표를 얻을 수도 있다. 친구를 만드는 것은 아이가 해야 할 일이다. 부모의 역할은 자녀와 다른 아이들이 연결될 수 있는 방법을 찾도록 도와주는 것이다.

- ●**아이가 융화할 수 있도록 도와준다.** 다른 아이들이 어떻게 옷을 입고 행동하는지 잘 살펴본다. 옷, 헤어스타일, 신발, 액세서리 등은 아이들 사이에서 인정받도록 도와주는 데 큰 역할을 한다. 개인위생이나 깔끔함 또한 10대 초반에서는 큰 문제다. 다른 아이들의 옷차림과 행동을 잘 살펴보자. 만약 모든 아이들이 특정한 바지, 가방, 신발들을 가지고 있고 자녀에게는 그런 것들을 금지해왔다면 다시 한 번 생각해보자(물론 그런 물건들이 부모의 가치관에 맞을 경우에만 말이다). 그것은 아이를 순응하게 하거나 아이의 개성을 없애는 게 아니다. 지금 아이가 무리 내에 섞일 필요가 있는가에 대한 문제이며, 아이의 외모, 행동, 위생상태가 또래에게 인정받는 큰 요인이라는 건 사실이다.

- ●**전문가와 상담한다.** 대다수 아이들에게 끊임없이 거부당하는 건 일부의 아이들지만 이들의 고통은 매우 크다. 한 번 소외당한 아이로 낙인찍히면 그 패턴이 굳어진다고 한다. 주로 같은 아이가 계속 거부당하며 그 아이 스스로 거부당하는 일을 극복하기는 어렵다. 만약 그 아이가 본인의 자녀라면 전문가의 도움을 받도록 한다. 어떤 아이라도 친구 없는 삶을 겪을 필요는 없다.

나이별 육아법

3~6세 다른 아이의 물건을 집거나 위협하는 등의 신체적인 공격이나 남을 놀리는 언어적인 공격은 또래로부터 환영받지 못한다.

7~9세 만 8세가 되면 3%의 여자아이들과 8%의 남자아이들이 또래에 의해 사회적으로 거부당한다. 거부당하는 이유는 공격적, 충동적, 파괴적인 행동을 보이거나 규칙을 위반해서이다. 화를 내거나 관심을 끌려는 행동, 놀림에 극도로 민감히 반

응하는 것도 또래들로부터 거부를 당할 수 있는 행동들이다.

10~13세 주로 거부당하기 쉬운 아이들은 문제를 일으키는 것을 일삼는 아이들이거나 신뢰를 받지 못하거나 폭력적, 권위적, 파괴적이거나 어른들에게 예의바르지 못한 아이들이다. 사교기술이 부족한 아이들과 과장 또는 거짓말을 하거나 이야기를 지어내거나 청결하지 않은 아이들도 거부당하기 쉽다. 비만하거나 언어장애를 가지거나 또래문화에 둔감해서 다른 아이들과 '다르게' 보이는 아이들 또한 소외당하기 쉽다.

우리집 맞춤 처방전

다른 아이들의 반응을 보여줬어요!

제 딸은 너무 강압적이어서 다른 아이들이 아이를 자주 거부합니다. '더 착하게' 행동하라고 말하는 것도 효과가 없었습니다. 그러던 어느 날 공놀이를 하며 공원에 있을 때 우리 옆의 한 여자아이가 자신의 친구를 향해 일부러 공을 세게 던지는 걸 보게 되었고 마침내 친구가 싫어하는 표정으로 걸어나가는 걸 보게 되었습니다. 저는 너무 강압적으로 행동할 때 다른 아이들이 어떻게 반응하는지 보여줄 수 있었습니다. 아이는 그때 교훈을 얻게 되었습니다. 아이에게 어떻게 하라고 말하는 건 효과가 없었습니다. 지영이는 권위적인 태도가 어떻게 다른 아이들로 하여금 자신을 멀리하게 만드는지 직접 볼 필요가 있었습니다. 그리고 그 장면은 아이의 행동에 변화를 주었습니다.

도와주세요

친구관계가 틀어진 아이의 적신호

좋은 친구와의 언쟁을 해결하지 못한다.

유난히 소유욕이 강하며 쉽게 상처 받고 친한 친구와 항상 싸운다.

언제 관계를 그만두어야 할지 모른다.

부모가 해야 할 일은?

아이가 친구와의 불화에서 벗어나 의견의 불일치에 대처하는 방법을 배울 수 있게
해준다. 지금의 우정이 계속 지속할 만한 가치가 있는 것인지 아니면 새로운 친구
를 찾아야 하는지 결정할 수 있도록 도와준다.

왜 변해야 할까?

"그렇지만 그 아이는 나의 가장 친한 친구라고요. 그런데 어떻게 나한테 그런 말을

할 수 있지요?" "다시는 정수가 우리집에 못 오게 하세요. 전 그애가 너무 싫어요."

이제는 문제와 부딪혀보자. 부모로서 아이의 화난 모습을 보는 게 힘들겠지만 친한 친구와 우정이 깨지는 건 성장과정에서 피할 수 없는 일이다. 우정이 깨졌을 때 얼마나 빨리 극복하느냐는 둘 사이의 관계가 얼마나 가까웠는지, 새로운 관계를 만들어갈 다른 친구가 있는지, 그리고 아이의 성격과 나이가 어떠한지에 따라 다르다. 아이의 눈물을 보고 싶지 않아서 아이 대신 일을 해결해주고 싶겠지만, 많은 부모들이 너무 성급하게 아이의 우정문제를 해결해주려 나선다. 의견의 불일치와 상실의 문제는 힘든 것이지만, 아이는 그런 경험을 통해서 어떻게 다른 의견들을 조율하고, 분별 있게 친구를 선택하며, 우정관계를 끊고 새로운 친구를 찾아야 할 때가 언제인지를 배우는 중요한 인생경험을 한다.

해결책

변화를 위한 6계명

아이의 친구관계를 계속 해결해줄 수는 없지만(그리고 그렇게 해서도 안 되지만) 친구와의 불화에 대처할 수 있도록 도와줄 방법들이 있다.

1. 동정심을 표현하고 감정을 자제하자.

말다툼은 고통스러운 일이며 특히 친하거나 오래된 친구 사이에서 일어난다면 더욱 그러하다. 아이에게 "다른 친구를 찾을 수 있을 거야"라고 성급히 말하지 말자. 대신 아이의 고통을 이해하고 아이가 문제를 해결하거나 더 많은 친구들을 찾을 수 있을 거라는 긍정적인 생각을 전하자. 그리고 예전 친구에 대해 나쁜 말을 하지 말자. 친구관계가 회복될 가능성은 얼마든지 있으니 말이다.

2. 중재인이 되지 말자.

부모가 이 문제를 해결하거나 아이를 위해 당장 새로운 친구들을 만들어주겠다고 약속하는 것은 아이에게 좋지 않다. 이런 부모의 간섭은 아이가 상황을 딛고 앞으로 나아가면서 새로운 친구를 찾는 일을 어렵게 만들 뿐이다.

이는 부모가 아닌 아이의 문제이며, 아이는 친구의 좋은 점뿐 아니라 나쁜 점에도 대처할 수 있는 방법을 배워야 한다.

만약 필요하다면 다른 친구를 찾을 수 있다고 말해줄 수 있다. 하지만 성급히 당장 이전의 친구를 대체할 다른 친구를 찾아야 한다는 느낌을 갖지 않도록 해야 한다.

3. 문제를 해결하기 위해 대화시간을 갖자.

아이에게 물어서 자신의 상황에 대해 생각하도록 도와주자. "둘 사이에 무슨 일이 일어난 거니? 어떻게 시작되었니? 넌 뭐라고 했니? 친구를 어떻게 하고 싶어 했니? 어떻게 일이 끝났니? 네가 다르게 행동하거나 말했을 수 있었을까? 둘 사이의 관계를 회복시키기 위해 지금 네가 할 수 있는 게 있을까?" 아이의 언쟁을 해결하는 것은 부모의 역할이 아니지만 부모가 이 문제를 해결할 방법을 찾게 해주거나 관계가 다시 틀어지지 않도록 할 수 있는 일이 무엇인지 알려주는 조언자가 될 수는 있다.

4. 좋은 친구에 대해 이야기하자.

메릴랜드대학교는 600명의 아이들을 조사하여 친한 친구관계에서 중요한 5가지 요소를 밝혀냈다. 다음의 질문들을 통해 지금의 우정이 계속 지켜나갈 가치가 있는지 아니면 그만두어야 할지 생각하도록 해줄 수 있다.

하버드대학교: 연구에 의하면 부모들은 가장 친한 친구와의 관계가 깨졌을 때 자녀가 받는 충격을 과소평가하는 경우가 있다고 한다. 그러므로 아이의 고통을 가볍게 여기지 않도록 하자. 만약 아이가 너무 슬퍼하거나 불면증 또는 집중하기 어려움을 호소하거나 쉽게 화를 내는 등 고통스러운 모습을 2주 이상 보인다면, 그리고 친구관계가 계속 멀어지고 다른 친구들을 거부하고 있다면, 소아청소년정신과 전문의의 도움을 받도록 하자. 이런 증상은 더 큰 문제들이 있음을 말해주는 것일 수 있다

☐ 관계에서 둘이 똑같은 힘을 가지고 있는가?

☐ 이 우정관계를 유지하기를 바라는가?

☐ 서로 좋아하는가?

☐ 둘이 함께 지내는 시간이 즐거운가?

☐ 서로의 비밀과 사생활에 대해 말할 수 있을 만큼 서로를 믿고 있는가?

☐ 만약 한 아이가 다른 아이를 무시하는 경향이 있거나, 그 아이를 믿을 수 없거나, '평등한' 관계가 아니거나, 서로에게 충실하지 않다면, 이제는 새로운 관계를 시작할 때라고 조언해주자.

5. 아이의 시간일정을 가득 채워주자.

아이는 친구와 함께 지내는 동안의 기쁨과 안락함에 기대고 있었을 수 있다. 그런데 지금은 그 자리를 무엇으로 대신해야 하는지 찾지 못하고 있을 것이다. 영화 보기, 방과후활동, 새로운 취미 혹은 주말여행 등 잠시 동안 아이의 시간을 메워줄 수

있는 긍정적인 활동들을 생각해보자.

6. 아이가 새로운 친구를 만들 수 있도록 도와주자.

아이가 친구들과 함께 있을 때 좀더 주의깊게 관찰하고 다음에 언급하는 친구 사귀는 방법 가운데 아이에게 부족한 한 가지를 고른다. 차례 지키기, 대화 시작하기, 상대방과 눈 맞추기, 깨끗하게 패배 인정하기, 작별 인사하기, 무리에 들어갈 수 있는지 물어보기, 남의 말 방해하지 않으면서 듣기.

기회를 찾아 새로운 기술을 아이에게 보여주고, 왜 그 기술이 중요한지 설명하자. 그리고 아이가 그 기술을 올바르게 사용하는 방법을 부모에게 보여줄 수 있는지 확인하자. 운동장, 공원 같은 곳으로 가서 그 기술을 사용하는 다른 아이들을 관찰하게 하자. 그런 기술이 실제 사용되는 모습을 보는 것은 말로 알려주는 것보다 훨씬 큰 도움이 된다. 이제는 아이가 그 기술을 사용해보도록 하자. 가장 좋은 방법은 가족이나 어린 동생들과 함께 연습해보는 것이다. 아이가 자신감을 보이고 부모의 지도 없이도 그 기술을 사용하게 되면 또래 친구들에게 사용해보도록 권하자. 그리고 그 기술을 사용하는 과정이 어떻게 진행되었는지를 논의해보자. "어떻게 됐니? 너는 뭐라고 했니? 네 행동이 스스로 보기에 어떤 거 같니? 다음에는 어떻게 다르게 해보겠니?"라고 물어보자. 아이가 시도하지 않은 것을 비난하지 않는다. 대신 아이가 올바르게 한 행동들을 칭찬해준다. 만약 아이의 시도가 성공적이지 못했다면 무엇이 잘못됐는지 알려줘서 다음에는 달리 행동할 수 있도록 해주자. 그 기술에 익숙해지면 다른 기술을 가르쳐주자. 그러면 아이의 사교성과 친구를 만드는 능력이 점점 개발될 것이다.

3~6세 또래모임이 정기적으로 있지 않거나 서로에게 의지하지 않는 한 말다툼은 큰 문제가 되지 않는다. 아이는 기운이 없는 듯 보이지만 금방 기운을 회복해서 새로운 친구들을 찾을 것이다. 자기와 가까이 있는 아이들을 중심으로 친구를 사귀므로, 놀이친구들을 주선해주거나 친구를 사귈 수 있는 기회를 만들어주면 새로운 우정을 만들어나갈 수 있다.

7~9세 제일 친한 친구의 존재가 가장 중요하게 여겨지는 시기이며, 그 친구가 학교에서 함께 노는 친구일 때는 더욱 그러하다. 그리고 제일 친한 친구가 주기적으로 바뀌는 것이 일반적이다. 이 시기의 아이들은 문제해결능력이 부족해서 의견이 다를 경우에 대처하는 방법, 남에게 보상하는 방법에 대해 배울 것이 많다.

10~13세 10대 초반의 아이들은 결과에 대해 생각하는 능력이 부족하기 때문에 상처를 입을 수 있다는 걸 깨닫지 못한 채 '제일 친한 친구'를 만들었다 헤어졌다 한다. 친구의 존재는 아이가 갖는 자부심의 큰 부분이므로 친한 친구와 헤어지는 건 상처가 될 수 있다. 여자아이들은 모함하거나 뒷말을 하는 경향이 있으므로 아이에게 복수하지 말라고 조언해주자.

우리집 맞춤 처방전
아이에게 사과하도록 시켰어요!

제 딸은 가장 친한 친구와 큰 싸움을 했고 저는 제 아이가 아닌 상대 아이한테 잘못이 있다고 생각했습니다. 그런데 우리 아이에게 책임이 있고 우리 아이가 악의적인 소문을 퍼뜨리고 있었다는 충격적인 사실을 나중에 알게 되었습니다. 아이의 행동에 실망한 저는 아이에게 사람들을 더 잘 대해주길 바란다고 말했습니다. 그리고 사과하도록 시켰습니다. 아이는 이 사건을 통해 교훈을 얻었고 저 또한 아이에 대해 추측만 해서는 안 된다는 점을 배울 수 있었습니다.

사회적인 문제에 휩싸일 때

도와주세요

인터넷 안전과 관련된 적신호

컴퓨터를 사용한 후 침울해진다.

비정상적으로 오랜 시간 동안 온라인에 접속한다.

친구들을 피한다.

우울해 보인다.

의심스러운 전화가 오거나 소포가 배달된다.

부모가 해야 할 일은?

아이에게 온라인 안전을 가르치고 온라인상으로 피해를 입었을 경우에는 어떻게 대처해야 하는지를 교육한다.

저에게 피해망상이 있을 수도 있지만 제 딸이 온라인에 로그인하는 것을 허락할 수가 없습니다. 포르노와 자살 사이트에 대한 끔찍한 이야기들을 너무 많이 읽었고 그곳에는 온라인 성범죄들이 우글거린다는 사실을 알게 됐으니까요. 제가 너무 지나친 걱정을 하고있는 건가요? 다른 부모들은 아이들의 인터넷 안전을 위해 어떻게 하고 있나요?

아이들이 온라인 문제에 노출되지 않게 하는 가장 간단한 방법은 그 문제들을 찾지 못하게 하는 것입니다. 아이의 채팅, 메시지, 이메일을 특별한 소프트웨어로 점검할 수 있고 적절하지 못한 이들의 방문을 차단할 수도 있습니다. 일단 설치를 하고 나면 새로운 사이트들이 추가되고 매주 업데이트되지요. 인터넷 검색 엔진 필터는 문제를 완벽히 제거하지 못합니다. 중요한 것은 아이에게 인터넷 약정을 가르치고 컴퓨터를 점검하는 것이지요. 부모는 아이에게 최고의 필터라는 점을 기억하세요.

왜 변해야 할까?

요즘 아이들을 '인터넷 세대'라고 부른다. 아이패드, 휴대전화, 문자메시지, 웹사이트, 블로그의 세대다. 과학기술은 그야말로 아이들 삶의 변화를 주도하고 세계의 역사와 정보들을 너무나 쉽게 마우스의 클릭으로 접속할 수 있게 해주었다. 하지만 그 결과 많은 부모들은 온라인 성범죄자, 포르노, 네트워킹, 사이버 스토커나 부적절한 사이트들로 인해 밤잠을 설쳐야 한다. 최근 한 잡지의 설문조사 결과를 보면 50%의 부모들이 인터넷 성범죄자에 대한 극도의 불안감을 가지고 있다고 나타난다. 실제로 청소년 인터넷 사용자의 33%가 원치 않는 성적 자료들을 온라인에서 접하게 되었다고 한다.

아이의 인터넷 사용을 금지하는 것이 해결책이 아니다. 인터넷 사용을 피할 수는 없으며 인터넷은 아이들 교육에 엄청난 혜택을 주고 있다. 우리는 어른으로서 사이버공간에 대해 알고 있으면서 아이들이 안전하게 인터넷을 사용할 수 있도록 지침서를 마련해주어야 한다. 또한 아이가 인생을 살아가는 동안 사이버공간에서 자신을 보호할 수 있도록 중요한 기술들을 가르쳐야 한다. 광대한 웹의 세계를 탐색하는 데 도움이 될 몇 가지 해결책을 살펴보자.

어떤 행동을 보일까?

온라인을 안전하다고 느끼지 못하거나 부적절한 온라인 행동을 보이는 증상은 다음과 같다.

- 긴장한 듯 수심이 깊고 비정상적으로 긴 시간을 온라인에서 보낸다.
- 친구들을 피하고 학습능력이 떨어지며 학교에 가기를 꺼려한다.
- 갑자기 침울해지고 도피하려하고 성격이나 행동에 변화가 생긴다.
- 불면증, 식욕부진, 과도한 변덕, 눈물, 우울한 모습을 보인다.
- 의심되는 전화, 이메일, 소포가 온다.
- 부모의 신용카드로 의심스러운 물건을 구입한다.
- 부모가 가까이 가면 타이핑을 멈추고 화면을 끄거나 삭제버튼을 누르며 컴퓨터를 끈다.

1단계: 초기 개입

- **인터넷에 대해 알기.** 온라인 안전을 위한 최고의 자료를 얻자. 지역사회나 자녀의 학교에서 인터넷 안전에 대한 워크숍을 하면 참석하도록 하자. 아이가 친구의 집에서 인터넷을 사용한다면 친구의 부모가 아이들을 감독하고 있는지를 확인하자. 아이의 비밀번호, 계정 정보 등을 알고 있자. 컴퓨터 스크린의 ID를 가족 모두가 사용할 수 있도록 설정해놓자.

- **명확한 규칙 정하기.** 87%의 아이들이 부모의 규제 없이 웹서핑을 한다고 한다. 거리나 공원에서와 마찬가지로 컴퓨터 사용에도 규칙을 세우고 모니터에 규칙을 붙여두자. 아이들이 집에 돌아오면 모든 전자제품을 적절히 사용하고 있는지 이야기하자. 요즘 아이들은 인터넷 카페나 이웃의 무선 네트워크로 로그인을 하기도 하므로 아이에게 인터넷 규칙에 대해 확실히 가르쳐야 한다.

- **인터넷 안전에 대해 아이들과 이야기하기.** 조사대상의 절반만이 위험한 온라인 행동에 대해 부모의 경고를 받았다고 대답했다. 아이에게 온라인의 나이는 거짓일 수 있음을 설명하자. 최상의 안전 프로그램은 아이들과 좋은 관계를 맺고 항상 공유하는 것이다. 아이가 부모에게 다가오는 걸 언제나 편안히 느끼도록 해주자.

- **컴퓨터를 공동장소에 설치하기.** 언제든 감독할 수 있는 공간에만 컴퓨터를 설치하자. 아이들의 침실에서 컴퓨터를 가지고 나오자.

- **'관리' 규칙 가르치기.** 부모가 컴퓨터 옆을 지나갈 때 아이가 화면을 닫거나 전환하고 또는 프로그램을 닫거나 신속하게 컴퓨터를 끄면 플러그를 뽑아놓도록 하자.

- **인터넷 용어 배우기.** 아이들은 채팅 용어를 사용하여 부모가 지금 방에 있다고 친구들에게 전한다. 조사에 따르면 95%의 부모들이 일반적인 채팅용어를 모르고 있었는데, 아이들이 쓰는 인터넷 속어는 알아둬야 한다. 이 외에도 다른 부모들과 함께 새로운 인터넷 용어를 찾아보자.

- **온라인 시간 제한하기.** 텔레비전 시청이나 비디오게임과 마찬가지로 온라인 시간을 제한하도록 하자. 컴퓨터에서 무제한적인 시간을 허비하지 않도록 하자. 아이는 얼굴을 맞대고 의사소통하는 방법과 사회성을 개발해야 한다. 보호자 통제 제품, 예를 들어 아이가 온라인에 있는 시간을 정확한 숫자로 알려주는 인터넷 시간 관리사를 구입하는 것도 좋다.

- **개인정보 보호규정 가르치기.** 당신의 허락 없이 어떤 온라인 사이트에도 등

육 아 뉴 스

성범죄자가 노리는 아이

뉴햄프셔대학의 어린이범죄연구센터는 만 10~17세 3,000명의 인터넷 사용자들과 612명의 사법당국자들을 인터뷰한 후 놀라운 자료를 내놓았다. 온라인 성범죄자들은 특정 어린이를 대상으로 속임수를 쓴다. 그들은 정체성이나 자존감이 낮고 사회성이 떨어지는 아이들을 노린다.

- 과거에 성적 또는 신체적 학대를 당했던 경험이 있는 아이
- 위험한 오프 또는 온라인 행동을 반복하는 아이
- 자주 대화방을 찾는 아이
- 온라인에서 섹스에 관한 이야기를 하는 아이
- 개인정보를 누설하는 아이
- 부모와 건강하고 강한 애착관계를 맺지 못한 아이
- 자신의 성적 성향을 의심하는 동성애적인 남자아이들

건강한 관계와 건강하지 못한 관계에 대해 아이와 꼭 이야기해야 한다. 아이의 자존감과 정체성을 높여주도록 하자. 아이의 삶에 더욱 관심을 가질수록 아이는 피해자가 될 가능성이 줄어든다. 좋은 소식이라면 아이들이 인터넷 성범죄를 점점 인지해가고 있다는 점이다. 만 12~17세 아이들 2/3는 온라인에서 말을 걸어온 낯선 사람을 무시했다고 말했다. 아이와 인터넷 안전에 대해 계속적으로 대화하도록 하자!

록하지 못하게 하자. 사이트의 개인정보 보호정책을 읽은 후 허락해주자. 아이에게 개인정보를 유출해서는 안 된다는 것을 가르쳐주자. 대부분 웹사이트는 만 12세 이하의 어린이가 부모의 승인을 받도록 하고 있지만 여전히 예방 조치를 해둬야 한다.

- **좋은 사이트 안내하기.** 부적절한 사이트의 출입을 막을 방법은 좋은 사이트를 소개하는 일이다. 툴바에 좋은 사이트를 찾아 즐겨찾기로 추가해두자.
- **검색하기.** 자녀가 가입한 사이트나 카페를 검색하고 유해성 여부를 판단한다.
- **신용카드 안전하게 보관하기.** 포르노 사이트로부터 아이를 보호하는 가장 안전한 방법은 신용카드와 주민등록번호를 잘 보관하는 것이다. 아이들이 성적인 사진과 폭력적인 게임 등을 부모의 신용카드를 사용하여 다운로드받고 있다.

2단계: 신속한 대처

- **대화의 장을 열자.** 아이가 온라인 폭력자나 포르노 사이트와 관련된 이야기를 하면 침착해지자. 가능한 많은 정보를 수집하자. 얼마나 오랜 시간 동안 진행되었으며 다른 아이들이 연관되어 있는지 알아보자. 아이의 신변이 위험하다면 경찰에 연락하여 어떤 기관에서 도움을 받아야 하는지 문의하자. 아이가 성인용 자료를 다운로드받았거나 부모의 신용카드를 부적절한 사이트에서 사용했다면 그에 따른 책임을 지도록 하자.
- **컴퓨터를 잠가놓자.** 당신이 없을 때 아이가

인터넷 보호 프로그램

- 유스키퍼(Youth Keeper)는 아동, 청소년 대상 성매수를 쉽게 신고하는 프로그램으로 여성가족부(www.mogef.or.kr)에서 다운받을 수 있다. 사이버경찰청(www.cyber112.police.go.kr)에서는 성, 가정폭력, 사행성 오락 사범, 학교 폭력, 사이버 범죄를 24시간 신고받고 있다.
- 엑스키퍼(xkeeper)는 인터넷 접속시간 관리 및 유해물 차단 프로그램으로 부모가 언제 어디서든 밖에서도 자녀의 PC를 감독하고 기능을 제한하거나 풀어줄 수 있다.

인터넷에 접속할 수 없도록 하자.

- 서버에 연락하자. 대부분 서버는 부모가 수신되는 이메일을 제한할 수 있도록 한다. 수신자의 주소를 스캔해두자. 아이의 비밀번호와 이메일 계정을 변경하자. 온라인에서 아이가 만난 유해 집단 또는 부적절한 사람이 전화를 걸면 전화번호를 바꾸도록 하자.

- 신용카드 회사에 연락하자. 아이가 포르노 사이트에 접속하여 부적절한 자료를 구매하는 데 부모의 신용카드를 사용했다면 카드를 바꾸고 카드명세서를 점검하자.

- 우편이나 소포를 확인하자. 아이에게 배달된 의심스러운 소포나 우편물을 경계하자.

- 아이를 감독하자. 아이가 갑작스러운 변화를 보인다면(행동, 수면, 식욕, 기분, 집중력) 정신건강 전문의의 도움을 받도록 하자.

3단계: 변화를 위한 습관

최선의 방법은 온라인 안전수칙을 알려주고 명확한 규칙을 정하며 강력한 필터링과 모니터링을 하는 것이다. 사이버공간에서 지켜야 할 7가지 주의사항을 알려주자.

1. 승인되지 않은 사이트에는 가지 않기. '부모가 승인한' 사이트인지 확인하도록 하자. 만약 잘 모르겠다면 부모에게 물어보라고 하자. 아이를 신뢰할 수 있을 때까지 이 조항을 유지하자.

2. 다운로드하거나 구입하지 않기. 부모님의 승인 없이는 온라인상으로 아무것도 사서는 안 된다. 다운로드를 하거나 프로그램을 설치할 때도 부모의 허락을 받는다.

3. 비밀을 만들지 않기. 혹시 온라인상으로 주고받은 것에 대해 불안해하거나

불편한 생각이 든다면 즉시 어른에게 말하도록 가르치자. 그리고 새 계정 및 암호가 필요한 경우에도 말하게 하자. 주기적으로 비밀번호를 변경하자. 부적절한 사이트에 로그온했다면 부모에게 말하도록 하자.

4. 개인정보 보호하기. 이름이나 부모의 이름, 생일, 주소, 전화번호, 비밀번호, 주민등록번호 또는 신용카드번호와 같은 개인정보를 제공해서는 안 된다. 개인적으로 모르는 사람에게 사진을 전송하지 않는다.

5. 교환하지 않기. 가장 가까운 친구라도 비밀번호를 알려주어선 안 된다. 아이의 아이디를 사용하여 아이인 체하지 못하도록 하라고 주의주자.

6. 응답하지 않기. 뒤로 가기 버튼을 누르고 로그오프한 뒤 부모에게 알리도록 하자.

7. 만나지 않기. 온라인에서 만난 사람을 절대로 부모 없이 만나서는 안 된다.

나이별 육아법

3〜6세 인터넷 안전규칙을 가르치자. "이름, 주소, 전화번호, 생일을 알려주지 마. 컴퓨터를 사용할 때는 어른과 함께 있어야 해"라고 알려주자. 유아기의 아이들은 충동적이고 기다릴 줄 모른다. 아이의 읽기와 수학능력을 향상시켜주는 창의적인 소프트웨어나 프로그램으로 키보드와 마우스 기법을 익히도록 해주자.

7〜9세 아이의 온라인 행동을 점검하자. 컴퓨터를 가까운 위치에 두고 제한시간을 정하자. 아이의 컴퓨터게임 등급을 확인하자. 인터넷 예절을 가르치고 컴퓨터의 안전규칙을 알려주자. 이 시기에는 비밀을 유지하는 것이 힘들기 때문에 비밀번호를 자주 변경하도록 해주자. 아이의 이름, 부모의 이름, 전화번호, 주소, 생일, 또는 고향을 공개해서는 안 된다고 강조하자. 아이에게 사이트의 약정을 읽도록 지도

하자. 아이가 컴퓨터를 켜고 부팅하고 로그오프 또는 시스템종료하는 것을 힘들어 한다면 아직은 혼자서 인터넷을 사용할 준비가 되어 있지 않은 것이다.

10~13세 인터넷 사용이 가장 활발한 나이는 초등학교 6학년에서 중학교 1학년 이다. 남자아이들보다 여자아이들의 인터넷 사용이 활발하다. 여자아이들은 메신 저를 즐겨 사용한다. 네트워킹 사이트를 이용하기에는 너무 어리므로 권장하지 않 는 게 좋다.

도와주세요

텔레비전 중독을 보이는 아이의 적신호

텔레비전 시청이 아이의 인생을 독점한다.

텔레비전 시청을 금지하면 아이는 위축되거나 분노한다.

텔레비전이 친구관계, 취미생활, 그리고 삶의 여러 가지 측면들을 대신하고 있다.

부모가 해야 할 일은?

선별적인 텔레비전 시청을 지도하고 즐거움, 창의력, 건강한 사회성을 발달시켜나

갈 수 있는 활동적인 분출구를 찾아준다.

왜 변해야 할까?

"한 시간만 더 볼게요! 할 일도 없고 제가 제일 좋아하는 프로그램이에요!"

아이들은 텔레비전 앞에서 많은 시간을 보내며 중독적인 습관에 빠지기 쉽다. 텔레

비전을 많이 볼수록 창의력, 스포츠, 취미, 사회성 및 스스로 즐거움을 찾는 방법을 배우는 시간은 줄어든다. '가족 사이에 연결되는 시간'은 없어지고 아이들이 배워야 할 삶의 중요한 교훈도 사라진다.

통계자료의 결과는 참담하다. 만 6개월~6세의 아이들은 이야기를 듣거나 책을 읽는 시간에 비해 약 3배나 되는 시간을 텔레비전을 시청하는 시간으로 보낸다. 미국 아이들은 평균 하루에 4시간 동안 텔레비전을 시청한다. 텔레비전을 너무 많이 시청하는 아이들은 시청습관을 바꿔야 하며 건강하고 즐거운 놀이방법을 찾아야 한다. 다음의 해결책들을 활용해보자. 물론 전기세도 절약될 것이다.

해결책

변화를 위한 5계명

1. 가족의 텔레비전 시청습관을 점검하자.

텔레비전 시청에 얼마나 많은 시간을 보내는지 생각해본 적이 있는가? 만약 없다면 앞으로 며칠 동안 온가족의 텔레비전 시청습관을 일지에 기록해보자. 누가 텔레비전을 켜는지를 적고 시간을 더해보자(아이에게 좋은 수학교육이 될 수도 있다). 충격적인 결과가 나올 수도 있다. 부모 자신의 시청습관을 확인한 후 아이의 텔레비전 중독을 고쳐주기 위해 최선을 다할 거라는 다짐을 하자.

2. 온가족이 변화에 참여하자.

텔레비전은 우리 아이들 삶의 모든 부분을 방해할 수 있다. 텔레비전을 많이 시청할수록 비만이 될 확률이 높아지고 성적은 떨어진다는 연구결과가 많이 나와 있다. 텔레비전 중독은 지속적으로 노력하면 끊을 수 있다. 아이에게 부모의 결심이 진지하다는 걸 알려주자.

- 텔레비전 시청 금지의 날을 정하자. 포기하지 말자.
- 텔레비전 플러그를 뽑자. 실제로 어떤 가족은 텔레비전을 옷장에 넣어버렸다.
- 텔레비전 시청을 대신할 수 있는 긍정적이고 건강한 대안을 찾아보자. 예를 들면 보드게임, 카드게임, 음악수업, 음악감상 등이 있다. 뜨개질, 그림 그리기, 요가, 헬스, 농구, 수영, 도서관에서 책읽기 등 아이가 집 밖으로 나와 할 수 있는 활동을 장려해주자. 아이의 관심분야를 찾아주자.
- 가족들과 함께 중독의 나쁜 영향과 절제의 좋은 점을 이야기하자.

육 아 뉴 스

TV 및 비디오 프로그램 콘텐츠 선별

각 방송사에서 시청 연령 제한 표시를 하고 있으며, YMCA 어린이영상문화연구회(02-735-1618, http://www.yeye.or.kr)에서 선정성과 폭력성 등 어린이에게 유해한지를 먼저 판단한 다음 아이디어, 대본, 연출, 대상연령에 대한 적절성 등 4개 항목으로 작품을 평가한 뒤 3~4세, 5~6세, 7~9세, 10~12세 등 4개 연령대별로 추천 영화, 비디오, 방송 프로그램을 추천해주고 있다.

또한 YMCA는 연령별 특성에 따라 ▲7~8세 = 시청시간에 대한 지도가 필요하며 폭력적인 영상물에 대해 주의할 것 ▲9~10세 = 다양한 사회 모델을 보여주거나 경험과 지식, 정보를 담은 영상물을 보여줄 것 ▲11~12세 = 영상에서 숨겨진 의미를 찾도록 돕고 미디어에 대한 이해 능력을 길러준다는 기준으로 프로그램 콘텐츠를 선별해 보여줄 것을 조언한다.

3. 시청시간을 제한하자.

하루 동안 텔레비전을 볼 수 있는 시간을 정한 후 끝까지 지켜나가자. 제한시간을 넘길 경우 아이에게 책임을 묻도록 하자. 이를 위한 전략은 다음과 같다.

- 텔레비전에 시청시간을 적은 종이를 붙여두자. 타이머를 사용하는 것도 좋다.
- 텔레비전 리모컨에 제한시간 설정을 해두자.
- 해당 프로그램이 끝나면 텔레비전을 끄자.
- 채널을 이리저리 돌려대는 것을 허용하지 말자.
- 저녁시간과 숙제를 해야 하는 특정시간에는 텔레비전을 꺼두자.
- '텔레비전을 안 보는 밤'을 정하자. 시청하고 싶은 프로그램이 있다면 녹화해 두고 주말에 보자. 친구가 놀러왔을 때도 텔레비전 시청을 금지하도록 하자.

4. 선별하자.

보고 싶은 텔레비전쇼를 선택하여 사전에 미리 허락을 받도록 하자. 텔레비전 시청은 약속이라는 것을 가르치자.

5. 방에서 텔레비전을 추방시키자.

자신의 방에 텔레비전이 있는 아이들은 일 년에 평균 286시간을 텔레비전을 시청하며 보낸다. 연구결과에 의하면, 아이들은 잠잘 때도 텔레비전을 켜두는데 이것은 아이의 수면을 방해한다. 그리고 이런 아이들은 성적도 낮은 것으로 밝혀졌다. 텔레비전이 방에 있으면 아이가 몇 시간 동안 어떤 프로그램을 시청하는지 감독하기 어렵다. 즉시 방에서 텔레비선을 꺼내오도록 하자.

3~6세 이 시기의 아이들은 두려운 상상을 하므로 악몽을 유발하는 프로그램을 보지 못하도록 해야 한다. 언어와 내용을 면밀히 감독하도록 하자. 아이들은 듣는 대로 따라한다.

7~9세 숙제와 독서를 미루지 않도록 시간을 제한하자. 텔레비전의 폭력성은 많게는 15%까지 아이들의 공격적인 행동에 영향을 준다. 아이가 무엇을 보는지 꼼꼼히 감독하자.

10~13세 텔레비전 광고를 자주 시청하게 되면 물질주의에 물들게 된다. 아이의 시청기준을 살피고 섹스, 부적절한 언어와 폭력이 난무한 저녁 프로그램을 점검하자. 어른의 설명 없이 늦은 시간에 뉴스를 시청하는 것도 좋지 않다.

우리집 맞춤 처방전

아이들이 좋아하는 놀잇감을 줬어요!

아이가 텔레비전을 너무 많이 본다는 것을 알게 된 후 시청시간을 엄격히 통제했습니다. 아이들이 할 일이 없다고 불평을 해서 플라스틱 상자에 아이들이 좋아하는, 창의력을 증진시키는 물건들(레고, 점토, 아이스크림 막대기, 풀, 사인펜, 종이)를 넣어주었습니다. 재미있는 야외활동도 권장해주었죠. 살살 달래는 데 시간이 걸렸지만 2주가 지나자 아이들은 더 이상 텔레비전을 그리워하지 않았고 플러그인되지 않은 삶 속에서 재미를 발견하고 있답니다.

도와주세요

컴퓨터 게임과 관련된 적신호

컴퓨터게임이 아이의 삶에 큰 영향을 준다.

게임을 못하게 하면 아이는 위축되거나 화를 내기도 한다.

컴퓨터게임이 친구, 취미, 삶의 여러 측면들을 대체하고 있다.

부모가 해야 할 일은?

컴퓨터게임을 선별하여 즐기는 법을 알게 해주고 건강한 사회성을 개발시키며 즐겁게 놀 수 있는 다른 방법을 찾도록 도와준다.

왜 변해야 할까?

컴퓨터게임에 빠져 있는 아이가 있는가? 그렇다면 그 문제는 당신 혼자만의 걱정이 아니다. "한 시간만 더하면 안 돼요?" "할 일이 없단 말이에요!" "진정하세요, 엄

마. 게임이 그렇게 폭력적이지 않다고요." 게임은 디지털 세대인 우리 아이들 삶의 일부가 되었다. 만 12~17세 남자아이의 90%, 여자아이의 94%가 컴퓨터, 웹, 휴대용 또는 콘솔 게임기로 게임을 즐기고 있으며, 90% 이상의 어린이들이 하루에 30분 동안 게임을 하고 있고, 그중 남자아이의 수는 여자아이의 수보다 2배가 더 많았다. 전세계 어린이들에게 게임은 생활의 일부가 되어서 성, 연령, 경제적 여건을 막론하고 거의 모든 10대들이 게임을 즐기고 있다. 어떤 아이들에게 게임은 삶의 '전부'를 의미하기 때문에 부모들의 걱정이 높아지고 있다. 게임이 아이들을 더욱 공격적으로 만들고 활동적인 생활습관을 기르는 것을 막으며 인지발달이나 학업잠재력을 방해한다고 걱정한다. 아이들은 컴퓨터게임의 매력에 너무 쉽게 빠져든다. 컴퓨터게임에 빠지게 되면 누구든 건강한 생활을 유지하기 어렵다. 특히 아이들은 야외활동의 경험, 독서의 즐거움, 운동, 숙제 및 다른 친구들과의 어울림을 통해 배우는 즐거움을 잃게 된다. 미국심리학회는 게임에 '중독'된 아동의 수가 늘고 있다고 밝히고 있다.

그렇다고 너무 성급하게 판단하지는 말자. 사실 지난 10년간 게임 제조업체들은 우리 아이들의 학습능력을 향상시켜주고 손놀림을 향상시켜주는 게임기를 만들었다. 게임이 아이의 발달에 방해가 되는지 도움이 되는지 알 수 있는 해결책을 살펴보자.

해결책

1. 자녀를 알자.

폭력적인 게임을 하는 건 결코 건강에 좋지 않다고 생각한다. 하지만 컴퓨터게임을 하는 것이 아이에게 돌이킬 수 없는 해를 끼치는 건 아니다. 하지만 어떤 아이들은 다른 아이들에 비해 공격적인 것에 더 영향을 받기도 한다. 폭력적인 게임을 계속하게 되면 아이는 스트레스를 받게 되면서 더욱 공격적인 성향을 갖게 되며 동정심

을 잃게 된다. 민감하거나 공격성 혹은 쉽게 흥분하는 기질을 가지고 있는 아이들은 폭력적인 것을 목격하거나 경험하게 되면 공격성을 보인다.

게임을 하는 10대들 2/3는 '게임을 하는 동안 잔인하고 공격적'으로 변하는 걸 보거나 들었다고 했으며, 49%는 '증오심, 인종차별, 성차별'적인 말과 행동을 하게 된다고 말했다. 게임을 하는 아이의 행동을 점검해보자. 게임을 하면서 분개하며 공격적으로 변한다면 해결책은 간단하다. 마우스를 빼앗고 아이에게 최선의 결정을 내릴 수 있는 양육의 책임을 지자. 미시건대학의 연구결과를 보면 게임은 공격적인 생각과 분노, 공격적인 행동을 높이고 도와주려는 친사회적인 행동은 감소시키는 것으로 나타난다.

2. 아이에게 알맞은 허용규칙과 제한을 정하자.

아이에게 선별적으로 게임을 허용하며 제한시간을 명시하자.

- 합리적인 규칙 정하기. 주중에는 30분, 주말에는 2시간. "숙제 먼저, 게임은 그 다음."

- 규칙 적용하기. 아이가 숙면을 취하는 데 방해가 된다면 적어도 취침 2시간 전에는 게임을 하지 못하도록 하자. 아이의 성적이 떨어진다면 '신속히 플러그를 뽑자!'.

- 보상의 의미로 사용하기. 특정한 행동에 대한 보상으로 사용하자. "30분 동안 책을 읽은 후 30분 동안 게임을 하도록 해."

- 일관성 유지. 일단 규칙을 정하면 일관되게 유지하자.

- 접근 제한하기. 게임 콘솔 및 컴퓨터를 아이의 침실에 두지 말자. 성인용 게임기는 아이뿐 아니라 아이의 친구도 만지지 못하게 간수하자.

● 타이머 사용하기. 게임 하는 시간이 제한된 시간을 넘지 않도록 타이머를 설
정해놓자. 일단 타이머가 울리면 무조건 컴퓨터를 *끄*자. 잔소리보다 훨씬 효
과적이다.

3. 콘텐츠를 선별하자.

아이에게 적합한 게임을 선별하는 지침을 세우자. 비디오게임 상자에는 등급이 표
시되어 있다. 아이에게 표시된 등급의 의미를 알려주고 꼭 지키도록 해주자.
'게임물 등급 위원회' 홈페이지의 등급 분류 제도에는 각 게임마다 받게 되는 등급
구분의 설명이 있다. 우리 나라 등급은 총 4개로 구성돼 있는데 누구나 할 수 있는
전체 이용가와 12세 미만은 할 수 없는 12세 이용가, 15세 이상만 할 수 있는 15세
이용가, 그리고 성인만 할 수 있는 '청소년 이용불가' 등으로 구분된다.
온라인 게임의 경우 홈페이지 하단에 표시된 등급을 보면 된다.

4. 친구와 시간을 보내도록 해주자.

UCLA의 연구결과는 아이들의 IQ지수를 높여주고 중요한 사회성을 향상시켜주는
게임이 있다고 밝히고 있지만 그렇다고 친구들과 어울릴 시간에 게임을 하도록 놔
두지는 말자.
아이는 분명 친구집으로 가서 게임을 즐기려 할 것이다. 아이의 친구 부모가 게임
시간을 제한하지 않는다면 부모들과 이야기를 나누며 당신의 규칙을 공유하도록
하자.

5. 매력적인 대안을 찾아주자.

아이가 게임 시간을 줄인다면 무엇을 하길 원하는가? 재미를 느낄 수 있는 대안을

생각해보자. 새로운 취미(스포츠, 자전거 타기, 농구, 악기, 숫자퍼즐, 낱말퍼즐, 곤충채집, 독서)를 찾아보자. 많은 아이들이 지루하기 때문에 비디오게임을 한다고 한다.

6. 유용한 게임을 찾아보자.

아이들은 게임을 통해 의사결정능력을 키우고 팀워크의 능력과 전략을 세우는 방법을 배우며 문제해결, 영리함, 창의력을 증진시킨다고 한다. 심지어 인프라 구축 능력과 문명들의 통치체제에 대해 배울 수도 있다. 중요한 것은 아이에게 맞는 게임을 찾아 올바른 방법으로 즐기게 해주는 것이다. 이때 적용할 수 있는 3가지 전략을 살펴보자.

- 폭력 없는 게임을 찾자. UCLA는 게임을 통해 퍼즐을 풀고, 문제를 해결하며, 가설을 시도하면서 IQ지수를 높일 수 있다는 연구결과를 내놓았다. 비폭력적인 판타지나 모험을 다룬 게임을 찾아보자. '심시티' 같은 정치전략 세우기 게임이나 역사와 지리를 가르치는 '카르멘 생디에고' 같은 게임 또는 '레모네이드' 같이 경제원리를 가르치는 게임을 찾아보자.

- 아이와 함께 게임을 하자. 부모와 함께 게임을 하게 되면 다른 활동도 함께 한다는 연구결과가 있다. 가족이 함께 할 수 있는 퍼즐이나 보드게임을 찾아보자.

- 움직이는 게임을 하자. 미네소타에 있는 메이요클리닉의 연구진은 '엑서게이밍' 시스템을 이용한 활동적인 게임(축구, 야구, 볼링 등)은 아이들의 체형을 유지해줄 수 있다고 말한다. 실제 움직임을 요구하는 게임은 비만 아동의 에너지 소비를 도와준다고 한다. 댄스 게임은 비만 아동의 에너지 소비를 6배나 높여준다고 한다. 온가족이 함께 게임을 해보는 건 어떨까?

자녀의 PC방 출입을 막아야 한다

우리나라 행정안전부가 발표한 '2010년도 인터넷 중독 실태조사'에 따르면 만9세부터 39세까지 인구의 인터넷 중독률은 8%로 나타났다.

이 가운데 청소년의 인터넷 중독률은 12.4%로 분석됐다. 성인 중독률 5.8%보다 두 배 이상 높은 수치다. 청소년들의 인터넷 중독이 심각하다는 반증인 셈이다.

특히 초중고등학생의 인터넷 중독률이 각각 13.7%, 12.2%, 10%로 인터넷 중독률이 가장 높은 것으로 집계됐다.

더욱 큰 문제는 PC방에서 인터넷 게임을 하는 초등학생들이 사실상 방치 상태에 놓여있다는 점이다.

이러다 보니 하루 4~5시간 넘게 게임을 하거나 틈이 날 때마다 찾아오는 등 자신도 모르게 게임에 중독된 초등학생들이 점점 많아지고 있어 우려스럽다.

전문가들은 초등학생이 게임 중독에 빠지면 사회성이 결여되는 등 부작용이 나타날 수 있다고 지적했다. 이를 방지하기 위해서는 가족의 역할을 무엇보다 중요하다고 강조했다.

건국대학교병원 신경정신과 하지현 교수는 "초등학생들이 게임에 과도하게 몰입할 경우 주의력 결핍이나 우울증 같은 증상으로 일상생활을 제대로 못하는 부작용이 나타날 수 있다"며 "소외되고 방치된 아이들을 관리하고 정상적인 생활범주 안으로 들어올 수 있도록 사회적 시스템을 구축하는 것이 필요하다"고 말했다.

하 교수는 "셧다운제 같은 강제적인 방법보다는 아이가 부모님과 대화를 자주 할 수 있는 사회적 환경조성이 필요하다"며 "게임 밖의 다양한 사회활동과 경험을 해주는 것도 바람직하다"고 덧붙였다.

셧다운제란?

청소년의 인터넷 게임 중독을 예방하기 위해 심야 시간 인터넷 게임 사용을 제한하는 신데렐라법 '셧다운제'가 2011년 11월 20일 자정부터 시행된다. 만 16세 이하 청소년은 앞으로 자정부터 오전 6시까지 '리니지' '메이플스토리' 등 PC온라인게임을 사용할 수 없다.

- 만 16세 미만 청소년은 12시 이전에 접속해도 자정 넘으면 게임 자동 종료
- 넥슨 JCE, 한빛소프트, 엔씨소프트 등 일부 게임업체는 자체적으로 시행
- PC온라인게임만 적용…콘솔게임・스마트폰・태블릿PC는 유예

여성가족부는 스마트폰이나 태블릿PC용 게임 등 모바일 게임 및 콘솔 게임은 적용을 유예하기로 했다. 정부는 2년 마다 게임물에 대한 평가를 실시하고 셧다운제 적용 범위를 결정할 계획이다.

7. 분노 관리법을 가르치자.

1,254명의 10대를 대상으로 조사한 결과 아이들이 게임을 하는 가장 큰 이유는 분노와 스트레스를 포함한 감정표출을 위해서라고 대답했다. 분노를 표출하려는 아이들은 폭력적인 게임을 하려 한다. 분노를 해소할 수 있는 건강한 방법을 가르치자. 운동, 건강한 음식 먹기, 일기장에 적기, 다른 사람에게 이야기하기, 명상하기 등.

나이별 육아법

3~6세 이 시기 아이들은 현실과 환상을 구별하는 능력이 없으므로 너무 폭력적인 이미지는 아이에게 현실로 느껴져 충격을 주게 되고 악몽을 꾸게 만들 수 있다. 유아등급이 표시된 게임에 한해서만 허락해주자. 1,000명을 대상으로 연구한 결과, 어린 나이에 폭력적인 프로그램에 노출된 아이들은 나중에 성인이 되어서도 공격적이고 폭력적인 행동을 보일 가능성이 높다고 한다. 아이의 행동에 주의를 기울이자!

7~9세 게임을 즐기기 시작하고 특히 남자아이들에게 게임은 대중문화의 일부가 되었다. 4~6학년 남자아이들 60%가 비디오 또는 컴퓨터게임을 매일 한다고 대답했다.

10~13세 게임을 최고로 많이 하는 시기이며, 게임에 빠져 있는 아이들의 평균 놀이시간은 주 23시간이라고 한다. 900명이 넘는 10대들에게 설문조사한 결과 아이들이 가장 좋아하는 게임은 폭력성이 있는 게임이었다. 남자아이들이 좋아하는 게임에는 전투기, 저격수, 스포츠, 판타지 롤플레잉 게임, 액션어드벤처 게임이 포함되었다. 여자아이들은 고전적인 보드게임을 선호하며 카드, 주사위, 퀴즈, 퍼즐 게임을 즐긴다고 답했다.

도와주세요

저희 아이는 열 살인데, 학교에 도착하거나 축구연습을 마친 뒤 집에 전화를 할 수 있도록 휴대폰을 사줬습니다. 그런데 이제는 아이가 휴대폰을 달고 삽니다. 하루 종일 문자를 보내고 통화를 해서 한 달 휴대폰 통신비가 처음보다 3배나 많이 나왔습니다.

그런데 그보다 더 큰 문제는 아이가 휴대폰으로 인터넷 음란물을 봤다는 거죠. 이제 다섯 살 된 동생도 휴대폰을 사달라고 보채고 있어요. 저는 물론 아이가 안전하길 원하고 또 친구들도 많이 사귀길 바랍니다. 휴대폰 사용을 조절하고 비용도 낮추는 방법을 알려주세요.

만약의 경우를 대비해서 늘 동전을 준비해두고(공중전화를 사용하기 위해) 다녔던 시절을 기억하나요? 이제 그 시절은 호랑이 담배 피던 시절의 이야기가 되어버렸습니다. 오늘날 아이들은 유치원 때부터 휴대폰을 가지고 다닐 정도입니다. 만 5

세 아이들 5~10%가 휴대폰을 가지고 있습니다. 미국의 만 10세 어린이 1/3이 휴대폰을 소지하고 있습니다. 그리고 3년 안에 만 8~12세 아이들의 절반 이상이 휴대폰을 소지하게 될 것입니다.

그러나 많은 부모들은 아이들에게 휴대폰을 사줘야 하는지를 놓고 고민합니다. 아이에게 휴대폰을 사주면 안심할 수 있을까? 한 달 통신비를 조절할 수 있을까? 수업시간에 문자메시지를 보내는 것을 어떻게 막을 수 있을까? 아이가 정말로 휴대폰이 필요한지, 휴대전화를 사용할 준비가 되어 있는지 어떻게 알 수 있을까?

또한 휴대전화로 해서 인터넷 안전, 사이버폭력, 포르노 및 성인 사이트의 접근 등 또 다른 문제들이 야기될 수 있습니다. 아이들의 휴대폰 사용을 통제할 수 있는 몇 가지 방법이 있습니다.

해결책

1. '필요한 것'과 '원하는 것'을 정하자.

모든 아이들이 휴대폰을 갖고 싶어 하지만 '근사해 보이기 위해 갖고 싶어 하는 것'과 '정말로 필요해서 갖는 것'에는 차이가 있다. 아이에게 휴대폰을 사주기 전에 고려해야 할 사항들은 다음과 같다.

- **안전.** 집에 혼자 걸어서 오는지, 어른의 직접적인 감시가 없이 지내는 시간이 있는지? 놀림을 당한 적이 있거나 감정적 또는 임상적인 문제가 있는지?
- **일정.** 아이에게 겹치는 일정이 있는지? 방과 후, 저녁시간 혹은 주말로 일정을 바꿀 수는 없는지?
- **안심.** 언제든지 연락을 할 수 있다는 것으로 아이가 안정감을 느끼는지?

- **가격.** 감당할 만한 가격인지?
- **책임.** 소지할 만한 책임감이 아이에게 있는지?

위의 사항들을 신중히 살펴보고 의심의 여지가 있다면 휴대폰 구매를 미루도록 하자. 아이가 "친구들은 전부 휴대폰을 가지고 있어요"라고 말하면 아이에게 부모의 휴대폰을 빌려주자(일주일에 3번 이상). 만 8~10세 아동의 54%가 휴대폰을 빌린다고 한다. 아이에게 부모의 휴대전화를 사용하게 한 다음 '테스트'를 해보자. 아이의 책임감을 살펴보고 부모의 기대에 미치는지를 살펴보자.

2. 휴대전화의 기능에 대해 교육하자.

요즘 휴대폰에는 컴퓨터 기술이 있어서 부모는 그 기능에 대해 알아야 한다. 휴대전화에는 숨겨진 위험들이 있다. 예를 들면 비디오관음증(엿보기 취미) 같은 것으로, 사람들의 체면을 구기는 사진이나 비디오를 찍는다(예를 들어 여자아이가 탈의실에서 옷을 갈아입는 모습을 찍어서 온라인에 올린다). 또는 음란하거나 악의가 있는 문자메시지 혹은 이메일 또는 음성메시지를 보내거나 받을 수도 있다. 그뿐만 아니라 MP3에 시험답안을 다운로드해 부정행위를 할 수도 있다. 포르노나 성인 사이트 또는 인터넷게임에 접속할 수도 있다.

3. 휴대폰을 아이에게 주기 전에 다음의 안전조치를 해놓자.

- 카메라나 인터넷에 접근하지 못하도록 해놓는다.
- 웹가드와 같이 성인 인터넷 사이트 접속을 차단하는 안전 기능 추가.
- 친구와 친척을 제외한 수신전화 차단. 성범죄자들이 휴대폰을 통해 오랜 시간 아이들과 관계를 맺으며 위협하고 있다.

- 휴대폰이나 컴퓨터를 통해 알게 된 사람을 부모의 허락 없이 절대로 만나서는 안 된다고 가르치자.

4. 통화시간과 문자메시지에 대한 설정을 제한하자.

어린이 요금제로 가입시켜주고 통화시간과 문제메시지의 수를 제한하자. 가족요금제로 가입해서 아이가 사용할 수 있는 시간이나 메시지를 미리 정해두자. 제한된 시간을 거의 다 사용하면 부모에게 경고 메시지가 올 수 있도록 해두고 응급상황이나 가족에게 전화하는 서비스를 제외하고는 아이의 전화기능을 잠가두자.

10대 아이들이 평균적으로 보내는 문자메시지의 수는 천문학적이다! 벨소리나 게임을 다운로드 하거나 인터넷에 접속하면 엄청난 돈이 청구된다.

5. 전화 규칙을 세우자.

휴대전화 사용에 책임을 질 수 있도록 가르치자. 책임감 없는 행동(부모의 동의 없이 게임이나 벨소리를 다운로드받거나 다른 아이에게 잔인한 메시지를 보내는 일 등)을 하면 휴대폰을 압수하도록 하자. 아이가 이런 규칙을 따르겠다는 각서를 쓰도록 하자(각서에는 아래의 규칙들을 포함시키자).

- 빌려주지 말기. 휴대폰을 빌려주지 말 것. 만약 친구에게 빌려주었다면 그 비용은 친구가 부담하도록 한다.
- 성적이 먼저. 숙제를 한 후 휴대폰을 사용하자. 성적이 떨어진다면 휴대전화 사용을 금지하자.
- 통화시간과 문자메시지 수 지키기. 제한된 시간을 넘기면 스스로 비용을 지불하게 한다.

- 휴대전화 예절 지키기. 대화 중에는 문자메시지를 보내거나 음악을 듣거나 메시지를 읽지 못하도록 가르친다. 공공장소(파티, 교회, 식당)에서는 휴대폰을 꺼두거나 진동모드로 바꾸고 저녁식사시간에는 반드시 꺼두라고 가르친다. 항상 세 발자국 이상 떨어져 있는 사람은 듣지 못하는 정도의 목소리로 얘기하라고 가르치자. 조용한 벨소리로 설정하게 하자.

- 학교의 휴대전화 사용규칙 따르기. 학교에서 정한 휴대전화 사용규칙을 확인하자.

자녀와 휴대전화로 의사소통하자

자녀에게 휴대폰이 있다면 매일 한 통씩 문자메시지를 보낸다. 그리고 항상 비슷한 시간에 자녀와 통화한다. 어디냐고 위치 추적하는 게 아니라 학원 왜 안 가냐고 추궁하는 게 아니라 아이와 1분 놀이를 하듯 가볍게 애정을 표현한다. 예전에는 쪽지편지가 있었지만 요즘은 아이들이 휴대전화가 가장 가까운 친구이므로 문자로 가장 쉽게 다가설 수 있다. 좋아하는 음식, 친구, 담임선생님까지 언급해 챙기면 간단하지만 매일의 일상을 부모가 함께 하고 있다는 믿음과 사랑을 크게 받아들이게 된다. 또한 비상사태 때도 아이들에게 전화선이 차단되어 연결이 안 되어도 연락을 주고받을 수 있는 방법이 문자다.

마지막 규칙은 부모에게 달린 것이다. 취침시간에는 휴대폰을 꺼두도록 하자. 비상상황을 제외한 특정시간에는 휴대전화를 꺼두도록 하는 기능이 있다. 만약 이런 기능이 없다면 아이가 잠자리에 든 후 휴대폰을 가지고 나오자. 많은 아이들이 밤늦게 문자메시지를 하거나 전화통화를 하느라 수면부족을 겪고 있는데 대부분 부모는 이 사실을 모른다고 한다.

6. 매달 청구서를 아이와 함께 검토하자.

휴대전화 요금청구서는 아이에게 경제적인 책임감을 가르쳐주는 아주 좋은 방법이다. 먼저 아이에게 온라인으로 다른 통신사들과 요금을 비교해보라고 하자. 그리고 아이에게 매달 청구서를 검토하고 지난달과 비교하도록 하자. 청구서를 통해 다운로드를 받은 경우가 있으면 추가비용은 스스로 지불하도록 만든다.

7. 문자메시지를 주고받자.

50% 이상의 청소년들이 부모와 문자메시지를 주고 받으면서 관계가 좋아졌다고 말한다. 휴대전화로 음악을 다운로드받는 방법을 모른다면 아이에게 가르쳐달라고 하자. 아이와 연결될 수 있는 가장 빠른 방법이다. 아이들은 전화통화보다 문자메시지가 더 안전하다고 말한다(전화통화는 다른 사람들이 엿들을 수 있기 때문에). 비상사태가 발생했을 때 전화선이 차단되어 통화가 어려운 경우에도 아이와 연락을 취할 수 있다.

유치원 아이들이 휴대폰을 가지고 다니는 것을 보면 이제 휴대폰은 우리 아이들 삶의 일부가 되었다는 걸 알 수 있습니다. 부모도 한 걸음 다가가 휴대폰 기술을 알아야 합니다. 아는 것이 아이의 안전을 위한 최선의 방법이며 아이에게 책임감과 경제관리 능력을 키워줄 수 있는 좋은 기회입니다. 부모는 항상 자녀에게 최고의 방화벽임을 기억하세요. 아이에게 영향력을 행사할 수 있다는 걸 확신하세요.

❓ 아들이 알고 지내는 선배형들이 방과 후에 술을 마신다는 사실을 알게 되었습니다. 아이에게 이 사실을 언제쯤 말해야 할까요? 우리 아이는 아직 10대도 아니거든요.

❗ 지금이 바로 아이에게 음주에 대해 이야기할 때입니다. 그 시기가 빠르면 빠를수록 좋습니다. 그 이유는 요즘 아이들은 베이비붐 세대의 아이들보다 3세 반 정도 더 빨리 첫 음주를 경험하고 있기 때문입니다. 4학년 아이들의 7%, 그리고 5학년 아이들의 8% 이상이 과거에 맥주, 와인과 같은 술을 마셔본 적이 있다고 대답합니다. 그리고 27%의 6학년 아이들은 지난 1년간 술을 접한 적이 적어도 한 번 이상 있다고 대답했습니다. 중학교 2학년에서는 6명 중 1명의 아이가 현재 술을 계속 마시고 있다고 합니다. 몇몇 조사결과들을 보면, 여자아이들이 남자아이들보다 더 많이, 더 자주 과음하고 있습니다. 아이들은 굉장히 어린 나이에, 심지어 초등학교에 들어가기 전부터 술에 대한 호감을 가지고 있습니다. 아이가 어리다면 부모의

태도는 아이에게 더 큰 영향을 미치게 되지요. 만 9세 이하의 아이들은 일반적으로 음주를 부정적으로 여기지만 만 13세가 되면 긍정적인 태도를 보이게 됩니다. 이런 수치들은 4학년이 되기 전에 부모가 아이와 함께 '음주'에 대한 이야기를 해야 함을 보여줍니다.

부모가 무시할 수 없는 확실한 조사를 바탕으로 한 또 다른 결과들이 있습니다. 어린 시기에 술을 마시기 시작하면 이후 삶에서 더 많은 음주문제들을 겪게 된다고 합니다. 만 15세 이전에 술을 마시기 시작한 아이들은 알코올 중독이 될 확률이 4배나 더 높았습니다. 한 연구조사는 1만 3,000명의 아이들이 오늘, 지금, 첫 음주를 시작할 거라고 말합니다. 미성년자의 음주는 확실히 문제가 되고 있어요. 다음은 아이와 음주에 관한 이야기를 할 때 필요한 해결책들입니다.

어린 아이는 때로 소독약 중 알코올 성분이 피부로 흡수되는 것만으로도 알코올 중독에 걸릴 수 있다. 유병욱 순천향대병원 가정의학과 교수는 "어린 아이는 손을 소독하는 알코올젤을 만지다가도 알코올 성분이 손등과 눈, 이마, 입술 등으로 들어가 혈관으로 옮겨질 수 있다"며 "이럴 경우 간의 세포 섬유화가 일어나는 등 생명에 큰 지장을 주게 된다"고 말했다.
어린 아이가 술을 섭취하면 심각한 결과가 발생하기 때문에 부모들은 특히 주의해야 한다. 심각한 저혈당 증상으로 경련이 일어날 수 있고 심하면 혼수상태에 빠질 수도 있다.
유 교수는 "어린 아이가 술을 먹었다는 것을 발견하면 바로 병원 응급실을 찾아 위 세척이나 수액 투여 등으로 알코올을 희석시켜야 한다"면서 "특히 몸무게가 30kg 미만인 10세 이하의 어린이가 소주 두 잔 정도의 알코올을 섭취하면 간에 치명적인 손상을 일으키고 자칫 호흡정지도 나타날 수 있다"고 경고했다.

● **현실을 파악한다.** '내 아이는 아니겠지'라는 생각은 버려야 한다. 미성년자의 음주는 부모들이 간과해서는 안 되는 문제다. 아이가 술을 마시고 있을 수도 있음을 보여주는 증상들은 다음과 같다.

□ 분명치 않으며 느린 말투, 앞뒤가 맞지 않은 말을 해서 대화를 지속하는 것이 어렵다.

□ 가글, 껌, 민트사탕 등으로 입냄새를 감추려 한다.

□ 나이가 훨씬 많은 선배들과 놀거나 몰래 집을 빠져 나가거나 자신이 어디에 있었는지를 말하지 않는다.

□ 집에 있던 술이 사라진다. 부모 모르게 술병들이 숨겨져 있다.

□ 웹사이트, 약국, 마트 등에서 사용된 정체불명의 신용카드 내역이 있다.

□ 눈이 충혈되고, 늦잠을 자거나 혹은 일어나는 것을 매우 힘들어한다.

□ 술 먹을 때 하는 게임의 이름들을 사용한다.

● **좋은 역할모델이 된다.** 아이들은 술에 관한 태도를 부모의 행동이나 말을 통해서 형성한다. 그러므로 부모 스스로 조심스럽게 행동해야 한다. 부모 스스로 모범을 보이지 않으면 아이에게 나중에 책임질 수 있도록 행동하라는 말을 할 수 없을 것이다. 술을 미화하거나 휴식을 취하는 방식으로 마시고 있다는 말을 해서는 안 된다. 예를 들어 "힘드니까 술 좀 마셔야겠다"라는 말을 해서는 안 된다. 대신 아이에게 긴장을 풀 수 있는 다른 방법들을 보여주도록 하자. 만약 부모가 책임감 있는 행동을 보여주지 못한다면 아이에게 책임감 있는 모습을 기대할 수 없을 것이다. 행동이 말보다 중요하다.

● **음주에 반대하는 확실한 규칙을 정한다.** 금욕적이고 엄격해지자. 그런 규칙

들을 일관되게 적용하고 아이의 행동을 관찰하면 미성년자 자녀의 음주가능
성을 줄이는 데 도움이 된다. 1,000명 이상의 10대들을 대상으로 한 조사를
보면, 확실한 행동규칙으로 아이들을 감독하고 '안 돼'라는 말을 두려워하지
않는 부모들의 자녀가 음주와 같은 위험한 행동을 하지 않을 가능성이 4배나
높다고 한다. 아이의 친구가 아닌 부모가 되도록 하자.

● **일찍 시작하고 자주 이야기한다.** 이 부분의 중요성은 더 이상 말할 필요가 없
다. 부모는 반드시 아이와 음주에 관한 이야기를 해야 하고 그 시기는 빠르면
빠를수록 좋다. 만 9세 이전의 아이들은 주로 술을 나쁜 것으로 인식하며 음
주가 부정적인 결과를 가져오는 '나쁜' 것이라고 생각한다. 만 13세가 되면 술
에 대한 관점이 긍정적으로 바뀌게 되는데, 그 관점을 바꾸기는 힘들다. 만
10세 혹은 만 11세에 시험삼아 술을 마셔보는 아이들이 있다. 지금 당장 아이
와 술에 대해 이야기하는 것이 결코 이르다고 할 수 없다. 더 이상 미루지 말
고 당장 이야기를 시작하자.

● **교훈을 줄 수 있는 순간들을 찾는다.** 아이들은 가르침이나 엄격한 경고를 싫
어하지만, 부모는 술에 관한 정보와 잠재적 위험에 대한 이야기를 아이에게
알려줘야 한다. 일상생활 속에서 자연스럽게 대화해나갈 방법들을 찾자.

□ **유명한 노래가사를 들어보자.** 멀리서 찾아볼 필요가 없다. 아이가 듣고 있는
이어폰을 귀에 꽂고 노래의 가사를 들어보자. 유명한 노래의 3개 중 하나는
중독에 관한 언급을 하고 있으며 가장 자주 언급되는 것은 술에 대한 이야기
일 것이다.

□ **신문기사를 보여준다.** 만약 10대 음주운전자가 일으킨 사고에 관한 기사가
있다면 기사를 오려 음주가 판단력과 수행능력에 어떤 영향을 미치며 우리

의 삶을 어떻게 망가뜨리는지 이야기해보자.

☐ **당장 발생하는 단점들을 부각시킨다.** 아이들은 현재, 지금 여기를 보고 있기 때문에 장기적인 위험을 설명하면 설득하기가 쉽지 않다("30년 후에 너는 간경변증으로 고생할 거야!"). 그러므로 단기간의 문제점들을 강조하는 것이 훨씬 더 효과적이다. "너의 뇌는 지금도 자라고 있고 어른의 뇌보다 손상을 입기 쉽단다." "너는 몸이 작기 때문에 술이 중추신경계에 더욱 빨리 영향을 줄 거야. 그러면 너는 심각한 판단력의 오류를 자주 일으키게 되고 생명에 지장을 줄 수 있는 부상을 입을 수도 있단다." 그래도 효과가 없으면 "너는 외출금지를 당할 거야!"라고 경고하자.

☐ **음주광고를 피하거나 이용한다.** 장기간의 연구결과들을 보면, 음주광고를 더 자주 보고 듣고 읽는 아이들이 술을 마실 가능성이 더 높고 더 많이 마시게 된다고 한다. 초등학교 3, 4학년 그리고 중학교 3학년을 대상으로 한 연구에서 음주광고를 좋게 평가하는 아이는 음주에 대해서도 더 긍정적인 생각을 가지고 있었다. 아이와 함께 텔레비전을 보는 도중에 맥주와 보드카 광고가 나오면 음주에 대한 부모의 가치관, 우려, 규칙들을 이야기하는 기회로 삼아보자.

● **음주운전은 금지라고 미리 교육한다.** 아이가 자동차뿐 아니라 운전면허증을 가지고 있지 않다 하더라도 달라질 건 없다. 이 한 가지의 규칙은 무조건 강조해야 한다. "절대, 무슨 일이 있어도 음주운전은 안 돼." 그리고 부모도 철저히 지킨다.

● **다른 부모를 동참시킨다.** 아이의 친구들과 부모들을 알고 있어야 한다. 파티를 여는 부모에게 전화를 걸어 그들이 정말로 파티를 잘 감독하고 있는지 확

인한다. 대부분 아이들은 집이나 다른 친구의 집에서 처음으로 술을 접하게 된다. 중학교 2학년 아이들의 60%가 술을 구하는 것이 꽤 쉬우며 가장 쉽게 구할 수 있는 장소는 자기집이라고 대답했다. 집에 있는 술병의 숫자를 세어 놓자. 그리고 술이 있는 곳을 잠가두도록 하자(열쇠가 어디에 있는지 아이에게 는 말하지 않는다). 그리고 신용카드를 잘 챙긴다. 최근 아이들이 술을 자주 구 입하는 곳이 바로 인터넷이다(99%의 부모들은 자기집에서 열리는 아이의 파티에 술을 놓지 않을 거라고 말하지만 28%의 10대는 부모님이 감독하는 파티에서 술을 마 시는 게 가능했다고 말한다. 자녀가 이런 파티에 참석하는 게 몇 년 후의 일일 수도 있겠지만 아이 친구들의 부모들을 미리 알아두도록 하자. 그들은 몇 년 후 아이들이 참석할 파티를 열어줄 사람들이기 때문이다).

● **문제상황을 피하는 방법들을 가르친다.** 10대 초반의 아이들 중 40%가 약 만 9세 때부터 또래 아이들한테서 담배, 음주 혹은 약물 같은 걸 하도록 압력을 받았다고 대답했다. 그러므로 또래의 압력을 이겨낼 방법들을 가르쳐야 한 다. 예를 들어, 친구에게 편안히 말할 수 있는 이유들을 떠올릴 수 있도록 해 준다. "우리 엄마가 이걸 알면 엄청 혼내실 거야. 우리 엄마는 항상 알아내거 든." "졸업하기 전까지는 술을 먹지 않겠다고 부모님과 약속했어." 항상 부모 를 변명의 구실로 삼아도 좋다는 걸 알려주자. 그리고 친구들에게 그 말을 할 수 있도록 다양한 상황을 역할놀이로 연출해보자. 술과 관련된 상황에 처하 면 부모에게 전화를 걸어서 무조건 부모가 데리러 갈 수 있게 해야 한다는 점 을 강조해두자('또래압력' 참조).

음주는 10대 아이들에게 치명적인 결과를 가져올 수 있는 심각한 건강문제입니다. 한 조사에 의하면 요즘 아이들은 어린 나이부터 음주를 시작한다고 합니다. 술을 마시지 않는 이유로 아이들이 꼽는 것은 부모와의 관계를 망치지 않기 위해서라는 게 1순위였어요. 자녀에 대한 관심과 관여는 미성년자의 음주를 막는 최선의 방법입니다. 관여해서 변화시키도록 하세요!

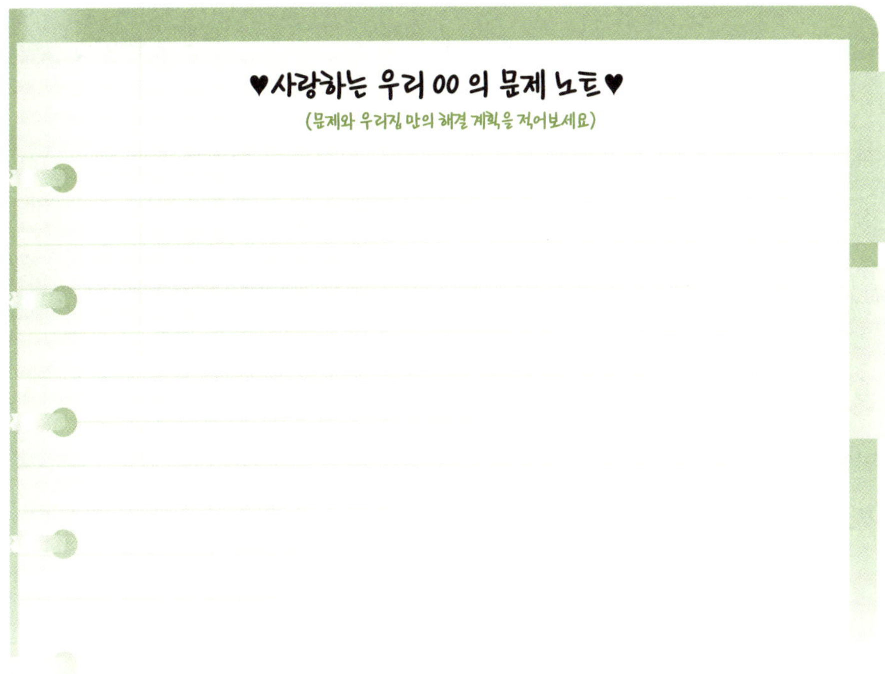

도와주세요

성 문제와 관련된 아이의 적신호

부모와 섹스에 대해 이야기하는 것을 너무 부끄러워하거나 주저한다.

잘못된 정보를 알고 있거나 섹스에 대한 불건전한 견해를 갖고 있다.

너무 '조숙한' 아이들과 어울리며 성적으로 문란한 행동을 한다.

부모가 해야 할 일은?

아이가 성이 자연스럽고 건전한 삶의 일부임을 배우고 궁금증이 생기면 언제든지 부모에게 물어볼 수 있다는 점을 알아야 한다. 또한 무분별한 성행위가 심각한 결과를 초래할 수 있다는 사실을 알게 해준다.

왜 변해야 할까?

"왜 부모가 어린 아이들에게 섹스에 대한 이야기를 해야 하나요?"라고 묻는다면 다음과 같은 중요한 이유들을 말해주고 싶다.

1. 요즘 아이들의 문화는 뮤직비디오와 포르노 중심이다. 최근의 연구결과에 의하면, 성적인 내용이 담긴 음악, 영화, 텔레비전과 잡지에 반복적으로 노출되면 성적인 행위를 하는 나이가 더 어려질 가능성이 높다고 한다.

2. '부모가 허락하지 않을' 사이트들을 통해 성적인 내용에 너무 쉽게 접근하고 있다.

3. 아이들이 우상화하는 젊은 유명인사들이 선정적인 옷과 성적인 문란함을 노골적으로 과시하고 있다(그리고 10대 미혼모의 임신을 미화하고 있다).

4. 성적 행동이 이전 세대보다 더 어린 나이에 시작된다. 만 13세 아이들에게 구강성교가 새로운 유행이 되고 있다.

5. 불법낙태 등의 문제가 10대 아이들의 삶을 위협하고 있다.

6. 혼전 임신이 증가하고 있다.

그렇다면 무엇을 망설이는가? 친구나 미디어를 통해서가 아닌 부모를 통해 정보를 얻는 것이 좋지 않을까? 성에 대한 이야기를 빨리 시작할수록 좋다는 걸 기억해두자!

미국에서 청소년의 성행위가 2001년경에는 오랜 기간 동안 변동을 보이지 않고 수평상태를 유지했지만 1991년 이래 처음으로 10대의 임신비율은 3%의 증가를 보였다. 약 13명 중 1명의 청소년이 매년 임신을 하고 있는 것이다. 그리고 그 가운데 80%가 의도하지 않은 임신이었다. 아이들의 금욕교육을 위해 지난 2000년부터 약 15억의 예산이 사용되었음에도 나타난 결과다. 사실 '금욕주의' 프로그램이 아이들의 성적인 행위를 줄이는 데 효과가 있다는 신뢰할 만한 증거는 없다. 에이즈와 성병의 확산과 함께 아이들의 건강상의 위험성이 더 높아지고 있다. 이런 이유로 부모들은 자녀에게 반복적인 성교육을 해야 한다.

변화를 위한 6계명

1. 오늘날 아이들의 문화에 정통해지자.

섹스를 어떻게 보는지를 포함해서 요즘은 과거와는 전혀 다른 세상이라 말할 수 있다. 요즘 아이들은 훨씬 자유롭기는 하지만 자신의 성적 파트너와 가깝게 개인적이며 친밀한 관계를 맺을 가능성은 적다. 10대 아이들은 훨씬 더 어린 나이에 성행위를 하고 있다. 질병관리예방센터에 따르면, 10대 아이의 절반 이상이 구강성교를 하고 있으며 1/3에 해당하는 아이들이 그 행위는 금욕적인 행동이라고 믿고 있다. 미국소아과협회가 발표한 조사결과를 보면, 오늘날 청소년들은 성교보다 구강성교가 더 안전하고 덜 위험한 행동이라고 믿고 있다. 요즘 아이들은 너무 빨리 성적인 세계에 정통해져서 관련된 문제를 아이와 함께 이야기하려면 미리 '잘 알고 있어야' 한다.

2. 읽고 준비하자.

요즘 아이들은 훨씬 더 어린 나이에 개방적이 되어서 많은 질문을 하고 있다. 그러므로 준비를 해두자. 무엇을 말해야 할지 모르겠다면(걱정하지 말자, 대부분 부모들이 그러니까) 다음의 자료들을 읽어보도록 하자.

> 우리 아이 성교육을 위한 동화 (교육부 여성교육정책담당관실 추천)
>
> ●번역서
>
> 알렉시아와 카넬, 《아기는 어떻게 태어났을까》
>
> 배빗 콜, 《엄마가 알을 낳았대》
>
> 배빗 콜, 《이상한 곳에 털이 났어요》

캐서린 월터스, 《오늘밤 내 동생이 오나요》

볼프 에를브루흐, 《아빠가 되고 싶어요》

마거릿 파크 브릿지, 《내가 만일 아빠라면》

케이디 맥도널드 덴튼, 《내가 만일 엄마라면》

앤서니 브라운, 《우리 아빠가 최고야》

마리 프랑스 보트, 《이럴 땐 싫다고 말해요》

린다&리처드 에어, 《내 아이와 나누고 싶은 성에 대한 이야기》

안나 프로이트, 《5세 이전 아이의 성본능이 평생을 좌우한다》

카트린 돌토, 《카트린 돌토 박사의 유아 인성교육 그림책》

야규 겐이치로, 《벌거숭이 벌거숭이》

야모토 나오히데, 《쉿! 나도 어른이 되어가고 있어요》

●국내서

박은경, 《소중한 내 몸을 위해 꼭꼭 약속해》

구성애, 《구성애의 성교육》

정지영, 《나는 여자, 내 동생은 남자》

허은미, 《우리 몸의 구멍》

박정화, 《저학년 성교육동화》

정혜원 · 장종택, 《엄마가 이야기해주고 싶은 여자의 성》

김남선, 《엄마, 남자와 여자는 어떻게 달라요?》

주정일, 《성, 아기 때부터 사춘기까지》

정지영 · 정혜영, 《내 동생이 태어났어》

3. 성에 대해 이야기하자.

성에 대해 이야기하는 시기는 빠를수록 좋다. 성교육을 빨리 할수록 나중에 이야기할 '무거운' 주제들이 편해질 수 있다. 유아기 아이에게 성의 노골적인 세부사항을 말해주거나 해부학적인 가르침을 주라는 게 아니다. 아이의 나이와 성장단계에 적합한 내용을 알려줘야 한다. 그러므로 지금은 성에 대한 대화 중 첫 번째 단계만을 보도록 한다. 대화를 시작하도록 도와주는 몇 가지 팁들을 소개한다.

- **적절한 용어를 사용한다.** 성교육은 단어수업이 아니므로 필요한 용어만을 사용한다. 하지만 아이가 말을 배우기 시작하면 자연스러운 대화 속에서 정확한 해부학적 용어를 가르치자. '음경'이나 '음부'와 같은 단어를 사용해도 괜찮다. 그것은 불경스러운 단어들이 아니다.

- **아이가 대화를 이끌게 한다.** 만약 아이가 질문을 할 수 있는 나이가 되었다면 섹스에 대해 말하기에도 충분히 성숙했다고 볼 수 있다. 아이의 이야기를 잘 듣고 아이의 리드를 따르도록 하자.

- **침착함을 유지한다.** 아이의 질문에 당황스러움을 느낄 것 같다는 생각이 들면 대답을 미리 연습해두자. 만약 아이의 질문에 말을 더듬게 되면 "좋은 질문이구나. 너에게 올바른 대답을 해줄 수 있도록 잠시 생각하게 해주렴. 물어봐줘서 고맙구나"라고 말해도 괜찮다. 아이들은 부모가 회피하고 있다는 걸 잘 안다. 아이들은 부모가 불편해하는 것을 느낄 수 있으며, 그래서 자신의 질문이 부적절하다고 결론짓고는 더 이상 물어보지 않을 수 있다. 부모의 목표는 차분하고 자신 있는 태도를 보여줘서 아이가 계속 부모에게 다가올 수 있도록 만드는 것이다.

- **질문에 대한 대답을 한다.** 대답을 피하려 하지 않는다. 또한 너무 많은 것을

너무 이른 시기에 말하는 실수를 하지 않도록 하자. 대신 아이의 말을 잘 듣고 질문에 대한 간단하고 직접적인 대답을 해주자. 그 이상도 그 이하도 하지 않는다. 한 번에 한 번씩 조금씩 정보를 알려준다.

- **질문을 명확히 한다.** 아이에게 올바른 대답을 할 수 있도록 아이의 질문을 올바르게 이해하고 있는지 확인한다. "그게 무슨 뜻이라고 생각하니?"라고 물어보거나 "네 질문을 정확히 이해했는지 확인해볼게. 너는 어떻게 아기가 만들어지는지 알고 싶은 거지?"라고 묻는다. 그리고 부모가 혼동되는 사항을 잘 정리했는지 물어본다. 아이가 부모의 답변에 만족하는지 아니면 더 자세한 사항을 알길 원하는지 반응을 읽어내자.

- **교육적인 순간을 찾는다.** 문맥 속에서 섹스에 대해 이야기하는 방법들을 찾아 더욱 자연스럽게 접근한다. 예를 들어, 아이가 목욕할 때 신체구조에 대해 말해주거나 강아지가 새끼를 낳았을 때 출생에 대한 이야기를 해줄 수 있다. 혹은 텔레비전쇼의 성적인 장면을 간단한 교육의 순간으로 이용할 수도 있다.

- **대화를 이어나간다.** 성에 관한 이야기는 한 번에 끝나는 것이 아니며 계속적인 대화가 되어야 한다. 언제나 아이의 질문에 대답할 준비가 되어 있으며 무엇이든 물어봐도 괜찮다는 것, 부모가 항상 옆에 있을 것이라는 점을 아이가 알도록 해준다.

4. 부모의 가치관을 알려주자.

부모의 '섹스 이야기'는 신체구조에 대한 가르침 이상의 것이 되어야 한다. 성과 관련한 가족의 가치관이 무엇인지를 말해줘서 친밀감, 헌신, 사랑에 대한 부모의 관점을 이해하게 하자. 아이가 부모의 가치관을 반드시 받아들이지는 않을 것이다. 하지만 부모가 아이를 올바른 행동으로 이끌기 위해서는 부모가 지지하는 것이 무

엇이며 그 이유가 무엇인지 이해할 필요가 있다. 대부분 아이들이 갖는 믿음과는 달리 성행위로 인해 그 아이의 인기가 높아지지는 않는다는 점을 강조해주자. 또한 '쉽다'는 평판은 바꾸기 힘들고 앞으로도 계속 아이를 따라다닐 거라는 점을 알려주자. 이 기회를 통해 피임에 대해서도 알려주고 금욕하는 것이 임신을 막고 성병에 걸리지 않는 가장 확실하고 유일한 방법이라는 점도 알려주자. 한 조사에 의하면 부모가 자녀에게 어른이 될 때까지 성관계를 하지 않도록 강조할 때 어린 나이에 성적인 행위를 할 가능성이 낮다는 결과가 나왔다(다만 아이들이 물어본다고 해서 부모의 성과 관련된 이야기를 다 말할 필요는 없다. 묵비권을 행사하거나 사생활에 대해서는 이야기하고 싶지 않다고 말할 수도 있다).

5. 아이와 친구들을 주시하자.

아이들의 첫경험은 주로 저녁시간 혹은 주말 동안 부모가 집을 비운 사이, 자신의 집이나 상대방의 집에서 일어나는 경우가 많다. 그러므로 아이의 행방을 주시하고

미국심리학회: 아이가 성적인 행위를 멀리하도록 도와주는 가장 좋은 방법은 아이의 자존감을 키워주는 것이라고 한다.

자존감이 낮은 만 12세와 만 13세의 여자아이들이 만 15세가 되었을 때 성행위를 할 가능성은 다른 또래들보다 거의 2배나 높게 나왔다. 그리고 광고, 미디어에 넘쳐나는 소녀들과 젊은 여성들의 성적인 이미지는 자기 이미지와 건전한 발달에 해로우며 섭식장애, 낮은 자존감, 우울증과 같은 정신건강 문제와도 연관된다. 그러므로 미디어가 조장하는 깡마르고 섹시한 외모가 아닌 다른 건전한 방법들을 통해 자녀가 자존감을 키울 수 있도록 해주자. 축구, 치어리딩, 기타, 그림 그리기 등 아이의 자연스러운 관심사항과 관련된 활동을 하도록 해주자. 영화, 텔레비전, 잡지에서 더 건전한 수단들을 찾아보자.

또한 10대 초반의 남자아이들은 자부심이 높은 아이일수록 어린 나이에 성적인 행위에 관여할 가능성이 더 많다는 사실을 밝혀냈다. 그러므로 아이에게 더 클 때까지 기다려야 한다는 것, 그리고 무엇보다 자신감이 약한 여자아이들을 이용해서는 안 된다는 점을 강조하며 진지하게 이야기하는 시간을 갖도록 하자.

아이의 친구들과 알고 지내야 한다.

10대 초반부터 '이성친구와는 방에서 놀 수 없음'이라는 규칙을 정해둔다. 그리고 술 보관함을 잠가둔다. 많은 연구결과들은 음주가 이른 성행위를 조장한다는 점을 밝히고 있다.

6. 아이와의 관계를 유지하자.

미성년자의 성행위를 막는 가장 좋은 방법은 부모자녀 간의 관계에 달려 있다. 10대 초반의 자녀와 관계가 좋지 않다고 대답한 부모들의 아이들 중 20%가 만 15세의 나이에 섹스를 경험했으며 이는 부모와 좋은 관계를 유지하는 아이들의 2배나 되는 수치다.

그러므로 아이와 좋은 관계를 유지하고 특히 아이가 자연스럽게 부모와 멀어지며 또래로부터 조언을 얻기 시작하는 10대 초반의 시기에는 더욱 주의해야 한다. 이 시기야말로 아이들에게 부모가 가장 필요한 때다. 많은 연구들은 "부모가 개방적으로 이야기하고 아이의 말을 잘 들어줄 때 아이는 부모와 섹스에 관해 이야기할 수 있다고 느끼게 된다. 이런 아이들은 위험한 행동에 관여할 가능성이 더 낮다"는 결과를 밝히고 있다.

3~6세 이 시기의 아이들은 성별에 따른 신체적 차이와 음경을 가진 것과 음부를 가진 것이 명백히 다르다는 점을 인식하기 시작한다. 성에 관련된 이야기는 간단하고 너무 세부적이지 않아야 하며 아이의 발달사항에 적합해야 한다. 또한 음경, 음부와 같은 올바른 용어를 사용해야 한다. 또한 '만지기'와 '은밀한 부위들'에 대해 말해줘서 어느 누구도 아이가 '수영복을 입었을 때 가려진 부분'을 만질 수 없다는 걸 알게 해야 한다. 그리고 만약 누군가 그런 행동을 하면 부모에게 바로 말하도록 교육시켜야 한다.

7~9세 섹스에 대한 호기심이 증가하며 특히 영화, 미디어, 친구들 간에 자주 거론되는 주제에 관심을 가진다. 아이들이 흔히 하는 질문에는 "어떻게 섹스를 해요?"와 "어떻게 아기가 엄마에게서 나오는 거예요?"와 같은 것들이다. 만 6세에서 만 8세가 되면 아이는 신체부위의 정확한 생물학적인 용어를 알아야 한다. 만약 만 7세가 되어서도 섹스에 대해 말하거나 질문하지 않는다면 아이가 그 주제를 금기시하고 있을 수 있으므로 부모가 먼저 이야기를 꺼내보자.

10~13세 10대 초반의 아이들은 성행위, 정액과 같은 용어뿐 아니라 어떻게 아기가 태어나고 어떻게 임신이 되는지 알 필요가 있다. 또래압력이 증가해서 많은 10대 초반의 아이들이 섹스를 해야 할 것 같다는 압박을 느낀다고 말한다. 거절하는 방법, 건전한 관계와 사랑에 대해 이야기하고 다시 되돌릴 수 없다는 점을 말해준다. 구강성교가 증가하는 원인은 아이들이 그 위험성이 낮다고 생각하기 때문이다. 임신, 에이즈 그리고 불치의 성병과 같은 위험사항을 강조하여 알려준다.

우리집 맞춤 처방전

숙제를 하면서 성에 대한 이야기할 기회를 가졌어요!

저는 섹스에 대해 아이와 이야기하는 것을 계속 미룬 나머지, 정작 말해야 할 필요가 있을 시기가 되었을 때 너무 큰 불편함을 느꼈고, 딸아이도 똑같은 감정이라는 걸 알게 되었습니다. 그러던 중 아이의 중학교 교육과정에 성과 관련된 부분이 있다는 걸 발견했고 아이와 숙제를 하면서 섹스에 대해 이야기할 기회를 갖게 되었습니다. 만약 어색하게 느껴진다면 아이의 교과서나 10대 잡지, 혹은 임신한 10대 연예인을 예로 삼아 자연스럽게 대화를 해나갈 수 있을 겁니다.

약물 중독

세계적으로 청소년 약물 중독 문제가 심각하다고 하는데 우리 아이가 약물을 습관적으로 복용하는 지 어떻게 알 수 있을까요? 그리고 부모가 어떻게 교육해야 하나요?

그렇습니다. 미국에서는 미국 소아과협회의 조사결과 남자아이들은 근육발달을 위하여 스테로이드를 남용하고, 여아들도 다이어트를 위해 남용하여 만 10세 때부터 불법적으로 복용하고 있습니다. 건강 전문가들과 교육자들이 하나같이 경계하고 있지만 부모들의 주의가 가장 필요한 때입니다. 그렇다면 대한민국의 아이들은 어떨까요? 우리의 아이들은 약물 중독의 문제에서 자유로울 수 있을까요? 안타깝게도 그렇지 않습니다. 부모님들은 약물 중독이 일부 문제아들의 이야기라고 여기며 너무 안일하게 대처하고 자녀의 약물 복용에 대해 너무도 무지하다는 결과가 나왔습니다. 이제라도 각성하자는 의미에서 식품의약품안전청은 청소년들이 오·

남용 할 수 있는 의약품을 공개하고, 이에 대한 부작용과 올바른 복용법에 대한 홍보에 나섰습니다.

식약청이 밝힌 대표적인 오남용 의약품으로는 주의력결핍과잉행동장애(ADHD) 치료제로 사용되는 '공부 잘하는 약', 비만치료에 쓰이는 식욕억제제인 '살빼는 약', 단백동화스테로이드제인 '몸짱 약' 등이 있습니다.

오남용 약의 종류

1. 속칭 '공부 잘 하는 약'

일부 수험생들 사이에서 잠을 쫓고 집중력을 높여준다고 해서 오·남용되고 있는 것으로 알려져 있다. 이 약은 주성분이 '염산메칠페니데이트'이며, 주의력이 결핍되어 지나치게 산만하게 행동하는 증상(ADHD), 우울성신경증, 수면발작 등의 치료에 사용되는 향정신성의약품이다.

식약청에 따르면, 건강한 수험생이 이 약을 복용하는 경우 오히려 신경이 과민해지거나 불면증 등을 유발하여 수험에 악영향을 끼칠 수 있다.

국내에서는 '09년부터 '10년까지 식욕감소(154건), 불면증(46건), 체중감소(21건), 두통(20건) 등 총 306건의 부작용이 자발적으로 보고되었다.

미국 식품의약품청(FDA)도 이 약물이 '건강한 어린이의 돌연사'와 연관이 있을 수 있다는 연구결과를 발표하고, 그 연관성에 대해 추가 연구를 진행 중이라고 밝히는 등 이 치료제의 사용에 대해서는 의료 전문가와 충분히 상의할 것을 권고한 바 있다.

2. '살 빼는 약'

향정신성의약품인 식욕억제제에 대한 관심도 높아지고 있다. 식욕억제제는 체질량지수(BMI) 30이상일 때, 반드시 4주 이내로 복용하여야 하며 4주간 복용 후에도 효과가 없으면 복용을 중단하고, 3개월 이상 복용하지 않아야 한다는 것이 식약청의 설명이다.

식약청 관계자는 "향정신성 식욕억제제를 장기간 복용할 경우 혈압상승, 가슴통증, 불안, 불면 등의 부작용이 발생할 수 있다"면서 "특히 과량 복용시에는 의식을 잃거나 혼란, 환각, 불안, 심한 경우 사망 등이 나타날 수 있는 만큼 복용기간과 복용량에 대해서도 의사의 복용지시를 철저히 준수 하여야 한다"고 강조했다.

3. '몸짱 약'

근육강화제도 남학생들을 중심으로 오·남용이 우려된다. 근육강화제로 오·남용되는 '단백동화스테로이드제'는 '남성 성선기능저하증'과 '수술이 불가능한 유방암' 등에 사용되는 전문의약품이다. 이 약의 대표적인 부작용은 신경과민증과 내분비계 이상, 황달, 식욕부진 등이다.

특히 여성의 경우 쉰목소리, 여드름, 색소침착 등이 나타날 수 있으며, 남성은 대량 복용시 정액감소, 정자감소 등 정소기능억제 부작용이 나타날 수 있다.

해결책

이 약들의 문제는 아이들의 40%가 쉽게 구할 수 있다는 것과 성장 발달에 영구적인 영향을 미치며 간에 손상을 주는 등 직접적으로 우리 소중한 아이들의 몸과 마음의 건강에 직접적으로 악영향을 끼친다는 데 있습니다. 그렇기 때문에 부모는 아이들에게 약물의 위험성을 알려주고 이에 대한 대화를 시작해야 합니다. 아이들과 약물 중독에 대해 이야기를 할 때 자연스럽게 접근할 수 있는 방법들을 소개하겠습니다.

자녀와 약물에 관한 대화법

1. 아이가 이야기를 꺼내기를 기다리지 말자.

"엄마, 나 스테로이드를 복용했어요."라는 이야기는 아마 절대로 듣지 못할 것이다. 이상적으로는 아이가 4학년이 되면 약물에 대한 대화를 시작하라고 한다. 요즘 아이들은 5학년이 되면 이미 스테로이드 등을 접하기 시작하므로 한 학년 앞서나가야 한다. 아이의 나이와 성장단계에 맞춰 이야기를 하자. 만약 부모와 대화 중에 "난 스테로이드가 좋아요" 혹은 "우리 반 아이들 대부분 하고 있어"라는 태도를 보인다면 한 번의 이야기로 끝나지 않는다. 대화를 계속 해나가야 한다.

2. 엄마가 약물에 대해 많은 정보를 갖고 있어야 한다.

요즘 아이들이 관심갖고 있는 공부 잘 하는 약, 다이어트 약, 몸짱 약 모두 아이보다 한 발 앞서 주제에 정통해야 한다. 약물에 관련된 책을 읽거나 인터넷 사이트들을 참고하여 자료를 모으자. 그래야 아이가 약물의 관심을 보이거나 주위에서 들은 좋은점을 이야기할 때 문제와 왜 해서는 안 되는가를 반박할 수 있다.

3. 실제 사례를 이용하자

10대를 대상으로 한 어느 설문 조사에 의하면 57%의 아이들이 운동선수를 보고 스테로이드를 복용했다고 하고 63%의 아이들은 친구들이 운동선수를 보고 스테로이드 약을 복용하고 있다고 대답했다. 아이의 스포츠 영웅이 아이에게 영향을 끼치고 있는 것이다. 그런 스포츠 영웅들은 스테로이드 복용에 따른 책임을 지고 있다

는 것을 알려줘야 한다.

1988년 서울 올림픽 남자 100미터 달리기에서 세계 신기록을 수립하며 지난 대회 4관왕 칼 루이스를 누르고 대회 최고의 스타로 떠올랐던 벤 존슨은 금지 약물 복용으로 3일 천하로 끝났고, 그걸로 선수생활도 종지부를 찍고 말았다. 또한 메이저리거 마크 맥콰이어와 배리 본즈는 홈런 기록을 세우기는 했지만 "금지 약물 사용 선수"라는 꼬리표를 항상 달고 다녀 선수로서의 명예도 잃고 생명력 자체를 잃어버렸다.

"저 선수는 스테로이드가 신체에 끼치는 장기적인 피해를 알고 있었을까?" "저 선수가 메달을 박탈당했을 때 과연 약물을 복용한 것을 후회하지 않았을까?"

4. 건강을 위협한다는 사실을 알려주자

아이가 알아야 할 약물의 위험이 많다. 스테로이드 약물은 여드름, 탈모, 간 기능 이상, 위해한 콜레스테롤의 증가, 분노 폭발, 폭력적인 행동, 혈전 응고의 증가, 고혈압 등을 일으키고, 살 빼는 약은 장기간 복용할 경우 혈압상승, 가슴통증, 불안, 불면 등의 부작용이 발생할 수 있고 특히 과량 복용 시에는 의식을 잃거나 혼란, 환각, 불안, 심한 경우 사망 등이 나타날 수 있다는 것을 정확하게 알려주자.

5. 약물 복용의 징후를 찾아 확인하자

만약 아이가 체중, 운동, 성적 혹은 외모에 집중한다면 약물 복용의 징후가 나타나는 지 살펴봐야 한다. 남녀 모두 여드름이 늘거나, 목소리가 굵어지고, 체모가 길어지고, 공격적인 행동을 많이 하고, 성격이 급하게 바뀌고, 몸무게와 근육량이 급속히 늘거나 줄고 있는 지 점검하여 아이와 더 깊은 이야기를 나눠보자.

6. 용돈 지출처를 확인하자

아이들이 약물을 구입하기 위해서는 큰 비용이 발생한다. 아이의 용돈이 어디에 쓰이고 있는 지 확인하고, 혹시 부모의 신용카드를 사용해서 쓰고 있지는 않는 지 확인해봐야 한다. 또한 다른 가족이나 친척들에게 부모가 모르는 돈을 받고 있거나, 친구를 통해 빌리고 있는 지 확인해야 한다. 아이의 삶에 어떤 일이 일어나고 있는지 부모가 가장 먼저 알고 있어야 한다.

7. 외모와 인기는 중요하지 않다는 말을 꼭 해주자

스테로이드는 근육을 발달시키고, 살 빼는 약은 외모를 중요시여기는 풍토 때문에 생겨난 약이며 공부를 잘하는 약은 아이의 불안감을 해소시키기 위해 필요한 약이다. 그러므로 아이가 외모가 가장 우선이라는 생각을 버리도록 부모가 도와야 하고, 성적을 어떻게 해서라도 올리라는 부담감을 줄여주어야 한다. 내면에서 나오는 자기 이미지를 키우는 방법을 찾고, 공부도 자신의 능력 아래서 최선을 다하도록 지도해야 한다.

8. 부모의 기대를 주의하자

약물을 복용하는 주된 이유는 부모를 기쁘게 해주기 위해서였다. 대학에서 장학금을 받거나 아이가 운동선수인 것을 너무나 자랑스럽게 강조해왔다면 그런 말을 삼가도록 하자. 청소년 중 85%는 스테로이드가 운동선수로서의 꿈을 성취하는 데 도움을 준다고 믿고 있었다. 이제 부모에게 자녀는 어떤 위치에서건 존재 자체가 기쁨이고 희망이라는 것을 알려줘야 할 때다.

아이에게 왜 약물이 위험하고도 잘못된 것인지 말해주고 가족의 가치관을 확실히 알려줍니다. 부모의 사랑과 관심이 약물의 최고 해독제이자, 이 위험하고도 빠르게 번지는 추세를 멈추게 할 최고의 희망이기도 합니다. 무엇을 망설이십니까? 바로 지금 자녀와 약물에 대한 진지한 대화를 할 시간입니다.

Part 8 특별함

특별한 보살핌이 필요할 때

도와주세요

영재 아이가 보이는 적신호

완벽주의 성향을 지니고 있다.

실패를 두려워한다.

도전적인 일이 아니면 지루해한다.

과도한 활동량으로 지친다.

'너무 다른' 행동을 보여 또래에게 거부당한다.

지적인 능력만을 강조하여 사회적, 감정적, 윤리적 성장이 더디다.

'영재'라는 호칭에서 오는 과도한 '권리의식'을 가지고 있다.

부모가 해야 할 일은?

자신이 지닌 독특한 재능과 지적 잠재력을 알 수 있도록 균형적인 지원을 해주고
잠재력을 충분히 발휘할 수 있는 도전을 하도록 도와준다.

왜 변해야 할까?

나는 지금까지 NBC 방송 〈투데이쇼〉를 통해 수많은 방송을 했지만 '당신의 자녀는 영재인가요?'라는 방송만큼 큰 관심을 모은 것은 없었다. 수백 명의 부모들이 블로그에 찾아와 영재가 보이는 특징에 대해 질문했다. 요즘 부모들이 영재라는 말을 선망하고 있음은 의심할 여지가 없다. 어느 누가 자녀에게 뛰어난 지적 능력이 있었으면 하고 바라지 않겠는가? 하지만 영재는 겨우 2.5~3%에 불과하다.

영재를 키우는 일은 도전적인 일이다. 뛰어난 지적 능력을 지닌 아이들은 '보통' 아이들과는 다르게 생각하고 행동하며 부모들은 그 지적 욕구를 충족시켜주기 위해 양육법을 바꿔야 한다. 영재는 배움을 위해 끝없이 탐구하며 어떤 것이든 높은 호기심을 갖고 끝없는(정말 끝없는) 질문을 던진다. 이런 특성이 긍정적이기는 하지만

육 아 뉴 스

강제가 아닌 능동으로 아이의 잠재력을 향상시켜라

시카고대학교: 심리학자 미하이 칙센트미하이(Mihaly Csikszentihalyi)와 그의 연구팀은 4년 동안 200명의 영재들을 대상으로 재능 있는 학생들이 자신의 재능을 잃게 되는 요인을 찾았다. 연구결과에 따르면, 부모가 자녀들을 강요하지 않는 육아법이 아이들의 재능에 큰 영향을 미친다. 강요하는 부모와 그렇지 않은 부모는 미묘하지만 중요한 차이를 만들어낸다.

- 강요는 부모의 방향과 관심에 집중되어 있다. 자녀의 관심과 원하는 방향을 따른다.
- 강요는 이미 짜놓은 커리큘럼에 맞춘다(교과서, 플래시카드, 워크시트 등). 아이의 실제 삶 또는 구체적인 경험으로 아이의 관심을 증폭시킨다.
- 강요는 부모가 짜놓은 시간이나 목표를 강조한다. 능동은 아이가 집중할 수 있도록 아이의 시간에 맞추는 유연성을 보인다.
- 강요는 너무 많이, 빨리, 높은 수준에 이르도록 한다. 능동은 아이의 관심도나 능력에 맞춰 수준을 약간 상향조정한다.
- 강요는 보상이나 부모가 끌어주는 외부적인 동기를 강조하지만 능동은 아이의 열정을 안에서 밖으로 표출시킬 수 있는 내면적인 동기를 강조한다.

재능을 강요하면 아이는 압박을 느끼게 되어 창의력은 사라지고 불안한 완벽주의자가 될 것이다. 이는 곧 아이에게 학습의 기쁨을 박탈하는 것이다. 아이가 흥미를 유지하고 기쁨을 느낄 수 있도록 해주며 집중력, 재능, 잠재력을 향상시켜주는 육아를 하자.

부모에게는 압박이 될 수 있다. 아이의 끝도 없는 배움에 대한 갈망을 쫓아가는 것만으로도 부모는 지칠 수 있다.

또한 학교에서 다른 학생들이 공부를 따라가는 동안 자녀는 지루해하며 다른 일들에 마음을 빼앗길 수 있다. 속지 말자. 아무리 영재라도 도움이 필요하다. 도움과 지원 없이는 어떠한 영재라도 자기 지능지수 이하의 성적을 내며 심지어 학교를 중퇴하는 경우도 생긴다. 약 5%의 영재 학생들이 졸업을 하지 못한다고 한다. 대부분 영재들은 '사회부적응자'라는 고정관념에 빠지지 않고 많은 친구들을 사귀지만 사회적으로나 정서적으로 독특한 문제를 일으키기도 한다. 영재들이 지적 잠재력을 발휘하면서 재미도 느낄 수 있게 해주는 검증된 전략을 살펴보자.

해결책

1. 자녀가 정말 영재인지 확인하자.

영재인 아이들은 다르다. 영재란 어떤 아이인가에 대해 합의된 정의는 없지만 영재는 높은 지능을 지니며 그 지능을 여러 가지 방법으로 드러낸다는 사실은 공통된 의견이다. 그들의 추진엔진은 두뇌다. 아래 제시된 영재들의 특징을 살펴보자. 모든 특성이 적용되지는 않는다는 걸 알아두자.

- **조숙함.** 특정 분야에서 확실하게 앞선 진전을 보인다. 능력이 또래보다 눈에 띄게 앞선다.
- **강한 관심.** 읽기, 과학, 역사, 기계, 사람, 음악 등 일부 활동영역에 대한 관심이 무척 크다(강요에 의한 것이 아니라 자연스럽게 솟아나와야 한다).
- **대단한 호기심.** 남들과 다른 일을 하는 것에 관심이 많으며 무한한 질문과 생

생한 상상력을 지니고 있다.

- **강한 집중력.** 한 가지 일에 오랫동안 집중할 수 있다. 에너지가 높다.

- **강한 민감성.** 느낌, 행동, 관점이 민감하다.

- **틀에 벗어나는 생각을 하며 추론이 뛰어나다.** 사물의 개념을 범상치 않은 방법으로 짜맞추는 경향이 있다. 원래의 생각을 정교히 하며 뛰어난 문제해결능력을 지니고 있다.

- **빠른 습득력.** 반복, 연습, 강요, 기술, 훈련이 필요하지 않다.

- **탁월한 기억력.** 방대한 정보를 기억할 수 있다.

- **광범위한 어휘.** 나이에 비해 방대한 양의 어휘를 습득하고 있다. 이해력이 뛰어나고 어려운 언어도 빨리 습득한다.

영재 아이가 가질 수 있는 문제들

영재는 일반 아이들과 거의 같아 보이지만 문제를 야기하는 특정 영역이 있다. 한 가지 원인이 심각한 문제를 일으키는 것은 아니므로 여러 요인들을 함께 살펴보자.

- **친구관계** 사람과 물건을 조직화하고 규칙을 강조하다가 친구들의 분을 사게 된다. 그 결과 자존감이 낮아지게 된다.
- **불균형한 성장** 운동력이 인지능력에 비해 떨어져 좌절하고 분해한다.
- **과도한 자기비판** 뛰어난 통찰력이 자기 이미지를 만들어내고 그에 부합되지 않으면 자신을 비판한다.
- **완벽주의** 학습잠재력을 방해하는 비현실적으로 높은 기대를 정한다. 불안을 고조시키고 실패의 두려움을 갖게 된다.
- **극심한 민감성** 감정적으로 예민하기 때문에 친구들에게 놀림을 당하거나 괴롭힘을 당하게 된다. 친구들의 비판을 받아들이지 못한다.
- **불안감** 과도한 시간일정이나 빠른 속도로 진행되는 커리큘럼은 과도한 스트레스와 과민증, 불면증, 우울증을 야기한다.

2. 자녀가 '영재'로 분류되기를 원하는지 생각해보자.

일반적으로 부모가 자녀의 '영재성'을 가장 먼저 인식하지만 대부분 영재 프로그램은 아이들의 공식적인 감별을 필요로 한다. 그런데 자녀의 검증여부를 결정하는 것이 부모가 풀어야 할 문제 중 하나다. 자녀의 영재 검증여부와 관련해서 다음의 단계를 생각해보자.

- 식별절차를 확인하자. '영재' 검증은 주로 심리학자과 직접 대면하면서 시행된다. IQ 테스트가 이루어지는 이 시험은 일반적으로 지역학교나 지역사회의 공인된 심리학자들이 주관하는 것으로 비용 없이 치러진다. 아이큐 점수 132는 일반적인 영재 마감 점수다. IQ 테스트 외에, 학교교사 추천서, 업적 점수를 통해 특정영역(수학이나 음악)의 영재로 아이를 분류한다. IQ 테스트는 만 4~5세 이하의 유아에게는 유효성이 없다.

- 혜택을 살펴보자. 영재들의 지적 요구를 풍부하게 해주고 특별교육을 제공해주기 위해 각 지역마다 영재를 위한 특별기금이 할당된다. 영재라는 검증 없이는 이 프로그램에 등록할 수 없다.

- 교사에게 이야기하자. 테스트를 원할 경우 자녀의 교사에게 부모의 결정을 의논해보자. 교사도 아이에게서 같은 잠재력을 발견했는지를 보자.

- 다른 선택안을 생각해내자. 만약 교사가 테스트 요청을 거절한다면 학교 안내 서비스나 교장을 만나 이야기할 수 있다. 영재 식별을 위해 학교에서 사용하고 있는 IQ 테스트의 구체적인 정보를 문의하자. 또한 아이의 테스트를 위해 지역에 있는 검증된 심리학자를 찾아갈 수도 있다.

- 테스트 결과 해석을 요청하자. 시험을 감독했던 신뢰할 만한 심리학자에게 시험결과를 해석해달라고 요청하자. 아이의 학습을 위한 자문도 하자. 아이

가 영재라고 해서 꼭 특별 프로그램에 넣어야만 되는 것은 아니다.

3. 특별한 '재능'을 식별하자.

유명한 교육자인 벤저민 블룸(Benjamin Bloom)과 시카고대학 연구진이 120명의 재능 있는 젊은이들을 5년간 연구했다. 그 가운데는 뛰어난 수학자와 과학자, 피아니스트, 올림픽 수영선수, 조각가가 있었다. 블룸의 연구에 따르면, 이 세계 최고수준의 인재들은 단지 재능 있게 태어난 것만은 아니었다. 재능 있는 사람이 되기까지 고된 훈련이 있었다고 한다. 비록 아이들마다 성취하는 길이 약간씩 다를 수는 있지만 자녀의 재능 양성을 위한 부모들의 양육방법은 매우 비슷했다. 우리 아이가 슈퍼스타가 될 확률은 미미하지만 자녀가 좀더 풍부한 인생을 살 수 있도록 도와줄 수는 있다. 블룸의 연구를 적용한, 자녀의 재능을 길러주는 방법을 살펴보자.

- **'재능' 식별하기.** 부모들이 해야 할 첫 번째 일은 자녀의 독특한 재능을 알아보는 것이다. 영재들은 보통 한두 영역에서만 뛰어난 재능을 보인다. 그러므로 자녀가 강한 흥미나 열정(피아노, 컴퓨터, 지질, 바이올린, 영어, 역사, 신화, 수학)을 보이는 분야를 살펴보자. 부모의 흥미가 아닌 아이의 흥미여야 한다. 한 번에 한 가지의 재능이나 강점을 선택하여 아이가 좀더 깊이 있게 탐구할 수 있도록 해준다면 어느 정도의 관심이 있는지 알 수 있을 것이다.
- **격려해주기.** 조기 재능개발은 긍정적이고 재미있는 것이어야지 강요되어서는 안 된다.
- **즐겁게 연습하기.** 연습이 재미있도록 해주고 아이가 연습하는 동안 함께 있어주자.
- **재능양성을 위한 자원의 공급.** 재능양성을 위해 필요한 자원들을 지속적으로

공급했을 때 발전하게 된다.

- ●관심 보여주기. 지원을 위한 모든 주요활동에 자녀와 함께 참여하며 많은 시간을 보낼 때 아이는 재능 있는 기술을 함께 배운다.
- ●옆에 있어주기. 슈퍼스타 옆에는 그들의 승리를 축하해주고 실패를 위로해주며 격려해주던 부모가 있다.
- ●재능에 집중하기. 많은 부모들은 자녀의 뚜렷한 재능에 중점을 두고 재능을 육성시키기 위해 수년간 엄청난 시간을 쏟아부었다.

4. '자연스럽게'하자. 플래시카드를 내려놓고 교육용 테이프를 끄자.

IQ를 높여준다는 비디오가 효과를 보인다는 증명된 연구결과는 없다. 플래시카드나 워크시트 및 커리큘럼 가이드들은 학습성취도를 높여주기는 하지만 지능지수와는 아무런 상관이 없다. 영재들은 배움을 향한 갈증과 호기심을 해소시켜줄 풍부하고 실질적인 경험을 필요로 한다. 익숙하고 낡은 방식의 일반적인 교재를 싫어하며 실험을 좋아한다. 매력적인 것(바이올린, 알람시계의 부품, 공룡이나 바위 어느 것이든!)을 발견하면 멈추는 법이 없다. 그러므로 아이가 순간적으로 끌리는 것들을 따르게 해주고 강화시켜주는 수업이나 레슨 또는 학습자료로 도움을 주자. 아이와 현장견학이나 박물관을 가거나 아이의 관심사를 다루는 잡지를 구독하거나 도서관에서 비디오와 도서를 빌려다주고 영재를 위한 온라인 자료들을 찾아보며 지역사회에서 자녀에게 멘토 역할을 해줄 수 있는 사람을 찾아보자. 영재 아이(만 10~12세)를 위해 만들어진 여름방학 프로그램을 찾아 아이를 참여시킨다.

5. 자녀에게 알맞은 교육방식을 찾아주자.

영재를 위한 최상의 학교를 선택하기란 쉽지 않은 일이다. 완벽한 프로그램이나 학교를 찾을 수는 없다는 걸 명심하자. 다음은 영재가 잘 자랄 수 있도록 도와주는 6가지 요인이다.

- **행복 요인.** 자녀가 학습에 대해 흥분해서 집으로 귀가하는가? 선생님을 편안해하는가? 아이에게 도움이 되는 적합한 학습지도와 구성요소가 있는가? 다른 아이들과 잘 지내고 사회성을 기르는 데 도움이 되며 친구를 사귀는 방법을 익히는 곳인가?

- **판별 요인.** 영재 판별 프로그램 과정이 교사의 추천을 허용하며 눈에 띄게 재능이 있거나 뛰어난 아이들이 들어갈 수 있는 곳인가?

- **도전 요인.** 자녀의 지능이 발휘될 수 있는 도전적인 교과과정이 있는가? 아이의 지능을 높일 수 있는 기회와 깊이 있는 공부를 할 수 있는 유연성이 있는가?

- **교사 요인.** 교사가 관계형성을 잘하고 있으며 특히 아이의 독특한 기질을 잘 이해하고 있는가? 교사가 영재교육의 철학을 강조하는 교육방법을 따르고 있는가? 자녀의 잠재력을 키워주는 명확한 계획안이 있는가?

- **가치 요인.** 아이를 그곳에 보내는 데 시간, 노력, 자원을 들일 가치가 있는가?

6. 분류하지 말자.

"아이를 영재로 분류해야 하나요?"라는 질문을 자주 받는다. 빠르면 만 3~4세 아이들도 자신이 친구들보다 '빨리 배우고' '빨리 생각한다'는 것을 인식한다. 만약 자녀가 '영재' 프로그램에 참여하고 있다면 다음의 사항을 고려하여 설명해주자.

- **'트로피' 신분을 조심하자.** "난 영리해"라는 권리의식을 갖게 하는 것은 위험하다. 다음과 같이 말해주도록 하자. "모든 아이들은 각자 다른 특별한 재능

을 가지고 있단다. 가치 없는 재능은 없단다.”

- ●‘영재’로 시작하는 단어를 사용하지 말자. 대부분 영재들은 ‘영재’라는 말을 싫
  어한다. 왜냐하면 아이들은 다른 아이들과 어울리고 싶은데, 그 말은 아이들을
  구분해놓기 때문이다. 영재아들이 가장 싫어하는 건 다른 아이들의 ‘본보기’가
  되는 것이다. 그러므로 “너는 영재야”라는 말보다 아이의 뛰어난 특성을 구체
  적으로 말해주자. “너는 빨리 배우는구나.” “너는 수학에 재능이 있어.”
- ●IQ 지수가 아닌 노력을 강조하자. 콜롬비아대학 연구팀의 연구결과를 보면
  IQ를 떠나서 ‘영리하다’고 구분된 아이들이 노력에 대해 칭찬받는 아이들보다
  학업점수가 낮다고 한다. 그러므로 자녀가 영리하더라도 ‘영리한’이라는 단어
  를 사용하는 것을 줄이고 ‘노력’을 강조해주자. “그 프로젝트에 아주 많은 노
  력을 쏟았구나. 아주 멋있어 보여!”

높은 IQ 점수가 학습이나 시험 치르는 일을 쉽게 만들어줄 수는 있지만 아이의 성
공을 보장하지는 않다. 그러므로 너무 근시안적으로 아이의 IQ점수만을 따지지 말
고 아이의 사회적, 감정적, 도덕적 측면을 양성하는 일을 간과하지 말자. 좋은 양육
의 핵심 전제는 아이의 IQ점수와는 상관없다. 어떻게 자랐으면 좋겠다는 희망사항
으로서의 아이를 사랑하는 것이 아니라 있는 그대로의 아이를 사랑하자.

3~6세 같은 나이의 아이들에 비해 어떤 부분에서 명확히 앞서나가기 때문에 또
래에 비해 조숙해 보인다. 말을 일찍 시작하며 어휘력이 풍부하고 읽는 것도 빠르
다. 배우려는 욕구가 강하고 관심 있는 분야에 강한 집중력을 보인다. 위세를 부리

는 경향이 있고 틀에 맞춰 친구를 사귀려하거나 다른 사람들을 조직화하려 한다.

7~9세 이 시기에 받는 IQ 테스트가 가장 신뢰할 만하다. 뛰어난 읽기능력이 두드러지게 나타나며 일부 과목에서 또래들보다 훨씬 앞서간다. 학교수업을 지루해할 수 있다. 아이가 또래와의 우정을 쌓을 수 있도록 도와주자. 너무 민감하거나 통찰력이 있으면 문제를 일으키거나 친구들에게 거부당할 수 있다. 자신과 인지능력이 비슷한 나이 많은 아이들과 노는 것을 더 좋아할 수도 있다.

10~13세 아이들과 어울리고 싶어 하기 때문에 '너무 영리한' 아이로 보이는 것에 스트레스를 받을 수도 있다. "영리한 것은 좋은 게 아니"라고 강조하는 사회적 분위기 때문에 아이가 지능을 감추려하는지도 살펴야 한다. 인지능력이나 특정 분야의 재능이 더욱 두드러지고 특화된 과외교습이 필요할 수도 있으며 특별히 IQ가 145 이상일 경우 특별 진급 프로그램(예를 들어, 고등학교 수학 수업 듣기)이 필요할 수도 있다. (나이가 훨씬 많은 학생들의 수업을 함께 들어도) 적절한 교육환경에 놓인 영재들이 그렇지 못한 영재들보다 훨씬 잘 적응했다고 한다.

우리 집 맞춤 처방전

아이의 질문들을 기록해두었어요!

아들이 영재 판정을 받은 것은 초등학교 1학년 때였지만 저는 그전부터 알고 있었습니다. 아이는 강한 호기심을 지녔고 끊임없는 질문을 했습니다. "왜"라는 말을 가장 많이 했죠. 지식을 향한 아이의 갈증은 좋았지만 바로 '해답'을 얻어내야 하는 것은 저를 지치게 만들었습니다. 솔직히 아이가 하는 질문의 반 정도는 답을 몰랐습니다. 그래서 답을 모를 때마다 일기에 적어두었습니다. 그런 후 시간이 나면 답을 알아내주겠다는 약속을 했습니다. 그 방법으로 저는 시간을 벌 수 있었고 은호는 그 질문들을 다시 읽어보는 것을 좋아했습니다. 그리고 저와 함께 온라인으로 답을 찾으면서 아이는 훌륭한 검색능력을 익히게 되었습니다.

도와주세요

주의력 결핍을 보이는 아이의 적신호

집중하기가 힘들고 방해를 쉽게 받는다.

생각보다 행동이 먼저 앞선다.

쉽게 주의가 산만해진다.

부모가 해야 할 일은?

격려나 도움 없이도 중요한 정보를 기억해내고 주의 집중을 할 수 있는 능력을 키우도록 도와준다.

제 아들은 항상 활기차고 자발적이기는 하지만 다소 충동적이랍니다. 학교 선생님은 우리 아이가 '주의력결핍장애'를 가지고 있기 때문에 '리탈린'이라는 약을 하루에 한 알씩 섭취해야 한다고 합니다. 우리 아이가 집중을 하지 못하고 주의가 너무 산만해서 해야 할 일을 제대로 끝내지 못한다고 하시더군요. 아이의 행동이 비정상적이기 때문에 조치를 취해야 한다는 걸 어떻게 알 수 있을까요?

아이들 대부분은 원래 집중하기가 힘듭니다. 하지만 실제로 '주의력결핍장애'(ADD)로 진단받는 경우는 매우 드물지요. 이런 문제가 있다면 학교 선생님과 함께 아이의 주의력 결핍을 해결할 수 있는 방법을 찾아야 합니다. 아래의 3가지 진단으로 자녀의 행동이 주의력결핍장애인지 알아보도록 하세요.

주의력 결핍장애 진단법

1. 주의력 결핍은 매우 명확히 드러난다. 같은 성별과 연령의 아이들의 행동과 자녀의 행동을 비교해본다.

2. 주의력 결핍은 최소 6개월간 지속되며 적어도 두 가지 환경에서 확연히 드러난다(예를 들어, 집과 학교 모두에서 나타나야 하며 학교에서만 나타나는 경우는 아니다).

3. 주의력 결핍은 아이의 생활과 성장을 방해한다. 아이가 이 문제를 조절할 수 없다.

3가지 모두에 해당된다면 아이는 낮은 자존감, 실패감, 우정문제로 힘겨워할 것이며 약물남용의 문제까지 일으킬 수 있습니다. 전문가의 조언을 구하도록 하세요.

현실을 직시하자. 어떤 아이들은 집중하기를 훨씬 힘들어하고 이것은 삶에서 큰 걸림돌이 될 것이다. 새로운 정보의 습득만큼 중요한 것은 보고 듣는 것에 집중하는 것이다. 하지만 아이가 진득하게 앉아 있지 못한다고 해서 성급하게 임상장애가 있다거나 약물치료가 필요하다고 판단해서는 안 된다. 미국의 만 5세에서 만 19세 이하의 아이 중 30명 가운데 1명이 리탈린이라는 약물을 복용하고 있고, 최근 2년간 복용자 수가 꾸준히 증가하고 있다. 1조 300억이라는 돈이 ADD 처방에 지불되고 있다. 미국의 보통 학교에서는 약 30~40%의 학생들이 행동을 조절하기 위해 처방된 약을 복용하고 있다. ADD는 취학연령 아동의 9%에만 영향을 준다고 한다. 하지만 의료계에서는 절반만이 제대로 처방된 것이라고 우려하고 있다.

아이들은 집중하며 오랫동안 작업하는 방법을 배워야 한다. 아이의 집중력을 향상시킬 수 있는 지구력을 키워주며 보고 들은 것을 잘 기억해낼 수 있도록 도와줘야 한다. 집중력 향상에 도움이 될 방법들을 소개해본다.

어떤 행동을 보일까?

- **기억력이 좋지 않다.** 몇 번씩 반복해서 가르쳐야 한다. 한 번에 한 가지 이상을 기억하지 못한다(아이에게 주방에서 물을 가져오라고 부탁하면 아이는 주방으로 간 후 자신이 왜 그곳에 왔는지를 기억하지 못한다).
- **집중력을 유지하기가 어렵다.** 한 가지 일에 오랫동안 집중하기 어려워한다. 학교교사는 아이가 집중하지 않는다고 지적한다.
- **쉽게 주의가 산만해진다.** 공상에 잠겨 있거나 항상 주위를 둘러본다. 하던 일에서 쉽게 이탈한다.
- **세부 정보에 집중하지 못한다.** 세부 정보를 주의깊게 듣지 않는다. 부주의한

실수를 자주 한다.

- **청취능력이 부족하다.** 앞에서 이야기해도 듣지 않는다.

- **정리능력이 부족하다.** 분류하거나 정리하는 일을 어려워한다. 물건을 잃어버린다(장난감, 학교 숙제, 연필, 책 또는 도구). 재료나 소지품을 간수하지 못한다.

- **지적 노력을 피한다.** 장기간 지적 노력이 필요한 일을 싫어하거나 꺼려한다.

- **인내심이 부족하다.** 기다리는 걸 힘들어하고 안절부절못한다. 다른 사람을 방해하거나 끼어든다. 대화나 게임 도중에 참견을 한다.

아이에게 약물치료를 해야 할까?

주의력결핍 증상을 약물로 치료하는 것은 뜨거운 논쟁거리로, 가볍게 생각해서는 안 된다. ADD/ADHD가 심각하다고 진단받은 아이들에게 지금까지 가장 효과적인 치료방법은 약물치료였다. 그렇지만 신중히 이 문제를 생각해보자. 약물치료에 대한 올바른 결정을 내릴 수 있도록 의사에게 다음의 질문들을 해보자.

- 이 약을 권하는 이유가 뭔가요? 몇 명의 아이가 이 약을 처방받았나요? 도움이 되었나요? 효과가 있다는 걸 어떻게 아시나요(가능한 한 자세한 사항을 많이 알아내라)?

- 얼마 동안 약물치료를 받아야 한다고 생각하시나요?

- 아이에게 정확히 어떤 변화가 있어야 하나요? 그 변화들이 일어나는 시간은 얼마 동안인가요? 아이의 필요에 따라 구체적인 사항을 물어보자. 예를 들면 이렇게 말이다. "아이의 발끈하는 성향을 감소시킬 수 있을까요?" "더 오랫동안 집중하게 할 수 있나요?" "안절부절못하는 행동을 감소시켜줄 수 있나요?"

- 효과를 줄 수 있는 가장 적은 복용량은 얼마인가요? 복용하지 않을 경우에는 어떤 일이 발생하나요? 매일 복용해야 하나요? 주말에는 어떻게 해야 하나요?

- 이 약물에 대한 연구자료나 약물복용에 따른 부작용에 대한 자료를 어디에서 찾을 수 있나요?

- 약물치료를 대신할 수 있는 대안에는 어떤 것들이 있나요? 다음 단계는 무엇인가요? 아이가 호전되고 있는지 어떻게 점검하실 건가요?

대답을 얻었다는 사실만으로 멈추어선 안 된다. 2차적인 진료의견을 물어 아이의 약물치료를 위한 최선의 결정을 내려야 한다. 약물치료는 아이의 치료계획 중 일부에 속해야 한다. 3년 동안의 연구결과를 보면, 주의력결핍 치료를 제대로 받은 아이들은 몇 년 이내에 상태가 크게 호전되었다는 사실이 밝혀졌다. 아이에게 맞는 치료법을 찾을 때까지 포기하지 말자.

1단계: 초기 개입

- ●주의를 산만하게 만드는 원인을 찾는다. 부모들 대부분은 아이가 집중하지 못하는 이유를 주의력결핍장애와 같은 임상적인 이유에서만 찾으려고 하지만 그 원인은 다양할 수 있다. 아이가 왜 집중을 못하는지 그 이유를 찾아보도록 하자.

- ☐ 인지적 장애. 신경장애, 학습장애, 발작.

- ☐ 청각 또는 언어적 결핍. 청력 손실, 중이염, 언어 또는 음성 발달 지연, 청각 문제.

- ☐ 피로. 질병, 피로, 수면장애, 벅찬 일과.

- ☐ 감정적 문제. 우울증, 스트레스, 갑작스러운 부모의 이혼에서 오는 충격, 괴롭힘을 당하는 데서 오는 불안감, 가족의 불안정한 상태, 사랑하는 사람의 죽음.

- ☐ 부적절한 기대수준. 수업 내용이 자녀의 학습능력과 스타일에 맞지 않는다.

- ☐ 지도법. 지시가 잘못되었거나 아이가 주의해서 듣지 않는다.

- ☐ 산만. 너무 시끄럽거나 밝아서 주의가 산만해진다. 아이를 자극하는 요인이 너무 많거나 너무 적다.

- ☐ 조작. 자신이 선택한 것만 부분적으로 듣는다. 하기 싫은 일을 피하기 위해 주의하지 않는다. 누군가 대신해줄 거라는 걸 알고 있다. 순종하지 않는다.

- ☐ 유전. 주의력 결핍을 일으키는 특별한 '유전자'가 발견된 건 아니지만 주의력 결핍장애가 가족 안에서 진행되는 것으로 나타났다. 부모 중 한 명이 주의력 결핍과잉행동장애(ADHD)인 경우와 가까운 친척 중에 10~35%가 ADHD인

경우 아이에게 주의력장애가 나타날 수 있다.

- **적절한 기대수준을 정한다.** 자녀의 학업능력과 과제에 적합한 기대인지를 확인해야 한다. 예를 들어, 아이의 읽기능력 수준은 1.5레벨인데 4.2레벨을 읽으라고 기대해서는 안 된다. 과제는 아이의 능력보다 약간 높아야 한다. 그렇지 않으면 아이는 관심을 다른 데로 돌릴 것이다. 혹은 너무 낮은 수준으로 기대가 맞춰져 있는지도 확인해야 한다. 너무 낮은 수준의 작업은 아이를 지루하게 만들어 주의력을 떨어뜨릴 수 있다. 아이의 선생님에게 아이의 수준을 물어보자.

- **명칭을 살핀다.** 아이를 부정적인 명칭이나 비하하는 별명(예를 들어 '주의력 결핍 아이' '멍청이' '멍한 사람')으로 부르는 걸 삼가야 한다. 그런 별명은 아이에게 무능력함을 각인시키며 아이가 그 별명대로 될 수 있다. 존중의 마음이 들어 있지 않은 별명이라면 사용하지 않는 게 좋다. 만약 아이의 장점을 돋보이게 만드는 말이 아니라면 아이의 긍정적인 면에 대해 말하도록 하자. "아이가 몹시 흥분상태죠"라고 말하기보다는 "정말 에너지가 넘친답니다" 또는 "아이가 아주 감각적이죠" "얘는 공상을 하면서 가장 좋은 아이디어를 떠올린답니다"라고 말하자.

2단계: 신속한 대처

- **정확한 상태를 파악한다.** 아이의 집중력 상태를 제대로 파악해야 한다. 예를 들어, 다른 것으로 관심이 옮겨지기까지 얼마나 집중을 하는가? 아무 문제없

육아 119

수면습관 바꾸기

어떤 경우에는 주의력결핍문제를 생각보다 쉽게 해결할 수 있다. 수면이 부족한 아이들은 종종 충동적이 되거나 과도한 행동을 보이며 집중하는 걸 어려워한다. 그러므로 자녀가 주의력결핍장애를 가졌다고 결론짓기 전에 편안한 숙면을 취할 수 있도록 수면습관을 바꿔주자('불면증' 참조). 간단히 취침시간을 바꾼 것으로 아이의 집중력이 크게 향상되었다는 연구결과가 있다.

이 집중할 수 있는 일이 있는가? 예를 들면 특정 비디오게임 하기, 스케이트보드 타기 등을 할 때 얼마나 집중을 할 수 있는지, 어떤 일에 집중하기를 힘들어하는지를 살피자. 그리고 집중하도록 도와주는 최선의 방법은 무엇인지를 살펴보자. 예를 들면 조용한 목소리로 말하기, 두 번씩 반복해서 말하기, 기억하도록 그림 그려주기 등이 있다. 아이의 집중력을 파악해내는 데는 시간이 걸리겠지만 이것은 필수사항이다. 집중하는 데 가장 도움이 되는 것이 무엇인지, 아이에게 맞지 않는 방법은 무엇인지를 잘 기록해두자. 그리고 아이를 다른 환경에서도 관찰해야 한다. 선생님, 코치 및 아이를 맡고 있는 다른 보호자들의 조언을 듣는 것도 중요하다.

● **자녀의 현재 반응을 점검하라.** 아이의 집중을 도와주는 방법이 무엇인지를 알아본 후 지속적으로 그 방법을 적용해보자.

부모 시선 집중!

ADD와 ADHD의 차이점

미국정신과협회의 정신장애의 진단과 전략적 방침(The Diagnostic and Statistical Manual of Mental Disorders, Fourth Edition, DSM–IV–TR)에 대한 공식 매뉴얼이 출간되었다. 이 책에는 모든 종류의 정신 및 행동장애가 실려 있다. 현재 의사들은 주의력결핍장애를 3가지로 분류한다.

1. **'부주의한 유형'(주의력결핍장애–ADD)** 집중이 어렵고 경청하지 않으며 쉽게 산만해지고 잊어버린다. 과잉행동장애 증상은 없다.
2. **'과잉행동·충동적인 유형'(주의력결핍과잉행동장애–ADHD)** 자리에 앉아 있지 못하고 안절부절못하며 몸부림을 치고 기다리지 못하며 끊임없이 움직인다. 다른 사람을 방해하거나 끼어든다. 문제를 내기도 전에 답을 불쑥 내뱉는다.
3. **'복합유형'(ADD/ADHD)** 부주의, 과잉행동, 충동적인 행동 모두를 보인다. 위의 분류에 속할 때는 만 7세가 되기 전에 최소 6가지 문제점이 나타날 것이다. 이런 행동들 때문에 아이들의 학업능력과 사회성 발달은 크게 지장을 받는다. 만약 자녀에게 ADD/ADHD와 같은 집중력결핍장애가 있다고 판단될 때는 아동행동 및 발달 분야의 소아청소년과, 아동신경과, 정신과 전문의를 찾아 진찰받도록 하자.

☐ **아이가 주의하도록 만들기.** 교사가 아이들의 주의집중을 위해 관심을 끄는 방법을 사용해보자.

☐ **눈높이 맞추기.** 말하거나 지시할 때 눈을 맞춘다. "여기 봐." 아이들이 눈을 맞추도록 신호를 보낸다.

☐ **목소리 낮추기.** 조용하고 침착한 목소리로 말한다.

☐ **만져주기.** 어깨 또는 아이의 손에 손을 부드럽게 얹어 주의하도록 만들자.

☐ **짧고 간략하게.** 지시사항을 간략하게 전한다.

☐ **신호.** 하던 일을 중단하라는 신호로 정지신호처럼 손을 내보여보자.

☐ **책갈피 사용하기.** 종이 위의 한 곳에 손가락을 올려놓거나 아이가 한 번에 한 줄씩 집중할 수 있도록 책갈피를 사용하자.

● **일정을 일정하게 유지하자.** 반복되는 일정은 예측이 가능하기 때문에 아이의 스트레스를 줄여줄 수 있으며 집중할 수 있도록 도와준다. 아이의 집중력을 바탕으로 숙제, 취침, 저녁식사에 가장 좋은 시간이 언제인지를 알아둔다. 다른 아이들과는 다른 시간대를 보일 수 있다. 냉장고 또는 게시판에 그 시간을 적어두고 매일 같은 일상이 반복되도록 해준다.

육 아 뉴 스

아이들의 텔레비전 시청을 조기에 제한하라

워싱턴, 시애틀에 위치한 어린이 병동 및 지역 의료센터에서 2,600명이 넘는 아동을 대상으로 연구한 결과, 만 1세부터 만 3세까지의 텔레비전 시청 시간은 이후의 집중력 문제에서 위험률을 10% 증가시켰다. 게다가 집중하지 못하거나 가만히 있지 못하는 증상은 약 만 7세까지 나타나지 않는다고 한다. 텔레비전의 속사 이미지가 조기 두뇌개발과 집중력에 영향을 준다고 추측된다. 조기 형성 기간 동안 아이들이 텔레비전에 노출되는 시간을 제한하자. 취학연령 때 나타나는 주의력 문제를 줄일 수 있을 것이다.

● **방해요인을 줄인다.** 집중력 주기가 짧은 아이들은 소음, 냄새, 이미지 등에 쉽게 산만해진다. 아이의 집중력을 방해하는 것이 무엇인지를 자세히 살펴보자(예를 들어 깜박거리는 불빛, 뻐꾸기시계, 개 짖는 소리 등). 가능한 한 방해요인을 줄여줘야 한다. 텔레비전을 시청하지 않을 때는 꺼두자. 매사추세츠대학교 애머스트캠퍼스가 연구한 결과, 잠깐 동안 본 이미지라 하더라도 텔레비전의 이미지와 배경음은 아이들의 주의력을 감소시킨다고 한다.

● **이상적인 공간을 만들어주자.** 집중하는 데 도움이 되는 것이 무엇인지 알아낸 다음에는 아이의 이상적인 컨디션에 따라 공부할 수 있는 공간을 만들어주자. 보통은 창문이나 복도가 없는 작고 좁은 공간으로 소음을 만들어내는 사람이 없는 곳이다. 책상을 벽에 붙여주는 것도 산만함을 줄일 수 있다. 어떤 아이들은 귀마개를 꽂거나 이어폰으로 음악을 들으며 집중하기도 한다. 아이가 학습에 도움이 되는 방법이 무엇인지 직접 찾도록 해주자. 어느 아버지는 아이의 제안대로 냉장고 측면을 잘라내고 그 안에 책상을 넣어주었다고 한다.

● **피드백을 자주 주자.** 한 가지 일에 오랫동안 집중할 수 있도록 피드백을 자주 주자. "거의 다 왔어!" "엄마의 말을 들으려고 바라봐주다니 고맙구나." "잠깐 멈추고 생각해보자." 아이에게는 긍정적인 메시지가 필요하다. 상금 포인트를 적립하는 방법이나 과자를 주는 게 효과적인 아이들도 있다. 하지만 보상은 오래 지속하지 않는 것이 좋다.

● **모두를 참여시키자.** 가능하면 아이의 교사와 (상담원, 소아과 의사도) 함께 협력하자. 학교의 심리상담가와 상담해보자. 모든 사람이 같은 방법으로 아이를 대한다면 성공할 확률이 높아진다.

● **조기에 치료하자.** 신시내티아동병원센터에서 만 8~15세 어린이 3,000명을 연

구한 결과 약 9%가 ADD/ADHD를 겪고 있었지만 그중 치료를 받는 아이들은 절반도 안 되었다. 3년간의 연구결과를 보면 ADD를 치료(약물 또는 행동 치료나 둘 다)를 받고 있는 아이들은 시간이 지나면서 상태가 좋아지고 있었다. 아이의 주의력이 의심된다면 전문의에게 문의해보자. ADD인 아이들은 낮은 자존감으로 힘겨워하며 학교에서 또래들과 어울리지 못하여 고통받고 있을 것이다.

3단계: 변화를 위한 습관

- **에너지를 발산하자.** 주의력 결핍을 겪는 아이들은 많은 시간을 밖에서 보낸 후엔 한결 차분해지고 집중을 잘하며 지시에 잘 따르게 된다는 연구결과가 있다. 짧은 시간이라도 밖에서 시간을 보내며 여분의 에너지를 소멸시키고 나면 숙제할 때 집중하는 시간을 늘릴 수 있다. 아이가 즐길 수 있는 야외활동을 찾아보자. 아이는 체조, 검도, 가라테, 농구, 자전거 타기, 수영, 스케이트보드 등의 야외활동을 통해 '잉여 에너지'를 발산해버린 후 조금 더 오랫동안 집중할 수 있다.

- **정리체계를 만들자.** 정리능력이 약한 아이들의 집중력이 낮게 나온다. 아이에게 정리하는 것을 가르치면 숙제를 잊지 않을 가능성이 높아진다. 날짜가 적힌 작은 일지를 주어 숙제를 적어오게 한다. 과목에 따라 다른 색깔의 작은 바인더를 구입하고 여분으로 2개를 더 구입한다. '해야 할 일'을 앞쪽에 '마친 일'을 뒤쪽에 그리고 과목을 나머지 칸막이에 적는다. 만약 아이가 아직 글을 읽지 못한다면 상징을 만들어주자(예를 들어, 책은 '읽기'를, 숫자는 '수학'을 나타낼 수 있다). 그리고 아이에게 차근차근 다음의 6가지 단계를 가르쳐주도록 하자.

시간	활동
8시	전날 밤 늦게까지 컴퓨터 게임에 열중하느라 오늘도 늦잠. 엄마한테 혼나며 등교.
9시	산수시간. 좋아하는 과목이라 적극 참여. 곱셈과 나눗셈도 척척.
10시	국어시간. 싫어하는 과목이라 집중이 안 돼 온몸이 움찔거림. 참지 못하고 교실을 서성이다 선생님께 혼남.
12시	점심시간. 함께 먹을 친구가 없어 외로움. 누군가 '왕따'라며 놀려 화남.
14시	미술시간. 짝꿍이 실수로 옷에 물감을 튀김. 미안하다는 짝꿍 말에도 신경질 내다가 결국 싸움.
16시	하교. 학원 가기 전 잠시 컴퓨터게임.
16시 30분	게임에 열중하다 학원에 지각. 지각한 벌로 숙제를 받음. 벌써 나흘째 숙제가 밀림. 공부가 싫어짐.
18시	집에 오자마자 게임. 저녁도 먹는 둥 마는 둥 다시 게임에 놀라운 집중력 발휘.
22시 30분	아직 숙제를 시작도 못함. 엄마한테 혼나며 잠자리에 누움. 내일 엄마와 선생님께 혼날 생각에 머리가 아픔.

1. 날짜. 숙제를 기입하고 제출날짜와 과제에 주어진 시간을 적는다.

2. 보관. 숙제를 '해야 할 일' 칸막이에 넣는다.

3. 해야 할 일. 일지에 적힌 숙제를 검토하는 것이 첫 번째 숙제다. 그리고 '해야 할 일'에 있는 목록들을 지운다.

4. 지우기. 숙제를 끝내면 일지에 적힌 숙제를 지운다.

5. 마침. 끝마친 숙제를 '완료' 칸에 넣는다.

6. 보관. 모든 숙제가 지워지고 나면 일지를 가방에 넣고 '안전한' 곳(현관 문 앞)에 가방을 둔다. 아침에 찾을 수 있도록 말이다.

한 번에 한 가지씩 단계를 가르치며 습관이 될 때까지 아이와 함께 해주자.

● 큰 조각을 작은 조각으로. 집중력이 약한 아이는 종종 일이 '너무 많다'고 느

끼며 당황해한다. 일의 '덩어리'를 '작은 부분'으로 나누어 아이가 집중할 수 있도록 해주자. 시작하기조차 힘들어한다면 "가장 먼저 해야 할 일이 뭐지?"라고 물어보자. 수학 종이가 위압적으로 느껴지는 듯하면 종이를 반으로 접어 윗부분만을 먼저 (그 다음은 중간, 다음으로 끝부분) 하라고 하자. 가장 어려운 부분을 먼저 하게 한 후 스트레스를 줄여보자고 제안하자.

● 기억력 향상. 주의력 결핍인 아이들은 종종 잘못된 내용에 초점을 맞추거나 '오랫동안 생각하는'일을 힘들어한다. 아래의 방법들은 중요한 사건을 오래 기억하며 중요한 생각이나 요점에 좀더 주의를 기울이도록 해줄 수 있는 방법이다.

– "기억해두고 싶은 게 뭐야?" 이야기를 듣거나 다큐멘터리를 본 후 또는 독서 후에 "기억해두고 싶은 게 뭐야?"라고 묻는다. 집중력이 떨어지기 시작할 때 물어보도록 하자.

– 그림 그리기. 방금 읽거나 들은 것을 그림으로 그리면 훨씬 더 집중할 수 있다.

– 형광펜으로 표시하기. 읽은 내용에서 핵심이 되는 부분을 형광펜으로 강조해보라고 한다. 아이에게 노란색 펜을 주고 중요한 부분에 '햇살'을 그려주라고 말할 수 있다.

– 다시 말하기. 저녁식사시간에 가족들이 돌아가며 낮에 있었던 일을 짧게 말한다. 자신의 경험을 말하기 전에 앞사람이 말했던 것을 정확히 설명한다. 모든 사람이 이야기를 마치면 각 사람의 이야기 중에서 가장 중요한 내용이 무엇이었는지 물어본다. 이 게임은 앞사람의 말을 더욱 집중하여 듣도록 해준다.

– 노트카드 이용하기. 아이들에게 한 문장을 읽거나 들은 후에 멈추라고 가르친다(한 문단이나 한 페이지도 괜찮다). 3×5cm 크기의 카드에 그 내용을 적거

나 그리도록 한다. 카드에 적힌 것을 아이가 검토한 후 카드상자에 넣어둔다. 시간이 지난 후 카드를 꺼내 카드에 적힌 중요한 내용을 아이가 기억해내는지 물어본다.

3～6세 듣기, 집중하기를 힘들어하거나 종이 작업에 흥미가 없는 행동을 주의력결핍장애라고 생각하기 쉽지만 이런 행동은 많은 유아기 아이들이 겪는 흔한 증상이다. 이 시기의 아이들은 잘 잊어버리고 소지품을 분실하거나 쉽게 산만해지고 오랫동안 집중할 수 없기 때문에(특히, 남아) 의사들은 일반적으로 유아기의 아이를 ADD라고 쉽게 진단하지 않는다. 아이에게 장애가 있다고 성급히 판단하지 말자. 대신 눈에 띌 정도로 다른 행동패턴(다른 아이들에 비해 눈에 띄게 산만하다, 친구들과의 갈등이 계속 일어난다, 잘 들으라는 말을 반복해서 듣는다)이 있다면 관심을 갖도록 하자.

7～9세 초등학교 1, 2학년에는 심각한 증상이 표면적으로 나타난다. 아이가 지시사항을 따르지 못하거나 작업의 일부만을 끝낸다. 독립성이 나타나는 초등학교 3, 4학년까지는 주의력 문제가 드러나지 않는다. 공부를 마치기 힘들어하거나 몇 시간 동안 해야 할 숙제가 있을 때 증상이 드러난다. 약 3~5%의 아이가 ADD/ADHD로 진단된다. 특히 남자아이들이 집중하는 데 더욱 어려워한다(5:1 비율).

10～13세 학습량이 늘어나면서 학업 압박이 커질 수 있다. 스트레스, 또래집단의 압력, 왕따, 장기간의 일정과 수면부족이 집중력을 저하시킨다. ADD/ADHD로 진단받은 만 10~12세의 아이들은 물건을 훔치거나 중독성 물질을 남용하거나 비행이나

상해를 입히는 위험한 행동(특히 남자)을 하는 경우가 많다. 주의력결핍으로 진단받은 70~80%의 아이들은 10대나 어른이 되어도 같은 증상을 겪게 된다.

아이에게 짧은 휴식시간을 줬어요!

아이의 집중력 시간이 너무 짧아 숙제를 할 때마다 전쟁을 벌이게 됩니다. 그러던 중 아이가 좀더 오랫동안 집중할 수 있게 하는 방법을 마침내 알아냈습니다. 5분마다 물을 마실 수 있도록 '5분 휴식시간'을 정했습니다. 짧은 휴식시간은 아이가 다시 집중할 수 있도록 도와주었고 아이와의 다툼도 줄여주었습니다. 다음 단계는 아이의 집중력이 올라갈수록 휴식시간을 줄여나가는 것이라고 생각합니다. '느리지만 확실하게'라는 격언대로 하고 있습니다.

제 아들은 학습에 어려움이 있으며 학교에서도 마찬가지입니다. 아이에게 학습장애가 있다는 것을 어떻게 알 수 있으며 특별한 치료가 필요한지를 알려면 테스트를 받아봐야 합니까?

아이가 힘들어하는 걸 지켜보는 건 힘든 일이지만 슬프게도 학습하는 걸 힘겨워하는 아이들이 있습니다. 대부분 시간을 학교에서 보내야 하는 아이들에게 학습장애는 자존감에 큰 타격을 주지요. "학습장애는 같은 연령의 학업성취도에 비해 특정 주제에서 심각하게 떨어지는 경우를 말합니다." 읽기능력은 학습장애의 약 80%를 차지합니다. 저는 전직 특수교육 교사로서 쉬운 답은 없으며 학습장애의 모든 유형을 설명하려면 이 책 한 권으로도 부족하고 아직까지는 적절하다고 판명된 전략도 없다는 점을 우선 말해두고 싶습니다. 중요한 해결책을 간단히 살펴보도록 할까요.

- **선생님과 친해지자.** 아이가 학습장애를 겪고 있다는 의심이 들면 지체하지 말고 아이의 선생님을 만나 파트너십을 맺자. 교사야말로 아이가 학급친구들에 비해 어떤지를 가장 공정하게 평가해줄 사람이다. 우려되는 것을 이야기하고 환경적으로나 프로그램으로 아이를 도울 수 있는 방법이 있는지 물어보자. 아이가 특별학습을 받을 수 있도록 정보를 줄 것이다.

- **구체적인 학습분야를 알자.** 아이가 모든 학습분야에서 힘들어할 확률은 낮다. 어떤 과목을 힘들어하고 어떤 과목은 좋아하는지를 알아보자. 아이가 숙제하는 걸 지켜보고 학교생활에 대해 어떻게 이야기하는지를 잘 들어보자. 교사에게 아이의 학습 강점과 약점을 물어보자. 그런 다음 그 정보들을 바탕으로 아이에게 맞는 학습계획을 세워보자.

- **잠재된 원인을 없애자.** 학습장애를 일으키고 집중과 참여를 방해하는 요인들이 있다. 다음 요인들을 살펴보고 해당 변수를 줄이도록 하자.

☐ **듣기.** 알레르기, 청각손실, 중이염으로 인한 듣기능력에 문제가 있는지?

☐ **시각.** 아이가 칠판을 잘 볼 수 있는지? 책을 가까이 놓고 읽는지? 시력검사를 해봤는지?

☐ **주의력.** 아이가 ADHD인지? 약물치료가 아이의 집중력을 떨어뜨리는지('주의력 결핍' 참조)?

☐ **스트레스.** 가족 갈등, 외상, 사고, 슬픔, 또는 괴롭힘 때문에 학습장애가 나타나는지('스트레스에 약하다' 참조)?

☐ **수면.** 숙면을 취하고 있는지('잠을 못잔다' 참조)?

☐ **식습관.** 아침이나 점심 식사를 건너뛰고 있는지('섭식장애' 참조)?

☐ **교사.** 아이가 성공할 수 있도록 최상의 교육을 하고 있으며 아이의 수준에

맞는 기대를 갖고 아이와의 신뢰관계를 유지하고 있는지?

☐ 수업환경. 교실이 너무 시끄럽거나 붐비고 소란스럽지는 않은지?

☐ 친구관계. 다른 학생들이 아이를 지지해주는지?

● 시험결과를 확인하자. 아이의 학교 시험 결과를 살피자. 시험결과를 또래와 비교해보자. 결과해석을 부탁하는 일을 꺼리지 말자. 아이의 시험결과가 지속적으로 낮게 나오면 아이의 수준을 재확인하자.

● 과외수업을 고려해보자. 부모가 아이의 숙제를 도와주기가 힘들고 아이의 성적이 계속 떨어진다면 과외수업을 고려해보자. 개인교습이 너무 비싸다면 고등학교 학생이나 학원을 생각해볼 수도 있다. 학교선생님의 소개를 받는 것도 좋다. 아이가 어떻게 공부해야 하는지 정확하고 구체적인 사항을 과외교사에게 전달해주자.

● 아이의 평가를 고려해보자. 부모의 노력에도 불구하고 아이의 성적이 나아지지 않거나 아이가 공부하는 걸 힘들어한다면 학습장애 평가를 받아보자. 아이가 학습장애인지 알기 위해서는 자격을 갖춘 교육전문가 또는 심리학자에게 테스트를 받아야 한다. 일반적으로 아이의 현재 연령과 학습기준에 부합하는 표준화된 학업성취도 검사(지능검사를 위한 IQ 테스트)가 이루어진다. 학습장애로 진단받는 아이들은 표준학업성취도 검사와 IQ 테스트에서 큰 차이를 보인다. 아이의 교사에게 테스트를 해줄 수 있는지를 물어보자. 전문적인 교육과 자격증 및 면허를 가진 평가자에게 상담 테스트를 받도록 하자.

● 아이에게 치료가 필요한지 결정하자. 아이의 학습장애가 심각하다면 특수학교에 보낼 것을 권장한다. 교사들이 자격증이 갖고 있고 잘 훈련되어 있

는지를 확인해보자.

●**아이에게 맞는 최고의 학습방법을 알아내자.** 하버드대학의 하워드 가드너 (Howard Gardner) 박사는 모든 아이가 8가지 지능의 고유한 조합을 가지고 태어나며 자신의 가장 뛰어난 지능을 사용할 때 최고의 학습을 하게 된다는 걸 밝혀냈다. 가드너 박사가 발견한 8가지 지능을 살펴보고 아이에게 있는 고유의 강점이 무엇인지 안다면 학습장애를 줄여줄 수 있다.

가드너박사의 8가지 지능

1. 언어 학습자는 읽고 쓰기, 이야기하는 것을 좋아한다. 언어를 듣고 보면서 배우고 보통 이상의 정보량을 소유한다. 고급 어휘를 구사하며 사실 하나하나를 잘 기억한다.

2. 신체 · 운동 학습자는 나이에 비해 균형유지를 잘하며 신체를 잘 놀리고 스포츠나 예술적 표현이 뛰어나며 운동력을 이용하는 일에 능숙하다.

3. 개별 학습자는 자각하는 능력이 뛰어나며 독창적이고 관심과 목표를 추구하기 위해 혼자 학습하기를 즐기며 옳고 그름의 분별력이 강하다.

4. 대인관계 학습자는 이해심이 많고 다른 사람들을 조직하고 리드하며 친구들이 많고 의사결정을 내릴 때 다른 사람들을 주시하며 갈등을 중재하고 무리로 일하는 것을 좋아한다.

5. 음악 학습자는 리듬, 음조, 멜로디를 감지하고 음악에 반응한다. 멜로디를 기억하며 간격을 유지하고 악기를 다루며 노래하고 흥얼거리는 것을 좋아한다.

6. 논리 · 수학 학습자는 숫자, 패턴, 이해관계를 이해하고 과학과 수학을

● **자존감을 키워주자.** 학습장애를 겪는 아이에게 자신감을 심어줘야 한다. 아이가 잘할 수 있는 것을 찾아 지원해주자. 웅변, 음악, 태권도, 양궁, 축구, 미술, 컴퓨터 프로그래밍 등 잠재력은 무한하다. 중요한 것은 아이의 타고난 강점과 관심사가 일치하도록 해주어 강점이 빛날 수 있는 기회를 주는 것이다.

● **아이와 감정을 공유하자.** 학습장애를 겪는 아이는 학습이 쉽지 않다. 하지만 새롭게 떠오르는 교육전략들은 낙관적이다. 그러므로 아이의 필요에 맞는 최고의 프로그램, 전략, 교사를 찾고 끝까지 아이를 지지해주자.

도와주세요

우울증에 걸린 아이의 적신호

자주 슬퍼지고 자살충동이 일어난다.

신체에 대해 설명할 수 없는 불만을 품는다.

이유 없는 적대감이나 공격성을 보인다.

피로하고 힘이 없으며 극단적인 신경과민 증세를 보인다.

예전에 즐기던 활동에 흥미를 잃어버린다.

식사와 수면습관에 변화를 보인다.

부모가 해야 할 일은?

당연히 즐거워야 할, 삶을 이제 막 시작한 아이들이 강한 정서적 적응력을 갖고 성

장하면서 부딪히게 될 문제들에 대처할 수 있는 능력을 키우도록 도와준다.

❓ 새로운 도시로 이사를 했는데 딸아이가 친구를 사귀는 데 어려움을 겪고 있어요. 많이 울면서 우울해합니다. 아이의 상태가 정상인지 아니면 심각한지 어떻게 알 수 있을까요?

❗ 모든 아이들은 이따금 슬퍼하며 우울해하기도 하지만 일정 기간을 넘어서는 안 됩니다. 정상적인 슬픔과 우울증을 구별하기 위해 다음의 질문들에 '너무'를 적용해보세요. "아이의 슬픔이 '너무' 깊은가?" "'너무' 오래가거나 '너무' 자주 발생하지는 않나?" "집, 학교 및 친구 등 삶의 다른 영역까지 방해하고 있나?" 만약 그렇다면 치료해야 할 우울증이라고 할 수 있습니다. 아이가 명백히 다른 아이들과 '다르며' 이런 증상을 설명할 만한 아무런 신체적 문제가 없는데도 증상이 전혀 나아지지 않은 채 몇 주 동안 계속된다면 특별한 도움이 필요한 우울증이라고 볼 수 있습니다.

왜 변해야 할까?

아이들의 우울증에 대한 말 가운데 사실이 아닌 것이 있다. "우울증에 걸리기에는 너무 어려요." "걱정 마세요. 지나가는 과정에 불과해요." 진짜 우울증은 10대나 어른들만 걸린대요." 곧 벗어날 거예요." 냉정한 현실은 우울증이 어린 아이들에게도 찾아온다는 것이다. 그것도 아주 심각한 수준으로.

미국아동청소년정신과학회에 따르면, 아동과 청소년의 20명 중 1명이 '심각한' 우울증을 겪고 있다고 한다. 아동의 우울증이 증가하고 있을 뿐 아니라 연령이 더욱 낮아지고 있다. 21세기 초에 태어난 아이들에 비해 요즘 아이들이 훨씬 더 심각한 우울증에 시달리고 있다. 만 13세 아이의 1/3 정도가 우울증 증상을 보이고 있다. 고등학교를 졸업할 시기에는 거의 15%가 중증 우울증을 앓는다. 일부 전문가들은

1/4이 심각한 우울증을 겪을 것으로 예측하기도 한다.

우울증은 아이들이 성장하면서 겪어야 하는 과정도 아니고 쉽게 털어버릴 수 있는 질병도 아니다. 우울증은 생명을 위협하는 심각한 질환이며 장기적인 결과는 치명적이라고 할 수 있다. 예일대 의과대학의 연구에 의하면 우울증에 걸린 어린이들이 20대 중반이 되면 약물이나 알코올 문제로 고통받을 가능성이 거의 4배나 더 높다고 한다. 사춘기 이전에 우울증이 심각해지는 아이의 10명 중 1명이 자살을 한다. 아이들과 청소년 자살률이 지난 30년간 3배나 급증했다.

하지만 조기진단과 적절한 치료를 하면 대부분 아이들이 호전된다. 치료는 일찍 받을수록 좋다. 많은 연구들은 부모들이 이 질병을 예방할 수 있다는 걸 보여준다. 어린이 우울증 분야에서 저명한 마리 코백스(Marie Kovacs) 박사는 이렇게 지적한다. "우울증을 예방하고 싶다면 아이가 우울증 초기단계에 들어가기 전에 무언가를 하십시오. 진짜 해결책은 심리 예방접종입니다."

어떤 행동을 보일까?

1. 신체적 질환이 증가한다. 두통, 복통, 메스꺼움, 불면증을 일으키고 손바닥에 땀이 난다.

2. 갑작스럽고 강렬한 변화가 일어난다. 성격, 기질에 변화가 있고 잘못된 행동이 급증한다.

3. 지속. 위의 증상들이 2주 이상 지속되고 더 강렬해지거나 혹은 사라졌다가 다시 나타나기도 한다. 어떤 방법으로도 아이의 고통이 완화되지 않는다.

4. 죽음이나 절망에 사로잡힌다. 죽음에 대해 묻고 그와 관련된 그림을 그리거나 글을 쓴다. 자신의 물건을 나눠주며 "다 아무 소용이 없어"라는 말을 한다.

5. 일상생활을 방해할 만한 슬픔. 사회성, 학습능력 및 가족생활에 영향을 준다.

6. 아이를 잘 알고 있는 사람들의 염려. 부모는 그들의 말을 꼭 경청해야 한다.

7. 뭔가 잘못되었다고 말하며 도움을 요청한다. 아이의 말을 믿어줘야 한다.

8. 부모로서 뭔가 옳지 않은 일이 일어나는 것을 느낌이다. 이를 그냥 넘어가선 안 된다.

통제할 수 없을 정도로 문제가 심각해지고 아이가 두려운 일들에 대해 이야기하거나 자해할 우려가 있다고 느껴지면 지체하지 말자. 119로 연락하거나 생명의 전화(02-763-9191)에 문의하거나 가까운 응급실로 바로 데려가자. 그리고 한국자살예방협회 사이트(www.suicideprevention.or.kr)에 방문하여 도움을 받는 방법도 있다.

해결책

1단계: 초기 개입

- **위험요소를 평가하자.** 아이들을 우울증에 걸리게 만드는 특정 요소가 있다. 자녀의 자존감을 훼손시키거나 감정적 활력 및 안정성을 위협하는 일회적이거나 지속적인 요인을 찾아보자.

- □ **유전.** 부모 또는 가까운 친척이 우울증으로 고통받았다면 아이가 우울증에 걸릴 가능성이 높다.

- □ **재발.** 전에 우울증을 겪었던 일이 있었다면 재발할 가능성이 높다.

- □ **위기대처능력.** 문제에 부딪혔을 때 회복력 또는 정서적 적응력이 부족할 경우 우울증의 가능성이 높다.

- □ **스트레스.** 입원, 부모의 사망 및 이혼, 입양된 사실, 부모의 실직, 잦은 가족

싸움과 같은 원인으로 심한 스트레스에 시달린다.

☐ **불안정한 육아 방식.** 부모가 자주 집을 비우거나 일관적이지 못한 육아 태도.

☐ **학대와 외상후스트레스장애.** 언어적, 정서적, 성적, 신체적 괴롭힘이나 학대를 당한 경험이 있다.

☐ **재해.** 아이의 안전을 위협하는 자연 혹은 인재(허리케인, 납치, 자동차 사고, 테러, 지진, 총성, 화재).

☐ **거부와 왕따.** 친구들에게서 거부당하거나 정서적인 폭행을 당한다.

☐ **좌절.** 계속해서 실패를 경험한다(사회적, 학문적, 정서적 실패감).

● **자녀의 '정상적인' 기분을 알자.** 그저 약간 침울해하거나 안절부절못하거나 비밀이 많은 아이들이 있다. 또한 모든 아이들은 때때로 슬퍼하거나 화를 낸다. 우리가 해야 할 일은 아이의 정상적인 행동이 무엇인지 아는 것이다. 일단 아이의 전형적인 성격과 기질을 알고 나면 아이의 행동에 일어나는 변화를 알 수 있고 아이를 위한 도움을 문의할 수 있다. 집이 아닌 다른 상황 속에서도 아이를 자세히 살펴보자(참고: 우울증을 겪는 아이들은 우울증을 겪는 성인보다 조울증과 민감증을 더 잘 일으킨다). 보통 우울증에 걸리기 전 불안해하는 모습이 눈에 띄게 늘어난다.

● **전문가가 되자.** 아동기의 우울증을 잘 이해할수록 아이를 잘 도울 수 있다. 참고서적을 읽거나 전문가와 상담을 하자. 지원단체에 가입하고 워크숍에도 참석하자.

● **최대한 스트레스를 줄여주자.** 스트레스가 우울증의 원인은 아니지만 우울증을 악화시킬 수 있는 요인이다. 아이의 일정을 살핀 후 스케줄을 줄여주자. 아이의 정신적 건강보다 중요한 것은 아무것도 없다. 짐을 덜어주자!

● **죄책감에서 해방되자.** 최근의 조사결과를 보면 어린이 우울증은 유전, 인체

화학 및 기타 다양한 원인에 의해 발생한다. 대부분 우울증은 부모의 잘못된 양육에서 비롯되지 않는다. 그러므로 스스로 자책하지 말자. 힘들겠지만 아이의 회복을 위해서는 부모의 마음이 평안해야 한다.

● 긍정적인 모범이 되자. 우울증에 걸린 아이들은 주위 사람들의 행동을 보면서 우울함을 '배우고' 더욱 우울해진다고 한다. 아이에게 어떤 모습을 보여주고 있는가? 예를 들어 "실패했을 때 어떻게 행동하는가?" "직장에서 승진되지 않았을 경우나 관계에서 어려움이 생기면 어떻게 행동하는가?" "침대에서 술을 마시며 우울하게 행동하지는 않는가?" 우리의 상태를 먼저 살펴보자. 우울증에 걸렸거나 치료를 받아야 하지는 않을까? 연구결과에 의하면 우울증에 걸린 부모들이 치료를 받게 되면 아이들의 증상이 빨리 사라진다고 한다.

부모 시선 집중!

우울증, 약물치료를 해야 할까?

부모가 직면하게 되는 가장 어려운 난관은 자녀의 우울증을 위해 약물치료를 해야 하느냐이다. 우울증은 생명을 위협하는 질환이며 제대로 치료받지 못하면 자살에 이를 수 있다. 우울증 치료 중인 젊은이들 80%이상이 자살을 생각해봤으며 그 가운데 35%는 자살시도를 해봤다고 한다. 자녀의 질병을 무시했을 때 마주치게 될 위험성과 약물치료의 위험성을 비교검토하자. 만약 약물치료를 하기로 결정했다면 아동 및 청소년 약학을 교육받은 전문의에게 진찰받도록 하자.

일단 약물치료를 하기로 결정했다면 아이의 기분을 날마다 기록하고 부정적인 약물반응이 있는지 기록하자. 의사의 추천 없이 아무 약이나 투약하면 안 된다. 아이가 죽음을 생각하고 표현하거나 자기파괴적인 행동을 보이며 불안감이 높아지고 감정의 동요, 공격 또는 충동의 흔적이 있다면 즉시 주치의에게 연락해야 한다. 장기적인 연구결과에 의하면 심각한 우울증에 시달렸던 청소년들에게 가장 효과적인 치료법은 신체적 증상을 감소시키기 위한 항우울제의 복용과 부정적인 감정을 다루는 능력치료를 함께 받았을 때라고 한다.

아이들이 자살하고 있다

청소년 사망원인의 1위는 자살로 학교 성적으로 인해 고민하는 학생들이 증가하고 있지만 이에 대해 학교는 예방교육이 부족한 실정이다. 통계청에 따르면 '2010 청소년 통계조사' 결과 15~24세 청소년의 8.9%가 성적 문제 등으로 자살을 생각했으며 15~19세 10명 중 7명이 학교생활에서 스트레스를 느낀다고 응답했다. 또한 동 조사결과 청소년 사망원인의 1위는 자살로 나타났다. 또한 우리나라 청소년의 학교에 대한 만족도는 OECD국가 중 끝지를 기록했다. 연세대 사회발전연구소와 한국방정환재단이 발표한 '2009 국제비교로 본 한국 어린이-청소년행복지수' 결과 학교를 좋아한다고 답한 한국 학생의 비율을 측정한 결과 29.9%로 나타나 10명중 3명의 학생만이 학교에 대해 긍정적으로 생각하고 있었다.

학생들이 학업 스트레스로 만성스트레스를 앓는 등 학생들에게 건강상의 문제점도 발생할 수 있다. 경희의료원 의과대학부속병원 가정의학과 김병성 교수는 "일반적인 학업스트레스는 건전한 스트레스지만 장기간 계속될 경우 교감신경계에 영향을 끼치므로 건강을 해칠 수 있다"고 말했다. 이어 김 교수는 "교감신경에 영향을 줄 경우 호르몬 불균형과 부조화를 일으키므로 학생에게 계속된 긴장으로 인한 피로를 가중시킬 수 있다"고 덧붙였다.

더욱이 시민단체들은 청소년의 경우 충동적으로 자살할 경우가 많고 언론의 자살보도와 관련해 청소년들의 자살 예방에 대한 교육이 필수적이라는 입장이다. 한국청소년상담원 오혜영 팀장은 "청소년들은 충동적으로 자살을 시도하는 경우가 많다"며 "어른들이 대수롭게 생각하지 않고 방치했을 때 아이가 자살하는 경우가 대부분"이라고 말했다. 이어 오 팀장은 "청소년의 자살은 심리적인 고통의 표현이다"며 "인터넷 상담실로 찾아온 아이들의 말을 들어주고 자살하지 않기로 약속하는 경우도 있다"고 덧붙였다.

또 한국자살예방협회 소아청소년 조인희 위원장은 "실제로 유명인들의 자살이 청소년기의 아이들에게 하나의 원인을 제공하기도 한다"며 "청소년 개인의 고민으로 인해 우울증을 앓을 경우 자살 기사를 보고 자극받는 부분이 있다"고 말했다. 한편 청소년 자살 대응책에 대해 통합적인 안전망이 구축이 필수적이라는 목소리도 있다. 영남대학교 교육학과 이윤주 교수는 "지역의 상담센터와 국가적 상담센터가 마련돼 있지만 통합적으로 관리할 수 있는 시스템이 현재로서 미약하다"며 "ONE STOP서비스로서 유기적인 연결고리가 마련돼 있어야 한다"고 말했다. 이어 이 교수는 "팀 어프로치 시스템을 도입해 자살위험에 대한 위협요인을 사전에 제거해야한다"며 "청소년에 대한 정보가 1차적으로 학교에서 접수되면 관련 노력을 기울여 개선할 수 있도록 해야 하지만 이것이 불가능하다면 지역의 사회복지사와 변호사가 자살의 직접적 요인이 되는 환경요인을 제거할 수 있는 방안이 있어야 한다"고 설명했다.

2단계: 신속한 대처

- **아이를 사랑하자.** 우울증에 걸린 아이에게 가장 필요한 것은 부모의 사랑, 공감, 수용이다. 아이의 입장에서 아이가 갖는 두려움("무슨 일이 일어나고 있는 걸까?"), 죽음의 공포("왜 이렇게 아파야만 할까?"), 절망감("상황은 좋아지지 않을 거야. 귀찮아")을 생각해보고 곁에 있어주자. 아이가 이런 기분을 느끼게 되는 원인이 아이 자신에게 있지 않다는 걸 알게 해주자. 그리고 아이가 행복해질 수 있도록 무슨 일이든 해주겠다고 말해주자.

- **일대일 시간 갖기.** 아이와 강한 사랑의 유대감을 갖는 일보다 더 좋은 완충제는 없다. 유대감은 건강하고 긍정적인 관계의 기반이며 아이에게 지금 필요한 것이다. 아이와 함께 있기에 방해받지 않는 시간을 찾자. 만약 아이가 이야기하기를 거부한다면(우울증을 가진 대부분 아이들은 그렇다), 그냥 옆에 있어주자. 등을 토닥거려주자. 텔레비전을 함께 시청해주자. 책을 읽거나 그저 동료가 되어 함께 있으면서 아이에게 관심을 갖고 있다는 걸 알게 해주자.

- **일상 유지하기.** 규칙적인 일상은 예측이 가능해서 정서적인 안정감을 높여준다. 동일한 아침저녁 일과, 숙제와 저녁식사 및 취침 시간 일정 등 가능한 많은 일상을 규칙적으로 유지하자.

- **스스로를 점검하자.** 아이를 돌보기 위해서는 먼저 부모 자신을 돌봐야 한다. 지지모임을 찾아보고 운동을 하자. 베이비시터를 고용한 후 밖으로 나가 산책을 하자. 도움을 요청하자.

- **부정적인 것을 억제하자.** 우울증에 걸린 아이들은 쉽게 낙담하기 때문에 격려가 필요하다. 부정적인 말들은 삼가도록 하자. 이는 아이들을 더욱 낙담하게 만들 뿐이다. 부정적인 말과 긍정적인 말의 비율을 살펴보자. 함께 있는 한 시간(30분이라도) 동안 부정적인 말을 하는 횟수를 세어보자. 횟수를 세어

본 후 부정적인 말을 줄이고 긍정적인 말을 늘리기 위한 목표를 정하자. 아이들은 (특히 우울증에 시달리는 아이들은) 한 번의 부정적인 말을 들으면 다섯 번의 긍정적인 말을 듣는 것이 이상적이다.

● **어조를 일정하고 안정적으로 유지하자.** 우울증에 걸린 아이들은 아주 민감하다. 아주 작은 것에도 폭발할 수 있다. 목소리를 낮추고 조용히 말하자. 지나치게 민감한 아이들은 다른 사람들의 감정을 읽어내는 데 서툴다. 꾸짖지 않았는데도 그렇다고 생각할 수 있다. 부모의 감정을 표현하여 아이가 잘못 이해하는 일이 없도록 하자. "내가 화난 것 같니? 아니란다. 단지 피곤해서 그래." 그리고 아이를 정말로 흥분시킬 수 있는 억지웃음이나 눈썹을 치켜뜨는 비언어적인 행동도 조심해야 한다. 만약 감정이 너무 흥분되어 있다면 시간을 좀 갖도록 하자.

● **치료법을 찾아주자.** 도움을 빨리 받을수록 좋다. 전문의를 만나 단핵증(말초 혈액 속에 단핵구가 지나치게 늘어나는 병 – 옮긴이) 또는 갑상선저하증 같은 신체적인 원인이 있는지 진찰을 받아보자. 다음 단계는 아동 및 청소년 심리치료 자격증이 있거나 훈련받은 사람들에게 문의하는 것이다. 가까운 곳에 치료사가 있는지 대학부속 의료센터, 현지 의과대학, 한국심리학회, 한국상담심리학회에 알아보자. 어린이 우울증은 진단하기가 어렵기 때문에 아동 및 청소년 정신 분야의 훈련을 받은 사람들에게 진찰을 의뢰해야 한다.

육 아 뉴 스

펜실베이니아대학의 심리학자인 마틴 셀리그만의 연구에 따르면, 다른 사람을 돕는 아이들은 사고패턴이 긍정적이며 역경에서 다시 일어설 뿐 아니라 우울증에 걸릴 가능성도 낮다고 한다. 아이들의 부정적인 사고를 좀더 균형잡힌 세계관으로 바꾸는 데서부터 시작하자. 예를 들어 자녀가 축구팀에 속하지 못한 자신을 '모두'가 못하는 선수로 여기고 있다고 생각한다고 해보자. 자녀가 균형잡힌 관점을 갖도록 해야 한다. "팀에 들어가지 못해서 실망했지. 하지만 넌 스키도 잘 타고 롤러블레이드도 잘 타잖니"(마틴 셀리그만의 책 《낙관적인 아이》 [The Optimistic Child]는 부모들의 필독서로서 예방 차원의 전략이 풍부하게 실려 있다). 뿐만 아니라 부모의 부정적인 생각도 살펴야 한다. 자녀들은 부모의 말을 듣고 그대로 따라한다.

- **최선의 치료방법을 찾아보자.** 아이가 진찰을 받고 난 후 약물치료를 할 것인지 입원치료를 할 것인지 결정해야 한다. 한 가지 치료 이상이 필요할 수도 있다. 치료방법에 대해 더 자세히 알아보고 아이에게 미칠 수 있는 영향을 확인한 후 선택하도록 하자. 전문의들이 제안하는 치료법의 위험성과 효과와 치료계획에 대해서 상세히 묻도록 하자. 아이에게 도움이 되는 최선의 방법을 찾을 때까지 포기하지 말자.

3단계: 변화를 위한 습관

- **긍정적인 분위기를 조성하자.** 우울증은 아이뿐 아니라 가족에게까지 부정적인 영향을 미칠 수 있다. 그러므로 다른 가족 구성원들이 영향을 받지 않도록 긍정적인 분위기를 조성하자. 저녁식사를 시작하기 전에 가족 모두가 그날 있었던 '좋은 소식'을 함께 나누자. 사기를 올려주는 책이나 삶의 좋은 모습을 보여주는 비디오를 시청하자.

  의도적으로 긍정적인 이야기를 더 많이 하도록 하자. 텔레비전 프로그램, 인터넷, 음악가사, 비디오게임, 영화를 볼 때 부정적인 미디어를 점검하자. 고무적인 기사거리가 있다면 가족들과 공유하자. 부정적인 말을 한 사람이 있으면 그 말을 다시 긍정적인 말로 바꾸어 말하는 걸 규칙으로 만들고 이를 지켜나가자.

- **긴장을 푸는 방법을 가르치자.** 마이애미대학교 터치연구소의 연구에 의하면 우울증을 겪는 아이들이 2주에 1번 마사지를 받았더니 우울증 증상이 감소한 것으로 나타났다. 긴장을 풀어주는 비디오 역시 도움이 된다고 한다. 요가는 우울증을 이길 수 있도록 돕는 데 효과적이다. 농구, 음악 듣기, 일기 쓰기 등 아이에게 도움이 되는 것이 무엇인지 물어보고 방법을 제안해보자.

● 삶을 즐겁게 해주자. 아이와 부모 모두에게 힘든 시간이지만 아이가 가장 '재미있어' 하는 것이 무엇인지 찾아보도록 하자. 아이가 그 일을 바로 재미있어 하리라는 기대는 하지 말자. 아이가 삶을 좀더 즐기도록 해주는 것이 중요하다. 낚시, 야구게임 등이 있다. 아이가 좋아하는 것을 찾은 뒤 그 활동을 할 수 있도록 도와주자. 로마의 린다대학교 보건대학원의 연구결과에 따르면 30분 동안 코미디비디오를 본 뒤 우울증 아이들의 불안감이 줄어들었다고 한다. 재미있는 영화를 함께 보는 것도 좋은 방법이다.

나이별 육아법

3~6세 말하는 기술이 부족하기 때문에 감정을 설명하는 데 어려움이 있다. 놀이에 흥미를 잃으며 설명할 수 없는 복통, 두통 및 피로에 자주 시달린다. 과도한 행동이나 안절부절못하는 등 과민한 모습을 보이며 좌절을 용인하지 못하고 자주 슬픔을 느낀다. 유아기 아동들의 전형적인 행동(격리에 대한 불안, 칭얼거림, 발끈함, 악몽)이 더욱 심해지고 간격이 불규칙하며 몇 주간 지속된다.

7~9세 미취학 아동들의 증상과 함께 수면습관의 변화, 급격한 몸무게 감소나 증가, 눈물, 지나친 걱정, 낮은 자존감, 이유 없는 적대감 또는 공격성, 성적 하락을 보이며, 또래 아이들로부터 거절을 당하고 그들과 노는 것에 관심을 잃는다. 그리고 자기 자신이 가치가 없다고 생각해서 "아무도 나를 좋아하지 않아" "나는 나빠" "아무것도 제대로 할 수 없어"라는 말을 한다.

10~13세 7~9세 아동이 보이는 증상과 더불어 긴 잠, 절망감, 약물, 알코올, 흡

연, 피로, 흥미 상실, 자해, 관계 약화, 식사 문제, 사회적 고립, 나서기를 꺼려함, 거절이나 실패에 대한 과민반응, 흥분, 끔찍한 생각이나 자살충동을 보인다.

남아와 여아의 차이

우울증은 두 성별 모두에게 동등하게 일어나지만 연령에 따라 다른 영향을 준다. 어린 남자아이들은 여자아이들에 비해 싸움을 하고 불복종하는 등 처벌받을 행동을 통해 자신의 우울증을 드러낸다. 여자아이들은 뒤로 물러나 있거나 조용해지고 고립되는 경향이 있다. 만 10~12세가 되면서 이는 뒤바뀌어 여자아이들이 남자아이들보다 우울증에 걸릴 확률이 2배나 높아지고 더욱 심한 우울증을 오랫동안 경험한다.

우리집 맞춤 처방전

결국 2주 동안 입원시켰어요!

제 딸은 아주 오랫동안 우울해했지만 저는 그것이 곧 벗어날 수 있는 성장 과정이라고 생각했습니다. 아이가 기운이 없을 이유가 없다고 생각했지요. 하지만 한 친구가 저에게 우리 영주의 기분을 매일 달력에 적어보라고 말해주었습니다. 딸아이는 대부분 시간을 슬퍼하고 있을 뿐 아니라 그 기분상태는 며칠 동안 계속되었습니다. 전 의사에게 전화를 걸었습니다. 의사는 영주한테 심각한 우울증 증상이 있다면서 병원에 입원시키기를 권했습니다. 살면서 내린 결정 중 가장 힘든 결정이었지만 결국 영주를 2주 동안 입원시켰습니다. 그 결정은 정말 잘한 일이었습니다. 그 2주가 아이의 생명을 구했다고 생각합니다. 의료진은 영주가 심각한 우울증을 1년 넘게 겪고 있었으며 자살 위험이 있었다고 합니다. 항우울증제 복용은 영주가 다시 행복할 수 있도록 도와주었습니다. 영주는 이제 '이야기 치료법'을 이용하는 치료사를 만나 치료받고 있습니다. 힘든 투쟁이었고 아직 다 벗어나지는 못했지만 우리는 하루에 하나씩 밟아가기로 했습니다. 딸의 행동이 나아지는 것을 빠른 시일 내에 보고 싶습니다.

도와주세요

과체중 아이의 적신호

잘못된 식습관을 가지고 있다.

주로 앉아 있는 생활방식.

신체적 결함이 있어 또래들에게 뒤처진다.

체중문제로 놀림을 당하거나 거부당한다.

몸이 드러나지 않도록 커다란 옷을 입는다.

식사시간이 전쟁 같다.

부모가 해야 할 일은?

아이가 건강한 식습관을 배우고 신체활동을 통한 건강한 생활양식을 통해 체중조절을 할 수 있도록 도와주자.

? 우리 아들은 또래에 비해 체구가 거대한 편인데도 남편은 아이가 더 크기를 원합니다. 아이에게 축구를 시켜 학자금을 받을 생각이거든요. 하지만 저는 아이가 건강에 문제가 있지 않을까 우려됩니다. 제 아들이 과체중이거나 비만인지 아니면 단지 큰 편인지를 어떻게 알 수 있을까요?

! 아들이 정상적인 몸무게인지 알 수 있는 가장 좋은 방법은 의사와 상담하여 아이의 성별, 나이, 키를 성장차트와 비교해보는 것입니다. 자녀가 비만일 경우에는 다음과 같은 2가지 징후를 보입니다.

1. 3세 이후로 키보다 몸무게가 더 빨리 증가한다. 아이가 건강한 범위에 있는지를 확인하기 위해서는 BMI(신체질량지수, 즉 키와 몸무게의 비율)를 계산해보는 것이다.

2. 표준성장차트를 기준으로 키보다 몸무게가 85% 이상이면 과체중이고 95% 이상이면 비만에 속한다. 체중이 또래의 성별, 나이, 키에 비해 20%가 높아도 과체중으로 분류한다.

남자아이는 전체 몸무게의 25% 이상이 지방일 경우, 여자아이는 32% 이상이 지방일 경우에 비만으로 간주합니다. 만약 자녀가 그 범주에 든다면 지체하지 마세요. 자녀가 조심스러운 식습관을 배우도록 음식을 현명하게 선택하고 운동을 할 수 있도록 도와줘야 합니다.

왜 변해야 할까?

《유에스뉴스앤월드리포트》는 "아마도 오늘날의 젊은이들은 그들의 부모보다 짧은 수명을 갖게 되는 첫 번째 세대일 것이다"라고 보도했다. 의료 학술지들은 거의 만장일치로 이렇게 말한다. "우리가 양육하고 있는 젊은 세대는 가장 똑똑하기는 하지만 가장 허약하고 활동적이지 않다." 현재 아이들은 6명 중 1명꼴로 비만이며 이 수치는 1970년 이후 3배나 증가한 것이다. 최근 어린이 비만 비율이 약간 감소했다는 소식이 들리기는 하지만 여전히 어린이나 10대들의 비만 혹은 과체중 비율은 32%다. 비만의 장기적인 결과는 아주 심각하다. 최근 신시내티 어린이병원은 비만이 아동과 10대들의 두통 원인이 된다는 결과를 발표했다. 뿐만 아니라 비만아들은 과도한 긴장, 고혈압, 뇌졸중, 심장질환, 고혈압, 당뇨, 천식, 불면증에 걸릴 확률이 높으며 또래들로부터 거부당하고 자존감이 낮으며 우울증에 걸릴 가능성도 높다고 한다.

이것은 알약이나 백신으로 고칠 수 있는 질병이 아니라 가족 전체가 새로운 라이프스타일로 바꾸지 않으면 안 되는 일이다. 변화는 아이에게 많은 혜택을 줄 것이다. 더욱 건강히 자랄 수 있으며 정서적으로도 건강하여 학교생활도 행복하게 더 잘할 수 있다. 샌디에이고주립대학에서는 표준체중을 유지하는 아이들이 학업성취도의 여러 항목에서 더 높은 점수를 받는다고 밝혔다.

이를 통해 성인 비만 또한 예방할 수 있다. 모든 비만 유아가 비만 아동이 되는 것은 아니지만 초기의 비만은 평생에 걸쳐 지속되는 걸로 나타난다. 대부분 비만 아동이 비만 성인이 된다는 걸 주의하자. 비만이 유전적인 요인으로 나타나기도 하지만 최근의 연구결과를 보면 부모가 비만일 경우에는 그 자녀들의 몸무게뿐 아니라 건강에도 영향을 주는 것으로 나타난다. 가장 먼저 알아봐야 할 일은 자녀에게 체중문제가 있는지를 확인하는 것이다. 11만 97개 가구의 사례를 연구한 결과 만 5~6세 과체중 아동의 부모 89%와 만 10~12세 과체중 아동의 부모 63%가 자신들의 자녀가 과체중이라는 사실을 모르고 있었다.

모든 아이들의 신체유형은 다르지만 체중, 신체활동 및 식습관을 잘 살피고 필요한 경우에는 의료적인 조언을 구해야 한다.

- "너무 뚱뚱해" 또는 "너무 못생겼어"라고 자신을 묘사한다. 외모에 집착하고 끊임없이 다른 사람들과 비교한다. 신체에 대해 심각한 수치심을 가지고 있으며 체중에 대해 늘 걱정한다.
- 몸무게에 대해 비현실적으로 평가한다. 명백하게 과체중인데도 "딱 좋다"라고 말한다.
- 음식과 관련해서 계속 '전쟁'이 일어난다. 너무 많이 먹지 않도록 항상 주의를 줘야 한다.
- 체중이 급속하게 증가한다(스테로이드를 사용하는 경우는 제외).
- 정기적으로 먹는 것을 거부한다. 식사를 거부한다. 체중감량을 위해 아침과 점심 식사를 거부한다.
- 칼로리가 높은 건강에 해로운 음식이나 과자를 끊임없이 먹는다.
- 여가시간 대부분을 텔레비전을 보거나 비디오게임을 하거나 컴퓨터를 하면서 보낸다.
- 몸무게 때문에 또래에게서 '뚱보' '뚱뚱보' '돼지비계'라고 놀림을 당한다.
- 성격이나 행동이 갑작스럽게 비정상적으로 변한다. 예를 들면 시무룩해 있고 짜증을 부리고 우울해하고 학교활동이나 소풍을 피한다. 자존감이 낮아진다.
- 힘이 없고 몸무게 때문에 친구들처럼 체육활동을 하는 것을 힘들어한다.

1단계: 초기 개입

- ● **원인을 찾자.** 비만에는 결코 한 가지 요인만이 있는 게 아니다. 제일 먼저 해야 할 일은 문제를 일으키는 원인을 좀더 깊이 분석하는 것이다. 그리고 무엇을 바꿀 수 있는지 평가해야 한다. 식습관과 관련해서 유전자를 비난하지 말라. 식습관은 학습된 것이기 때문에 변화가 가능하다.

- □ **다이어트.** 주로 열량이 높고 지방이 많이 함유된 음식을 먹는다. 디저트와 단것을 매일 섭취한다. 많이 먹는다. 외식을 자주하고 패스트푸드를 종종 먹는다. 학교급식에 기름진 음식이 많이 나온다.

- □ **음식을 많이 먹도록 조장한다.** "접시를 비우세요"가 가족의 슬로건이다. 모든 것을 다 먹었을 경우 칭찬을 해주거나 보상을 주기 때문에 배가 부른데도 계속 먹는다.

- □ **의료 조건.** 특정 약물이나 의료 조건이 화학적 불균형을 일으킨다. 비활성화갑상선 또는 체중이 증가한다.

- □ **주로 앉아 있는 생활방식.** 주로 텔레비전 시청, 비디오게임, 컴퓨터로 여가를 보내기 때문에 열량을 소비하지 못한다.

- □ **유전자.** 부모 중 한 명이 비만일 경우 자녀가 비만일 확률은 2배나 높다.

- □ **제한적인 신체활동.** 학교의 쉬는 시간이 없어지

육아 119

매년 아이의 신체질량지수를 계산하자

신체질량지수는 비만을 측정하는 가장 정확한 방법 중 하나이다. 이는 체중과 키의 비율을 계산하는 것이다. 미국소아과학회는 적어도 일 년에 한 번 이상 자녀의 신체질량지수를 계산해보도록 권장한다. 자녀의 체중(kg)을 키(m)로 나눈 뒤 다시 한번 키(m)로 나눈다. 예를 들어 체중이 80kg이고, 키가 1.6m이면 신체질량지수가 31.25이다. 만약 계산하기 힘들다면 적어도 일 년에 한 번 의사를 만나자.

거나 줄어들었다. 과도한 시간일정으로 제한된 신체활동을 한다. 지역사회 또
는 집 주변에 신체운동을 할 수 있는 환경이 없다.

□ 감성적 요소. 문제 또는 스트레스에 대처하기 위해 과식을 한다. 자존감이
낮고 뭐든 쉽게 지루해하는 성격이다.

□ 식품 광고. 건강에 해롭고 칼로리가 높은 음식을 선택하게 만드는 광고가 나
온다.

□ 건강하지 못한 부모의 예. 칼로리가 높은 음식을 먹고 운동을 거의 하지 않
는다. 건강한 식사를 우선순위에 두지 않는다.

□ 수면부족. 수면이 부족한 아동은 과체중이 될 위험이 높다. 수면은 과체중
이나 비만에 걸릴 확률을 9%나 감소시킨다. 연령에 따른 수면 권장시간을
알아보자.

자녀의 과체중을 일으키는 원인이 어디에 있는가? 자녀와 가족들의 건강한 식
습관을 위해 할 수 있는 간단한 해결책은 무엇일까?

● 거울을 보자. 자녀와 함께 있을 때 부모 스스로를 평가하는 시간을 갖자. 부
모의 식습관과 생활방식이 아이의 체중문제에 영향을 주고 있는지 보도록 하
자. 예를 들면 이렇다.

□ 다이어트, 체중 증가, 옷 사이즈에 대해 얘기를 하는가?

□ 아이가 접시에 담긴 모든 음식을 다 먹으면 칭찬해주고 있는가? 많은 양이나
두 그릇 혹은 디저트를 주고 있는가?

□ 자녀의 체중이나 식습관을 비판하고 있는가?

□ 자녀의 자존심을 다치지 않게 하기 위해, 또는 갈등을 일으키는 것이 두려워

자녀의 체중문제를 회피하고 있는가? 아니면, 자녀가 과체중이라는 사실을 부인하고 있는가?

☐ 문제에 대처하는 방법으로 먹는 것을 선택하고 있는가?

☐ 부모가 과체중인가? 과거에 다이어트를 실패한 적이 있는가? 자녀에게 "다이어트는 효과가 없어" 또는 "체중은 감량할 수 없어"라는 태도를 보여주고 있는가?

☐ 텔레비전을 자주 시청하거나 운동을 거의 하지 않는 등 앉아서 생활하고 있는가?

조심하자. 우리는 자녀에게 직접적인 영향을 주고 있다. 아이가 더욱 건강하고 행복하게 살 수 있도록 우리의 습관을 바꿔나가야 한다.

● **임상적 평가를 의뢰한다.** 의사와 상담하자. 급속한 체중증가에 신체적 또는 정서적인 이유가 있는지 확인하자. 자녀의 신체질량지수를 평가받은 후 자녀의 체중감량을 돕기 위한 접근방식을 문의하도록 하자. 새로운 연구결과에 의하면 아이가 비만이 되면 몸무게와 함께 혈압이 상승하여, 그 아이가 성인이 되었을 때 장기적인 장기손상 및 건강문제가 유발된다고 한다. 자녀의 혈압을 점검하고 얼마나 자주 진찰을 받아야 하는지 물어보자.

2단계: 신속한 대처

● **체중에 대해 잔소리하지 말자.** 운동과 건강한 식습관은 체중변화에 중요하지만 부모의 반응에 따라 크게 달라질 수 있다. 건강한 식습관과 함께 '적당히 먹는' 것을 함께 가르치자. 아이의 식습관에 대해 잔소리를 하거나 꾸중 또는

폭식의 징후

폭식은 아이가 음식량을 통제하지 못한 채 많이 먹으면서 구토하거나 설사약을 이용해서 제거하지 않는 것을 말한다. 이는 현재 가장 흔한 섭식 장애이며 아동 비만이 폭식으로 나타나기 때문에 이 증상을 주의해야 한다. 통제가 안 되는 폭식을 하며, 음식이 모두 어디로 갔는지에 대한 변명을 하고, 많은 음식을 빨리 먹으며, 먹은 양에 대해 부끄러워하거나 혐오스러워하고, 식사를 건너뛰거나 밤늦게 야식을 먹거나 음식을 숨긴다. 이 장애를 지닌 아이들은 비만이 되기 쉬우며 다이어트를 자주하는 여자아이들은 폭식을 하게 된다. 만약 자녀에게 폭식의 징후가 보인다면 주저하지 말고 도움을 요청하도록 하자.

비판을 하는 것은 아무런 도움이 되지 않는다. 오히려 역효과를 낸다. 부모가 다이어트를 강요하는 아이들은 5년 후에도 여전히 과체중으로 남아 있을 가능성이 3배나 높다고 한다. 그러므로 아이에게 "넌 할 만큼 했어!"라고 말해주도록 하자.

● **패스트푸드 섭취를 제한하자.** 설문조사에 참여한 가족들의 절반 이상이 패스트푸드를 자주 먹고 있었다. 식당에서 식사하는 것은 집에서 식사할 때보다 최소 200칼로리를 더 많이 섭취하게 된다. 아이들이 먹고 있는 야채, 과일, 우유의 양이 줄고 있다. 외식할 경우 아이들이 건강한 메뉴를 선택할 수 있도록 해주자.

● **항상 옆에 있어주고 자부심을 높여주자.** 자녀의 체중조절과 건강한 식습관을 만들어주는 일 외에도 아이를 수용해주고 사랑해주는 역할을 하자. 자녀가 체중 때문에 낙심하고 있는지, 또래 아이들에게 놀림을 당하거나 거부당하고 있는지 알아보자. 체중과 삶에 대해 아이가 어떻게 생각하고 있는지 들어주자. 건강한 삶의 양식을 배우도록 부모가 지지해준다는 걸 알게 해주자. 힘든 일을 해결하기 위해서나 혹은 관심을 받기 위해 과식할 가능성이 있다는 사실을 간과해서는 안 된다.

● **체중계를 숨기자.** 2,000명이 넘는 10대들을 연구한 결과 몸무게를 자주 재는 10대일수록 식사를 자주 건너뛰며 다이어트약, 설사약을 복용하고 구토를 하고 있었다. 체중계 위에 자주 올라서는 아이일수록 오히려 체중이 줄지 않고 늘어나고 있었다. 체중계를 멀리하도록 하자.

● **텔레비전 식품광고를 주의하자.** 아이들은 평균 연 4만 건의 텔레비전 광고에 노출되고 있으며 이 가운데 패스트푸드, 설탕이 입혀진 시리얼과 사탕 광고가 80%다. 아이들을 대상으로 한 건강에 해로운 음식, 음료수, 패스트푸드 등의 광고가 늘어나면서 아동 비만비율이 엄청나게 상승하고 있다. 텔레비전 광고가 우리 아이들의 식습관에 영향을 주도록 놔두지 말자. 그런 광고가 나오면 소리를 없애거나 적어도 그 음식광고가 끝날 때까지 가족 모두 소파에서 일어나 '점핑잭'(차렷 자세에서 뛰면서 발을 벌리고 머리 위에서 양손을 마주쳤다가 다시 원상태로 돌아오는 동작—옮긴이)을 하자. 그런 광고들의 실제 목적은 상품의 판매이며 아이들의 영양섭취에는 신경쓰고 있지 않다는 걸 알려주자.

● **자녀가 활동할 수 있도록 해주자.** 미네소타의과대학에서는 활발한 신체활동에 참여한 비만 아이들이 체중감량에 성공했다고 밝혔다. 그러므로 아이가 즐길 수 있는 활동을 찾아주고 습관이 될 때까지 계속 격려해주자. 운동이 가족활동이 된다면 가족 모두가 함께 건강하고 행복해질 것이다. 이를 위한 몇 가지 아이디어가 있다.

1. 즐거운 취미활동을 하자. 스케이트보드, 역도, 복싱댄스, 줄넘기, 승마 등 아이가 하고 싶어 하는 것을 하도록 해주자.

2. 놀이터를 활용하자. 철봉이나 정글짐, 시소 등 신체놀이를 하게 하자.

3. 지역사회에서 건강한 분출구를 찾자. 축구, 야구, 농구, 또는 하키와 같은 팀스포츠에 들게 하자. 지역사회센터에 있는 체조 또는 수영 교실에 가입시키거나 YMCA의 댄스교실에 보낼 수도 있다.

4. 집 안에 작은 체육관으로 만들자. 중고 세일에서 런닝머신, 웨이트트레이

'신호등' 다이어트

아이들의 식습관을 개선시키는 데 도움이 되는 방법으로는 '신호등' 다이어트가 있다. 이는 음식의 영양적 가치와 지방 함량에 따라 신호등의 색깔을 메긴다. 초록색은 '안전하다'는 의미의 음식으로 브로콜리, 당근 또는 샐러리와 같은 것들로 얼마든지 먹어도 안전한 음식이다. 노란색은 '주의' 음식으로 참치, 저지방 요구르트처럼 적당히 먹어야 하는 음식이고, 빨간색은 '그만' 음식으로 감자튀김, 탄산음료, 도넛과 같이 피해야 하는 음식이다. 연구결과, 이 치료를 시작한 만 5~10세 아이들의 식습관에 지속적인 효과가 나타난다고 한다.

닝 또는 자전거타기 등을 구해 설치해주자. 근력강화 훈련이나 운동에 참여하는 여자아이들의 체중감량이 잘 이루어지므로, 아령도 준비해주자.

5. **모녀운동클럽을 시작하자.** 다른 엄마와 딸을 초대해서(아이의 친구를 우대) 필라테스와 요가를 함께 시작하자.

6. **만보기를 구입하자.** 미국 소아과학회에서는 남자아이들은 적어도 1만 1,000보 여자아이들은 적어도 1만 3,000보를 걸으라고 권장한다. 가족 모두가 만보기를 착용하여 걷는 즐거움을 찾아나가자.

7. **게임기를 구입하자.** 아이들이 춤추고 발로 차고 몸을 이리저리 움직이는 활동적인 비디오게임은 비만 아동의 열량 소비를 3배나 높여준다. 엑서게이밍 류의 댄스 비디오게임은 비만인 아동의 에너지 소비를 6배나 높여주었다. 좋은 비디오게임을 선택하는 것은 아이들의 체형유지에 도움이 된다.

- **영양습관과 관련된 책을 읽자.** 영양에 관련된 운동습관과 새로운 식습관을 가르치기 위해 아동문학을 활용하자. 아이들이 재미있게 참여하며 배울 수 있도록 해주는 책들이 있다.

3단계: 변화를 위한 습관

- **현실적인 목표를 정하자.** 자녀의 체중감량을 위한 한 가지 목표를 세우자. 목표는 최대 2가지로 제한하자. 한 달에 1킬로그램으로 시작해서 아이가 실망

하지 않도록 해주자. 현실적인 목표는 아이들이 체중을 감량하도록 만들 뿐 아니라 체중이 늘어나지 않게 해주거나 늘어나는 속도를 늦춰주고 올바른 식습관을 가르치며 건강을 위해 더욱 활동적인 사람이 되도록 해준다. 연구결과, 가장 효과적인 체중관리 프로그램은 식단개선, 운동계획 및 의사와 가족에 의한 정기적인 점검으로 이루어진다. 그러므로 '건강'과 '운동'을 강조하며 아이의 노력을 칭찬해주자.

● **가족의 식습관을 바꾸자.** 사실 다이어트는 시간이 지날수록 체중이 늘게 한다는 연구결과가 있다. 자녀의 체중변화를 위한 더 나은 접근방법은 '건강한 체중관리를 위해 가정환경을 더욱 건강하게 만드는 데' 있다. 과체중 아이들에게 도움이 되는 건강한 식습관 전략을 보도록 하자.

1. **적은 양을 주자.** 작은 접시에 적은 양의 음식을 담아주자.

2. **두 번 먹는 걸 제한하자.** 음식을 한 번만 주도록 하자.

3. **건강하고 간편한 간식을 만들자.** 건강한 간식을 준비해주고 정크푸드를 먹지 말자.

4. **금지하지 말자.** 좋아하는 음식을 먹지 못하게 하면 실패할 것이다.

5. **열량을 계산하자.** 열량이 높은 식품, 지방 함량이 높은 음식, 단 음식을 제한하며 튀긴 음식 대신 끓이거나 구운 음식, 얇게 저민 고기나 단백질 함량이 높은 생선, 계란, 콩, 견과류를 주자.

6. **음료수를 금지하자.** 탄산음료나 과일맛이 나는 설탕음료를 저지방 우유나

> ## 육 아 뉴 스
>
> ### 텔레비전 시청 시간의 제한-까버리자!
>
> 체중감량에 가장 영향력 있는 요인은 텔레비전의 시청 시간을 줄이는 것이었다. 텔레비전을 끄거나 아이들의 시청 시간을 제한하고 그 대신 아이들이 활동할 수 있도록 해주자. 적어도 선전이 나오는 동안이라도 아이가 뛸 수 있게 해주자. 소파에서 일어나 움직이며 체중을 줄이도록 해주자.

물로 바꾸자.

7. 식사를 재촉하지 말자. 빨리 먹을 때 더 많이 먹게 된다. 천천히 씹어 먹으라고 하자.

8. 알맞은 양을 주자. 아이들이 배부르다고 하면 "접시를 깨끗이"라고 말하지 말고 그만 먹게 하자.

9. 과체중 아이를 특별대우하지 말자. 일반아이들과 같은 음식, 같은 양을 준다.

10. 서 있게 하지 말고 앉혀둔다. 부엌에 서서 간식을 먹는 것은 아이들의 음식 섭취량을 높인다. 식탁에서 함께 식사할 것을 강조하자.

11. 식사 중 텔레비전 시청을 금지하자. 비활동량을 증가시킬 뿐만 아니라 과식하게 된다.

12. 아침식사를 하자. 2,000명 이상의 10대를 연구한 결과, 매일 아침식사를 하는 아이들은 건강한 식단으로 식사를 하고 오후에 과식하는 일이 아주 적다고 한다.

13. 포기하지 말자! 아이들이 새로운 음식을 좋아하게 되기까지는 10~15분이다. 그러므로 음식을 강요하지 말고(싸우지도 말라) 건강하고 낮은 열량의 대안식품을 제공하자.

● 변화과정에 아이들을 참여시키자. 새로운 습관을 배우는 데 가장 중요한 것은 변화과정 중에 아이에게 힘을 실어주어 아이 스스로 관심을 갖고 변화를 원하도록 만드는 것이다. 아이가 그릇에서 정크푸드를 덜어내도록 도와주자. 장보기, 식단 짜기, 요리법 선택하기, 채소밭 가꾸기에 참여시키자. 간단하면서도 좋은 맛을 내는 건강한 간식을 만드는 방법을 가르치자. 자녀에게 채소를 다지거나 냉장고에 보관해달라는 부탁을 하자. 어떤 운동 프로그램을 시작하

고 싶은지 물어보자. 스스로 식습관을 점검하며 얼마나 많은 열량을 섭취했는지 기록하게 해주자.

- ●인내하자. 하루아침에 이 과정이 이루어지리라는 기대는 버리자. 인내하며 계획을 고수해나가자. 변화를 위한 중요한 열쇠는 아이가 건강한 식습관과 운동을 배울 수 있도록 부모가 지속적으로 돕는 일이라고 한다. 그러므로 내 아이의 지금 혹은 나중의 삶을 여러분이 변화시키고 있다는 걸 인식하며 계획을 바꾸지 말자.

나이별 육아법

3~6세 만 3~6세는 평균적인 키와 나이에 비해 몸무게가 3.6kg 이상이어서는 안 된다. 지난 20년간 만 2~5세 가운데 과체중인 아동의 수가 2배가 넘게 늘었다. 약 12%의 아동이 비만에 속한다. 유아기 연령에서 비만이 되면 초기 청소년기에 비만아로 남을 가능성이 훨씬 높다고 한다.

7~9세 만 5~6세 과체중 아이의 부모 90%는 자녀에게 체중문제가 있다는 사실을 알지 못한다. 만 6~11세 비만 아이들이 지난 20년간 거의 3배나 증가했고 아이들이 성인 비만으로 자랄 위험은 10배 이상 증가했다. 만 6세 이후에는 몸무게가 평균보다 6.8kg 이상이 더 나가면 안 된다. 간식을 못 먹게 하기보다는 당근, 샐러리, 물, 과일 같은 건강한 간식을 먹도록 해주자.

10~13세 만 9~12세에 과체중이 될 확률이 높다. 패스트푸드와 또래의 압력이

식습관에 가장 큰 영향을 미친다. 부모의 식사 조언보다는 친구들의 식습관을 받아들인다. 많은 양의 숙제와 일정으로 인해 신체활동이 줄어든다.

우리집 맞춤 처방전

학교까지 아이와 함께 걸었어요!

하루는 부모들끼리 모여 우리 아이들이 얼마나 비활동적인지 얘기하다가 아이들이 학교에 차를 타고 가거나 버스를 타고 등교한다는 사실을 인지하게 되었습니다. 그래서 일주일에 하루를 정해서 학교까지 아이들과 함께 걸어가기로 했습니다. 그 후로 아들은 체중이 줄었을 뿐만 아니라 등굣길에 친구들을 만나는 것도 즐거워하죠. 물론 차의 연료비도 절약되었고요.

도와주세요

섭식장애를 보이는 아이의 적신호

체중과 외모에 대한 강박관념에 사로잡혀 있다.

체중 증가에 대한 두려움이 있다(너무 많이 먹거나 너무 적게 먹는다, 혼자 먹고 싶어 한다, 과한 운동, 다이어트 약·설사약·이뇨제 복용).

부모가 해야 할 일은?

아이에게 현재 아이가 정상체중임을 인식시켜주고 건강한 식습관을 갖도록 도와주며 자신의 모습 그대로를 받아들이게 하고 행복은 옷 사이즈에 있지 않다는 걸 알게 해준다.

열 살짜리 제 딸은 너무 약합니다. 아주 민감하며 새가 모이를 먹듯 밥을

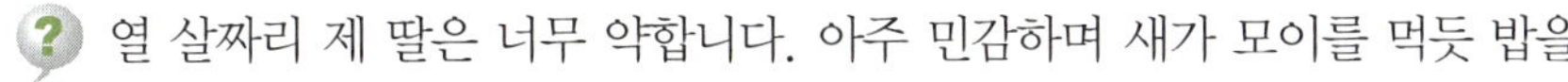

먹고 있습니다. 아이가 섭식장애가 있는 것 같지만 다른 사람들은 아이가 아직 어리고 호르몬 작용일 뿐이라고 말합니다. 아이가 섭식장애를 겪고 있다는 걸 어떻게 알 수 있나요?

요즘은 만 6세인 아이도 섭식장애에 걸립니다. 그러므로 아이의 연령에 상관없이 식습관을 관찰해야 합니다. 섭식장애에 걸린 아이와 외모 및 체중 문제로 항상 우울해하는 정상적인 아이(약 만 9~12세)를 구분해내기는 어렵습니다. 그러므로 아이의 성장과정에서 비정상적인 것이 있는지 보도록 하세요. 예를 들어 끝없이 칼로리를 계산하거나 쉴 새 없이 운동을 하고 터무니없이 "너무 뚱뚱해"라고 주장을 하는지 말입니다. 다이어트약이나 설사약 또는 음식 포장지 같은 것들을 숨기거나 구토하는 소리를 숨기기 위해 샤워기를 틀어놓고 있는지를 보세요. 아이가 우울해 보이거나 예민하며 먹는 것에 죄책감을 느끼고 혼자 먹고 싶어 하며 화장실에서 보내는 시간이 많은지를 지켜보세요. 섭식장애가 의심되면 즉시 의료적인 자문을 구해야 합니다. 섭식장애는 잠재적으로 생명을 위협하는 병이므로 일찍 진단을 받을수록 좋습니다.

왜 변해야 할까?

"섭식장애라고요! 말도 안 돼요!" "내 딸은 그럴 리가 없어요!" 거식증, 신경성폭식증, 폭식장애와 같은 기사를 읽을 때 우리의 첫 반응이다. 그러나 현실은, 적어도 청소년 여자아이의 10%가 섭식장애로 고통받고 있다. 남자아이의 경우 약 3%의 아이들이 섭식장애를 겪고 있다. 이 질병에는 경계선이 없다. 남녀노소, 도시와 시골을 막론하고 누구에게나 올 수 있다. 그리고 그 비율은 점점 증가하고 있다.

자신을 과체중이라고 생각하는 고등학교 여학생들은 10년 전만 해도 34%였지만 오늘날에는 그 수치가 90%에 이른다. 불과 5년 사이에 암페타민, 크리스탈메탐페타민, 리탈린, 타마를 포함하는 다이어트약을 사용하는 10대 여자아이들의 수가 2배나 증가했다. 약 63%의 아이들이 다이어트약, 설사, 구토, 식사 거르기 등 건강을 해치는 체중조절 행동으로 체중을 조절한다. 그러나 가장 걱정스러운 것은 만 5세밖에 안 된 아이들도 섭식장애 진단을 받는다는 점이다.

섭식장애는 매우 심각한 결과를 가져오는 것으로 생명에 위협이 될 수 있다. 뿐만 아니라 뇌졸중, 심장질환, 고혈압, 당뇨병, 천식 및 수면시 무호흡과 우울증이 나타날 수도 있다. 거식증은 아동의 조기사망 위험비율을 12배나 증가시킨다. 1,000명이 넘는 여자아이들이 합병증으로 사망하고 있다. 자녀가 섭식장애라는 의심이 조금이라도 들면 기다리지 말자. 조기치료는 자녀가 회복하는 데 크게 도움이 되며 적어도 상당히 호전시킨다. 지금 시작하도록 하자!

어떤 행동을 보일까?

섭식장애는 초기단계에 발견하기 어려울 수도 있지만 몇 가지 눈에 띄는 증상들이 있다.

- **전쟁 같은 식사시간.** 식사를 피하기 위한 갖가지 변명을 늘어놓으며 식사를 건너뛰고 혼자 먹는 것을 좋아한다.
- **이상한 식습관.** 음식을 내뱉거나 과도한 시간 동안 같은 음식을 계속 씹는다. 음식을 작게 조각조각 낸다. 음식을 숨기고 먹었다고 말한다.
- **강박적인 칼로리 계산.** 끊임없이 몸무게를 잰다. 살찔지도 모른다는 강한 공포심이 있다. 단 것, 과자, 간식은 모두 제한한다, 체중을 줄이기 위해 운동을 심하게 한다, 외모와 신체 사이즈에 강박적으로 사로잡혀 있다

- **비현실적인 몸무게 평가.** 누가 봐도 확실한 표준 이하의 체중인데도 자신이 "너무 뚱뚱하다"고 말한다.

- **생리가 불규칙하거나 멈추었다.**

- **기질의 변화.** 울화증, 수면장애, 우울, 사회적 고립.

- **신체적 변화.** 피부건조증, 부은 얼굴, 피부 황달, 가느다란 체모, 손톱이 쉽게 부서지는 증세, 머리카락이 가느다랗고 건조하며 잘 부서지는 증세, 발의 부종, 관절 통증, 손이 차가운 증세.

- **음식을 모아두거나 숨긴다.** 몰래 먹는다. 식사 때는 많이 먹지 않거나 배고프지 않다고 말하지만 과자나 불량식품을 먹는다.

- **욕실에서의 이상한 행동.** 식사 후 화장실로 숨어버리고 변기 물을 자주 내리며 샤워기를 틀거나 물을 뿌린다. 구토 소리와 냄새를 감추기 위해 구강세척제나 살균스프레이를 많이 사용한다.

- **몸무게의 변화.** 늘거나 준 몸무게를 숨기기 위해 헐거운 옷을 입는다.

- **극단적인 다이어트 방법.** 설사약, 관장제, 이뇨제, 또는 다이어트약.

- **관절에 문제가 있거나 잇몸 또는 치아 문제.** 손가락을 목 깊숙이 넣어 구토해서 엉망이 된 손가락 마디, 치아 변색, 잇몸병, 구토로 인해 부은 뺨, 관절의 통증.

- **충동적인 식사.** 같은 상황에서 다른 사람들이 정상적으로 먹는 양보다 훨씬 더 많은 양을 먹는다. 배고프지 않을 때도 식생활을 조절하지 못한다.

1단계: 초기 개입

- **원인을 더 깊이 파헤치자.** 2,163명의 여자 쌍둥이들을 연구한 결과 거식증이 발병할 위험성의 58%, 폭식성섭식장애의 59%가 유전자문제로 나타났다. 유전자가 장애의 원인이 되지만 환경적인 요인, 즉 가족문제, 부모의 반응이나 사회적 영향이 불을 붙이는 방아쇠가 된다. 원인을 찾기 위해 깊이 파헤치고 변화시킬 수 있는 것들이 있는지 살펴보자. 섭식장애를 일으키는 가장 일반적인 원인들은 다음과 같다.

- ☐ **유전자.** 만약 가족 중에 거식증에 걸린 자녀가 있으면 형제자매들이 거식증에 걸릴 확률은 12배나 높아진다. 다식증은 일반인들보다 3배나 높았다. 하지만 유전적인 요인이 분명히 있기는 하지만 그 자녀들이 실제로 섭식장애에 걸린다는 의미는 아니다. 환경적인 요인도 큰 역할을 하고 있기 때문이다

- ☐ **스트레스.** 남자친구와 헤어지거나 단체에서 탈퇴되거나 또래친구들에게서 "너무 뚱뚱하다"며 거부당하거나 부모의 이혼, 아이의 체중에 무신경하게 이러쿵저러쿵 말하는 것들로 인해 스트레스를 받고 있다.

- ☐ **개인 기질.** 완벽주의적인 성향, 충동적이고 문제해결능력이 낮다.

- ☐ **경쟁심.** 체조, 치어리더, 발레, 레슬링, 권투 또는 체중과 외모가 중요한 모델활동. 운동을 지나치게 하거나 정해진 체중을 유지해야 한다.

- ☐ **낮은 자존감.** 비현실적으로 설정된 잘못된 이미지, 체형이나 체중에 기반을 둔 자아상.

- ☐ **또래압력.** 또래에 속하려는 강한 욕구, 마른 체형을 숭배하는 모임의 일원.

- ☐ **사회적 영향.** 미디어의 이미지와 '마른 체형이 더 좋다'는 지속적인 메시지에

노출되고 있다. 뼈가 드러나도록 마른 유명 연예인을 우상으로 여긴다.

□ **건강에 해로운 식사습관.** 가족이 불규칙적으로 건강에 해로운 식사를 한다. 정상적인 양보다 훨씬 많거나 적은 양을 먹는다. 먹는 것에 죄의식을 느끼고 수치심을 가진다. 다이어트와 칼로리에 대한 이야기를 지나치게 많이 한다.

□ **부모의 섭식장애.** 엄마가 몸무게에 관심이 너무 많고 섭식장애가 있으며 체중과 외모에 대한 부정적인 이야기를 많이 한다.

□ **가족 역할.** 부모가 정서적인 지지나 공감을 해주지 않는다. 가족 간의 의사소통이나 표현이 부족하다. 성취지향적인 경향이 강하다.

□ **신체적 또는 성적 학대.** 병원에 입원했던 폭식증 환자의 60%가 신체적 또는 성적인 학대, 강간, 성추행을 경험한 적이 있는 것으로 나타난다.

아이의 섭식장애의 원인이 될 수 있는 의료 및 정서적 문제에 대해 전문적인 평가를 받도록 하자.

● **전문가가 되자.** 미국국립정신건강연구소에 따르면 4명 중 1명의 미국 여자아이들과 여성들이 신경성다식증에 시달리고 있으며 섭식장애를 겪는 숫자가 점점 증가한다고 한다. 거식증은 약 50년 전보다 1,000배가 늘어났다고 한다. 이런 질병의 원인이 무엇인지를 알아야 한다. 가장 좋은 치료법은 예방이다. 원인을 알아야 아이를 도울 수 있다. 섭식장애의 가장 일반적인 3가지 유형은 다음과 같다.

□ **거식증.** 체중 증가나 뚱뚱해지는 것을 두려워하며 심각하게 칼로리를 제한한다.

□ **다식증.** 폭식을 한 후 몸에 해로운 방법으로 섭취한 칼로리를 제거하려 한

다. 설사약 사용, 금식, 과한 운동.

□ 폭식증. 다식증과 비슷하지만 구토를 하거나 설사약을 먹지는 않는다.

● **우리의 태도를 살피자.** 아이들은 부모(특히 엄마)가 체중과 외모에 대해 걱정하는 것을 듣게 된다. 부모가 섭식장애를 일으키는 것은 아니지만 의도하지 않게 아이가 부모의 태도를 그대로 받아들일 수 있다. 우리의 언행을 조심하자. 아이가 보고 있다.

● **자존감을 키워주자.** 섭식장애를 위한 최선의 해결책은 건강한 신체 이미지와 긍정적인 자존감을 갖도록 해주는 것이다. 아이가 신체적, 사회적, 학습적 역량을 높일 수 있도록 도와주자. 성취나 외모가 아닌 '내면'에 대해 칭찬해서 내면의 강점과 개성을 인지할 수 있도록 해주자. 아이의 존재만으로도 부모가 행복하다는 걸 알게 해주자. 섭식장애는 단순히 음식과 관련된 문제가 아니며 아이들의 자존감과 밀접한 관계가 있는 문제다.

● **미학적 스포츠를 주의하자.** 아이가 운동에 참여하는 것은 일반적으로 건강하고 긍정적인 분출구가 되지만 아닌 경우도 있다. 극단적인 운동, 지속적인 체중조절, 음식 제한, 강한 경쟁심은 아이에게 섭식장애를 일으킬 수 있다. 특히 체조, 에어로빅, 아이스스케이트, 댄스, 수영 등 미학적 스포츠는 배구, 축구, 농구, 소프트볼, 하키, 테니스, 무술 등 다른 운동에 비해 몸무게를 의식하게 한다. 코치와 상담하여 건강하게 즐길 수 있는 운동을 찾아주자.

육아 119

체중계를 숨겨라

미네소타대학이 2,000명의 10대들을 대상으로 연구한 결과, 몸무게를 자주 재는 아이일수록 더 자주 굶고 다이어트약과 설사약을 복용하며 체중감량을 위해 구토를 한다고 나타났다. 외모에 민감하게 반응하는 여자아이일수록 늘어나는 체중에 대해 근심하며 강박관념에 휩싸이게 된다. 말라야 한다는 강박증에 싸여 있는 아이를 돕는 첫 번째 단계는 체중계를 치우는 것이다. 미국 10대 아이의 50% 이상이 자신의 체중에 만족하지 못하며 정상 체중인 여자아이들의 1/3 이상이 다이어트를 하고 있다.

- ●아이의 친구들을 만나보자. 1만 5,349명의 청소년들을 대상으로 연구한 결과 섭식장애는 전염성이 강한 것으로 밝혀졌다. 여자아이들은 자신들의 극단적인 다이어트 비법(금식, 구토, 다이어트 약, 설사약)을 서로 공유하며 서로에게 영향을 주고 있었다. 아이의 친구들이 하는 이야기를 주의깊게 들어보자. '다이어트'와 '옷 사이즈'에 관한 이야기가 전부라면 아이에게 새로운 친구를 사귀게 해주자.

- ●가족들이 모여 규칙적으로 식사를 하자. 1,500여 명의 청소년을 대상으로 설문조사를 한 결과, 일주일에 몇 번이라도 긍정적인 분위기 속에서 가족과 함께 식사를 즐기는 여자아이들은 그렇지 않은 아이들에 비해 섭식장애에 걸릴 확률이 1/3이나 낮은 것으로 밝혀졌다.다이어트약, 설사약을 사용하거나 구토 등의 극단적인 방법으로 다이어트를 하는 경향도 훨씬 적었다. 규칙적으로 가족이 함께 모여 즐겁게 식사하는 시간을 갖도록 하자.

2단계: 신속한 대처

- ●심각성을 살피자. 아이의 섭식장애가 생명을 위협하고 있다는 생각이 조금이라도 든다면 지금 당장 이 책을 내려놓고 가까운 병원이나 진료소를 찾아가자. 섭식장애를 전문으로 진료하는 클리닉을 소개해달라고 부탁하자. 의지가 되는 사람에게 함께 가달라고 부탁하거나 위급한 경우 119의 도움을 받는 것도 좋은 방법이다.

- ●아이의 식사습관을 기록하자. 섭식장애의 초기단계는 잘 눈에 띄지 않는다. 아이가 단지 건강식으로 먹고 싶다고 말할 수도 있다(지방을 줄여달라고 하거나 채소만 먹을 수도 있다). 본능에 따라 판단하고 아이의 일일 식습관을 살피도록 하자. 무엇을 먹는지, 양은 얼마나 되는지, 끼니를 거르거나 음식을 숨겨두는

지는 않는지, 혼자 먹는지, 화장실로 몰래 가지는 않는지, 어느 정도의 시간 동안 운동을 하는지 기록하자. 이런 기록은 의사와 상담할 때도 도움이 된다.

● **아이와 이야기하자.** 부모들이 가장 어려워 하는 일이다. 하지만 아이에게 이야기하고 치료를 받도록 해야 한다. 아이에게 무슨 말을 할 것인지 미리 정리해보고 가장 좋은 시간을 택하여 차분하게 이야기하자. 아이의 이야기도 경청해주자. 아이가 부끄러워하거나 창피해할 수 있으며 화를 내거나 심지어 거부할 수도 있다(이 모두가 정상적인 반응이다). 어떤 아이들은 악몽에서 깨어난 듯이 안심할 수도 있다. 아이가 섭식장애라는 확신이 들면 아이에게 병원에 갈 날짜와 시간을 알려주자. 아이가 치료받을 준비가 안 되었다고 말하더라도 그 말을 받아들여서는 안 된다.

섭식장애를 권장하는 웹사이트를 주의하자
스탠퍼드대학 의과대학원의 연구결과, 빠르면 만 10세 아이부터 섭식장애를 권하는 웹사이트를 통해 체중감량 방법들을 배운다고 한다. 이런 방법으로는 '(소리가 안 나도록) 샤워하면서 토해내기' '손톱이 약해 보이지 않도록 매니큐어 칠하기' '금식으로 나쁜 습관과 중독 이겨내기' 등이 있다. 거식증과 폭식증을 지지하는 사이트에는 앙상히 뼈만 남은 모델들의 사진을 올려놓고 아이들이 더 말라가도록 부추기고 있다. 섭식장애를 앓고 있는 환자의 96%가 웹사이트를 통해 몸이 마르게 하는 방법을 배웠다고 말했다. 아이들의 온라인 활동을 점검해야 한다.

3단계: 변화를 위한 습관

● **아이 스스로 습관을 바꿀 수 있도록 도와주자.** 아이가 직접 참여하여 습관을 변화시켜야 한다. 집에 있는 정크푸드를 쓰레기통에 넣으라고 하고 함께 장을 보러 가자. 아이에게 식단을 짜보도록 시키고 채소를 기를 수 있는 정원을 함께 가꿔보자. 아이에게 간단하고 건강한 간식을 만드는 법을 가르치자. 어떤 운동을 하고 싶은지를 물어보자.

● **긍정적인 분출구를 찾아주자.** 아이가 너무 외모에만 치중하고 있다면 아이의

관심을 돌릴 수 있는 것을 찾아보자. 승마, 첼로, 축구, 뜨개질, 스키, 기타연주, 미술 등 아이의 재능을 키워줄 방법을 찾아주고 격려해주자. 시간이 지나면서 아이는 '외모'보다 '개성'을 중요하게 생각할 것이다.

●자기점검 방법을 가르치자. 성공적인 변화를 위해 식습관을 스스로 점검할 수 있도록 가르치자. 아이에게 공책, 달력, 일기장 등을 주고 바꾸고 싶은 습관을 적고 스스로 기록할 수 있게 해주자. 아이는 습관을 기록하며 변화가 필요하다는 사실을 깨닫게 될 것이다.

●도움을 요청하자. 아이에게 새로운 식습관을 가르쳐줄 수 있는 가장 이상적인 시간은 초기단세나. 선문석인 훈련을 받은 전문의를 찾아보자. 의사, 학교 심리상담가, 변호사, 친구나 병원에 문의하자. 한국심리상담협회와 국제거식증 및 관련장애협회(ANAD)도 유용한 자료를 제공한다. 아이에게 알맞은 의

사를 찾을 때까지 노력하자. 풍부한 경험과 섭식장애에 관한 최신 지식을 갖고 있으며 아이와 잘 맞는 의사를 찾아야 한다.

● **인내하자!** 아이가 회복되려면 많은 시간과 노력이 필요하다. 그러므로 인내하며 아이의 편이 되어주자. 지금은 그 어느 때보다 부모의 도움이 필요할 때다. 아이가 문제를 피하려 하고 스트레스를 받고 있다면 꼭 옆에 있어주자. 다른 형제나 자매들도 정서적으로 영향을 받을 수 있다는 사실도 간과해서는 안 된다.

나이별 육아법

3~6세 섭식장애는 어린 아이들도 걸릴 수 있다. 거식증 증상은 빠르면 만 4~5세의 여자아이에게서도 발견된다. 익숙하고 '안전한' 음식만을 먹으려고 하거나 새로운 음식이나 다른 음식은 먹지 않으려 한다. 영양가 있는 새로운 음식을 먹을 수 있도록 권해주고 균형잡힌 식생활을 할 수 있도록 도와주자.

7~9세 '아주 마른' 체형을 강조하는 미디어의 메시지는 이 시기 아이들에게 큰 압력을 행사한다. 만 8~10세의 여자아이들 50%와 남자아이들 1/3은 자신의 체형에 대해 만족하지 않는다고 말한다. 만 6~8세 아이들 42%는 더 말랐으면 좋겠다고 생각하고 9세 어린이 40%는 '다이어트'를 해본 경험이 있으며 그 가운데 9%는 체중감량을 위해 토해본 적이 있다고 대답했다. 만 9~10세 어린이의 51%는 다이어트를 하고 있을 때 만족감을 느낀다고 한다. 아이의 내면에 집중하고 자존감을 높여주는 육아태도를 갖자.

10~13세 또래집단에게 받는 압력이 가장 강하여 '마르고 싶다'는 욕구가 증가한다. 완벽주의 성향 및 성적을 높여야 한다는 압력과 더불어 증폭된다. 만 10세 어린이의 81%가 뚱뚱해질 것을 두려워하며 30~55%의 아이들은 중학생이 되면 다이어트를 시작한다. 마른 모델과 연예인의 모습들을 보며 자존감이 낮아질 수 있으므로 내적 아름다움의 중요성과 아이 자체가 소중하다는 메시지를 부모가 자주 띄워주자.

우 리 집 맞 춤 처 방 전

모녀모임을 만들어 강한 유대감을 갖게 되었어요!

몇 명의 엄마들끼리 모여 급증하고 있는 아이들의 섭식장애를 걱정하다가 '모녀모임'을 만들었습니다. 모임을 통해 딸아이와 강한 유대감을 갖게 되었고 아이들의 청소년기에 형성되는 건강한 자존감을 세워주기 위해 노력했습니다. 우리 모임의 회원 6명은 한 달에 한 번씩 만나 사춘기 딸들이 겪는 모든 문제(생리, 자기 이미지, 거식증 및 미디어의 영향 등)에 대해 이야기합니다. 이제 딸들이 이 모임을 더 기대하게 되었습니다. 뭔가 큰 변화를 만들었다고 말할 수는 없지만 모임을 통해 딸들과 더욱 가까워졌고 힘든 시간을 이겨나가는 데 도움이 되었습니다. 올해가 벌써 4년째입니다. 현재 우리 딸은 자기의 있는 모습 그대로를 사랑하는 자신감 넘치는 젊은 여성으로 변해 있답니다.

자폐 스펙트럼

자폐스펙트럼을 보이는 아이의 적신호

함께 어울리지 못하고 이상한 행동을 한다(충동적으로 몸을 앞뒤로 흔든다, 팔을 비튼다, 반복적인 행동을 보인다, 말이 더디다, 독백을 한다, 한 가지 일에만 몰두한다, 방해받고 싶어 하지 않으며 다른 아이들과 어울리지 않는다, 사회적 부적응, 여느 아이들과는 다른 성격 때문에 소외된다).

부모가 해야 할 일은?

아이의 감정, 행동 및 학습요구를 구체적으로 살피고 아이에게 가장 적절한 환경을 설정해준다. 자신의 능력을 마음껏 펼칠 수 있는 습관을 형성하도록 도와준다.

❓ 제 아이는 다른 아이들과 좀 '다르게' 행동하며 그 행동은 눈에 띄게 두드러집

니다. 아이의 성장은 성장차트와 일치한 적이 한 번도 없었습니다. 항상 기상학에만 몰두해 있고 그런 행동 때문에 다른 아이들이 기피하여 친구가 없습니다. 아이의 선생님은 아마도 아스퍼거장애(자폐스펙트럼 장애의 하나로, 사회적 상호작용을 제대로 하지 못한다─옮긴이)이 아닐까 생각합니다. 진단을 받아봐야 할까요?

아이의 차이를 인정해줘야 하지만 도움을 받아야 할 단계가 있습니다. 아이의 특이한 행동이 단지 다른 아이들과 다른 것인지, 아니면 진단을 받아야 할 정도로 심각한지 알아볼 수 있는 4가지 요인이 있어요.

1. 가족 요인. 가족이 분쟁 중에 있는가? 가족 관계 모두 살얼음판 위를 걷고 있는가?

2. 고군분투 요인. 아이의 기벽이 자신의 행복을 위해 능력에 맞게 살고 싶어 하는 데서 오는 것인가? 부모는 최고의 애정어린 육아에도 불구하고 아이가 힘겨워하고 있는가?

3. 본능적인 요인. 무언가 잘못되었다는 생각이 멈추지 않는가? 아이가 다른 아이들과 현저히 다르며 또래에 비해 성장이 더딘가?

4. 기간 요인. 문제가 지속적이며 시간의 경과에 따라 심해지는가?

위의 질문들 중 한 가지 이상에 '그렇다'라는 대답이 나오면 심각하게 받아들여야 합니다. 일단 아이의 선생님, 학교 심리상담가나 가정의를 찾아가 아이에 대해 문의해보세요.

왜 변해야 할까?

모든 아이들이 다르다는 사실에 감사해야 한다! 하지만 슬픈 현실은 '너무 다르다'라고 인식되면 다른 아이들로부터 소외당하게 된다. 틀을 벗어나는 행동이나 신체적, 정신적 및 외모적 특징이 항상 긍정적인 방향으로 보이는 것은 아니기 때문이다. 결과적으로 아이는 다른 사람들의 거부로 인해 만성적인 불안, 우울증, 낮은 자존감, 갑작스런 외로움을 경험하게 된다. 불행히도 자폐스펙트럼을 겪는 아이들은 '가장 많이 다른' 아이들로 여겨지기 때문에 아이들이 겪는 어려움도 그만큼 크다고 할 수 있다. 질병관리예방센터는 약 150명 중 1명의 아이가 자폐스펙트럼장애 진단을 받는다고 발표했다. 10년 전과 비교하면 10배로 높아진 수치다. 미국에서 가장 빠르게 증가하고 있는 장애가 바로 이것이다. 그렇다고 해서 150명 중 1명이 자폐증 환자라는 것은 아니다. 가벼운 증상(일반적으로 아스퍼거장애 또는 AD라고 한다)에서 심각한 증상(자폐아)까지 그 범위는 아주 넓다. 정신건강 전문의들은 증상의 정도가 어떻든 이런 모든 증상을 보이는 아이들을 자폐스펙트럼장애(ASD)라고 진단한다.

자폐스펙트럼장애에 관한 이론은 수십 가지에 이르지만 현재까지는 합의된 원인이나 치료법은 없다. 하지만 분명한 것은 아스퍼거장애와 자폐증은 '잘못된 양육'에서 오는 심리적 또는 행동상의 문제가 아닌 신경상의 문제라는 점이다. 20년 전 내가 자폐아들을 가르쳤던 당시만 해도 '냉장고 엄마'(Refrigerator-typer Mother, 1950년대에 자폐증이나 정신분열증 진단을 받은 아이들의 어머니를 칭하는 말)가 아이들의 병을 초래한다고 믿었다. 개인적으로 알던 몇 명의 자애로운 엄마들은 이 잘못된 신념 때문에 심각한 죄책감에 시달려야 했다. 아이의 질병 원인을 자신에게서 찾지 말고 어떻게 하면 아이를 도울 수 있는지 알아보자. 가장 먼저 해야 할 일은 수용이다.

세상은 '틀 밖에서' 기발한 생각과 행동을 할 수 있는 사람들을 필요로 한다(아이작 뉴턴, 아인슈타인, 반 고흐, 한스 크리스티안 안데르센, 모차르트, 빌게이츠를 생각해보자).

그렇지만 무엇보다 중요한 것은 아이들이 성공적으로 제 기능을 하면서 인생을 살 수 있도록 도와주는 것이다. 전문의들은 한 목소리로 조기개입이 중요하다고 이야기한다. 자녀에게 자폐스펙트럼의 증상이 보인다는 생각이 들면 '다른' 양육방법으로 아이에게 성공적인 삶을 살 수 있는 최상의 기회를 제공해주자.

어떤 행동을 보일까?

자폐스펙트럼장애가 맞는지 확인하기 위해서는 훈련된 전문가를 통해서만 정확한 진단을 받을 수 있다. 그래야 아이가 스펙트럼의 어느 범위에 속하는지를 알고 정확한 치료방법을 정할 수 있다. 어떠한 증상을 보이는지 살펴보자.

- **극도로 격한 성미.** 짜증을 심하게 부린다. 만성적 좌절감을 보인다. 불안할 정도로 차분하다.
- **사회성 결여.** 우정을 맺는 데 실패한다. 즐거움을 공유하지 못한다. 사회성이 결여되어 있다. 혼자 노는 것을 좋아한다.
- **비언어적 행동.** 눈 맞추기를 피한다. 얼굴 표정 및 자세와 몸짓의 의미를 읽어내지 못한다.
- **정서 지수.** 다른 사람이 보내는 사회적 단서를 파악하지 못한다. 다른 사람의 감정을 인식하지 못한다. 뉘앙스나 다의성을 인지하지 못하고 있는 그대로만을 식별한다.
- **공감능려 부족.** 다른 시람의 관점을 이해하시 못한다.
- **사회적 언어 및 특이한 언어 구사.** 독특한 패턴을 지닌 말을 끊임없이 하지만 요점이 없다. 강박관념에 사로잡혀 이야기하거나 말을 전혀 하지 않는다. 대화를 시작하거나 유지하지 못한다.

- **반복되는 일상이 필요하다.** 변함없는 일상이 지속되어야 하고 변화가 일어나거나 중단되면 혼란스러워한다.

- **반복되는 부적절한 행동.** 계속해서 손을 좌우로 흔들어댄다. 짜증을 폭발시킨다. 부적절한 행동을 한다는 것을 인지하지 못한다.

- **관심.** 강박적인 관심을 드러낸다(예를 들면 만나는 사람에게 천문학에 대한 이야기를 하거나 체스게임만 한다).

- **운동력.** 근력운동 및 신체활동이 서툴다. 이상하게 걷거나 뛴다.

- **감각.** 소리, 빛, 천, 구성, 감촉, 냄새에 민감하다.

해결책

1단계: 초기 개입

- **아이가 다르다는 사실을 받아들이자.** 아이가 사회적으로 소외되는 것을 지켜보면서 극단적인 요구를 채워줘야 하는 것은 부모로서 하기 힘든 일이다. 하지만 아이가 다르다는 걸 인지시켜주기 위해서는 부모가 먼저 아이의 모습을 있는 그대로 받아들여야 한다. 아이에겐 부모의 조건 없는 사랑과 지지가 필요하다. 일어날 수 있는 문제들을 예상해보자. 아이의 특이한 행동을 식별하고 발생할 수 있는 문제들을 예방하도록 하자. 예를 들어 아이가 특정한 시간에 밥을 먹어야 한다면 나가서 놀기 전에 밥을 먹이자. 아이가 풍선이 터지는 것을 두려워한다면 파티에 가기 전에 아이와 그 두려움에 대해 이야기하자. 아이가 접착용 풀냄새를 맡을 경우 흥분한다면 다른 접착제를 사용해도 되는지 선생님에게 물어보자. 얼마의 시간 동안 상황을 잘 버텨낼 수 있는지 파악하여 30분 전에 아이를 데리러 가자.

- **학교와 협력하자.** 학교교사들과 힘을 모으자. 아이가 학교에서 어떻게 생활

하고 있는지 의견을 들어보자. 교사, 심리상담 교사, 교장선생님, 상담선생님과 상의하여 아이가 학교에서 어떠한 지원을 받을 수 있는지 문의하자. 수업시간 동안 함께 있어 줄 특별교사를 아이에게 붙여주거나 아이의 관심에 맞는 클럽을 소개해주고 공통된 관심을 갖는 친구들의 명단을 만들어주거나 아이가 힘들어할 때 찾아갈 수 있는 조용한 장소를 알려주자. 아이를 도울 수 있는 모든 방법을 활용하자.

●아이의 옹호자가 되어주자. 아이의 기이한 행동은 사람들의 시선을 집중시킬 것이며 때로는 부정적인 말을 들을 수도 있다. 뻔뻔해지자. 그런 순간이 오면 "다른 아이들과 다른 특별한 아이를 주셔서 하나님께 감사해요" 또는 "제2의 모차르트(또는 아인슈타인, 빌 게이츠)를 키우고 있답니다"라고 말하자. 자신감 있게

아이에게 특수교육을 시켜야 할까?
자폐스펙트럼 아이를 가진 부모들은 아이를 특수학급에 보내야 하는지를 놓고 고민한다. 보낸다면 영재반이나 특별반이어야 하는지, 아니면 아이의 관심을 키워주는 사립학교에 보내야 하는지 고민하게 된다. 학교를 찾아가 교사 및 교육담당자와 이야기를 나눠보고 아래와 같은 문항들을 고려해보자.

- 아이가 이곳에서 친구들을 사귀며 어울릴 수 있을까?
- 학교와 수업이 아이가 가지고 있는 강점과 일치하는가? 아이의 편의를 돌봐주는 프로그램이 있는가?
- 학교관계자들이 아이의 행동과 요구에 대처할 수 있도록 훈련되어 있는가? 최근 검증된 ASD 관련 지식과 교육방법을 알고 있는가?
- 프로그램의 가격이 저렴하고 가치 있는 것인가?
- 아이의 수준에 맞춰진 구체적이고 개별적인 계획이 있는가?
- 아이가 참여하는 것을 부모가 참관할 수 있는가? 이 환경 속에서 아이가 더 행복해하고 안정될 수 있을까?
- 지금 현재 아이가 얼마나 행복하고 발전하고 있는가? 이 새로운 프로그램이 아이의 요구를 만족시켜줄 수 있을까? 아이와 가족에게 가치 있는 변화인가?

말하고 당당하게 걷자. 아이에게 최고의 옹호자와 지원군이 되어주는 것이 가장 중요한 역할이다.

- **공감해주고 지원해주자.** 자폐스펙트럼에 속하는 대부분 아이들은 다른 아이들과 자신의 차이를 인지하거나 부정적인 반응을 인식하지 못한다. 하지만 만약 아이가 남들이 자신을 쳐다보는 시선이나 거부감을 인지한다면 "특별반에 있는 게 힘들지" "그래, 너무 좋을 때는 손을 흔들어대고 싶을 거야" "아이들이 '저능아'라고 부르는 것을 안단다. 하지만 그 아이들은 네가 얼마나 똑똑하지 모르는구나"라고 말해주자.

- **지지해주는 보호자를 찾아주자.** 아이의 교육담당자를 찾아가자. 아이의 '기벽적인 행동'을 설명해주고 그것이 어떤 의도를 가지고 있거나 주목을 받기 위해 하는 행동이 아니란 점을 알려주자. 아이가 극복할 수 있도록 도와주는 특별한 조치나 방법을 알려주자. 다른 학부모들을 만나고 수업에도 참여하며 학교행사에도 참석하자. 아이가 학교나 지역사회에 속해서 친구를 만들고 적응해나갈 수 있도록 부모가 먼저 참여하도록 하자.

2단계: 신속한 대처

- **평가를 받아보자.** 아이가 기이한 것은 절대로 잘못된 것은 아니지만 아이에게 특별한 의료, 교육, 심리적인 관심이 필요한지 알아보는 것은 중요하다. 다음 질문들은 아이에게 평가가 필요한지, 만약 필요하다면 아이의 증상에 대해 진단을 받을 것인지 결정하는 데 도움이 된다.

☐ 의학적 또는 신경적 원인이 있는지 알 수 있는가? ASD를 포함한 아이의 기이한 행동을 유발하는 원인은 다양하다. 자폐스펙트럼을 겪는 아이들은 대

부분 감각장애, 주의력결핍장애(ADD 또는 ADHD), 우울증, 강박증(OCD), 학습장애 및 천재성을 보인다. 평가를 받아보지 않고서는 아이가 자폐스펙트럼만 갖고 있는지 아니면 다른 어떤 상태인지 알아내기가 힘들다.

☐ **더 나은 치료를 받을 수 있을까?** ASD는 한 가지 치료만으로는 불가능하다. 모든 치료는 일단 올바른 진단을 기반으로 해야 한다. 또한 진단 없이는 구체적인 치료나 교육 및 심리적인 지원을 받기가 힘들다.

☐ **인생을 살아가는 데 아이가 받은 진단이 도움이 될까?** 아이가 삶 속에서 어느 정도로 행복해하고 있는지 관찰해보자. 아이의 '행복지수'를 숫자로 표시해보자(가장 낮은 점수인 1에서부터 가장 높은 점수인 10까지). 일반적으로 6~10을 나타내면 (좋은 날도 있고 나쁜 날도 있으므로) 평가를 미뤄도 좋다. 하지만 1~5라면 지금 바로 평가를 받아보자. 전문적인 치료로 아이를 도울 수 있다. 친구를 사귀지 못하는 것이 아이의 행복을 빼앗는 요인이 될 수 있고, 대부분 부모들이 이 문제로 평가를 의뢰하고 있다.

육 아 뉴 스

미네소타에 있는 프레이저연구소의 소아신경정신과 의사인 킴 클라인(Kim Klein)과 팻 풀리스(Pat Pulice)는 아스퍼거스에 대한 종단연구를 실시했다. 참여인원은 적었지만 임상결과는 부모들에게 위안을 주었다. 아래의 예들은 아스퍼거장애를 가진 젊은이들과 정상적인 젊은이들을 비교한 것이다.

- 동등하게 고등학교를 졸업했다.
- 아스퍼거장애를 가진 젊은이들이 일하는 시간이 짧고 좀더 자주 일자리를 바꿨지만 동등하게 일자리를 잡았다.
- 아스퍼거장애를 가진 젊은이들이 술이나 약물 문제를 일으키는 경우가 훨씬 적었다.
- 아스퍼거장애를 가진 젊은이들이 법률문제와 관련되는 경우가 훨씬 적었다.

어려움을 겪는 부분도 물론 있었다. AD 청년의 69%가 우울증 때문에 약물치료가 필요했다. 성공하기 위해서는 가족의 지원이 훨씬 더 많이 필요했으며 결혼을 하거나 관계를 맺고 살기보다는 부모와 함께 살고 있었다. 문제에 대처할 때 판단력이 흐려지거나 위험률이 급증했다.

위의 항목 가운데 '그렇다'가 하나라도 있다면 아이의 평가를 의뢰하도록 하자. 검증된 심리학자나 정신과 의사를 찾아가자. 하지만 아이의 결과를 공공연히 밝힐 필요는 없다.

● **최상의 치료를 받자.** 일단 평가를 받은 후엔 아이의 상태에 따라 어떤 것이 최상의 치료인지를 찾아봐야 한다. 전문가들마다 다른 조언을 해줄 수 있다. ASD 분야 전문의에게 문의하자. 학교 심리상담가, 교사 또는 의사에게 물어보자. 가까운 의료센터나 아동발달센터에 문의해보는 것도 좋다. 치료에 동의하기 전에 그 치료법에 관한 연구결과들을 검색해보자. 대한소아과학회나 한국의학협회에 직접 연락을 해보는 것도 좋다.

● **전문가가 되자.** ASD의 진단을 받았을 경우 교육을 통해 부모들이 더 나은 육아를 하게 된 경우가 많다. 아이의 상태를 잘 알수록 더 나은 육아를 해줄 수 있다. 관련서적을 읽어보는 것부터 시작해보자.

● **아이에게 맞추기.** ASD 아이의 양육에서 부모들의 전략은 대부분 실패한다. ASD 아이의 뇌는 다르게 구성되어 있기 때문에 부모가 기대한 것과 다른 반응이 나타나기 때문이다. ASD 아이를 위한 육아법을 숙지하고 다른 보호자에게도 알려주도록 하자.

1. **침착해지자.** 최선의 방법은 침착하게 논리적이면서도 직접적인 반응을 하는 것이다. ASD 아이들은 매우 민감하므로 과도한 감정을 어떻게 다루어야 하는지 모른다. 침착해지자.

2. **상대방의 눈을 마주치도록 강요하지 말자.** 아이는 상대방의 눈을 맞추는 것을 힘들어할 것이다. 아이가 눈을 바라보지 않는다고 해서 듣지 않는 것은 아니다. 눈을 맞추도록 강요하면 아이의 집중력이 떨어진다.

3. 단계별로 지시하자. ASD 아이들은 규칙을 따르며 다음에 벌어질 일을 알아야 한다. 간단명료한 규칙을 만들자. 천천히 반복해서 알려주고 필요하다면 손 신호나 그림으로 나타내주자.

4. 있는 그대로를 말해주자. ASD 아이들은 함축된 내용을 이해하지 못하며 유머, 아이러니나 다의성을 이해하지 못한다. 아주 명확한 말을 해줘야 한다.

5. 인내하자. 아이가 말을 알아듣는 데는 오랜 시간이 걸릴 수 있다. 아이에게 생각할 시간을 주자. 아이가 생각하는 도중에 끼어들면 아이는 처음부터 다시 생각해야 할지도 모른다.

6. 일상을 유지하자. 다음에 무슨 일이 일어날지를 알게 해주고 믿을 수 있도록 해주자. 만약 일상에 변화가 생기면 아이에게 미리 말해 충분히 인지시켜주자.

7. 스트레스를 억제해주자. 캘리포니아주립대학 샌디에이고 캠퍼스의 연구결과, 너무 많은 스트레스는 일시적인 기억력 감퇴를 초래한다고 한다. ASD 아이들이 과도한 스트레스를 받으면 아이의 뇌가 잠금모드로 들어가 정보를 기억할 수 없거나 능력을 적용할 수 없게 된다. 스트레스를 줄여주자. 소음 및 조명을 줄이고 아이를 자극하는 것들을 제한하자. 함께 노는 친구들의 수와 시간을 제한하자. 아이가 힘들어하면 쉴 수 있는 조용한 공간을 마련해주자.

8. 단계를 나누자. ASD 아이들은 악수에서 인사까지 아주 작은 단계로 나눠줘야 한다. 아이가 편안해할 때까지 연습을 시키자. 시각적인 자료가 도움이 되므로 단계별로 그려주도록 하자.

9. 상황극을 설정해주자. 앞으로 일어날 상황에 대해 아이를 미리 준비시켜 스트레스를 줄여주자. 그곳에 어떻게 가게 될지, 이벤트 주제가 무엇인지, 얼마 동안 지속되는지 알려주자. 세부사항을 알려주면 아이는 안심할 수 있을

것이다.

- **커뮤니티 등록하기.** 아이의 진단결과를 받아들이기가 힘겹다면(자연스러운 현상이다) 온라인이나 지역사회에서 커뮤니티를 찾아보거나 내면을 강화시켜줄 수 있는 상담을 받아보자. GRASP는 아스퍼거장애 아이들의 가족을 연결시켜주는 세계에서 가장 큰 후원조직이다(www.grasp.org).

3단계: 변화를 위한 습관

- **새로운 습관을 가르치자.** 일반적인 육아방식은 효과가 없으므로 창의적인 육아를 해야 한다. 틀 밖에서 생각해보자. 예를 들면 아래와 같다.

  문제 아이가 팔을 흔들어댄다.

  해결책 아이의 손목에 무게가 약간 나가는 작은 팔지를 채워 손을 내리고 있도록 해주거나 주머니에 장난감을 넣어 팔을 흔드는 대신 장난감을 가지고 놀게 한다.

  문제 아이가 한 가지 주제에만 지나치게 집착한다.

  해결책 아이에게 뚜껑이 있는 '생각을 가두는' 상자를 보여주자. 생각이 머릿속에서 사라지지 않을 때는 그 상자를 기억하라고 말해주자.

  아이에게 맞는 방법을 찾으면 아이를 맡고 있는 다른 보호자들에게도 알려주자.

- **실수에 대처하는 방법을 가르치자.** 아스퍼거장애 아이들이 겪는 가장 큰 문제는 다른 아이들과 어울리는 상황에서 일어난다. 사회적인 단서를 이해하지 못하고 느낌이나 감정을 읽어내지 못하기 때문에 종종 다른 사람들에게 의도하지 않은 상처를 주게 된다. 미안하다고 말하는 것을 가르치자. 잘못을 인지

하지 못하는 아이에게 왜 미안하다는 말을 해야 하는지 가르치는 데는 시간이 걸린다. 하지만 이것은 아이가 관계 속에서 살아가는 데 도움이 된다. 아이가 숙지할 수 있도록 한 번에 한 가지씩만 가르치자. "미안해" "그렇게 말하지 않았어야 했어" "상처를 주려고 한 말은 아니야" "내가 어떻게 하면 네 기분이 좋아질까?" 등의 말을 알려주자.

● **아이가 적응하도록 도와주자.** 어린 아이들은 상대가 누구인지, 어떻게 보이는지에 따라 거부하거나 수용한다. 아이의 첫인상에 신경을 쓰자. 몸을 항상 깨끗하고 단정하게 해주고 다른 아이들처럼 옷을 입히자. 몇 가지 기본적인 사항(차례 지키기, "실례합니다"라고 말하기, 대화를 시작하는 방법 등)을 가르치자. 아이의 적응을 도울 수 있는 작은 것을 집중하여 가르치자.

● **재능을 키워주자.** 자폐스펙트럼 아이들은 일반적으로 '단편적인 기술'(예를 들어 중세 역사, 난초, 컴퓨터, 천문학, 개미 식민지, 또는 오보에 연주)에 재능을 보인다. 아이가 적절한 관심을 받거나 친구를 만들 수 있도록 재능을 키워주자.

● **멘토 또는 긍정적인 역할모델을 찾아주자.** 아이에게 공감을 해주거나 아이의 재능을 지지해주는 멘토(아티스트, 체스선수, 가구제작자, 인류학자, 역사학자, 컴퓨터 전문가 등)를 찾아주자. 아이에게 자신과 비슷한 사람이 성공하고 행복하게 산다는 걸 알게 해주는 게 중요하다. ASD 아이들은 자기보다 나이가 많은 선배나 성인을 좋아한다.

● **비슷한 관심을 가진 친구를 찾아주자.** 아이의 선생님에게 물어보고 그 친구들이 집으로 놀러올 수 있도록 해주자. 관심이 같은 다른 아이늘과 어울릴 수 있는 곳을 찾아보자.

3~6세 또래 아이들과 놀 때 눈에 띄게 다른 점을 보이므로 아스퍼거스장애 증상을 가장 먼저 알 수 있다. ASD의 10%가 만 4세쯤에 진단된다. 다른 아이들이 근처에서 놀고 있어도 '혼자' 놀기를 좋아한다. 게임에 참여하기를 싫어한다. 또래보다 어른들과 함께 있는 걸 좋아한다. 관계를 맺고 유지하는 방법을 모른다. 종종 특정 장난감이나 물건을 수집하지만 가지고 놀기보다는 정렬시키거나 수를 세고 특정 형태로 정돈하는 걸 좋아한다. 우둔한 짓을 하거나 과도하게 큰 소리를 내고 반복적인 신체 움직임을 보이는 등 이상한 행동을 하고 심하게 공격적이기도 하다.

7~9세 사회성 결여가 더욱 명백히 드러나며 함께 어울리기보다는 혼자 있기를 좋아한다. 지나치게 귀찮아하며 미숙하고 크게 소리를 내거나 간섭하기를 좋아하여 또래로부터 거부당한다. 초등학교 3, 4학년이 되면 그 이유는 알지 못해도 친구들과 자신이 맞지 않는다는 것을 인지하게 된다. 보통 지능지수, 읽기능력 및 어휘력이 상당히 높다. 만 5~10세에 아스퍼거스 진단을 받는 아이들이 50%이다.

10대 초반 우정이 가장 중요한 시기이므로 적응력이 떨어지는 ASD 아이들에게 사회는 온갖 종류의 두려움이 도사리는 곳이다. 놀리고 괴롭히는 아이들을 주의해야 한다('거부당하다' '괴롭힘을 당하다' '놀림을 당하다' 참조). 자존감이 낮아지며 우울증이 나타날 수 있다('우울증' 참조). 20%의 ASD 아이들이 만 10~12세에 진단을 받는다.

 우리집 맞춤 처방전

관심사를 공유할 수 있는 친구들을 찾아줬어요!

제 아들은 뛰어난 재능을 가졌지만 아스퍼거스장애 진단을 받았어요. 아이는 또래들과 공유할 수 없는 관심사에만 매달릴 뿐, 다른 아이들에게는 관심이 없었습니다. 저는 아이가 사회생활을 할 수 있는 돌파구를 찾아주기 위해 도서관을 찾아다니고 구글을 검색하고 전화번호부를 뒤졌습니다. 그러던 중 낱말맞추기 클럽을 찾아냈고 고대 역사에 대한 열정을 공유할 수 있는 친구들도 만날 수 있었습니다. 아이에게는 이제 친구가 생겼고 무척 행복해하고 있습니다.

부모가 교육관이 흔들릴 때

보육
기관

도와주세요

❓ 요즘 뉴스에 보육 기관에 대해 무서운 이야기를 많이 듣게 됩니다. 아이에게 가장 좋은 보육 기관을 고를 수 있는 방법은 무엇입니까?

❗ 영유아기는 아이의 성장과 발달에 큰 영향을 미치는 시기이며 이 시기에 어떠한 경험을 하느냐에 따라 이후의 성장과 발달이 잘 일어날 수도 있고, 오히려 망쳐질 수도 있기 때문에 유아 보육기관의 선택은 매우 중요합니다.

그렇다면 많은 보육기관 중 어떤 곳을 선택해야 할 지 고려할 때 전문가들은 가정의 경제력, 교육기관의 프로그램, 교육기관의 위치, 아이의 개인적 특성 등을 종합적으로 고려해 선택해야 한다고 조언합니다. 경제력을 고려하지 않고 비싼 교육비를 부담해야 한다거나 집에서 멀리 떨어진 교육기관을 선택하는 것은 부모에게는 부담이 되고, 자녀에게는 힘든 일과로 피곤함을 더하게 될 것이기 때문입니다. 또한 보육기관은 아이가 접하는 첫 번째 사회인만큼 가정과 같은 안락하고 쾌적한 환경인지를 우선 고려해야 합니다.

주위의 선배 엄마들이나 인터넷을 통해 많은 정보를 모아서 우리 아이의 흥미와 요구가 제대로 수용될 수 있는 자유로움이 있는지, 아이의 발달 수준에 맞는 놀이 중심의 통합 활동을 하고 있는지, 아이의 호기심을 충족시켜줄 풍부한 놀이감이 구비되어 있는지, 아이에게 정서적 지원을 해 줄 수 있는 온화한 선생님이 함께하는지 등을 꼼꼼하게 살펴보아야 합니다.

해결책

1단계

가장 추천할 만한 방법은 염두에 둔 보육기관들을 일과 시간 중에 찾아가 둘러보는 것입니다. "내 아이가 하루 일과를 보낼 곳으로 괜찮은가?"라는 질문을 가슴에 품고 시설을 살펴보면서 체크해보는 것입니다. 한 주당 30시간 이상을 기관에서 보내는 아이의 17%는 다른 사람을 때리거나 괴롭히거나 방해하는 등의 공격적인 문제 행동을 보이기도 합니다. 반대로 보육의 질이 높은 곳에 있는 아이들은 언어실력과 단기 기억력에서 그렇지 않은 아이들보다 높은 수준을 보이기도 합니다. 그리고 이런 행동 특성은 초등학교에 올라가서도 지속되었습니다. 이런 연구결과들에 주목하여 신중하게 보육시설을 선택해야 하는 것입니다.

2단계. 교사의 교육관을 확인하세요.

교사들을 만나 확인할 때 부모의 신념과 일치되는 교육관을 갖고 있는 지, 아이를 존중하고, 예의바른 행동을 훈육하고 있는 지 알아보아야 하고, 교사들의 복장이 단정하고 적절한지를 보도록 하세요.

만약 이러한 기준으로 보육기관을 선택했다고 하더라도 관심을 거둬서는 안됩니다. 아이가 새로운 보육 기관에 들어가 첫 몇 주 동안 아이의 태도를 자세히 살펴봐야 합니다. 아이가 공격적인 행동이 늘지 않았는지, 보육 기관에 가는 것을 거부하는 것이 단순히 분리불안이 아닌 교사에 대한 두려움이나 기관에 문제가 아닌지 자녀와 대화를 나누며 판단해 봐야 합니다. 만약 갑작스러운 변화가 나타나면 즉시 보육기관의 관계자와 상담하고 아이의 행동이 나아지지 않으면 보육기관을 단호히 바꿀 필요가 있습니다.

3단계. 교사의 체벌 문제

요즘 뉴스를 보면 보육 교사의 체벌과 아동학대로 문제가 많이 되고, 많은 부모님들이 자녀 맡기는 것을 두려워하는 경우가 많습니다. 만약 자녀가 선생님한테 맞았다는 이야기를 했을 때 부모님은 당황하거나 화를 내며 바로 보육기관으로 달려가 항의할 수 있는데 먼저 진정하고 자녀와 많은 이야기를 나눠봐야 합니다.

1. 자녀와 대화를 충분히 한다

자녀의 행동에는 문제가 없었는지, 친구와 싸우거나 먼저 공격하거나 태도가 불량하지는 않았는지 먼저 아이가 무엇을 잘못한 것은 없는 지 이성적으로 차분하게 물어본다.

2. 교사의 통제 방식이나 원칙에 대한 논의

이것은 자녀 뿐 아니라 보육기관에 문의를 해서 알아봐야 한다. 자녀의 친구들 부모님은 어떻게 생각하는 지도 알아봐야 한다.

3. 체벌을 할 때의 상황, 준비 단계를 알아본다.

- 미리 경고가 되었는가?

- 어떤 방법으로 체벌을 가하는가?

- 일정한 원칙이 있는가?

- 교사가 자신의 감정을 통제한 상태에서의 체벌인가?

4. 아동 자신에 대한 관찰 및 평가도 필요하다

아이가 특별한 이유도 없이 교사들에게 반항하고 말썽을 일으키고, 교실 내에서 문제를 일으키기 때문에 교사들이 체벌을 할 가능성도 있다. 그러므로 내 아이가 반항장애, 행동장애 또는 주의력 결핍 과잉행동장애를 앓고 있지 않은 지 잘 살펴봐

육아 119

반항 장애 있는 아이들

초등학교에서 주의력 결핍 과잉 행동 장애와 더불어 가장 많은 질환이다. 반항 장애는 보육기관이나 학교에서 정서적으로 어려움을 겪거나 학습 장애가 있는 아이들에게서 흔하게 나타난다. 우리나라에서도 초등학교 4〜6학년 초등학교 아동들을 대상으로 한 연구에서 남아 5.7%, 여아 2.3%의 유병율이 보고된 바 있다(서울대학교 소아청소년정신과 조수철, 신윤오) 원인으로 부모들이 원하지 않았던 아동들, 낮은 나회경제상태에서 더 흔히 발병되었다는 보고도 있다. 가족력에서 약물남용 또는 기분장애가 있는 경우에 위험성이 커진다.

이런 아동들은 다음과 같은 특징들을 갖는다.

1) 자주 화를 낸다.

2) 자주 어른들과 논쟁을 한다.

3) 무조건 어른들의 요구나 규칙에 대하여 도전하거나 거절한다.

4) 고의적으로 다른 사람들을 괴롭히는 횟수가 잦나.

5) 매번 자신의 실수를 다른 사람의 탓으로 돌린다.

6) 다른 사람의 언동에 대하여 지나치게 과민한 반응을 보인다.

7) 쉽게 분노하거나 다른 사람을 원망한다.

8) 작은 이유에도 다른 사람에 대해 원한을 품는다.

선진국들의 보육기관 및 학교의 문제 아동 훈육법

과연 체벌이 아니면 어떤 방법으로 아이들을 훈육할 수 있을까. 독일, 미국 등 선진국들은 구체적인 패널티를 학생행동강령에 명시하고 있다. 교사의 경우 꾸짖음, 타임아웃 혹은 수업에서 쫓아냄, 권리박탈, 면담, 부모와 연락 등 다양한 매뉴얼이 마련돼 있다.

예컨대 하워드 카운티 공립학교의 윤리강령을 살펴보면 '부모의 개입'이란 항목에 부모에게 전화, 부모에게 서면통보, 부모와의 면담, 부모가 학교 수업에 학생과 동반 등 항목별 세부시행지침이 마련돼 있다.

독일의 알버트-아인슈타인 김나지움의 학교 규정을 들여다보면 등하교 교통준칙부터 교정내에서 타인의 소유물을 훼손했을 때 학생 또는 부모가 책임진다는 사소한 규정까지 세세히 마련돼 있다. 안전사고 예방을 위해 창틀이나 창문 아래 벽부분에 기대서는 행위를 금지하는 등 구체적으로 잘못을 할 경우에 대해서 꼼꼼하게 서술해 둔 것이 특징이다.

캐나다 마니토바 대학의 조안 듀란트 교수는 가정과 모든 교육현장에서 적용이 가능한 긍정적인 훈육방법을 개발했다. 훈육은 목표가 아니라 과정이고, 이에 대한 준비가 필요하다.

학생들의 성공적인 삶을 위해 교사가 준비해야 할 긍정적인 훈육 방법은 △장기적인 목표를 설정하는 것 △따뜻함을 제공하는 것 △체계를 제공하는 것 △아동들의 발달단계를 이해하는 것 △아동들의 차이를 인정하는 것 △문제 해결에 초점을 두는 것이다.

이 훈육법에 따르면 긍정적인 훈육은 학생들이 자기 스스로 자신의 행동을 조절할 수 있도록 돕는 장기적 해결방안이어야 한다. 학생들이 교사의 기대치나 규칙, 한계들을 보다 잘 이해할 수 있도록 커뮤니케이션이 필요하다는 것.

긍정적인 훈육을 위해서 교사들은 아이들을 잘 알고, 공평하게 대하는 것이 중요하다. 또한 학생들과 상호 존중하는 관계를 맺는 것이 중요하다. 아이들이 교사를 신뢰해야 교사의 가르침에 잘 따를 수 있다.

야 한다.

우리 아이에게 큰 문제 없이 자연스런 행동이었다고 판단되었다면 상담을 하고 지속적으로 고쳐지지 않는 교사인 경우, 상급자(원장), 상급 기관에 보고하여 시정 요구하거나 보육 기관을 옮기는 것이 해결 방법이 될 것이다.

다른집
아이
훈계하기

도와주세요

? 오직 그 부모만이 자기 아이를 훈계할 수 있다는 믿음을 가진 친구와 크게 말다툼을 하고 있습니다. 아이의 친구가 우리집에서 잘못된 행동을 하면 어떻게 해야 하죠? '다른 집' 아이들을 훈계 할 수 있다고 생각하지만 어떤 경우에 그럴 수 있을지 정확히 모르겠습니다.

! 예전에는 아이가 잘못을 하면 곧바로 부모가 바로잡아주었고, 만약 아이의 친구가 놀러와서 잘못을 하면 그 아이한테도 훈계를 했습니다. 하지만 오늘날 부모들은 다른 집 아이들을 훈육하는 데 많이 조심스러워하지요. 이렇게 변한 가장 큰 이유는 우리 사회가 소송을 일삼는 사회가 되었기 때문입니다. 다른 아이를 훈육했다가 소송을 당할지도 모른다는 두려움으로 인해 '도를 넘는' 훈계에 대해 걱정하게 된 것이지요.

하지만 그냥 넘어가서는 안 되는, 아이에게 책임을 물어야 하는 나쁜 행동들이 있습니다. 그러지 않으면 자녀에게는 "네 친구는 그런 행동을 할 수 있지만 넌 안 돼"
라는 메시지를, 그 친구에게는 "아줌마는 네가 무얼 하든 상관하지 않는다"라는 메
시지를 줄 수 있습니다. 잘못된 행동을 무시하며 그냥 두는 것은 위험한 일입니다.
'다른 집' 아이가 당신의 보호와 책임 아래에 있을 때, 그 아이를 훈계하는 까다로운
문제를 위한 해결책을 제시해봅니다.

- 다른 부모를 동참시킨다. 카풀, 함께 놀기, 혹은 외박과 같은 경우로 다른 아
  이를 돌보는 책임을 지게 된다면 항상 그 아이의 부모에게 자신을 소개한다.
  비상연락망을 만들어 훈육에 대한 이야기들을 나누는 것이 좋다. "우리 아이
  들이 함께 시간을 보낼 수 있어서 너무 기뻐요. 혹시 아이가 지켜줬으면 하는
  특별한 규칙이 있나요(이때 자신의 규칙도 말해줄 수 있다)?" "아이들은 아이들
  이잖아요. 그러니까 만약 제 아이가 잘못된 행동을 하면 저에게 꼭 알려주시
  고 뭘 기대하고 계신지 아이에게 말씀해주세요. 아이들이 저와 있을 때 제가
  어떻게 대했으면 좋을지에 대해 생각하신 게 있나요?" 간단한 대화를 통해
  다른 아이의 부모가 가진 훈육관과 특별한 '주의점'들을 알 수 있을 것이다.
  이는 문제가 생겼을 때 일을 훨씬 쉽게 만들어준다. 또한 음식이나 텔레비전
  시청에 대한 특별한 규정이 있는지도 물어보자.
- 규칙을 재검토한다. 아이의 친구가 오기 전에 거실에서 음식 먹지 않기, 집
  안을 뛰어다니지 않기, 허락 없이 집 밖에 나가지 않기 등의 규칙을 아이와
  만들어두자. 냉장고에 집 안의 규칙을 붙여두어 모두가 잘 볼 수 있도록 하
  자. 손님이 왔다고 해서 아이의 규칙이 변하는 일은 없을 것이며 손님 역시
  그 규칙을 지키기를 기대한다는 걸 알려주자. 아이가 친구와 규칙들을 살펴
  보게 하고 처음 오는 친구한테 간단히 설명해주게 하자. 아이는 자신의 손님

이 집에서 다른 규칙을 가질 수도 있다는 걸 알 필요가 있다. 그러므로 부모가 어떤 행동을 기대하는지 아이가 알고 있는 것이 공평한 일이다.

● **훈육의 한계를 정한다.** 훈육은 잘못한 일을 올바르게 배울 수 있는 교육수단이다. 대부분 부모들은 당신이 자신의 아이에게 당신 집 안의 규칙을 상기시키거나 그것을 준수하게 하더라도 뭐라 하지 않을 것이다. 문제는 처벌을 하면서 발생한다. 다음은 다른 집 아이들에게 절대로 사용해서는 안 되는 처벌 방식이다.

☐ 절대로 다른 집 아이를 때리지 않는다.

☐ 아이에게 소리지르지 않는다. 안전과 관련될 때만 예외다.

☐ 벌을 주지 않는다. 타임아웃을 이용하거나 그 아이의 개인적인 물건을 뺐거나 이후의 파티 등에 제외시키는 일은 하지 않는다.

☐ 너무 가혹하게 평가하지 않는다. "넌 거만하구나. 왜 그렇게 못되게 구니?"

● **만약 아이의 부모가 앞에 있다면 훈계하지 않는다.** 그 아이가 무엇을 하든, 책임은 그 아이의 부모에게 있다. 아이의 손을 잡고 아이의 부모에게 보낼 수 있다. 아이에게 "집에서 공을 던지지 말아야지"라고 말할 수는 있지만 훈육하지는 않는다.

● **'안전'을 최우선시한다.** 다른 집 아이를 맡고 있을 때 가장 중요하게 생각해야 하는 건 안전문제다. 다른 부모가 자신의 아이를 돌보는 경우에도 당신은 똑같은 걸 기대할 것이다. 안전을 지켜주지 않는 건 법적으로, 그리고 도덕적으로도 책임을 물을 수 있다. 그러므로 안전과 관련된 사항에 대해서는 항상 관여하도록 하자.

□ 안전장치. 안전벨트, 자전거 헬멧, 운동을 위한 특별한 안전장치 등을 하도록 한다. 만약 아이가 거부하면 그 운동에 참여하지 못하도록 한다.

□ 폭력 혹은 잔인한 행동. 때리기, 물기, 싸우기, 한 아이를 침실에 가두기 등의 잔인한 행동이 보일 때는 곧바로 관여한다.

□ 위험한 행동. 길거리 뛰어다니기, 높은 나무나 끝이 날카로운 담장 올라가기, 지붕에서 뛰어내리기, 날카로운 물건 가지고 놀기, 알코올로 실험하기, 수영장 근처에서 놀기와 같은 위험한 행동에는 즉시 개입한다.

□ 집 밖으로 벗어나기. 다른 부모들은 자신의 아이를 돌봐주도록 당신을 믿고 맡기며, 당신이 감독할 수 있는 집 안에 아이가 머물기를 기대할 것이다. 다른 친구의 집에 가거나 상점에 가거나 혹은 걸어서 집에 가는 경우에는 항상 친구 부모의 허락을 받도록 한다.

□ 인터넷 접속하기. 인터넷에 접속할 수 있는 컴퓨터나 휴대전화를 제한하여 성인사이트에 접속하지 못하게 한다.

● '침착한' 훈육방법을 이용한다. 어떤 손님이라도 부적절한 행동을 하면 용납하지 않아야 할 때도 있다. 그 아이가 집에 돌아가 당신이 어떻게 아이를 훈육했는지 자기 부모와 이야기할 것이며 흔히 아이들은 이야기를 과장한다는 사실을 기억해두자. 그러므로 최대한 차분한 태도를 유지하고 조용한 말투로 말을 조심히 골라서 훈육하자. 만약 아이들의 화를 식히기 위해 서로 잠시 떼어놓아야 한다면 타임아웃이라는 말을 쓰지 말고 또한 한 아이만 지목하지 않도록 하자. 물론 본인의 자녀는 훈육할 수 있다. 하지만 아이의 자존심을 지켜주기 위해 따로 몰래 훈육하는 것이 좋다.

● 심각한 마찰이 있을 경우 부모를 부른다. 만약 모든 차분한 방법들을 사용했

지만 손님으로 온 아이가 계속해서 잘못된 행동을 한다면 다음의 방법을 사용해보자.

□ 경고하기. 손님으로 온 아이에게 규칙을 따르지 않는다면 부모님을 부르는 수밖에 없다고 말한다. 아이가 또 다시 잘못된 행동을 하면 행동으로 보여준다.

□ 아이들 떼어놓기. 둘이 놀기 위해 만났다는 점을 상기시켜주고 당신의 아이는 다른 방에 들어가도록 하고 아이의 친구는 당신이 감독할 수 있는 곳에 있게 한다.

□ 아이를 집으로 데려다준다. 아이를 차로 데려왔거나 혹은 그 아이의 부모가 집에 있다면 전화를 걸어 두 아이가 잠시 떨어져 있을 필요가 있다고 설명한다. 그리고 아이를 집으로 데려다줘도 괜찮을지 물어본다(허락을 받기 전에는 데려다주지 않으며 부모가 집에 있는지 확인전화를 하기 전에는 집에 가라는 말을 해서는 안 된다).

□ 부모에게 말한다. 아이의 부모가 (훈육할 수 있도록) 아이의 잘못된 행동에 대해 알 필요가 있는지 결정한다. 아이가 자신을 항변하며 당신을 불리한 입장에 서게 할 수도 있다는 걸 염두에 두자. 요령 있고 더 부드러운 방법은 '우리 모두의 문제'라는 전략을 이용하는 것이다. "지난주와 오늘, 약간의 문제가 있었어요. 알고 싶으실 것 같다고 생각해서요. 아이들에게 무슨 일이 있었는지를 설명하고 싶어요."

어머니의 자녀를 포함한 모든 아이들은 운이 나쁜 날이 있을 수 있으며 한 번의 기회를 더 얻을 자격이 있다는 것도 기억하세요. 손님이 집을 떠난 후 아이와 그 사건에 대해 이야기해보세요. 그 친구와의 관계가 얼마나 중요한지, 그 아이와 계속 놀

고 싶은지, 아이의 의사를 물어보세요. 하지만 모든 노력에도 불구하고, 손님으로 온 아이의 행동이 계속 문제가 된다면 그 아이에게 행동이 나아질 때까지는 우리집에 놀러올 수 없다는 말을 해야 합니다. 아이의 부모에게도 똑같이 말하시고요.

3~6세 만3세 남자아이가 유치원 차량에서 여자친구와 늘 함께 앉는다고 다른 아이들이 놀려 아침마다 유치원에 가지 않겠다고 울었다고 한다. 처음에는 격리불안으로 오해 했지만 나중에 그 사실을 알고 자리를 바꿔줬더니 아무 문제가 없었다.

아이가 교육기관을 싫어하는 이유는 대체로 단순하다. 대화로써 이유를 알고 해결책을 모색한다. 간식과 식사시간이 싫어서, 선생님이 무서워서, 친구가 놀려서, 모자가 쓰기 싫어서 등 아이가 단순하게 잘못 생각하고 있는 것을 바르게 고쳐주면 해결은 생각보다 쉽다.

7~9세 유아시기의 격리불안은 자연스럽게 사라지지만 학교에 가야하는 아이가 격리불안으로 힘들어 하면 문제는 다르다.

일반적으로 격리불안의 원인은 새로운 낯선 환경에 대한 불안과 타인에 대한 공포 때문이다. 또 부모의 과잉보호도 그 원인이 될 수 있다. 심지어 어머니가 느끼는 분리불안이 아이에게 전이되는 경우도 있다.

그런데 평소에 격리불안이 없던 아이가 새학기가 되어 유달리 격리불안이 심해졌다면 구체적인 이유가 분명 있다. 무조건 아이가 이겨내야 한다는 생각보다는 그 원인을 찾아 없애 주어야 한다. 선생님의 도움을 받아 아이가 그 원인을 이야기 할 수 있도록 유도하거나 잠자리에 들기 전에 대화를 통해 아이 스스로 고민을 털어 놓게 만들어 보자. 구체적인 이유가 있다면 격리불안과는 차원이 다르다.

10~15세 학교에 어느정도 적응한 아이들도 새학기는 언제나 낯설고 불안해하는 시기다. 그럴 때 일수록 부모님은 "선생님과 친구들은 모두 널 좋아한단다." 이런 말로써 소속감을 심어주어야 한다. 그리고 아이가 귀가했을 때 "네가 참 보고 싶었다." "네 생각을 많이 했다." "엄마와 떨어져 있어도 잘 지내는 걸 보니까 참 기쁘다." 등과 같은 이야기를 해주면 도움이 된다. 헤어질 때는 꼭 껴안아 주거나 뽀뽀를 해주고 손을 마주치는 등의 인사를 하는 것이 좋다. 특히 아이가 귀가 했을 때 예고 없이 외출해서는 안 된다.

아이가 적응할 때까지 부모의 단호함과 따뜻한 격려가 가장 큰 힘이 된다. 강제로 격리해서 문제를 해결할 것이 아니라 교사와 협력하여 구체적인 문제를 해결해 가는 것이 바람직하다.

아이가 선생님을 싫어하는 경우.

상황을 정확하게 파악하는 것이 중요합니다. 아동 자신의 문제인지, 교사의 태도문제인지 아니면 아동–교사 간의 관계 문제인지 등에 대하여 정확한 파악을 하는 것이 중요합니다. 아동이 엄마와 떨어지는 것이 싫고 불안하여 교사에 대하여 불평을 하는 경우도 흔히 관찰됩니다. 이런 경우에는 일정기간 엄마가 함께 가 주다가 서서히 분리를 하는 것이 좋습니다. 실제 교사가 문제가 있을 수도 있지요. 매를 자주 대는 교사들도 있고, 신체 내지는 심리적인 학대를 하는 교사들도 있습니다. 또는 놀이방에서 차별을 받는 아동들도 있지요. 교사들의 훈육방법에 대하여 자세하게 살펴보는 일이 중요합니다.

도와주세요

? 세 아이와 함께 자동차 여행을 계획하고 있는데요, 차 안에서 즐길 수 있는 건전한 놀이를 알려주세요. 여행하는 내내 영화를 보거나 서로 소리지르는 일 말고 다른 대안이 없을까요?

! "아직 멀었어요?" "왜 이런 바보 같은 여행을 가야 해요?" "엄마, 미진이가 자꾸 건드려요!" 부모들은 아이들을 데리고 평생 기억할 만한 모험 넘치는 여행을 가고 싶어 하지만 현실은 그렇지 않지요. 아이들과 함께 갇힌 공간 속에 있다보면 아이들은 문제를 일으키고 맙니다. 아이와 함께 자동차, 기차, 비행기 안에서 즐길 수 있는 '건전한 놀이'를 생각해볼까요. 이때는 계획을 세우는 것이 중요합니다.

● **여행 규칙 세우기.** "때리거나 소리치는 것은 안 돼. 매일 자리를 바꾸도록 하자." 떠나기 전에 이와 같은 여행 규칙을 만들자. 아이들이 부모의 의도를 알

알찬 여행 계획을 위한 부모의 사전 체크리스트

1. **아이의 관심사를 파악하자** 여행계획을 세울 때 가장 염두에 두어야 할 점은 아이의 관심사다. 아이가 무엇을 좋아하고 무엇에 관심이 있는지 확실하게 파악한다면 신나는 공부는 보장된 셈이다. 아직 아이의 관심사를 모른다면 아이와 함께 계획을 짜보는 것도 좋다. 아이가 직접 선택해 참여도가 높고 부모와 대화를 통해 자연스럽게 토론과 발표력을 키우게 된다.

2. **여행 주제는 구체적이고 명확하게!** 여행지를 즉흥적으로 정하기보다는 월별, 분기별로 테마를 정하는 것이 좋다. 미술, 과학, 역사 등 분야별로 주제를 정하거나 '교과서에 나오는 유적 탐사하기'와 같이 주제를 정하면 아이의 참여를 적극 유도할 수 있다.

3. **사전조사는 철저하게** 여행지나 체험학습장으로 떠나기에 앞서 프로그램 일정을 충분히 숙지하면 학습할 때 무엇을 관심 있게 봐야 하는지, 어떤 내용에 중점을 두어야 하는지 파악할 수 있다. 따라서 미리 일정을 꼼꼼히 체크할 필요가 있다.

4. **교과서를 적극 활용하자** 체험 내용과 관련된 교과서를 가지고 가서 직접 확인하는 것도 좋은 방법. 교과서에 실린 사진과 실제 모습을 비교하고 교과서 내용과 같은 것과 다른 것을 인식하면서 지식의 폭이 넓어진다.

5. **욕심을 버리자** 여행 중 전시품이나 생태 현장을 다 보고 와야 한다는 강박관념을 버려야 한다. 양에 집착하다보면 수박 겉핥기식이 되기 십상이며 아이들의 흥미도 떨어지게 된다. 범위를 정하거나 아이가 관심 있어 하는 코너에서 여유 있게 관찰할 수 있도록 시간을 할애하는 것이 좋다. 미술관이나 박물관이 지겹고 딱딱한 곳이 아니라는 생각을 갖게 해야 아이가 다음 여행도 즐겁게 나설 수 있다.

6. **가르치려 하지 말고 느끼게 내버려두자** 여행 중간에 아이에게 학문적인 정보를 주입하는 것은 금물이다. 아이가 체험을 하면서 자연스럽게 원리를 습득하도록 하는 것이 중요하다. 아이에게 감상하고 체험할 시간을 충분히 주고 나름 상상하며 볼 수 있도록 내버려두자. 그 다음 아이의 느낌을 들으며 자녀의 나이와 수준에 맞게 설명하면 된다.

7. **기록을 남기자** 현장학습 후 보고서나 일기 쓰기, 스크랩 등을 통해 경험을 자신의 지식으로 소화하는 과정이 필요하다. 사진과 글을 통해 언제, 어디를 갔는지, 무엇을 보았는지, 느낀 점은 무엇인지 등 현장학습을 통해 아이가 느낀 점을 자유롭게 표현할 수 있도록 한다. 이러한 과정을 꾸준히 거치면 체험학습을 통해 지식이 쌓이는 동시에 학습의지도 생긴다. 또 매 현장학습 때마다 정리한 문서를 모으면 우리 가족의 기록을 남긴 한 권의 책을 만들 수도 있다.

고 나면 문제를 스스로 해결할 것이다.

- **음식 챙기기.** 부스러지지 않는 (당도가 있는) 스낵을 챙기고 아이스박스에 물과 음료수도 넣자. 아이들이 앉아 있는 사이에 아이스박스를 넣으면 경계선을 만들어주는 동시에 책상 역할도 해준다.

- **소지품 챙기기.** 옷과 약품을 제외한 모든 것들을 담을 수 있는 가방을 아이들 각자에게 주고 원하는 것을 챙기도록 한다(곰인형, 작은 베개, 책, 스케치 북, MP3플레이어, 스티커책 등). 가방을 아이의 발아래 두어 아이가 원할 때마다 꺼낼 수 있게 한다.

- **옛 것이 좋은 것.** 여행은 아이들에게 옛 노래를 가르쳐줄 수 있는 좋은 시간이다. 빙고카드나 유머책을 가져가자. 아이에게 '코미디언'이 되어 15분에 한 번씩 다른 유머를 말하게 해주자.

- **물건 모으기 놀이.** 아이들에게 하루에 한 가지씩 수집할 물건을 정하라고 하자. 돈이 들지 않아야 하며 아이들이 찾을 수 있는 것이어야 한다. 예를 들어 새 깃털, 들꽃, 자갈 등. 아이들이 수집하는 추억거리들을 보관할 상자나 폴더를 준비해가자.

- **오디오북 듣기.** 아이들 각자가 좋아하는 이야기를 들을 수 있도록 MP3플레이어에 다운로드해주자. 음악도 좋지만 이야기를 듣는 것도 근사한 추억으로 남을 것이다.

- **지리학습.** 지도에 여행경로를 표시하도록 하자.

- **휴게소에 자주 들르지.** 잠깐 휴식하는 동안 밖에서 할 수 있는 재미있는 놀이를 계획하자. 얼음물 놀이나 릴레이 경주는 아이들에게 활기를 줄 것이다. 적어도 2시간에 한 번씩은 쉬도록 하자.

모든 방법이 실패하면 밤에 여행을 떠나거나 아이가 잘 때 출발해야 합니다.

도와주세요

❓ 요즘 아이들의 스케줄이 너무 많다고 말하는 전문가들의 글을 자주 읽습니다. 제 아이도 그런 것 같아요. 하지만 아이가 바쁠수록 더 잘 자란다고 생각해요. 아이가 너무 많은 일과에 시달리고 있다는 걸 어떻게 알 수 있을까요?

❗ 적당하게 짜인 일과는 아이들에게 좋습니다. 물론 어떤 활동들은 아이가 무럭무럭 잘 자라도록 도와주기도 하지요. 개인마다 차이가 있으므로, 어떤 활동은 아이의 성장을 촉진시키기도 하지만 어떤 활동은 아이를 마비시키기도 하므로 자녀가 얼마나 많은 활동을 소화해낼 수 있는지 알아야 합니다. 아이의 요구, 능력, 기질에 맞는 균형잡힌 활동을 찾아줘야 합니다. 아이가 꽉 짜인 일과에 시달리고 있

다는 걸 알 수 있는 8가지 기준이 있습니다. 만약 한 가지라도 자녀에게 해당된다면 아이의 일과를 다시 살펴보고 일정을 재조정해주세요.

1. 기분의 변화. 전형적인 기질이 아니라 갑작스럽게 기분이 변한다. 하루 일과가 너무 빡빡하다고 심하게 투덜거린다. 울상, 짜증, 공격적인 태도, 기대려는 성향을 보인다.

2. 저항. 활동에 참여할 시간이 되면 완강히 버티거나 발작을 일으킨다.

3. 서두름. 늘 "시간이 부족해"라고 투덜거린다. 식사, 숙제, 공부, 옷 갈아입기 등 일상생활에도 늘 서두른다.

4. 수면문제. 잠을 너무 많이 자거나 잠들지 못한다. 늘 피곤해하며 하품을 한다.

5. 건강문제. 두통, 복통, 스트레스, 발진, 잦은 감기를 보인다. 집중하지 못한다.

6. 삶의 질이 떨어진다. 성적이 떨어진다. 친구를 잃게 되거나 친구들의 주변을 떠돈다. 시간이 없어서 스포츠나 취미를 포기한다.

7. 불균형. 스포츠, 공부, 음악, 과외에 온 신경을 쏟는다. 다른 관심분야를 경험하거나 장점을 개발할 기회가 없다. 어른의 감독이 있는 활동과 감독이 없는 활동(스포츠, 스카우트, 악기 배우기), 학업적인 활동과 재미를 위한 활동이 균형적으로 구성되어야 한다.

8. 가족문제. 친구들과 관계를 만들고 가족과 함께 즐거운 시간을 보낼 수 있도록 해주자. 아이의 활동을 다 적어보고 그 시간을 다 합산해보자. 그 결과가 충격적일 수도 있다. 아이가 하는 활동이 시간, 에너지, 돈을 쏟을 가치가 있는 걸까? 만약 그렇지 않다면 아이의 일과를 줄여주도록 하자.

조기 교육 = 조기 스트레스

최근 취학 전 또는 초등학교 저학년 어린이 가운데 스트레스성 신체적, 정신적 증상으로 부모 손에 이끌려 병원이나 상담센터를 찾는 사례가 크게 늘고 있다. 그리고 이 아이들의 상당수는 영어유치원과 조기 교육을 겨냥한 각종 학원 때문에 스트레스를 겪는 것으로 분석된다.

공부 스트레스와 관련된 대부분의 증상은 스트레스의 원인, 즉 자극 요인이 되는 학원의 가짓수 또는 공부의 양을 줄이면 낫는 경우가 대부분이다. 그러나 학부모들 스스로가 '학원을 줄이라'는 전문가들의 조언을 쉽게 받아들이지 못하거나 심지어 '그럼 잠시 쉬었다가 언제쯤 다시 학원을 보내면 되겠느냐'며 조바심을 내는 바람에 아이의 증세가 호전되지 못하는 경우가 많다.

우리나라의 부모들은 스트레스의 원인을 찾고 그 뿌리를 뽑기는커녕 '우리 아이가 스트레스에 면역력이 생기도록 해달라'고 요구하는 부모가 적지 않다.

학업 스트레스를 받는 아이들은 특히 서울 강남을 중심으로 한 사교육 발달 지역에서 쉽게 발견할 수 있다. 경험적으로 볼 때, 사회적으로 성공하고 학벌이 좋은 엄마보다 콤플렉스가 있는 엄마가 아이의 학습 결과에 집착적 성향을 보이는 경우가 많다. 콤플렉스가 없는 엄마는 '내가 지금껏 살아보니 행복은 성적순이 아닌 것 같다'고 비교적 여유로운 반응을 보이는 반면, 그렇지 못한 엄마는 아이를 통해 자신의 약점을 극복하려 하는 것이다. 그러므로 학업 스트레스로 찾아오는 아이의 상담 치료가 엄마의 정신과 상담과 병행해 이뤄지는 경우가 많다. 한편 어린이의 학업 스트레스는 부모가 자녀를 객관적으로 검증하지 않고 무리한 기대를 하기 때문에 빚어진다.

또한 아이들의 학습 스트레스는 다양한 결과로 표출된다. 말을 떼기도 전에 학습용 테이프나 시청각 프로그램에 지나치게 노출된 아이는 오히려 말을 늦게 시작하거나 빠르고 부정확하게 말하는 습관을 들이는 경우가 적지 않다. 부모가 '우리 아이는 책을 손에서 놓지 않는다'고 자랑하는 경우, 아이가 노는 방법을 몰라 친구들과 어울리지 못하고 사회성이 떨어지는 사례가 많다. 스트레스는 성격 형성에도 영향을 미친다.

아이에게 많은 짐을 지고 있는 것 같다고 느끼는지를 직접 물어보세요. 최근 설문 조사에서는 80%의 아이들이 시간이 더 있었으면 좋겠다고 응답했고 41%는 너무 할 일이 많아서 대부분 시간 동안 스트레스를 받고 있다고 말했습니다. 평균적으로 미국아이들은 일주일에 5시간을 이런저런 활동을 하면서 보내고 3~6%의 아이

들은 일주일에 20시간을 그렇게 보낸다고 합니다. 평균적으로, 대부분의 아이들은 너무 많은 시간을 텔레비전을 보거나 게임을 하면서 시간을 보내고 있어요. 만 5~18세 아이들의 40%는 어떤 활동에도 참여하고 있지 않다고 하고요.

당신의 아이는 어떻게 응답할까요? 가장 중요한 것은 아이가 너무 바쁘거나 힘겹다고 말할 때 아이의 일과를 줄여줄 마음의 준비가 되어 있는가 하는 점입니다.

우리나라 아동·청소년 생활패턴에 관한 국제 비교 연구

보건복지가족부가 한국청소년정책연구원에 의뢰해 작성한 조사에 따르면 국내 15~24세 학생의 평일 학습시간은 7시간 50분으로 5시간 전후인 다른 OECD 국가에 비해 2시간 이상 길었다. 주요 나라를 보면 핀란드 청소년의 공부시간이 6시간 6분, 스웨덴 5시간 55분, 일본 5시간 21분, 미국 5시간 4분, 독일 5시간 2분 등이었다.

하지만 2003년 OECD의 국제학업성취도조사(PISA)를 비교하면 핀란드는 평일 평균 전체학습시간이 4시간 22분으로 우리나라(8시간 55분)보다 절반에 불과했으나 수학점수는 544점(한국 542점)으로 2점이 높았다. 우리나라보다 공부시간이 2시간 30분 부족한 일본(6시간22분)도 538점으로 큰 차이가 없었다. 우리나라 청소년의 수면시간은 7시간 30분으로 미국(8시간 37분), 영국(8시간 36분), 독일(8시간 6분), 스웨덴(8시간 26분), 핀란드(8시간 31분)보다 짧아 수면부족이 심각한 수준이었다. 참고로 미국 수면재단(NSF)은 청소년의 경우 평균 9시간 수면을 권유하고 있다. TV, 비디오 시청 시간은 미국(2시간 12분), 영국(2시간 8분), 스웨덴(1시간 46분), 핀란드(1시간 55분)에 크게 못 미친 1시간 7분이었으며 운동시간도 하루 13분으로 미국(37분), 독일(24분), 스웨덴(26분), 핀란드(22분)의 절반 정도에 그쳤다.

반면 독서시간은 11분으로 미국(9분), 영국과 독일(4분), 스웨덴(6분)보다 길었다. 청소년의 단체참여 및 무보수자원봉사활동은 우리나라가 1분으로 미국(8분), 영국과 스웨덴(5분), 독일(11분), 핀란드(7분) 등과 큰 격차를 보였다.

타임아웃

도와주세요

? 어떤 엄마들은 화내는 아이의 행동을 멈추게 하기 위해 '타임아웃'을 사용하는 것이 가장 좋은 훈육방법이라고 하지만 이 방법이 제 아들에게는 통하지 않습니다. 아이가 자리에 가만히 앉아 있게 하는 데만도 많은 시간이 걸리고 엄청 소리를 질러야 하죠. 그러면 아이는 자리에서 일어나 움직이고 싶다고 애원해요. 제가 뭔가를 잘못하고 있는 게 아닌가 싶기도 합니다. 어떻게 해야 '타임아웃'을 효과적으로 활용할 수 있을까요?

! '타임아웃'이란 아이가 옳지 못한 행동을 했을 때 그 즉시 행동을 멈추게 하고 일정시간 동안 자신이 무엇을 잘못했는지를 조용히 혼자 앉아 생각하도록 하는 것입니다. 그 목표는 아이를 문제상황에서 분리시켜 잘못된 행동이 계속되지 않도록 막는 것이지요(잘못된 행동이 반복되면 나쁜 습관이 될 수 있습니다). 이 방법은 부모와

자녀가 모두 침착함을 되찾고 화가 폭발하는 것을 막아줍니다. 아이들 대부분에게 '타임아웃'은 견딜 수 없이 잔인한 벌입니다. 하지만 또 어떤 아이들은 재미없고 그리 대단하지 않은 일로 여기기도 하지요. 여기서 '타임아웃'을 활용해 행동의 변화를 가져올 수 있는 팁을 살펴볼까요.

- **명확한 기준을 세운다.** '타임아웃'은 때리기, 깨물기, 욕하기, 투덜대기, 방해하기, 반항하기 같은 행동을 줄이는 데 큰 효과가 있다. 아이가 여기에 해당하는 일을 했을 때 타임아웃을 사용해야 한다(예컨대 아이가 누군가를 때렸다면 타임아웃 시간을 갖게 한다). 타임아웃은 13~14세 아이에게 가장 효과가 있으며 만 2세 아래의 아이에게는 효과가 거의 없다. 또한 심하게 토라지거나 우는 문제를 가진 아이에게도 효과적이지 않다. 부모는 무엇이 아이의 문제행동을 야기했는지, 그 진짜 이유를 파악해볼 필요가 있다.

- **집안에서 조용하고 안전하며 환한 곳을 찾는다.** 등받이가 없는 의자를 한쪽 구석에 놓아두고 그곳을 '마음을 가다듬은 공간' 혹은 '생각하는 의자'라고 부르자. 그곳은 아이가 혼자 있을 수 있는 장소여야 한다. 다른 사람의 관심을 받아서는 안 되고 게임기, 아이패드, 컴퓨터, 애완동물, 음식물, 친구, 전화기 등에도 접근할 수 없는 곳이어야 한다. 집안 동선에서 멀리 떨어진 곳이어야 하지만 부모가 아이의 안전을 확인할 수는 있어야 한다.

- **적당한 시간을 정한다.** 간단하게 아이의 나이에 비례해서 타임아웃 시간(분 단위)을 정하면 된다(예컨대 만 3세 아이는 3분, 만 6세 아이는 6분). 이는 최소한의 시간이다. 따라서 아이가 그 시간을 못 견디고 일어나려고 하는 것을 허락

해서는 안 된다. 타임아웃 시간은 아이의 행동 정도와 나이를 고려해서 결정한다.

● **시간에 대해 명확히 한다.** 아이에게 타임아웃을 얼마 동안 해야 하는지를 정확히 알려준다. 타이머를 준비해서(항상 부모 곁에 두고 아이에게는 절대로 주어서는 안 된다) 부모와 아이가 정확히 언제 타임아웃 시간이 끝나는지 알 수 있도록 한다. 일단 시간을 정했다면 그 시간을 절대 줄여서는 안 된다. 타이머는 아이가 저항을 그만두는 순간부터 작동시키는데, 그 순간부터 타임아웃이 시작된다. 타임아웃 시간을 길게 할 필요는 없다. 몇 분으로도 충분한데, 가장 효과적인 시간은 최대 10분이다. 부모는 타임아웃을 실행할 때 차분하고 사무적인 태도를 취하는 것이 좋다.

● **실행한다.** 아이가 바르게 행동하기 전까지 타임아웃을 그만둬서는 안 된다. 정해진 시간 동안 조용히 앉아 있도록 시킨다. 아이가 지시를 따르지 않으면 타임아웃 시간을 연장한다. 한편 미국 심리학회는 아이를 타임아웃 장소로 강제로 끌고 가서는 안 된다고 말한다. 그렇게 하면 아이와 부모 모두 상처를 입을 뿐만 아니라 타임아웃 효과도 없다는 것이다. 아이가 부모의 요청에 따라 얌전히 앉아 있으면 그에 대해 칭찬해준다. "타임아웃을 지켜줘서 고맙구나."

● **아이를 무시한다.** 관심을 얻기 위해 아이가 어떤 행동을 하더라도 반응해서는 안 된다. 눈길도 주지 말자. 타임아웃의 목적 가운데 하나는 아이가 그 어떤 관심도 얻지 못하도록 만드는 것이다. 반응을 보이면 아이의 나쁜 행동은 오히려 더 강화된다. 지금은 아이가 자기 자신에 대해 생각하고 마음을 가라앉힐 시간이다. 부모 또한 침착한 태도를 유지하는 것이 중요하다. 잔소리를 길게 하지 말고 소리치지도 말고 이야기도 하지 말자. 타임아웃의 이점은 아이와 부모 모두 차분한 태도를 취하도록 해준다는 것이다. 타임아웃 시간 중

에 아이와 말을 하게 되면 이 방법은 실패로 끝난다는 사실을 명심하자. 무시하고 또 무시하자.

●**타임아웃을 모든 장소와 시간에서 사용한다.** 아이가 부적절한 행동을 하면 바로 그 장소에서 타임아웃을 실행한다. "동생을 때렸으니까 지금 당장 할머니 방에 가서 10분 동안 앉아 있어." 타임아웃 시간을 가졌다고 해도 아이는 숙제와 심부름을 해야 한다. 아이가 말을 듣지 않으면 타임아웃 시간을 2배로 늘리자.

●**빨리 요점을 정리한다.** 아이가 자기의 잘못을 찾아내고 똑같은 실수를 하지 않도록 도와주는 것이 훈육에서 가장 중요한 부분이다. 따라서 타임아웃이 끝나면 아이가 무엇을 잘못했으며 앞으로는 어떻게 행동해야 하는지 스스로 설명하도록 한다. 많이 어리거나 기억력이 좋지 않은 아이에게는 부모가 답을 이끌어내야 할 수도 있다. 아이가 같은 잘못을 계속 반복하는 가장 큰 이유는 다른 방법을 모르기 때문이다. 따라서 아이가 어떻게 행동하기를 원하는지 확실히 가르쳐주고 아이가 부모의 기대에 따라 어떻게 행동해야 하는지를 알고 있는지 확인한다. 추측하지 말고 아이와 '올바른 행동'을 연습함으로써 상처 주는 행동에 대해 아이가 사과할 수 있도록 한다.

●**타임아웃을 거부하면 아이의 특권을 뺏는다.** 아이가 타임아웃을 거부하거나 계속 흥분하면 타임아웃 시간을 늘리겠다고 말하자. 그 시간을 2배로 늘리다가, 그래도 아이가 응하지 않으면 타임아웃을 그만둔다. 대신 아이가 정말로 아끼는 무엇인가를 일정한 시간 동안 사용하지 못하게 하자. 어린 아이는 몇 시간 동안(큰 아이들은 하루가 될 수도 있다) 행동에 대한 처벌을 받을 수 있다. "네가 타임아웃을 거부했으니까 오늘 하루 동안은 텔레비전 시청 금지야." 그러고 나서 자리를 떠나고 아이에게 더 이상 훈계하지 않도록 한다. 그냥 그

자리를 떠나는 것이다. 아이의 물건이나 특권은 부모가 통제할 수 있는 것이어야 한다. 앞서도 말했듯이, 아이가 타임아웃을 거부했다고 해도 타임아웃 장소로 강제로 끌고 가서는 안 된다. 아이가 타임아웃을 따르지 않으면 그 특권을 빼앗자.

타임아웃을 통해 아이의 부적절한 행동이 줄어듦을 목격할 수 있을 것입니다. 이때 부모는 일관성을 유지해야 해요. 여전히 부적절한 행동을 보이는 아이들도 있는데, 이는 부모의 말이 일관성이 있는지를 시험해보기 위한 것일 수도 있어요. 타임아웃을 성공적으로 실행하기 위해서는 연습을 해야겠지만 이는 계속 시도해야 하는 일입니다. 타임아웃이 줄어들고 있다는 사실을 확인하기 위해 타임아웃을 실행할 때마다 달력에 표시해보세요. 몇 주 동안 타임아웃을 실행했는데도 효과가 없다면 또는 아이가 타임아웃을 계속 거부하거나 타임아웃 장소를 훼손한다면 행동전문가의 도움을 받아야 합니다. 다른 원인이 아이의 잘못된 행동을 유발하고 있을 수도 있으니까 말이에요. 아이에게 영향을 주는 스트레스나 변화는 없는가? 타임아웃을 정확히 실행하고 있는가? 다시 한 번 확인해보길 바랍니다.

〈ㅂ〉

〈ㅇ〉

〈ㅊ〉

〈ㅎ〉

옮긴이 **남혜경**

서울대학교 대학원 아동가족학과를 졸업하였으며 문학사상사 장편동화 신인상 대상 수상을 수상하였다.
조선일보 주니어 보드기자 활동 후 현재는 아동서 및 자녀교육서 전문번역가로 활동하고 있다.
역서로는 〈삐죽 삐죽 요리사 아저씨〉〈우리 할아버지 텃밭에서는〉〈주제 탐구 학습과 놀이〉가 있으며
저서로는 〈우리할아버지 짱〉외 다수가 있다.

내 아이 심리 육아 백과

초판 1쇄 인쇄 2011년 12월 19일
초판 1쇄 발행 2011년 12월 23일

지은이   미셸 보바
감수자   조수철
옮긴이   남혜경
펴낸이   우문식
펴낸곳   도서출판 물푸레

등록번호   제 1072
등록일자   1994년 11월 11일

주소   경기도 안양시 동안구 호계동 950-51 정현빌딩 201호
대표전화   (031) 453-3211
팩시밀리   (031) 458-0097
홈페이지   http://www.mulpure.com

ISBN 978-89-8110-303-3   13590
값 38,000원

■ 책에 관한 문의는 mpr@mulpure.com으로 해주시기 바랍니다.